江河治理的地学基础

THE GEO-BASIS OF RIVER REGULATION

刘国纬 / 著

科学出版社

北京

内 容 简 介

这是我国第一本从地学角度论述江河治理的专著。全书讲述了长江、黄河、淮河、海河的形成与演变，阐述了长江中游、黄河下游、淮河与海河治理的地学基础，从地学角度讨论了现代江河治理中的若干问题。本书对于树立江河治理的地学观具有启示和开拓意义。

本书可供从事水利、地学等专业的科技人员与管理者参考，也可供高等学校相关专业的师生阅读。

图书在版编目（CIP）数据

江河治理的地学基础（The Geo-basis of River Regulation）/刘国纬著. —北京：科学出版社, 2017.1

ISBN 978-7-03-051475-2

Ⅰ.①江… Ⅱ.①刘… Ⅲ. ①河道整治–研究 Ⅳ.①TV85

中国版本图书馆 CIP 数据核字(2016)第 322373 号

责任编辑：吴三保 万 峰 / 责任校对：张小霞
责任印制：肖 兴 / 封面设计：黄华斌

科学出版社 出版
北京东黄城根北街 16 号
邮政编码: 100717
http://www.sciencep.com

中国科学院印刷厂 印刷

科学出版社发行 各地新华书店经销

*

2017 年 1 月第 一 版 开本：787×1092 1/16
2017 年 1 月第一次印刷 印张：23 3/4
字数：560 000

定价：168.00 元

(如有印装质量问题，我社负责调换)

江河治理是人与河流的对话，
只有尊重河流的地学属性，
对话才可能是和谐的。

刘国纬

作 者 简 介

刘国纬，湖南省衡阳县人，1939年出生于湘潭县。1962年毕业于华东水利学院（现河海大学）水文系。教授级高级工程师、博士研究生导师、水利部科学技术委员会委员。曾任水利部南京水文水资源研究所总工程师，河海大学、南京大学兼职教授，国际水文科学协会/地表水委员会（IAHS/ICSW）副主席，《水利学报》、*IALT*（《国际低地技术协会学报》）等国内外期刊编委。

20世纪60～70年代从事工程水文学研究，主要涉及水文统计、设计暴雨、流域水文过程等，其间也参与黄河三门峡水库大坝改建施工与凌汛预报、黄河故县水库施工洪水设计与预报、长江葛洲坝工程三江围堰施工与施工洪水预报、淮河板桥水库可能最大暴雨（PMP）设计等；20世纪80年代从事水文气象学研究，主要涉及陆地-大气系统水量平衡、水文循环大气过程等；20世纪90年代从事中国宏观水问题研究，主要涉及防洪、水资源、南水北调工程等。1999年退休后，主要从事水文学史和江河治理地学基础研究。

创办学术期刊《水科学进展》并曾任主编。参与编撰《中国大百科全书·水文科学》（特约编辑、副主编）、《中国水利百科全书·水文与水资源分册》（副主编）、《中国水文志》（撰写第七篇·水文科学研究）、《辞海·09版》和《大辞海》（水文学与水资源学科召集人）。主要著作：《跨流域调水运行管理》（中国水利水电出版社，1995）、《水文循环的大气过程》（科学出版社，1997）、《中国南水北调》（浙江科学技术出版社，1999）、《水文学史》译著（科学出版社，2007）、《黄河人水关系演变与调控》（中国水利水电出版社，2011）、《江河之子》（科学出版社，2014）、《江河治理的地学基础》（科学出版社，2017）。在《中国科学》等国内外学术期刊发表论文70余篇。曾获国家科技进步奖二等奖、水利部科技进步奖一等奖。

自　序

我为什么要撰写《江河治理的地学基础》这本书？回答这一问题要追溯到20世纪70年代。1972年，一个关于未来学研究的国际民间团体—罗马俱乐部（Club of Rome）发表了一个研究报告《增长的极限》（The Limits to Growth）。报告中提出了人类面临的困境：①资源环境等一系列全球问题日趋严峻；②人类社会应当怎样发展才能避免走向发展的极限？一石激起千层浪，到20世纪80年代，国际科学界着手制定了一系列重大科学计划，针对各种全球问题开展世界范围的合作研究；社会科学界也开展了人类发展方式的国际合作研究,并提出了"可持续发展"的理念。我当时分析了十余个与水有关的全球性科学计划，例如国际水文计划（IHP）、水文和水资源研究计划（HWRP）、地球能量和水文循环实验计划（GEWEX）、人和生物圈计划（MAB）、国际地圈生物圈计划（IGBP）等，发现这些计划中列出的许多全球性问题多发生在水圈与地球其他圈层的界面上。例如：洪水、干旱等水文气象灾害发生在水圈与大气圈的界面上；山洪、泥石流等山地灾害发生在水圈与岩石圈的界面上；生态安全问题发生在水圈与生物圈的界面上；水资源与水环境问题发生在水圈与"人类圈"的界面上。基于这些认识，我当时写了一篇题为"从几项与水有关的国际科学计划看水文科学的发展趋势"的论文，发表于《河海大学邀请科学讨论会论文集》中。论文中提出："水文学今后的研究方向将是，把水圈和大气圈、岩石圈、生物圈视为一个完整的地球系统，从整体的角度研究这些圈层之间的相互作用，并预测其未来的变化"。现在回顾，大致就是从当时起，确立了我后来进行水文学研究的科学思想和研究方向。

首先开展的是水圈与大气圈界面过程的研究。在关于"可能最大暴雨（PMP）"的水文设计实践中，我注意到大气中的水汽是联系水圈与大气圈的纽带，是地球水文循环系统中最活跃的因素，因此从20世纪80年代中期开始，开展了以大气中的水汽为"抓手"的水文循环大气过程研究。这项研究揭示了中国大陆上空水文循环大气过程的基本事实、主要特点和一般性规律，从水文循环的角度探索了洪水与干旱的成因和预测问题，研究成果汇集成《水文循环的大气过程》专著，于1997年在科学出版社出版。

继水圈与大气圈界面过程研究取得上述成果后，我开始酝酿水圈与岩石圈界面过程的研究。开展水圈与岩石圈界面过程研究的动力，除上述的科学思想使然，还特别得益于从中国防洪实践中得到的启示。1999年春，水利部总工程师徐乾清先生要我赴北京参加中国防洪规划的编写和七大江河防洪规划审查工作。在这项工作中我惊讶地发现，我国每条江河的防洪系统中都存在一个关键节点。例如长江中游的城陵矶，黄河下游的花园口，淮河的正阳关等，无一例外。对每一条江河的防洪系统而言，该关键节点可谓牵一发而动全身，防洪规划的编制和防汛工作皆以保证该关键节点所规定的水位或流量不被突破为目标。为什么会是这样？会否是由于我们在江河治理中未充分尊重河流的地学特性所致？他山之石可以攻玉，我决定从地学角度进行考察。事实上，江河是联系水圈与岩石圈的纽带，是水文循环陆面过程中比地下水、湖泊水等所有水体更活跃的因素。因此，探讨江河治理的地学基础便合符逻辑地成为研究水圈与岩石圈界面过程的最佳切入点和前沿科学问题。当然，水文循环陆面（陆地表面）过程的研究也属于水圈与岩石圈的研究领域。

研究工作于2004年开始。首选“长江中游治理的地学基础”为研究课题，初步成果于2007年发表于《中国科学》(E辑)。接着进行“黄河下游治理的地学基础”研究，初步成果于2011年发表于《中国科学》(D辑)。然而，深感如此重大和内容丰富的科学和生产实际问题，其研究成果难以用一篇论文予以概括，因此决定将其扩展成专著，并增加淮河与海河的研究成果。由此，这本《江河治理的地学基础》专著便走上了边研究边撰写的漫长之路。

进行一个新领域的研究并将成果撰写成专著的过程是艰辛的。首先涉及的问题是，什么是江河治理的地学基础？我带着这一问题叩问:每条江河是怎样形成的？是怎样演变到今天的？形成与演变过程赋予了江河哪些地学属性？自古以来的江河治理活动符合河流的地学属性吗？等等，并从中发掘其内涵和凝练出具体科学问题，以此作为研究的出发点与归宿。现在看来，这一以问题导向为主线的研究思路是正确的。

第二，河流的地学属性包含哪些要素？如何揭示这些要素对河流形成与演变的意义？这是进行江河治理地学基础研究的关键和棘手问题。我回答这一问题是基于以下的认识。河流存在于岩石圈与大气圈的界面上，是地质与气候的共同杰作，并在地质过程与气候变迁的驱动下发育与演变着。因此，揭示河流的地学属性，既要涉及与其相关的地质过程，也要涉及相应的气候变迁情景。相关的地质过程主要包括地壳的垂直运动（隆升与沉降）、构造断裂、水平运动（断块的平移）；气候变迁主要包括冰期与间冰期的交替及其驱动的古气候演变和海进与海退；而侵蚀与沉积及其形成的地貌，则是地质过程与气候演变共同作用的结果。基于上述的认识，笔者在关于河流地学属性的研究中，将重点放在揭示流域地壳的隆升与沉降、构造断裂、古气候与环境、侵蚀与沉积等要素的演变过程，并深刻揭示与阐述河流对这些要素演变过程的响应。现在看来，这一认识与技术路线是正确的。

第三，如上所述，河流的形成与演变涉及构造地质、地貌、第四纪、古气候与古水文、冰期与古海平面变化、生态环境等众多领域，因此进行江河治理地学基础的研究，需要具有较宽厚的地学知识，这对于并无坚实地学背景的我来说无疑是困难的。值得庆幸的是，我国地学界在近一个世纪里，在这些领域进行了深入和成果斐然的研究，尽管这些研究的目的或是为了地质科学的发展，或为了寻找石油和矿藏，或为了揭示中国自然环境的形成与演变，而非为江河治理服务，但所积累的丰富资料和数千篇论文与专著，却为我的研究提供了丰富而珍贵的原料。在整个研究过程中，我犹如一个小学生在海滩拾贝，带着自己的问题，探寻着那些资料和文献中的宝贝。我深深感谢和敬佩那些资料的获取者们和文献的作者们，没有他们，这项研究是无法进行的，更何谈这本书的付梓了。

第四，在大量的地学，尤其地质学论文中，对于同一个问题的研究往往出现不同的结论。例如，有论文认为黄河三门峡约在距今15万年的中更新世贯通，而另有论文认为在距今100万年前已经贯通；有论文认为长江三峡在距今约100万年被切穿，而另有论文认为其切穿时期更早；有论文认为位于金沙江的“长江第一弯”是河流袭夺的结果，而另有论文认为是地质构造或因岩浆阻塞河道的缘故。形成这种认识差异的原因，多是由于研究者的研究目的、探索角度、分析方法和所依据的资料不同所致。我在面对这些差异时，多是以江河治理所需的地学支持为依据，并注意到中国江河形成演变的宏观地学背景，进行识别和引用。因此，相信读者不至为此产生歧义。

第五，开始撰写本书时作者已年届七旬，整个撰写过程就是在与时间赛跑，因此书中多处可见步履匆匆的痕迹。好在这本书的主要目的，不在于对各条河流的地学背景与特点做多么详细深入的阐述，而在于读者能通过此书，树立起一种江河治理的地学观，即江河治理是人与河流的对话，只有充分尊重河流的地学属性，对话才可能是和谐的。若能如此，则已慰初衷矣！

光阴荏苒，从1957年背着行囊跨进华东水利学院校门，转眼已60春秋。尽管不知当初怎么会走上水利之路，如今回首，觉得也还充实和有意义。2009年我在南京迁入新居“仙霞公寓”，心想是此生最后一次乔迁了，故而把新居取名“若水居”，并写了一篇《若水居赋》，以抒怀自己的水利人生，现转录于下，就作为这篇自序的结尾吧。

若水居赋

庚寅春月，得仙霞一寓，欣然命名“若水居”。何哉？乐水也。何乐之有？非谓“智者”，乃水之美、之德、之性也，与水之缘也。

凡天地间，最寻常者，莫过于水也。然其为海，则吞吐日月；为湖，则烟波浩淼；为河，乃挽纳百川，洪波浩荡，一路澎湃。冰川高悬九天，瑞雪覆盖莽原，雾霭笼罩山林，霜露润泽田园；黄梅香飘，秋池水涨，泉水叮咚，溪流潺潺，皆水之美也。滋生灵而无求，润万物而无声，随物而至赋形，泛淤而成桑田，水之德也。千回万转，矢志不移；绝壁临渊，不惜玉碎；弱质难胜，积涓滴以穿石；水之性也。缘之何在？余隶籍衡阳，少饮湘江，负笈黄浦，问道秦淮①，立志水文，五十余载。探究水圈之奥秘，揭示圜道②之行踪，测流于雅鲁藏布，溯源于各拉丹冬③，筑坝于高山峡谷，调水于南北西东，跋涉万里河川，博览中外水经，其乐无穷也。

光阴若水。吾欲乘桴东去，邀蓬莱仙翁，抚琴于海上，论道与星辰。不亦乐乎！

刘国纬

2016年11月于南京

① 作者在湖南长沙湘江畔读完小学，上海黄浦江畔读完中学，南京秦淮河畔华东水利学院水文系完成大学学业。
② 圜道指水文循环（自《吕氏春秋·圜道篇》）。
③ 长江河源。

前 言

这是一本从地学角度论述江河治理的书。全书分为五章：第一章讲述中国江河形成与演变的宏观地学背景和研究方法；第二至第五章分别讨论长江中游、黄河下游、淮河与海河治理的地学基础，主要包括所论及河流是怎样形成的？是怎样演变至今的？具有怎样的地学属性？以及基于地学属性对河流治理的一些思考。

水利专业读者在阅读时可能会涉及一些生疏的地质名词。本拟将一些地质学名词编成一个附录设于书末，后考虑到相关名词在地质学词典、大百科全书和地质学教科书中均可方便查阅，故而从略。

本书名叫《江河治理的地学基础》，但主要内容只讲述了长江中游、黄河下游及淮河与海河，实为四则研究个例而已。作者希冀有兴趣的读者致力于这一领域的研究和实践，并继续进行上述河流及松花江、辽河、珠江、怒江、澜沧江等河川开发治理中地学基础的研究，使我国江河治理与开发建立在具有充分地学依据的基础上，并对树立和发展江河治理的地学观——“江河治理是人与河流的对话，只有充分尊重河流的地学属性，对话才可能是和谐的”——做出贡献。

本书得以完成，首先要感谢水利部胡四一、陆桂华、陈明忠、郦建强和南京水利科学研究院张建云、孙金华、刘九夫、王银堂等领导的鼓励和支持。

在本书撰写的过程中，得到了吴永祥、许友鹏、王高旭、何海、都金康、刘波等教授的鼎力支持，参与讨论并提供了经费和良好的工作条件。于瑞宏、罗贤、王忠志、康婷婷、姬生才、吴凯、刘培等博士和硕士在不同章节的撰写中承担了文献搜集、图表制作、文字录入等大量工作。还有许多朋友给予了多方面的帮助，恕未能一一列出他们的名字。要特别提到的是科学出版社吴三保编审、万峰编辑和南京大学顾国琴老师。吴三保编审从事地学编辑50余载，学养深厚，和万峰编辑作为本书的责任编辑，对提高本书质量做出了重要贡献；顾国琴老师在南京大学地理系长期从事地图学研究与实践，亲自承担了本书大部分插图的绘制，使插图的科学内涵清晰而精美。作者深情地感激在这本书撰写全过程中给予过支持和帮助的领导和朋友们，并铭记心中。

感谢水利部公益性行业科研专项“长江黄河淮河治理的地学基础研究”（201501041）和水利部交通运输部、国家能源局南京水利科学研究院的出版基金支持。

目　　录

CONTENTS

第一章 概 论

第一节 本书命题的由来

1.1 中国七大江河防洪系统之考察

长江、黄河、淮河、海河和珠江、辽河、松花江号称中国七大江河。这七大江河都处于东亚季风区，每到汛期洪水泛滥。现代中国有50%的国土面积和接近90%的人口、60%以上的耕地、95%的社会财富都集中在受洪水威胁的地区，其中尤以占国土面积8%的七大江河中下游平原地区受洪水威胁最大，总面积约100万km^2。这些地区的地面高程普遍处在所流经河道的洪水位之下，有的地区地面高程甚至低于当地河流最高洪水位以下十余米。这近100万km^2国土上的人口占全国人口的66%，占全国城市人口的76%，国民经济产值占全国GDP的80%（水利部水利水电规划设计总院，2001），我国重要的经济、文化、政治中心和交通枢纽也多集中在这一地区。因此，堤防一旦溃决，将给两岸人民带来巨大生命与财产损失，将严重破坏国家的可持续发展。为此，自1952年以来，国家着手编制七大江河防洪规划，每条江河的防洪规划中都包括有防洪保护区、相应的防洪标准和由防洪工程与非工程系统构成的防洪系统等。经历了半个多世纪的不断改进与修订，至2002年新修订的全国防洪规划完成，水利专家们认为我国七大江河的防洪系统已经趋于完善，并基本达到了预期的目标（《徐乾清文集》编辑组，2012）。

新修订的中国七大江河防洪系统的结构如图1-1所示。

然而，当仔细审视图1-1时，我们会惊讶地发现，几乎在每条江河的防洪系统中，都存在一个关键节点。该节点对其所在的防洪系统而言，可谓牵一发而动全身。防洪系统中各部位的流量与水位的安排与控制，均以保证该节点预设的控制流量与水位为依据，而预设的流量与水位是根据保护区所要求的防洪标准确定的。在防汛工作中，中心任务也在于保证汛期任何时候在该节点的流量与水位不超过其预设值。例如，长江防洪系统的关键节点在城陵矶，其控制水位为34.4m；黄河防洪系统中的关键节点在花园口，其控制流量为22 600m^3/s；淮河防洪系统的关键节点在正阳关，其控制水位为26.4m；海河防洪系统的关键节点原在天津，自20世纪60年代以来开挖多条直接排洪入海的减河后有所变化；珠江防洪系统的关键节点在北江的思贤滘，控制流量为18 900m^3/s；辽河防洪系统的关键节点在盘山闸，控制流量为8800m^3/s；松花江的防洪系统关键节点在哈尔滨，控制流量为15 700 m^3/s；太湖流域防洪系统的关键节点分别在望虞河的琳桥站和太浦河的平望，控制水位分别为4.2m和3.3m。为什么在各条大河的防洪系统中会存在这样一些牵一发而动全身的关键节点呢？它们的存在，是基于河流的地学属性使然？抑或是为了满足防洪保护区的需要且基于社会、经济条件等所采取的工程与非工程措施所造成的结果？

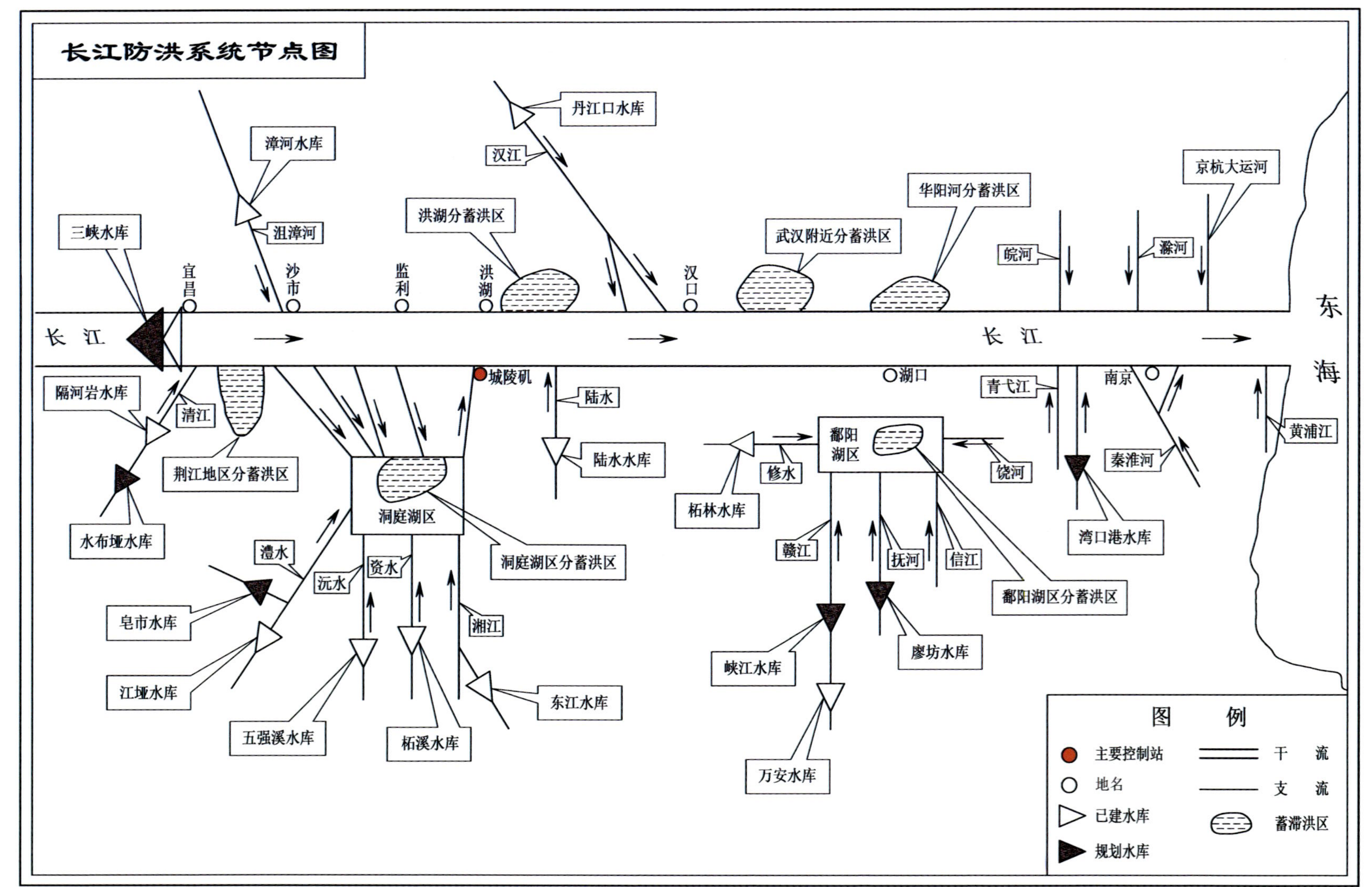
长江防洪系统节点图
三峡水库
漳河水库
沮漳河
洪湖分蓄洪区
丹江口水库
汉江
武汉附近分蓄洪区
华阳河分蓄洪区
皖河
滁河
京杭大运河
宜昌
沙市
监利
洪湖
汉口
长江
东海
隔河岩水库
清江
荆江地区分蓄洪区
水布垭水库
城陵矶
陆水
陆水水库
洞庭湖区
洞庭湖区分蓄洪区
澧水
沅水
资水
皂市水库
湘江
江垭水库
五强溪水库
柘溪水库
东江水库
湖口
鄱阳湖区
修水
柘林水库
饶河
赣江
抚河
信江
鄱阳湖区分蓄洪区
峡江水库
廖坊水库
万安水库
青弋江
南京
秦淮河
湾口港水库
黄浦江
图例
主要控制站
地名
已建水库
规划水库
干流
支流
蓄滞洪区

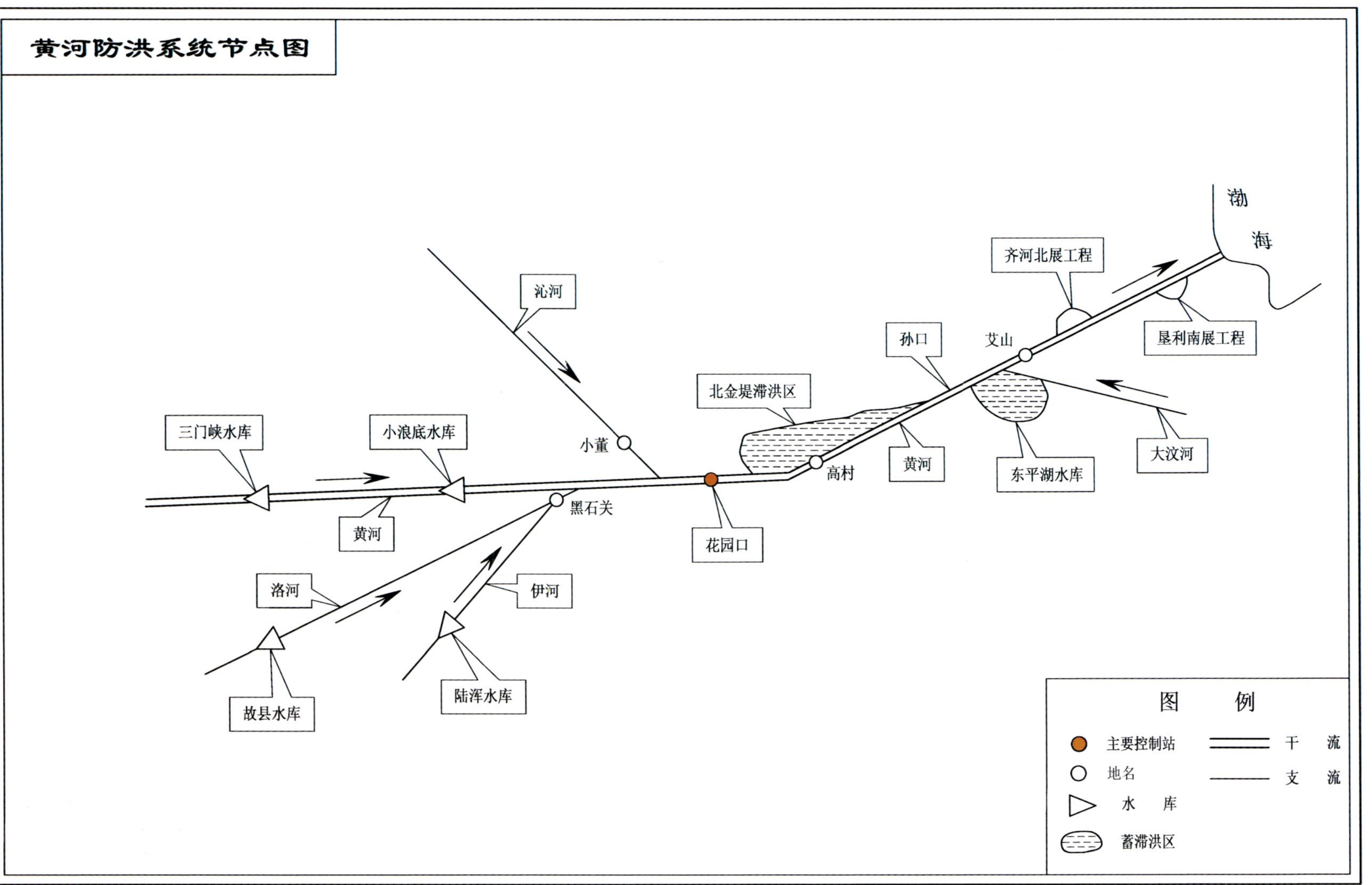
黄河防洪系统节点图
渤
海
齐河北展工程
垦利南展工程
孙口
艾山
北金堤滞洪区
黄河
东平湖水库
大汶河
高村
沁河
小董
三门峡水库
小浪底水库
黄河
黑石关
花园口
洛河
伊河
故县水库
陆浑水库
图 例
主要控制站
地名
水 库
蓄滞洪区
干 流
支 流

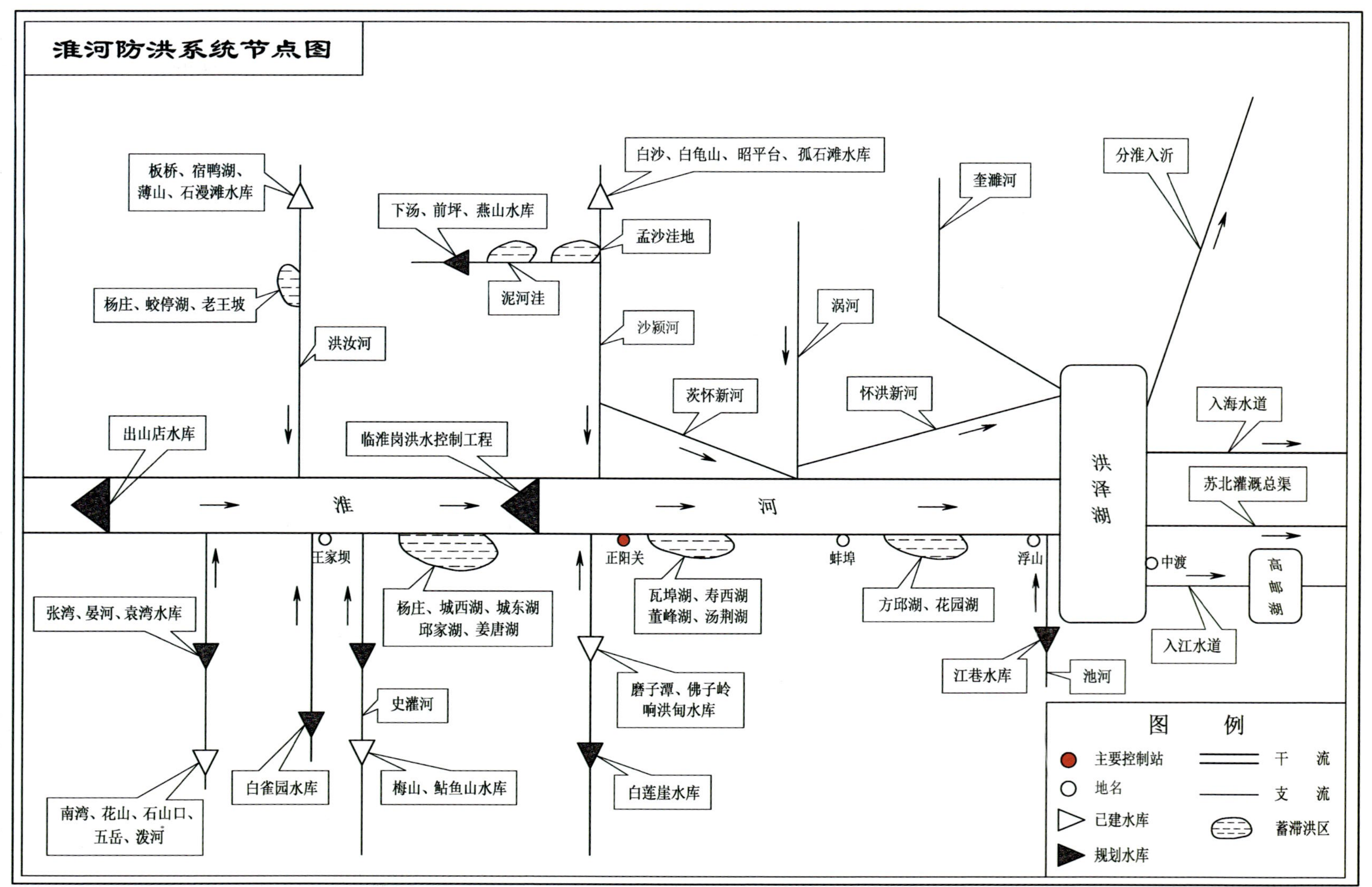
淮河防洪系统节点图
板桥、宿鸭湖、
薄山、石漫滩水库
下汤、前坪、燕山水库
白沙、白龟山、昭平台、孤石滩水库
孟沙洼地
奎濉河
分淮入沂
杨庄、蛟停湖、老王坡
泥河洼
沙颍河
涡河
洪汝河
茨怀新河
怀洪新河
入海水道
出山店水库
临淮岗洪水控制工程
淮
河
洪泽湖
苏北灌溉总渠
王家坝
正阳关
蚌埠
浮山
中渡
高邮湖
杨庄、城西湖、城东湖
邱家湖、姜唐湖
瓦埠湖、寿西湖
董峰湖、汤荆湖
方邱湖、花园湖
入江水道
张湾、晏河、袁湾水库
磨子潭、佛子岭
响洪甸水库
江巷水库
池河
史灌河
南湾、花山、石山口、
五岳、泼河
白雀园水库
梅山、鲇鱼山水库
白莲崖水库
图例
主要控制站
地名
已建水库
规划水库
干流
支流
蓄滞洪区

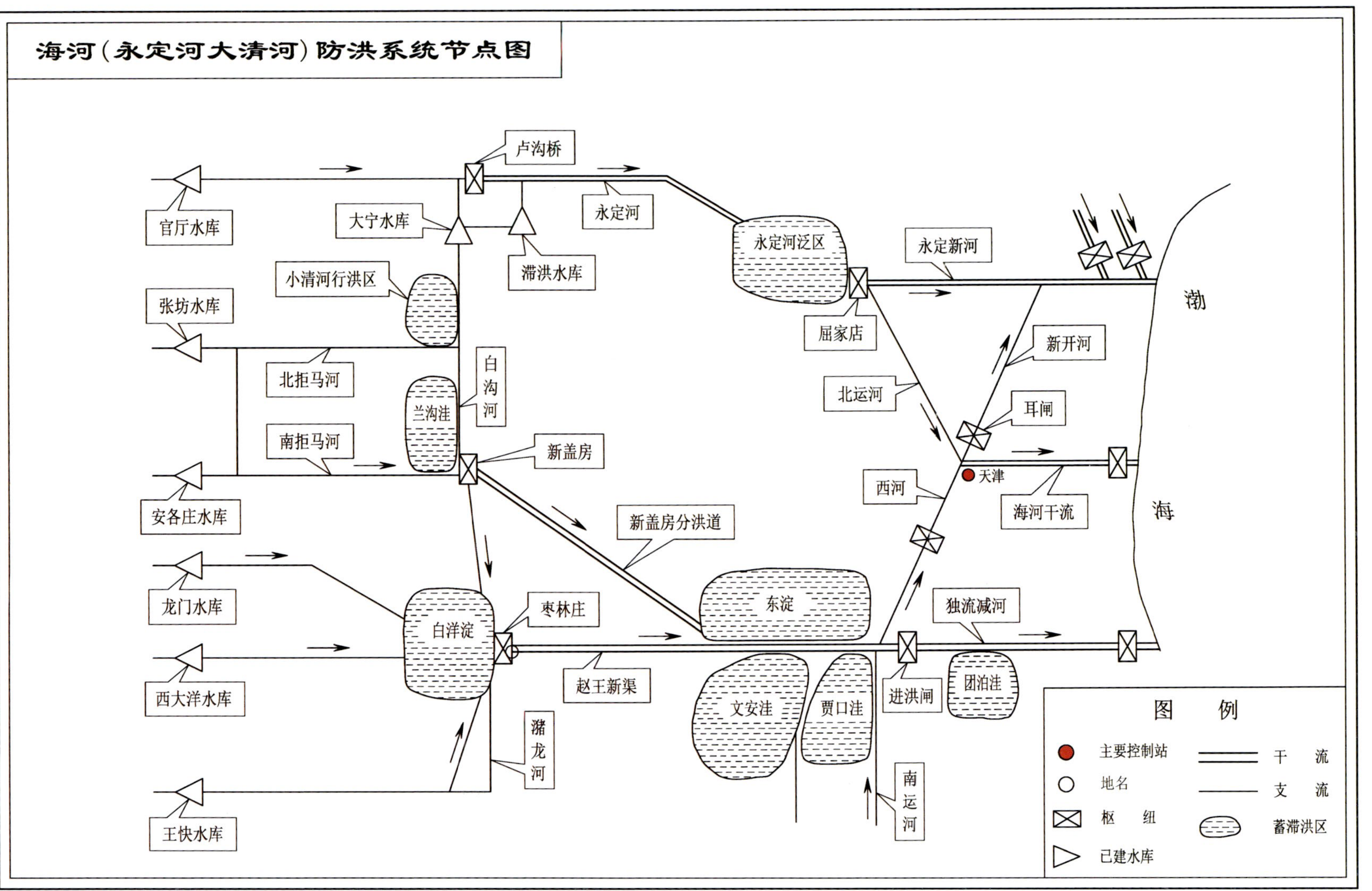
海河（永定河大清河）防洪系统节点图
卢沟桥
官厅水库
大宁水库
滞洪水库
永定河
永定河泛区
永定新河
屈家店
北运河
新开河
耳闸
天津
海河干流
西河
渤
海
小清河行洪区
张坊水库
北拒马河
兰沟洼
白沟河
南拒马河
新盖房
安各庄水库
新盖房分洪道
东淀
龙门水库
白洋淀
枣林庄
西大洋水库
赵王新渠
文安洼
贾口洼
进洪闸
独流减河
团泊洼
潴龙河
王快水库
南运河
图例
主要控制站
地名
枢组
已建水库
干流
支流
蓄滞洪区

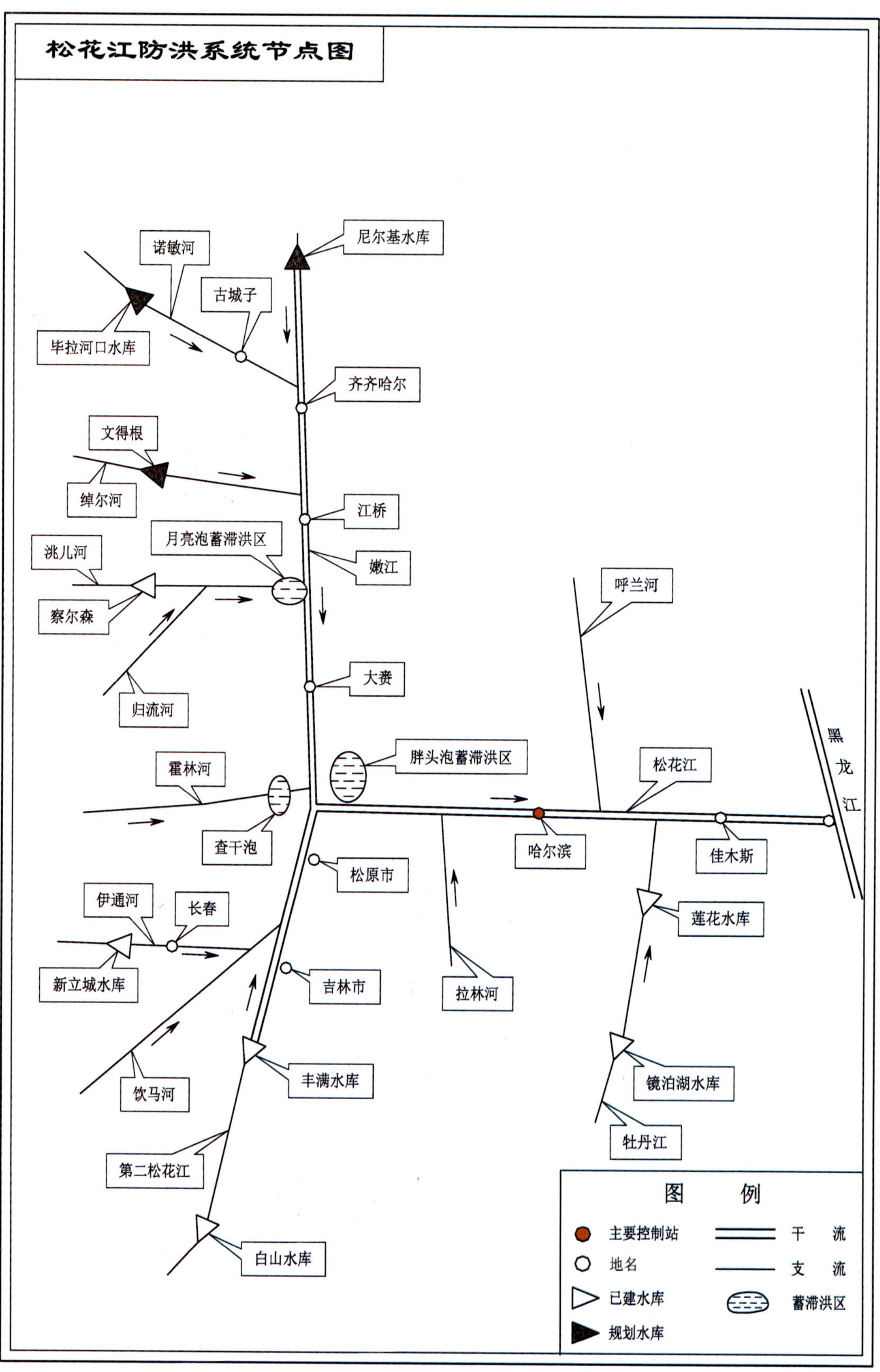
松花江防洪系统节点图
尼尔基水库
诺敏河
古城子
毕拉河口水库
齐齐哈尔
文得根
绰尔河
江桥
月亮泡蓄滞洪区
洮儿河
嫩江
察尔森
呼兰河
大赉
归流河
黑
龙
江
胖头泡蓄滞洪区
霍林河
松花江
查干泡
哈尔滨
佳木斯
松原市
伊通河
长春
莲花水库
新立城水库
吉林市
拉林河
丰满水库
镜泊湖水库
饮马河
牡丹江
第二松花江
图 例
主要控制站
干 流
地名
支 流
白山水库
已建水库
蓄滞洪区
规划水库

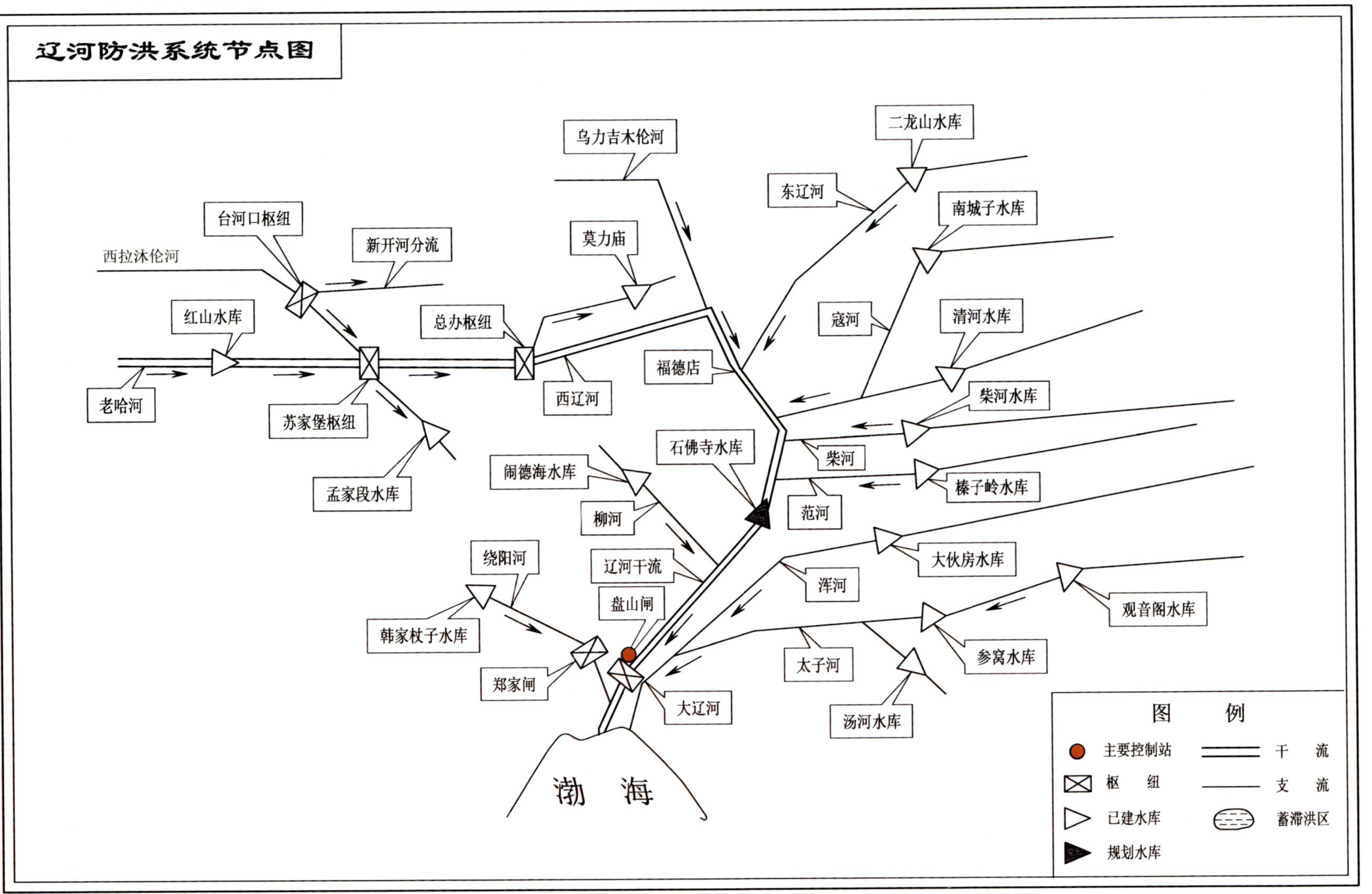
辽河防洪系统节点图
乌力吉木伦河
二龙山水库
东辽河
南城子水库
台河口枢纽
新开河分流
西拉沐伦河
莫力庙
红山水库
总办枢纽
寇河
清河水库
福德店
老哈河
苏家堡枢纽
西辽河
柴河水库
石佛寺水库
柴河
闹德海水库
榛子岭水库
孟家段水库
柳河
范河
大伙房水库
绕阳河
辽河干流
浑河
盘山闸
观音阁水库
韩家杖子水库
参窝水库
郑家闸
太子河
大辽河
汤河水库
渤海
图例
主要控制站
枢纽
已建水库
规划水库
干流
支流
蓄滞洪区

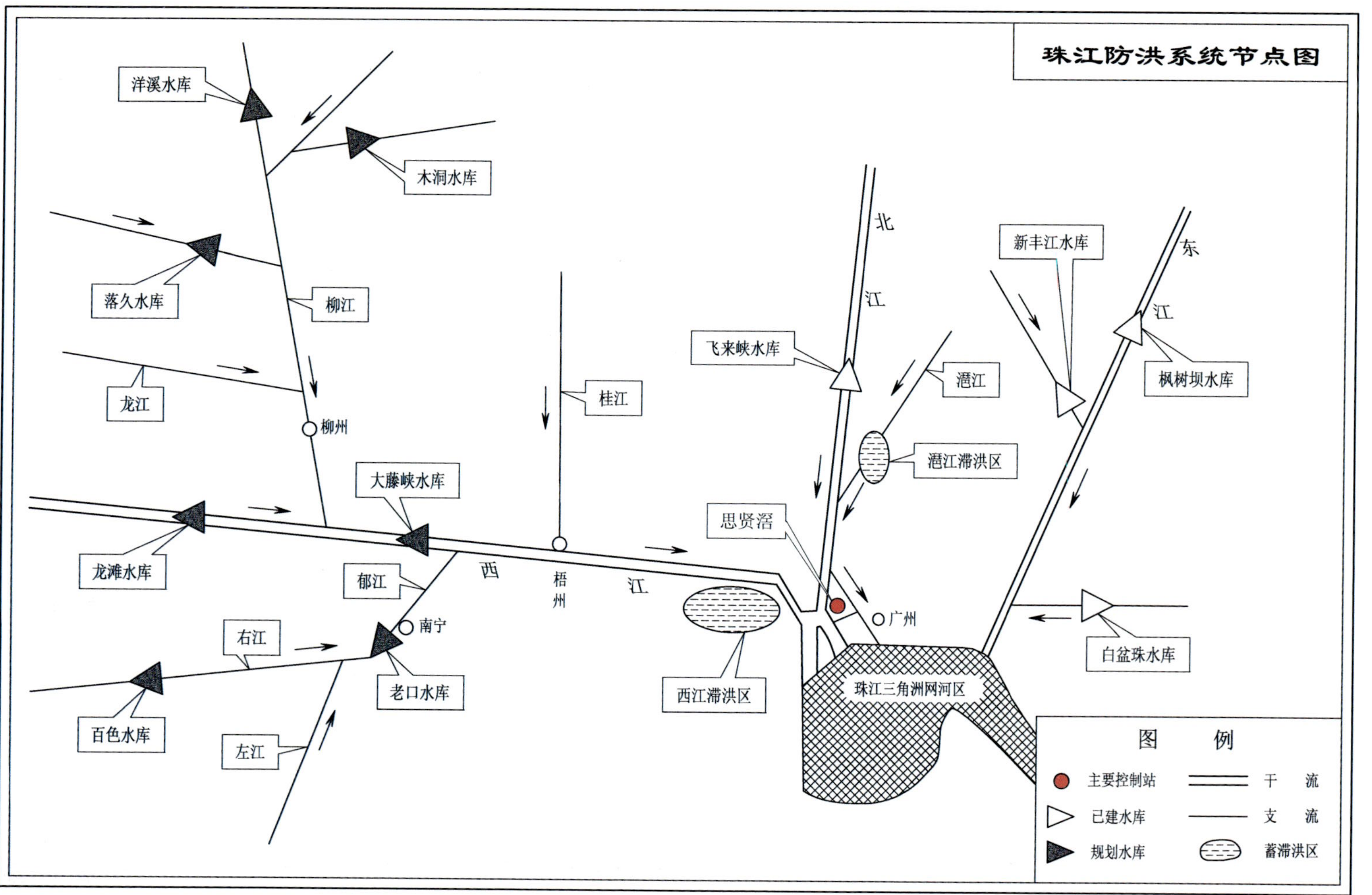

图1-1 中国七大江河防洪系统结构图
（水利部水利水电规划总院，2001）

1.2 中国七大江河治理中的基本问题

如同中国古代哲学家公孙龙（约 320BC～250BC）提出的“白马非马”的哲学命题，在中国疆域内并不存在一条叫“中国河”的河流，只有长江、黄河等七大江河，以及内陆诸河和直接入海的中小河流。然而，中国境内的每条河流的地学属性是不同的，它们在与人类生存与发展的相互关系中所存在的问题也是不同的。因此，每条河流的治理，都必须在充分了解各条江河的地学属性以及人类对它们的需求的基础上，把握住由此而产生的各条江河治理中的基本问题。就七大江河的洪涝治理而言，这些基本问题可以概括如下：

（1）长江中游洪水的特点是，洪量巨大，且“易吞难吐”。 需要解决的基本问题是：形成这一特点的地学背景是什么？长江中游洪水的出路在哪里？

（2）黄河下游河道的特点是，善淤、善变、善徙。其基本问题是：形成这些特点的地学背景是什么？现代黄河下游河道能长期维持吗？倘若能长期维持，根据是什么？倘若不能长期维持，出路在哪里？

（3）淮河的特点是，其下游河道因黄河夺淮淤塞而失去了原有的入海流路。其基本问题是，如何重建下游独立入海流路并处理好与洪泽湖的关系。

（4）海河水系的特点是，众多支流直接由山区进入平原，汇集于干流从天津入海，如同一把以海河干流为扇柄的扇形水系，而几乎没有中游河道。20 世纪 50 年代治理海河时，将主要支流通过减河各自直接入海，使原自然形成的扇形水系被改造成如木梳般的梳状水系。其基本问题是，在流域年平均降水量 500mm 的气候背景下，有足够的径流量维持梳状水系的健康发育吗？梳状水系的治理方略符合海河水系的自然属性吗？

（5）辽河的特点是，辽河多年平均径流量为 134.4 亿 m^3，已建水库总库容为 132.2 亿 m^3，规划再建水库库容为 16.5 亿 m^3，库径比已大于 1.0。当一个流域的径流量完全被人类控制后，对流域的自然环境和生态会带来怎样的影响？怎样把握人类对一个流域实行的干预度？此外，辽河下游干流与其支流西辽河、柳河等的水沙关系类似黄河下游干流与源自黄土高原各支流的水沙关系，怎样防止辽河下游干流像黄河下游那样成为悬河？

（6）松花江的特点是，松花江地处温带，洪水过程平缓，流域植被良好，且散布有月亮泡、胖头泡等大量湿地。此类流域及河道治理的方略，是如现代奉行的那样，把重点放在筑堤建库？还是充分利用流域的自然条件把洪水消化在流域内？

（7）珠江水系的特点是，珠江流域地处亚热带，雨量充沛，河川年径流量达 3360 亿 m^3。洪水峰高量大，历时长。其中西江 1998 年最大 30 天洪水量达 578 亿 m^3，实测最大洪峰流量达 5160m^3/s。显然，水库是不足以拦蓄如此巨量洪水的，而各大支流普遍筑堤迫使洪水归槽，导致上中游的洪水积聚到下游干流河道，其实这是把流域面上的洪水风险转移并集中到下游河道，使洪水形势更加严峻。怎样合理和适度布局堤库，而把尽可能多的洪水消化在广大的流域内？

以上问题，都是七大江河治理中最重大、最核心、最基础的科学问题。不能科学的回答这些问题，就难以把握甚至迷失对这些河流治理的方向和制定正确的治理方略，就不可能取得理想的治理效果，甚至事与愿违。显然，回答这些重大问题的共同基础，就是要充分认识各条江河的地学属性，并在江河治理实践中切实遵循。

1.3　我的治河观

在半个多世纪以来的江河治理实践中，人们基本上只关心自身对河流的需求，并着眼于从社会、经济和工程技术方面制定江河治理策略，而忽略甚至违背河流的地学属性，把河流视为一个可以任人索取与摆布的自然水体。然而，河流是有生命的，是有个性的，当人们过度违背了它的地学属性时，就必然会受到河流的反抗与报复。这样的事例已屡见不鲜。黄河三门峡工程在20世纪70年代末改建前对黄河下游河道及潼关以上关中地区带来的严重负面影响，便是生动的一例。忽略甚至违背江河的地学属性，是我们长期以来在江河治理实践中未能实现预期目标，甚至产生若干负面结果的重要原因，是我们应当深刻反省和吸取的重要的经验教训。

笔者的治河观认为，江河治理是人与河流的对话，只有充分尊重河流的地学属性，对话才可能是和谐的，人们才可能在江河治理实践中取得预期的效果，达到预期的目标。因此，本书以“江河治理的地学基础”作为全书的命题。围绕这一命题，本书将着重阐述中国主要江河的地学属性，并从中获得逐条江河治理的启示，为江河治理提供河流地学属性方面的科学依据。

第二节　中国江河形成与演变的地质环境

中国的主要江河，是伴随着中国自西向东倾斜的三级阶梯地势的形成过程而形成与演变的，是对中国的地质过程，尤其是第四纪以来的新构造运动的响应。因此，新构造运动及在此背景下形成的中国三级阶梯地势，是中国江河形成与演变的地质与地貌背景。

2.1　新构造运动以前中国的古地理环境

讨论新构造运动前中国的古地理环境，有必要追溯到中生代的晚白垩世时期（65MaBP）。那时，在经历了燕山运动之后，中国西部地区的祁连山、巴颜喀拉山、柴达木盆地、兰州盆地等主要山脉和盆地已基本形成，中部地区的阴山、秦岭已经突起，在华北地区已经形成了华北拗陷盆地，盆地北面的燕山、西侧的太行山、西南侧的东秦岭余脉桐柏山、大别山分别从北、西、南三面将华北拗陷盆地包围，形成封闭之势。这一时期，由于印度板块向北漂移，特提斯海逐渐向西退缩和萎缩，只剩下了仍保留至今的地中海、黑海和里海等海域。原淹没在特提斯海中的今日中国西藏、青海南部、云贵中西部地区，已上升为陆地。到了由中生代晚白垩世向新生代古近纪过渡时期（60～50MaBP），地壳运动相对缓和，而强烈的风化剥蚀长期持续进行，使上述大部分地区演变成为古剥蚀夷平面，称为古新世面。西部古新世面平均海拔为1000m左右，地势平坦但伴有小的起伏，最大起伏高差约300～500m，分布着许多断陷盆地与湖泊。

在青藏高原山前洼地堆积了厚度不等的坡积、洪积物，岩性为棕红色黏土，含砾石和粗砂夹层，被称为保德红层或红层。在红层中普遍发现了大量三趾马化石。由于三趾马只适宜在海拔 1000m 以下的亚热带丘陵、平原生存，并结合发现的亚热带湿润气候的针叶和阔叶植物孢粉，因此可以推定青藏高原地区在古近纪时期的环境，为亚热带湿润气候，如图 1-2（刘明光，2010）。

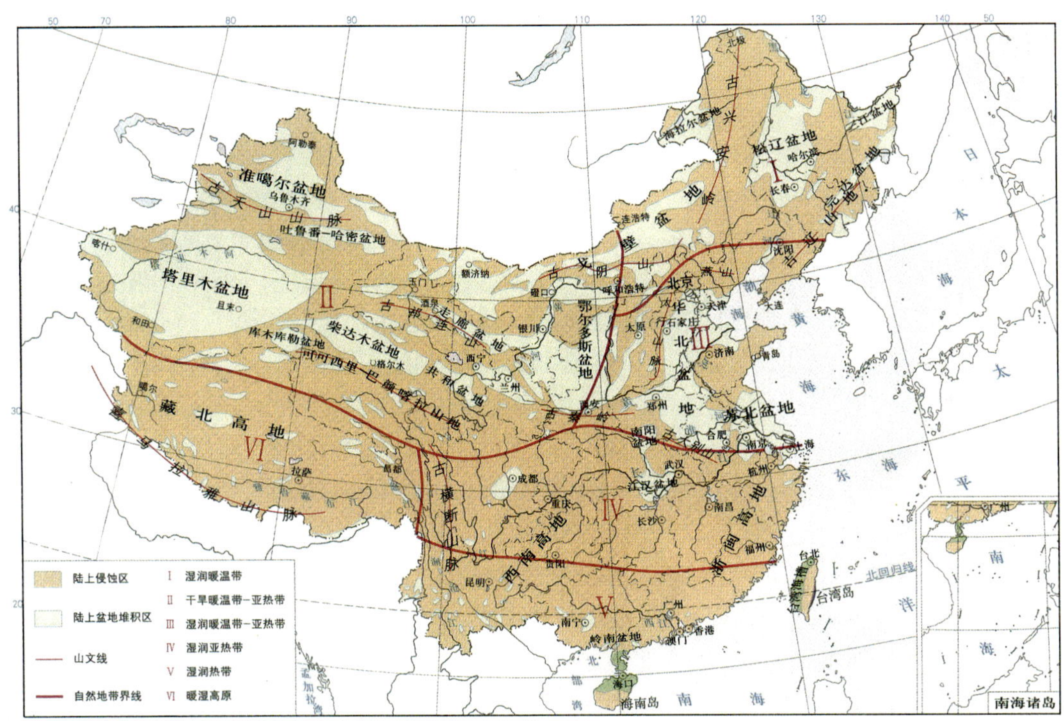

图 1-2 燕山运动末期中国古地理环境

（刘明光，2010）

在始新世中后期（约 40MaBP），由于印度板块快速北移与中国大陆冈底斯-念青唐古拉山地发生碰撞，使地壳抬升并发生断裂和褶皱，开始了著名的喜马拉雅运动，如图 1-3 和图 1-4（吴珍汉等，2009）所示。在中国，喜马拉雅运动分为三期。第一期始于约 40MaBP，地壳隆起使古新世面解体并抬升到近 2000m 高度，接着开始了新一轮的风化剥蚀过程，这一过程延续到古近纪渐新世（24MaBP），形成了新的夷平面，称为渐新世面，也称为山顶面、一级夷平面。渐新世面海拔普遍为 1000m 左右，在渐新世面上形成了多组以北东走向为主的盆岭地形，气候温和湿润。喜马拉雅运动第一期历时约 40Ma～24MaBP，经历了 16Ma 剧烈隆升和长期夷平过程，所以也称为喜马拉雅运动的第一旋回（刘志杰、孙永军，2007）。

经历了渐新世面形成期的相对平静，于中新世早期掀起了强烈而广泛的第二期喜马拉雅运动。这一次造山运动从新近纪中新世早期（23MaBP）开始，到中新世晚期（5.3MaBP）趋于平静，并延续到上新世中期（3.5MaBP）。第二期喜马拉雅运动也经历了大面积隆升和长期的剥蚀与风化过程，形成了广泛的夷平面，通称为上新世面，也称为原始高原面、主夷平面等。上新世面的平均海拔在 1000m 左右，属亚热带到温带气候，如图 1-5（李祥根，2003）。这一过程也被称为喜马拉雅运动的第二旋回。第二期喜马拉

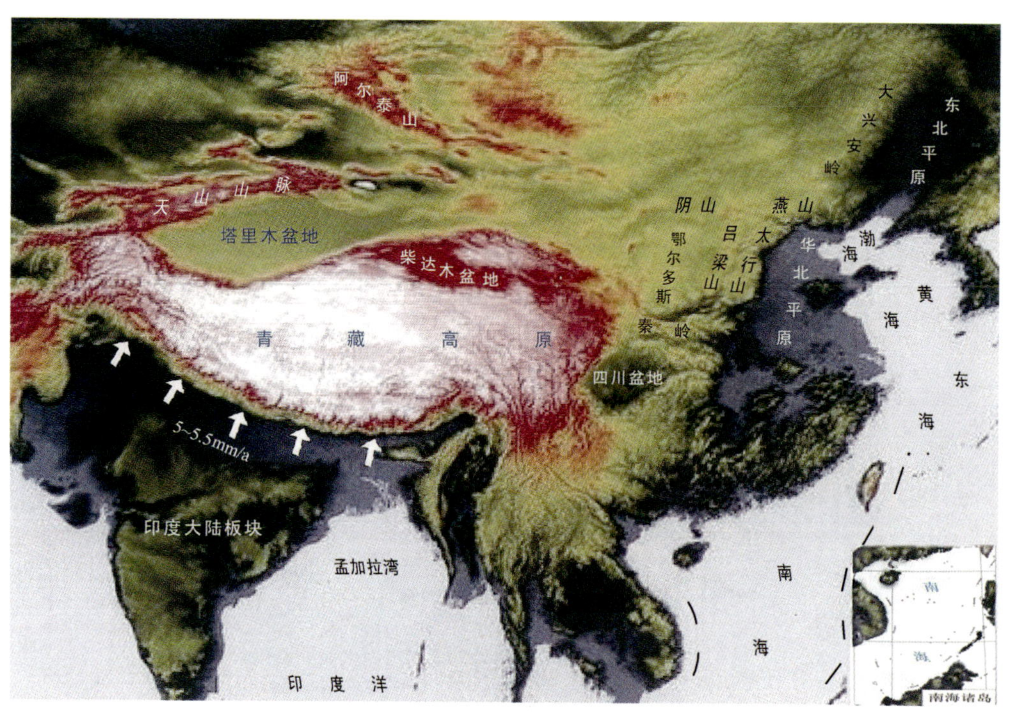

图 1-3 中国大陆及邻区现今构造地貌影像图

（吴珍汉等，2009）

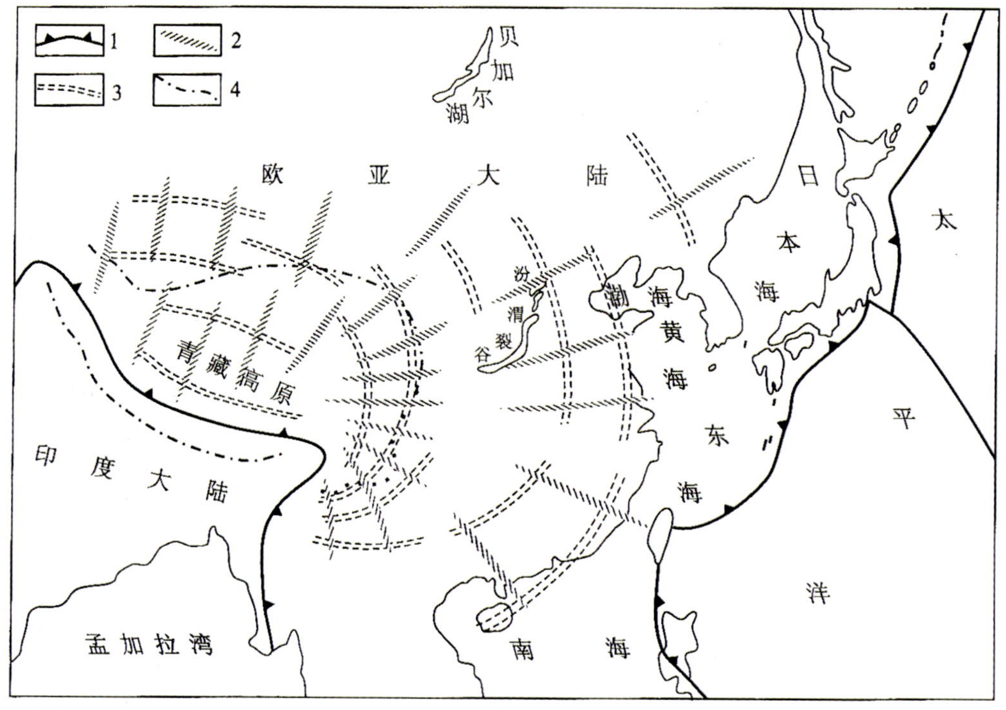

1. 板块俯冲带；2. 区域最大主压应力方向；3. 区域最小主压应力方向；4. 青藏高原边界

图 1-4 东亚大陆及邻区现今平面构造应力迹线分布图

（吴珍汉等，2009）

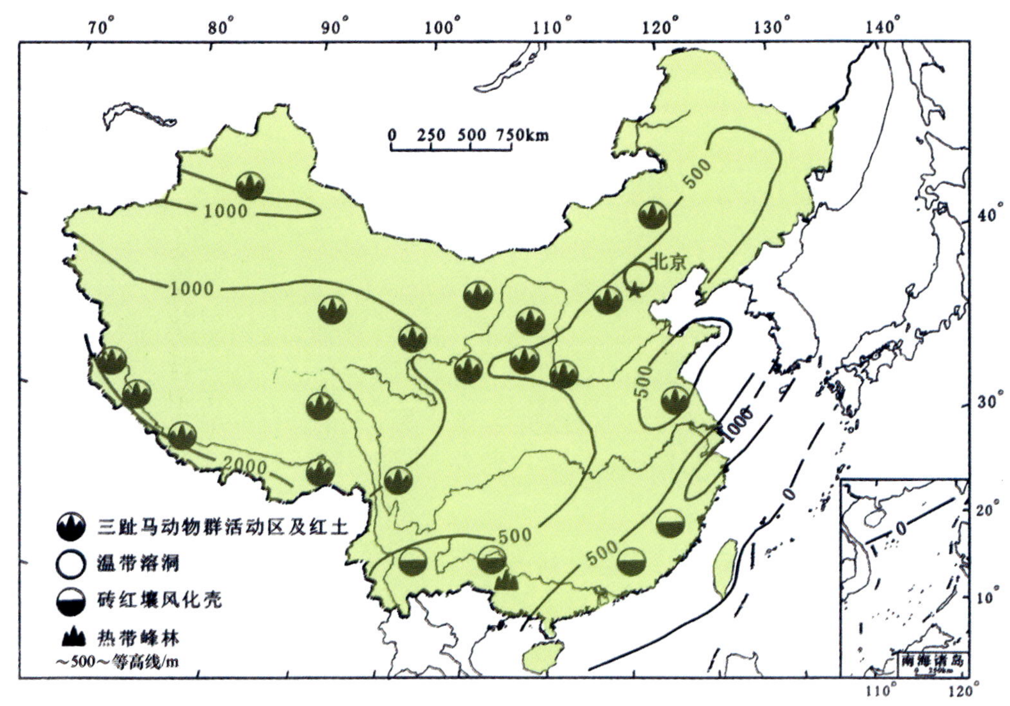

图 1-5　中国上新世地貌及环境

（李祥根，2003）

雅运动的基本特点是，在燕山运动所奠定的大地构造格局的基础上，发生了大面积、强烈的抬升与垂直差异运动，主要表现在以下方面：川、滇、青藏地区不断抬升，形成海拔 2000m 余的高原雏形；天山、阿尔泰山、祁连山、昆仑山发生断块挤压上升；华南地区大范围上升，古近纪（66Ma～23MaBP）形成的红层盆地地貌瓦解；东北、华北、渤海地区持续断陷沉降和形成加积堆积，并一直延续到第四纪。在喜马拉雅第二旋回过程中，当高原海拔达 2000m 时，一方面高原成为导致气流辐散的热源，并影响自西向东的环流，使近地面西风出现南北分支绕流；另一方面，当时（27Ma～14MaBP）热带太平洋海温上升 3℃左右，海洋蒸发向大陆输送丰沛水汽，而特提斯海萎缩使中亚气候变得干燥，大陆度加大。在这些因素的共同作用下，驱动了亚洲夏季风的形成，称这一时期的亚洲夏季风为古季风。但随着高原被剥蚀降低和夷平面的形成，以及太平洋升温结束，亚洲古季风也随之衰退，气候开始转向干冷。

自上新世早期（3.5MaBP）起，开始了喜马拉雅运动第三期，但一般并不称其为第三期，而将其称为新构造运动。

2.2　新构造运动与中国阶梯式地势的形成

新构造运动是距今 340 万年以来发生在中国大陆与海域的构造运动的总称，包括青藏运动及后续的昆黄运动、共和运动，以及与青藏运动基本同期发生与演变的中国东部裂谷运动，也称为华夏裂谷运动。新构造运动在燕山运动、喜马拉雅运动第一、二期的基础上，塑造了中国现代地势的基本轮廓与气候格局。

2.2.1 青藏运动

青藏运动及由此隆起的青藏高原，是中国阶梯式地势中第一、二级阶梯形成的构造背景。

青藏运动是新构造运动的主体，发生在 3.4～1.7MaBP。它在继承喜马拉雅运动第一期、第二期构造运动背景的基础上，呈现出持续性、阶段性和升降差异性的构造运动特点，使青藏地区间歇性上升，逐渐形成了今天的青藏高原。刘国纬综合施雅风、李吉均等相关研究成果，给出了青藏高原隆升过程，如图 1-6［根据施雅风等（1999）、李吉均（2006）、李祥根（2003）、刘志杰、孙永军（2007）文献，刘国纬绘制］。在青藏高原隆升过程中，在高原内部和高原外围形成一系列拉张盆地，如著名的克什米尔盆地、滇池盆地、昔格达组所在的各个分散的盆地，以及在华北的三门盆地、泥河湾盆地等。青藏运动对今天中国的地势与地貌、气候与生态、河流与湖泊等自然地理环境的形成起到了决定性的作用。

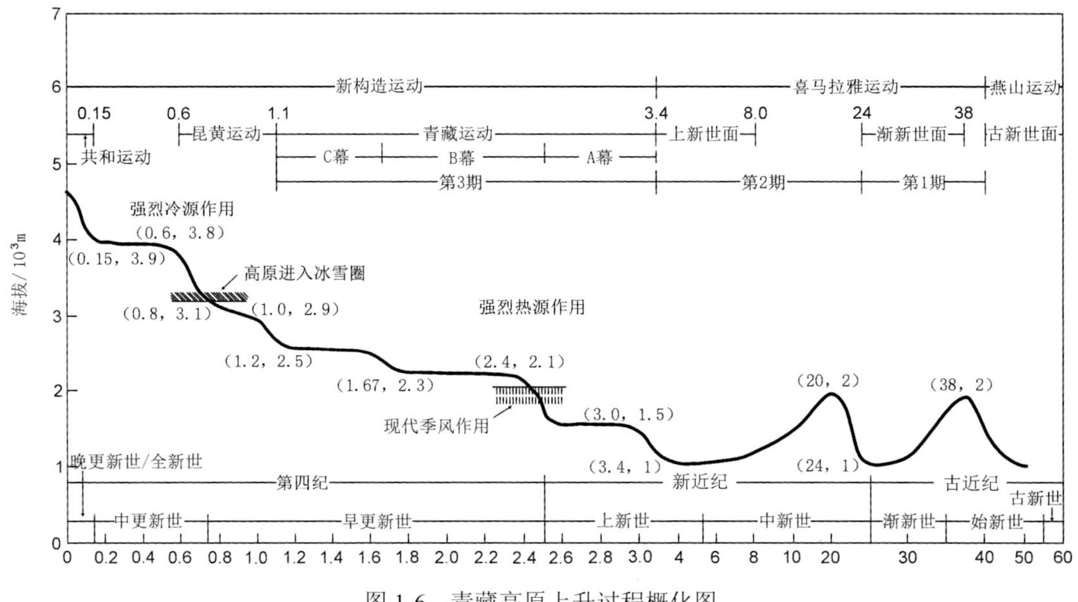

图 1-6　青藏高原上升过程概化图

（刘国纬根据施雅风等（1999）、李吉均（2006）、李祥根（2003）、刘志杰、孙永军（2007）文献绘制）

根据青藏运动的阶段性特点，通常把青藏运动划分为三个阶段，并分别称为青藏运动的 A 幕、B 幕和 C 幕。

从图 1-6 中可见，青藏运动 A 幕开始于上新世早期（3.5MaBP），延续到上新世晚期（2.5MaBP），持续约 100 万年。在 A 幕期间，原始高原面上升到约 1500m，同时也经历着强烈的剥蚀，但并未形成完整的新夷平面。

青藏运动 B 幕开始于上新世晚期（2.5MaBP），持续到早更新世中期（1. 7MaBP），持续约 80 万年。在青藏运动进入 B 幕后，高原面上升到 2000m 以上。

青藏运动 C 幕开始于早更新世中期（1.7MaBP），延续到早更新世晚期（1.2MaBP），持续约 50 万年。在 C 幕期间，高原上升到约 2500m，山地高度达到 3000m。

随着山地的抬升，喜马拉雅山北麓部分地区产生张性断裂，形成一批断陷盆地和湖泊。由于湖相地层的掀斜，使分散的湖泊水系开始串联，为黄河、长江上游形成奠定了基础。同时，在青藏高原外围地区开始了大型水系发育（袁宝印、王振海，1995；施雅风等，1999）。

2.2.2 昆黄运动与共和运动

继青藏运动 C 幕之后，从早更新世晚期至中更新世初期（1.2Ma～0.6MaBP），是青藏高原形成过程中的又一个重要抬升时期，称为昆黄运动时期，由于这次抬升运动在昆仑山垭口和黄河上游表现最为显著，故而得名。这一时期高原面上升达到 3000m，山地海拔达到近 4000m。这一时期最重要的事件是青藏高原进入了冰雪圈，在高原上出现了大规模的山地冰川，自此第四纪冰期、间冰期及其亚阶段变化控制了高原的环境演变。据估计，在青藏高原冰期序列中的倒数第三冰期，亦即大理冰期，青藏高原冰川总面积超过 50 万 km^2 ，其中东部 4 个山区（唐古拉山、阿尼玛卿山、年保玉山、稻城海子山）的冰川面积是现代冰川面积的 18 倍。据此推测当时降水是现代的 1.8～3.2 倍。而同期高原西北部 2 个山区（西昆仑山、木孜达格山）的冰川面积是现代冰川的 2.3 倍。

继昆黄运动之后，自晚更新世以来（0.15MaBP～现代），青藏高原开始了又一次强烈构造隆升活动。由于这次快速抬升并伴随褶皱、断裂等活动在中国青海共和盆地及周边表现最为显著，故而称为共和运动。共和运动以来是青藏高原上升最快的时期，据李吉均（2006）、崔之久等（1997；1998）推算，从晚更新世以来青藏高原上升速率约为每年 10 mm，到晚更新世末（约 15kaBP）青藏高原面已达到 4000～4500m，山地海拔已在 5000m 以上。全新世以来，由于印度板块快速向喜马拉雅山俯冲的速率达到 44～61 mm/a 的缘故（吴珍汉等，2009），青藏高原呈现加速抬升的态势，中国阶梯地势的第一阶梯形成并达到现代高度。由于共和运动的强烈隆升，使黄河干流上游下切 800 余米形成了龙羊峡，使日月山隆升并切断青海湖与东部水系的联系，青海湖成为内陆湖；在高原内部形成许多张性盆地与湖泊，冬季风进一步加强，加速西北的干旱化，而更重要的是其快速差异性隆升，也带动了青藏高原周边地区自西向东发生不同程度的间隙性差异运动，如陕北上升运动、陇西上升运动、兰州湟水上升运动、三峡巴东上升区、太行山军都上升区等，如图 1-7（李祥根，2003），使黄河中游地区的鄂尔多斯高原和黄土高原地区进一步抬升，形成了中国阶梯状地势的第二级阶梯。

2.2.3 华夏裂谷运动

在古近纪始新世以来，太平洋板块持续向西俯冲，使中国大陆板块向东水平拉张，在中国大陆东部和东部海域，形成了裂谷构造类型的东北、华北、黄海、渤海、东海和南海等地区的裂谷盆地，称这一产生水平拉张作用的地质过程为裂谷运动（陈庆宣、曾问渠，1998）。为了与西部印度板块与中国大陆板块陆-陆碰撞引起的挤压、隆升等造山运动相区别，并强调其对形成中国地势的巨大作用，李祥根特将此运动冠以“华夏”二字，称其为华夏裂谷运动（李祥根，2003），并称其形成的裂谷盆地为华夏裂谷带，如图 1-8 所示。相对应于喜马拉雅运动，华夏裂谷运动也可划分为三期。

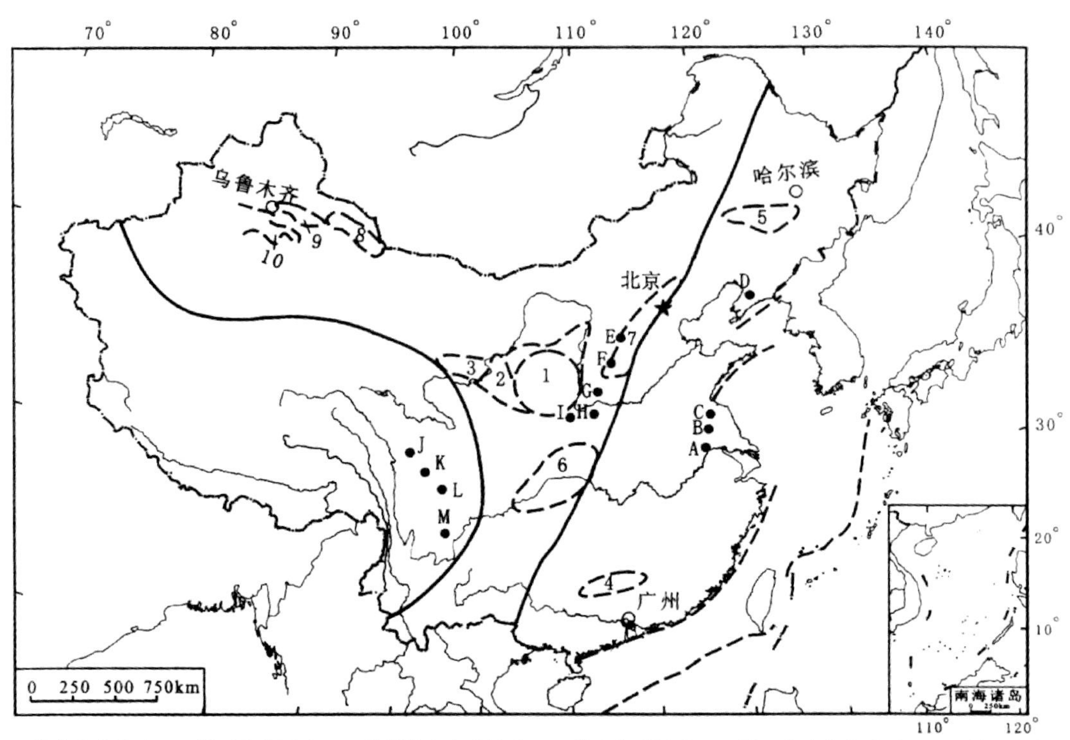

1. 陕北上升运动；2. 陇西上升运动；3. 兰州湟水上升运动；4. 岭南上升运动；5. 松辽分水岭上升区；6. 三峡巴东上升区；7. 太行山军都山上升区；8. 东天山上升区；9. 东天山博格达上升区；10.中天山上升区。A. 郯庐断裂带南段；B. “两堑夹一垒”断隆上升的残山；C. 北华与苏北平原第四纪分界高地；D. 辽东半岛西侧千山掀升；E. 沂定盆地与太原盆地之间的石岭关隆起；F.灵石隆起；G. 峨眉台地隆起；H. 朝邑-潼关隐伏隆起；I. 三原-临潼隆起；J. 锣锅梁子隆起；K. 松林口隆起；L. 雪门坎隆起；M. 大箐梁子隆起。（阿拉伯数字序号者代表大面积隆起运动；英文字母序号者代表局部隆起区）

图 1-7 第二阶梯边缘的隆起运动

（李祥根，2003；朱照宇，1989）

第一期华夏裂谷运动始于古近纪始新世（约 55MaBP），结束于渐新世末（23MaBP），在时间上相应于印度板块与中国冈底斯山地碰撞时期，即喜马拉雅运动第一期。该期裂谷运动在中国大陆中东部以及海域形成了三条东北向裂谷带，即呼伦贝尔-锡林郭勒-鄂尔多斯周边和四川、滇中裂谷带，称第一裂谷带；松辽平原-渤海-华北平原-江汉平原和北部湾裂谷带，称第二裂谷带；东海-南海裂谷带，称第三裂谷带。若以古新世面为基准，以古新世面与渐新世面之间的厚度为下降的幅度，则可以估计出各裂谷带下降的幅度达一千至数千米，其下降幅度远大于西部同期喜马拉雅运动的隆升幅度。第一期裂谷运动在华北西部形成了渭河盆地、河套盆地、银川盆地，在华北中东部形成了辽河盆地、渤海湾、冀中盆地、豫北盆地，特别是在河北平原的基底形成了古近纪掀斜式块状结构，即冀中凹陷-沧州隆起-黄骅凹陷，称为“两凹一隆”的基底构造形态。这一构造形态对黄河下游与海河的发育具有重要影响。

第二期华夏裂谷运动始于新近纪中新世初（约 24MaBP），延续到上新世早期（约 3.4MaBP）。在第二期裂谷运动早期，第一、二、三裂谷带均表现为第一期华夏裂谷运动的继承性沉降，其中辽河平原下降约 1000m，华北冀中地区下降约 3000m，渤海湾下降约 3700m，江汉平原下降 600m，但后期则表现为大范围加积沉积和超覆沉积，湮没

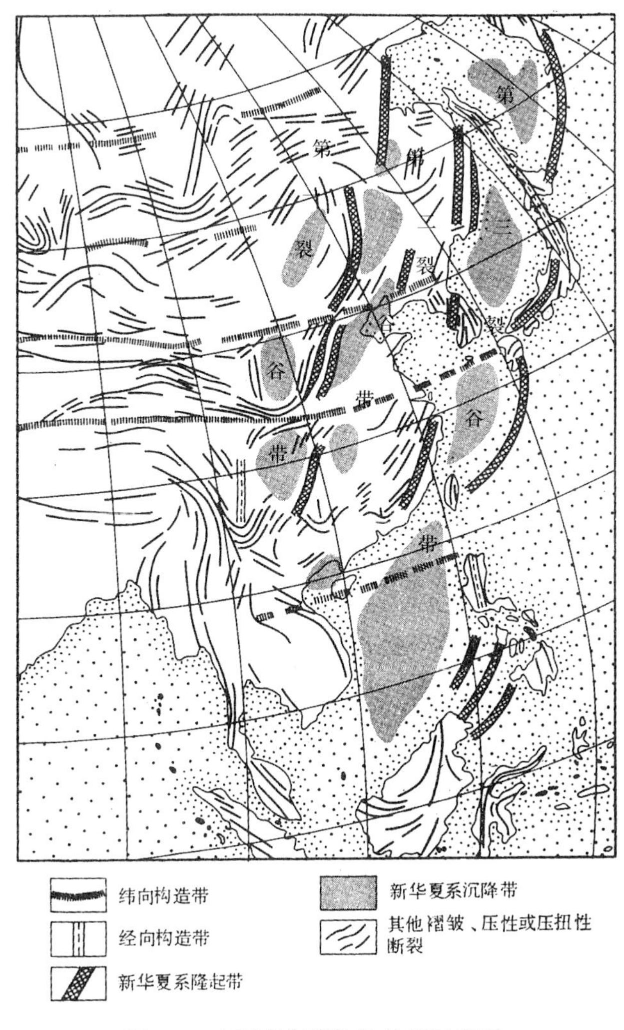

图 1-8　东亚多字型构造体系示意图

（据《中国大百科全书·地质学》）

第一裂谷运动期间的隆起区，例如第一期华夏裂谷运动期间形成的“两凹一隆”裂谷构造形态即被完全湮没。据此有学者（徐杰等，1985）认为，如果说第一期华夏裂谷运动使华北平原地区经历了裂陷的“初始开裂”和箕形断陷阶段，那么第二期裂谷运动又使其经历了“区域沉降”和“区域沉积”阶段，这一过程一直延续到上新世晚期，基本构成了一个裂谷旋回的完整构造样式。

第三期华夏裂谷运动起始于新近纪上新世早期（约 3.4MaBP）并延续至今。如同将喜马拉雅运动第三期以来的构造活动（青藏运动、昆黄运动、共和运动）视为新构造运动的组成部分那样，通常把第三期华夏裂谷运动的构造活动也视为新构造运动的组成部分。第三期华夏裂谷运动的特点是：一方面表现为裂谷运动的强烈活动范围向中国东部近海海域东移，在第三裂谷带形成强烈活动的深海沟及弧后扩张盆地；另一方面，则表现为继承第一、二期裂谷运动的沉降性质。在第二裂谷带的华北平原中东部、东北松嫩盆地持续下降 100m，辽河盆地下降 400m，渤海盆地下降 600m，河北平原下降近 1000m

（李祥根，2003），形成第三级阶梯。而在第一裂谷带的华北平原西部，则在中国地势第二级阶梯继续隆升的基础上叠加了新构造运动以来的沉降，结果在第二级阶梯的内蒙古高原、鄂尔多斯高原、黄土高原的边缘形成一系列盆地与湖泊。

综上所述，在自 3.4MaBP 以来的新构造运动背景下，由于西部青藏运动和东部华夏裂谷运动的共同作用，中国形成了自西向东逐渐降低，呈三级阶梯式的地势，如图 1-9a, b（刘明光，2010），为中国大河的形成与发展奠定了地质和地貌基础。

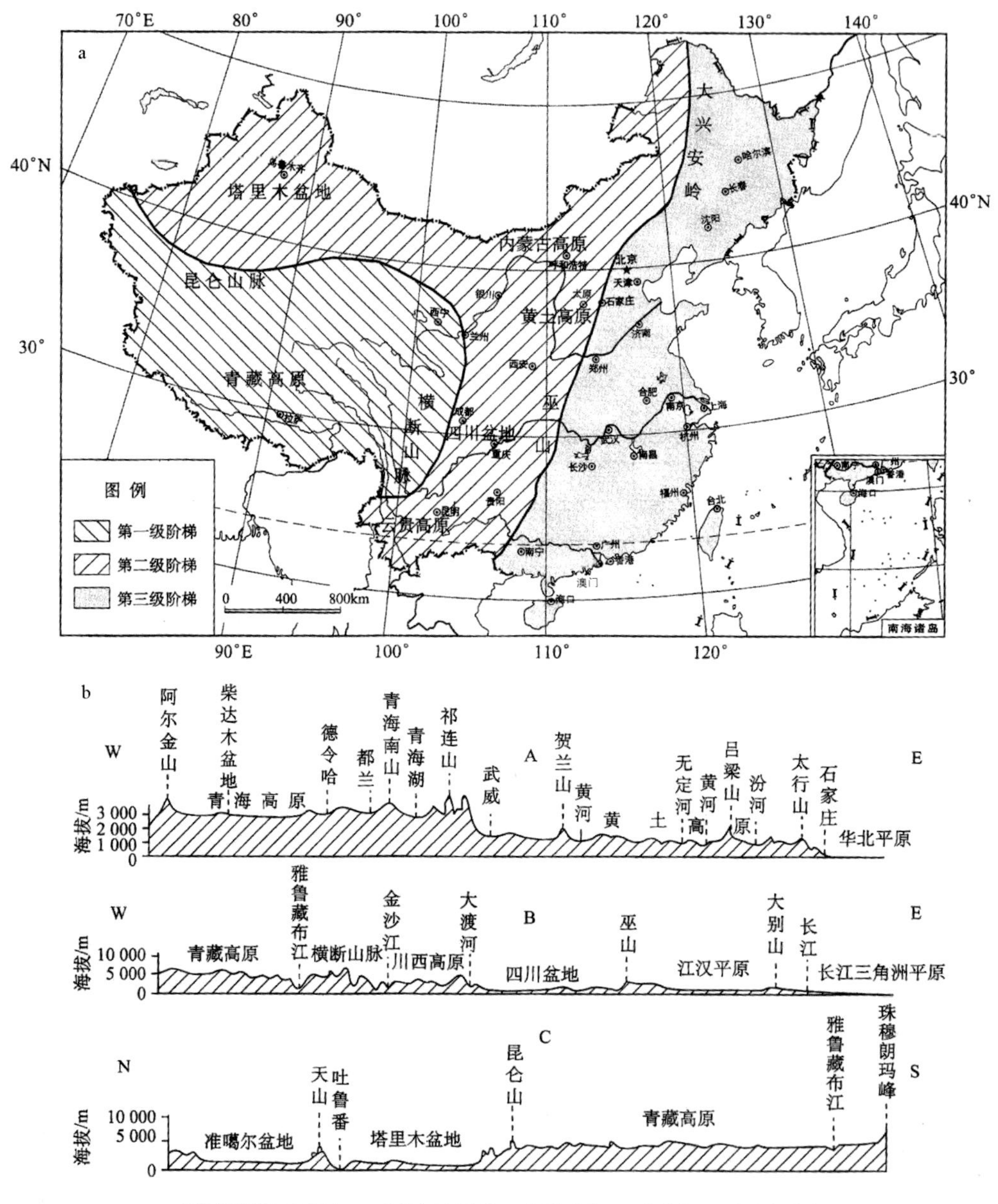

图 1-9 中国地势三大阶梯及剖面示意图

（刘明光，2010）

第三节　中国江河形成的古气候背景

河流是在地质地貌与古气候的共同作用下形成的，在确定的地质地貌背景下，气候便成为河流发育与演变的决定性因素。

新构造运动形成的中国自西向东倾斜的三级阶梯状地势，为中国大江大河的形成奠定了地质地貌背景，而第四纪以来的古气候，则为中国大江大河的发育提供了外营力条件。决定中国河流发育与演变的古气候因素，主要是季风、冰期与间冰期的交替，以及由此引起的海平面变化。本节将就这些因素作一简要论述，并阐述中国第四纪气候的演变概况。

3.1　季风的形成与演变

如前所述，历经喜马拉雅运动第一期（也称第一旋回，约从 40MaBP 至 24MaBP），青藏地区的地面海拔约在 1000m 以下，气候温和，盛行与纬向平行的气流，当时尚不存在季风。

在喜马拉雅第二旋回过程中，当高原海拔达 2000m 时，曾经形成过季风，称这时的亚洲夏季风为古季风。但随着高原被剥蚀降低和夷平面形成，及太平洋升温结束，亚洲古季风也随之衰退，气候开始转向干冷。

在青藏运动进入 B 幕后，高原面再次上升到 2000m 以上，开始对大气环流产生重大影响。一方面建立了稳定并不断增强的夏季风系统，夏季风携带湿润气流深入高原，到 1.7MaBP 是早更新世最湿润的时期，柴达木盆地于 1.95Ma～1.3MaBP 期间甚至出现了湖泛；另一方面，在 B 幕期间，形成了北欧与加拿大的大冰盖，冰盖的反照作用使高纬度地区温度进一步下降，形成西伯利亚-蒙古高压并不断加强，冷空气从高纬度地区频频南下，增强了冬季风的作用，造成中亚干旱、植被退化，并促使中国北部地区开始出现午城黄土堆积。至此亚洲现代季风开始形成，但范围尚不大，如图 1-10（施雅风等，1999）所示。

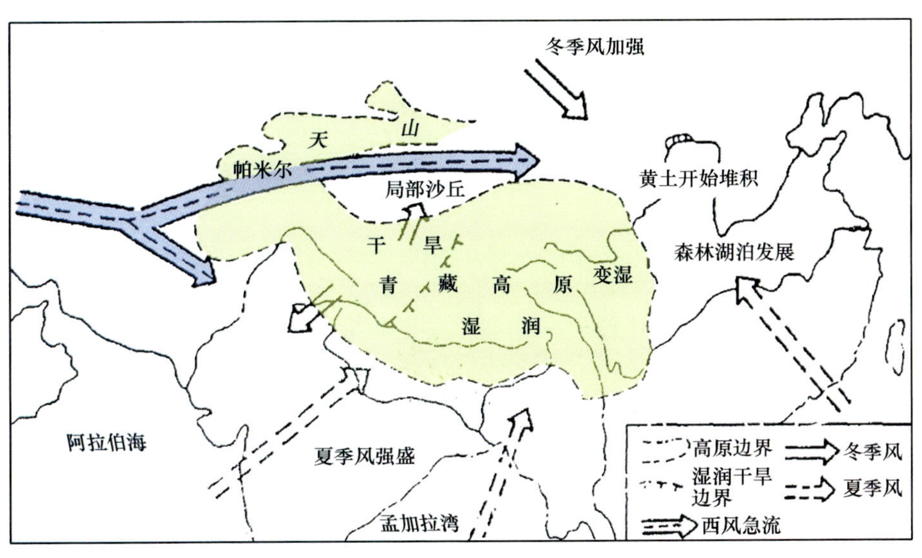

图 1-10　青藏运动 B 幕对东亚环境影响示意图

（施雅风等，1999）

在昆黄运动期间，一方面大规模的冰川提高了地表反照率，增强了冬季高原上空的冷高压系统，促使高原进一步变冷，使高原成为大气环流的冷源，冬季风增强；另一方面，由于昆黄运动的作用，高原西北侧塔克拉玛干沙漠扩大，高原东北侧黄土堆积加厚，堆积范围扩大到整个黄土高原；再一方面，高原东侧地形起伏加大，西南季风增强，融雪与融冰径流与暴雨结合，增强了对地表的侵蚀（施雅风等，1999）。见图 1-11。

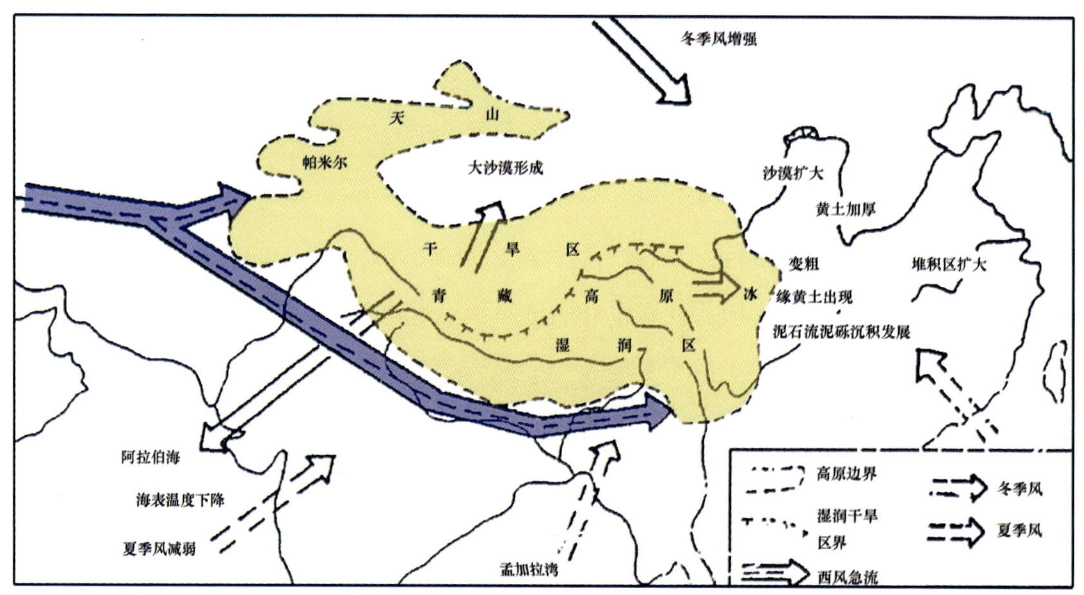

图 1-11　昆黄运动对东亚环境影响示意图

（李吉均，2001；施雅风等，1999）

亚洲季风的形成，除青藏高原隆升和扩大作为主导因素之外，海陆之间的热力差异也是重要的成因。例如，特提斯海消失，退缩到现代咸海、里海和黑海一带，引发亚洲西南季风的出现，同时大陆高压从我国北部迁移到西伯利亚；南中国海在 24MaBP 的渐新世之末被拉开成为深海，对中国季风气候也具有重大意义。

有大量事实（黄土粒度与粗颗粒含量、磁化率等）表明，亚洲季风在 24M~22MaBP 形成之后，在新近纪经历了不断增强的过程。其间，16M~14MaBP、10M~7MaBP 和 3.6M~2.6MaBP 是季风增强的三个重要时期，随后进入现代季风演变阶段（安芷生等，2006；张兰生和方修琦，2012）。

3.2　中国第四纪冰期与间冰期

如上所述，继青藏运动 C 幕之后，昆黄运动使青藏高原进一步快速抬升，高原地面高程上升到了 3000m 以上，山地海拔达到 4000m 以上，青藏高原进入了冰雪圈，由此形成了中国的第四纪冰期与间冰期。

冰期-间冰期是第四纪气候的主要特征。欧洲和中国第四纪冰期-间冰期的划分如表 1-1（杨怀仁，1996）。中国称东部大理冰期为末次冰期，称庐山冰期为倒数第二冰期，称大姑冰期为倒数第三冰期，而称鄱阳湖冰期为倒数第四冰期，也即第四纪的首次冰期。末次冰期是对中国江河发育和环境演变影响最深刻的冰期。末次冰期开始、全盛和结束年代，因纬度、海拔和对第四纪的认识不同等多种原因，世界各地的划分并不一致，如表 1-2（杨怀仁，1996）。中国末次冰期开始于距今 3.6 万年，18kaBP 达到顶峰，称为盛冰期，15ka～14 kaBP 时冰川开始消退，到 12ka～10 kaBP 全球变暖，山岳冰川迅速后退。

从 15ka～14kaBP 到 12ka～10kaBP 这一段时间，称为末次冰期的晚冰期。晚冰期历时 3000a 左右，其间气候复杂多变，在北欧通常划分为三个冷期与两个暖期，如表 1-3（夏正楷，1997）所示。

表 1-1　欧洲和中国第四纪冰期-间冰期的划分（杨怀仁，1996）

中国西部冰期		中国东部冰期		阿尔卑斯冰期	
冰期	间冰期	冰期	间冰期	冰期	间冰期
绒布寺		大理		玉木	
	基-绒		庐山-大理		里斯-玉木
基隆寺		庐山		里斯	
	聂-基		大姑-庐山		民德-里斯
聂聂雄拉		大姑		民德	
	希-聂		鄱阳-大姑		恭兹-民德
希夏邦马		鄱阳		恭兹	

表 1-2　世界各地末次冰期开始、全盛与结束的年代（杨怀仁，1996）

地点	开始年代/aBP	全盛年代/aBP	结束年代/aBP
中欧和德国	70 000	20 000～18 000	10 000
北美	—	21 500～18 000	9000
俄罗斯	—	—	10 400
格陵兰冰盖	73 000	—	10 000
大洋岩心	60 000	—	11 000
			13 000
加勒比海岩心	—	17 000	—
新西兰	—	18 000	—
智利	—	19 400	—

表 1-3　北欧晚冰期气候分期（夏正楷，1997）

时代	分期名称	气候特征	距今时间/10^3a
冰后期	前北方期	变暖	＜10.3
晚冰期	新仙女木期	变冷	10.8～10.3
	阿勒罗德期	转暖	12.1～10.8
	老仙女木期	变冷	12.5～12.1
	博林暖期	变暖	13.0～12.5
	最老仙女木期	变冷	＞13.0

继晚冰期之后，即从全新世以来，称为冰后期。冰后期气候仍有较大波动，在北欧通常划分为 5 个气候分期，如表 1-4 所示。

表 1-4　北欧冰后期气候分期（夏正楷，1997）

时代	气候分期	年龄/10^3aBP	气候特征
冰后期	亚大西洋期	2.7～0	温凉湿润
	亚北方期	5.0～2.7	干燥暖和
	大西洋期	7.5～5.0	温暖潮湿
	北方期	9.5～7.5	干燥暖和
	前北方期	10.3～9.5	干燥凉爽
晚冰期	新仙女木期	＞10.3	干燥寒冷

中国东部晚冰期与冰后期气候总的变化情势与北欧相似，已如前述。竺可桢（2004）认为，中国自 7.5ka～5.0kaBP 以后，存在四次冰川较大幅度发展的时期，竺可桢称其为 4 个新冰期。易朝璐等（2005）对第一至第四新冰期的划分提出了新的时间界限，即 3.5ka～3.1kaBP 为第一新冰期，2.8ka～2.5 kaBP 为第二新冰期，1550±70a～1580±60aBP 为第三新冰期，1528±20AD～1871±20AD 为第四新冰期，第四新冰期也称为小冰期。易朝璐等（2005）将小冰期再进一步划分为第一小冰期（1528±20AD）、第二小冰期（1777±20AD）和第三小冰期（1871±20AD）。至此，我们可以清晰地了解了第四纪冰期-间冰期的交替演变脉络。小冰期的年平均气温比现代低 2℃。

3.3 第四纪海平面变化

在古近-新近纪，全球海平面变化最重大的事件是 14Ma～11MaBP 南极冰盖的形成与发展。据估计，南极冰盖的形成可使当时海平面下降约 40m。进入第四纪以后，气候冷暖变化与冰期-间冰期交替给第四纪海平面带来新的变化。

3.3.1 早更新世—中更新世的海平面变化

早更新世海平面继承新近纪海平面变化趋势，但由于至今未找到当时古海面确切遗迹，因此仍难以给出海面高度。

中更新世海平面经历了四个高海面时期和四个低海面时期。其中四个高海面时期分别是 220ka～180kaBP、300ka～260 kaBP、360 kaBP、520ka～460 kaBP，介于其间的是相对低海面时期（夏正楷，1997）。

3.3.2 晚更新世海平面变化

对于晚更新世海平面变化，科学家们已经发现了该时期较多的古海面遗迹，并掌握了海底沉积物（如氧同位素）测年方法，因此可对该时期海面变化给出较确切的定量描述。目前的研究成果是将晚更新世海平面变化划分为 5 个阶段：①110ka～70 kaBP，估计当时海平面高度为–15m（以现今海平面高度为零值计，下同）。②60 kaBP，海平面高度为–28m。③40ka～25 kaBP，该时期海平面波动很大，各国学者给出估计值相差悬殊甚至出现正负之别。这一时期我国发生海侵，称为献县海侵，估计当时海平面高度为±5m。④18kaBP，这一时期正值末次冰期的盛冰期，气温大幅下降，海平面为晚更新世的最低值，但各国科学家给出的估计值仍有较大差别，如表 1-5。中国学者杨怀仁（1996）给出了中国东部距今两万年以来海平面高度变化曲线，如图 1-12。杨怀仁（1996）在绘制该曲线时考虑了构造沉降和海洋沉积对海洋面变化的贡献率，故他称其为绝对变化曲线。在此基础上，杨怀仁（1996）给出末次冰期的盛冰期中国东部海平面高度为–130～–120m。⑤进入晚冰期（15ka～10kaBP），气候回暖，冰盖消退，海平面高度回升到–40～–30m。

3.3.3 全新世海平面变化

早全新世继承了晚更新世晚冰期海平面变化的回升态势，在 7kaBP 时回升到-10m，到 6kaBP 时已达到现今海平面的位置。

表 1-5　全球 18kaBP 古海面位置（夏正楷，1997）

地点	作者	海面位置/m
墨西哥湾	柯里（Curry，1965）	−130
新英格兰沿岸	麦克马斯特（McMaster，1965）	−144
大西洋沿岸	米里曼和埃默里（Milliman 和 Emery，1968）	−132
日本沿海大陆架	星野	−130±20
巽他陆架	巴特切洛（Batchelor，1979）	—128
北海深槽	默尔纳（Morner，1970）	−90～—85
法国布列塔尼	皮诺特（Pinot，1969）	−92～—89
澳大利亚大堡礁	维赫和维弗斯（Veeh 和 Vevers，1970）	−175
美国东部大陆边缘	迪朗和奥尔代（Dillon 和 Oldale，1978）	−90～—80
白令海近岸	霍普金斯（Hopkins，1973）	−100
太平洋阿拉弗拉海	约希奈（Jongsina，1970）	−175～—130
中国东海大陆架	朱永其（1979）、赵希涛（1979）	−143

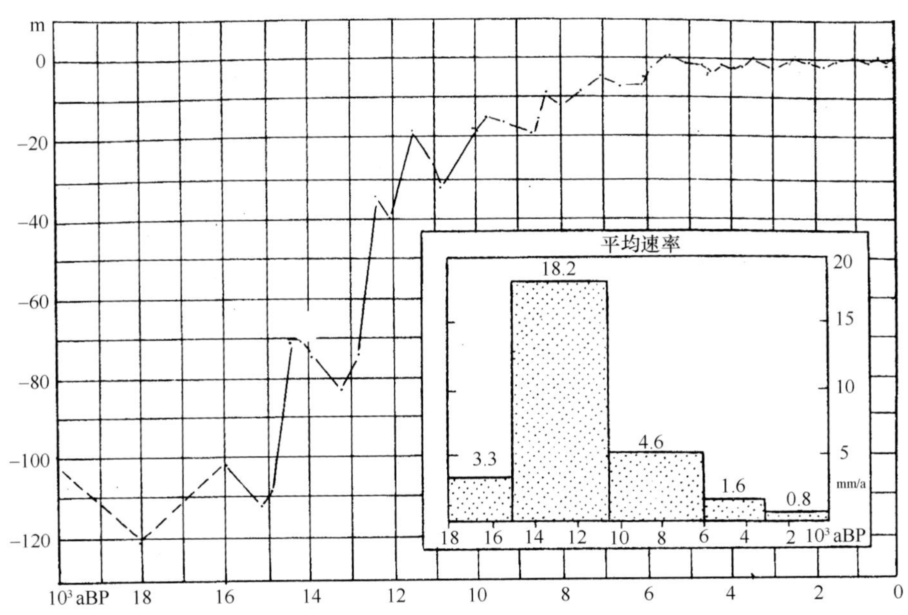

图 1-12　中国东部两万年以来海平面的变化曲线
（杨怀仁，1996）

在中全新世至晚全新世，全球海面总体维持现今的海面高度，但也有小波动，且各地的变动不完全一致，存在地区差异。

近 100 年来（1880～1980），多数学者认为海面有轻微升高的趋势，上升幅度约为 15cm 左右，如图 1-13（夏正楷，1997）。

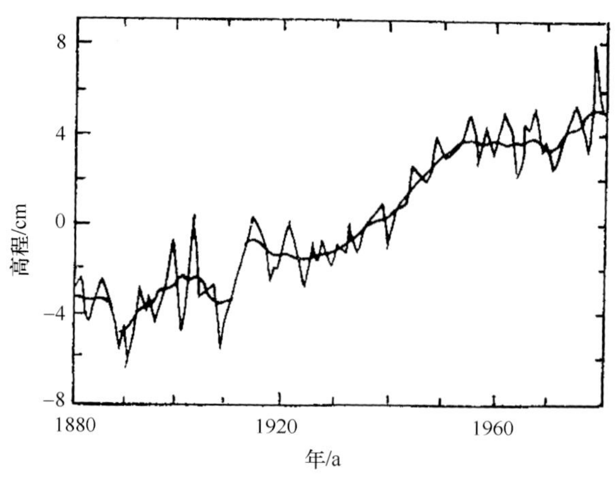

图 1-13　近百年来全球海平面变化
（夏正楷，1997）

3.4　第四纪气候背景

3.4.1　第四纪前北半球的气候状况

在古近纪的古新世初期，全球平均气温比现今约高 9℃，随后有小幅波动，到始新世末至渐新世初期，复又升高到比现今高出 12℃，从渐新世末起，气温开始持续和较大幅度下降，但到上新世后期仍比现今全球平均气温高 3～6℃，如图 1-14（夏正楷，1997）。古近纪-新近纪时期北半球副热带的位置比现今要北移约 20 个纬度。可见，在古近纪-新近纪时期，全球都在经历着温暖湿润的热带亚热带气候。长江中下游地区也处于年均气温 10℃左右。

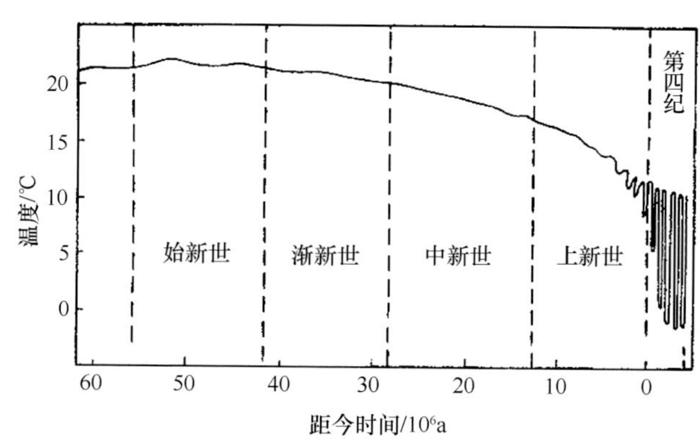

图 1-14　古近纪以来全球气候变化趋势
（夏正楷，1997）

3.4.2　第四纪北半球气候变化的特征

进入第四纪后，全球气候表现出两个最基本的特点：①全球显著变冷，气温显著下降，冰川扩张，气候带南移，温带范围明显缩小。②气候呈现明显的准周期变化。这种变化以冰期和间冰期交替为基本特征，同时伴有雨期与间雨期的交替和冬季风与夏季风的交替，其过程如图 1-15（夏正楷，1997）所示。值得指出的是，在上述气候冷暖交替的过程中，气候由暖向冷转变呈现平缓的渐变过程，而由冷转暖则较为迅速，表现出突变的过程。

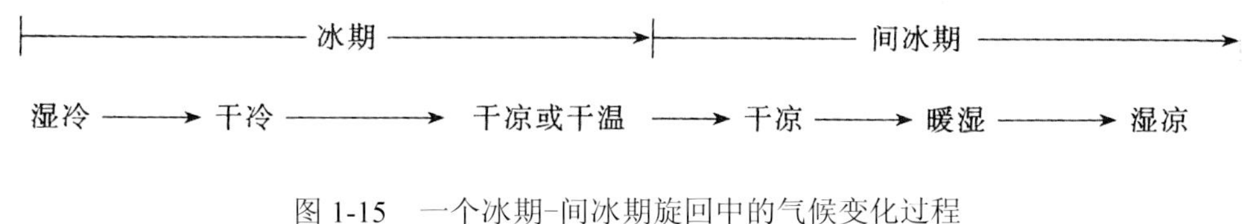

图 1-15　一个冰期-间冰期旋回中的气候变化过程
（夏正楷，1997）

3.4.3　中国第四纪气候变化

第四纪气候的上述特点，在不同时期和地域所表现出的冷暖干湿变化程度和情景并不是同步和一致的，而是存在着较大的差异。

在中国东部地区，第四纪气候变化主要以黄土-古土壤序列为依据进行识别。刘东生（1985）根据黄土高原上黄土剖面中黄土与古土壤的交替情况指出，自 0.70MaBP 以来有 14 个古土壤层，据此推断中国东部地区至少有过 14 次干冷-湿暖的气候交替。丁仲礼等进一步研究指出，自 2.50MaBP 以来，黄土剖面中共有 37 次黄土与古土壤的交替，反映第四纪期间中国东部地区至少经历了 37 次干冷-湿暖的气候旋回（丁仲礼、刘东生，1989）。

在中国西北地区，第四纪气候变化主要表现为沙漠的进退和湖泊水位的变化。郑本兴根据沙漠沉积和古土壤的交替，证实我国西北地区在第四纪期间至少有过三次较大规模的风沙活跃期。其中第一次在早更新世，第二次在中更新世初期，第三次在晚更新世中期至晚期。这三次风沙活跃期气候干冷多风，而风沙活动间隙期有古土壤发育，代表比较温暖的气候（郑本兴，1990）。

在中国青藏高原地区，第四纪气候主要表现为山岳冰川的活动。吴锡浩（1990）根据冰碛物及古土壤分布，将青藏高原冰川活动分为 6 期，并与黄土-古土壤序列进行对比，如表 1-6。

表 1-6　青藏高原冰碛层-古土壤序列与黄土高原黄土-古土壤序列对比
（吴锡浩、李永照，1990；夏正楷，1997）

青藏高原冰碛层及间断	青藏高原古土壤及间断	黄土高原黄土-古土壤序列	冰碛层和古土壤上限年龄/MaBP
冰后期冰碛层（M_0）		L_0	
M_0/M_1 间断	棕壤（MS_0）	S_0	0.005
第一冰碛层（M_1）	MS_0/MS_1	L_1	0.011
M_1/M_2 间断	褐土（MS_1）	S_1	0.075
第二冰碛层（M_2）	MS_1/MS_2	$L_2 \sim L_5$	0.13
M_2/M_3 间断	褐红壤（MS_2）	S_5	0.48
第三冰碛层（M_3）	MS_2/MS_3	$L_6 \sim L_9$	0.61
M_3/M_4 间断	褐红壤（MS_3）	$S_9 \sim S_{12}$	0.83

续表

青藏高原冰碛层及间断	青藏高原古土壤及间断	黄土高原黄土-古土壤序列	冰碛层和古土壤上限年龄/MaBP
第四冰碛层（M_4）	MS_3/ MS_4	L_{13}～L_{15}	0.96
M_4/M_5 间断	褐红壤（MS_4）	WS_1～WS_2	1.23
第五冰碛层（M_5）	MS_4/ MS_5	WL_2（～WL_4）	1.56
M_5/M_6 间断	红色风化壳（MS_5）	RS	2.35
第六冰碛层（M_6）	MS_5/?	?	＞3.0

进入晚更新世和全新世，中国气候变化表现出很强的波动性和区域特征。总体而言，在晚更新世末期和早全新世早期，我国大理冰期的冰后期气候偏寒温，气温比现今低 1～3℃；进入中全新世后，气候温暖偏湿；到晚全新世开始向温凉方向发展。晚更新世和全新世气候变化对中国河流的发育与演变有重大影响，但其情况与特点随不同流域有别。

综上所述，在青藏运动、昆黄运动、共和运动以及华夏裂谷运动驱动下，青藏高原隆升，东部濒海地区沉降，形成了中国三级阶梯式地势，形成了亚洲季风，进入了第四纪冰期与间冰期交替及由此引起的海平面变化。正是在这样的地学环境背景下，开始了中国主要江河的形成与演变进程，并赋予了中国各条江河的地学属性。诚然，本节只是江河形成宏观地学环境的几笔素描，其较详细的内容与机制将在以下几章中，结合各条江河予以较深入地阐述。

第四节　江河治理地学基础的概念与方法论

4.1　定义与内涵

江河治理的地学基础，是指江河治理中应当遵循河流的地学属性，包括流域地质与地貌背景、气候与水文，以及自然地理等因素。

流域地质主要指新构造运动（新近纪以来的构造运动）形成的原始地貌特征，它决定了中国河流的走向和沿程比降变化的基本特征，也决定了河流所在地域的抬升或沉降特征。例如，喜马拉雅构造运动形成了中国西高东低、呈三级阶梯状向东倾斜的大地势，使长江、黄河等大江大河自西向东奔流；新华夏构造运动在东亚广大范围内形成若干条隆起与沉降相间的巨型构造带（如图 1-8），自东向西依次是：①渤海-黄海-东海第一构造沉降带；②辽鲁地穹系-闽浙地穹系第一构造隆起带；③松辽平原-华北平原-江汉平原及洞庭平原连结成的第二构造沉降带；④太行地穹系-武陵地穹系第二构造隆起带。这些隆起与沉降相间的巨型构造带，在宏观上决定了中国东部河流的侵蚀与沉积特征。

河流地貌是在地质构造基础上，由河谷、水流、泥沙长期相互作用形成的。同时，河流地貌也反作用于河道水流与泥沙的运动。所以，河流地貌既是河流发育的历史记录，也是河流今天和未来发育的重要控制因素。在现代关于河流地貌的研究中，不仅关心外营力对河流的塑造作用，而且也是十分关注第四纪以来的构造地貌特征。事实上，从松辽平原、华北平原、江汉平原到洞庭平原，这一广大地区的暴雨洪涝，正是由于东亚第二构造沉降带这一构造地貌特征，使该地区的洪水处于易吞难吐的境地所造成的。

水文气候是作用于河流最活跃的自然因素。在中国，东亚季风决定了东部地区河流的水情，也在很大程度上决定了河流的发育。因此，从水文气候意义上说，河流是气候的产物。气候特征决定了河流的水文特征，即决定了河流的物质流（水流、泥沙、溶质）和能量流的通量特性，如洪水与枯水、冲刷与淤积等河流动力学特征。

流域自然地理为河流发育提供了特定的环境背景，包括水沙来源和生态特征等。流域自然地理条件遭到破坏，将危及河流健康，导致河流萎缩甚至消亡。

这些地学因素犹如河流的“基因”，它们共同构成了河流的地学属性。地学因素随时间的变化虽然相对较小，或仅存在相对稳定的年季变化，然而其对河流发育演变的影响却是固有的、持久的、起控制作用的。

4.2 河流地学属性的研究方法

怎样揭示河流的地学属性，并从中获得进行江河治理的地学依据与启示，对江河治理者来说尚是一个全新的课题。笔者通过对长江、黄河、淮河、海河以及太湖水系地学属性的研究，得到一些初步的认识。

1. 树立江河治理的地学观

在本章第一节中已经指出，江河治理的地学基础这一命题，是在对中国七大江河治理实践中出现的问题进行深刻思考后提出来的。通过对这些问题的思考，人们认识到：忽视河流的地学属性，仅从社会、经济、工程技术角度去制定江河治理的方略与规划，不能取得良好效果，难以达到预期目标；江河治理是人与河流的对话，充分尊重河流的地学属性，对话才可能是和谐的。河流的地学属性是江河治理获得成功的科学依据和必要条件。因此，在江河治理实践中，应当充分重视从地学角度对治理方略与规划进行审视，以期取得“他山之石可以攻玉”的效果。

2. 坚持问题导向的研究路线

问题导向是研究江河治理地学基础最重要的方法。面对每条江河治理中地学基础研究，必须回答以下四个最基本的问题：①该条河流是怎样形成的？②该条河流形成至今是怎样演变的？③该条河流具有怎样的地学特性？④通过对地学属性的分析与认识，对该条河流治理有哪些新的启示？在回答上述问题的过程中，又会提出新的问题。例如，在回答“淮河是怎样演变的”这一问题时，黄淮关系的形成与演变是其核心问题，为此相继提出了一系列新的问题。例如，在尚未受到人类活动影响前的地质历史时期，黄淮关系是怎样的？那一时期黄河为什么没有夺淮？在人类历史时期，为什么在 1194 年以前淮河仍然是一条河宽水深、径流充沛、独流入海的大河，而 1194 年以后则黄河屡次夺淮，终于使淮河失去了下游河道？黄河夺淮夺泗的三条主要路径的地学背景是什么？等等，计有十余个问题需要回答。“黄淮关系”的研究，就是遵循着提出问题→解决问题→再提出问题→再解决问题这样一条研究路线，把研究工作不断拓展和引向深入，逐一摘下“问题树”中的果实。

同样的，关于长江中游的“江湖关系”问题，关于黄河下游的“水沙关系”问题等，也是循着问题导向这一研究路线进行的。研究实践表明，在江河治理地学基础研究中，问题导向这一研究路线是完全正确的，必要的。

3. 注重实地考察

在关于江河地学属性的研究中，尽可能获得感性认识是十分必要的。很难想象，在没有对所研究的河流进行较全面实地考察的情况下，仅凭通过文献和资料的分析与研判，就能对所研究河流有真实、系统、较全面和有一定深度的认识。

近 10 年来，笔者有幸随水利部科学技术委员会从黄河口溯大河而上直至黄河源；从长江源区沱沱河顺江而下直至长江口，经金沙江、大渡河、岷江、沱江等西南支流作实地考察；也实地考察了淮河、太湖流域与海河。没有这些从实地考察中获得的感性认识，要有一定深度的揭示和认识这些江河的地学属性，是不可能的。有两个实例很能说明实地考察的科学价值。

例一，关于黄河源区生态脆弱性的认识。在许多关于黄河源区生态环境研究的论文中，大多只描述了源区生态脆弱的状况及其对黄河上中游生态环境与水文过程的影响，而对源区生态脆弱性之特点和遭受破坏后的严重性论述极少或十分浅薄。2011 年 7 月我随水利部科技委赴源区实地考察，发现海拔在 3500m 以上的广阔地面上只覆盖着不足 1m 厚的瘠薄土层，土层上长着高寒地区的矮蒿草、藏蒿草等高原草甸植被，一旦土层遭到破坏，高原地面便成为裸露的基岩或砾石。更有甚者，这种瘠薄的土层是当地基岩历经上万年的风化、剥蚀和成土过程才形成的，一旦破坏很难甚至不可能恢复。又由于地处世界屋脊，地势高亢，不可能像平原地区那样得到外来土壤的补充。由此可见，土层瘠薄和一旦破坏不可能恢复，是黄河源区生态脆弱性的基本特点。基于这样的认识，才能提出保护黄河源区生态环境的正确措施，并突出其紧迫性。显然，不通过深入的实地考察，是不可能对黄河源区生态环境有深刻认识并提出正确保护措施的。

例二，关于黄土高原在全新世生态环境的认识。地质学家们通过对黄土-古土壤中孢粉的分析认为，黄土高原自然植被本底是以草本和灌木占绝对优势的，并无森林生长（刘东生，1994）。而历史地理学家们通过对大量历史文献分析认为，黄土高原在历史时期（全新世中晚期）存在过森林景观（史念海，2002）。怎样理解关于黄土高原全新世生态的上述不同认识呢？通过 2006 年 5 月和 2007 年 7 月参加水利部科学技术委员会对黄土高原深入考察，笔者从感性认识到，在黄土高原的广大塬区（显性生境），全新世的生态确实是属于草原景观，而在黄土高原的河谷阶地和沟谷区（隐性生境），或黄土高原周边的基岩山地，也确实曾经是森林景观。因而可以得出结论：黄土高原的广大显性生境区域的自然植被本底是草原生态景观，它反映了黄土高原生态环境的地带性特征；在黄土高原的局部隐性生境地区则存在过森林景观，它反映了黄土高原生态环境的局部性特点。显然，这样的认识可为制定黄土高原生态环境治理和保护方针与规划，提供重要的科学依据。

例三，关于长江中游现代江湖关系的认识。笔者参加了长江中游和洞庭湖区考察，当我站在荆江大堤上远眺堤右岸边的涛涛江面和堤左岸外辽阔平原时，才感性地认识到荆江南北地势与洪水位的相对关系，认识到调整江湖关系，有计划有步骤地向江汉平原分水分沙的必要性和紧迫性。当我巡察了洞庭湖区的围垸和洪道后，才注意到当前洞庭湖区洪道水位远高于围垸地面，形成“悬湖”与“悬河”的态势和潜在的洪涝风险，才在深思和论证后形成洞庭湖的退田还湖的实施方针，应当是有计划地逐步实行“洪道与围堰互换”的想法。

还有许多重大科学问题，例如长江第一弯的形成、黄河三门峡和长江三峡被切穿从而实现黄河与长江各自的全河贯通时期与过程等，显然不通过实地考察是不可能回答这些问题的，而且实地考察也十分有益于我们对已有研究成果的理解。

上述实例表明，在进行江河治理地学基础的研究中，野外实地考察是何等有价值和必不可少的方法。

4. 充分利用地学界长期以来的研究成果

我国有一支水平很高的地球科学家队伍。近百年来，地球科学家们对我国地学进行了广泛深入的研究，尤其在构造地质、第四纪、古气候与环境、冰期与海平面变化等方面，做了大量卓有成效的工作。这些研究成果，是进行江河治理地学基础研究必不可少的科学和资料支撑。事实上，我们在进行任何一条江河地学属性研究的时候，都不可能专为此目的而重新建设大量新钻孔和进行更深入的地质地貌学分析。然而我国地质科学家们半个多世纪以来所获得的数以万计的钻孔、物探、地质测量和实验室分析数据和资料，以及数以千计的重要学术论文与地质调查文献，却是我们进行江河地学属性研究最重要的依据。

值得指出的是：

（1）在关于地球科学的研究中，由于研究者的研究目的与重点不同，研究依据与方法不同，所采用的资料不同等因素，对同一研究课题往往会有各不相同的结论。例如，关于黄河三门峡的贯通时间、关于长江三峡的贯通时间、关于川江水系调整的过程与原因、关于“长江第一弯”的形成原因与时间、关于黄土高原的形成等，均存在不同的结论。因此，在进行关于江河治理地学基础研究中参考甚至采用某些结论与数据时，必须结合江河治理的目的，做深入地比较、分析与评价。

（2）江河治理地学基础研究的命题，是以从事江河治理的水利、水文学者和工程师们为对象提出来的，并以他们作为主体进行研究工作。然而该领域的学者和工程师们大多缺乏较系统和深入的地球科学知识，因此提升研究者在地质、地貌、古气候与环境等方面的知识修养，实为进行该项跨学科研究者的必备条件。

5. 把握目标，多学科综合集成

尽管我国地学研究成果与积累的资料是如此丰富，然而这些研究主要是基于以下目的开展的：①基于发展地球科学所开展的理论研究，例如构造地质学、新构造运动、第四纪研究等；②基于资源开发与利用的经济目的而开展的应用研究，例如探矿、石油天然气、地下水勘探与开采等的地质学研究；③基于安全与环境保护目的而开展的研究，例如地震研究、古气候与古环境研究等。至今，并没有开展旨在为江河治理服务的关于河流地学属性的系统研究，充其量也只是在大型水工程规划设计时开展以坝址为中心的局部地点的工程地质勘探。因此，江河治理地学基础研究，是一项新兴的、跨学科的原创性研究。

在进行河流治理地学基础研究时，如何从上述浩瀚的地球科学研究成果中吸取所需要的科学事实、观点、结论与认识，是摆在研究者面前最重大而棘手的问题，它将在很大程度上决定对所研究的河流地学属性认识的客观性和深度。为此，最重要的是把握住从目标导向到问题导向的研究路线。即牢牢把握住该河流的治理目标，梳理出为实现该治理目标所要揭示的河流地学属性要素，厘清构成该河流地学属性的诸要素要回答的问题，阐明诸地学要素的成因、特点以及对构成河流地学属性的意义。然后，在上述研究的基础上，凝练认识，集成结论，回答该河流治理中需遵循的地学属性，为河流治理提供地学方面的科学依据。遵循这一由目标导向到问题导向构成的研究路线，不断提出问题，不断从成果和资料中提供回答所提问题所需要的资料和研究成果，我们就能将浩瀚的资料有效地为我所用，真正达到"他山之石可以攻玉"的效果。

6. 注重从地学角度凝练出制定江河治理方略与策略的地学依据和新启示

这既是进行江河治理地学研究的目的与出发点，也是其归宿，是具有战略意义的。为此，研究者必须对其所研究的河流治理的目标、治理的历史过程、现状与问题有深刻理解，对江河治理有较丰富的实践经验和理论修养，理想的研究者应当是由水利、地质、地理、气候、生态等学科的学者组成的研究团队，进行跨学科的协同创新研究。

参 考 文 献

安芷生, 张培震, 王二七, 等. 2006. 中新世以来我国季风-干旱环境演化与青藏高原的生长[J]. 第四纪研究, 26(5): 678-693.

陈庆宣, 曾问渠. 1998. 新华夏构造体系//中国大百科全书·地质学[M]. 北京: 中国大百科全书出版社: 568.

崔之久, 伍永秋, 刘耕, 等. 1997. "昆仑—黄河运动"的发现及其性质[J]. 科学通报, 42(18).

崔之久, 伍永秋, 刘耕, 等. 1998. 关于"昆仑—黄河运动"[J]. 中国科学(D辑), 28(1).

丁仲礼, 刘东生. 1989. 250万年以来37个气候旋回[J]. 科学通报, (19).

李吉均. 2001. 新生代晚期青藏高原强烈隆起及其对周边环境的影响[J]. 第四纪研究, 21(5): 381-389.

李吉均. 2006. 青藏高原隆起的三个阶段及夷平面高度和年龄[M]. 北京: 科学出版社: 65-70.

李祥根. 2003. 中国新构造运动概论[M]. 北京: 地震出版社: 33-34, 39, 107, 304-318.

刘东生, 郭正堂, 郑乃琴. 1994. 史前黄土高原的自然植被景观——森林还是草原. 地球学报, (15): 226–234.

刘东生. 1985. 黄土与环境[M]. 北京: 科学出版社: 46-55.

刘国纬. 2014. 江河之子[M]. 北京: 科学出版社: 155.

刘明光. 2010. 中国自然地理图集[M]. 北京: 中国地图出版社: 73.

刘志杰, 孙永军. 2007. 青藏高原隆升与黄河形成演化[J]. 地理与地理信息科学, 23(1): 8-10, 22-23.

施雅风, 李吉均, 李炳元, 等. 1999. 晚新生代青藏高原隆升与东亚环境变化[J]. 地理学报, 54(1): 10-11, 13-14.

史念海. 2002. 黄土高原历史地理研究[M]. 郑州: 黄河水利出版社: 295–297, 330–342.

水利部水利水电规划设计总院. 2001. 中国防洪规划[Z]. 北京: 水利部水利水电规划设计总院.

吴锡浩, 李永照. 1990. 青藏高原的冰碛层与环境[J]. 第四纪研究, (2): 153.

吴珍汉, 吴中海, 胡道功, 等. 2009. 青藏高原新生代构造演化与隆升过程[M]. 北京: 地质出版社: 8, 10, 128-130.

夏正楷. 1997. 第四纪环境学[M]. 北京: 北京大学出版社: 10, 81, 83, 8894-96, 112, 116.

徐杰, 洪汉净, 赵国泽. 1985. 华北平原新生代裂谷盆地的演化及运动学特征//现代地壳运动(1)[M]. 北京: 地震出版社.

《徐乾清文集》编辑组. 2012. 徐乾清文集[C]. 北京: 中国水利水电出版社: 113-120.
杨怀仁. 1996. 环境变迁研究[M]. 南京: 河海大学出版社: 116-118, 223-224, 226, 263-264, 321, 329-334.
易朝璐, 崔之久, 等. 2005. 中国第四纪冰期数值年表初步划分[J]. 第四纪研究, 25(5): 609-615.
袁宝印, 王振海. 1995. 青藏高原隆起与黄河地文期[J]. 第四纪研究: 353-354.
张兰生, 方修琦. 2012. 中国古地理[M]. 北京: 科学出版社: 52-55.
郑本兴. 1990. 中国西部末次冰期以来冰川. 环境及其变化[J]. 第四纪研究, (6): 104-105.
竺可桢. 2004. 竺可桢全集(第四卷)[M]. 上海: 上海科技教育出版社: 470.

第二章　长江中游治理的地学基础

长江是我国第一大河，发源于青藏高原唐古拉山脉主峰各拉丹冬雪山的西南侧，全长 6300km。从江源至宜昌为上游，长 4512km，流域面积 100 万 km^2；从宜昌至湖口为中游，长 938km，流域面积 68 万 km^2；从湖口至长江口为下游，长约 835km，流域面积 12 万 km^2。

长江水量非常丰富，主要来自上中游，大通站多年平均流量 2.9 万 m^3/s，年径流量 9145 亿 m^3，年入海总径流量达 10 000 亿 m^3。干流年径流量多年变化比较稳定，变差系数为 0.11～0.22，并且有连续丰水年（平均约 11 年）和连续枯水年（平均约 14 年）交替循环的现象。长江的大洪水主要由两种情况形成：①由流域性暴雨洪水形成，如 1788 年、1849 年、1931 年、1954 年特大洪水；②由上、中游局部地区或支流发生连续而集中特大暴雨形成，如 1860 年、1870 年、1896 年、1935 年洪水。长江中游是洪水威胁最严重的地区，因此历来是长江防洪与江河治理的重点河段。

本章在讲述长江形成的背景下，将重点阐述长江中游的地质环境、古气候、江湖关系及荆江河道的演变，揭示长江中游的地学特性，以期为长江中游治理提供地学依据。

第一节　长江的形成

长江作为中国第一大河，其形成的宏观地质、地貌与古气候背景已在第一章中论述。在上述宏观背景下，长江的形成即表现为其各河段的形成与贯通过程。本节将逐段予以阐述。

1.1　长江三峡的贯通

长江三峡位于大巴山东端与巫山山系、神农架山系交汇地区，如图 2-1（刘明光，2010）。三峡地区在地质构造上属扬子地台与滇黔川鄂地台褶皱带，在该褶皱带巴东—宜昌以北有一条呈南北向纵贯三峡地区的次一级隆起，称为黄陵穹窿，也称黄陵背斜。黄陵背斜南北长 75km，东西宽近 40km，背斜的核部在三斗坪一带有出露（杨达源等，2006），为一套寒武纪中深变质杂岩系和花岗岩（向芳，2004）。李四光（1924）、叶良辅和谢家荣（1925）在 20 世纪 20 年代曾指出：黄陵背斜是长江流域东西分水岭，分水岭以西的水系经四川盆地、云贵纵向断裂带汇入孟加拉湾和印度洋；分水岭以东的水系向东汇入太平洋。这一论断已得到后来诸多研究者的认同。由此可见，了解长江三峡贯通的关键，在于揭示黄陵背斜形成、夷平和深切为当今峡谷的机制与过程。

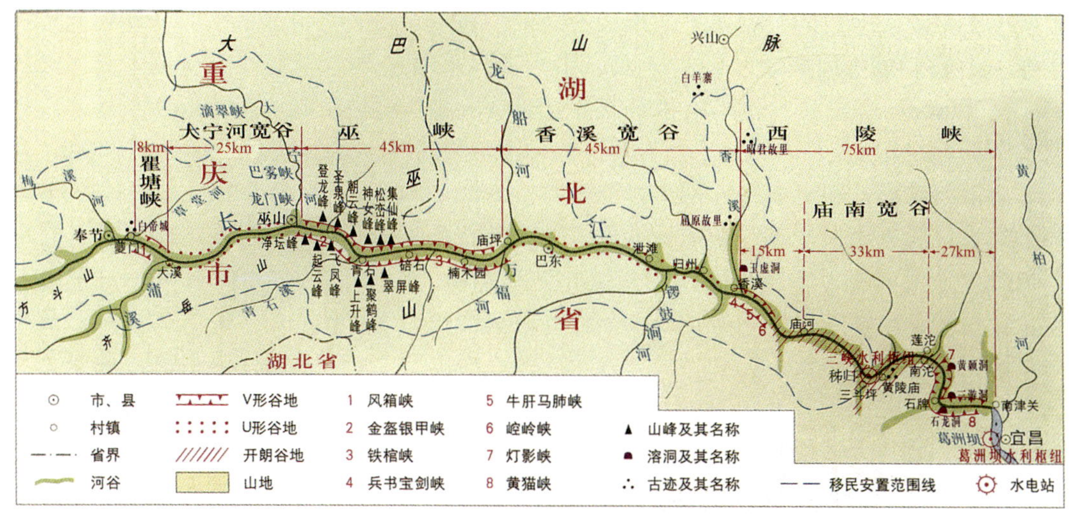

图 2-1　长江三峡的位置

（刘明光，2010）

刘国纬根据众多研究者的论文和专著归纳绘制的黄陵背斜形成、夷平，并最终深切成长江三峡峡谷的过程，如图 2-2［刘国纬根据范代读（2007）、谢明（1990）、谢世友等（2006）、杨怀仁等（1988）文献绘制］。由图 2-2 可见，黄陵背斜是在中生代开始发育的一个继承性的古隆起（范代读，2007）。在侏罗纪时期，黄陵背斜的初始高度不足 1000m。印支运动晚期古隆起开始隆升，燕山运动早期，古隆起周边发生强烈的构造活动，原有的大套沉积盖层发生构造变形，古隆起隆升速度加快。到燕山运动中晚期，古隆起所在地区发生以断块活动为特征的强烈的构造活动，古隆起进一步快速隆升到海拔约 5000m 高度。与此同时，在古隆起东西两侧出现伸展性断裂。在古隆起的核心部位迅速隆起与周边伸展性断裂的共同作用下，黄陵背斜最终形成。自古近纪以来，黄陵背斜进入以剥蚀为主要特征的时期，但在此期间，仍曾发生过多次间隙性的整体抬升，形成

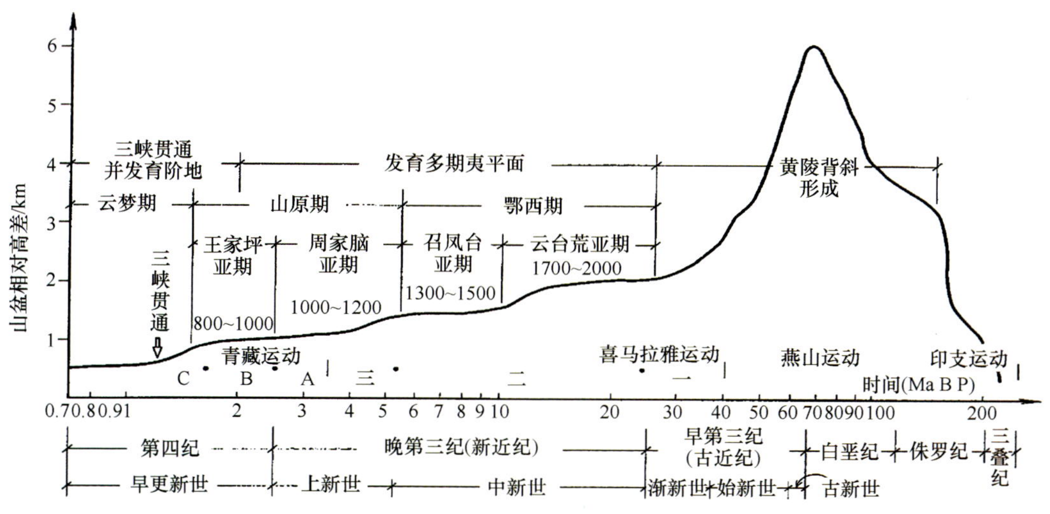

图 2-2　黄陵背斜形成、夷平、深切过程图

（刘国纬制）

了多个夷平面。学者们根据夷平面形成的时期与高度，将夷平面分为三期，即鄂西期夷平面、山原期夷平面和云梦期夷平面。鄂西期夷平面又分为云台荒亚期夷平面（海拔1700～2000m，形成于古近纪）和召凤台亚期夷平面（海拔 1300～1500m，形成于古近纪末至新近纪初）。山原期夷平面也可分为周家脑亚期夷平面（海拔 1000～1200m，形成于新近纪末期）和王家坪亚期夷平面（海拔 800～1000m，形成于第四纪初）。云梦期夷平面也称为剥蚀夷平面，其地貌表现在三峡峡谷范围内和峡谷范围外稍有不同，在峡谷范围内主要表现为分布在峡谷上部较平缓的宽阔谷地，海拔约 500～600m；在峡谷范围外，宜昌以东地区表现为被切割的破碎丘陵，海拔约 200m（宜昌）；在万县以西表现为浅山，海拔约 350m（重庆），形成年代为中更新世。图 2-3（谢明，1990）显示了三峡地区夷平面的纵向分布。

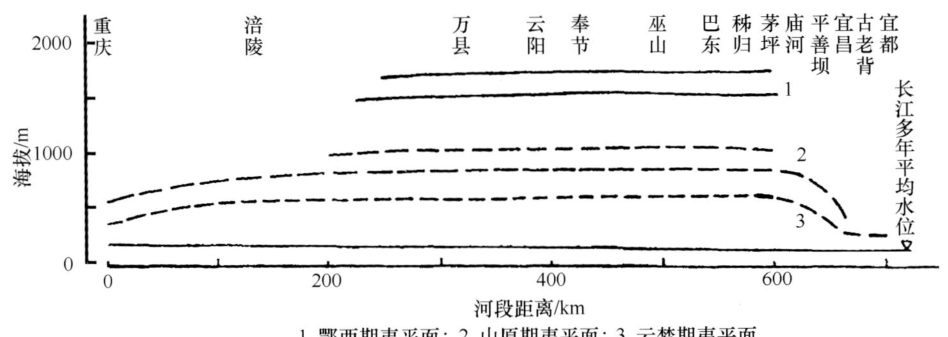

1. 鄂西期夷平面；2. 山原期夷平面；3. 云梦期夷平面

图 2-3　三峡地区夷平面纵向分布示意图

（谢明，1990）

在山原期夷平面形成晚期，中国西部经历了喜马拉雅运动第三期和青藏运动，青藏高原强烈隆起，青藏高原东部形成向东倾斜的大斜坡，即形成中国地势第一级阶梯和第二级阶梯的过渡带，并带动黄陵背斜以西地区抬升。与此同时，黄陵背斜以东地区在新华夏运动影响下持续沉降。在这样的构造背景下，黄陵背斜东部河流溯源侵蚀和向西袭夺的作用快速且持续加强，终于在 1.0±0.2MaBP（杨达源，2004；杨达源等，2006）期间切穿黄陵背斜并袭夺黄陵背斜以西水系，实现了长江在三峡河段的贯通。杨达源通过对峡谷地貌的分析，提出三峡贯通的过程是自下而上逐段进行的，西陵峡首先被切开，瞿塘峡切开的时代最晚（杨达源，2004）。

三峡贯通之后，黄陵背斜以西水系的水流挟带砾石和泥沙自西向东奔腾穿过三峡河道，对河道产生强烈冲蚀，而三峡河道峡谷段多由抗冲能力较差的黄陵背斜核部结晶岩和灰岩构成，且河道轴向与两岸背斜山或单面山垂直相交，也为冲蚀创造了条件（杨达源等，2006）。因此，在溯源侵蚀、水力冲蚀和岩性抗冲性较差的地质条件共同组合下，逐渐造就了深切的峡谷，并形成多级阶地。杨达源等经过多年系统的实地调查和分析指出，三峡河段内共有五级阶地，其沿程分布见图 2-4。其中，一级（T_1）阶地形成于全新世，可被 20 年一遇洪水淹没；二级阶地（T_2）形成于距今约 2.4 万年前；三级阶地（T_3）形成于距今约 9 万年；四级阶地（T_4）形成于距今 11 万年；五级阶地（T_5）形成于距今 73 万年。自晚更新世以来，三峡河段下段的下切要比上段的下切强烈得多，表明三峡河段的溯源侵蚀和下切过程仍在继续发展中。据估计，三峡河段的下切速率约75～85cm/ka，两岸后退速率约20～40cm/ka，两岸坡地年均剥蚀率约1558t/（km^2·a）（杨达源，2004）。

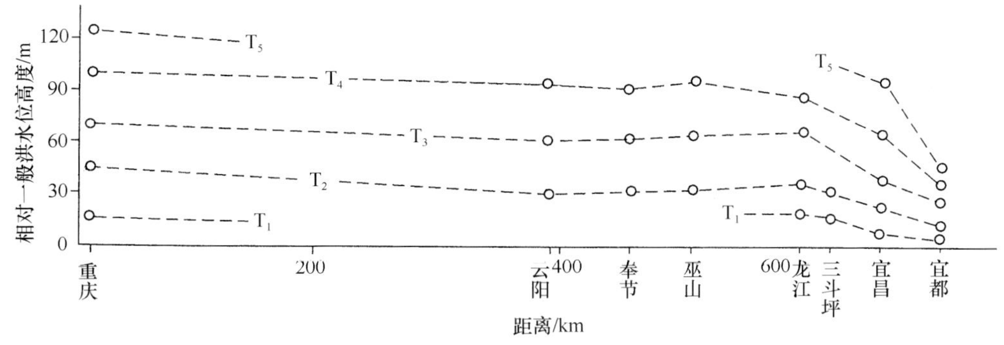

图 2-4　长江三峡阶地纵位相图

（杨达源，2004）

上述关于长江三峡的形成与贯通的论述，是笔者在分析了相当数量已发表的研究成果后形成的看法。然而，由于长江三峡形成与贯通问题的重要性，自 Wills（1907）提出该问题以来，就引起了科学界的持续关注。早年，李四光（1924）、叶良辅、谢家荣（1925）、李春昱（1933）、巴尔博（1935）、李承三（1956）、任美锷（1957）、沈玉昌、杨逸畴（1965）等都做了系统和深入地研究。上述研究主要聚焦于两个问题，即三峡的成因与过程，三峡贯通的时间，然而得出的结论却各异。

关于三峡形成过程，主要有“先成河说”与“袭夺河说”两种观点。“先成河说”认为：早在白垩纪末，长江东西水系就已经沟通了（李春昱，1933；任美锷，1957），或在古近纪时长江已流经三峡地区，但其流路在三峡现流路的南侧（沈玉昌、杨逸畴，1965），后来因构造抬升，河流下切，并溯源侵蚀与袭夺，才在山原期夷平面基础上逐渐形成现代深切的三峡峡谷。“袭夺河说”认为（杨达源等，2006；谢明，1990），是由于黄陵背斜东翼的溯源侵蚀与袭夺沟通了黄陵背斜西侧的水系，从而使东西水系在三峡河段得以贯通，否认在峡谷形成之前已存在东西贯通的古水系的说法。其实，该两种观点虽对三峡形成早期阶段有不同表述，但都认为现代大三峡是由于构造抬升、河流下切与溯源侵蚀与袭夺所形成的，在这一点上并没有本质区别。

关于贯通的时间，各研究者给出的结果差异巨大，从数百万年至数十万年不等。笔者认为，杨达源等利用沉积物与阶地分析，给出形成于1.0 ± 0.2MaBP，与康春国等（2009）利用沉积物源示踪技术、微 T_d 测年技术等绘出的贯通年代为1.1M～1.7MaBP较为接近。事实上，这与中国大多数河流形成于中国三级阶梯地势的形成年代是相符合的。

1.2　川江的贯通

长江干流自宜宾至奉节白帝城河段称为川江。川江上承金沙江，下接三峡河段，总长 830km。川江左岸支流主要有岷江（735km）、沱江（702km）、大渡河（1062km）、嘉陵江（1120km）、涪江（700km）和渠江（666km），右岸主要有赤水河（436km）、乌江（1037km）。这些支流汇聚四川盆地，然后入川江东去，如图 2-5。

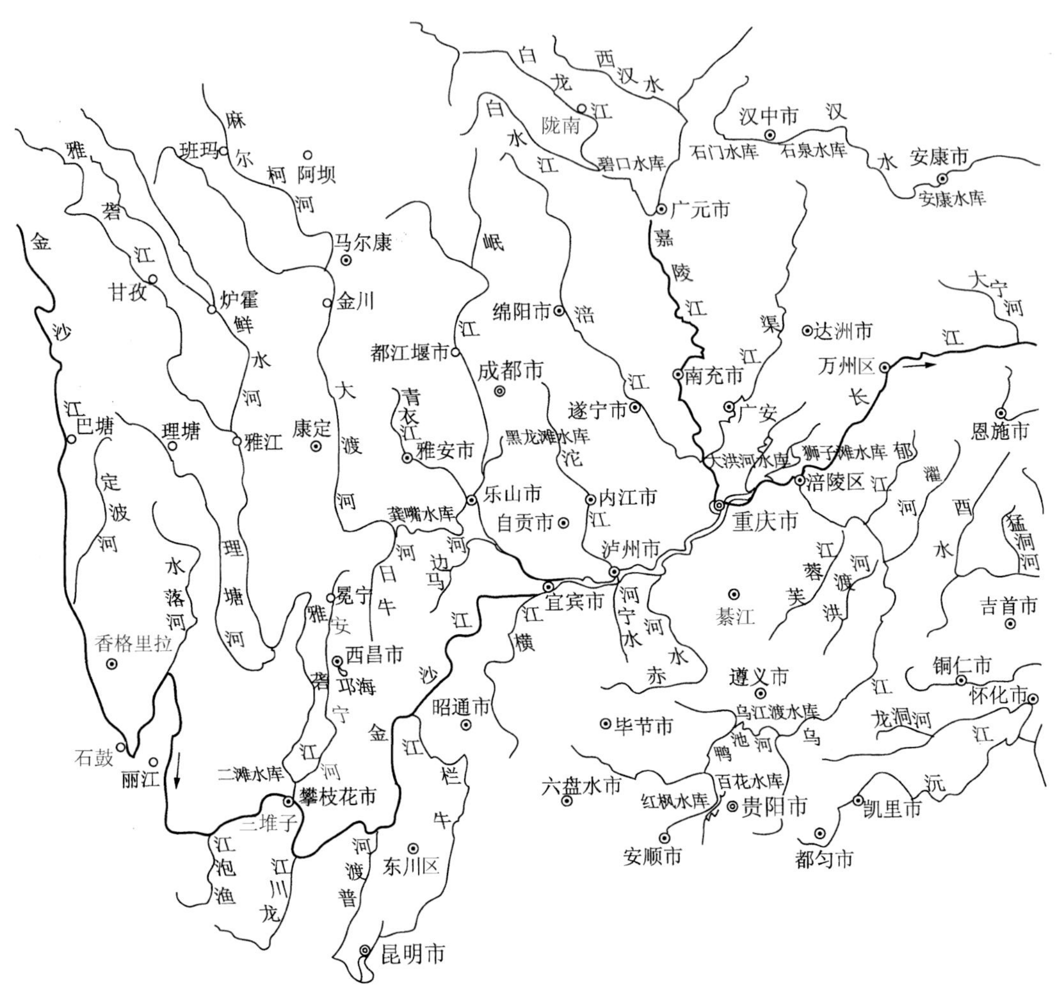

图 2-5　川江水系图

（杨达源，2004；杨达源等，2006）

四川盆地的水系在中生代是向西汇入藏南地带古特提斯海（杨达源，2004），古近纪-新近纪调整为向西向南汇入云贵地区沿纵向断裂带分布的湖泊（如昔格达湖等），到古近纪-新近纪末和早更新世再次调整为向南和东北汇入川江，直至穿越鄂西山地经三峡东去（杨达源，2004）。可见，川江的贯通过程，其实就是自新生代以来川江水系从向西和向南汇流改变为向东和东北方向汇流的逆向转变过程，亦即四川盆地水系调整过程。四川盆地水系调整是在构造运动（内营力）和水流侵蚀与袭夺（外营力）的共同作用下进行的，燕山运动、喜马拉雅运动、青藏运动等构造运动奠定了四川盆地的地形格局，水流侵蚀与袭夺则在此基础上改变着水系的结构与流向。

四川盆地属于扬子准地台四川台拗（郑霖，1998；郭正吾等，1996），在古生代时期隆起，中生代晚三叠世印支运动时期转变为大型拗陷，脱离特提斯海海洋环境，发育陆相堆积（王平，2010；杨达源等，2006），到侏罗纪（140MaBP）时期四川盆地已形成，盆地内的水系也从此逐渐形成。

在中生代白垩纪至新生代古近纪时期，在燕山运动的带动下，四川盆地北侧与东秦岭东西向构造带隆起，与此同时，川东-鄂西南北向构造带隆起，形成了区域性分水岭，因此可以推断，该时期四川盆地古水系是向西和向南汇流的。事实上，沿川江古河道与四川盆地内，存在的上新世时期的冲积砾石堆积呈现东高西低的态势，也反映了该时期四川盆地古水系是向南和西南汇入云南西部的（杨达源，2004）。到第四纪早更新世，在青藏运动带动下，川西高原和滇西高原相继隆起，迫使原向西和向南的汇水改向东和向东北方向汇集，形成向东汇流的川江水系。杨达源根据对川西高原和滇西高原上升速率与四川盆地上升速率之比较分析认为，川西金沙江尾段和宜宾地段只要持续抬升100m 就足以达到使川江改向倒流所需要的高度差，而且只需 5～20 万年便可实现该所需的高度差，使川江水系流向逆转（杨达源，2004），并指出实现这一高度逆转的时间大约发生在早更新世末至中更新世初期间。

伴随着四川盆地构造地貌的演变过程，水流侵蚀与河流袭夺过程也持续进行，深刻地改变着川江水系的结构与流向。地质与河流学家们揭示了记录这一转变过程的大量事实：①川江水系内存在大量的钩状河流。例如，川江右岸的乌江上游本是向西南流的，后来拐向西北汇入川江（杨达源，2004）；川江左岸的嘉陵江多条支流起初沿岷山或仓山向西北流，然后渐拐向南流入川江（杨达源等，2006）。②存在大量的支流与干流或支流与支流的直交或逆交结构，即支流汇入干流的方向与干流的流向呈垂直或逆向。例如，左岸的沱江干流与川江河段流向呈逆交结构；嘉陵江多条较长支流与嘉陵江干流基本上均呈直交结构；右岸赤水河、大洪河、綦江等支流与川江干流大多呈逆交或直交结构。③杨达源利用追踪河流沉积物质来源重建川江水系的方法，在分析了宜宾、重庆、泸州附近高（古）阶地和川江两岸低阶地堆积物组合特征后指出，古川江河段来自嘉陵江流域的汇水是向西流向宜宾方向的，在金沙江下段（石鼓—宜宾）贯通后，才会合金沙江来水经川江流向东海（杨达源等，2006）。

上述事实既在很大程度上佐证了川江河段在早更新世—中更新世期间存在水流逆向调整，并与三峡河段实现了贯通，也表明由青藏运动牵动的川西高原与云贵高原相继隆起和在此背景下形成的水流侵蚀与河流袭夺，是实现这一过程的外营力。Clift 等（2006）把这种东西向的贯通概括为“河流分段反向连续袭夺模式”。其实，这也是适合长江贯通全过程的一种河流发育模式。

关于川江水系的逆转和长江三峡贯通的时期，已在上述关于川江流向由向西改变为向东的构造背景与河流袭夺中论及，以下再从沉积学角度提出一些佐证。根据杨达源（2004）的研究，在三峡出口处的宜昌河段东南，存在一个以云池（宜昌东南约 50km 处）为顶点，纵向长约 200km 的大型颗粒堆积体，堆积体的主要物质组成是花岗岩。杨达源认为该堆积体的形成，不仅反映了来自宜昌以上的水量大增，而且也表明上游的侵蚀能力大大加强。据此他认定，这是宜昌附近古长江获得长江上游大面积汇水的时期，并将这一时期定为长江三峡贯通的时期。杨认为，三峡贯通在 100±20MaBP。显然，这一事实也提示川江可能在这一时期与三峡河段贯通。

杨达源以类似的思路与方法研究了川江宜宾以下河谷中雅安砾石层的堆积特点，认为雅安砾石层的形成是由于下金沙江之水东流与川江贯通的结果，并判定雅安砾石层开始堆积的时期大约在早更新世末—中更新世初期。杨达源的上述分析，较系统地给出了三峡河段与川江河段贯通以及川江河段与下金沙江河段贯通的时间范围，即早更新世末—中更新世初，距今100万～200万年。这一时期与青藏运动中国西部隆升和中国三级阶梯地势的形成时期是一致的。这一时期也是我国包括黄河、长江等大河水系形成的时期（杨达源，2004）。

关于水系逆向调整的过程，有研究认为（王平，2010），首先是奉节—万州河段干流进行调整，随后是万州—涪陵河段，最后是涪陵以上河段，多数支流流向调整时间迟于干流调整时间，总的过程是从东向西溯源袭夺，序贯调整。

1.3 金沙江下段之贯通

由川江宜宾向西上溯即金沙江。考虑到金沙江流路漫长，沿程河势及地质情况复杂，通常将其分为金沙江上段和金沙江下段。上段自河源当曲至石鼓，长970km；下段自石鼓至宜宾，长1338km。本节将讨论金沙江下段的形成与贯通时间。

1.3.1 金沙江下段水系结构特点

金沙江下段水系结构，如图2-6所示。左岸支流主要有：水洛河，源自四川省稻城，长321km，自北向南在三江口汇入金沙江；雅砻江，源自青海省玉树藏族自治州称多县，长1535km，会合安宁河段后在三堆子汇入金沙江；城河，发源于四川省凉山彝族自治州会理县龙帚山，在汤朗汇入金沙江，河长156km；鲹渔河，发源于四川省凉山彝族自治州鲁南山，在金坪子（小河口）汇入金沙江，河长85km；黑水河，发源于四川省凉山彝族自治州昭觉县玛果梁子，在巧家西北的葫芦口汇入金沙江，河长174km；西溪河，发源于四川省凉山彝族自治州蘑菇山，在四川省金阳县与布拖县界的对坪子汇入金沙江，河长152km；美姑河，发源于四川省凉山彝族自治州美姑县阿米特洛山，在溪洛渡汇入金沙江，河长162km；西宁河，发源于四川省凉山彝族自治州大凉山，在新市镇汇入金沙江，河长73km。右岸支流主要有：漾弓江（又名中江河），源自云南玉龙雪山南麓，南流经鹤庆至中江汇入金沙江，长122.1km；达旦河，源自云南宾川县大营镇，向北流于永胜县汽角乡注入金沙江，长102.4km；渔沧江，源于楚雄彝族自治州南华县天中堂乡，向北流于大姚县铁锁乡上坪村注入金沙江，长170.3km；龙川江，源自云南楚雄彝族自治州南华县王街乡，由南向北经元谋于龙街（江边）注入金沙江，长206.9km；孟力果河，发源于猫街镇摩高古，向北于白马口（东坡）汇入金沙江，河长97.6km；普渡河，源于嵩明县梁王山西侧，自南向北流于禄劝彝族苗族自治县的茂麓注入金沙江，河长363.6km；小江，源于云南寻甸县清水海，向北经东川区蒙姑北的会泽县娜姑镇呈直交汇入金沙江，河长141km；以礼河，发源于云南省东川市（今昆明市东川区）东南野马山，自南向北流经会泽，于昭通市巧家县金塘乡汇入金沙江，河长121.6km；牛栏江，发源于云南省昆明市寻甸回族彝族自治县，自南向北于巧家县红山乡注入金沙江，河长439.6km；横江，源自云南省鲁甸县水磨乡大海子，由南向北在四川宜宾市水富县注入金沙江，河长307km（敬正书，2010）。

深入考察金沙江下段的水系结构，可以发现具有以下特点：

（1）金沙江下段具有多处明显转折，根据转折处河段的走向，可以将其概括为 7 个河段，即①石鼓—三江口河段，②三江口—金江街河段，③金江街—三堆子（攀枝花）河段，④三堆子—龙街河段，⑤龙街—蒙姑河段，⑥蒙姑—牛栏江河段，⑦牛栏江—新市镇河段（杨达源，2004）。这 7 个河段构成了金沙江下段呈 W 形曲折衔接的河流结构，见图 2-6。

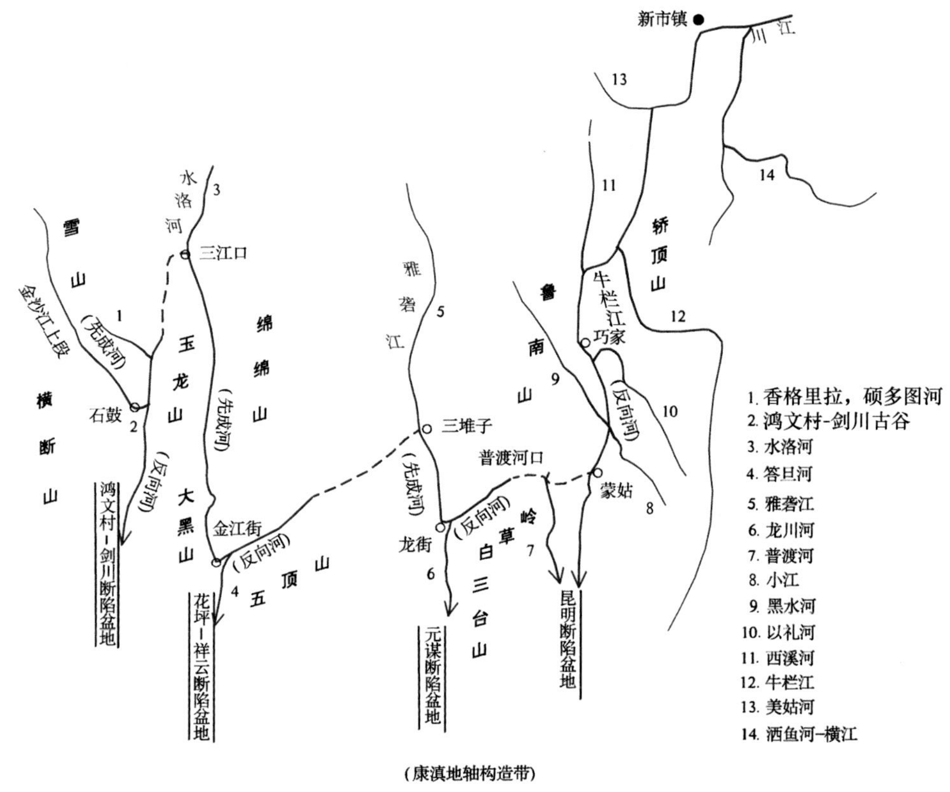

图 2-6　金沙江下段的河流袭夺与东西贯通示意图

（杨达源，2004；杨达源等，2006）

（2）上述干流诸河段转折节点处，皆与南北向支流相连接，并顺康滇地轴多条南北向断裂发育，在金沙江下段贯通前自北向南分别汇入各断陷盆地。例如，石鼓—虎跳峡河段与硕多图河相接，受金沙江断裂控制向南汇入鸿文村-剑川断陷盆地；三江口—金江街河段与北岸支流水洛河和南岸支流达旦河相接，在程海-宾川-元江断裂控制下，向南汇入华坪-祥云断陷盆地；金江街—三堆子河段与北岸支流雅砻江和南岸支流龙川江相接，在安宁河断陷和磨盘山-缘冲江断裂控制下向南汇入元谋断陷盆地；蒙姑—巧家河段与北岸支流黑水河和南岸支流小江、以礼河相接，在西昌-黑水河断裂和小江断裂控制下向南流达昆明断陷盆地；巧家—牛栏江河段与北岸西溪河和南岸牛栏江相接，在丽江-小金断裂控制下向南流达昆明断陷盆地。这些南北向的河段，在康滇地轴多条南北向断裂控制下和长期在水流侵蚀下，均已发育成为沿河向下游河谷逐渐展宽、阶地数增多、谷缘高度降低的较成熟河道。在这些南北向河道流达的各断陷盆地内堆积了厚达数百米或上千米的白垩系、古近系碎屑沉积和新近系、第四系河湖沉积，表明这些南北向河道都是在金沙江下段贯通前即已存在的先成河（杨达源等，2006；胥勤勉等，2011）。

（3）各节点南北向或东偏北方向的河段大多是反向河。它们是南北向河段及它们的支流由西向东逐渐袭夺而形成的，即位于节点下游的南北向河段及其支流向其西侧（上游）河道溯源侵蚀，袭夺了西侧临近的南北向河道或其支流形成的新河道。这些被袭夺的河道在被袭夺前是向南或西南方向汇入上述各断陷盆地的，当被袭夺后改变成为向北或东北流向，汇入金沙江并成为其东北或东偏北河段，这些河段都是反向河。例如，蒙姑—龙街河河段是巧家—蒙姑南北向河段袭夺上游支流小江、普渡河、勐果河、龙川江而形成的，在被袭夺前这些支流本是向南汇入昆明断陷盆地和元谋断陷盆地的，被袭夺后改向北流注入金沙江，成为反向河。三堆子—金江街河段是雅砻江汇入金沙江后，沿上三叠统红色岩层的褶皱轴及其断层溯源侵蚀，并袭夺其上游沿程支流万马河、渔沧江、达旦河而形成的，这些支流在被袭夺前是汇入华坪-祥云断陷盆地的，被袭夺后改向北注入金沙江，成为反向河。三江口—石鼓河段是由于水洛河、硕多图河袭夺了原向南流入鸿文村-剑川断陷盆地的古金沙江而形成的反向河。

为揭示金沙江下段河道的袭夺与反向河的形成与特性，地质和地貌学者们在半个多世纪以来做了大量的实地调查和分析工作，得到了以下结果：

（1）大量的支流与金沙江干流，或干流的不同河段之间（特别是南北向河段与东西向河段转折处），呈直交或逆交结构。例如，北岸雅砻江-安宁河汇入金沙江为直交结构，西溪河汇入金沙江是逆交结构；南岸漾弓江、渔沧江、龙川江、牛栏江、横江等汇入金沙江也均呈直交结构。根据河流学原理，地貌直角或逆角交汇的拐折点表示其上下游河段之间发生过河流袭夺，被袭夺河为多条原先自北向南流的较大河流（杨达源等，2006），袭夺河构成金沙江下段东北向河段，它们都是反向河。

（2）沿金沙江下段的相邻河段上下游同级阶地高差悬殊，大者可达 100m 以上。例如，陆嘎—蒙姑河段 T_3 与紧邻的蒙姑—公孙河段 T_3 高差达 160～180m；同一河段的高位阶地存在高阶地与低阶地之别，高阶地显然是在被袭夺前形成的阶地，低阶地则是袭夺后形成的阶地，反映了河道在袭夺前后的发育条件与发育状况（沈玉昌，1965）。

（3）阶地上的堆积物在粗细、形状、物质组成等方面有很大差异，反映出其形成年代的差别，且支流阶地上的堆积物年龄普遍早于干流阶地堆积物的年龄（沈玉昌，1965）。

（4）沿金沙江下段的河谷变化显著，总体而言，南北向河段的河道有相对宽谷，而东北向的反向河河谷多深切峡谷，岸坡陡峻，表现出强烈溯源侵蚀和袭夺的特点（沈玉昌，1965）。

综上所述，沿金沙江下段在水系结构、阶地与阶地堆积物、河谷地貌等方面均表现出显著的不连续，这种不连续表明金沙江下段是由南北向先成河段与东北向反向河段“拼接”而构成的，而这种“拼接”是在构造运动和水流溯源侵蚀共同作用下，通过分布在受康滇地轴多条断裂控制的南北向河道及其支流间的袭夺而实现的。

1.3.2 河流袭夺的构造背景与贯通时间

上述事实表明，金沙江下段河道是河流袭夺拼接而形成与贯通的。显然，推动这一袭夺与贯通过程最重要的因素，是金沙江下段所在地区的构造地貌环境以及当时的气候条件。

金沙江下段所流经地区位于扬子准地台西缘和青藏高原东缘相接的地域，其西部与西南部为川西高原，东部与东南部为云南高原，北部为康滇地轴呈南北向纵贯其间。该地区在始新世时期经历燕山运动和渐新世时期的喜马拉雅运动已有一定抬升，随后经历了中新世平静期，由此形成了由川西向滇南倾斜的上新世夷平面。上新世末期在青藏运动 A 幕影响下，川西高原和云南高原快速隆升并发生一系列褶皱和断裂活动，被称为“横断运动”，夷平面解体。到青藏运动 B 幕，沿断裂带形成了一系列断陷盆地，如元谋盆地、昆明盆地、剑川盆地、鹤庆-丽江盆地、昔格达盆地等。同时，高原水系开始发育，在南北向断裂的控制下，形成了多条南北向的河流，沿断裂带南流汇入上述盆地。到早更新世中期，时值青藏运动 C 幕，青藏高原、云南高原强烈隆升，到早更新世晚期时，上升速率已超过盆地中水流的下切速率。由此，一方面导致金沙江下段多条自北向南流的河流向下游方向排水不畅，甚至堵塞；另一方面，地形反差加大，区域侵蚀基面下降，导致河流溯源侵蚀作用增强。而且，这一时期，康滇地轴构造带也隆升达到该地区最佳降水高度（1500m），配合西南季风带来的水汽，形成丰沛降水与径流，为溯源侵蚀提供了有利的外营力条件。在这些因素的共同作用下，使金沙江下段进入活跃的溯源侵蚀—袭夺—河道重组—贯通时期。

关于贯通的时序，半个多世纪以来地质地貌和地理学家们进行了大量实地调查、勘测和分析工作。他们主要根据阶地形成年代、阶地堆积物质的 IL 测年、沿河一些特定地点雅安砾石层的堆积形态和堆积年代等，并在大地构造运动的宏观背景下进行推断，但由于不同学者研究的河段和所采用的分析方法不尽相同，以及现代测年技术尚欠完善，所得结论存在较大差别。较为系统的研究成果有：张叶春、李吉均（1998；1999）认为，宜宾—巧家河段约在 2.00MaBP 贯通，巧家—三堆子（攀枝花）河段在 1.78MaBP 贯通，三堆子以上河段在 1.54MaBP 贯通，最高一级阶地形成年代为全河贯通年代（杨达源等，2006）；胥勤勉等（2011）、杨达源等（2006）认为，宜宾—永善河段在 1.3MaBP 贯通，永善—金坪子河段在 0.79MaBP 贯通，汤朗—金坪子河段在 0.80MaBP 贯通，汤朗—三堆子河段在 0.73MaBP 贯通；三堆子以上河段在 0.73MaBP 贯通。此外还有不少学者给出了各别河段的贯通年代，不一一列举（李兴唐、许兴汉，1984；计凤桔、郑荣章，2000）。综合上述研究成果，可以得到两点基本共识：①金沙江下段贯通年代的上限约在 2.00MaBP，下限约在 0.73MaBP；②贯通的时序是宜宾—永善河段的首先贯通，实现了金沙江下段与川江的贯通，然后是永善—巧家河段的贯通，再后是巧江—龙街河的贯通，贯通过程自东向西推进。显然，这样的贯通方式和时序，与我国青藏运动及由此而形成中国三级阶梯地势的过程是相吻合的。

金沙江下段贯通后，河道继续处于活跃发育过程中，深切、堆积、堵江及改道等现象频繁发生。就深切而言，近 100 万年来平均深切速率为 20～30cm/ka，近 10 万年来平均深切速率约在 80～85cm/ka，近 5 万年来平均深切速率为 77cm/ka，呈现加快的趋势。就堆积而言，近万年来金沙江下游河段普遍发育沉积物覆盖，但各河段有很大的差别。杨达源根据资料绘出了沿下段河道主要地点的河槽覆盖物厚度图（图 2-7），并给出 1 万年来河槽平均堆积速率为 2.0m/ka，约为侵蚀速率的 3 倍（杨达源等，2006）。深切和堆

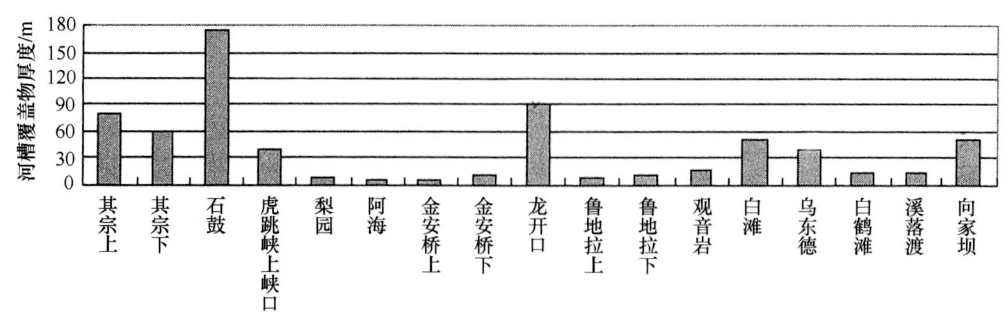

图 2-7　金沙江下段不同断面河槽覆盖层厚度

（杨达源等，2006）

积不仅引起山体崩塌，而且会发生堵江现象。例如，距今约 19.7～13.7 万年期间，在乌东德峡谷河段，由于两岸河谷陡峭，陡崖接踵，且岩性以硅质灰岩和白云质灰岩为主，在长期风化作用下垂直裂解，产生全岸崩塌，右岸山体坠入江中，在四川会东县和云南禄劝县交界的金沙江右岸形成金坪子堆积体（26°18′56″N，102°38′8″E），堆积体的体积大约为 7 亿 m^3，迫使金沙江干流向北东方向迁移改道，并留下离堆山，至今离堆山水面以上仍有宽 190m、高 20 余米的山体存在（图 2-8）。因此，在金沙江下段开发利用中崩塌是必须引起重视的问题。

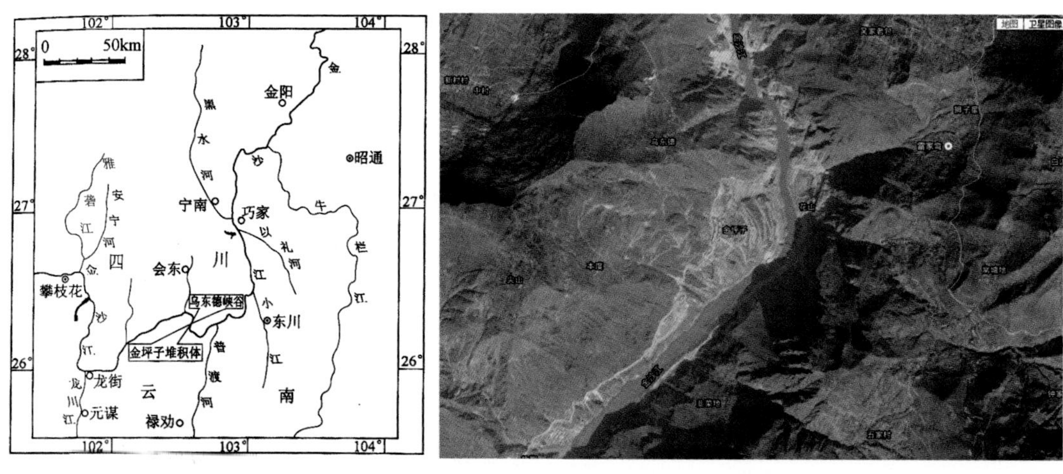

图 2-8　乌东德峡谷地貌及金坪子堆积体位置

（杨达源等，2006）

1.4　金沙江上段之贯通

1.4.1　金沙江上段是古老的河谷

自青海省玉树巴塘河口（直门达水文站）至云南省冲江河与金沙江交汇处的石鼓之间的河道称为金沙江上段（见图 2-5），长 970km。金沙江上段左岸主要支流有：色曲，河长 88km，流域面积 1762km^2；巴曲，河长 144km，流域面积 3183km^2；定曲，河长 241km，流域面积 12 163km^2。右岸支流主要有：热曲，河长 159km，流域面积 5453km^2；宗曲，河长 124km，流域面积 3080km^2；中岩曲，河长 140.5km，流域面积 2300km^2；

支巴洛河，河长 104.7km，流域面积 1880km^2；冲江河，河长 53.6km，流域面积 1001km^2。冲江河在汇入金沙江处因存有据称诸葛亮所建之巨大鼓状石碣而得名石鼓镇。金沙江上段水系的最大特点是：结构简单，左右岸主要支流走向大体与金沙江干流平行，且多与干流呈顺交汇合，说明沿河少见袭夺现象（敬正书，2010）。

金沙江上段被横断山区的沙鲁里山和宁静山夹持，谷宽 100～200m，窄处仅 50～100m，峡谷险峻，呈 V 字形，谷峰高差达 1000～2000m，970km 长的河段水面高程从 3500m 陡降至 1800m，江流湍急。金沙江上段沿松潘-甘孜褶皱系与三江褶皱系分界线，即沿北北西—南南东走向的金沙江断裂带发育（赵友年等，1984）。沿河谷地带不仅有古近纪（60Ma～25MaBP）地层分布，而且镶嵌有新近纪（25Ma～2.4MaBP）地层和第四纪河谷，表明金沙江上段是已延续了数千万年之久的古老河道（杨达源等，2006）。

1.4.2 关于“长江第一弯”的形成

金沙江上段在自北向南流达石鼓镇时，突然调头向东北流去，形成一个向东北方向开口的急弯，地理学界习惯称其为“长江第一弯”。在流达三江口时，又决然调头流向西南，形成一个向西南方向开口的急弯，称其为“长江第二弯”。在金沙江河道形成的讨论中已经了解到，第二弯是由于金沙江袭夺了水洛河而形成的。本节将着重讨论第一弯的形成（图 2-9）。

图 2-9 长江第一弯

“长江第一弯”的形成是一个具有重要科学价值的问题。它不仅为阐明金沙江上段、下段以及与川江如何贯通提供依据，而且还带动川西滇北地区水系的形成、发育与构造背景关系的研究。因此，近百年来地质、地理学者们对这一问题的研究表现出了浓厚的兴趣。不过，仁者见仁，智者见智，在已有的研究中，大致可以归纳为以下几种观点：

（1）袭夺说。主要有丁文江、李春昱、G.B.巴尔博、P.米士、任美锷、杨达源等。以任美锷等（1959）、杨达源等（2006）为代表。任美锷等认为，金沙江在三江口袭夺水洛河后，原自北向南流经石鼓的水洛河成为反向河，进而牵动在石鼓汇合的金沙江上段和冲江河沿反向的水洛河道流向东北，并在三江口与金沙江下段贯通，然后曲折东流与川江相接。基于任美锷的这一观点，杨达源做了更深入的补充研究，提出了虎跳峡附近存在二次河流袭夺的看法，即认为长江第一弯是由两次袭夺造成的（杨达源等，2006）。

袭夺说还提出了以下几项证据：①在鸿文村—剑川及以南纵向谷地存在宽广的纵向老河谷（参见图 2-6）；沿老河谷存在明显的阶地；沿谷地分布有一系列湖泊和盆地；河谷中广泛存在河湖相沉积层和砾石岩层。杨达源等（2006）还发现在鸿文—剑川河谷堆积物组成中，有磨圆度近球状的砾石和非本地而产于金沙江上段的黄金矿石。这些现象表明，鸿文村—剑川及以南的谷地为古金沙江的流路，并认为古金沙江在当时是汇入元江-红河入南海。②任雪梅等（2006）对金沙江石鼓—巧家河段沿岸高位阶地堆积物中的重矿物成分进行时空对比分析，发现沿岸高阶地矿物成分差异较大。这表明，这些阶地矿物成分来自不同的支流而非来自金沙江上游河段，从而表明该河段当时尚未贯通。李华勇、明庆忠分析了金沙江下段地区昔格达组下伏状河流相砾石和微量元素等，显示其是从雅砻江流经扬子板块边缘花岗岩区携带来的，而非来自金沙江上段（李华勇、明庆忠，2011）。这些事实说明，现代金沙江的流路并非古金沙江的流路，而是袭夺后形成的新流路。③杨达源、明庆忠等通过对虎跳峡河段的阶地调查，发现存在的三级高阶地都是向南倾斜，而低阶地则向北倾斜，说明水洛河存在由先成河改为反向河的过程。

（2）构造说。认为长江第一弯的形成并非袭夺，而是地质构造因素使然。持此观点的学者主要有李承三、袁复礼、沈玉昌、何宁道、许仲路、何浩生等，以沈玉昌为代表。

沈玉昌（1965）认为，①鸿文村—剑川宽谷并非古金沙江故道，而是新近纪和第四纪初形成的剑川断陷盆地；②金沙江在石鼓附近形成的大拐弯是先于古近纪-新近纪的构造活动，与北北西—南南东和北北东—南南西的共轭构造有关，因此，第一弯并非是由于袭夺所致。何宁道（1987）也从构造运动的角度提出长江第一弯的成因，他认为，金沙江本应像怒江、澜沧江那样沿北北西—南南东方向的金沙江-红河断裂发育，但到石鼓附近时与玉龙-龙门山深断裂系相交汇，产生两组呈 V 字形的剪切断裂（图 2-10）（沈玉昌，1965），正是这组剪切断裂迫使从西北向流来的古金沙江在石鼓附近调头向东北方向流去。他进一步指出，云南西部地区的主要地质构造线是呈南北向和东西向以及北北西—南南东和北北东—南南西向，很多河流的流路都受这两组构造线所影响，雅砻江在白碉附近形成的第一弯也是由此而形成的。

（3）岩浆说。是由曾普胜（2002）提出的。他认为，在形成长江第一弯之前，丽江鸿文村—剑川滇南这一段纵谷曾是金沙江及其支流冲江河的左河道，在古近纪时期（始新世，35MaBP）老君山一带岩浆活动强烈，不能排除屡次岩浆活动事件堵塞了古金沙江（包括冲江河）河道，在石鼓附近形成堰塞湖，堰塞湖在哈巴雪山与玉龙雪山之间决口，水流随被袭夺的水洛河北流，形成了长江第一弯。

（4）构造-袭夺说。史正涛、明庆忠等认为，构造与袭夺作用共同形成了长江第一弯。他们指出，单靠河流溯源侵蚀实现切穿哈巴雪山和玉龙雪山实为不易，还必须有相

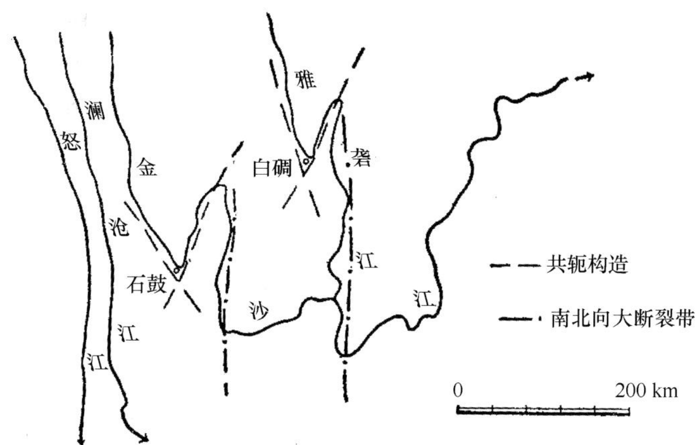

图 2-10　金沙江与雅砻江的大拐弯与共轭构造关系示意图
（沈玉昌，1965）

应的构造背景相配合。他们认为，中更新世晚期在青藏高原东南部形成了 8 条东西向展布的隆起，位于 26°～27°N 的剑川、鹤庆、永胜、华坪、渡口（今攀枝花）、落雪一线的东西向隆起是其中之一（图 2-11）（史正涛等，2006）。这一纬向隆起使古金沙江向南的流路受阻，被迫向东北方向改道，沿其支流水洛河被袭夺的河段反向流动成为反向河，至三江口与水洛河-川江交汇，实现金沙江上下段和川江的贯通。长江第一弯就是在古金沙江于石鼓附近因南流受阻被迫改道向东北方向流行而形成的。

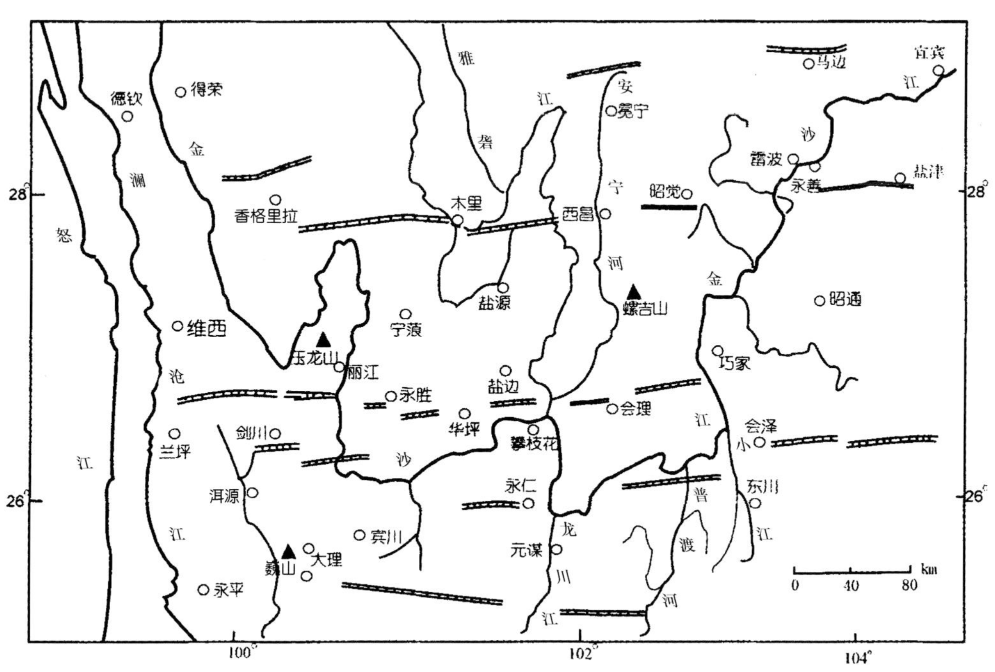

图 2-11　金沙江地区东西向隆起分布图
（史正涛等，2006）

几种非袭夺说没有明确提出第一弯形成的时间，但从他们依据的构造背景可以推断，第一弯应当是在古近纪-新近纪期间形成的，即距今 30Ma～20MaBP，这一时期已远早于我国大部分河流形成于青藏运动 C 幕前后，即距今约 2Ma～0.8MaBP 时期的宏观背景，因此值得进一步研究。

诚然，无论袭夺说或非袭夺说，均从不同角度提出了有价值的观点和论据。近百年来存在的争论表明，需要从更宽的视野进行深入的探讨。河流形成和演化总是在内营力和外营力的共同作用下进行的，因此这种探讨既要放眼于中国的构造运动，尤其是新构造运动的背景下进行，也要深刻揭示水流的侵蚀与堆积作用。从这一观点审视，把袭夺说与非袭夺说（其实即构造说）结合起来研究，当是进一步研究的途径。

1.5 江源和江源区之贯通

长江源自何处是一个探讨了 2000 多年的问题。《尚书·禹贡》中的“岷山导江”是我国关于长江河源的最早文字记载，并长期被认同。明末地理学家徐霞客（1587～1641）在其著述《溯江纪源》（又名《江源考》）中提出，“江源者，必当以金沙江为首。”并提出“江源唯远”、“江源唯丰”的认定原则。清乾隆二十六年（1761 年）齐召南著《水道提纲》中提出以木鲁乌苏河（今尕尔曲与布曲）为江源。民国时期于 1946 年出版的《中国地理概论》中写道：“长江亦名扬子江，源出青海巴颜喀拉山南麓”（石铭鼎，1990）。中华人民共和国成立后，从 1958 年起先后在沱沱河沿、楚玛尔河沿和布曲雁石坪设立水文站，为研究江源水系积累材料，并于 1976 年和 1978 年夏进行江源考察，认定沱沱河为长江正流，其源头起自各拉丹冬雪山群的第三高峰姜根迪如雪山。姜根迪如雪山主峰海拔 6543m，有两条较大的冰川环绕该峰两侧，两条冰川的融水汇流形成纳钦曲。纳钦曲接纳来自尕恰迪如岗雪山群西支的冰川融水，北流形成沱沱河。20 世纪 80 年代以来，对江源提出了几种不同看法，归纳起来有三种：“一源说”，即沱沱河或当曲为唯一河源；“二源说”，即沱沱河为北源，当曲为南源；“三源说”，即沱沱河为正源或中源，当曲为南源，楚玛尔河为北源。1999 年国家环保局、中国科学院、国家测绘局联合在各拉丹冬雪山西南侧的姜根迪如冰川脚下的沱沱河源头设立长江源头标志，并由当时国家主席题写“长江源”纪念碑，认定为长江的源头（王红，2004）。根据沱沱河沿水文站 50 年观测资料，沱沱河流域年降水量 283.1mm，年平均流量 26.2m^3/s，年平均径流量 8.26 亿 m^3。

长江的江源区是指楚玛尔河与通天河交汇处以上的区域（图 2-12）（敬正书，2010）。源区位于青海省南部，北倚昆仑山脉，南接唐古拉山脉，西接可可西里、乌兰乌拉、祖尔肯乌拉诸山，总面积 10 万 km^2，从沱沱河源头至楚玛尔河口河道全长 624.0km。江源区有 40 余条河流，呈扇柄状向东南作扇形分布。较大的河流有沱沱河、当曲、布曲与尕尔曲、楚玛尔河以及通天河的上段。

长江源区位于青藏高原东缘，在地质构造上属金沙江缝合带南侧的羌塘地块北部（李亚林等，2006a）。新近纪以来，江源区的构造演化一直在青藏运动控制下进行。在青藏运动 A 幕时期（上新世末—早更新世早期），江源区整体抬升，形成盆地和断块山。盆地中发育青藏高原第一代湖泊，断块山剥蚀，盆地接受沉积，源区逐渐形成。青藏运动 B 幕时期（早更新世早期—中期），源区继续隆升，并在南北挤应力作用下产生褶皱-逆冲变形，形成一系列北西西走向与北西走向的逆断层和北东走向与北西西走向滑断层，由于这一时期西南季风加强，江源区湖泊发育，并出现湖泛。在青藏运动 C 幕和昆黄

图 2-12　长江源区水系图

（敬正书，2010）

运动早期（早更新世晚期—中更新世早期），江源区在继续抬升背景下垂直差异运动活跃，并在东西向伸展变形作用下，形成一系列近南北向正断层和地堑构造。这些正断层深切地壳，并切断已形成的北西西走向与北西走向逆断层和北东走向与北西西走向滑断层，成为这一时期江源区最显著的构造特征。在这一时期里，江源区经历第四纪冰期—间冰期的交替，区内湖泊也经历着兴起—发展（含湖泛）—萎缩（含消失）—兴起的过程（李亚林等，2006a）。

正是在这样的构造和气候背景下，发育了江源区的主要河流。江源区主要河流沿正断层发育，水系中主要河道干流在平面上呈南北走向并具有平行水系的特点。各级支流受近东北与东西走向滑断层控制，呈现出扇形水系特点，是对江源区河流构造背景最贴切的反映。

在上述关于长江源区河流形成的构造背景讨论中，可以判断源区的河流大约形成于早更新世晚期，即青藏运动 C 幕尾声和昆黄运动开始时期，距今约 1.1Ma。李亚林等（2006b）给出了长江源区主要河流的阶地年龄（表 2-1）。

表 2-1　长江源区主要河流阶地年龄（李亚林等，2006b）

河流名称与阶地位置	阶地级数	河拔高度/m	ESR 年龄/ka
布曲（雁石坪）	T_7	202	765
	T_6	142	574
	T_5	92	446
	T_4	55	319
	T_3	17	196
	T_2	7	88
	T_1	2	30
布曲（美日）	T_4	22	161
	T_3	15	91
	T_2	8	79
	T_1	2	48
通天河（九十道班）	T_4	16	16
	T_3	10	13
	T_2	6	7.33
	T_1	3	7.12
当曲（巴茸浪纳）	T_5	87	391
	T_4	52	—
	T_3	21	—
	T_2	4	98
	T_1	2	61
沱沱河（江地）	T_3	34	
	T_2	12	1100
	T_1	3	300

由表 2-1 可见，源区河流阶地形成年代跨度为 1.1M～0.007Ma，并表现出从老阶地至新阶地其形成时间间隔逐渐缩短的特点，表明源区震荡性隆升频率具有变大的趋势。这是与青藏地区新构造运动渐趋活跃的总态势是相符合的。根据表中沱沱河最老阶地的形成年代，可以推断长江源区主要河流的形成年代不迟于 1.10MaBP。而由表 2-1 中所示通天河（九十道班）阶地形成年代为 0.007M～0.016MaBP，可以推断，通天河与源区应在全新世早期贯通。

1.6 长江全河之贯通

我们已经讨论了长江三峡及其以上河流直至河源的贯通过程。本节将讨论三峡以下河道直至入海口的贯通过程，亦即长江中下游河道的贯通问题。

1.6.1 中下游河道的形成

长江中下游所在区域，在大地构造上属于扬子准地台东部的中下游扬子区域（中国地质大学（武汉）、鄂湘赣皖地质调查院，2003b）。燕山运动时期，该地区在印度板块向欧亚板块俯冲推移和太平洋板块向亚洲板块俯冲的共同作用下，原有的断裂转为拉张，断陷或断拗盆地开始得以发展，形成了一系列北北东、北西西向和近东西向的断裂和陆相断陷盆地。其中规模较大的有江汉-洞庭沉降带、赣皖宽谷沉降带、苏皖沉降带、宣（城）-广（德）沉降带。沉降带的外围总体处于隆升和剥蚀状态。其中东部的大别、天目一带隆升最为强烈；江汉-洞庭沉降带北部的鄂北地块受北北西向断裂控制，呈隆凹相间的掀斜断块；武陵、雪峰和幕阜-九岭地区呈整体间歇性抬升。在各沉降带盆地内，湖泊开始发育，接受沉积，其中洞庭盆地与江汉盆地中古近系、白垩系厚度达 1000～2000m，江西信江盆地及附近一些中小盆地中上白垩统沉积厚度也逾 2000m，其上覆河流相和湖泊相沉积，苏皖沉降带及长江中下游地区的其他一些小盆地也是如此。盆地中的钻孔岩心显示，在这些沉积中盐岩厚度累计达 1800m 左右，其中多为陆相硫酸钠亚型物沉积，这些硫酸钠是由于卤水不断蒸发浓缩过程中析出来的。这就表明，在古近纪时期长江中下游盆地内的沉积多为咸水-半咸水湖相沉积，这一时期的湖泊也属于内陆封闭咸水湖或半咸水湖性质。这一事实提示，至少在古近纪时期，长江中下游的水系是以各湖泊为中心，彼此隔离的水系，不存在统一的长江中下游河道（杨达源等，2006；徐其俊，1982）。

盆地中的沉积钻孔岩心还显示，自新近纪以来，盐岩沉积层已缺失，湖盆中普遍存在河湖相沉积，沉积物以冲积沙砾堆积为主，并延续到中更新世时期，这些沉积继后构成阶地。自新近纪到第四纪初，在大支流河口不断发育较大规模的砾石质扇形堆积体，如九江砾石堆积体、安庆砾石堆积体、铜陵砾石堆积体、南京雨花台砾石堆积体等（杨达源等，2006）。这一事实表明，最迟在新近纪末至第四纪初早更新世时期，长江中下游封闭的内陆盐湖盆地已转为淡水湖。同时表明，这一时期长江中下游各湖泊水系已经沟通，即长江中下游统一的河流系统开始形成并通达大海。这一时期与长江三峡初步沟通的时间大体是一致的。

但是，这并不意味着当时的长江中下游水系已具有现代长江的规模。现代长江中下游是在距今约 18 000 年前后才逐渐形成的。那时正值末次冰期的冰盛期，海平面大幅下降，较现代海平面低 120～130m，中国东部数百千米宽的大陆架几乎全部出露为陆地，古长江尾段在大陆架上蜿蜒，直至赤尾屿与钓鱼岛间入海。根据当时大陆架的坡度估计，当时长江在大陆架上的河段的平均坡降要比现代长江中下游河道纵坡降大 8～10 倍。大坡降引起长江干流发生较强溯源侵蚀，在中下游河道形成古河槽，并且古河槽自下向上逐渐贯通。水下测量表明，古河槽的位置与现代长江干流中深槽的位置基本相符。干流的深切和水位的降低，一方面导致沿江两岸湖泊水位下降，使湖区受到河网切割，向低平原或沼泽化方向发展；另一方面，引起汇入干流的支流产生溯源侵蚀，促进支流水系的发育。正是沿着这样的过程，形成了今日长江中下游的水系结构。第四纪末次冰期以后，海平面逐渐上升，河湖水位也相应抬高，河道比降减缓，长江中下游进入了新的发展阶段（杨达源，2004）。

1.6.2 全河贯通与现代长江的形成

在前面的讨论中已经知道，在距今约 20Ma 以前，黄陵背斜尚未被切穿形成长江三峡，那时黄陵背斜是中国东部的东西分水岭，其以西的水向西南方向汇入孟加拉湾和印度洋，以东的水东流汇入太平洋，那时尚没有统一的长江。

在约 2.0MaBP 长江三峡形成后，开始了从三峡向川江的溯源侵蚀与河流袭夺过程，这一过程自东向西，自下游向上游，沿川江至金沙江下段、金沙江上段及通天河，直至河源区推进，并在以青藏运动为背景的多种构造活动配合下，实现了长江三峡以西水系的调整，使原来流向西南方向汇入孟加拉湾和印度洋的水流调整方向，改向东流，并贯通长江三峡。在三峡以西水系调整期间，三峡以东长江中下游水系在新华夏构造运动背景下也处于形成和调整的过程中，到早更新世晚期长江中下游水系初步形成，但直到晚更新世，即末次冰期的冰盛期（约距今 18 000 年）中下游河道才形成了具有现代的规模。

由上述可见，长江三峡的贯通是现代长江形成的关键，它不仅促成了长江上游水系的形成，而且使上游水系与中下游水系贯通，终于促成了现代长江的形成。这一过程持续了约 200 万年。其间，长江中下游河道虽在早更新世时期已经形成，但直到约 18kaBP 才全面贯通，约 2.0MaBP 三峡形成并与川江贯通，1.3MaBP 川江与金沙江下段贯通，0.8Ma～0.4MaBP 金沙江下段与上段及通天河贯通，源区河流虽在 1.1MaBP 以前已经形成，但根据阶地推算直到全新世中期（约 7kaBP）才与通天河贯通，成为全河最后贯通的河段。

综上所述，长江河道按其构造特点可以划分为 6 个河段，即长江中下游河道、三峡河道、川江河道、金沙江下段、金沙江上段及通天河、河源及河源区。这些河道都有着各自的形成背景与演化过程。新构造运动与河流袭夺促使了上述诸河段的调整与贯通，其中长江三峡的形成和由此诱发的自东向西的河流递次袭夺，是长江全河贯通的关键。长江全河贯通过程约起自早更新世中期，历经约 200 万年才形成现代长江的大势。长江与黄河一样，都是在青藏运动和新华夏运动以及由此引起的中国气候变化背景下，在中国三级阶梯式地势的基础上形成和演变。

第二节　长江中游的地学环境

2.1 长江中游的地质环境

2.1.1 扬子地台

长江中游在大地构造上属扬子地台东部的中下游扬子区域。扬子地台是距今 18～8 亿年期间地壳陆续固化而形成的稳定固化块，北与秦岭-大别褶皱带相连，西以青藏高原东缘为界，南及东南与华南褶皱系为邻，向东淹没于南黄海延伸为大陆架（刘广润等，2008）。

扬子地台的大地构造通常被划分为 14 个构造单元，如图 2-13（刘广润等，2008）。长江中游地区包括其中的江汉拗陷和下扬子褶皱带。这一地区位于新华夏多字型构造体系中的第二沉降带的南部，其西为由湘鄂及川东境内北北东走向的诸山脉组成的新华夏多字型构造的第三隆起带的中南段。

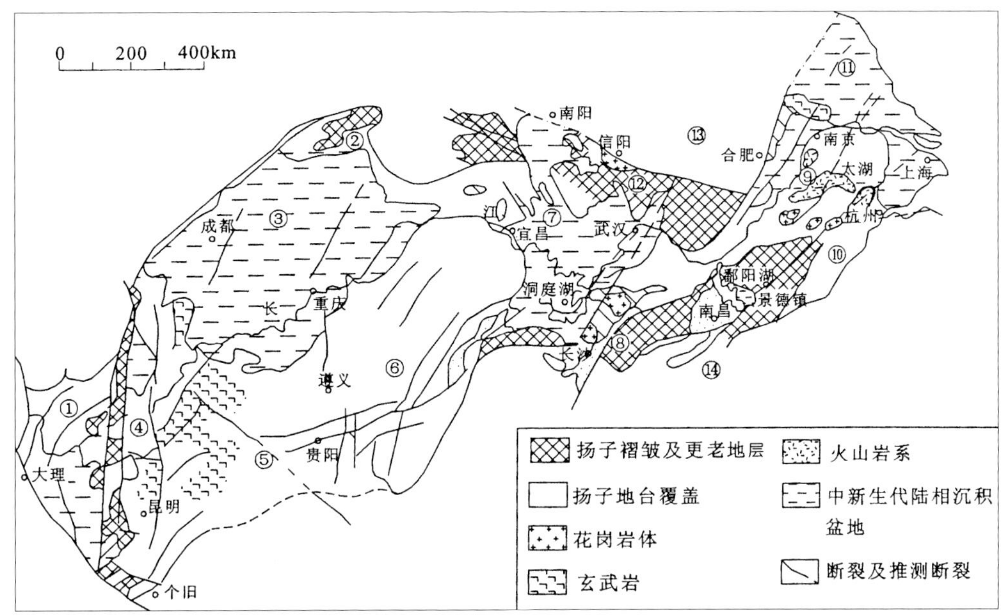

①盐源-丽江台缘褶带；②龙门-大巴缘褶带；③四川台拗；④康滇地轴；⑤黔滇褶断区；⑥上扬子台褶带；⑦江汉断拗（本文中称为“江汉沉降带”）；⑧江南台隆；⑨下扬子台褶带；⑩浙西-皖南台褶带；⑪苏北断拗；⑫北秦岭褶皱带-淮阳隆起（本文中称为“桐柏-大别造山带”）；⑬华北断拗；⑭华南褶皱系

图 2-13 扬子地台大地构造图（据任纪舜，1983 文献改编）

（刘广润等，2008）

2.1.2 江汉-洞庭沉降带

江汉-洞庭沉降带也称为江汉拗陷，江汉-洞庭盆地是其主体。在白垩纪至第三纪（古近纪-新近纪）燕山运动期间，长江中游地区在印度板块向欧亚板块挤压和太平洋板块向亚洲大陆板块俯冲的共同作用下，地壳应力场发生改变，这种改变使岩石圈原来所受的南北向挤压减弱，而南东东—北西西向挤压逐渐增强，引起地壳强烈隆升，同时也表现出“下压上张”的特点。在如此应力场的作用下，形成了一系列北北东—北西西和近东西向断裂和陆相断陷盆地，江汉-洞庭盆地即在这样的构造背景下形成。盆地的外围整体处于隆升和剥蚀状态，其中东部的大别—天目山一带隆起最为强烈，北部鄂北受北西西向断裂控制呈掀斜隆升，西部为武陵-大洪山隆起，西南和东南部雪峰隆起和幕府-九岭隆起均呈间歇性抬升态势。

江汉-洞庭盆地的形成经历了隆升—断陷—拗陷，再隆升—断陷—拗陷的多次旋回。在早白垩世—晚白垩世时期，江汉-洞庭盆地发生了拱升张裂，继而从局部断陷发展为整体断陷，到古新世-早始新世时期，断陷不断接受沉积，演变为区域性拗陷，这一拱升—断陷—拗陷过程构成了江汉-洞庭盆地第一次构造旋回。到中新世，江汉-洞庭盆地再次拱升张裂，继而断陷，到晚始新世时转化为拗陷，完成了第二次构造旋回。从渐新世到上新世时期，江汉-洞庭盆地再次处于较长期隆升，但接着并未像第一次旋回和第二次旋回那样出现明显且大致同步的断陷和拗陷过程，而是位于北部的江汉盆地大范围沉降，位于南部的洞庭盆地仅小范围沉降，大部分仍维持缓慢抬升，使江汉-洞庭盆地在整体上呈现北降南升的“跷跷板式”不同步发展的构造特征，或可称为一次非典型的旋回。在此值得提出的是，在上述几次旋回的过程中，位于江汉-洞庭盆地中部的华容断隆并未出现隆升与断陷的升降变化，而是基本维持稳定的状态。这一特点把江汉-洞庭盆地分割为江汉盆地与洞庭盆地，如图 2-14（中国地质调查局，2003；杨达源，2004；刘广润等，2008）。

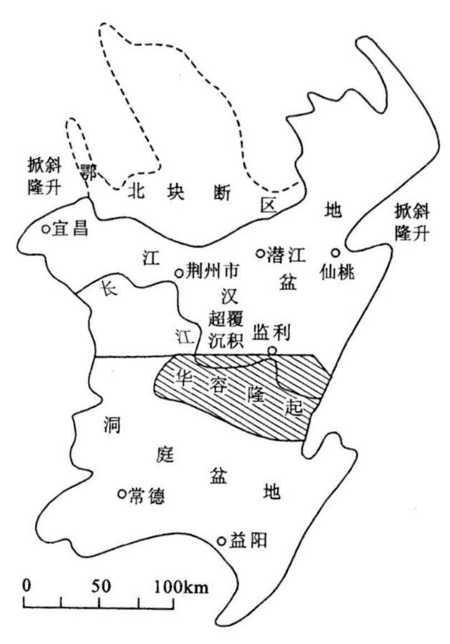

图 2-14　江汉-洞庭沉降带略图

（中国地质调查局，2003；杨达源，2004；刘广润等，2008）

到第四纪时期，江汉-洞庭盆地总体仍表现为隆升—断陷—拗陷的构造旋回，但其过程在江汉盆地与洞庭盆地表现出不同的特点。①就洞庭盆地而言，早更新世早期在上新世隆升的背景下开始发生张裂，到早更新世晚期发生整体断陷，到中更新世中期断陷扩展到最大范围继而又一度有所缩小，到晚更新世时，断陷开始向拗陷发展，到全新世拗陷范围继续扩大，至今这一拗陷过程仍在继续。因此，现代洞庭盆地呈现浅平底锅的特点。②就江汉盆地而言，总体处于由断陷—拗陷的构造旋回过程中，但表现出掀斜沉降的特点。这种掀斜沉降由两部分组成：其一，由鄂北-大洪山强烈隆升而带动的自北西向南东的掀斜沉降，该掀斜沉降过程在全新世仍呈现出自西向东逐渐增强的趋势，导致江汉盆地的沉降中心向东迁移。其二，江汉盆地东部由于受大别山隆起而带动的自北东向南西的掀斜沉降，导致江汉盆地范围向东南退缩而沉降速度加快。在这两种掀斜沉降作用的共同影响下，还引起江汉盆地向南超覆沉积，长江及汉水（江）向南分流，盆地西部全新世沉积物向南越过天阳坪断裂和澧县-石首断裂，超覆沉积于华容隆起边缘，盆地东部全新世沉积物向南越过湘阴-洪湖断裂和洪湖-嘉鱼-金口断裂，超覆沉积到鄂东边缘，使长江取道嘉鱼、金口直达武汉（中国地质大学（武汉）、鄂湘赣皖地质调查院，2003b）。

2.1.3　皖江宽谷沉降带

皖江宽谷沉降带是下扬子褶皱带中的重要组成部分，位于江汉-洞庭沉降带以东，是夹持在大别隆起和黄山-天目山隆起之间呈北东向展布的断陷盆地，西北以郯庐断裂带的池（河）-太（湖）断裂为界，西南以襄（阳）-广（济）断裂为界，东南以长江剪切带为界，长江自武穴以下河道沿西南—东北方向贯穿其间，如图 2-15 所示。

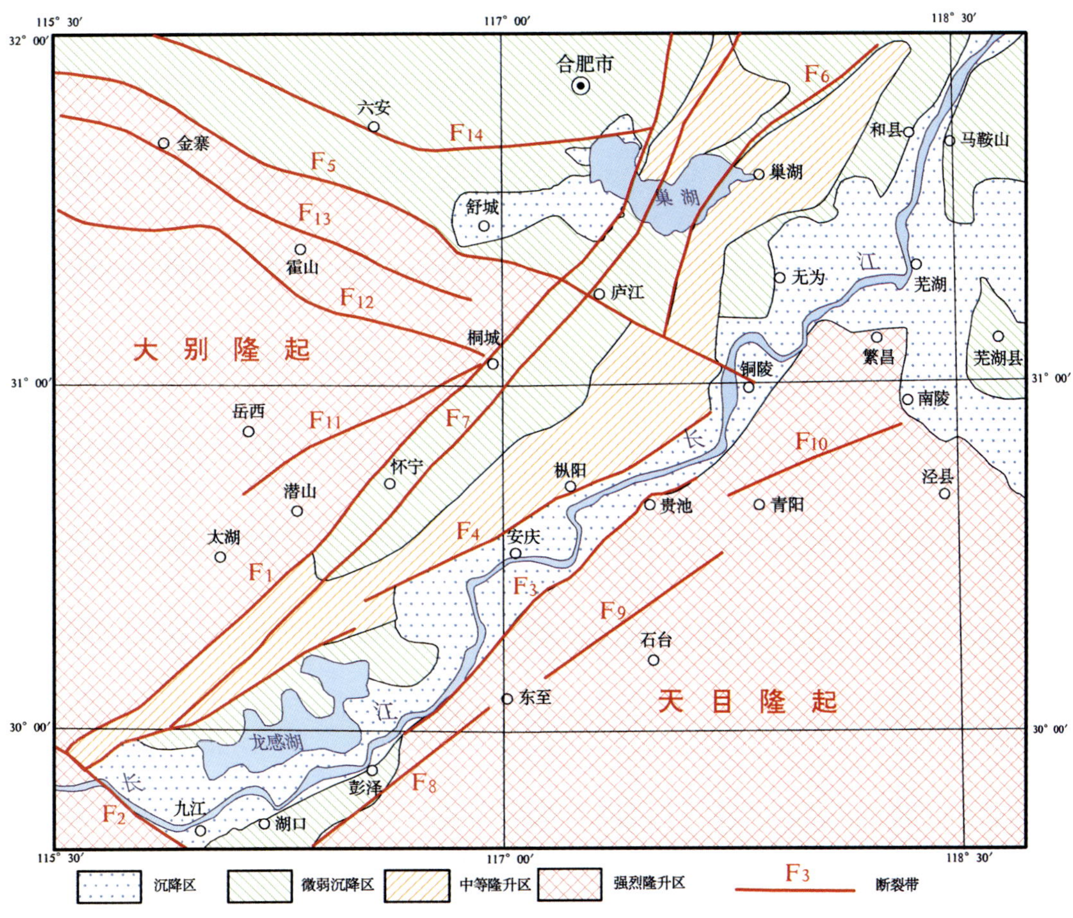

F_1 池太断裂；F_2 襄广断裂；F_3 长江剪切带；F_4 头坡断裂；F_5 金舒断裂；F_6 滁河断裂；F_7 嘉庐断裂；F_8 东至断裂；F_9 高坦断裂；F_{10} 周王断裂；F_{11} 长西断裂；F_{12} 磨子潭断裂；F_{13} 金寨断裂；F_{14} 六安断裂

图 2-15　皖江宽谷沉降带构造略图

（中国地质调查局，2003）

皖江宽谷沉降带是在与江汉-洞庭沉降带相似的构造背景下形成的。在晚白垩世-古近纪期间，皖江地区地壳在拉张应力作用下，东北向断裂活动加剧，形成断块进而发展成西南—东北向断陷盆地，到新近纪断裂活动逐渐减弱，断陷盆地向拗陷盆地发展。进入第四纪，在早更新世至晚更新世期间，皖江宽谷沉降带地壳活动仍较为和缓，但桐柏-大别地区呈由北向南的掀斜隆升，黄山-天目山地区成整体自东南向西北拱升，使夹持其间的皖江宽谷沉降带成为主要堆积区，沉积厚度达到数米至数十米不等，并发育二三组阶地。到全新世，皖江宽谷沉降带构造活动转向强烈，在桐柏-大别掀斜隆起的配合下，形成自西北向东南方向的掀斜，远离长江的西北地区表现为掀斜抬升，长江近岸带表现为掀斜沉降，且沉降中心逐渐向东南方向迁移。这一掀斜态势并结合自西向东水流所受的科里奥利力作用，使长江干流在皖赣宽谷沉降带逐渐南移（刘广润等，2008）。

由上述可见，皖江宽谷沉降带的特点即为：①在缓慢沉降的同时接受桐柏-大别地和黄山-天目地的沉积；②自西北向东南强烈掀斜；③在桐柏-大别隆起和黄山-天目隆起的夹持下，区域呈西南—东北展布、边界稳定的条状地带。

2.2 江汉-洞庭盆地的新构造运动

2.2.1 江汉-洞庭盆地新构造运动的特点

新近纪以来，长江中游的新构造运动依然持续而且活跃，主要表现出以下三个特点：①差异性地壳升降运动逐渐增强。江汉-洞庭盆地的周边以构造隆升为主，并表现出西强东弱、北强南弱的特点；在江汉盆地内以构造沉降为主，表现出南强北弱、东强西弱的沉降特点。②不同尺度的差异断块运动活跃，在盆地内构成新构造分区和单元，如图 2-16

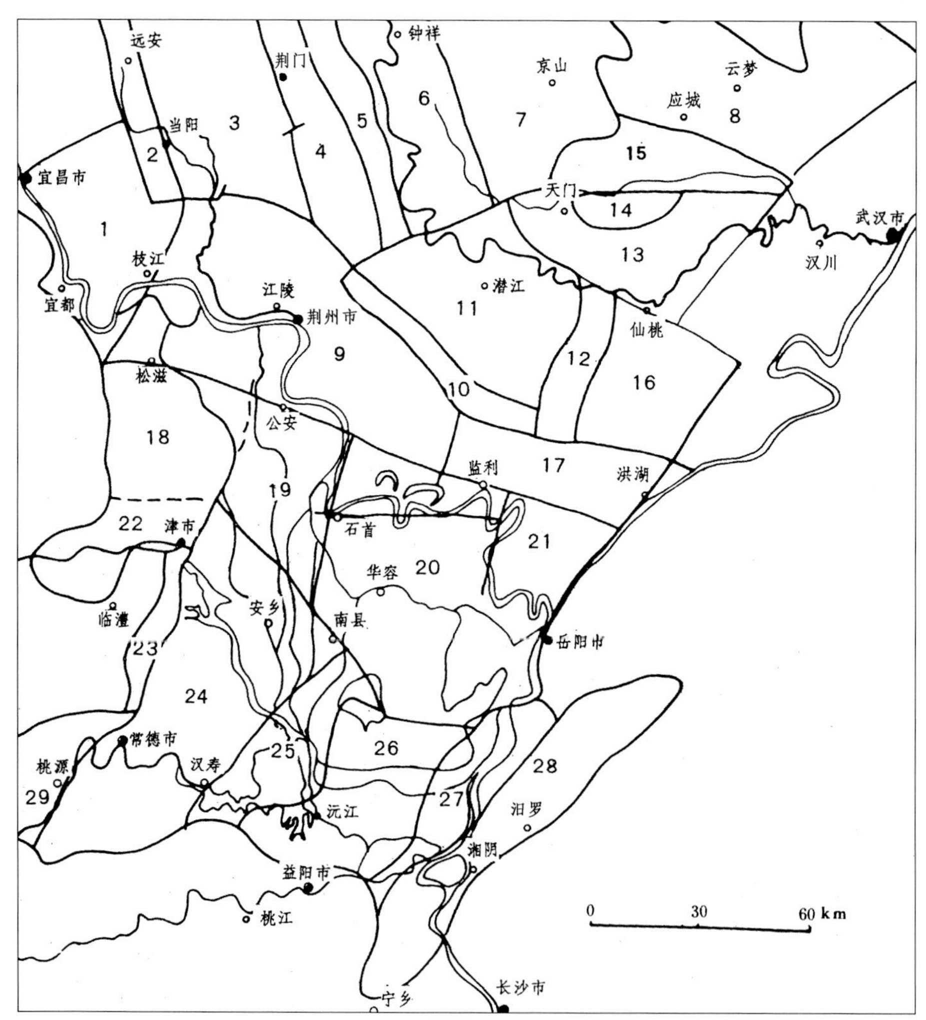

1. 宜昌斜坡；2. 远安地堑；3. 当阳地垒；4. 荆门地堑；5. 乐乡关地垒；6. 汉水地堑；7. 永隆河地垒；8. 云应凹陷；9. 江陵凹陷；10. 丫角新沟凸起；11. 潜江凹陷；12. 通海口凸起；13. 沉湖凸起；14. 小板凹陷；15. 天门-龙赛湖凸起；16. 沔阳（今仙桃）凹陷；17. 陈沱口地堑；18. 松滋拗陷；19. 南平凸起；20. 墨山隆起；21. 广兴洲地堑；22. 澧县凹陷；23. 太阳山凸起；24. 常德-安乡凹陷；25. 目平湖凸起；26. 沅江凹陷；27. 白马寺凸起；28. 汨罗-湘阴-宁乡凹陷；29. 桃源凹陷

图 2-16 江汉-洞庭盆地基底构造示意图

（阎国年，1991）

（闾国年，1991）。③断裂活动明显，诸多早期断裂复活，新断裂形成，许多断裂成为新构造分区和单元的边界，并控制河湖水系发育。

刘广润、殷鸿福等根据大地构造一级单元、新构造运动形式、新构造运动强度等因素，进行了长江中游新构造分区，如表 2-2。其中江汉-洞庭盆地新构造特征如图 2-17（刘广润等，2008）。图中显示了江汉-洞庭盆地及周边隆起区和盆地内不同强度沉降区的分布与沉降速率。

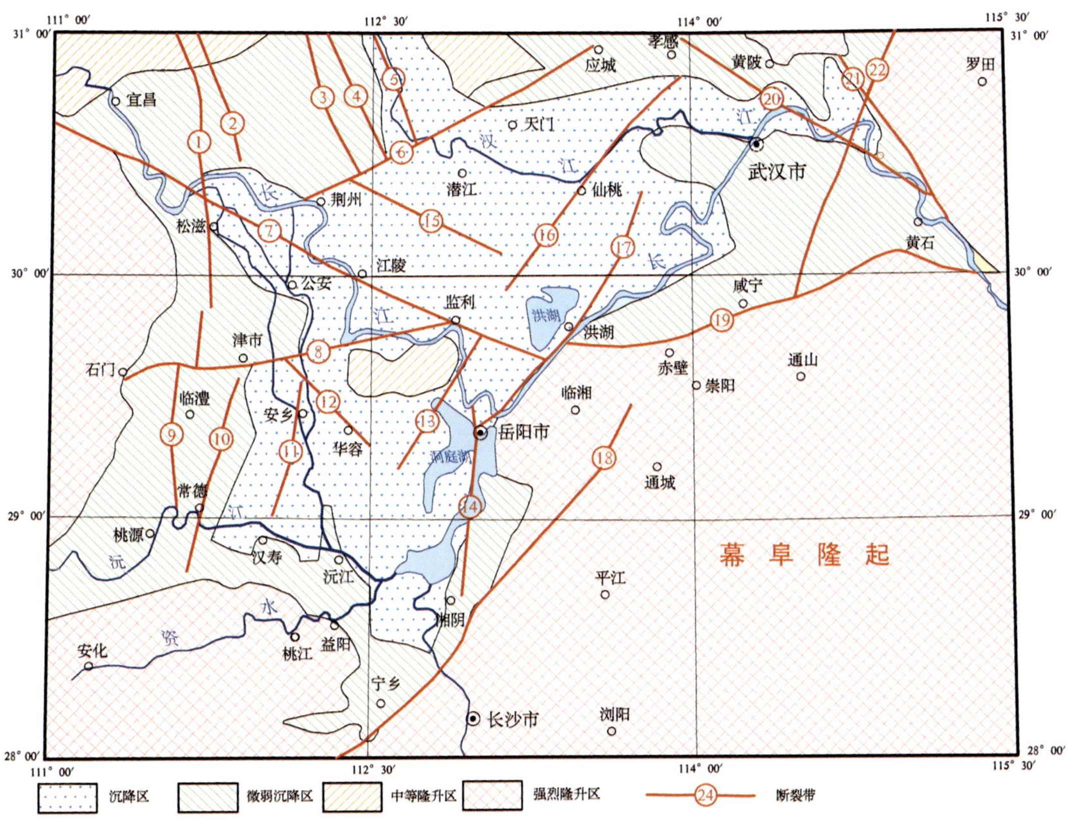

① 通城河断裂；② 远安断裂；③ 南漳-荆门断裂；④ 远安-石桥断裂；⑤ 胡家集-沙洋断裂；⑥ 潜北断裂；⑦ 天阳坪断裂；⑧ 监利断裂；⑨ 临澧断裂；⑩ 浣南坪断裂；⑪ 安乡断裂；⑫ 槐湾-明山断裂；⑬ 砖桥-钱粮湖断裂；⑭ 湘阴断裂；⑮ 丫角-新沟断裂；⑯ 沔阳断裂；⑰ 洪湖断裂；⑱ 宁乡断裂；⑲ 咸宁-灵乡断裂；⑳ 襄樊-广济断裂；㉑ 英店-青山断裂；㉒ 团麻断裂

图 2-17　江汉-洞庭盆地新构造运动特征及强度分区图

（刘广润等，2008）

表 2-2　长江中游主要水患区新构造运动特征表（刘广润等，2008）

单元	区	亚区	新构造运动特征
秦岭-大别造山带	大别隆起（Ⅰ）	大别强烈隆起区（$Ⅰ_1^A$）	断块掀斜隆升
		大别微弱隆起区（$Ⅰ_1^C$）	掀斜隆升，西北强东南弱
扬子地台	武陵-大洪山隆起（Ⅱ）	武陵-大洪山隆起区（$Ⅱ_1^A$）	间歇性隆升
		黄陵-大洪山中部隆起区（$Ⅱ_2^B$）	掀斜隆升，西北强、东南弱
	雪峰隆起（Ⅲ）	雪峰强烈隆起区（$Ⅲ_1^A$）	间歇性隆升
	幕阜-九岭隆起（Ⅳ）	幕阜-九岭强烈隆起区（$Ⅳ_1^A$）	间歇性隆升
		鄂东微弱隆升区（$Ⅳ_2^C$）	隆升缓慢
	天目隆起（Ⅴ）	天目强烈隆升区（$Ⅴ_1^C$）	间歇性隆升

续表

单元	区	亚区	新构造运动特征
扬子地台	江汉-洞庭沉降带（Ⅵ）	江汉微弱隆起区（VI_1^{C}）	掀斜隆升，北西强、南东弱
		江汉强烈沉降区（VI_1^{E}）	掀斜沉降，北西弱、南东强
		华容中等隆起区（VI_2^{B}）	缓慢隆升
		洞庭微弱隆起区（VI_2^{C}）	隆升缓慢，西强东弱、北强南弱
		洞庭强烈沉降区（VI_2^{E}）	强烈沉降
	鄱阳沉降带（Ⅶ）	鄱阳微弱隆升区（VII_1^{C}）	隆升缓慢，西强东弱、北强南弱
		鄱阳微弱陈江区（VII_1^{D}）	缓慢沉降，西弱东强
	赣皖宽谷沉降带（Ⅷ）	皖江微弱隆升区（VIII_1^{C}）	隆升缓慢，西北强东南弱
		皖江微弱沉降区（VIII_1^{D}）	缓慢沉降，东南强西北弱
		宿松-枞阳中等隆升区（VIII_2^{B}）	中等隆升，东南强西北弱
		潜山-庐江微弱隆升区（VIII_3^{C}）	隆升缓慢，东南强北西弱
	苏皖沉降带（Ⅸ）	苏皖中等隆升区（IX_1^{B}）	中等隆升，东南强西北弱
		苏皖微弱隆升区（IX_1^{C}）	隆升缓慢
		苏皖皖江微弱沉降区（IX_1^{D}）	缓慢沉降，北强南弱
华北台地	皖中沉降带（Ⅹ）	皖中微弱隆升区（X_1^{C}）	缓慢隆起，南强北弱
		皖中微弱沉降区（X_1^{D}）	缓慢沉降，东强西弱

2.2.2 江汉-洞庭盆地的沉降

江汉-洞庭盆地是位于新华夏第二沉降带南部的断陷构造盆地，其形成的地质背景已在上一节中叙述。

1. 江汉-洞庭盆地沉降的空间分布

图 2-18 是新构造运动背景下江汉-洞庭盆地沉降区范围（中国地质大学（武汉）、鄂湘赣皖地质调查院，2003b）。由图 2-18 可见如下特点。

（1）江汉-洞庭盆地的沉降区范围由若干条重要断裂构成（见 2.2.3）。潜北断裂构成沉降区的北界，通城河断裂和南坪断裂构成沉降区西界，益阳-宁乡断裂和湘阳断裂构成沉降区的南界和东南界，洪湖-嘉鱼断裂和襄阳-广济断裂分别构成沉降区的东界和东北界。而位于沉降区中部华容断垄北侧的石首断裂将江汉-洞庭沉降区分割成江汉沉降区与洞庭沉降区。

（2）从江汉-洞庭沉降区的周边向沉降区的中心，其沉积地层清晰表现出自老至新的顺序，最外围是前白垩系地层，向沉降区中心依次为白垩系—古近系—新近系、第四系更新统、全新统地层，而第四系全新统沉积主要分布在河流沿岸和湖泊周边。这一特点从沉积学角度清晰地反映了江汉-洞庭盆地的断陷构造盆地属性（中国地质大学（武汉）、鄂湘赣皖地质调查院，2003b）。

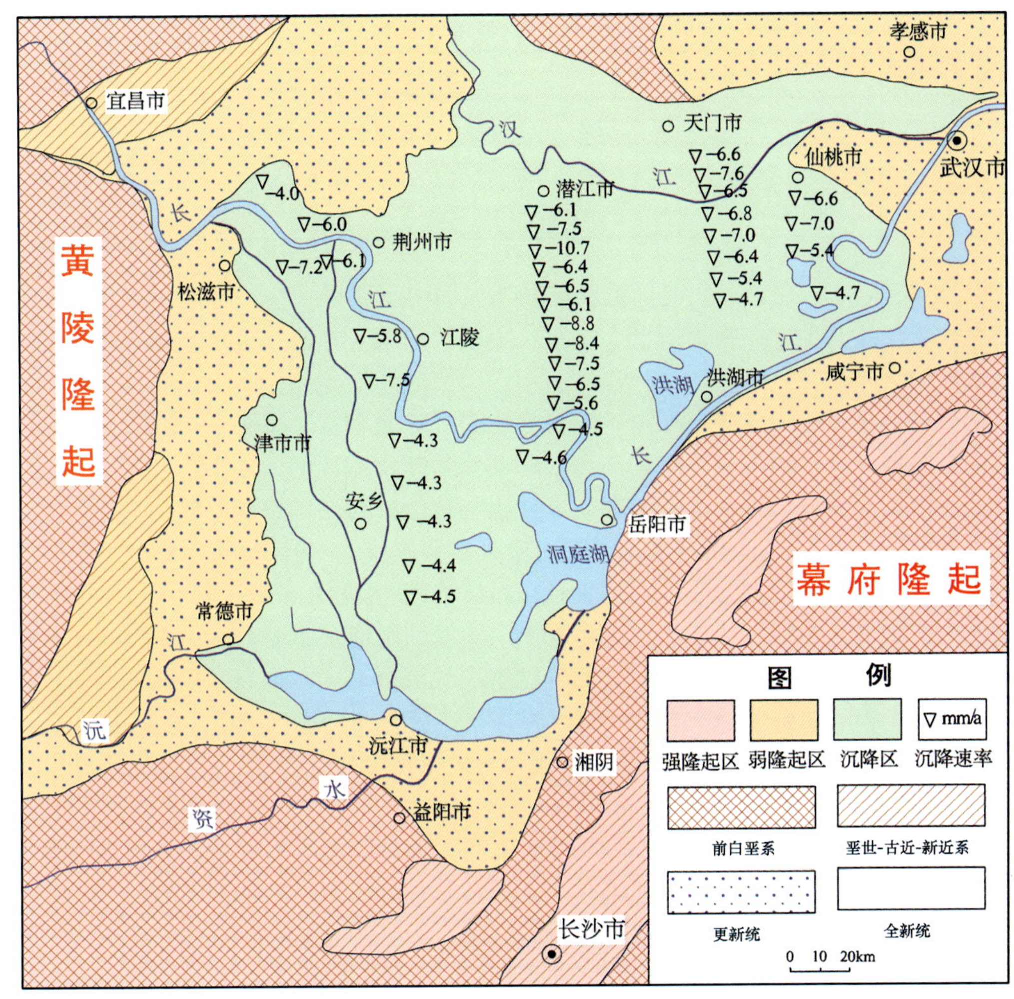

图 2-18　江汉-洞庭新构造沉降分布图

（中国地质大学（武汉）、鄂湘赣皖地质调查院，2003b）

从上述江汉-洞庭盆地形成过程还可看出，在晚白垩世—新近纪时期，江汉盆地与洞庭盆地有时同步升降，有时则此升彼降。

（3）进入第四纪，江汉-洞庭盆地受到新构造运动的影响，其沉降空间分布呈现以下特点。

即为：①在江汉盆地，其沉降的空间分布呈现出自北西向南东掀斜沉降的态势，且处于不断增强之中。掀斜沉降导致江汉盆地沉降中心不断向东南方向迁移，引起江汉盆地东南超覆沉积。②在洞庭盆地，其空间上具有显著的不均匀性，可划分为“三凸四凹”次级构造单元，自西北向东南依次为澧县凹陷、太阳山凸起、常桃凹陷、目平凸起、沅江凹陷、麻河口凸起、湘阴地堑。这些构造单元受北东向断裂所控制，形成北东—南西向地块，在很大程度上控制了洞庭湖沉降的空间分布。

2. 江汉-洞庭盆地的沉降速率

江汉盆地和洞庭盆地在第四纪各时期的沉降速率如表 2-3 所示。

表 2-3　江汉-洞庭盆地第四纪等各时期沉降速率（mm/a）（中国地质调查局，2003）

区域＼时代	第四纪				历史时期	现代	
	Q_1	Q_2	Q_3	Q_4	近两千年	1925～1953	50（60）年代至 90 年代
洞庭盆地	0.063	0.124	0.093	1.12	相对沉降快	10.71	8.4
江汉盆地	0.059	0.08	0.34	1.98	相对沉降慢	9.82	5.3～9.4

由表 2-3 可见，在第四纪的早更新世（Q_1）—中更新世（Q_2）时期，洞庭盆地的沉降速率大于江汉盆地。在晚更新世（Q_3）—全新世（Q_4）时期，洞庭盆地沉降速率小于江汉盆地的沉降速率。

在近两千年以来的历史时期里，洞庭盆地的沉降速率复又略快于江汉盆地，表现出沉降速率北慢南快的掀斜沉降态势。这一时期恰是江汉盆地的云梦泽区域萎缩、解体。而洞庭盆地的洞庭湖快速扩大的时期，表现出构造沉降对湖泊兴衰的重大影响。

自 20 世纪 50～90 年代以来，中国地质大学（武汉）、长江水利委员会、鄂湘赣皖等省地质调查院利用一、二等水准测量、高精度 GPS 等方法（直接法），对江汉盆地和洞庭盆地有代表性地区进行了长期定点观测，辅以利用地层厚度、泥沙淤积量计算沉积速率等方法（间接法），给出了江汉-洞庭盆地现代沉降速率，如表 2-4 所示。

由表 2-4 和图 2-18 可见，现代江汉-洞庭盆地仍处在构造沉降中，沉降速率平均为 5～10mm/a，是第四纪以来构造沉降速率最大的时期。在江汉盆地，汉江中下游沿线、长江右岸的潜江-监利和皂市-洪湖地区是沉降较快的地区；在洞庭盆地，垸区和湖区是沉降较快的地区。但由于观测点的数量及在空间上的分布和观测方法并非完全一致，因此尚难以根据现有数据得出江汉盆地和洞庭盆地现代构造沉降的相对快慢。

表 2-4　江汉-洞庭盆地现代构造沉降速率（中国地质调查局，2003）

分线（片）范围		构造沉降速率/（mm/a）	算术平均值/（mm/a）	求取方法
江汉盆地	江汉盆地汉江沿线	2～15	9.94	一、二等水准重复测量法
	江汉盆地中心	2～12	5.3，7.6	
	江汉盆地	3.3～7.2	5.03	中国地震局地震研究所地震网 GPS 复测结果
	江汉盆地	6.43～12.5		长江水利委员会 1925～1953 年重复水准测量结果
荆江段		3～6	4.6	一、二等水准重复测量法
洞庭盆地	洞庭盆地阶地丘陵区	2.3～6.1	3.1，4.4	
	洞庭盆地（垸区）	6.46～13.25	7.21～8.64	水尺基准重复测量
	东、南洞庭湖水域	6.7～11.4	8.7	水下地形图与输沙法结合
	洞庭湖区	8.56～11.43		长江水利委员会 1925～1953 年重复水准测量结果

江汉-洞庭盆地不均匀沉降分布见图 2-19。

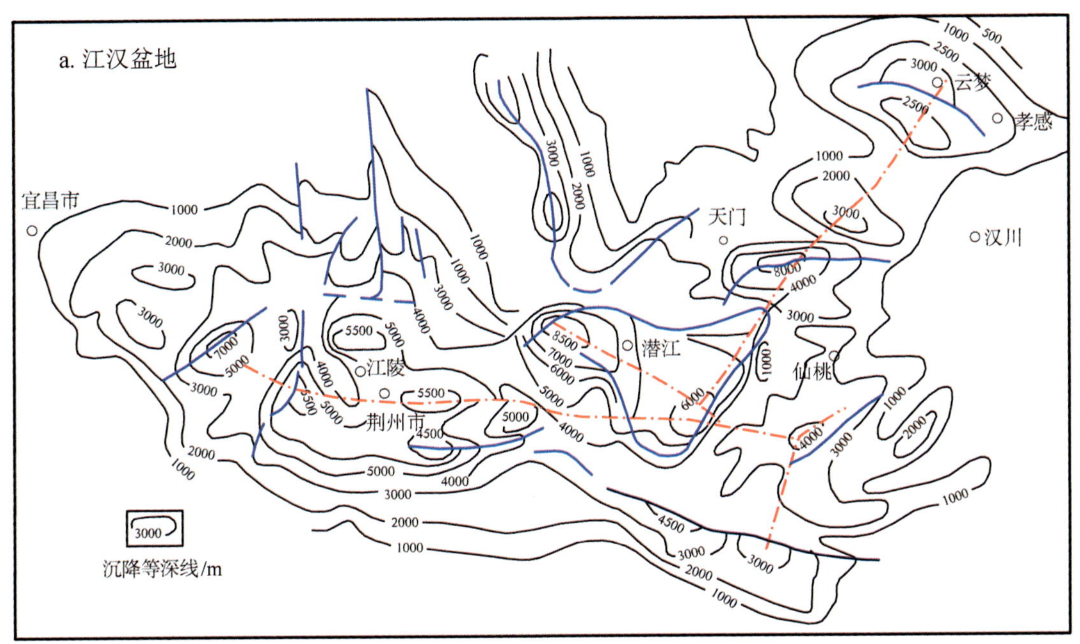

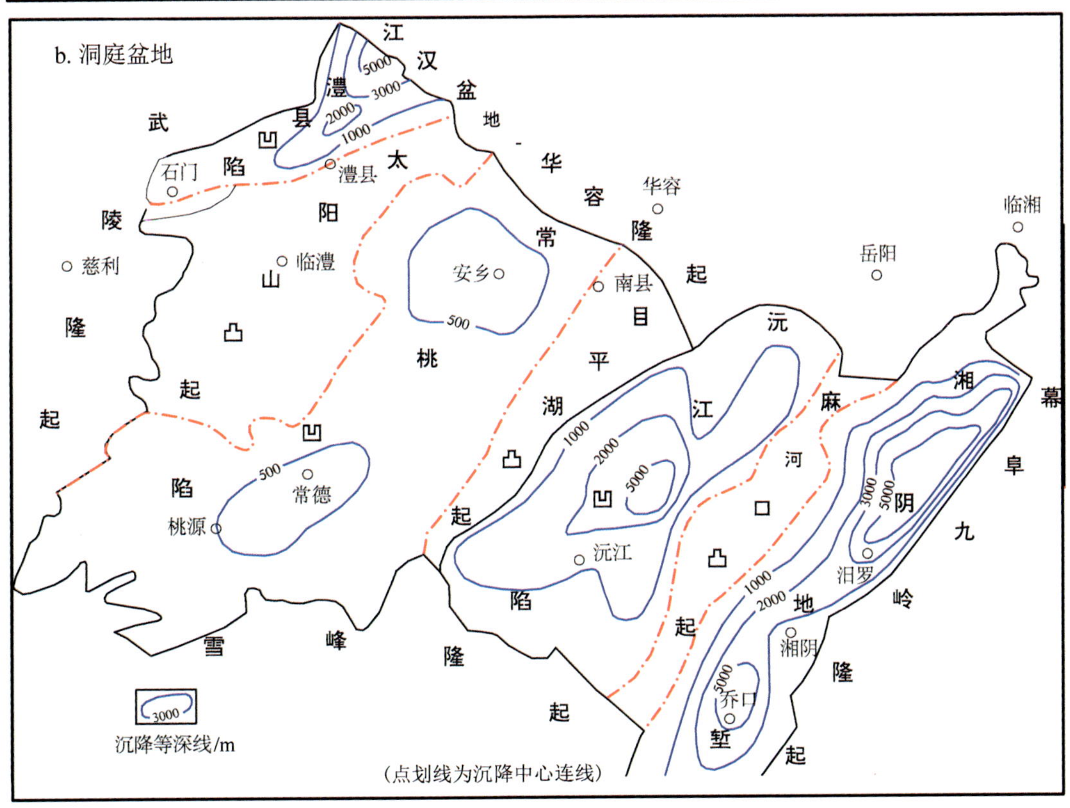

图 2-19　江汉-洞庭盆地不均匀沉降分布

（中国地质调查局，2003）

2.2.3　江汉-洞庭盆地的断裂构造

刘国纬在综合多家资料（闾国年，1991；杨怀仁、唐日长，1999；中国地质大学（武汉）、鄂湘赣皖地质调查院，2003a；湖南省地质调查院，2003；杨达源，2004）的基础上绘制了江汉-洞庭盆地断裂分布图（图 2-20）和表 2-5。从图中可以看出，江汉-洞庭盆地的断裂与断裂带的分布及其对江汉-洞庭盆地河湖水系的影响具有以下特点：

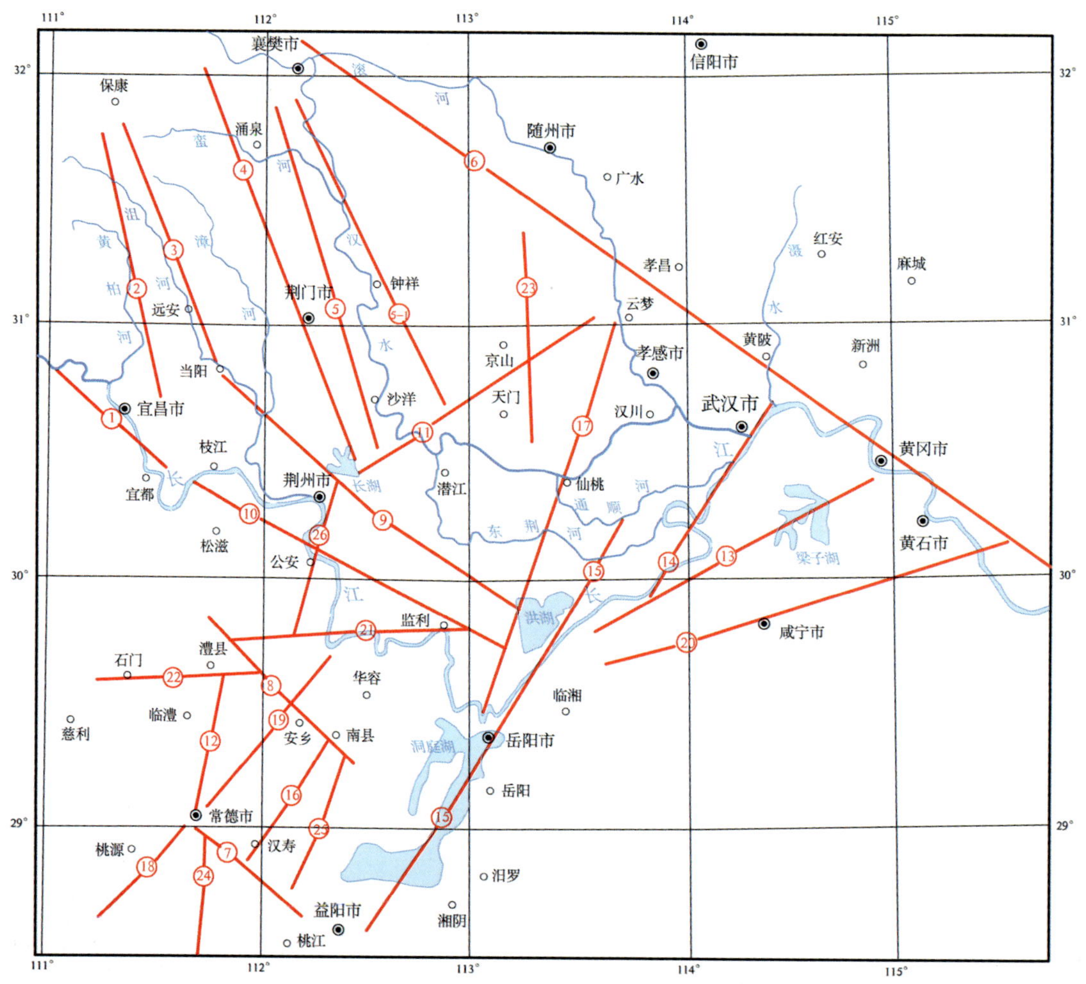

图 2-20　江汉-洞庭盆地断裂分布图（刘国纬制）（图中序号说明见表 2-5）

表 2-5　江汉-洞庭湖盆地断裂情况表

编号	名称	走向	路径	特征
①	天阳坪断裂	NW	秭归—天阳坪—高家堰—红花套	偏北侧沉降，偏南侧抬升。对长江宜昌段起控制作用。形成于早白垩世，新近纪至晚更新世晚期有强烈升降活动
②	通城河断裂	NNW	后坪—马良坪—荷花—通城河	西侧抬升，东侧沉降。控制远安地堑发育，控制黄柏河走向。形成于燕山期，喜马拉雅期活动强烈，第四纪以来继承性活动明显
③	远安断裂	NNW	保康—峡口—远安—当阳	控制远安地堑发育。控制沮水水系发育，形成格状水系。形成于燕山期，喜马拉雅期进一步发展，新构造运动期强烈活动

续表

编号	名称	走向	路径	特征
④	南漳-荆门断裂	NNW	茨河—南漳—仙居—荆门	为南襄盆地西南侧边界。形成于燕山期，喜马拉雅期进一步发展，新构造运动期强烈活动
⑤	胡家集-沙洋断裂	NNW	九集—胡集—石桥驿—沙洋	控制汉水断陷槽地的形成和发展。形成于早白垩世，白垩纪至古近纪-新近纪时期活动强烈，属张剪性活动断裂
5-1	钟祥-永隆断裂（汉水断裂）	NW	襄阳—钟祥—永隆	控制汉水中下游发育。形成于早白垩世，白垩纪至古近纪-新近纪时期活动强烈，属张剪性活动断裂
⑥	襄阳-广济断裂	NW	襄阳—云梦—黄岗—广济（武穴）	是一条区域性大断裂，属青峰一襄樊一广济大断裂的东段。它既是桐柏一大别山带与扬子准地台的分界，也是皖江宽谷带的西南边界。东北盘上升，西南盘下降，控制了武汉至武穴段长江的发育。形成于晋宁运动，加里东期向东南延伸，燕山期及喜马拉雅期发展，第四纪活动增强
⑦	常德-益阳断裂	NW	常德—德山—益阳	正断层，上盘（东北侧）上升，下盘（西南侧）下降，为洞庭盆地第四纪沉积的西南边界。形成时代不详，第四纪以来活动迹象显著
⑧	槐湾-明山断裂	NW	郑公渡（松滋河中游）—安乡—南县—大通湖	正断层，东北侧抬升，形成黄山头、明山头、鹿虎山等丘岗地貌；西南侧沉降，构成河湖平原。形成于中生代早期，白垩纪至古近纪活跃
⑨	荆北断裂（由拾回桥-长湖-洪湖三条断裂组成）	NW	当阳—长湖—洪湖	拾回桥断裂横截鄂北地块、远安地堑、当阳地堑；长湖断裂横隔潜江凹陷与江陵凹陷；拱潮断裂分割沔阳（今仙桃）凹陷与丘陵凹陷。早白垩世已形成，于古近纪强烈活动，新近纪无明显活动迹象，第四纪恢复活动
⑩	松滋-公安-监利断裂	NW	云池—松滋—公安—监利	该断裂构成江汉盆地西南界，华容断隆北界，北侧沉降速率大于南侧。控制长江宜都—沙市段河谷的发育。形成于燕山期，喜马拉雅期大幅度升降，新构造运动以来活跃
⑪	潜北断裂	NE	皂市—渔薪—沙市	潜江凹陷北界，西北盘向南掀升，东南盘向南沉降，使断裂以南区域向东南倾斜成箕状。该断裂横截大洪山褶皱带，截断鄂北北西向与北北西向多条断裂带，对断裂两侧水系产生较大影响。古近纪活动显著，新构造运动以来活动强烈
⑫	临澧-河洑断裂	NNE	河洑—太浮山（东侧）—临澧，止于澧水断裂	正断层，下盘（西侧）抬升，上盘（东侧）沉降. 为洞庭盆地西界。形成于晚新生代，第四纪以来活动强烈
⑬	洪湖-嘉鱼断裂	NE	洪湖—嘉鱼—安山—梁子湖，至樊口为麻城—团风断裂所截	正断层，南盘抬升，北盘沉降，控制着长江在洪湖—嘉鱼—燕窝段的发育。形成于新生代，新构造运动以来，活动强烈
⑭	嘉鱼-金口断裂	NE	嘉鱼（城关）—金口—武汉（大兴洲）	断层西侧沉降，为冲积平原，东南侧抬升，为岗坡状平原。控制嘉鱼—武汉段长江的发育。形成时代不详，新构造活动显著
⑮	洪湖-湘阴断裂（湘阴-沙湖断裂）	NE	沙湖—洪湖—岳阳—湘阴	断层东侧抬升出露古地层，为丘陵山地，西侧为大幅沉降为低平原。岳阳至洪湖段对长江发育起控制作用，对湘江和东洞庭湖区沉积起着控制作用，形成于燕山期，喜马拉雅期与晚新生代均有强烈活动

续表

编号	名称	走向	路径	特征
⑯	南县-汉寿断裂	NE	南县—汉寿	目平湖凸起的西界，常德-安乡凹陷的东界，晚新生代以来，东盘大幅下降，控制目平湖发育。形成于燕山运动期，喜马拉雅期活动强烈，新构造运动以来，继承性活跃
⑰	信阳-岳阳断裂（环水断裂、刘隔-沔阳断裂）	NE	岳阳—沔阳（仙桃）—孝感—花园（孝昌）—信阳	是一条古老的大断裂，大致是大别山与桐柏山的分界线，汉江盆地的东界。形成于晋宁期，燕山期和喜马拉雅期强烈活动，新构造运动以来活动恢复性增强
⑱	桃园断裂	NE	桃源—郑家驿—牯牛山	正断层，东盘抬升形成沅江陡崖，西盘沉降，形成平坦沅水阶地，沅水沿断裂发育。形成于燕山运动，属晚新生代以来的活动断裂
⑲	常德-渡口断裂	NE	常德—渡口（与九玩断裂、虎流断裂、八岭山断裂构成雁式断裂带）	正断层，东盘沉降为目平湖凹陷，西盘抬升构成垄岗丘陵地貌。形成于燕山期，喜马拉雅期和晚新生代活动强度大
⑳	咸宁-灵乡断裂	NE	太子山—灵乡—咸宁—赤壁	东南侧快速隆起，形成中低山，西北侧缓慢隆起，呈山丘地貌。形成于中生代，新生代以来，断裂东南快速隆起，活动强烈
㉑	石首断裂	EW	甘家厂—石首—杨家港	江汉平原的南界，是荆江河曲发育的构造因素。形成于早白垩世，燕山期和喜马拉雅期活动强烈，第四纪以来继承性活动显著
㉒	澧水断裂	EW	石门—张公庙—津市	南侧掀升，出露古地层形成地山丘陵地貌，北侧沉降，形成澧县凹陷。控制澧水走向，并使澧水南岸多断崖，河谷南北显著不对称。形成于燕山期前，喜马拉雅期和晚新生代均有强烈活动。
㉓	皂市断裂	NS	位于大洪山东侧，北段在刘店为广济断裂所截，南段在天门市境内为天门河断裂所截	西侧上升，出露古生界至三叠系地层，形成低山地貌；东侧沉降，沉积为白垩纪以来巨厚红层。为云应盆地西界，对断裂周边河流发育具有重要控制作用，河流沿断裂发展呈现小角度转折。形成于燕山期，喜马拉雅期活动强烈，第四纪仍有活动
㉔	德山-徒山断裂	NS	德山—徒山	东侧抬升，西侧沉降，形成如坡水溪谷平原，水系极不对称。形成于新构造运动时期，中更新世以来升降运动显著
㉕	大通湖-草尾断裂	NS	大通湖—草尾—沅江	该断裂与其西侧目平湖断裂之间，为早更新世砾石层组成具地垒构造的红色岗丘兀立于洞庭湖中心，成为东西洞庭湖的自然分界线，对洞庭湖的发育起控制作用。形成于燕山期，新生代以来活动性强，形成上升—下降—上升构造旋回
㉖	沙市（今荆州）-闸口断裂	NS	沙市（今荆州）—公安—闸口	为江汉盆地强烈沉降区的西界。断裂以西以掀斜、拗折为主，以东以断块沉降为主。断裂以西为万成-南平凹陷区，以东为荆州-陈沱断陷区。形成于中生代侏罗纪，第四纪以来在喜马拉雅运动影响下活动强烈

（1）在江汉盆地中西部以北北西和北西走向的断裂为主。例如鄂北断裂带中呈北北西走向的通城河断裂、远安断裂、南漳-荆门断裂、胡家集-沙洋断裂，以及呈北西走向的天阳坪断裂、拾回桥-长湖-洪湖断裂、松滋-公安-监利断裂、襄樊（今襄阳）-广济断裂等。这些断裂与江汉盆地西北抬升、东南沉降的掀斜构造运动相结合，犹如一把自西北向东南倾斜展开的折扇，这些断裂如同扇骨控制了江汉盆地自西北流向东南河流的发育。例如，黄柏河、沮河、漳河、汉水及其在江汉盆地内的支流蛮河等河流的流向，

均与断裂走向接近一致。掀斜运动、断裂构造和水系走向如此协调而清晰的配合，生动地反映了新构造运动对江汉平原河流的控制作用（中国地质大学（武汉）、鄂湘赣皖地质调查院，2003a）。

在洞庭盆地与江汉盆地东部，以北东走向的断裂为主。例如，江汉盆地东部的潜北断裂、信阳-岳阳断裂、沙湖-湘阴断裂、洪湖-嘉鱼断裂、嘉鱼-金口断裂，以及洞庭盆地的常德-渡口断裂、桃园断裂、南县-汉寿断裂、岳阳-益阳断裂等。这些断裂会聚于江汉-洞庭盆地的强烈沉降区，使呈北东及北南流向的松滋河、虎渡河、藕池河以及澧水、沅江、资水和湘水、汨罗江等都汇集于该区域，故而促成了洪湖、洞庭湖的发育。

（2）这些断裂大多构成了江汉-洞庭盆地构造分区的分界线。例如，就江汉-洞庭盆地区域尺度而言，信阳-岳阳断裂的北段（环水断裂与刘隔-仙桃断裂）大致构成江汉盆地的南界和洞庭盆地的北界，沙市（今荆州）-闸口断裂和松滋-公安-监利断裂大致构成江汉盆地西界和西南界。临澧-河洑断裂大致构成洞庭盆地的西界，而大通湖-草尾断裂等组成的赤山断裂带，则成为东洞庭湖与西洞庭湖的自然分界线。

就江汉-洞庭盆地内的次级构造分区而言，绝大多数断裂成为次级构造分区与单元间的分界线。如图 2-16（阎国年，1991）中，长湖断裂构成潜江凹陷和江陵凹陷的分界，洪湖断裂构成仙桃断陷与陈沱口地堑的分界；远安断裂构成远安地堑与当阳地垒的分界；钟祥-永隆断裂构成汉水地堑与永隆河地垒的分界；南县-汉寿断裂构成常德-安乡凹陷的分界。又如目平凸起，其西以常德-安乡断裂为界与常德-安乡凹陷相接，东以大通湖-草尾断裂为界与沅江凹陷相连，南以汉寿断裂为界，北以槐湾-明山断裂为界。而洞庭盆地“三凸四凹”的琴键式构造单元，完全是以自西向东依次排列的南北向断裂为界线构成的（杨达源，2004）。

事实上，江汉-洞庭盆地内以凸起与凹陷和地堑与地垒为单元而构成的盆地基底构造特征，是新构造运动以来不同尺度断块运动的结果，而断裂正是这些断块最凸显的表现。

（3）断裂构造在很大程度上控制了长江中游河道的走向与发育，主要表现在以下方面：

a. 断裂对长江中游干流走向的影响。长江从宜昌出三峡后，在宏观尺度上沿着向东的大方向奔流，但在平面上呈现出 W 形展布的特点。这一特点的形成主要是沿程受到北西向和北东向两组近乎垂直交会的活动断裂的影响与控制的缘故。

在宜昌至沙市（今荆州）河段，首先受天阳坪断裂北盘下降、南盘抬升的控制，长江沿天阳坪断裂北侧向东南方向奔流至宜都，紧接着受到松滋-公安-监利断裂北侧沉降速率大于南侧的控制，沿该断裂北侧东行至荆州。在荆州至岳阳河段，先受到荆州-闸口断裂西盘抬升、东盘沉降的控制而南行，然后受石首断裂控制东行至监利，并受华容隆起的影响南行至岳阳。在岳阳至武汉河段，其中岳阳—洪湖河段受到洪湖-湘阴断裂（断层东侧抬升，西侧大幅沉降）控制，紧贴该断裂西侧沿北北东方向流行至洪湖，然后受洪湖-嘉鱼断裂（南盘抬升，北盘沉降）控制，沿断裂北侧东流至嘉鱼，接着在嘉鱼-金口断裂（西北侧沉降，东南侧抬升）控制下，在断裂西北侧沿东北方向奔流至武汉。在武汉至武穴河段，主要受襄阳-广济断裂的控制（东北盘抬升，西南盘沉降），大致沿东南方向流行至武穴，然后流向下游。由上述可见，长江中游干流河道基本上是在沿程一系列断裂的影响和控制下发育的，体现了断裂构造对长江干流的影响（杨怀仁、唐日长，1999）。

b. 断裂对各支流水系发育的影响。诸断裂成为江汉-洞庭盆地内重要的地貌分界线。断层的上下盘垂直高差控制着河流的发育。例如，德山-陡山断裂，其东侧抬升，形成陡崖，西侧下降，形成溪谷平原，水系极不对称（闾国年 1991）；澧水断裂控制着澧水的走向，并使南岸多断崖，南北河谷显著不对称；桃沅断裂控制着沅水发育，东盘抬升形成陡崖，西盘下降形成平坦的沅水阶地，河谷明显不对称；洋溪-桃园隐伏断裂，其东盘呈断块下降，控制着该地区河流由西北流向东南的走向，如图 2-21（杨怀仁、唐日长，1999）。许多河流通过断裂时，或呈高角度拐弯，或沿断裂发育，例如北北西向的远安断裂，使沮水西侧多条支流与断裂相交，形成网格状水系。

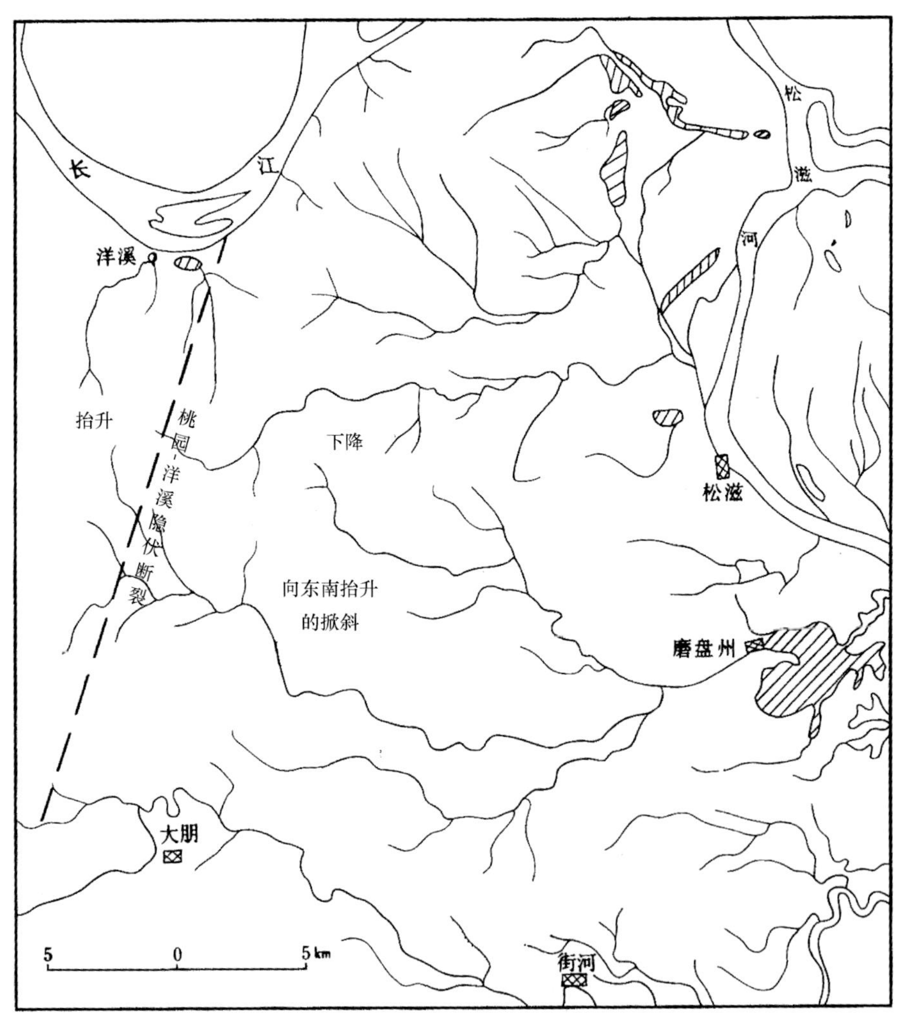

图 2-21 断裂对洋溪至松滋间水系的影响

（杨怀仁、唐日长，1999）

（4）图 2-20 断裂情况表明，江汉-洞庭盆地的断裂少数在白垩纪以前已经形成，多数在距今约 6000 万年的燕山运动期间形成，其形成的构造背景已如前述。在喜马拉雅运动期间，这些断裂大多一度活动剧烈，其后有所缓和，到第四纪时又继承性恢复活动，并具有鲜明的新构造运动特征，即断裂两侧（断层的上下盘）相对升降差异运动强烈。断裂上升的一侧通常形成山丘或岗地，受到剥蚀，下降一侧则形成平原或低平原，发育湖沼，接受沉积。因此断裂对江汉-洞庭盆地的地貌形成与发育具有重要影响。

江汉-洞庭盆地的断裂构造，对江湖关系的演变也有重要影响，将在本章第四节中详细讨论。

第三节　长江中游的古气候

3.1　长江中游地区更新世与全新世气候

长江中游地区位于亚热带与暖温带之间的过渡带，其第四纪气候既具有全球第四纪气候的普遍特征，也具有鲜明的区域特征，已在第一章第三节中论述。本节将着重讨论其更新世以来的气候变化及对长江河道的影响。

3.1.1　更新世时期的气候

根据长江中游地区沉积层孢粉组合中喜暖湿植物花粉和干冷气候下植物花粉的数量比例，可以揭示出该地区在更新世时期的气候变化概貌。在早更新世，其早期气温与新近纪气候相比已有所转冷，中晚期快速转冷，到早更新世末期呈现明显回暖。在中更新世，其初期气候一度转冷，到中晚期快速转为湿热。在晚更新世，其早中期延续了中更新世晚期的湿热气候，到晚更新世晚期转向干冷，到晚更新世末期又呈回暖态势。杨怀仁、唐日长（1999）根据长江荆江地区钻孔岩心岩性与岩相的分析，绘制了长江宜昌—城陵矶河段更新世气候演变状况（图 2-22）。图 2-22 详细地展示了长江中游地区更新世时期气候演变的过程，并表现出与中国东部气候演变有较大的同步性。

3.1.2　全新世时期的气候

全新世是第四纪继晚更新世后最新的一个地质历史时期。根据 1969 年第八届国际第四纪会议的建议，以末次冰期与冰后期之间温度平均值对应的时间作为全新世开始的界限，大致为 10 000～11 000aBP。全新世通常也被划分为早全新世（10000～7500 aBP）、中全新世（7500～2500 aBP）和晚全新世（2500aBP～现代）（夏正楷，1997；杨怀仁，1996）。

（1）全新世翻开了地球气候最新的一页。就全新世全球气候总体而言，气候是比较温暖的，其间尤以中全新世全球平均气温较高，称为气候适宜期或称为大西洋期，而早全新世和晚全新世气温则偏低（杨怀仁、唐日长，1999）。全新世气候依然存在明显波动，根据北半球雪线变化、林木线变化、树木年轮、多条冰川的进退等因素的综合分析，杨怀仁给出了北半球气候波动情况（表 2-6）。由表 2-6 可见，北半球在全新世有四个寒

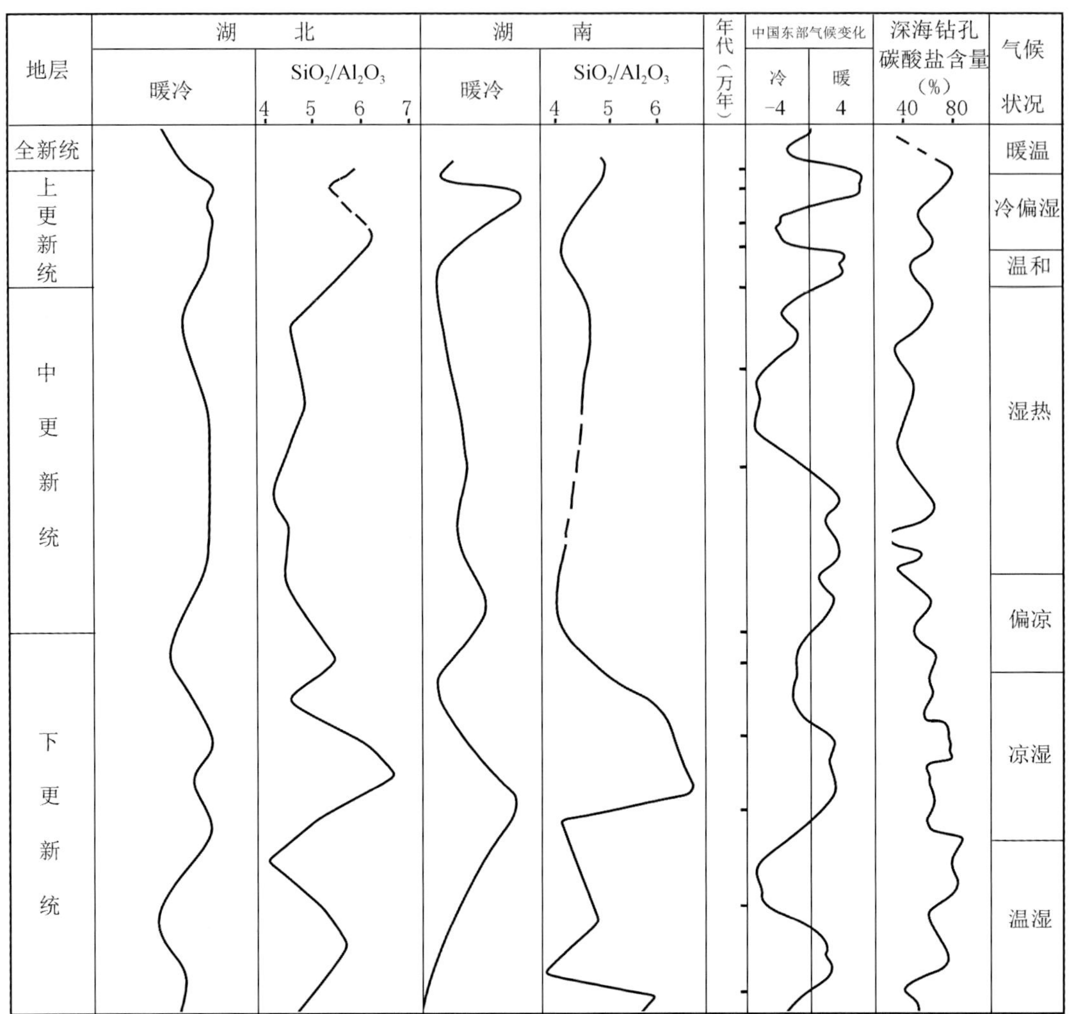

图 2-22 长江宜昌—城陵矶河段沉积环境与更新世气候演变
（杨怀仁、唐日长，1999）

冷期（也称四个新冰期），其中最后一个寒冷期（新冰期第四期）常称作小冰期（little ice age），时间大约在公元 1430～1900 年。而在 6000aBP 前后是北半球全新世气温最高的时期，也称全新世气候适宜期（杨怀仁，1996；易朝璐、崔之久，2005）。

表 2-6 北半球全新世气候波动（杨怀仁，1996）

寒冷期名称	新冰期第一期	新冰期第二期	新冰期第三期	新冰期第四期（小冰期）
持续时间/aBP	8200～7000	5800～4900	3300～2400	450～30
冷锋年代/aBP	7800	5300	2800	200

（2）我国全新世的气候情况与表 2-6 中所概括的北半球气候情况是基本一致的。竺可桢对中国近 5000 年来的气候变化做了简明的概括，他指出，在 5000 年中的最初 2000 年，即从仰韶文化到安阳殷墟文化，大部分时间的平均温度高于现代 2℃，1 月温度比

现在高 3～5℃。公元前 1000 年、公元 400 年、1200 年和 1700 年时近 3000 年来最低温度年份，波动范围为 1～2℃，在其中的每一个 400～800 年的期间里，可以分出 50～100 年为周期的小循环，1 月温度范围是 0.5～1.0℃；每次最冷时期似乎都是从东亚太平洋哈南开始，寒冷波动向西传布（竺可桢，2004）。这一概括与中国地质调查局 2003 年所提出的长江中游地区晚全新世气候评价是基本一致的（夏正楷，1997）。

（3）关于长江中游地区全新世气候，已有较多研究成果。有的应用气候地层学原理与方法，根据江汉-洞庭平原多个钻孔孢粉种类与含量、有机碳同位素等信息，勾绘出了长江中游地区进入全新世以来气候演变的情景（中国地质大学（武汉）、鄂湘赣皖地质调查院，2003a），如图 2-23。

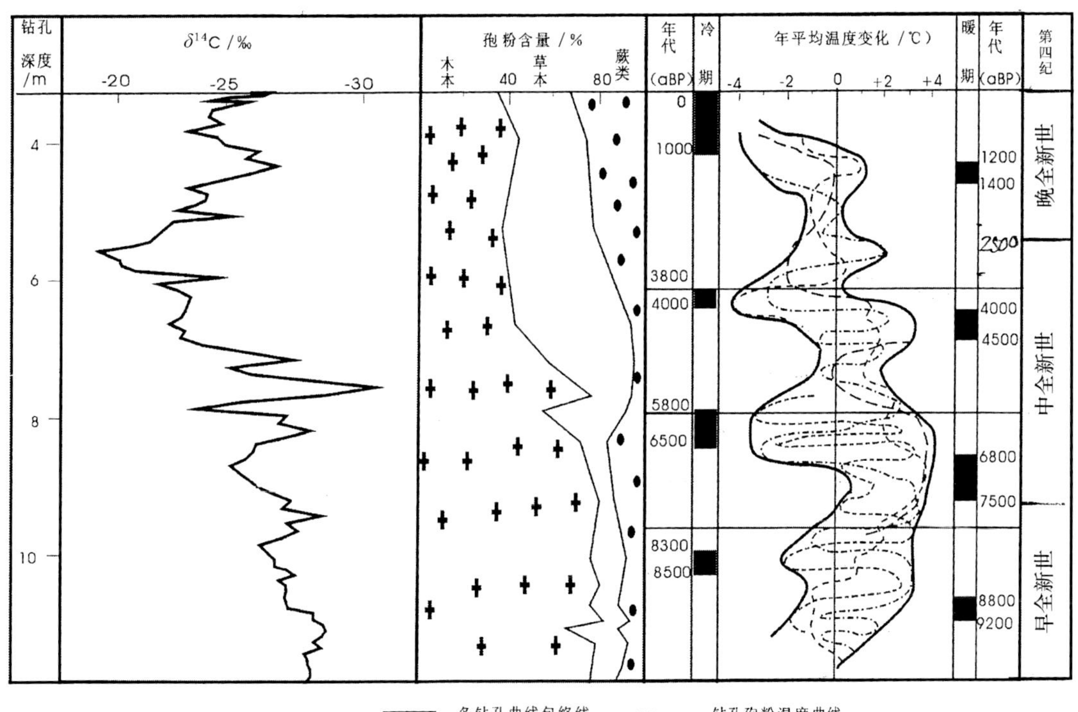

图 2-23　长江中游地区全新世以来的气候变化

（中国地质大学（武汉）、鄂湘赣皖地质调查院，2003a）

由图 2-23 可见：①进入早全新世，长江中游地区气候开始回升并在 9200～8800aBP 期间升到最高点，此后开始下降，到 8500～8300 aBP 时下降停止，转为回升。在整个早全新世，气候的基本形势是由温湿转为凉干，植被以松、栎为主的针阔叶混交林为主。②进入中全新世，长江中游地区气候变化经历了两个暖期和两个冷期的旋回。两个暖期分别是 7500～6800 aBP 和 4500～4000 aBP，其中以 7500～6800 aBP 时期的气候最为暖湿，是全新世气候适宜期。两个冷期分别是 6500～5800 aBP 和 4000～3800 aBP。自 3800 aBP 以后，气候一度小幅回暖，随后就逐渐向偏冷干方向发展，在经历多次温干—温湿—温干的气候波动过程后，进入小冰期。由于在中更新世暖期持续时间长且气温高而湿，冷期持续时间短且降温幅度小，因此整个中全新世长江中游地区是以暖湿气候为主要特征，植被以青冈栎、栲和栎等组成的常绿阔叶和落叶阔叶混交林为主。

综观全新世，即人类历史时期以来，气候包含有不同周期的波动，但总的趋势是向温凉偏干发展。植被以森林减少和蕨类植物繁衍为特征（杨怀仁、唐日长，1999）。在晚全新世，最重要的气候事件是，在公元 1430～1900 期间，长江中下游地区进入小冰期，气候严寒，长江两岸大湖，如洞庭湖、鄱阳湖、太湖等多次封冻。在小冰期鼎盛时期的 1927 年，江西九江五月大雪，一二月气温降至–18～–23℃，七八月温度也比现在低约 10℃，可见长江中下游地区在小冰期严寒之一斑了（杨怀仁，1979；1996）。

3.2 古气候与长江中游河湖演变

在一定构造背景下，气候是影响河湖演变最重要的因素。在这一意义下，可以认为河湖是气候的产物。长江中游地区的古气候对长江中游河湖关系的演变、河流与地貌发育，有着深刻的影响。在不同的气候背景下，例如在冷干气候时期、暖湿气候时期、冷暖气候交替时期，气候对河湖演变的影响具有不同的机制、特点与结果。然而，由于气候总是处在不停的具有不同周期与振幅的波动中，因此气候对河湖的影响总是兼具继承与不断变化的特点。本节将分别讨论第四纪，特别是晚更新世以来，古气候对长江中游河湖演变的影响。

3.2.1 冷干气候背景下的河湖演变

在冷干气候背景下，气候对河湖的影响一般具有以下作用链：气候寒冷→进入冰期→海平面下降→河流溯源侵蚀→河槽深切→发育阶地。对长江中游而言，典型的实例发生在第四纪末次冰期（大理冰期）。在晚更新世中晚期，气候转向寒冷，进入末次冰期。在 1.8 万年前后，末次冰期达到其盛冰期，使当时我国东海海平面下降了 120～130m，即比现今海平面低 120～130m，当时海岸线较现代海岸线向东推移 500～600km，古长江沿大陆架向东流去，在赤尾屿与钓鱼岛之间注入东海，入海口位置为 126°31′E、28°45′N。冰盛期长江下游河道南京以下纵比降为 $7/10^5$～$8/10^5$，比现代比降大 7～8 倍。大比降使长江下游具有很强的水动力，深切河槽并溯源侵蚀。据勘测推断，当时长江南京、芜湖河槽深切达–90m，九江附近深切达–30m，湖北黄石、鄂城一带深切达–22m，而荆江自沙市（今荆州市中心城区）以下的槽底嵌入晚更新世砾石层中–15m，说明溯源侵蚀已达到下荆江河道，距现今海岸线直线距离约 1000km 以上（杨怀仁，1996），从盛冰期到间冰期，溯源侵蚀已达到荆江，但止于宜昌（杨怀仁，1996）。

荆江河槽深切带动其南北两岸汇入长江各级支流的深切，进而给荆北和荆南河湖环境带来重大变化。在荆北，荆州以下入江河道深切使下荆江至城陵矶一带形成深切的河网平原，为早期云梦泽的发育奠定了基础；在荆州冲积扇上，受荆江下切影响促成分流河道夏水、扬水、涌水的形成。在荆南，当时湘水、资水形成深切河谷，经南洞庭东部北流入长江；沅水、澧水从西洞庭经武圣宫、大通湖等于磁器口横穿东洞庭湖入长江。这些河道在洞庭盆地形成深切河网，对洞庭湖以后的演变产生深刻影响（周凤琴，1994）。

干冷气候对长江中游地区河湖的影响也表现在其侵蚀与堆积的地貌过程。江汉-洞庭盆地周边的大别隆起、武陵-大洪山隆起、雪峰隆起、幕阜-九岭隆起、天目隆起等在新构造运动背景下持续抬升，在干冷气候下承受剥蚀，形成大量松散碎石和风化土层，为暖湿气候时期河湖沉积提供了丰富物源。干冷时期也为中游地区带来北方风沙堆积，在沿江岸形成砂质丘岗，亦称沙山，如洞庭湖昆山、湖北省武汉江滨、江西省彭泽、九江江滨和鄱阳湖口、星子县砂岭等均有沙山分布。这些沙山也为长江中游古气候演变提供了证据（杨达源，2004）。

3.2.2 暖湿气候背景下的河湖演变

在暖湿气候背景下，气候对河湖的影响一般具有以下的作用链：间冰期，气候暖湿→海平面上升→河流溯源加积→湖泊发育。就长江中游而言，暖湿气候对河湖关系演变、荆江河道变迁、云梦泽与洞庭湖的兴衰等都有着深刻的影响。

暖湿气候对长江中下游河道变迁的影响，主要表现为以下事实。

自晚冰期以来，气候回暖，海平面自–120～–130m 逐渐回升到现代海平面。据估计，15 000～10 500aBP 期间海平面的上升速率为 18.2mm/a；10 500～6000aBP 期间为 4.6mm/a；6000～2500aBP 期间为 1.6mm/a；2500aBP 至现代为 0.8mm/a（周凤琴，1994；杨怀仁、谢志仁，1984；杨怀仁，1996）。随着中国东海海岸线向陆地逐渐推进，长江下游比降由盛冰期的 $7/10^4$～$8/10^4$ 减小到现今下游比降 $1.7/10^4$（杨怀仁，1996）。比降减小则河流水动力减弱，发生溯源堆积。杨怀仁（1996）绘出了长江中下游溯源堆积模式（图 2-24）。根据周凤琴（1994）的估计，影响最远达 1750km，影响高程达 40m。

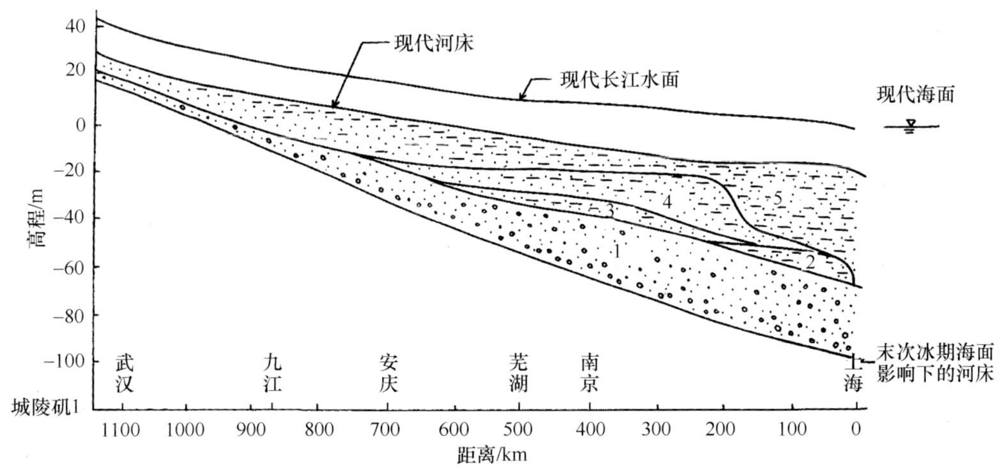

1. 早冰期及盛冰期加积物；2. 晚冰期沉积；3. 10 000~6000 a B P沉积；4. 46 000~2500 a B P沉积；5. 2500 a B P至现代沉积

图 2-24 长江中下游冰后期以来溯源堆积模式

（杨怀仁，1996）

方金琪（1990）给出了长江中下游沿程堆积厚度的数值模拟值（表 2-7）。

表 2-7 长江中下游沿程堆积厚度的数值模拟值（方金琪，1990）

地点	上海	南京	芜湖	安庆	九江	武汉	城陵矶
距长江口距离/km	0	398	500	700	860	1136	1350
堆积厚度/m	43	31	26	19	17	15	11

该数值模拟没有考虑全新世以来长江中下游地区的沉降、断裂及河道南移等因素，所以表中数值比实际观测到的沉积厚度偏小，但还是清晰地反映了溯源堆积的沿程变化。该项数值模拟还给出了溯源堆积的发展过程：在 12 000～9500aBP 时，溯源堆积的上界距河口约 400km；9500～7500aBP 时约 700km；7500～5500aBP 时约 1200km；5500～2500aBP 时约 1300m（杨怀仁，1996）。可见，溯源堆积已达下荆江并影响上荆江河道的水沙运移。

溯源堆积不仅影响荆江河道的变化，而且通过入江支流上溯传播，也使江汉平原和洞庭平原普遍淤积，促进荆州冲积扇和汉水冲积扇的发展，进而影响河湖发育和水系的调整。

温湿气候对长江中游湖泊的影响莫过于云梦泽的兴衰，将在第四节中详述。

3.2.3 冷暖气候交替时期的水文特征

在上述关于古气候的论述中已经看到，在暖湿气候期里含有多种短周期冷干气候波动，在冷干气候期里也含有多种短周期暖湿气候波动。然而，最剧烈的气候波动是出现在暖湿气候期与冷干气候期相互交替的时期。

在由暖湿气候向冷干气候过渡或由冷干气候向暖湿气候过渡的时期里，最重要的水文特征是大洪水与严重干旱事件出现的频次显著增加。在距今 4000 年前后，是北半球气候由暖湿向冷干过渡的时期，这一时期正是我国历史上的大洪水时代。如《五帝本纪》中“帝尧六十一年荡荡洪水滔天……”之类的记载，见于诸多古籍，所以有大禹治水之传说。这一时期也是世界一些地区（如美索不达米亚平原等地区）洪水泛滥的时代，在圣经《旧约》中就有关于“诺亚方舟”的记载。这或许就是中外文明史中关于古洪水传说的气候背景吧（杨怀仁，1996）。

自 15 世纪至 20 世纪的小冰期前后，是又一次冷暖气候剧烈交替的时期。在我国大量历史文献记载中，这一时期气候极为异常，尤其在 16、17、18 世纪和 19 世纪初叶，是我国历史上特大洪涝和干旱最频繁的时期（杨怀仁，1996）。

第四节　江湖关系的演变

长江三峡贯通后，上游来水进入长江中游的江汉沉降带，在中游的新构造运动和第四纪气候变化（主要指庐山大理间冰期和大理冰期及其冰后期的海平面变化）的共同影响下，开始了长江与洞庭盆地和江汉盆地之间的水量转换，称这一转换过程为江湖关系的演变。这一过程也促进了洞庭湖与江汉湖群的形成与演变。本节将概述这一演变过程。

4.1 早更新世至中更新世中期的江湖关系

在距今 100 万年至 55 万年期间，江汉盆地西部的新构造运动表现为鄂西掀斜隆升，该地区南北向的沙市（今荆州）-闸口断裂控制了该地区的构造特征，断裂西侧以掀斜和断块隆升为主，东侧以断块沉降为主，在今太湖农场一带形成南北向的太湖断隆高地（中国地质大学（武汉）、鄂湘赣皖地质调查院，2003a）。在这一构造背景下，长江出三峡后未能直接越过太湖断隆高地，而从太湖断隆高地以西的陈二口转向东南，经松滋、津市、安乡、汉寿入洞庭湖，如图 2-25。从第四纪岩相古地理图中可以看出，这一时期在宜昌-澧县、南平范围内存在一冲积扇，冲积扇顶点位于云池北的古老脊（也称虎牙滩），扇面向东南方向展布，该冲积扇范围内的卢演冲组、云池组、善溪组钻孔的物质普遍为花岗岩砾石和花岗岩碎屑组成的沉积。而该时期在江汉盆地西部秦家场组钻孔的物质组成主要是细砂和黏性土的湖相沉积，尚不存在长江进入江汉平原的迹象，也不存在古荆江河道。这一事实为该时期长江进入洞庭湖的论断提供了证据，也表明在距今 100 万～55 万年期间，江湖关系是以长江-洞庭湖为主体的（杨怀仁、唐日长，1999；闾国年，1991）。

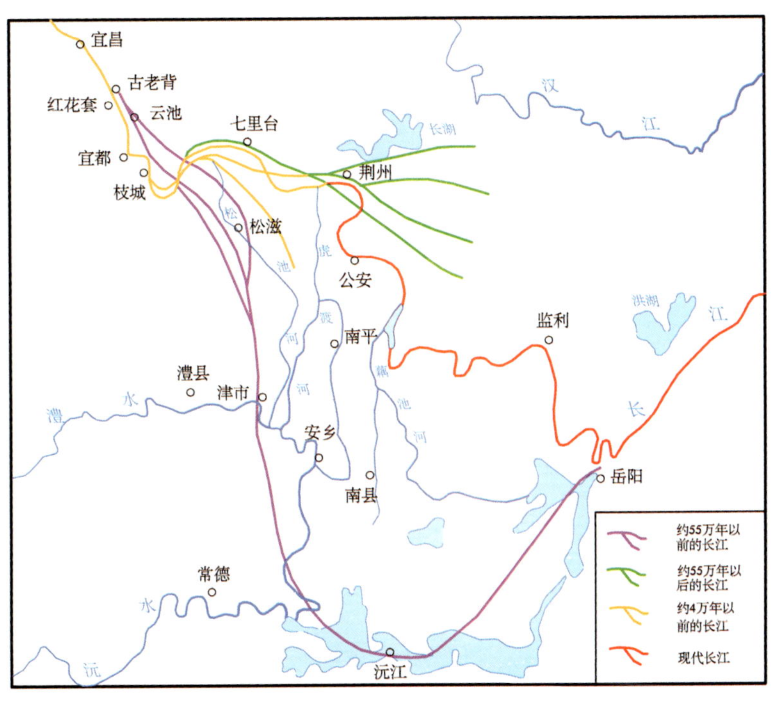

图 2-25 早更新世至中更新世江湖关系
（杨怀仁、唐日长，1999；闾国年，1991）

4.2 中更新世中期至末期的江湖关系

在中更新世距今 55 万年至 14 万年期间，江湖关系出现了新的情况。其一，江汉盆地自西北向东南的新构造掀斜运动显著加强，使江汉盆地沉降中心较快地向东南迁移。其二，该时期进入大姑-庐山间冰期（倒数第二冰期间冰期），长江来水充沛，从长江带来大量碎屑堆积，使松滋至澧县以西地面普遍抬高，冲积扇面也由原向东南倾斜展布逐渐转变为向东偏北方向倾斜展布，冲积扇顶点由古老脊（虎牙滩）下移至荆州附近。其三，太平断隆高地西侧的凹陷和洼地已被长江带来的泥沙填平而不再阻碍出三峡的水流。在这三者的共同影响下，长江注入洞庭湖的流路已不如从前畅达，而注入江汉盆地的地势条件已经具备，长江终于从陈二口注入洞庭湖转向注入江汉盆地，江湖关系由长江-洞庭湖为主体的时期转变为以长江-江汉盆地为主体的新阶段，如图 2-26。江汉盆地岩相古地理分析表明：①在这一时期江汉盆地西部已普遍覆盖来自长江的花岗岩砾质和花岗岩碎屑（杨怀仁、唐日长，1999）。②在现代荆江与松滋-藕池河之间，由陈二口向江汉盆地分流区发育了多级呈南北向带状分布的阶地，其自西往东的阶地沉积物可与长江三峡第二至第四级阶地沉积物相对比，说明阶地沉积物来自长江三峡以上地区（闾国年，1991）。这些事实可以作为长江进入江汉盆地的物证。长江进入江汉盆地后，表现为自西北向东南呈漫流或多支分流的状态，尚未出现稳定的古荆江河道。

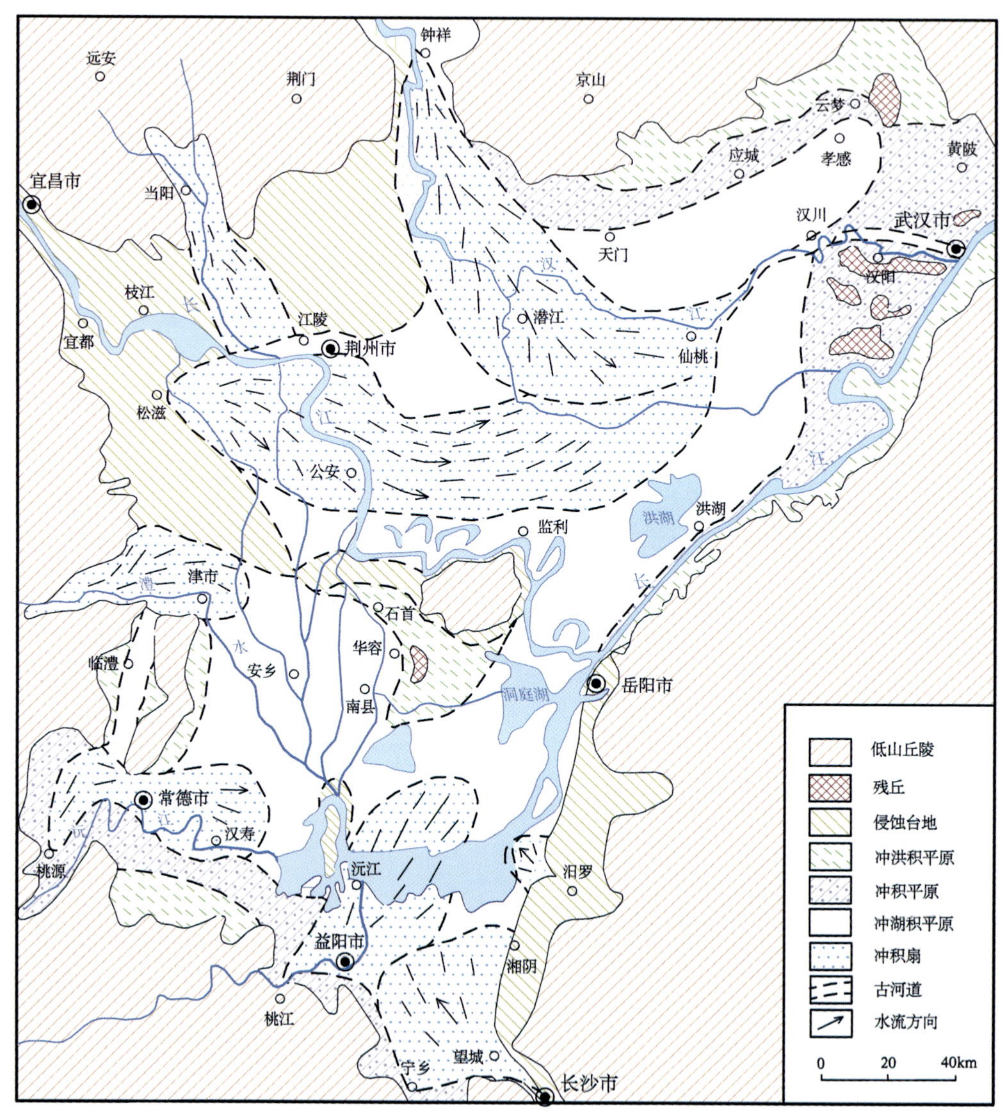

图 2-26　中更新世中期江湖关系

（闾国年，1991）

值得指出的是，在江湖关系由长江-洞庭湖为主体转变为以长江-江汉盆地为主体的这一时期里，仍有相当数量的长江水与澧水、沅水汇集在赤山南北注入洞庭湖，然后再与资水、湘水汇合进入江汉盆地（闾国年，1991）。

同时，由于洋溪以东断块在早更新世末期至中更新世以来向东掀斜上升，迫使早更新世时期向东南方向进入洞庭湖的长江干流河道到中更新世开始在洋溪附近发生拐折，也为迫使长江干流向东直入江汉盆地创造了条件（杨怀仁、唐日长，1999）。

4.3 晚更新世时期的江湖关系

晚更新世早期的江湖关系仍继承中更新世江湖关系的态势，即长江水主要汇入江汉盆地。到晚更新世中后期，江汉盆地和洞庭盆地均出现了一些新情况。

在江汉盆地：①自长江进入江汉盆地以来，已形成了很厚的砾质堆积层，堆积层的顶面地形如图 2-27 所示。由图中可见，在江汉盆地自西北向东南的持续掀斜构造运动的背景下，砾质堆积层顶面呈西北向东南倾斜的趋势；且受地面原始岗丘与洼地起伏的影响，顶面等高线呈现槽脊的分布。②在晚更新世中晚期，即距今约 4 万年的时候，北半球从倒数第二间冰期进入末次冰期（即中国大理冰期），海平面逐渐下降，长江中下游溯源侵蚀发展，江汉盆地内漫流现象逐渐减弱，而分支河道河槽深切，到距今约 1.8 万年的时候，末次冰期进入鼎盛期（也称末次冰期的盛冰期），我国东海海平面比现在低 120m（杨怀仁，1996），长江河槽下切加剧，江汉盆地众多分支河道也进一步深切与演变，形成几条规模相对较大和较稳定的河道。这些河道后来发育成为古荆江及其分流河道，如古扬水、夏水、涌水的前身。

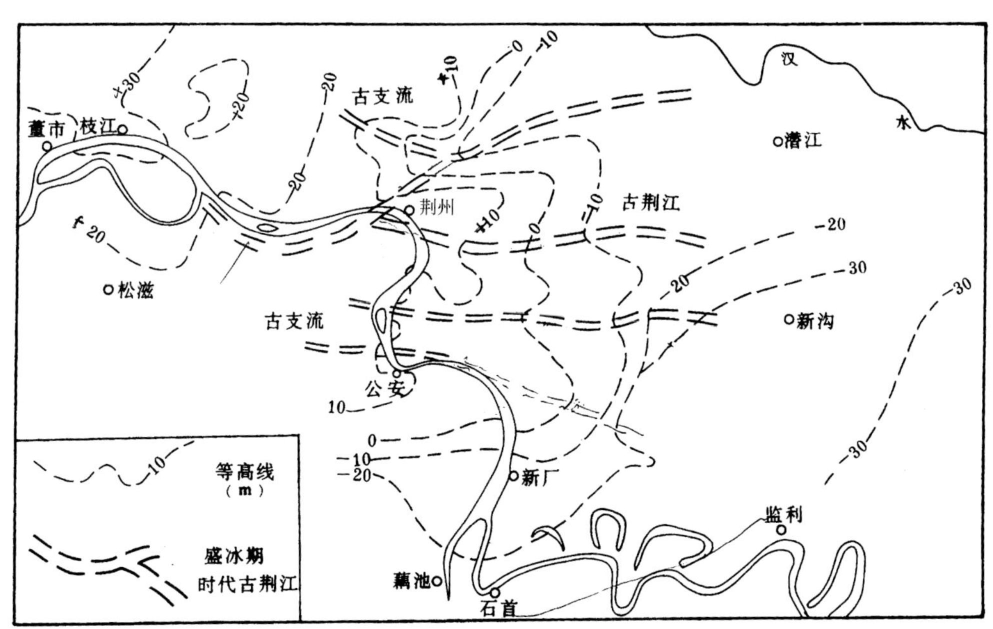

图 2-27　江汉平原西部埋藏的更新世砾质堆积顶面地形及深切的河槽

（杨怀仁，1996）

在洞庭盆地，其西北从长江分流入洞庭湖的调弦河、虎渡河已形成较稳定的河道，使长江向洞庭湖分流的局面继续维持。其西南沅水、澧水由原来直接注入长江转为完全注入洞庭盆地，与洞庭盆地南和东南缘的资水、湘水共同形成注入洞庭湖的“湘资沅澧”四水。在其东北与江汉盆地接壤地带，由于汉水三角洲向南发展，汉水支流东荆河也随势南下，迫使江汉盆地东南部支流河道南移，并在城陵矶与洞庭湖出湖河道汇合，由此开始了城陵矶—武汉河道的塑造。

由上述可见：①晚更新世中晚期进入末次冰期，气候干冷，长江来水量锐减，分别进入江汉盆地和洞庭盆地的水量也显著减少，中更新世时期以长江-江汉盆地为主体的江湖关系在晚更新世末期已不那么明显；②进入末次冰期尤其盛冰期以后，江汉盆地与洞庭盆地普遍由沉积转为剥蚀和侵蚀，盆地内河流深切，江汉盆地与洞庭盆地均形成深切河网平原，而两盆地内的主要水系已基本形成现代水系结构，如图 2-28（闾国年，1991）。

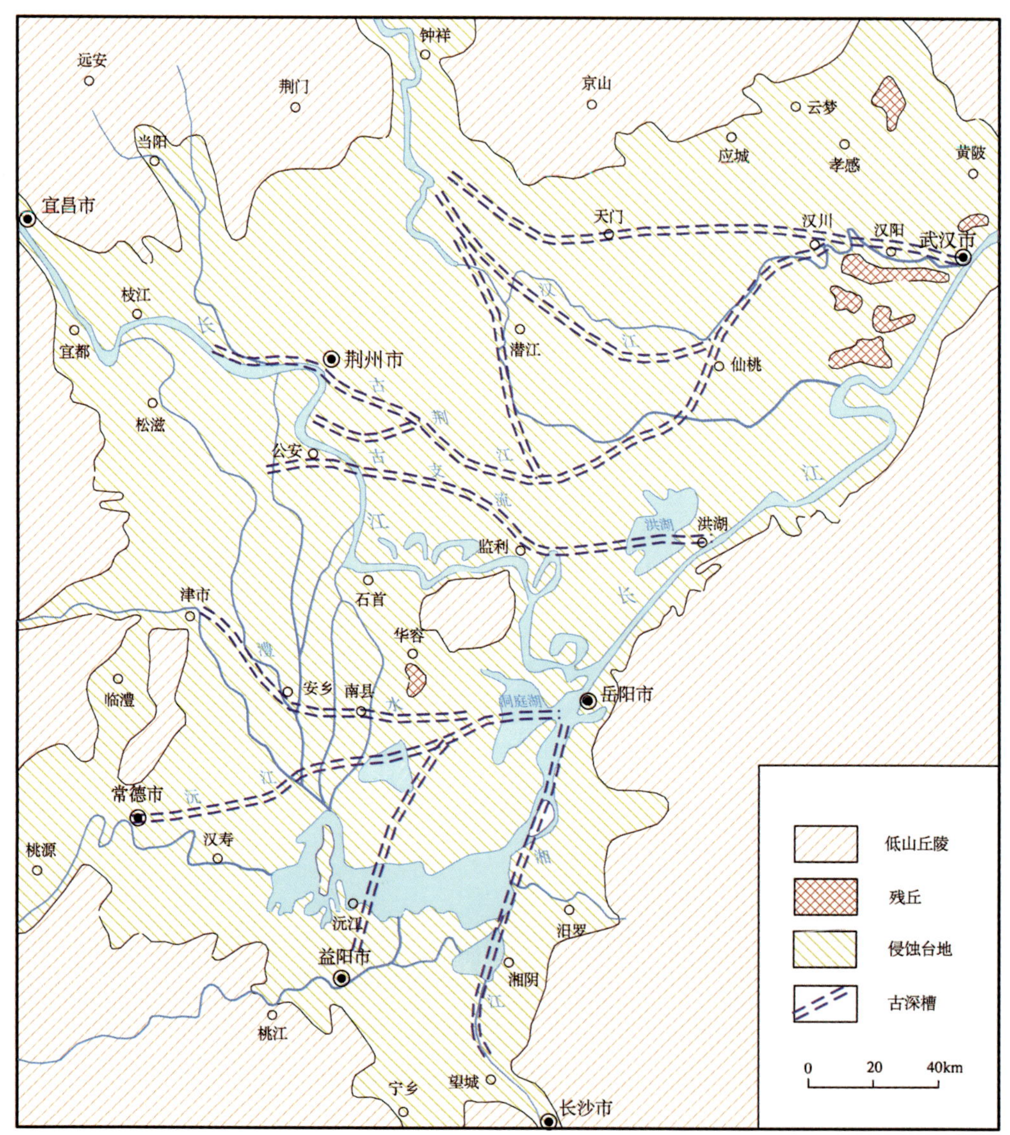

图 2-28　晚更新世末期江汉-洞庭盆地江湖关系
（闾国年，1991）

4.4　全新世时期的江湖关系

进入全新世，江湖关系呈现出复杂的局面，其最大特点是，自晚全新世以来，江湖关系受到了人类活动的干扰，并出现了与自然规律相悖的局面，如图 2-29 所示。

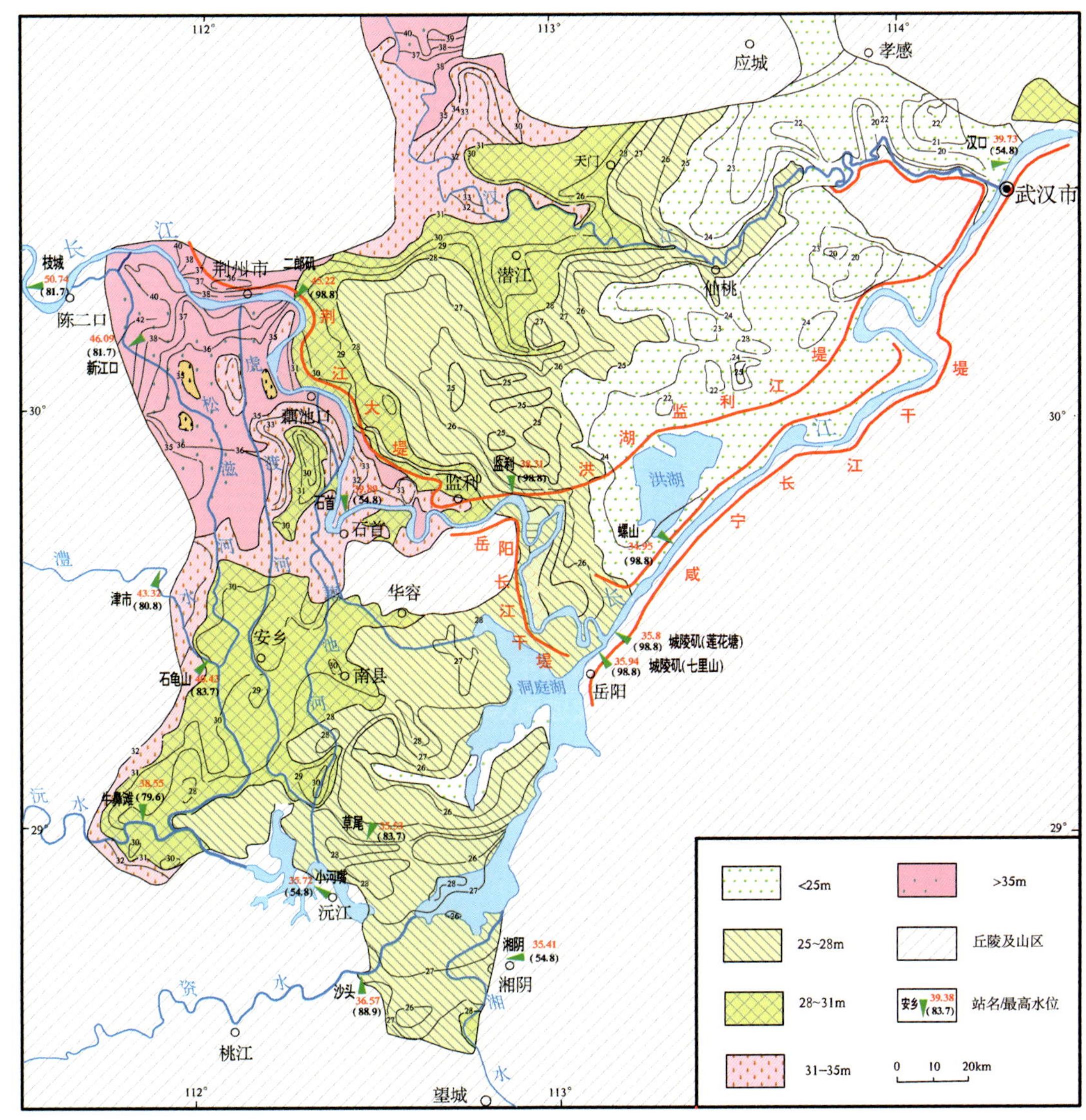

图 2-29　长江现代江湖关系略图

（长江水利委员会，2001）

4.4.1　早全新世（10 000～7500aBP）

这一时期，长江流域在全球进入末次冰期之冰后期的背景下，气候开始转向温暖湿润，从长江上游进入中游地区的来水量增加，中游地区雨量渐趋充沛。在江汉盆地，在末次冰期形成的深切河网平原基础上，湖泊沼泽开始发育，在中更新世就已形成的沙市（荆州）三角洲开始新的发展。在洞庭盆地，调弦河与虎渡河继续向洞庭湖分流，“湘资沅澧”四水注入洞庭湖的水量增加，洞庭湖也处于逐渐发展中。

4.4.2　中全新世（7500～2500aBP）

这一时期江湖关系的最重要事件是江汉盆地云梦泽的形成和发展。在中全新世早期

（7500～5000aBP），长江流域气候温暖湿润，平均气温比现代高 2℃，雨量充沛。这一时期，海平面以 1.6mm/a 的速率（周凤琴，1994）迅速上升，沿长江溯源加积，江汉盆地河道洼地水量滞留形成湖泊，云梦泽于此时期在荆江三角洲和城陵矶至武汉泛滥平原以西地域形成，并迅速扩大。到中全新世中期（5500～4000aBP），气候曾一度转冷，水量减少，云梦泽的范围也随之一度收缩，但到中全新世后期时（4000～2500aBP），气候再度转向暖湿，江湖水量剧增，云梦泽再度扩大。在 2500aBP（先秦时代），云梦泽面积达 12 500km^2，号称方圆 900 里（1 里=0.5km）（司马相如《子虚赋》），达到云梦泽最兴盛的时期。

而在整个中全新世，洞庭盆地沉降速率为 0.093mm/a，江汉盆地沉降速率为 0.345mm/a，所以，洞庭盆地相对江汉盆地为上升（中国地质大学（武汉）、鄂湘赣皖地质调查院，2003a）。长江向南的分流逐渐消亡，调弦河甚至成为洞庭湖向长江汇流的河道，澧水弃洞庭湖而北入长江。由上述可见，在中全新世时期江湖关系再次演化为以长江-江汉湖群为主体（中国地质大学（武汉）、鄂湘赣皖地质调查院，2003a）。

4.4.3 晚全新世（2500aBP～现代）

这一时期也称为历史时期。在 2500a～800aBP 期间，长江中游地区气候、新构造运动与地貌出现了新的情况：①气候再次转向干冷，长江来水减少；②江汉盆地向东南倾斜的新构造掀斜运动持续；③荆江三角洲向东南方向推进，汉江三角洲向南推进，并与荆江三角洲合并成为江汉陆上三角洲。在这些因素的共同作用下，云梦泽来水量减少，且不断受到陆上三角洲的压缩，走向萎缩，并于唐宋时期消亡，演变成为江汉湖群。而在此期间，洞庭湖沉降加快，调弦河、虎渡河再次从长江向洞庭湖分流，澧水也从北汇长江再次注入洞庭湖，且这期间由于荆江大堤渐成，荆江水位逼高，使部分荆江水从城陵矶倒灌洞庭湖。在这些因素的共同作用下，并受隋唐时期内短期气候转暖的影响，洞庭湖水量大增，范围迅速扩大，形成号称“八百里洞庭”。由上述可见，在晚全新世时期的江湖关系再次转为以长江-洞庭湖为主体的时期。

近 800 年以来，荆江大堤已全面建成，江汉湖群与长江的联系已被隔断，长江的洪水只能向洞庭湖分流。1852 年和 1873 年长江发生特大洪水，洪流冲开南岸松滋口和藕池口，形成向洞庭湖分流的松滋河与藕池河，加上早先已存在的调弦河与虎渡河，形成长江向洞庭湖四口分流的局面，洞庭湖继续成为当时江湖关系的主体。值得指出的是，这一主体格局是在人类活动（荆江大堤）干预下形成的。

现代江湖关系如图 2-29 所示。近 100 年来，江汉盆地继续沉降，但难以得到沉积补偿，成为饥饿盆地。洞庭盆地也继续沉降，但从长江得到大量泥沙淤积。故现代江汉盆地地面已显著低于洞庭盆地地面，如图 2-30（刘国纬，2011）。荆江南岸荆州市河段正常洪水位比荆北平原地面高 13m，形成南高北低局面，但由于荆江大堤的存在，江湖关系仍继续维持以长江-洞庭湖为主体的局面。然而可以设想，倘若没有人类活动的控制，现代的江湖关系似应当是以长江-江汉湖群为主体的。

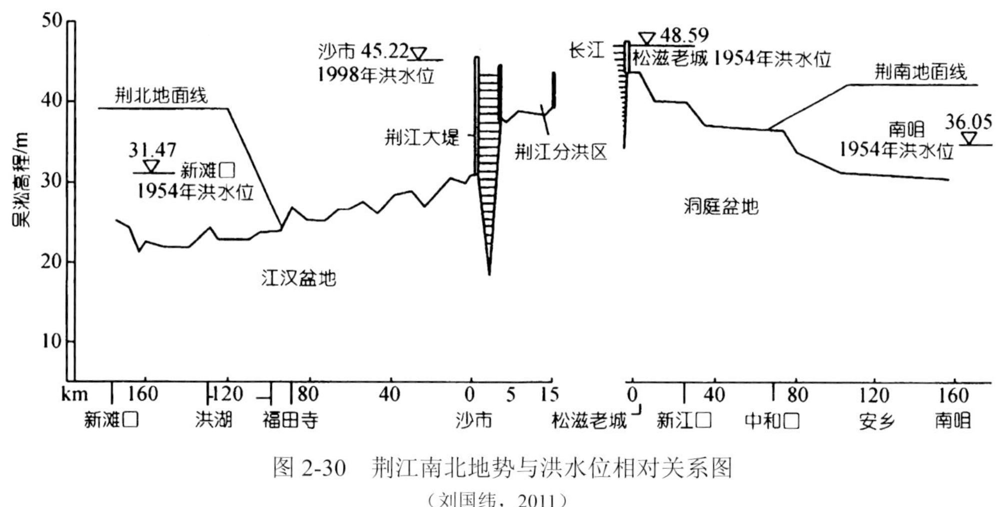

图 2-30　荆江南北地势与洪水位相对关系图

（刘国纬，2011）

综上所述，气候变化、新构造掀斜运动、河流三角洲的发展，是决定江湖关系的自然因素。自然因素决定了从早更新世到全新世中期长达约 9000 年期间的江湖关系格局与演变过程。自全新世中后期以来，人类活动成为干预江湖关系的新因素，且这一因素的作用迅速增强，江湖关系开始在自然因素-人类因素构成的二元结构中演变。如何协调好这一二元结构，以使江湖关系在既遵从其自然规律，又有利于人类需求的方向发展，即是我们研究长江中游江湖关系及其演变的初衷和归宿。

第五节　荆江河道的形成与地学特性

关于长江中游荆江河道，国内已有大量研究成果和报道。本节将从江河治理的角度，阐述其形成、分流与河道地学特性。

5.1　荆江地区新构造运动的特点

在 2.2 小节中，我们已论述了江汉-洞庭盆地的新构造运动特点。本节试图在此背景下对荆江河道形成演变的地学背景做进一步阐述。

荆江地区在大地构造上处于西部隆起带与东部沉降带之间的过渡地区，根据断裂构造线和拗折轴可将其新构造运动大致划分为五个小区，如图 2-31 所示。

（1）在Ⅰ区的宜昌-枝城为向东南掀斜上升区。该区东界为董市-松滋拗折的轴线，是一断裂构造。轴线西侧广布基岩丘岗和砾石层组成的阶地，东侧为河网密布的低阶地平原，东西侧相对高差 70 余米，西侧河流越过此线时，河型发生明显变化，西侧为山丘区河谷，东侧发展自由河曲。

（2）在Ⅱ区的万城-南平为拗陷区。该区东侧为隐伏的第三系（古近系-新近系）掀斜隆起带，隆起带向北延至荆州市、八岭山一带，向南经闸口到黄山头的基岩低丘。第四纪以来，南平—闸口一线以北出现向东掀斜沉降的态势，以南为向南掀斜沉降的趋势。该隆起带成为松滋河与虎渡河的分水岭。同时，也深刻影响了横穿该区的上荆江河道的走向。

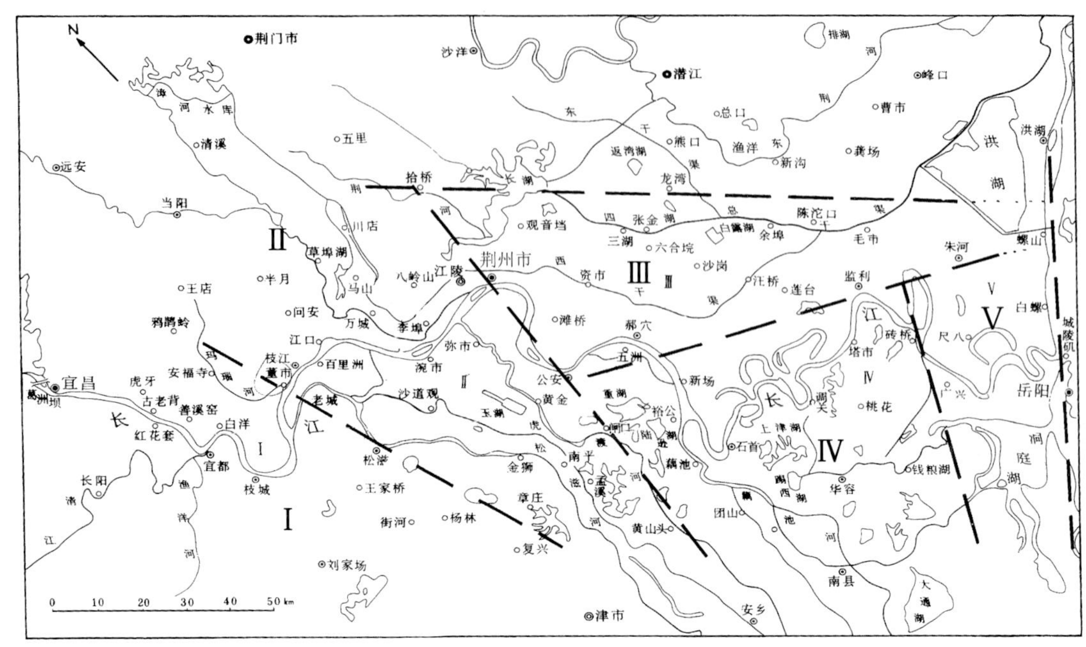

图 2-31　荆江地区新构造运动分区图

（杨怀仁、唐日长，1999）

（3）Ⅲ区是荆州-陈沱口断陷区。该区北侧以拾桥-洪湖断裂为界，南侧以公安-监利断裂为界，东及洪湖-湘阴断裂。该区在古近纪-新近纪和第四纪都是江汉盆地的沉降中心。沉降的特点是，沿四周断裂呈差异性升降，例如南界的公安-监利断裂，其南盘抬升，北盘沉降，区内第四纪沉积厚度最大达 160 余米，中心在江陵秦家场一带。由于表现出自西向东掀斜沉降的态势，因此源自长湖的四总干渠、西干渠、东干渠等均自西向东穿过本区，上荆江下端也呈自公安向区内中心折转的走向。

（4）Ⅳ区是桃花山-墨山掀斜上升区。该区属于桃花山-墨山断块，其新构造运动为向南掀斜沉降，表现为墨山断块自北向南新近系和第四系沉积厚度呈逐渐增厚的趋势，并表现出呈阶地状降低的趋势。这一掀斜沉降态势迫使长江干流向南迁移，并在其北岸留下众多牛轭湖。桃花山-墨山地块的另一特点是，存在着多条南北向的谷地，例如西部的藕池河谷地、中部的华容河谷地。这些南北向的谷地在第四纪中，有的在古近纪-新近纪时就是沟通江汉盆地与洞庭盆地的通道。

（5）Ⅴ区是广兴洲地堑断陷区。该区西界为广兴洲断裂，断裂为桃花山-墨山丘陵，东盘向东倾斜；东界为湘阴-洪湖断裂，其以东为城陵矶、岳阳基岩丘陵，西盘向西倾斜。该地区在更新世时期为江汉盆地与洞庭盆地的通道，由于该地区主要为云梦泽的“泥砾”堆积，因此区内河道不稳定。

5.2　荆江河道的形成

荆江河道是指长江中游干流自三峡出口宜昌下游 60km 的枝城（今枝江）至洞庭湖水系汇入长江处的城陵矶之间的河道，全长 337km。按河道地貌形态和地质构造特点，通常将其分为两段：枝城—蛟子渊河段称为上荆江；蛟子渊—城陵矶河段称为下荆江。

称宜昌至枝城的河段为宜枝河段。宜枝河段是上荆江与三峡河段相衔接的河道，对荆江河道形成具有重要影响。下荆江在城陵矶与武汉至武穴的河段相接，是长江中游河道最下游的一段。

5.2.1 宜枝河段之形成

宜枝河段从宜昌南津关经古老背、红花套、云池到枝城陈二口，是在宜昌单斜构造的基础上发育的顺向河，它是从黄陵背斜东侧发育并汇入江汉盆地的多条河流中的一条（杨怀仁、唐日长，1999）。在宜枝河道东岸云池附近发现了大量新近纪冲积砂砾层堆积，说明宜枝河段至少在古近纪-新近纪已经存在。长江三峡在早更新世贯通后，上游大量水沙通过宜枝河段先后分别进入洞庭盆地和江汉盆地，并在江汉盆地形成的冲积扇，冲积扇的顶点先在七星岩后推移至松滋和荆州，该冲积扇成为荆江河道形成发育的地貌背景。

5.2.2 上荆江河段之形成

上荆江河段是在以沙市（今荆州）为顶点的冲积扇的基础上形成的。

在中更新世中期至末期（距今 55 万～14 万年），江湖关系由以长江-洞庭为主体演变为以长江-江汉盆地为主体，长江水沙涌入江汉盆地，使盆地西部松滋-荆州一带沉积发生根本性变化，由原来的湖泊相沉积转变为河流相沉积，在荆州以下的平原区罗家渡组发现的砂砾层表明，此时期长江入江汉盆地后荆州冲积扇已初步形成。在这一时期，汉水也终于切穿荆襄谷地，进入江汉盆地，开始形成以钟祥为顶点的冲积扇。但这一时期在荆州冲积扇的扇面上主要是漫流和一些散乱且生灭无定的沟流，尚没有形成上荆江河道。

到晚更新世早中期（距今 14 万～4 万年），以荆州为顶点的冲积扇继续向东发展，大致以荆州和张金河为中轴线，北沿长湖南岸，南沿金湖北岸，东达返湾湖、冯家湖、白露湖两岸。这一时期在荆州冲积扇上开始形成多条分支河道。

到晚更新世末期（距今 4.0 万～1.0 万年），由于进入末次冰期，荆州冲积扇上的河流深切，在荆州冲积扇上形成多条深槽向东南方向延伸，河槽底深嵌入早期沉积的砾石层中达 10 余米（杨怀仁、唐日长，1999）。这些深槽成为全新世时期夏水、涌水、鹤水、扬水发育的基础，古荆江上段也在这一时期形成。

进入全新世，虽然经历气候适宜期升温和小冰期等几次气候波动，引起云梦泽的扩展与收缩，对荆州冲积扇的进退带来一定影响，但以荆州为顶点的古夏水、古涌水、古扬水等放射性洪道仍伴随荆州冲积扇的东扩而进一步发展。并且在构造掀斜运动的控制下，冲积扇上的河道逐渐归并与南移，如图 2-32 所示（杨怀仁、唐日长，1999）。上荆江河道即在这一背景下形成。

5.2.3 下荆江河段之形成

下荆江河段是在云梦泽湖泊三角洲尾部发育的河道。在晚更新世末期至全新世早期，荆州冲积扇上的分洪河道随着冲积扇的发展不断向东南延伸，其中夏水从荆州东向

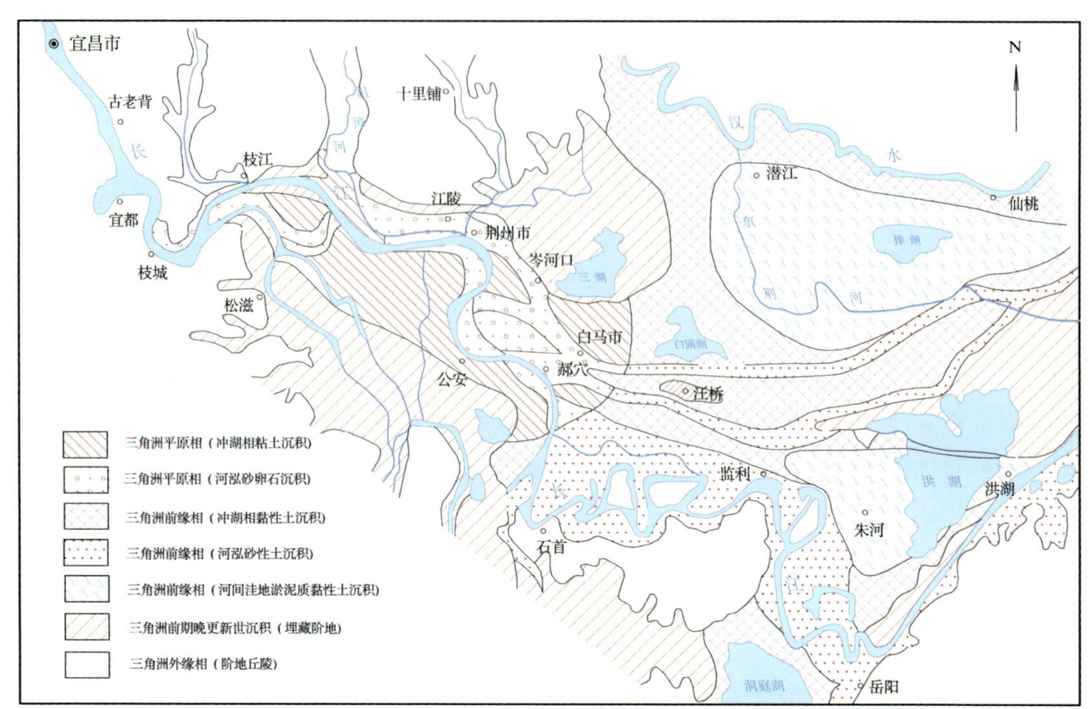

图 2-32　荆江平原全新世早期岩相古地理图

（杨怀仁、唐日长，1999）

东延伸至潜江龙湾注入云梦泽，涌水从荆州南向东南方向发展，在今沙岗附近汇入云梦泽，这些河道的尾段在注入云梦泽后形成多条水下河槽。到秦汉时期，荆州冲积扇进一步向东延伸，汉水冲积扇也进一步南展，两者合并成为“江汉陆上三角洲”，将云梦泽向南挤压。到晋魏至隋唐时期，云梦泽已从萎缩走向消亡，演变成为星罗棋布的江汉湖群。在上述的过程中，自西北向东南的新构造掀斜运动持续作用，使云梦泽三角洲上的多条河道不断南移与合并，下荆江河段即在这一过程中形成。

小结：由上述可见，荆江河道是在不同时期分段形成的。其中，宜枝河段是在中更新世长江三峡贯通后形成的；上荆江河段是在中更新世晚期至晚更新世时期伴随荆州冲积扇和江汉冲积扇的发展形成的，尤其在末次冰期得到发展；下荆江河段是在全新世中期云梦泽从萎缩至消亡的过程中形成的。三峡贯通、长江水进入江汉盆地是荆江河道形成的前提，长江水沙进入江汉盆地后形成的云池三角洲、松滋三角洲、荆州三角洲的发展是荆江河道形成的地貌条件，自西北向东南掀斜的新构造运动是荆江河道形成的新构造背景，而从末次冰期到冰后期的气候变化以及由此而引起的云梦泽的形成与兴衰，是荆江河道形成的气候背景。这些条件也在很大程度上决定了荆江河道的地学特性。

5.3　荆江分流特性

荆江分流是指荆江河道在洪水期分别向洞庭盆地与江汉盆地分泄洪水的现象。它反映了荆江与洞庭盆地、江汉盆地之间在新构造运动、气候变化和以冲积扇为特征的地貌演变共同作用下的水文联系。

在第四节关于江湖关系演变的叙述中已经看到，在距今 55 万年前，长江出三峡后向南直接进入洞庭盆地。在距今 55 万～14 万年期间，长江出三峡后其主流改道进入江汉盆地。进入晚更新世后，在末次冰期与冰后期气候与海平面变化的背景下，江湖关系表现出较为复杂的情景。到中全新世，江湖关系演化为以长江-汉江盆地为主体，到晚全新世江湖关系再次以长江-洞庭盆地为主体，并在人为控制下维持这一局面至今。这些事实表明，洞庭盆地和江汉盆地历来就是接纳和调蓄长江上中游来水的场所。

在本节关于荆江河道形成过程的叙述中，我们进一步看到，当长江水进入江汉盆地后，经历了相当长时期的漫流、多股交织的散流和多条河道分泄长江来水的演变过程，古荆江曾经是这些河道中最主要的一条。在荆江河道已基本形成之后，荆江河道并无单独承担宣泄长江全部来水的能力，而是与在以荆州为顶点的冲积扇上发育为夏水、涌水、扬水等多条河流，共同分泄长江的来水，如图 2-33（杨怀仁、唐日长，1999）。

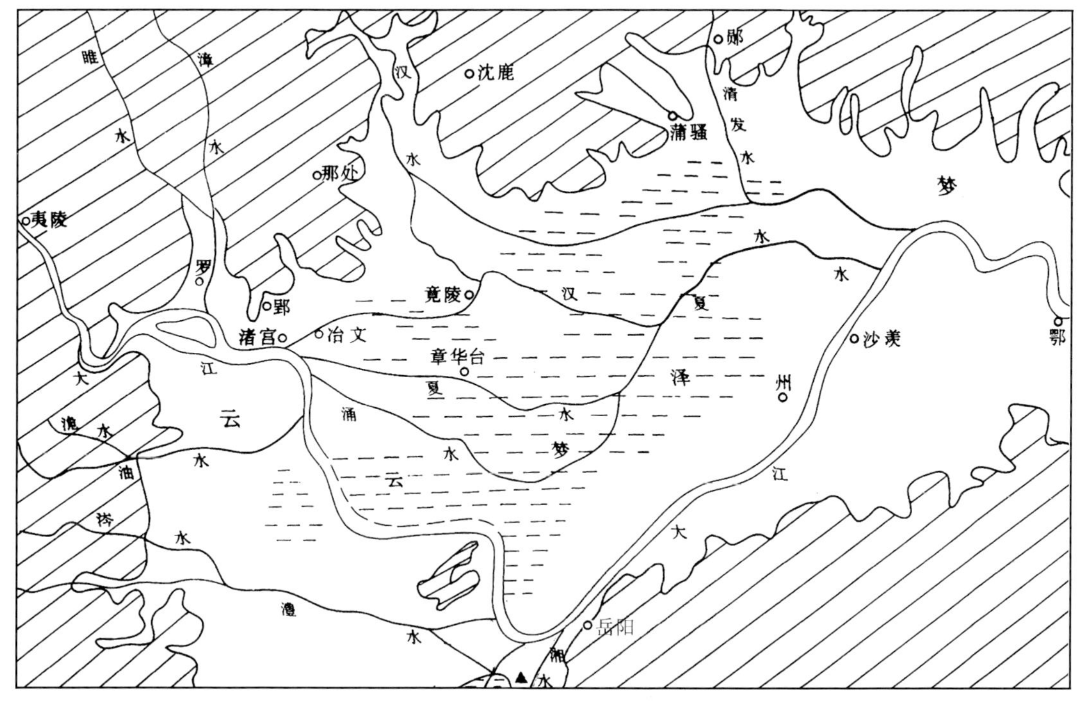

图 2-33　春秋战国时期的云梦泽与荆江分流
（杨怀仁、唐日长，1999）

到晚全新世时期，特别是秦汉时期以后，由于荆州冲积扇和以潜江为顶点的汉水冲积扇不断向南推进，使荆江以北地区地面显著抬高，而使流经冲积扇上的夏水、涌水、扬水等河道逐渐萎缩。与此同时，荆江河道北岸自然堤逐渐形成，使荆江向左岸分洪的其他较小河道也逐渐消亡。在此情况下，荆江河道通过自然调整，在沿左岸形成季节性自然分洪穴口。穴口数量较多，历史上有“九穴十三口”之说。这些穴口在相当程度上弥补了已衰亡的夏水、涌水、鹤水、扬水等河道的分洪作用。然而，由于北岸地面日趋抬高，这些自然形成的穴口也因泄水不畅逐渐淤塞（周凤琴，1994）。

在上述荆江分洪河道和自然穴口形成与演变的过程中，人类活动的因素逐渐凸显出来。早在东晋永和元年（公元 345 年），时任荆州刺史的桓温就筑金堤以护江陵不受洪水之犯。五代、两宋时期，沿江北岸又先后筑寸金堤、荆州堤、黄潭堤等，荆江大堤初具雏形，但堤段之间有穴口以利荆江分洪。到元代时尚有郝穴、尺八、调弦、小岳等人工穴口，但后来这些穴口逐渐被淤塞。到明代大兴堤防，各堤段陆续相连，明嘉靖二十一年（1542 年）堵塞了最后一个穴口郝穴，至此从堆金台至拖茅埠长达 124km 堤段连成一个整体，当时称为万安大堤，1918 年改名为荆江大堤。荆江大堤的修筑彻底阻断了荆江向北岸江汉平原分流的通道。

在荆江向江汉盆地分流的过程中，尤其在向北岸分流河道日趋萎缩的情况下，其向洞庭盆地分流的河道陆续形成和发展（中国科学院地理研究所等，1985）。

调弦河、虎渡河、藕池河、松滋河是荆江上段向洞庭盆地分流的主要河道。据 1900 年水文资料统计，合计“四口”向洞庭湖分流量占宜昌水量的 57%（王克英，1998）。

调弦河从位于湖北省石首的调关镇南岸分流长江水，因调关镇有一座调弦亭而得名。西晋太康元年（公元 280 年），驻守襄阳的镇西大将军杜预平定江南时，为沟通荆江南北漕运，在调关开挖南北两个穴口，称北调弦口和南调弦口。明嘉靖二十一年（1533 年）郝穴和北调弦口均已堵塞，南调弦口也已淤废。明隆庆年间（1570 年左右）重新挖浚调弦南口（简称调弦口），形成荆江南岸分洪河道。到清代咸丰年间，调弦河最大实测流量为 1970m^3/s，占同期宜昌洪水年流量的 2.3%（王克英，1998）。

虎渡河位于湖北省荆州市长江南岸，从太平口分流长江水。据《舆地纪胜》记载，太平口形成年代约在南宋乾道四年（1168 年），是年荆江大水，荆湖北路安抚使方滋命决荆江南岸太平口虎渡堤以杀水势，形成虎渡河。虎渡河有东、南两支，在茅草堰与藕池河相汇，然后东行入东洞庭湖。虎渡河 1938 年最大实测流量为 3280m^3/s，占当时宜昌洪峰流量的 5.4%。1949 年前多年平均流量 2665m^3/s，占同期宜昌流量的 5.17%。

藕池河从湖北省公安县藕池镇藕池口分流长江水。据《清宫档案》等志书记载，清咸丰二年（1852 年）藕池溃口未堵，清咸丰十年（1860 年）再次溃决，冲成藕池河（王克英，1998）。藕池河分多支南流，以中支最大并在茅草堰与虎渡河相汇东流入洞庭湖。1949 年以前多年平均流量 17 558.5m^3/s，占宜昌多年平均流量的 31.41%。1954 年最大实测洪峰流量 14 790m^3/s，占当时宜昌同期流量的 22.14%。

松滋河从湖北省松滋县松滋口分流长江水。据《清宫档案》记载，清同治九年（1870 年）长江特大洪水，堤防在松滋向南溃决，同治十二年（1873 年）再次溃决，泛水形成松滋河。松滋河有众多分支，1900～1950 年期间经武圣宫与沅水、澧水、虎渡河汇合，再与藕池河相汇东流入洞庭湖。1938 年松滋口最大洪峰流量为 10 130m^3/s，占当时宜昌洪峰流量的 15.16%，1949 年前多年平均分流量为 10 036m^3/s，占宜昌同期流量的 17.98%。

调弦河、虎渡河、藕池河、松滋河四条分流河道，虽然都是自西晋以来由于堤岸溃决并经人工挖浚形成的河道，但早在早更新世初期至晚更新世初期，这四条河就是古荆江（宜枝河段）从洋溪以下向东南方向进入洞庭盆地的主要水道，后因长江主流入江汉盆地而逐渐萎缩和淤塞。“四河”的流路恰好位于荆江地区新构造运动的万城-南平凹陷区，区内黄山头—华容之间的谷地有几个可供水流漫溢的垭口。其中，鲐鱼须到团山寺之间的垭口即藕池河河谷，团山寺到黄山头之间的垭口即虎渡河河谷，虎山到杨家垱之间的垭口即松滋河河谷。当云梦泽存在时，荆江洪水位不高，荆江洪水尚不能翻越这些垭口向洞庭湖漫流。当云梦泽从萎缩走向消亡后，并由于荆江大堤的束水作用，荆江洪水位终于超过垭口门槛和南岸洲滩地面，形成分流河道注入洞庭湖。

此外，由于下荆江河段长期在江汉平原摆动，使广大平原原本南高北低的地势转为北高南低以后，加上受“舍南保北”思想的影响，因此超额洪水南流就成为事实（王克英，1998）。所以，调弦河、虎渡河、藕池河、松滋河的形成，是上荆江地区新构造掀斜运动和华容隆起共同形成的地貌背景下的必然，而人类活动也起到一定的作用。“四口”形成后，洞庭湖形势如图 2-34 所示。

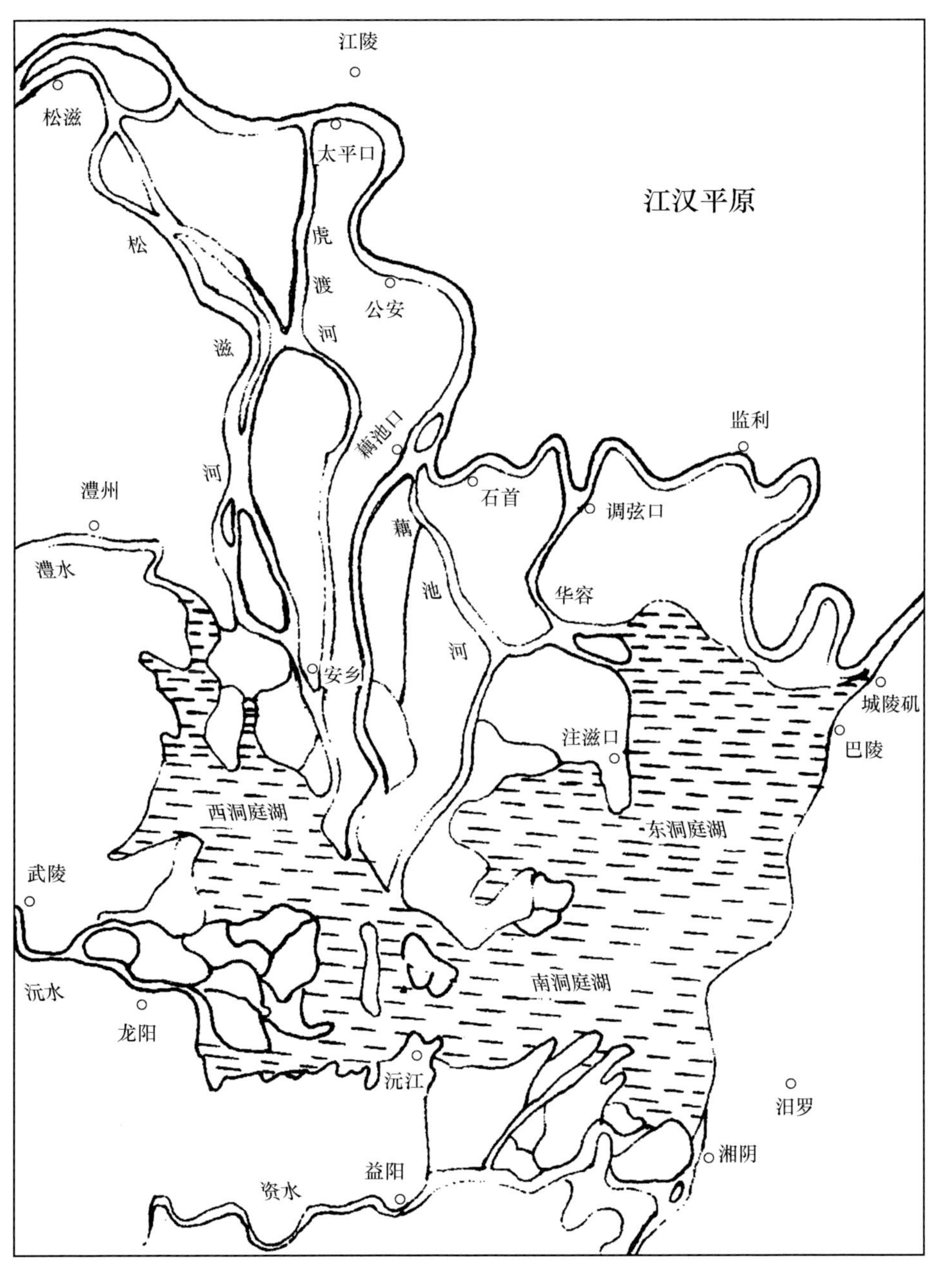

图 2-34　四口分流后洞庭湖概况

（王克英，1998）

除上述“四口”分流外，在东晋、南朝时期，在公安油口下游的荆江右岸，开始出现景口、沦口两股长江分流汇合而成的沦水，穿越华容隆起中的相对沉降带，进入洞庭湖平原（谭其骧，1982a）。在唐末宋初年间，当时荆江北岸的地势略低于南岸，发源于华容隆起的古生江水向北注入当时尚未完全形成的下荆江河道。到南宋时期，云梦泽已近消亡，荆江北岸地势淤高且下荆江塑造完成，水位相应抬高，迫使古生江水改向从石首附近建宁镇经华容隆起的垭口汇入洞庭湖的赤亭湖，成为下荆江向洞庭湖分流的河流（谭其骧，1982b）。

荆江向洞庭盆地大量分流、分沙，一方面促进了洞庭湖的发展，湖周长度从南朝时期500余里、唐宋时期700～800余里，扩展到明末清初时期的800～900余里，面积约6000km^2，成为历史上洞庭湖扩展的全盛时期（杨怀仁、唐日长，1999）。唐代僧人可明有诗赞曰“周极八百里，凝眸望则劳，水涵天影阔，山拔地形高”。宋代梅尧臣也有“洞庭八百里，幕阜三千寻”的赞叹。

另一方面，大量分流也引起洞庭湖大量淤积。“四口”形成之后，将荆江泥沙的45%从右岸带入洞庭湖，尤以藕池河与松滋河为甚，在湖区形成水下三角洲，当三角洲一旦露出水面，人类便筑堤围垸开垦，洞庭湖也从此进入淤积萎缩的过程。

5.4 荆江河道地学特性

5.4.1 河道沿程的地质地貌特点

荆江河道横跨东亚新华夏第二沉降带，其西段是新华夏第三隆起带的三峡掀斜抬升区，东段是新华夏第二沉降带的江汉盆地与洞庭盆地，云梦泽与洞庭湖发育其间，北侧是秦岭、桐柏-大别山东西构造隆起带，南侧是以南岭为轴东西伸展的华南隆起带。这样的地质环境在宏观上控制了荆江河道发育的基本格局。

荆江河道属中国大地势的第三级阶梯，从低山丘陵区流向持续沉降的冲积平原。荆江河谷、河道是在其沿程地质、地貌控制下，并在水沙动力因子作用下形成的。不同河段的地质、地貌条件不同，因而各河段发育的主要控制因素与机理也不同，使各河段的地学属性与特点存在很大差异，这可从其三个河段看得很清楚。

（1）宜枝河段，即南津关至松滋口河段。长135.4km。该河段嵌于两岸丘陵之间，河道流经地区的新构造运动呈西侧掀升、东侧沉降的拗折形势，并伴随着沉降中心逐渐东移态势。河谷沿程受“宜枝掀斜”、“宜昌单斜”、“枝城拗折”、“江陵凹陷”等地质构造单元所控制，因而该河道既具有山区河谷的特性，也兼有从山区河谷向平原河流过渡的特点。参见图2-35。

（2）上荆江河段，即松滋口至蛟子渊河段。该河道下切至第四纪早更新世沉积物中。以云池组为例，地面以下3～43m为砾石夹砂层，43～50m为细砂层，50～60m为砾石层。该河段位于第四纪继承性差异沉降运动的江汉拗陷区，是发育在枝江扇形平原和荆州扇形平原上的冲积性河道，河谷地形如图2-36。由于河床切入扇形冲积平原，而晚更新世砾石层历经长期压实并轻度胶结，抗冲能力比起其上层的全新世沉积物强，因此上荆江河段的河岸抗冲能力也较强，其岸线崩退缓慢。河床横向摆动较小，洲滩的发展主要朝纵向延伸。该河道虽有5处弯曲，但河湾半径较大，弯曲平缓，因此该河道呈分汊河道的特点。

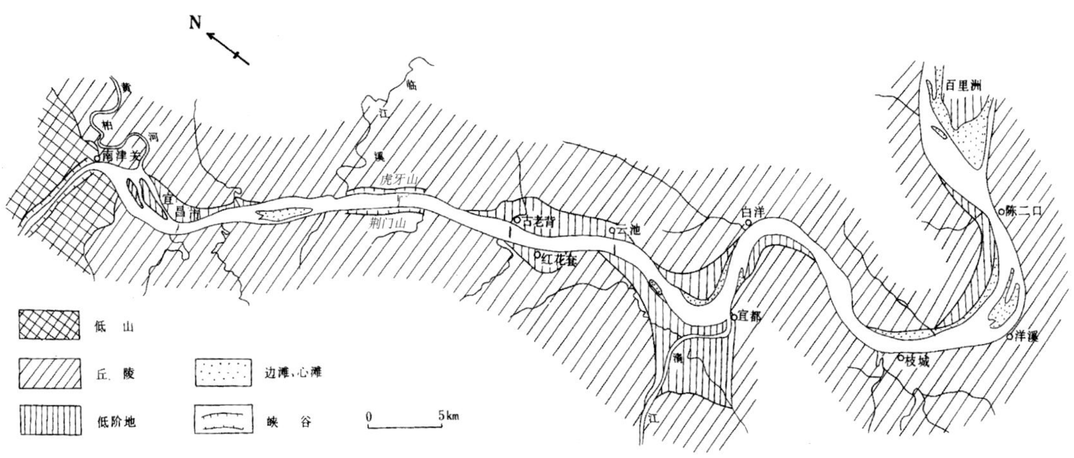

图 2-35　宜枝河段河谷地貌

（杨怀仁、唐日长，1999）

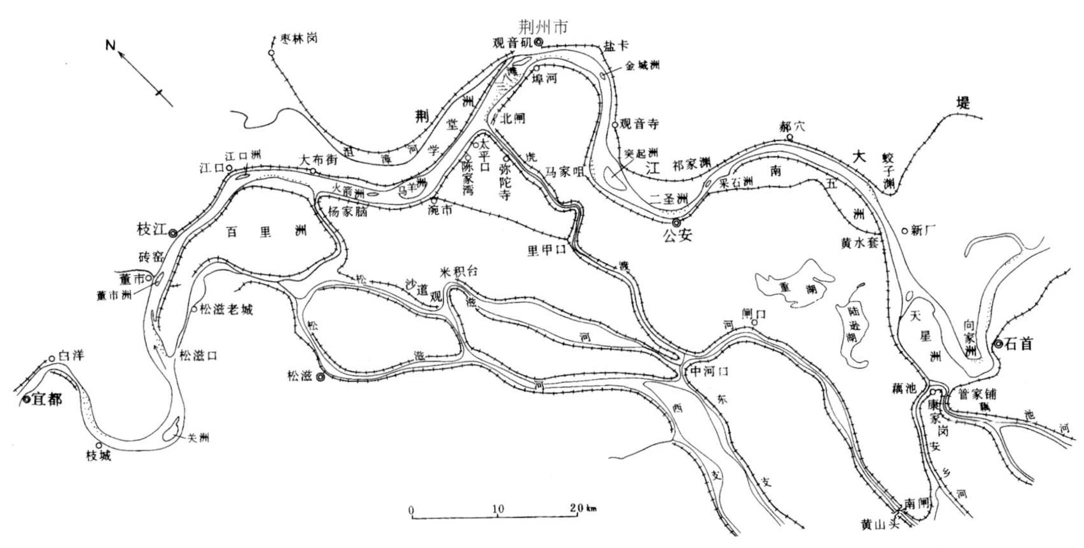

图 2-36　上荆江河道形态及洲滩分布图

（杨怀仁、唐日长，1999）

（3）下荆江河段，即蛟子渊至城陵矶河段。该河段是在古云梦泽的湖泊三角洲尾部发育形成的河道。下荆江河段的河床下切在全新世湖泊沉积层中，河底与河岸物质由较均匀的细砂及更细的沉积物组成，抗冲能力差，在一定水沙条件下有利于自由河曲的形成与发展。因而下荆江河段的河道迂回曲折，属于典型的蜿蜒型河道，如图 2-37。

5.4.2　河道持续向南迁移

关于长江中游的地质学研究（中国地质大学（武汉）、鄂湘赣皖地质调查院，2003b）指出，早更新世晚期以来，桐柏-大别山的新构造运动引起该地区自北向南不对称掀斜隆升，使桐柏-大别山隆起而其南部沉降。桐柏-大别山掀斜隆升对江汉平原的环境和长江中游河道的演变有不可忽视的影响（李长安等，1999；李长安、杜来云，2001；杨怀仁、唐日长，1999）。

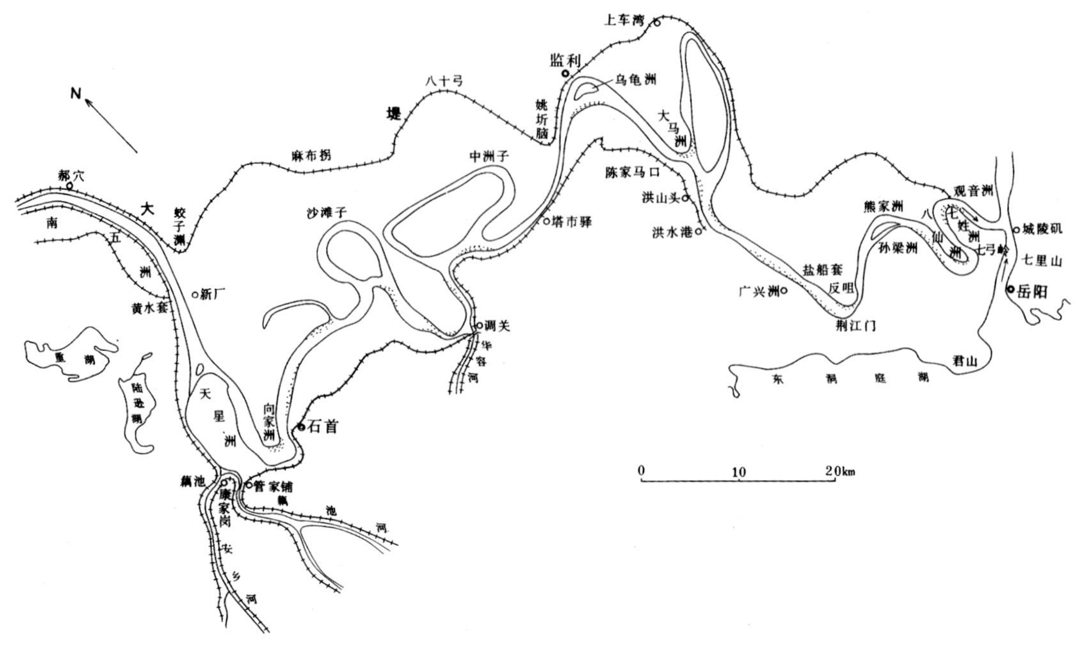

图 2-37　下荆江河道形态及洲滩分布图

（杨怀仁、唐日长，1999）

桐柏-大别山不对称掀斜升降可从以下几个方面得到证实（中国地质大学（武汉）、鄂湘赣皖地质调查院，2003b）：①桐柏-大别山的地貌轮廓显示出明显的南北不对称，南坡长而缓，北坡短而陡。②钻孔资料揭示，江汉平原第四系底界自北向南倾斜，坡度约为 0.8%，比第四纪现代沉积表面坡度 0.16%大近 5 倍。③各河流阶地的高差北大南小，阶地面呈以 2°～3°的倾角向南倾斜。④近代岩石圈动力学测量清楚显示，自大别山向江汉平原南部地壳由隆升转为沉降，如图 2-38。

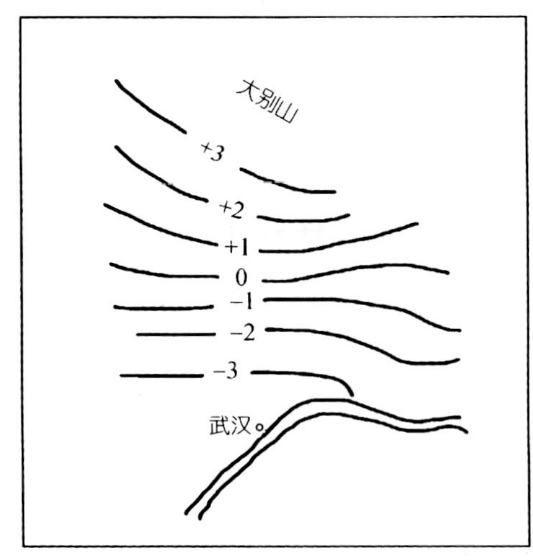

+抬升速率（mm/a），–沉降速率（mm/a）

图 2-38　桐柏-大别山掀斜升降地壳形变图

（刘国纬，2007）

桐柏-大别山不对称掀斜升降对长江中游水系产生重要影响，主要表现在以下几个方面：①对长江中游水系格局与演变起控制性作用。例如中游水系均呈近南北向平行梳状排列，各河流的河谷横断面自北向南均从V形河谷转变为U形河谷。②在桐柏-大别山掀斜隆升作用下，胁迫长江主河道不断南迁，而主河道南迁在很大程度上促成了长江北岸古阳水、夏水、涌水等分流河道的消亡，导致今天中游单一河道的形成。主河道南迁也促使荆江北岸的穴口不断堵塞，而南岸穴口则呈不断发展趋势，并逐渐导致南岸分流形成。主河道南迁也是现代长江北岸古河道和牛轭湖的形成原因，见图2-39。③桐柏-大别山掀斜隆升及与此相适应的河道水沙条件，是荆江河谷地貌不对称性的重要原因。例如，使荆江河谷左岸地势低矮开阔、谷坡长而缓，而右岸逼近山地丘陵，谷坡短而陡；使荆江的主泓向南偏移，制约着河道内沙洲分布和影响下荆江河曲的发展等。

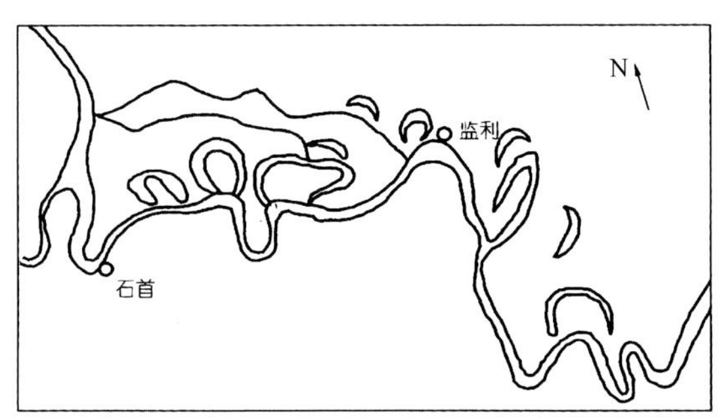

图2-39　下荆江河段牛轭湖与古河道分布图

（刘国纬，2007）

有研究指出，桐柏-大别山构造掀升运动近3000年来仍在持续进行中，据1951～1982年水准测量，桐柏-大别山现在仍以2～3mm/a速率抬升，而汉口地区则以0.5～1.0mm/a速率降沉（国家地震局《中国岩石圈动力学图集》编委会，1989）。现代长江中游河道已由全新世中期在荆州以北南迁至江汉盆地南部边缘。由上可见，三峡掀斜抬升、桐柏-大别山掀斜隆升、江汉断陷沉降，对江汉平原的环境和长江中游河道演变的影响，是加重荆江河道洪水压力的重要地学因素；同时，也是荆江河道治理重要的河流地质与地貌依据。

第六节　基于地学基础的长江中游治理思考

2002年7月水利部长江水利委员会提出了《长江流域防洪规划简要报告》（简称《报告》），《报告》总结了自1955年开展长江流域规划以来长江防洪与治理的基本经验。《报告》明确指出长江中下游为流域防洪规划重点。并提出了“江湖两利、左右岸兼顾、上中下游协调”和“蓄泄兼筹、以泄为主、平垸行洪、退田还湖”的规划与治理原则和方针。正如《报告》中所说，这些原则与方针体现了“人与洪水和谐相处的思想”。本节将在长江中游地区地学环境的背景下，对《报告》中提出的原则和方针进行学习与再思考，并希冀获得一些新的启示。

6.1 中游蓄泄的地学环境与“蓄泄兼筹、以泄为主”

长江中游地区处于新华夏构造第二沉降带南部。该沉降带在中国自松辽平原、华北平原、江汉平原向西南延伸，越过南岭，经广东西南部一直延伸到北部湾。该沉降带形成于中生代晚期，构造走向以北北东为主。近代，第二沉降带仍处于沉降过程中，松辽平原平均沉降速率约 3.0mm/a，华北平原平均沉降速率约 2.5mm/a，江汉平原平均沉降速率约 2.0mm/a。因此，长江中游地区主体部分的构造地质背景属长期沉降中的断陷盆地（国家地震局，1989）。

紧邻第二沉降带的西侧是新华夏第二隆起带。该隆起带在中国境内自东北而西南，由大兴安岭、太行山脉和湘鄂西部及川东、滇东、黔东境内多条呈北北东走向的山脉构成，其中江汉盆地北侧的伏牛山，西北和西侧的武当山、大巴山、巫山，洞庭盆地西南

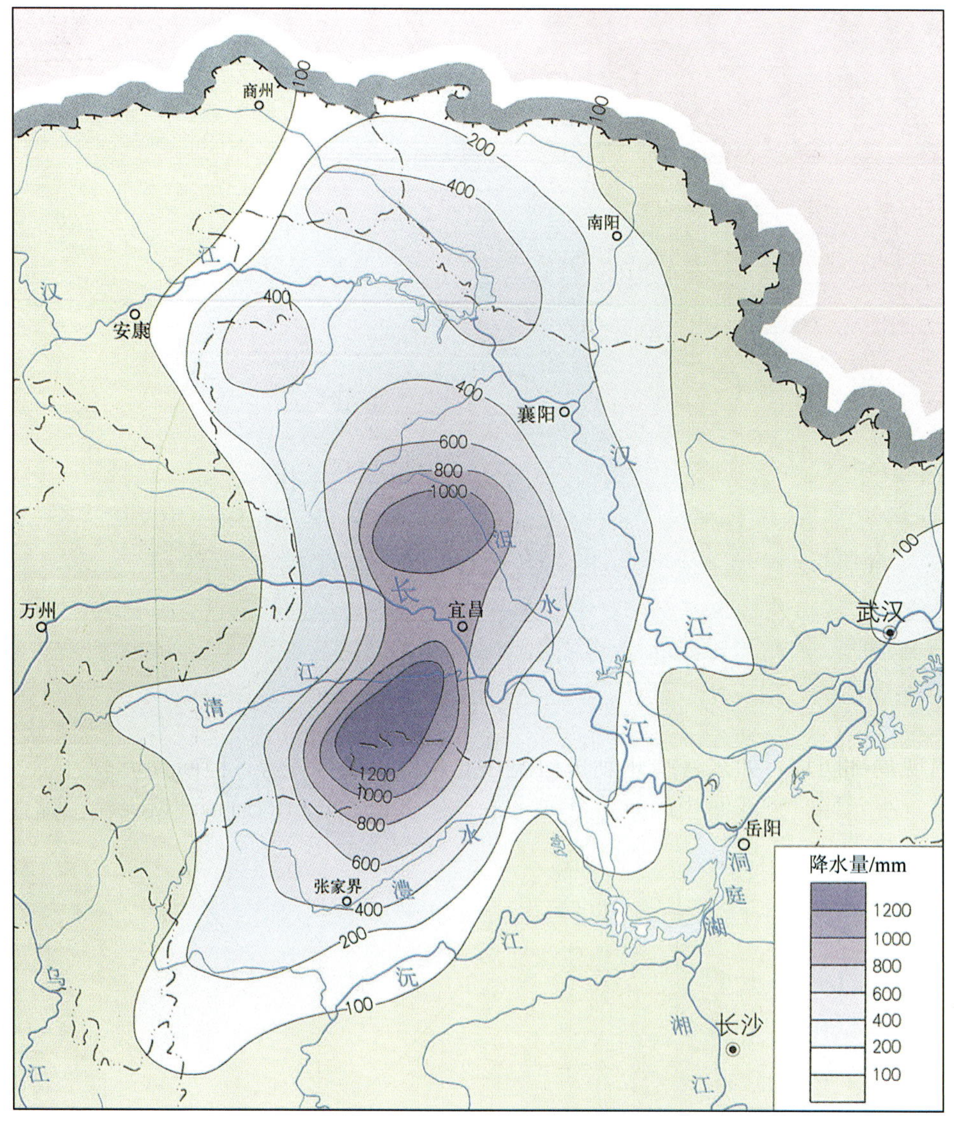

图 2-40　1935 年 7 月 3～7 日“五峰暴雨”图
（水利部长江水利委员会，2001）

和南侧的武陵山、雪峰山、罗霄山等环绕江汉-洞庭盆地，这些山脉大多西北坡平缓，东南坡陡峻，成为东南季风和西南季风的迎风坡，是我国暴雨出现范围最广、频次最多、强度最大的地区之一，给长江中游地区带来巨量洪水。我国有雨量记录以来最著名的“五峰暴雨”就于 1935 年 7 月 3～7 日发生在鄂西和湘西北山区，雨区范围达 27°～35°N、108°～115°E，湖北五峰站实测 5 天总雨量达 1281.8mm，湖南湾潭站 5 天调查雨量达 1350～1650mm，200mm 等雨量线笼罩面积约 12 万 km^2，死亡 14.2 万人，是酿成长江流域历史上最严重的洪涝灾害之一。见图 2-40。

紧邻第二沉降带的东侧是新华夏第二隆起带。该隆起带在中国境内主要由张广才岭、老爷岭、长白山脉和由辽东半岛穿过山东半岛直达江淮丘陵以及闽赣的戴云山脉和武夷山脉组成。第二隆起带阻碍其西侧第二沉降带的洪水顺畅向东排泄。其中长江中游北岸西北—东南走向的大别山和南岸西南—东北走向的幕阜山、九峰山在长江中游武穴河段形成狭窄缺口，更加阻碍了长江中游巨量洪水向下游宣泄。

上述地学环境构成了长江中游洪水蓄泄关系的最基本特点，即易吞难吐。这一特点决定了长江中游洪涝治理的最基本任务，就是如何合理的滞蓄和畅快的宣泄巨量洪水。由此可见，基于这样的认识所提出的“蓄泄兼筹、以泄为主”的原则和方针，是完全符合长江中游的宏观地学环境特点的。

6.2 遵循江湖关系的演变规律

在第三节中我们已经看到，在漫长的地质历史时期里，江汉盆地和洞庭盆地一直是长江出三峡后巨量洪水的滞蓄和调节场所，并且在不同时期里，两盆地对长江洪水的滞蓄和调节作用各有主次，彼此交替。自全新世以来，江汉盆地的沉降速率（1.98mm/a）大于洞庭盆地的沉降速率（1.12mm/a）（刘广润等，2008；中国地质大学（武汉）、鄂湘赣皖地质调查院，2003）。尽管近百年来，洞庭盆地沉降速率略有增大，但考虑到构造、气候和历史演变等因素可以推断，若在没有人类干预的状态下，现代的江湖关系应当是以长江-江汉盆地为主体的时期。

然而，自进入人类历史时期以来，尤其是近两千年来，以筑堤和围垦为主要形式的人类活动对自然状态下的江湖关系产生了重大的影响，向着以工程控制江湖关系的方向发展。

如 5-3 节所述，宋代以前，江汉平原水系发达，河道交错，虽自东晋时荆江两岸已开始出现局部防堤，如东晋靖州刺史桓温在北岸修筑的金堤等，但断续堤段之间存有许多穴口，在元代时荆江北岸尚有“九穴十三口”之说。穴口沟通荆江两岸湖泊洼地，并与平原水系相连，水流畅通，起着调节荆江洪水的作用（姚汉源，1987；王杰等，1997；王生福，1991）。从南宋开始，北方居民大量南迁至江汉平原，开垦洲渚，修筑堰垸，扩展堤防，各穴口或堵或开，变迁无常。到元代，荆江北岸的穴口已大部分淤塞或堵塞。到明嘉靖二十一年（1542 年），最后一个穴口郝穴也被堵塞，沿荆江北岸各段堤防上自堆金台，下至拖茅埠计 124km 已连成整体（当时称万安大堤）。在此之后，大堤不断加固延伸，形成今日长达 182.35km 的现代荆江大堤。

围垦及荆江大堤的建成，极大地改变了自然状态下的江湖关系，并产生了以下影响：①割断了长江-江汉盆地-洞庭盆地在自然状态下的水力联系，洞庭湖成为滞蓄长江洪水的主体。②长江大量泥沙在洞庭平原淤积，在抵消年沉降量的情况下，洞庭平原地面不断抬高。③长期处于构造沉降背景下的江汉平原得不到长江泥沙的补给，成为“饥饿平原”，地面高程显著低于泥沙饱和状态下的洞庭平原。④在大堤的约束下，荆江河道淤积严重，堤内外地面高差达8～10余米，且下荆江河道在堆积性河性支配下处于游荡演变中。

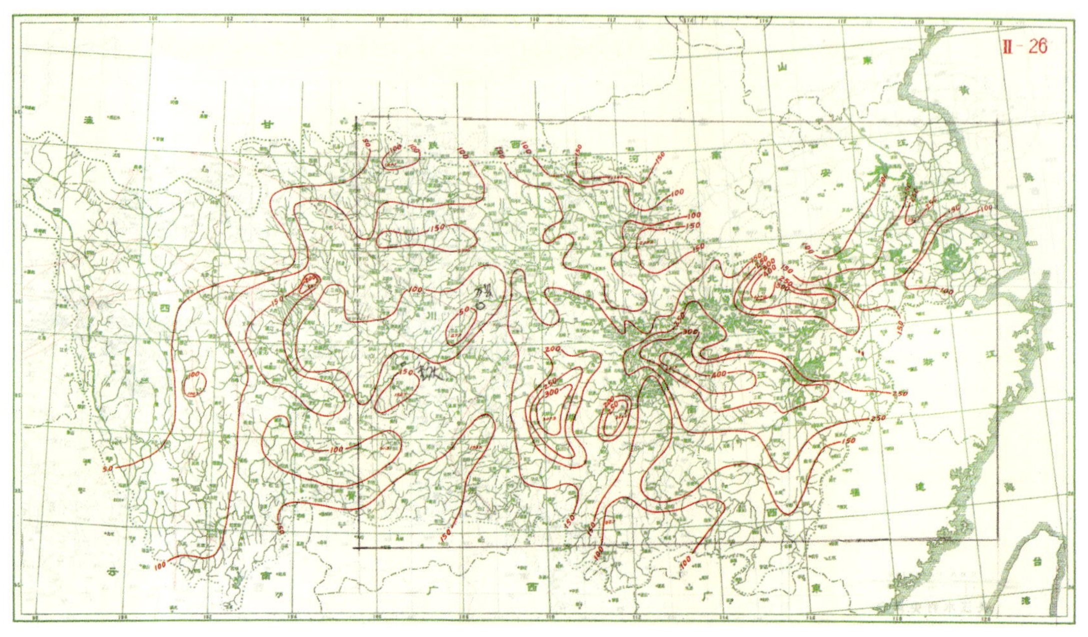

图 2-41　1954年长江汛期连续三日最大降雨量（mm）分布

（长江水利委员会水文局，2004）

上述事实表明，以现有堤防工程系统为代表的人类活动，不仅干扰了长江-江汉-洞庭河湖系统的结构与功能，而且在相当程度上已成为支配这一系统的控制因素。因此，调整在“舍南保北”思想指导下形成的以“长江-洞庭盆地为主体”的江湖关系局面，发挥江汉平原对长江洪水的滞蓄和调节作用，在尊重江湖关系的地学属性的基础上，建立人-地-水和谐的江湖关系，应当是长江中游治理的基本方向。

6.3　开辟荆江分流河道

1954年长江洪水暴雨情势表明（图 2-41），该场洪水在长江中游的超蓄洪量达547亿 m^3，即使考虑三峡防洪库容，仍然要超蓄400亿 m^3 洪水。由中游河道城陵矶水位流量关系曲线（莲花塘断面）和武汉水文站水位流量关系线图 2-42 和图 2-43 可见，该两断面在防洪警戒水位（30.5m，27.1m）下，最大泄流能力分别为 51 300m^3/s 和 60 000m^3/s，因此，仅依靠荆江一河之力在短时间内下泄如此巨量洪水是不可能的，而必然造成严重洪涝灾害。

由“5.3 荆江分流特性”的分析中可见，长江进入江汉平原后，曾长期保持着漫流继而形成多条河道分流的状态，古荆江是多条分流河道中最大的一条。随着古荆江的演变和荆江三角洲的发展，在江汉盆地发育了夏水、涌水、扬水等分流河道，分泄江汉盆地的巨量洪水。当夏水、涌水、扬水萎缩消失之后，荆江河道通过自适应调节能力，形成众多穴口分泄荆江洪水。当所有穴口均被堵塞、荆江大堤全线形成后，荆江洪水不能再向江汉盆地（平原）分流，于是通过自然调整，先后在南岸形成沦水、生江水以及调弦河、虎渡河、松滋河、藕池河等（简称该四条河的分流为“四口”），河道从荆江南岸向洞庭湖分流。据1900年水文资料统计，当时仅“四口”向洞庭湖的分流水量就占宜昌来水量的57%（王克英，1998）。这一演变过程表明，无论在地质历史时期还是人类历史时期，单条荆江河道是难以宣泄中游巨量洪水的，而多条河道分泄洪水是中游洪水蓄泄关系中的基本特性。因此，利用江汉平原适宜地形和荆江演变中留下的古河道开辟中游分洪河道，是符合江汉平原洪水蓄泄关系的地学特性的必然途径，是实现“蓄泄兼筹、以泄为主”防洪治河方针的合理选择，而且还可以改变江汉盆地“饥饿平原”的状态。

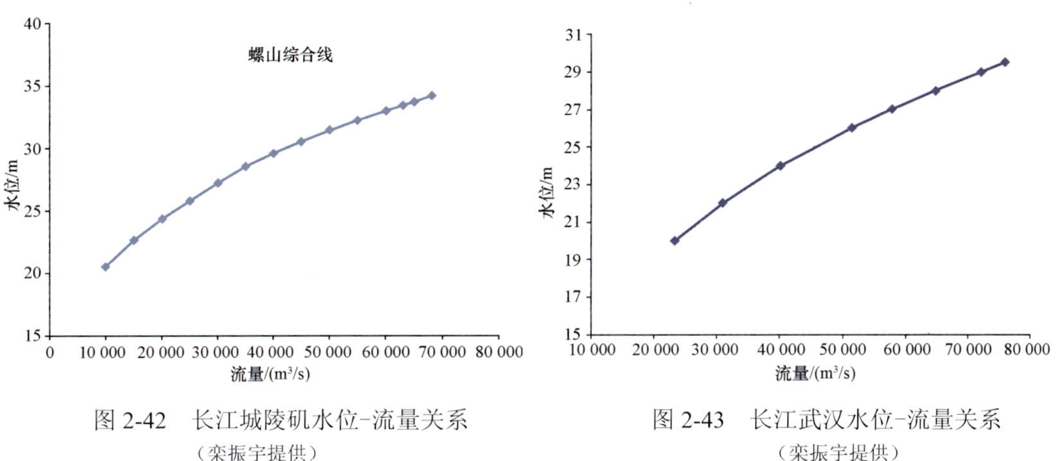

图 2-42　长江城陵矶水位-流量关系
（栾振宇提供）

图 2-43　长江武汉水位-流量关系
（栾振宇提供）

关于分流河道的路径，已有学者和工程师提出了多种方案构想，其中主要有：

（1）刘广润等（2008）提出的荆北分流河道。选择的路线是：自荆州市以南的盐卡从荆江分流，经岑河，过龙湾，入东荆河，然后沿东荆河东去，从簰洲湾东侧的金口入长江（图 2-44），直线平均坡降为4.3/100 000（中国地质大学（武汉）、鄂湘赣皖地质调查院，2003a）。该分流河道主要是利用东荆河和“四湖”（长湖、三湖、白露湖、洪湖）总干渠沿线东西向带状分布的低洼地带行水。这些洼地是河湖演变遗留下来的古河道洼地，现代农业经济相对落后，因此，无论从地貌和经济方面考虑，辟为人工河道是较合适的选择。

（2）周建军等（2000）提出的“引江济汉”分流河道方案。南水北调中线自丹江口水库引水送北京，减少了汉江下游的水量，为弥补汉江下游水量的不足，在南水北调中线规划中，考虑兴建从长江引水入汉江的“引江济汉”工程。周建军等建议，将该“引江济汉”工程的功能扩展，使其也成为长江中游的一条分流河道，渠首设在荆州上游的江陵，渠尾在新城附近，全长直线距离50km，高程从50m缓降至30m，非常有利于布置大型排洪渠道（周建军等，2000）。另据殷鸿福等研究，排洪河道路径还有三种方案可供选比：一是自荆州盐卡引水，沿岗地前缘，择潜江王场入汉江；二是出枝江大埠乡，过沮漳河，经长湖，于潜江兴隆入汉江；三是出三峡，经当阳、荆门，于钟祥入汉江。

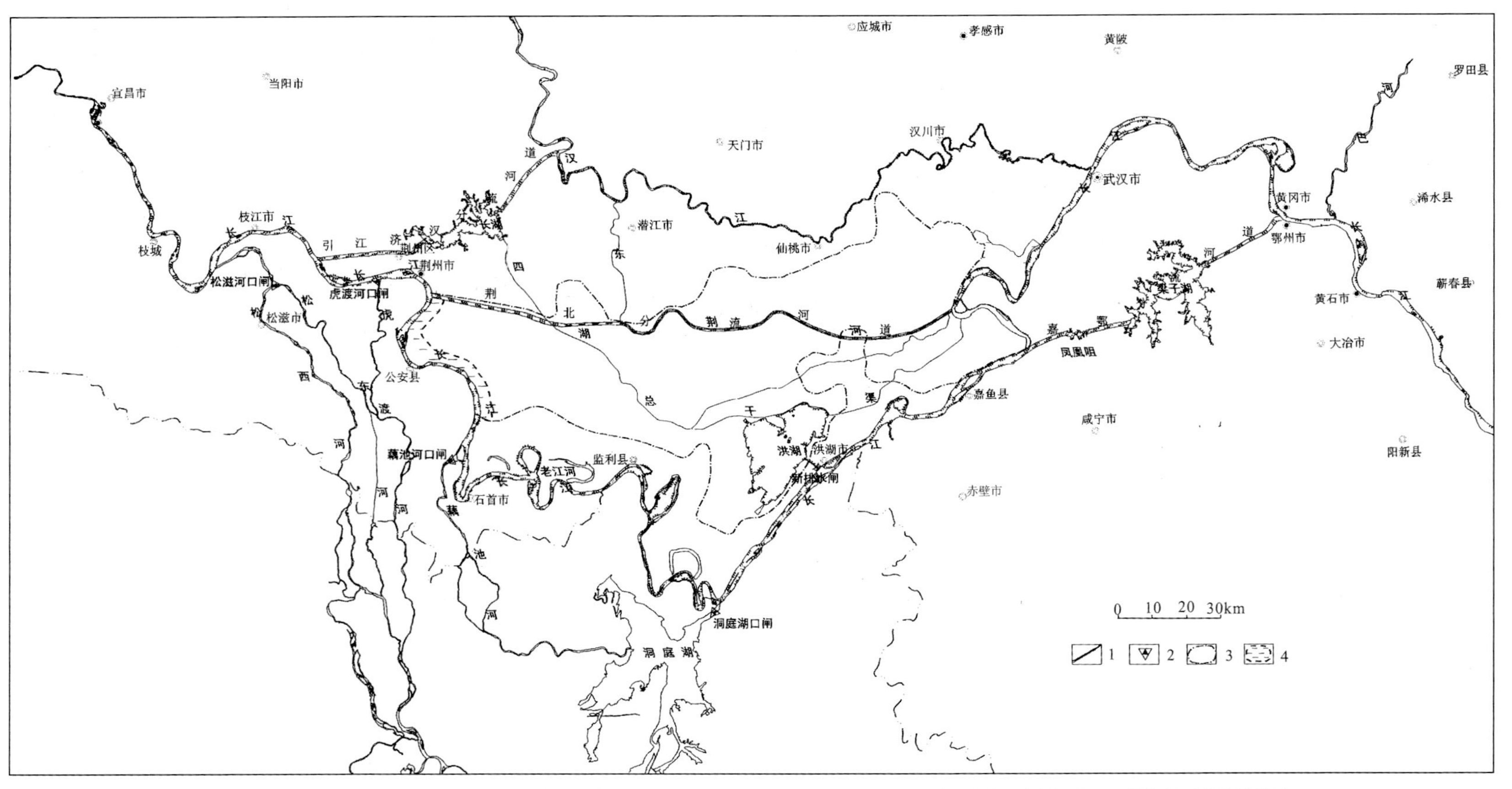

1. 荆江及江汉平原“三水分流河道”；2. 建议新建的“四口”控制闸工程；3. 荆江及江汉平原分洪放淤范围界线；4. 荆北堤后分洪放淤区

图2-44　荆北河道与嘉鄂分流构想图

（刘广润等，2008）

（3）开辟嘉鄂分流河道。选择的路线是，出嘉鱼潘家湾，经团墩湖，入梁子湖，然后或沿长港，于鄂州市樊口入长江，或过梁子湖，经保安湖-大冶湖入长江。

在上述三条分流河道中，荆北分流河道与“引江济汉”分流河道将削减荆州以上长江干流洪水对下荆江的洪水压力，并起到长江干流洪水与洞庭湖湘资阮澧洪水在城陵矶河段错峰的作用，而嘉鄂分流河道将直接减轻武汉的洪水压力。殷鸿福等对上述分流河道的地质环境进行了评价，表明它们不仅遵从了江汉平原的地学环境特征，而且在经济和工程上可行。

事实已经一再证明，无论在地质历史时期还是在人类历史时期，尤其在社会经济高速发展，洪水风险日趋严峻的现代，单一荆江河道已无法宣泄中游巨量洪水，开辟分流河道是顺应自然规律和社会经济发展的必然而且迫切的选择。

诚然，对于开辟分流河道也有不同的看法。例如，在长江三峡工程论证中，有意见认为：“开辟分洪道将打乱沿江两岸的排、灌水系统和城乡生产布局，而且占地达 320 万亩（1 亩=1/15hm^2），移民达 200 万人，土方量达 140 亿 m^3，远远超过三峡工程，显然是不可行的”（长江三峡论证办公室，1990）。姑且不讨论对上述诸项的估计是否恰当，但其所考虑的只是局限于社会与经济现状，而从地学角度和长远社会经济需求看，多河分流其实是长江中游蓄泄系统的地学属性之必然，在人与河流的对话中，是应当予以尊重的。

6.4 关于蓄滞洪区与围垸的地学环境评价

蓄滞洪区与围垸的设置与选址，要充分考虑长江中游地区的新构造差异运动的隆升与沉降分布和动态。

6.4.1 蓄滞洪区的地质环境评价

在第二、三节中我们已经看到，长江中游的地学环境是以“一江两湖”（长江和洞庭湖与江汉湖群）为特征的中游洪水蓄泄系统，对大洪水的宣泄与蓄滞是这一系统的重要功能和行为特征。

自长江三峡贯通以来，江汉盆地与洞庭盆地就是长江中游洪水的蓄滞场所，在先秦和清初曾出现过“云梦方九百里”和“八百里洞庭”的壮阔景观。然而，随着人口增长和经济发展，人们不断挤压洪泛区土地，人水争地矛盾日趋加剧，终于导致洪水的报复，洪涝灾害频繁发生。在这样的背景下，蓄滞洪区的概念逐渐形成，并成为当今防洪规划的重要课题（Liu，2002）。

设置蓄滞洪区涉及社会、经济、环境等许多方面。从地学角度则需着重回答以下两个问题：①如何确定蓄滞洪量的规模；②如何选择蓄滞洪区的地点。

就长江中游地区而言，蓄滞洪量的规模需与分流河道的规划泄洪能力统筹考虑。根据《长江流域防洪规划简要报告》（长江水利委员会，2002），在遇 1954 年洪水和现状河道情况下，在三峡工程建成前需安排 492 亿 m^3 超蓄洪量，计划在城陵矶附近地区蓄滞 280 亿 m^3，汉口附近地区蓄滞 68 亿 m^3，鄱阳湖口附近地区蓄滞 50 亿 m^3，共设置蓄滞洪区 20 处，如表 2-8。这样的蓄滞洪量约占 1954 年洪水分洪溃口总水量 1023 亿 m^3

表 2-8 长江中游规划蓄滞洪区情况表（长江水利委员会，2002）

所在地区	分蓄洪区名称	分洪运用水位及条件	蓄洪水位/m	集水面积/km^2	蓄洪面积/km^2	耕地面积/万亩	人口/万人	有效容积/亿 m^3	备注
荆江地区	荆江分洪区	荆州水位 45.00m	42.0	920	920	51.0	51.6	54.0	西洞庭湖地区：包括围堤湖、六角山、九垸、西宫、安澧、澧南、安昌、安化、南顶、和康、南汉；南洞庭湖地区：包括民主、共双茶、城西、北湖、义合、屈原；东洞庭湖地区：包括集成、安合、钱粮湖、建设、建新、君山、大通湖四垸（同兴、隆西、新洲、团山）、江南陆城；华阳河分蓄洪区：计划蓄洪容量为 25 亿 m^3，如扒口分洪，实际进洪量大于此数
	涴市扩建区	荆州水位 45.00m，荆江分洪流量超过 15 000m^3/s 时，涴市江堤扒口进洪	43.0	96	96	8.7	6.8	2.0	
	人民大垸	荆江分洪区在无量庵扒口泄洪时	38.5	255	255	27.6	21.2	11.8	
	虎西备蓄区	荆江分洪区水位将超 42.0m 时	42.0		86	7.6	6.0	3.8	
城陵矶附近地区	西洞庭湖地区	城陵矶水位 34.40m			758	61.96	47.95	48.38	
	南洞庭湖地区	城陵矶水位 34.40m			892	71.35	54.95	53.09	
	东洞庭湖地区	城陵矶水位 34.40m			1059.5	80.77	61.02	51.93	
	江南陆城	城陵矶水位 34.40m			202	17.54	6.65	10.41	
	洞庭湖地区（24 处）合计				2911.50	231.32	170.57	163.81	
	洪湖分洪区	荆江防洪需要荆江分洪区、人民大垸和洪湖分洪区联合运用时	32.5		2797	127.2	115.4	181.0	
武汉附近地区	西凉湖蓄洪区	汉口水位 29.50m	31.0	2480	1060	84.7	56.80	42.3	
	东西湖蓄洪区	汉口水位 29.50m	29.0	444	444	35.5	21.4	20.0	
	武湖蓄洪区	汉口水位 29.50m	29.0	540	291	19.8	12.80	18.0	
	张渡湖蓄洪区	汉口水位 29.50m	28.3	524	309	39.50	32.6	10.8	
	白潭湖蓄洪区	汉口水位 29.50m	27.5	474	204	25.7	33.90	8.8	
	汉江下游杜家台分洪区	杜家台闸前设计水位 35.12m，校核水位 35.45m	30.0	3782	460	27.0	13.0	22.9	
湖口附近地区	康山圩	湖口水位 22.50m	22.5	450	312	19.7	5.89	16.58	
	珠湖圩	湖口水位 22.50m	22.5	256	153	5.7	8.97	5.35	
	黄湖圩	湖口水位 22.50m	22.5	49	49	4.6	0.50	2.87	
	方州斜塘圩	湖口水位 22.50m	22.5	39	35	2.9	0.76	2.04	
	鄱阳湖地区（4 处）合计			794	549	32.9	16.12	26.84	
	华阳河分蓄洪区	湖口水位 22.50m					52.8	25	

的 48%，而蓄滞洪区未能容纳的 531 亿 m^3 洪水，仍将给中游地区带来严重洪涝灾害。诚然，三峡工程建成后将获得 221.5 亿 m^3 防洪库容（实际难以充分运用），但仍有约 300 亿 m^3 洪水需根据“蓄泄兼筹、以泄为主”的方针，在充分考虑社会经济与地学环境的背景下，科学合理安排。

关于蓄滞洪区的设置地点，除考虑社会经济等因素外，其地质环境评价是十分重要的。从地质环境角度看，蓄滞洪区应当设置在长期处于构造沉降、第四系沉积深厚、地势低洼的地区，尤其不宜设置在构造隆升地区。刘广润、殷鸿福等（2008）对长江中游现有蓄滞洪区的地质环境进行了系统评价，指出：荆江分洪区分别位于鄂西隆起、华容隆起与江汉强烈沉降区的过渡带，属弱隆起区，地势高亢，第四系厚度较小，其地面高程 34～39m，比荆江北岸地面高出 4～7m，因此向荆江分洪区分洪其实是向荆江南岸高地分洪而保护荆江北岸低洼地区，是与该地区地质地貌特点相悖的。他同时指出，杜家台分洪区和洪湖分洪区均属江汉平原构造强烈沉降带，第四纪以来长期处于构造沉降中，现代沉降速率分别达到 5～10mm/a 和 7～10mm/a，是江汉平原最低洼地区，也是历史上长江与汉江洪水滞蓄场所，是完全符合地学环境的理想蓄滞洪区（刘广润、殷鸿福等，2008）。

6.4.2 围垸的地质环境评价

如果说蓄滞洪区是人与洪水为分享土地而留给洪水的蓄滞场所（Liu，2002），那么围垸就是人们夺占洪泛区或河湖水网地区土地进行垦殖形成的田园。在江汉平原和洞庭平原，围垸垦殖的形成既有其自然条件，也有其社会经济背景。自然条件是指河湖演变在沿河与环湖形成高滩、矮丘和洼汊，泥沙淤积使这些地区土地肥沃，水利条件优越，故有“无泥沙就无湖洲，无湖洲即无堤垸”之说。社会背景主要指政治环境和人口增长。早在魏晋南北朝时期，因社会动乱已有巴蜀、中原流民来到江汉平原和洞庭平原围垦造田。南宋时期，更有大量北方难民融入两湖地区，形成第一次围垦高潮。清康熙、光绪年间提出“滋生人丁、永不加赋”和“摊丁入亩”等政策刺激人口增长，为解决粮食问题掀起了第二次围垦高潮。第三次围垦高潮出现在 20 世纪 50 年代。

从地学角度考察，围垸对洪水的影响主要表现在三个方面：

（1）沿堤外滩地（大堤迎水面）围垸侵占了行洪河道和过水断面面积，阻碍洪水宣泄。1993 年荆江河道行洪面积（不包括长江故道）544km²，而荆江堤外的民垸面积达 4895km²，所侵占的行洪空间由此可见一斑。

（2）环湖洲滩围垸减少了湖泊面积和容积。据统计，自 1949 年至 1995 年洞庭湖容积减少了 126.1 亿 m^3，使其对洪水的调蓄能力减少了 43%（中国地质大学（武汉）、鄂湘赣皖地质调查院，2003b）。

（3）在区域新构造背景下，围垸造成淤积的空间分布不平衡，形成“悬河”或“悬湖”，酿成新的洪涝态势。这一情况在洞庭湖区尤为突出。在洞庭盆地内除丘陵岗地外，主要是洪道、湖泊和民垸。盆地内的泥沙主要来自“三口”（松滋口、太平口、藕池口）和“四水”（湘水、资水、澧水、沅水）。其中“三口”来沙量约占 86%，“四水”占 14%。这些泥沙主要淤积在洪道和湖泊。民垸由于受堤防的保护，基本不存在淤积。在盆地呈整体沉降趋势的背景下，由于淤积的速率远大于沉降的速率，每年净淤积厚度约60mm，因此洪道、湖泊地势因淤积逐年抬高。久而久之，洪道、湖泊水位终于高于民垸地面。例如，汉寿县西洞庭湖底平均高程比邻近的垸田地面高出4.4m，南洞庭湖地面平均高程较邻近的南县垸田地面高出3.6m，形成“悬湖”、“悬河”景观。正是由于上述沉降与淤积的空间分布存在不平衡性，因此成为洞庭盆地洪涝灾害的重要原因（龚治国，1999；张人权等，2001）。

1998年长江特大洪水后，国家针对上述情况提出“退田还湖、平垸行洪”方针是正确的，但是在执行中应进行切实的地学环境评估。就洞庭平原的“悬河”、“悬湖”而言，有计划施行“湖垸互换”将不失为结合“退田还湖”的一项治理措施。同时，有计划地向江汉平原适当地区引洪放淤，改变江汉平原当今的“饥饿平原”状况，恢复江汉平原滞洪淤沙功能，可视为“退田还湖、平垸行洪”方针在整个“一江两湖”系统内的科学外延（林一山，1964）。

6.5 关于中游河道治理

关于荆江河道治理已有大量的实践和深入理论分析。不过，大多是局部河段的工程论证和基于河流动力学的实践研究，这显然是十分必要的。本节试图从荆江河道的地学属性提出几点看法。

6.5.1 要从“一江两湖”蓄泄大系统的背景认识荆江河道的功能

目前，长江中下游干流河道泄流能力情况是：上荆江河段为60 000～68 000m^3/s（含松滋、太平两口分流入洞庭湖流量）；下荆江河段约50 000m^3/s（含藕池口分流量）；城陵矶—汉口河段约60 000 m^3/s；汉口至湖口河段约70 000 m^3/s；湖口以下河段约80 000 m^3/s（长江水利委员会，2002）。然而，在1931年、1935年、1954年等几个大水年，荆江河道洪峰流量均超过100 000 m^3/s，1998年洪峰流量也超过90 000 m^3/s。如遇1860年或1870年洪水时，即使在运用荆江分洪情况下，尚有30 000～35 000 m^3/s超额洪峰流量无法安全下泄。一旦出现这种情况，无论大堤南溃或北决，都将造成巨大洪灾。

在现状情况下，上荆江大堤堤顶标高45.5m，荆州段高出堤内地面12.0m。考虑到构造沉降、工程地质等因素和加高堤防增加的风险，继续加高大堤以增大荆江泄量已无可能。可见，在“一江两湖”蓄泄大系统中，在如1954年型特大洪水情况下，荆江河道充其量只能承担宣泄洪峰流量的60%左右，另40%则必须通过向蓄滞洪区分洪和开辟分流河道。由此得出的认识是，对荆江治理的大方向，应当是通过在“一江两湖”宣泄与消化洪水的大系统内统筹安排，以减轻荆江宣泄洪水的负担，并在此基础上改善河道行水条件，逐步实现河道稳定和朝可控的方向演变。

6.5.2 要尊重和利用河道的地学特性

荆江河道的演变是与江汉-洞庭盆地的演变分不开的。荆江在江汉-洞庭盆地的演变过程中形成，荆江的形成与演变也在一定程度上影响江汉平原与洞庭平原的演变。

（1）荆江河道的地质特点。如第三节中所述，荆江河道发育受沿程地质、地貌条件的控制，不同河段具有不同的地学属性和特点。因此，荆江河道的治理应当充分根据各河段的地质特性，并注意不同河段之间的相互关联。

（2）长江中游干流南迁对河道治理具有重要的影响。如第三节所述，在桐柏-大别掀斜隆起的背景下，自早更新世以来，长江干流就不断南迁（右移），近 3000 年来南迁不断加快，现代长江中游河道已由全新世中期位于荆州以北南迁至江汉盆地南缘。河道南迁对长江中游产生多方面的影响。例如，由于河道南迁（右移），使左岸地势日趋低矮开阔，岸坡长缓，而右岸逼近山体，在沿岸形成许多濒临江边的矶头。长江中下游从湖北宜昌至江苏江阴附近有各种矶头约 125 个，其中左岸只有 38 个，其余皆位于右岸（李立文，1987），如图 2-45。矶头是长江河道的天然节点，对长江河道演变有重要影响，是长江中下游河道弯曲、分汊和鹅头型河道形成的直接原因之一，历来有“江生矶，矶养洲，洲哺鹅”之说。巧用沿江矶头治理中下游河道或可收到“四两拨千斤”的功效。

林一山根据长江中游河道南迁的特点，曾设想将原冲向北岸荆江大堤的主流引向南岸（即主泓南移），形成南岸冲刷，北岸淤积，从而在北岸沿荆江大堤的临水一侧形成延绵的滩地，以达到抬高北岸地面保护荆江大堤的目的；并希望以此在一定程度上代替难以实施的北岸分洪放淤工程（林一山，1964）。

6.5.3 遵从断裂对长江中游河道的控制作用

如第二节所述，长江中游干流河道基本上是在沿程一系列断裂的影响和控制下发育的，这些断裂构造的走向在很大程度上决定了河道的宏观走向。例如，中游河道在宜昌—安庆之间呈现的 W 形展布，就是在由一系列北北西向断裂和北北东向断裂控制下形成的。同一走向的断裂，其上盘和下盘的相对升降对局部河段的演变也有重要影响。例如，岳阳至武汉河段分别受湘阴-洪湖断裂、洪湖-嘉鱼断裂、嘉鱼-金口断裂控制，而河道总是选择在这些断裂的下降盘流行。因此，无论在进行河道整治的宏观规划或局部方案设计时，应当仔细分析河道所在地区的断裂情况，并使治理规划设计与断裂构造相协调，以达到符合河道地学特性的效果。

6.5.4 重视河流水沙特性的地学背景

河流以其充沛的活力在不断演变着。图 2-46 和图 2-47 展现了长江中游上荆江河道和下荆江河道的百年演变轨迹。

形成这些变化的直接原因，是河流水沙条件的变化和河流沿程边界条件（河岸与河床）的变化。因此揭示河流水沙条件的变化和河流边界条件对水沙变化的响应的特点与规律，是河流治理的重要内容。关于河流水沙条件变化与河流边界条件的响应已有深入的研究，并形成专门学科——河流动力学。然而，从江河治理的地学基础角度进行考察，

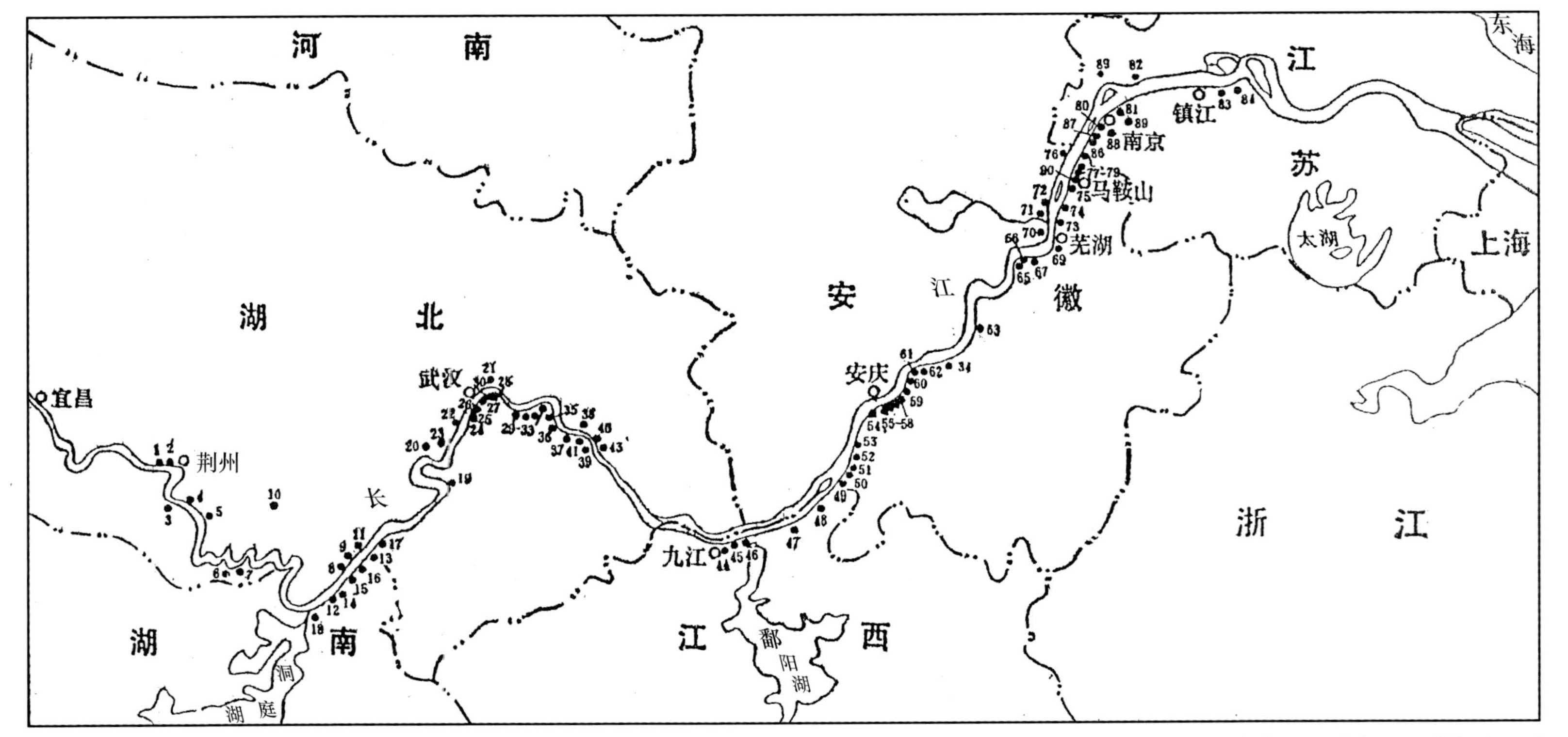

1. 观音矶; 2. 刘大巷矶; 3. 龙二浦矶; 4. 铁牛矶群; 5. 五点矶; 6. 一矶; 7. 二矶; 8. 白螺矶; 9. 宏恩矶; 10. 周矶; 11. 杨林矶; 12. 鸭栏矶; 13. 彭坤矶; 14. 螺山矶; 15. 道人矶; 16. 临湘矶; 17. 赤壁矶; 18. 城陵矶; 19. 石头矶; 20. 赤矶山; 21.龙船矶; 22.黄龙矶; 23. 虾蟆矶; 24. 赤鼻矶; 25. 黄鹄矶; 26. 青山矶; 27. 杨泗矶; 28. 龟山矶; 29. 禹王矶; 30. 南浒矶; 31. 泥矶; 32. 白鹿矶; 33. 黄公九矶; 34. 逻人矶; 35. 黄白山（即黄石矶）; 36. 谌家矶; 37. 燕矶; 38. 回风矶; 39. 南阳矶; 40. 迴峰矶; 41. ?; 42. 白石矶; 43. ?; 44. 锁江矶; 45. 乌石矶; 46. 栏江矶; 47. 拓矶; 48. 彭郎矶; 49. 马当矶; 50. 牛矶; 51. 牌石矶; 52. 乌石矶; 53. 稠林矶; 54. 头矶山; 55. 青阳矶; 56. ?; 57. 拦江矶; 58. 乌龟矶; 59. 太子矶; 60. 黄家矶; 61. 流波矶; 62. 七星矶; 63. 羊山矶; 64. 土桥矶; 65. 板子矶; 66. 回龙矶; 67. 黄河矶; 68. 矶山头; 69. 螃蟹矶; 70. 蛟矶; 71. 广福矶; 72. 西梁山; 73. 戈矶山; 74. 东梁山; 75. 采石矶; 76. 乌江矶; 77. 人头矶; 78. 樊家矶; 79. 仙人矶; 80. 三山矶; 81.燕子矶; 82. 礁板矶; 83. 三矶头; 84. 二矶头; 85. 百灵矶; 86. 土耳矶; 87. 殷山矶; 88. 望江矶; 89. 砚山矶; 90. 赤石矶

图2-45　长江中下游的矶头分布

（李立文，1987）

笔者认为河流动力学的研究应当与河流的地学背景，特别是河流所流经区域的新构造运动态势与特点紧密联系起来，才能揭示问题的所在。因为新构造运动是引起河流水沙条件变化和河流边界条件变化的重要原因。例如，正是由于在构造运动背景下，南平—闸口以南的墨山断块发生北升南降的掀斜运动（见图 2-31 与图 2-38），迫使上荆江河段与下荆江河段南移，改变了河道的水沙条件，才引起如图 2-46 和图 2-47 所示的荆江河道变迁，并不断经历河道弯曲和自然裁弯的过程，形成了分布于北岸的牛轭湖和一系列湖泊湿地。这样的实例不胜枚举。因此，在江河湖泊中，将水沙条件分析与新构造运动紧密结合，应当是一个正确的方向。

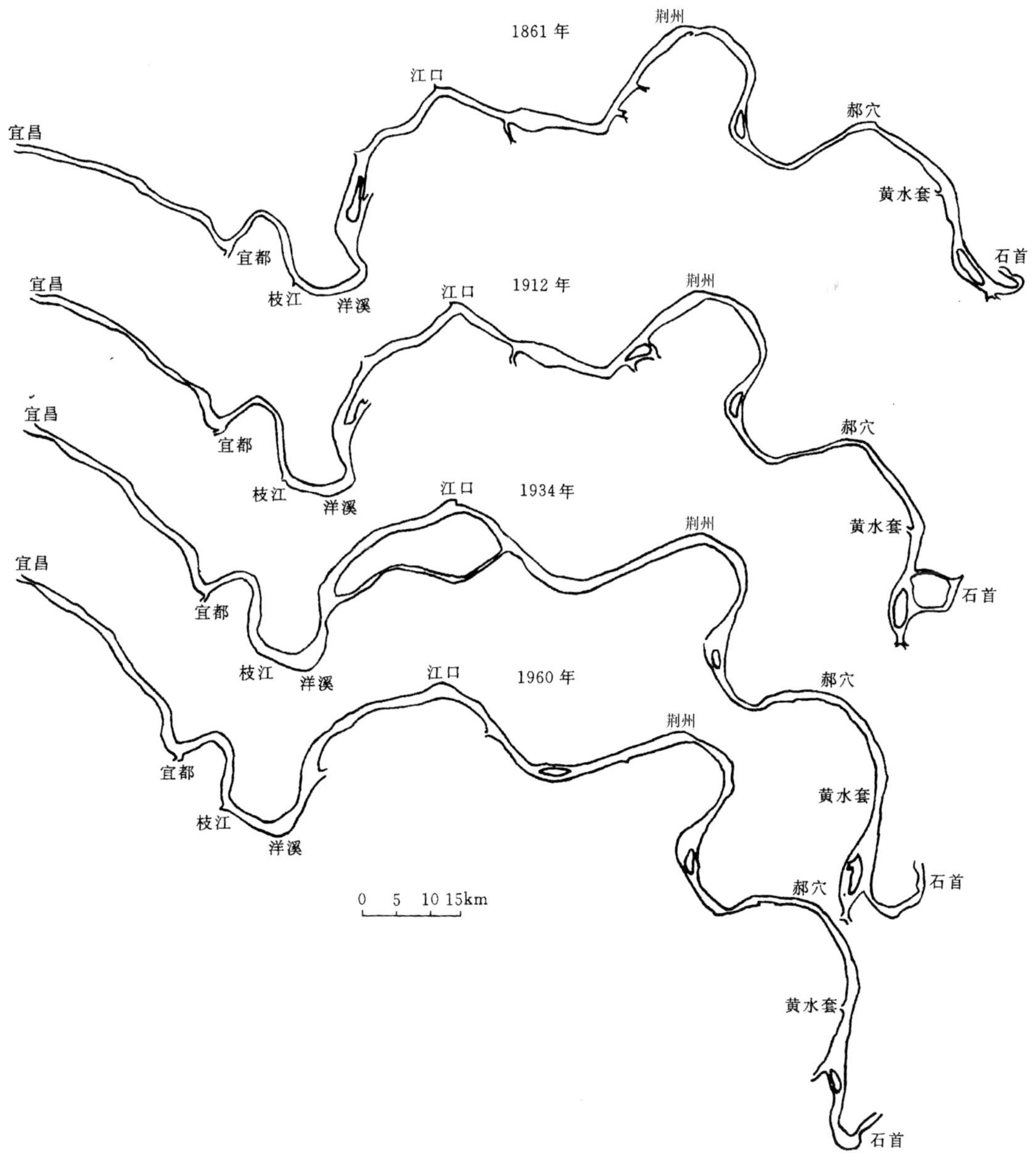

图 2-46　长江上荆江河道变迁

（杨怀仁、唐日长，1999）

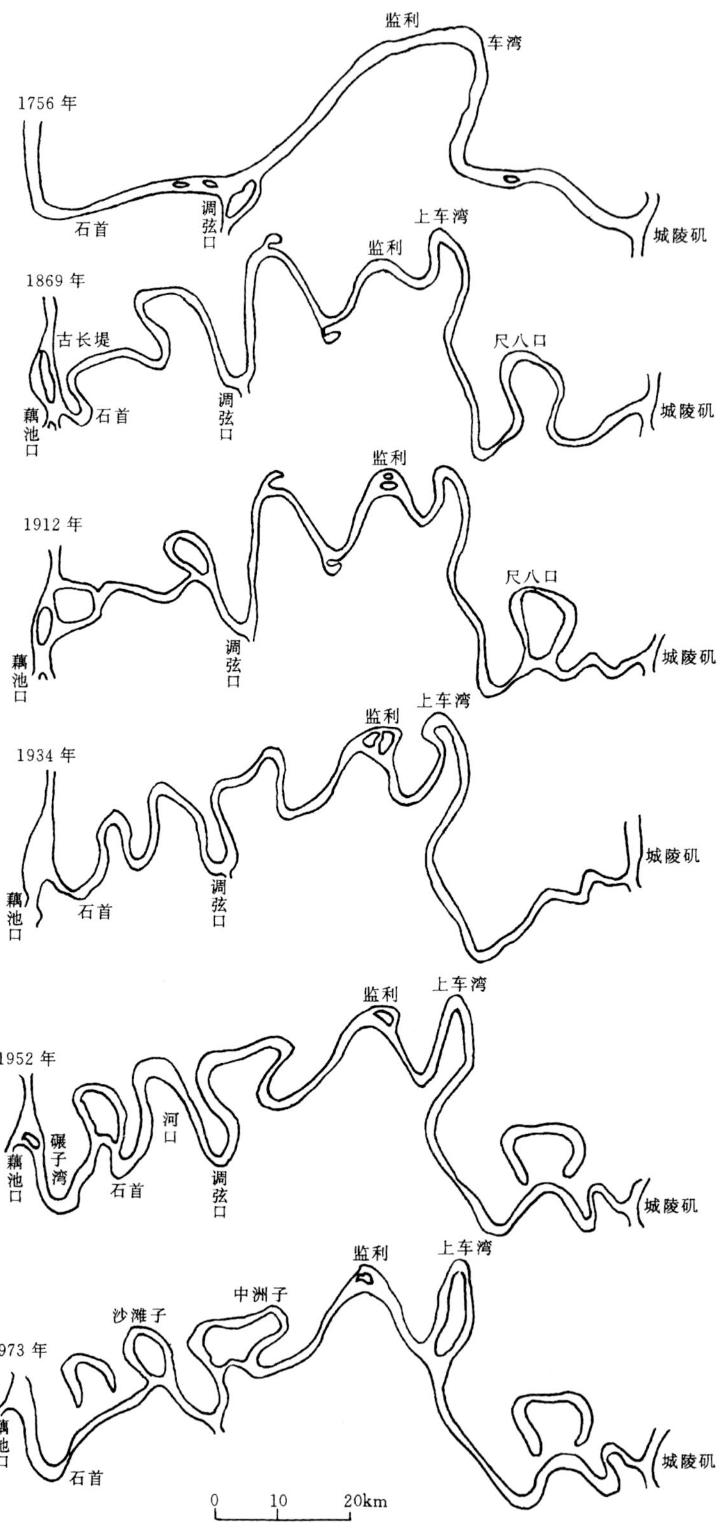

图 2-47 长江下荆江河道的变迁

（杨怀仁、唐日长，1999）

参考文献

巴尔博. 1935. 扬子江流域地文发育史[J]. 谢家荣译. 地质专报甲种第 14 号: 12-14.

长江三峡论证办公室. 1990. 长江三峡水利枢纽论证情况[R]. 武汉: 15.

长江水利委员会. 2001. 长江防洪地图集[M]. 北京: 科学出版社: 46-47, 66-67.

长江水利委员会. 2002. 长江防洪规划简要报告[R]. 武汉: 41, 112.

长江水利委员会水文局. 2004. 1954 年长江的洪水[M]. 武汉: 长江出版社: 附图Ⅱ-26.

范代读. 2007. 长江贯通时限研究进展[J]. 海洋地质与第四纪地质, 27(2): 127.

方金琪. 1990. 晚冰期以来海面上升对长江中下游河段影响的数据模拟[J]. 中国科学 B 辑, (8): 876-877.

龚治国. 1999. 洞庭湖地质灾害及减灾措施探讨[J]. 中国地质, (5): 37-38.

郭正吾, 邓康龄, 韩永辉, 等. 1996. 四川盆地形成与演化[M]. 北京: 地质出版社: 128.

国家地震局《中国岩石圈动力学图集》编委会. 1989. 中国岩石圈动力学图集[M]. 北京: 中国地图出版社: 18, 44-45.

何宁道. 1987. 对长江第一弯形成的初步探讨[J]. 玉溪师专学报(自然科学版), (4): 93.

湖南省地质调查院. 2003. 湖南省区域地质志(M). 北京: 地质出版社: 558-564.

计凤桔, 郑荣章. 2000. 滇东、滇西地区主要河流低阶地地貌面的年代学研究[J]. 地震地质, 22(3): 265-276.

敬正书. 2010. 中国河湖大典[M]. 北京: 中国水利水电出版社: 30-40, 66-91.

康春国, 李长安, 王节涛, 等. 2009. 江汉平原沉积物重矿物特征及其对三峡贯通的指示[J]. 地球科学-中国地质大学学报, 34(3): 425.

李长安, 杜来云. 2001. 长江中游环境演化与防洪对策[M]. 武汉: 中国地质大学出版社: 15-19.

李长安, 殷鸿福, 陈德兴. 1999. 长江中游的防洪及对策[J]. 地球科学, 24(4): 329-334.

李承三. 1956. 长江发育史[J]. 人民长江, 12(10): 3-6.

李春昱. 1933. 长江上游河谷之发展[J]. 中国地质学会志, 13.

李华勇, 明庆忠. 2011. 金沙江石鼓—宜宾段河谷-水系演化研究综述与讨论[J]. 地理与地理信息科学, 27(2): 86-88.

李立文. 1987. 长江中下游的矶与长江的整治[J]. 南京师范大学学报(自然科学版), (2): 91-97.

李四光. 1924. 峡东地质及长江之历史[J]. 中国地质学会志, 3(3): 365-388.

李兴唐, 许学汉. 1984. 渡口—西昌区域河流冲积层 ^{14}C 年龄与断层活动[J]. 最新地质年代研究, (3): 262-275.

李亚林, 王成善, 王谋, 等. 2006a. 藏北长江源区河流地貌特征及其对新构造运动的响应[J]. 中国地质, 33(2): 376-381.

李亚林, 王成善, 伊海生, 等. 2006b. 长江源区新生代地堑的构造特征与形成机制[J]. 地质通报, 25(1-2): 204-210.

林一山. 1964. 关于荆北放淤问题的建议[J]. 人民长江, 1-7.

刘广润, 殷鸿福, 陈国金, 等. 2008. 长江中游洪灾形成与防治的环境地质研究[M]. 北京: 中国地质大学出版社: 21-24, 118, 191-192, 图版 17.

刘国纬. 2007. 论江河治理的地学基础——以长江中游为例[J]. 中国科学(E 辑), 37(9): 1175-1183.

刘国纬. 2011. 黄河下游治理的地学基础[J]. 中国科学 D 辑, 41(10): 1522.

刘明光. 2010. 中国自然地理图集[M]. 北京: 中国地图出版社: 156.

闾国年. 1991. 长江中游湖盆扇三角洲的形成与演变及地貌的再现与模拟[M]. 北京: 测绘出版社: 22-35, 89-93, 95.

任美锷, 包浩生, 韩同春, 等. 1959. 云南西北部金沙江河谷地貌与河流袭夺问题[J]. 地理学报, 25(2): 13-20.

任美锷. 1957. 长江三峡概况[J]. 地理知识, (3): 1-6.

任雪梅, 杨达源, 韩志勇. 2006. 长江上游水系变迁的河流阶地证据[J]. 第四纪研究, 26(3): 413-420.

沈玉昌. 1965. 长江上游河谷地貌[M]. 北京: 科学出版社: 22-23, 66-83, 117-119, 154-158.
石铭鼎. 1990. 江源首次考察记[M]. 北京: 水利电力出版社: 6-8.
史正涛, 明庆忠, 董铭. 2006. 长江第一弯成因新探[J]. 云南地质环境研究, 18(3): 69-71.
水利部长江水利委员会. 2004. 1954 年长江的洪水[M]. 武汉: 长江出版社: 23.
谭其骧. 1982a. 中国历史地图集(东晋十六国·南北朝时期)[M]. 北京: 中国地图出版社: 29-30.
谭其骧. 1982b. 中国历史地图集(宋辽金时期)[M]. 北京: 中国地图出版社: 63-64.
王红. 2004. 长江源的探寻与认定分析[J]. 武汉大学学报(社会科学版), 6(1): 55-57.
王杰, 王保畲, 罗正齐. 1997. 长江辞典[M]. 武汉: 武汉出版社: 283.
王克英. 1998. 洞庭湖治理与开发[M]. 长沙: 湖南人民出版社: 49-50, 53-61.
王平. 2010. 川东-雪峰褶皱逆冲带的弧形构造及长江中游袭夺——反向过程[D]. 北京: 中国地质大学: 3-5, 11-20, 73-75, 104.
王生福. 1991. 中国水利百科全书—荆江大堤[M]. 水利电力出版社: 1036-1037.
夏正楷. 1997. 第四纪环境学[M]. 北京: 北京大学出版社: 10, 81, 83, 94-96, 112, 116.
向芳. 2004. 长江三峡的贯通与汉江盆地西缘及邻区的沉积响应[D]. 成都: 成都理工大学: 11, 103.
谢明. 1990. 长江三峡第四纪以来新的构造上升速度与形成[J]. 第四纪研究, (4): 18-20, 309.
谢世友, 袁道先, 王建力, 等. 2006. 长江三峡地区夷平面分布特征及其形成年代[J]. 中国岩溶: 25(1): 40-45.
胥勤勉, 杨达源, 葛兆帅. 2011. 金沙江雅砻江河口—金坪子河段贯通过程[J]. 地质力学学报, 17(2): 185-195.
徐其俊. 1982. 湖北盆地老第三系盐类矿物[J]. 中国地质科学院矿床地质研究所所刊, 第一号: 62-72, 第三号: 67-78.
杨达源, 等. 2006. 长江地貌过程[M]. 北京: 地质出版社: 5-7, 14-15, 20, 57-59, 71-76, 184-187.
杨达源. 2004. 长江研究[M]. 南京: 河海大学出版社: 40-43, 48-52, 73, 81, 118, 120, 158, 162, 169, 171-174, 177-179.
杨怀仁, 唐日长. 1999. 长江中游荆江变迁研究[M]. 北京: 中国水利水电出版社: 5-13, 87-91, 95, 102, 110-115, 116, 130, 134, 158, 163, 166, 172-173.
杨怀仁, 谢志仁. 1984. 气候变化与海面升降的过程和趋势[J]. 地理学报, 39(1).
杨怀仁. 1979. 第四纪气候变化[J]. 冰川与冻土, (1): 25-34.
杨怀仁. 1996. 环境变迁研究[M]. 南京: 河海大学出版社: 116-118, 223-224, 226, 248-252, 263-264, 321, 329-334.
姚汉源. 1987. 中国水利史纲要[M]. 北京: 水利电力出版社: 497-500.
叶良辅, 谢家荣. 1925. 扬子江流域巫山以下地质构造与地文发育史[J]. 地质汇报, 70-86.
易朝璐, 崔之久, 等. 2005. 中国第四纪冰期数值年表初步划分[J]. 第四纪研究, 25(5): 609-615.
曾普胜. 2002. 滇西北地区岩浆活动与长江第一弯形成的关系[J]. 地理学报, 57(3): 310-316.
张人权, 梁杏, 靳孟贵, 等. 2001. 地质环境系统的概念与特征——以洞庭湖区地质环境系统为例[J]. 地学前缘, 8(1): 59-63.
张叶春, 李吉均. 1998. 晚新生代金沙江形成时代与过程研究[J]. 云南地理环境研究, 10(2): 43-49.
张叶春, 李吉均. 1999. 晚新生代元谋盆地演化与河谷地貌发育研究[J]. 兰州大学学报(自然科学), 35(1): 199-205.
赵友年, 等. 1984. 四川省大地构造及其演化[J]. 中国区域地质: 4-5.
郑霖. 1998. 中国大百科全书·中国地理: 四川盆地条目[M]. 北京: 中国大百科全书出版社: 447.
中国地质大学(武汉), 鄂湘赣皖地质调查院. 2003b. 长江中游主要水患区环境地质调查评价报告(专题一)[R]. 武汉: 15-18, 21, 24, 26-30, 35-38, 60, 92.
中国地质大学(武汉), 鄂湘赣皖地质调查院. 2003a. 长江中游主要水患区环境地质调查评价报告(专题二)[R]. 武汉: 21, 47, 240-242, 281-282.
中国地质调查局. 2003. 长江中游主要水患区新构造运动对水患形成的控制作用[R]. 北京: 中国地质

调查局: 6-9, 21.
中国科学院地理研究所, 长江水利科学研究院, 长江航道局规划设计研究院. 1985. 长江中下游河道特性及其演变[M]. 北京: 科学出版社: 61-69.
周凤琴. 1994. 云梦泽与荆江三角洲的历史变迁[J]. 湖泊科学, 6(1): 23-25.
周建军, 林秉南, 张仁等. 2000. 关于新建江汉排洪通道缓解长江和汉江洪水的设想[J]. 水利学报: 31(11): 84-88.
竺可桢. 2004. 竺可桢全集(第四卷)[M]. 上海: 上海科技教育出版社: 470.
Liu Guowei. 2002. Function of defention basins in flood prevention in China//Proceding of the International Symposium on Lowland Technology. Saga University, Japen.
Willis B. 1907. Blackvelder and Sargent [R]. Research in China, vol. 1: 278-339.

第三章　黄河下游治理的地学基础

黄河是我国第二大河，发源于巴颜喀拉山北麓的约古宗列盆地，全长 5464km。从河源至内蒙古托克托县的河口镇为黄河上游，河段长 3472km，流域面积 38.6 万 km^2；从河口镇至河南郑州附近的桃花峪是黄河中游，河段长约 1200km，流域面积 34.8 万 km^2；从桃花峪至黄河入海口为黄河下游，河长 780 多千米，流域面积 2 万 km^2。

黄河上游水多沙少，兰州站多年平均径流量 323.6 亿 m^3，占花园口同期平均径流量的 58%，而年输沙量只占花园口同期输沙量的 7%。黄河中游流经世界上最大的黄土高原，是黄河泥沙主要来源区。黄河带到下游的泥沙平均约有 3/4 送达入海口，约 1/4 淤积在下游河道内，使下游河道成为世界著名的“悬河”，目前黄河下游河床一般高出大堤外面地面 3～5m，甚至有高出 10m 者。黄河下游的洪水主要有三大来源区，即河口镇至龙门区间、龙门至三门峡区间以及三门峡至桃花峪区间。暴雨洪水和下游“悬河”使黄河下游成为受洪水威胁最严峻的地区，因此历来是黄河防洪与河流治理的重点河道。

本章在讲述黄河形成的背景下，将阐述黄土高原侵蚀特性、黄河下游的地质环境与河道特性等，以期为黄河下游治理提供地学依据。

第一节　黄河的形成

1.1　古湖盆与水系袭夺

如第一章所述，在喜马拉雅运动 C 幕、昆黄运动、共和运动和新华夏裂谷运动的共同作用下，形成了中国三级阶梯式宏观地势。每一级阶梯上都存在着众多的盆地与湖泊，这些盆地与湖泊，有的是自古近纪-新近纪甚至更早的时候演变过来的，有的是由新构造差异运动形成的，如图 3-1（戴英生，1986）。在第一级阶梯的盆地主要有：河源盆地、若尔盖盆地、共和盆地、民和盆地、贵德盆地、湟水盆地等。在第二级阶梯的盆地主要有：银川盆地、河套盆地、汾渭盆地、三门古湖等。在这些盆地中分布着大大小小的湖泊。第三级阶梯是华北陆缘拗陷区形成的华北大平原，其中也分布着许多洼地与湖泊。不过，华北平原在第四纪数度遭到海侵，最大一次海侵发生在中全新世(距今 8500～5000 年)，西界达北京通州至河北任丘—献县—聊城—卫山一带。最近一次海侵发生在晚全新世（距今 5000～3500 年），即发生于夏朝之前，结束于商代早期。这次海侵的西界大致在宁河—天津—沧州—乐陵—广饶一线附近。海水的进退直接影响湖泊消长，所以华北的湖泊自西向东逐渐退缩，华北西部湖泊萎缩或干涸于晚更新世，东部湖泊多萎缩或消亡于晚全新世。

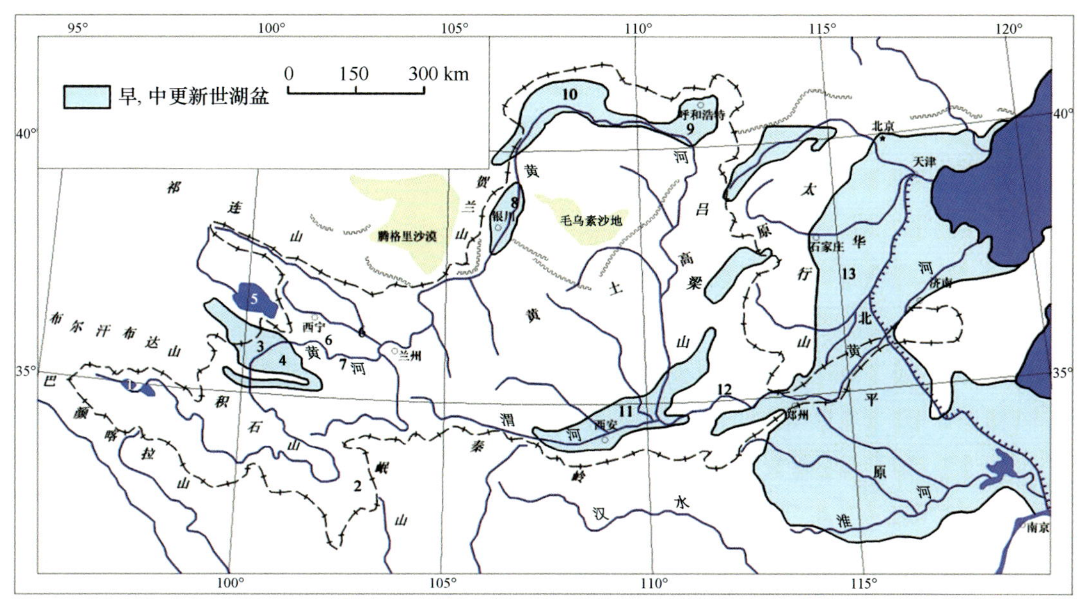

1. 河源盆地; 2. 若尔盖盆地; 3. 共和盆地; 4. 民和盆地; 5. 青海湖; 6. 湟水盆地; 7. 贵德盆地; 8. 银川盆地;
9. 居延海; 10. 河套盆地; 11. 汾渭盆地; 12. 三门古湖; 13. 华北平原

图 3-1 黄河流域早、中更新世湖盆及水系分布图
（戴英生，1986）

同一级阶梯地形面上各湖盆的周边都发育着一系列辐射状水系，形成各自独立的汇水区域，水系之间的高差相对较小，所以同一级阶梯上各湖泊水系之间较少发生河流袭夺。而位于相邻阶梯地形面上的湖盆高程相差较大，更由于青藏高原的强烈差异性隆升及由此牵动的鄂尔多斯高原、黄土高原的差异性隆升，以及华北平原的长期沉降，结果使三大阶梯地形的高差越来越大，于是，高原抬升一方面导致同一级阶梯地形内的湖盆和水系连通，同时也引起相邻阶梯湖盆水系之间的溯源侵蚀与相互袭夺。伴随着这一过程，湖泊逐渐萎缩甚至消亡，而水系间不断贯通和拓展，古黄河由河湖共存阶段向着全河贯通，形成大黄河的方向发展。

1.2 黄河贯通

如上所述，黄河干流的贯通，是在青藏高原不断加速隆升、黄土高原与鄂尔多斯高原掀斜抬升和华北陆缘盆地继续沉降三者共同影响下完成的。局部河段先后不一的溯源袭夺，将上中下游的湖盆与水系先后贯通，最终形成了今日黄河干流河道。所以，黄河干流实际上是由不同地质历史时期的古湖盆和古水系在新构造运动背景下贯通形成的。

河流溯源袭夺的主要原因，是地壳构造抬升引起的河流下切过程，流水的长期侵蚀也是不可缺少的外营力。识别河流袭夺下切年代的远近有多种途径与方法，其中最直接的依据是河流阶地形成的年代次序。表 3-1 显示了黄河干流阶地形成的年代。由表 3-1 可见，黄河干流最古老的阶地是 T_7，即第 7 级阶地，形成于 1.6MaBP，是青藏运动 C 幕于 1.8MaBP 抬升的结果，随后依次为 T_6（形成于 1.4MaBP）、T_5（形成于 0.8MaBP）、T_4（形成于 0.5MaBP）、T_3（形成于 0.13MaBP）、T_2（形成于 0.01MaBP）和 T_1（形成于全新世晚期，即现代干流河漫滩以上的陆岸地面）。以下，我们将主要参考这些阶地的新老，来判断黄河干流不同河段贯通的年代（刘志杰、孙永军，2007）。

表 3-1　黄河干流阶地形成年代表（刘志杰、孙永军，2007）

阶地级别	形成年代/MaBP	阶地级别	形成年代/MaBP
T_7	1.8～1.6	T_4	0.6～0.5
T_6	1.5～1.4	T_3	0.15～0.13
T_5	1.2～0.8	T_2	0.01

1.2.1　黄河中游的贯通

黄河干流最早贯通的河段是中游河段，即从临夏、兰州至河套、晋陕河段。根据表 3-2（刘志杰、孙永军，2007）中各盆地内各级阶地的形成年代，可以判断出中游河段的贯通年代。

表 3-2　黄河干流中游贯通年代（刘志杰、孙永军，2007）

临夏盆地		兰州盆地		靖远盆地		晋陕峡谷	
阶地	年龄/MaBP	阶地	年龄/MaBP	阶地	年龄/MaBP	阶地	年龄/MaBP
T_7	1.63	T_7	1.6	T_7	1.6		
T_6	1.5	T_6	1.5	T_6	1.4	T_6	1.410
T_5	1.2	T_5	1.2	T_5	1.2		
T_4	0.6	T_4	0.6	T_4	0.58		
						T_5	0.197
T_3	0.15	T_3	0.15	T_3	0.13		
						T_4	0.0764
T_2	0.05	T_2	0.05	T_2	0.042	T_3	0.044
T_1	0.01	T_1	0.01	T_1	0.01	T_2	0.0176
						T_1	0.0054

甘肃临夏盆地、兰州盆地、靖远盆地都具有 7 级阶地（T_1～T_7），这些阶地的最早年龄约为 1.6MaBP，表明在 1.6MaBP 之前临夏—河套河段已经贯通。晋陕峡谷最老的阶地为 T_6，年龄约为 1.4MaBP，与临夏、兰州、靖远的 6 级阶地 T_6 的年龄 1.4M～1.5MaBP 相当，因此可以判断晋陕河段最迟在 1.4MaBP 前已经贯通。

中游干流河段的贯通，正处在青藏运动 B 幕趋于结束，C 幕开始快速抬升的时期，即在 1.80M～1.45MaBP 期间。这一期间，在黄河中游地区发生了兰州-煌水上升运动、陇西上升运动、陕北上升运动等一系列大面积隆起区和晋陕断裂带内自北而南的局部隆起运动，如图 1-7（李祥根，2003；朱照宇，1989）。这些大面积上升与局部隆起，为中游水系的袭夺创造了条件，从而推进了中游干流的贯通。尤其值得注意的是，该期间鄂尔多斯-黄土高原地区首次隆升达到了海拔 1000m 左右，在鄂尔多斯-黄土高原主体强烈隆起运动的同时，周边的河套、银川-吉兰泰、渭河及山西断陷盆地也于 1.67M～1.45MaBP 时期结束了湖相沉积，为形成现代黄河中游主要支流水系创造了条件。不过，这一时期黄河中游水系仍然是内陆封闭向心水系，潼关以东的水系仍然是向西流入三门古湖（李吉均等，1996；潘保田等，1994；邢成起等，2001）。

1.2.2 黄河上游的贯通

黄河上游干流贯通的过程是在昆黄运动、共和运动使青藏高原迅速隆升的背景下，干流河道以溯源侵蚀和袭夺的方式不断切穿峡谷上溯的过程，经历了100余万年的时间。1.2MaBP前，积石峡尚未贯通，当时黄河以湟水为上游，以祁连山为发源地，大通河、庄浪河、洮河是上游的主要支流。刘国纬综合地学界有关研究成果，给出黄河上游及河源贯通过程，如图3-2。由图可见，1.2MaBP昆黄运动兴起，黄河开始向上游溯源侵蚀与袭夺的进程，率先切穿黄河干流的刘家峡。根据循化盆地最高阶地 T_5 形成于0.8MaBP的事实，可以推断积石峡在0.8MaBP被切穿，黄河干流进入循化盆地。同样，根据贵德盆地阶地年代可以判断，李家峡在0.6MaBP进入贵德盆地（李吉均，1996；2001）。0.15MaBP共和运动兴起，高原再次抬升，于0.15MaBP切穿龙羊峡，黄河上游进入共和盆地。在兴海盆地唐乃亥河段存在五级、四级和三级阶地（当地称阶地为塔拉，笔者于2011年7月对塔拉进行了实地考察），并根据沉积物推断 T_5 的年代为45kaBP，T_4 的年代为31.5kaBP，T_3 的年代为15kaBP，因此可以推断，黄河干流在45kaBP之前切穿了野弧峡。在玛曲河段附近发现有三级黄河阶地 T_3，经测定 T_3 冲积砂砾层下部的 ^{14}C 年龄为21 540±395aBP，可见玛曲河段形成于22kaBP前后。若尔盖盆地钻孔资料显示，在41kaBP时盆地内湖泊已开始外泄，38kaBP湖泊消失，若尔盖已成沼泽，而玛曲—若尔盖—达日河段在此时期已形成，但达日附近黄河北岸存有20m高的堆积阶地的年代表明，约在22kaBP后黄河干流才越过达日河段北上。多石峡是黄河上游与黄河源区的分界点，根据在高出峡谷谷底约10～15m处存有年代为20kaBP的湖积物的事实，表明在当时鄂陵湖、四姐妹湖出现湖泛，只有当多石峡被切穿后，湖泛的湖积物才可能达到多石峡河段，所以可以判断，多石峡在20kaBP被切穿，从而实现了黄河上游干流与黄河源区的贯通。至此，黄河上游干流已完全贯通，历时约120万年。

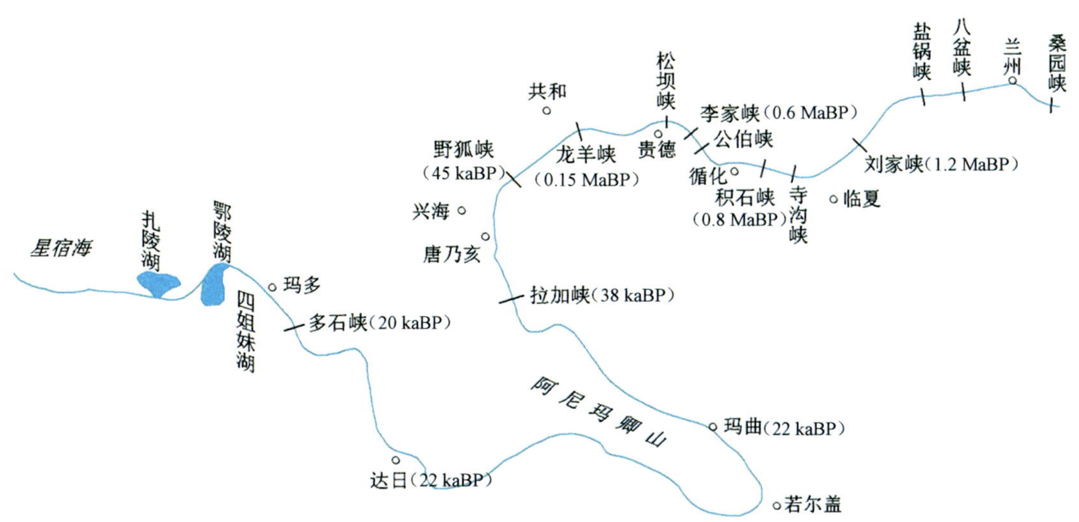

图3-2 黄河上游贯通过程示意图

（注：刘国纬综合李吉均等（1996）、赵振明、刘百篪（2005）、杨达源等（1996）、潘保田（1994）、王云飞等（1995）、郑本兴等（1996）、刘志杰、孙永军（2007）、张智勇等（2003）等文献绘制）

1.2.3 黄河下游的贯通

黄河下游贯通是现代黄河形成过程中最重大的事件。下游贯通不仅使黄河从一条内陆河发展成为一条入海的外流河，而且更由于它的贯通，使黄土高原侵蚀的泥沙得以搬运到达华北拗陷盆地和海洋，从而塑造了辽阔的华北平原，变沧海为桑田，为中华民族发展创造了辽阔的空间。

黄河下游贯通主要指位于晋豫之间的三门峡谷被切开，从而实现上中游的来水通达华北平原。关于三门峡谷在何时被切开已经有了大量的研究（蒋复初等，1998；吴锡浩等，1998；王书兵等，1999；王苏民等，2001；王书兵等，2004），归纳起来主要有两种见解。第一种见解认为，三门峡谷在约 0.15MaBP 被切开。主要依据是：①三门古湖的湖相沉积在 0.15MaBP 终止，标志此时湖水已经下泄。②在三门峡附近的黄底沟地区存在第三级阶地 T_3，其年龄为 0.148MaBP，表明三门峡谷在这一时期前已被最终切开并形成阶地。③华北平原和黄海大陆架在末次冰期的间冰段（45kaBP）出现快速堆积，且堆积物为黄土高原带来的粉砂与粉砂质黏土，认为只有切穿了三门峡谷才可能在华北平原和大陆架出现与黄土高原性质相同的沉积物质。④从中更新世开始出现黄河下游冲积扇，根据冲积扇堆积体量及形成过程可推断，三门峡于 0.15MaBP 被完全切开。第二种见解认为，三门峡谷早在 1.1M～1.2MaBP 前后就已被切开。理由是：①三门古湖的湖相沉积开始于 3.0M～3.2MaBP，结束于 1.2MaBP，其结束的原因显然是因为湖水外泄东流，古湖消亡，因此可以判定在 1.2MaBP 时三门峡谷已经切开。②根据潘宝田等（1994）的研究，认为是由于太行山东麓溯源侵蚀，才使三门古湖在 1.1MaBP 被切穿。

以上两种见解的共同点是，都以位于渭河下游与三门峡地区的三门古湖的消亡作为三门峡谷被切穿的依据，并以三门峡谷被切穿的时间作为黄河下游贯通的时间，这无疑是正确的。不同点是，各自的证据或因取证地点与取证方式不同（例如所举阶地位置与阶地成因不同），或因关注的重点不同（例如更多关注三门湖相沉积的始末与更多关注黄河下游平原沉积特性），因此得出的结论不同。笔者认为：一方面，三门峡谷被切穿是一个由初步切开到完全切开的漫长地质过程，到 0.15MaBP 时显然已经被完全切开；另一方面，黄河下游贯通时间显然应当是指三门峡谷完全被切开的时间，因为只有完全被切开才能实现下游的完全贯通，而只有完全贯通状态才对黄河下游发育与华北平原的建造有真正的意义。因此，笔者赞成把黄河下游贯通的时间定为 0.15MaBP 较为合适。但是，下游的入海口则是由于海侵海退而多次变迁的。

综上所述可见，黄河贯通是在青藏运动、昆黄运动、共和运动的构造背景下，经历了河湖并存期、河流袭夺期、逐段贯通期，最后在距今约 15 万年切穿三门峡贯通中下游，距今约 2 万年左右切穿多石峡，使上游与河源贯通，最终才全河贯通，成为今天的大黄河。

第二节　黄土高原的侵蚀特性

黄土高原位于我国地势自西向东倾斜三级阶梯中的第二级阶梯，地处北纬 34°～

40°、东经 103°～114°。是我国四大高原之一，也是世界上黄土覆盖面积最大的高原。黄土高原东西横亘 1000km 余，南北 750km，其范围见图 3-3（尤联元、杨景春，2013）。西起祁连山，东至太行山，北沿长城为界，南至秦岭北坡，黄土覆盖面积达 40 万 km^2 余，堆积厚度从数十米到 400 余米。在黄土高原内部，以六盘山、子午岭和吕梁山为界可将高原划分为四大部分：六盘山以西称为陇西黄土高原；六盘山以东至子午岭之间称为陇东黄土高原；子午岭以东至吕梁山之间称为陕北黄土高原；吕梁山与太行山之间称为山西黄土高原。从黄河治理的角度看，主要关注陇东黄土高原和陕北黄土高原，因为它们的侵蚀环境，使之成为黄河下游泥沙的主要来源。

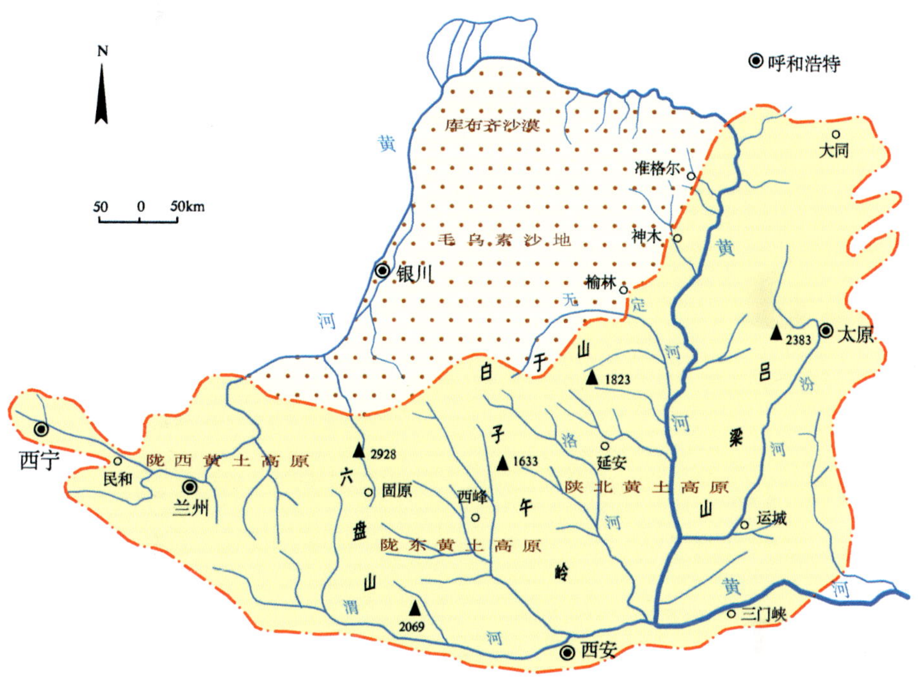

图 3-3　现代黄土高原主要地貌类型
（尤联元、杨景春，2013）

2.1　黄土高原的形成与黄土堆积

黄土高原是第四纪新构造运动与气候演变的产物。新构造运动创造了黄土高原的构造地貌形态，气候演变提供了黄土堆积的物源和搬运机制。因此，黄土高原的形成和演变包含高原构造地貌形成和巨量黄土层堆积两个方面，它们是紧密相连的。

2.1.1　黄土高原构造地貌的形成

在上新世末期（2.5MaBP），当时黄土高原地区还是一个广阔的、地形起伏不大的古剥蚀夷平面，区域内分布着不同地质时代的基岩残丘和河、湖、坡积与残积相的红土、黏土和砾石等。三趾马化石在区域内广泛分布，表明黄土高原在上新世末是处于湿热草原和稀疏林木的环境中，见图 3-4（张宗祜，1998）。

进入第四纪，黄土高原在新构造运动的背景下开始阶段性隆升，逐渐形成黄土高原现代构造地貌形态，其过程大致可以概括为四个阶段。

第一阶段即第四纪早期，大致相当于早更新世早中期（2.50M～1.45MaBP）。这一时期，在青藏运动 B 幕的影响下，上新世剥蚀夷平面解体，太行山以西黄土高原主体全面抬升，太行山以东华北平原强烈沉降，开始使黄土高原主体与华北平原形成显著高差。高原周边山脉隆升，六盘山、吕梁山、太行山海拔高度达到约 1500m，秦岭海拔高达约 2500m，黄土高原轮廓初步形成。与此同时，在高原内部白于山、子午岭、黄龙山、华家岭等山地也相继隆起，成为高原内部的主要分水岭。高原内部断隆褶皱发育，汾渭地堑收缩，河谷下切，高原构造地貌形态初步形成。

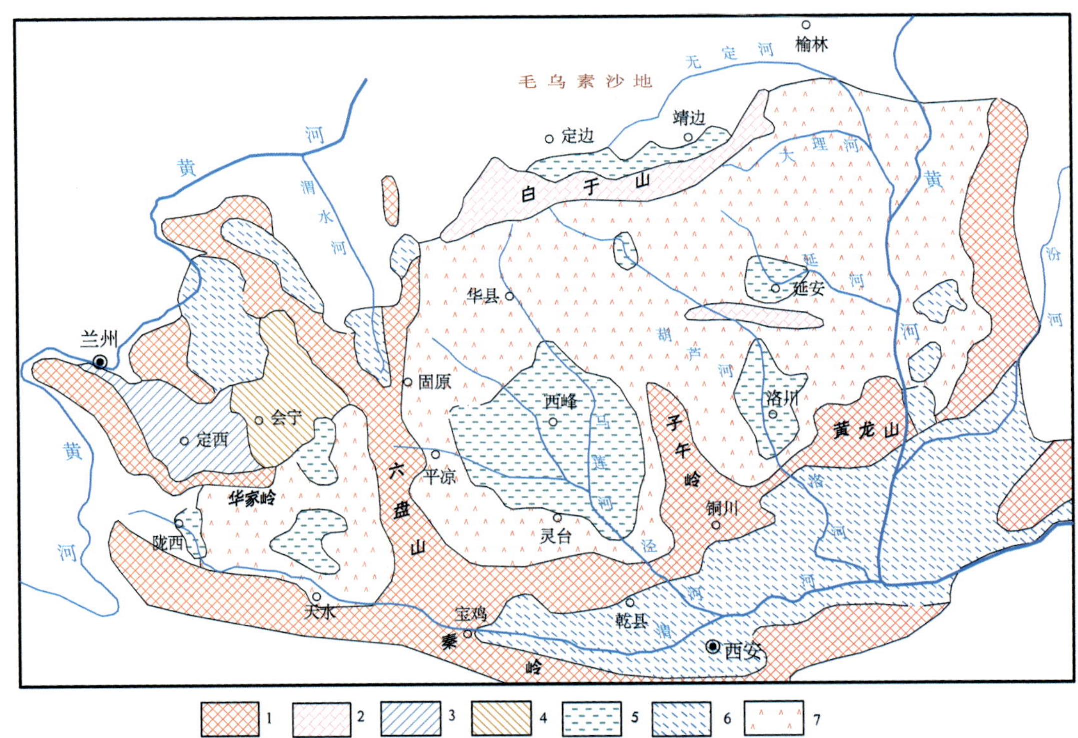

1. 基岩分水岭；2. 非基岩分水岭；3. 拗陷区；4. 基底隆起区；5. 侵蚀盆地；6. 构造盆地；7. 区域抬升区

图 3-4　黄土高原新近纪末古地理环境

（张宗祜，1998）

第二阶段为第四纪中期，大致相当于早更新世晚期至晚更新世中期（1.45M～0.10MaBP）。这一阶段的早期（1.45M～1.43MaBP）新构造运动相对平稳，但随后在昆黄运动影响下，高原主体与周边快速隆升，在 0.85MaBP 时期，太行山已隆升到 1800m，秦岭隆升到近 3000m，高原主体和高原分水岭六盘山、白于山、子午岭等也进一步抬升，致使高原内部湖泊消亡，水系进一步发育，河谷深切，塬-梁-峁地貌形态特征初步形成，汾渭地堑进一步收缩并形成新的断隆构造。这一阶段是黄土高原构造地貌形态从奠基走向发育、成型的时期。

第三阶段为第四纪晚期，大致相当于晚更新世晚期和全新世早、中期（0.10M～0.007MaBP）。该阶段在共和运动影响下，一方面，黄土高原周边及主体进一步隆升，六盘山、吕梁山、太行山已抬升到现代的高度，其中，陇西黄土高原海拔一般达 1800～

2000m，陇东黄土高原海拔一般达 1400～1600m，陕北黄土高原海拔一般达 1200～1400m（朱照宇，1992）。另一方面，对第二阶段时的构造地貌进行强烈改造，主要表现在：高原内部高差扩大，塑造了强烈的地貌反差；白于山等分水岭在抬升的同时发生向南迁移，引起水系的调整，高原现代水系结构形成；河流侵蚀与沟谷切割加剧，黄土塬、梁、峁及一些堆积丘陵地貌最终形成。在这一阶段最重要的事件之一是，黄河三门峡约在 0.15MaBP 被完全切开，黄河中下游贯通，晋陕之间的三门古湖随之逐渐消亡。

第四阶段为全新世中晚期（7kaBP～现代），黄土分布范围缩小，沙漠范围扩大，高原上的河流发育了一、二级阶地和高低河漫滩，7～9 级支流形成，黄土高原已形成今天的构造地貌形态，见图 3-5 和图 3-6。

图 3-5　黄土高原陇东大塬

（中国科学院黄土高原综合科学考察队，1991b）

图 3-6　黄土高原接姑娘

（中国科学院黄土高原综合科学考察队，1991b）

2.1.2 黄土高原的黄土堆积

1. 黄土堆积与空间扩展过程

黄土高原上黄土覆盖层的堆积是伴随着高原构造地貌的形成而进行的，其空间分布的扩展过程，大体可分为三个阶段。

第一阶段，早期黄土堆积（2.5M～1.45MaBP）。开始了午城黄土的堆积（L_{32}～S_{18}）。堆积范围的北界为兰州北—会宁北—定边南—榆林—离石—太谷沿线，南界为秦岭北麓，西界为兰州—陇西，东界为昔阳—襄汾，其沉积厚度分布如图 3-7 所示（朱照宇、丁仲礼，1994）。

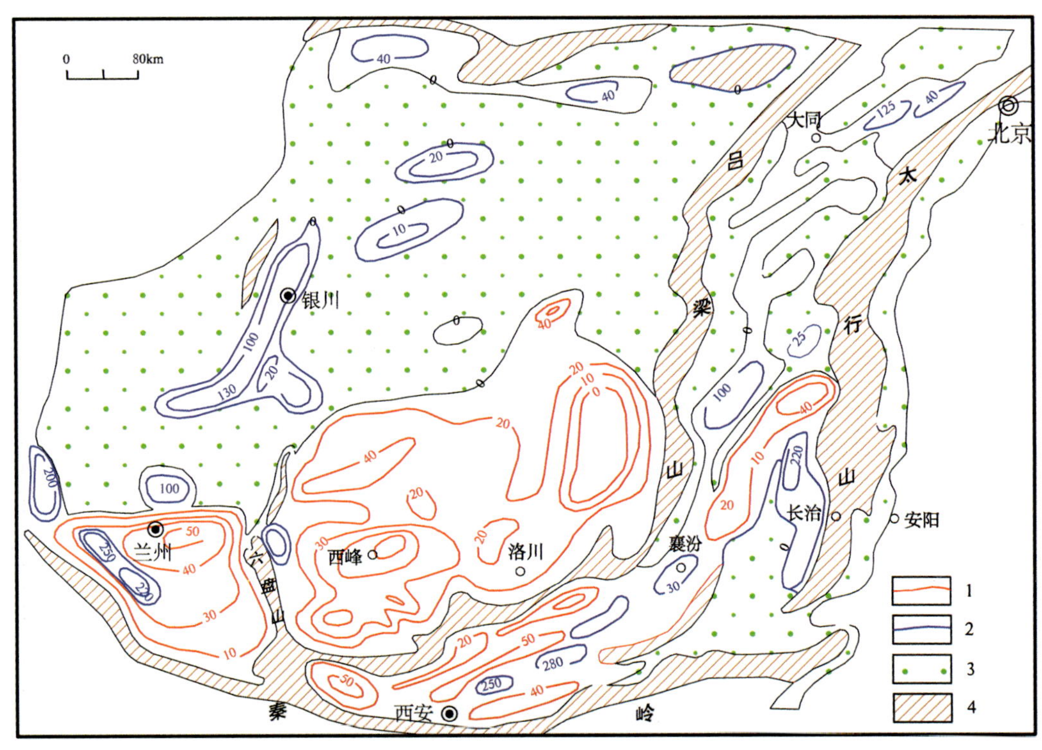

1. 黄土等厚线（m）；2. 河湖相等厚线（m）；3. 上新世夷平面；4. 前上新世基岩

图 3-7 早期黄土堆积分布及等厚度图

（朱照宇、丁仲礼，1994）

第二阶段，中期黄土堆积（1.45M～0.10MaBP）。开始了离石黄土的堆积，堆积层为午城黄土上部（W_{L-1}～W_{S-1}）与全部离石黄土（L_{18}～S_1）。分布范围已较第四纪早期扩大，北界为永登—海原—盐地—河曲—大同，南界为秦岭，西界可达西宁，东界在太行山西侧，黄土堆积厚度的分布如图 3-8 所示。

第三阶段，晚期黄土堆积（0.10M～0.01MaBP）。这一时期形成的黄土堆积称马兰黄土（L_1～S_0）。其分布范围继续扩大，北界可达乌鞘岭（天祝）—同心—盐地—乌审旗—呼和浩特，南界为秦岭北坡，西界可达日月山，东界可越过太行山，黄土堆积厚度如图 3-9 所示。

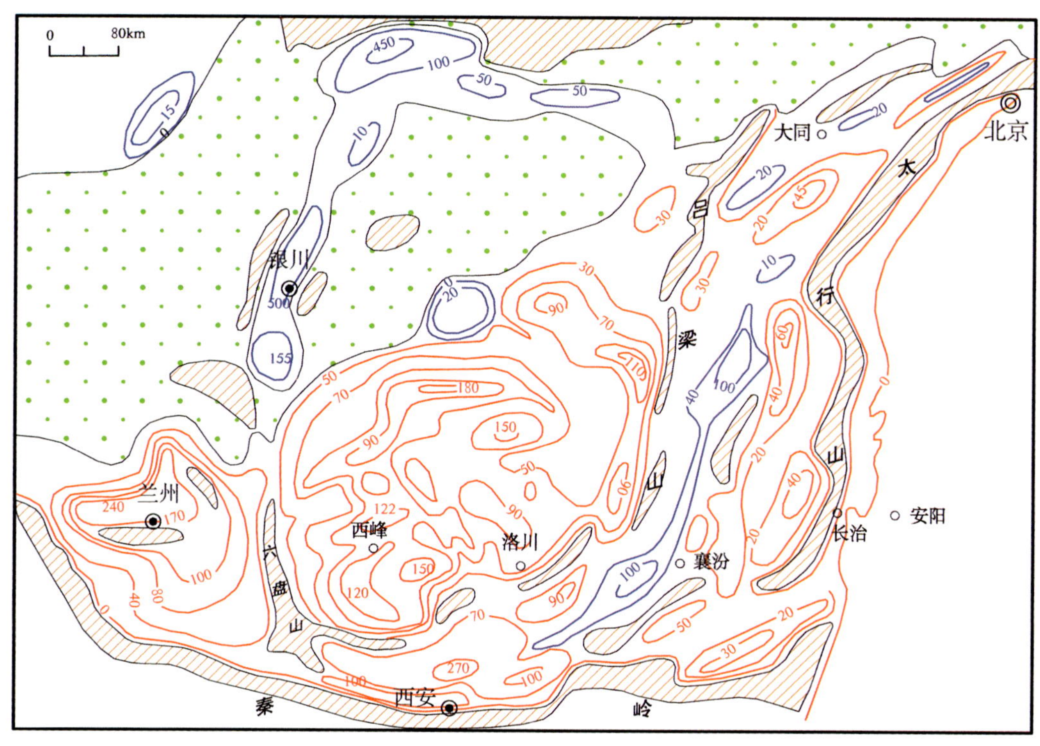

图 3-8 中期黄土堆积分布及等厚度图（图例同上图）

（朱照宇、丁仲礼，1994）

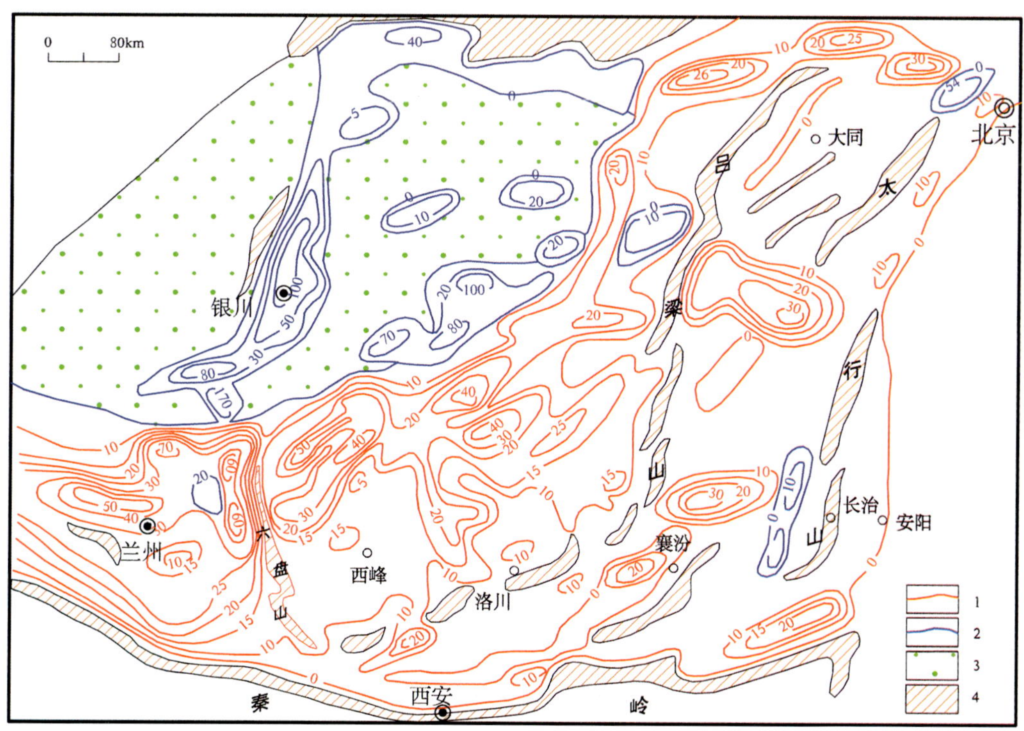

1. 黄土等厚线（m）；2. 河湖相等厚线（m）；3. 风蚀-风积区；4. 无黄土基岩区

图 3-9 晚期黄土堆积厚度分布图

（朱照宇、丁仲礼，1994）

在马兰黄土层以上至地表堆积的是1～2m厚的黑垆土，它是以全新世中晚期（距今7400～4600年和距今3000～2000年）堆积的黄土为母质而发育形成的土壤，主要分布在高原内山间盆地边缘和河流古阶地上，内含丰富的孢子与孢粉，是研究黄土高原全新世生态环境的重要参照。分布区域如图3-10所示。

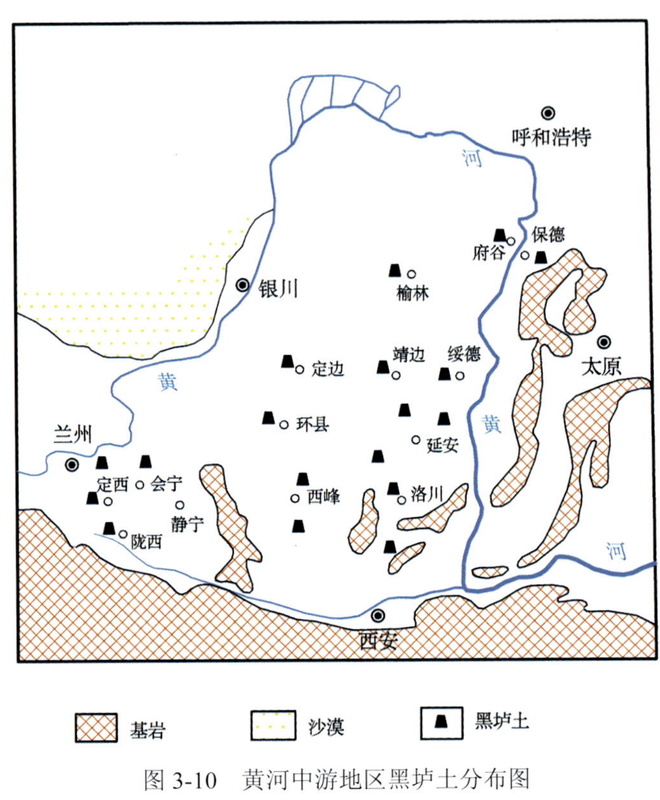

图3-10　黄河中游地区黑垆土分布图
（刘东生，1985）

2. 黄土地层

黄土高原上的黄土覆盖层在堆积的过程中，经历了第四纪气候的多次剧烈变化。在干冷气候时期，冬季风强烈，携带大量西部戈壁与沙漠粉尘在黄土高原地区沉降堆积，经历黄土化过程形成黄土层；在气候较平稳和暖湿时期，黄土堆积缓慢或间断，此时期植被良好，部分黄土经成壤过程形成古土壤。随着气候冷干暖湿的多次变化，在黄土高原上形成黄土层与古土壤层交替出现的黄土地层。黄土地层的识别与划分，对于揭示地质历史时期黄土高原气候与生态环境变化具有重要科学意义和应用价值。

图3-11是陕西省洛川第22号钻孔的岩心剖面。在图中，最下层的红黏土是上新世末黄土高原地区的河湖相沉积，是高原在黄土开始堆积前的基底。W_L与W_S是午城黄土地层中的黄土层序号和古土壤序号。L和S是离石黄土地层和马兰黄土地层中黄土层和古土壤层的序号。显然，这些依序号排列的黄土层与古土壤层是黄土高原洛川地区第四纪气候与环境变化最客观的地质记录。刘东生根据黄土层与古土壤系列并采用孢粉分析等多种技术，揭示出黄土高原在第四纪经历了24个气候旋回（刘东生，1985；刘东生、袁宝印，1998）。

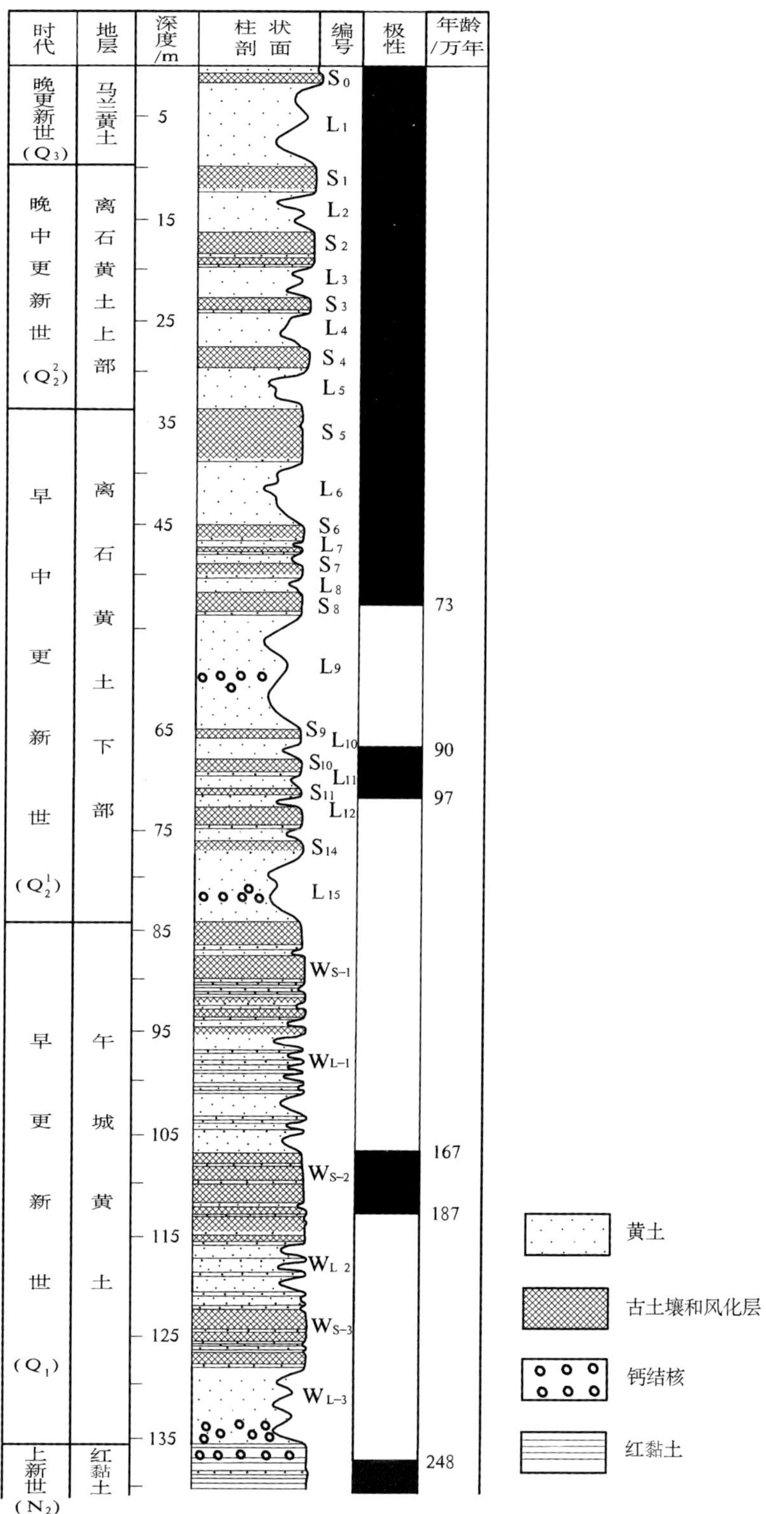

图 3-11　洛川群 22 号钻孔剖面图

（刘东生，1985）

从图 3-11 中可以看到，在 W_{L-3}～W_{L-1}（2.4M～0.73MaBP）之间的地层是在早更新世时期沉积的，称为午城黄土，因其标准地层位于山西省隰县的午城镇而得名。午城黄土呈棕红色，含红褐色古土壤层，钙结核少，有三趾马等化石。L_{15}～S_1 是在中更新世与晚更新世（0.73M～0.1MaBP）之间形成的地层，称为离石黄土，因其标准地层位于山西省离石县（今吕梁市离石区）陈家崖而得名。根据地层岩性和堆积时间的不同，刘东生将其进一步划分为离石黄土下段（L_{15}～S_5）和离石黄土上段（L_5～S_1）。下段形成于中更新世早中期，呈棕黄色，含十几层红褐色古土壤层及钙结核；上段形成于中更新世晚期，颜色较浅，呈浅棕黄色，含 5～6 条褐红色古土壤层，上下离石黄土都有丁氏鼢鼠及肿骨鹿化石。第 L_1 至 S_1 地层是晚更新世至全新世（0.1M～0.01MaBP）形成的，称为马兰黄土，其标准地层在北京西山斋堂。关于马兰黄土名称的来历有多种说法，但都采用这一名称来描述全新世形成的黄土与古土壤地层。马兰黄土颜色成灰黄色，含 1～2 层灰黑色古土壤层，有鸵鸟蛋化石。马兰黄土层以上是全新世中晚期以来形成的黑垆土，其特点已如上述。

黄土地层的形成过程是连续的，但不同时期的堆积速率不同。刘东生等主要根据黄土层和古土壤层所处深度及土层的古地磁测年，得到洛川黄土-古土壤系列的埋深与时间的关系（图 3-12），并进一步推算出堆积量与时间的关系（图 3-13）。据此刘东生认为，黄土高原上黄土开始堆积的时间约为 2.30M～2.43MaBP，目前一般采用 2.40MaBP，即开始进入第四纪的时间（刘东生，1985）。

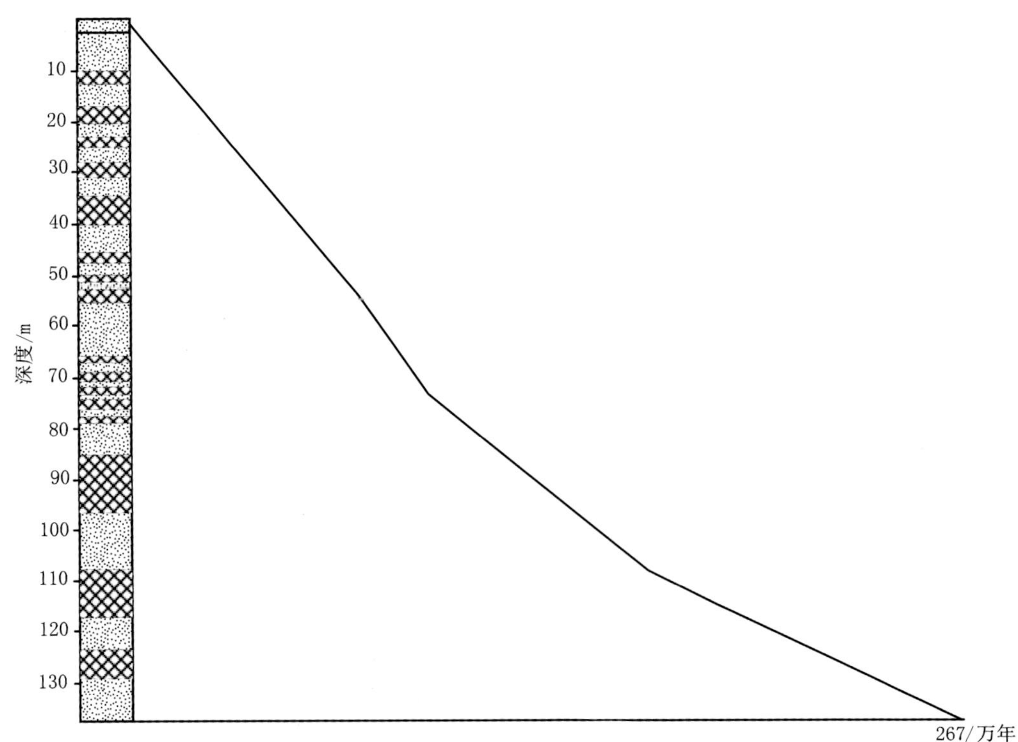

图 3-12　洛川黄土-古土壤系列埋深与时间关系

（刘东生，1985）

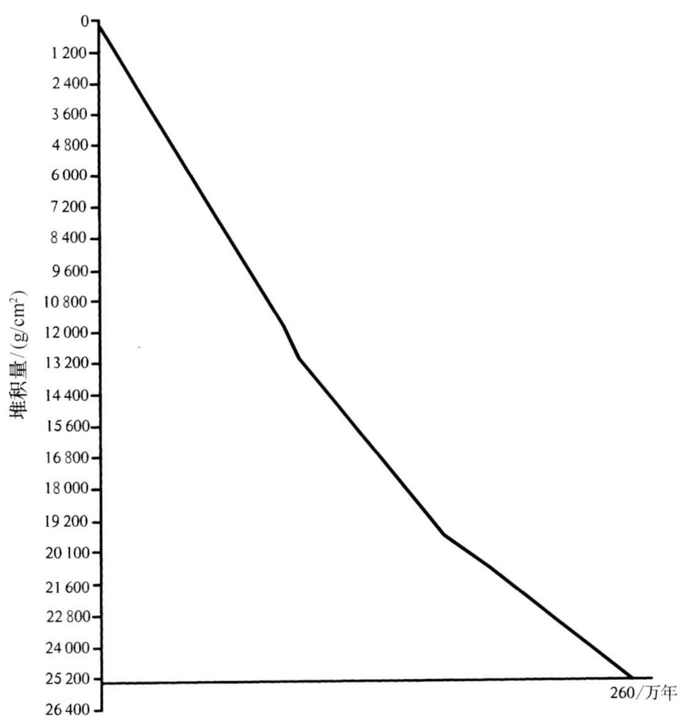

图 3-13　洛川黄土剖面的堆积量与时间关系

（刘东生，1985）

2.1.3　黄土的地质成因与特性

关于黄土的地质成因，学术界已经研究和争论了近一个世纪。目前，风成说仍然处于主流地位。风成说认为，黄土是大陆内部干旱地带（如沙漠、戈壁等）的粉尘物质经西风带风力搬运而在草原环境下沉积的粉砂岩（刘东生，1985），粉尘搬运-堆积模式如图 3-14（景可等，1997）。

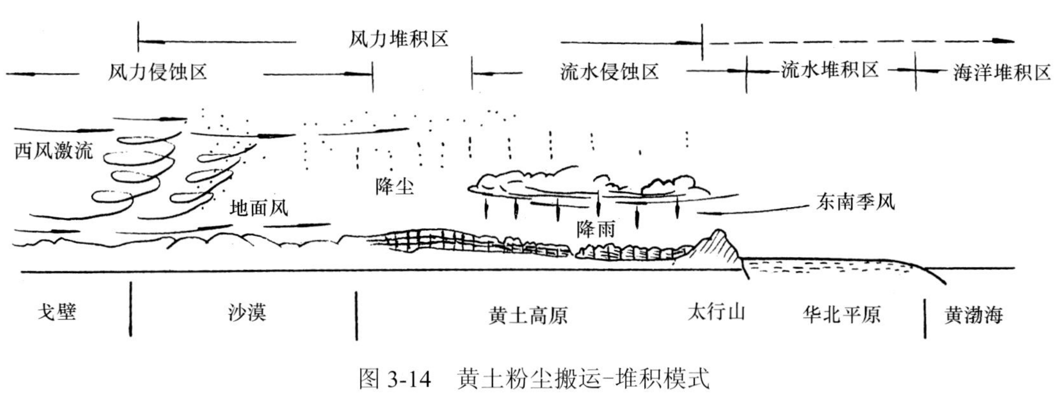

图 3-14　黄土粉尘搬运-堆积模式

（景可等，1997）

风成说的主要依据是：

（1）中国黄土高原位于亚洲中部戈壁、沙漠同一纬度带的东部和南部，形成北半球中纬度地区的戈壁-沙漠-黄土带，且颗粒呈现自西向东逐渐变细的分选趋势。这种分布规律显然符合区域盛行风向的特点。

（2）在广大黄土高原，黄土几乎覆盖在所有原始地貌单元上，且彼此覆盖厚度相近（西北迎风坡一般厚度较大），俗称“穿衣戴帽”现象，这种现象几乎只能用风力搬运、堆积作用来解释。

（3）黄土的粒度组成、矿物成分等在广阔黄土高原具有均匀一致性，且与下伏基岩没有必然的联系，这种大范围物质的均一性只能用风力远距离输送与混合来解释。

（4）黄土地层中含有的陆生草原性动植物化石，都属温带干旱、半干旱草原常见的种属，反映黄土形成过程处于偏干的生态环境，这恰与黄土高原地层所反映的气候演变是较好吻合的。

20 世纪 50 年代以来，一些学者对黄土的地质成因也提出了不同的见解。张宗祜认为，“中国分布广泛的黄土堆积，是在各自所在地区的地质地理环境背景下形成的，有各自的形成历史和形成条件，并不是由于中国北部和西北部的沙漠沙被吹扬堆积而成，因为这些沙漠的形成时代较晚，多是晚更新世时期或其后才形成的”（张宗祜，1998）。此外，还有洪积、冲积、坡积、残积等多种黄土形成与演化之说（闵隆瑞、范蕙，1988）。

黄土的特性既与粉尘理化性质有关，也与粉尘的黄土化过程有关。黄土化是指粉尘在地面堆积之后，受气候及其他自然因素影响发生变化，经历了弱成土、中等成土、强成土和土壤化等演变阶段，逐渐从粉尘转变为黄土和古土壤。这样一个演化过程，被称为黄土化过程（张宗祜，1998）。

黄土中黏粒和沙粒含量极少，大于 0.25mm 颗粒罕见。黄土颗粒级配均匀，颗粒成分中粉土粒含量高达 50%～60%以上，且以粗粉土粒组（0.05～0.01mm）为主。黄土无层理，具大孔隙和孔洞，含有机植物根茎遗迹。具垂直劈理，遇水极易湿陷。这些特性对黄土易被侵蚀有重要影响。

2.2 黄土高原侵蚀的地质记录

黄土高原侵蚀的地质记录，是黄土高原自形成以来遭受侵蚀最直接的物证，生动地反映了黄土高原遭受侵蚀的过程、特点、强度与规律。塬-梁-峁-沟谷系统构成的地貌形态和在河流阶地序列与黄土地层序列中存在的侵蚀面系列，是黄土高原遭受侵蚀最典型和最重要的两种地质记录。

2.2.1 塬-梁-峁-沟谷系统

塬是在黄土高原的沉积盆地或沉积台地上由原始黄土堆积形成的平坦高地。高地边缘陡峻，腹部坡度不超过 1°。塬面近似于黄土开始沉积时的原始地面，有浅而稀且不规则的水流切割沟。当地群众形象地称这种地形为塬（刘东生，1985）。黄土塬主要沿 36°N 分布，自六盘山以东到吕梁山以西，沿 36°N 线连续分布有陇中盆地的白草塬，陇东盆地的董志塬（也称西峰塬），陕北盆地的洛川塬，晋西盆地的吉县塬等。这些黄土塬的黄土堆积厚度都在 100m 以上，形成自西向东的厚层黄土堆积带。黄土堆积带以北以黄土丘陵为主，气候渐趋干旱，年平均降水量由 500mm 递减至 300～200mm。黄土堆积带以南以黄土台原为主，气候逐渐湿润，年降水量由 500mm 逐渐增至 600～700mm。

可见，这些黄土塬构成的黄土堆积带事实上成为黄土高原主体地区地质、地貌乃至气候的南北分野线。进一步地研究还表明，黄土塬分布在六盘山、子午岭、黄龙山、吕梁山等隆起构造之间，排列方向与这些隆起的南北走向相一致，与水系分布有紧密的关系。可见黄土塬的形成既受基底地形的控制，也与区域性局部构造有紧密的关系。塬区中塬面并非平坦延绵，而是被流水侵蚀形成一些沟谷。据刘东生估计，沟谷约占塬面积的43%，平坦塬面积占 57%（刘东生，1985）。

黄土梁是黄土塬经水流侵蚀切割而形成的梁状长条形黄土地貌。如前所述，黄土高原的形成历经了多次构造抬升，每次抬升都会导致河流下切和水系变化。黄土塬周边的河流在下切过程中通过溯源侵蚀，对黄土塬进行切割，先将塬切割成条状，即形成黄土梁。侵蚀作用将梁谷支沟予以扩大和连通，进而把梁切割成峁。梁峁被更稠密的沟系侵蚀，切割成更细碎的梁峁丘陵，形成树枝状和羽毛状的梁峁地貌形态。黄土塬通过水流切割形成梁、峁，以及梁峁丘陵的过程，可概化为图 3-15 所示（中国科学院黄土高原综合科学考察队，1991a）。

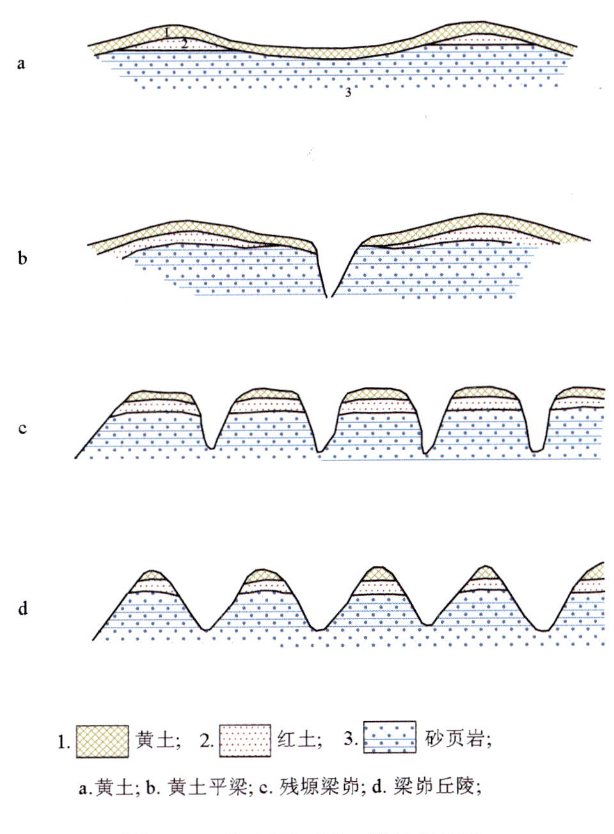

图 3-15　黄土塬、梁、峁地貌演化

（中国科学院黄土高原综合科学考察队，1991a）

上述梁峁以及梁峁丘陵是在河流沟系侵蚀切割下形成的，称为后生黄土梁峁。还有一类黄土梁峁，它们是在黄土堆积前的梁峁状古地形的基底上，经后期黄土堆积而形成的黄土梁峁地貌；或黄土沉积在原始带状台地，后经构造掀斜及水系切割逐渐发展成为黄土梁峁地形，称此类黄土梁峁为先成黄土梁峁。

塬梁峁进一步为水流所切割，便形成了遍布黄土高原的沟谷系统。图 3-16 显示了黄土高原沟谷密度的空间分布（尤联元、杨景春，2013）。由图可见，黄土高原北部无定河、黄甫川等流域是沟谷最稠密的地区，沟谷密度达到 5～6km/km^2，然后向东南部递减至约 2km/km^2。现代的黄土高原已为梁峁和梁峁丘陵所遍布，构成世界罕见的黄土高原侵蚀景观。参见图 3-17 至图 3-19。

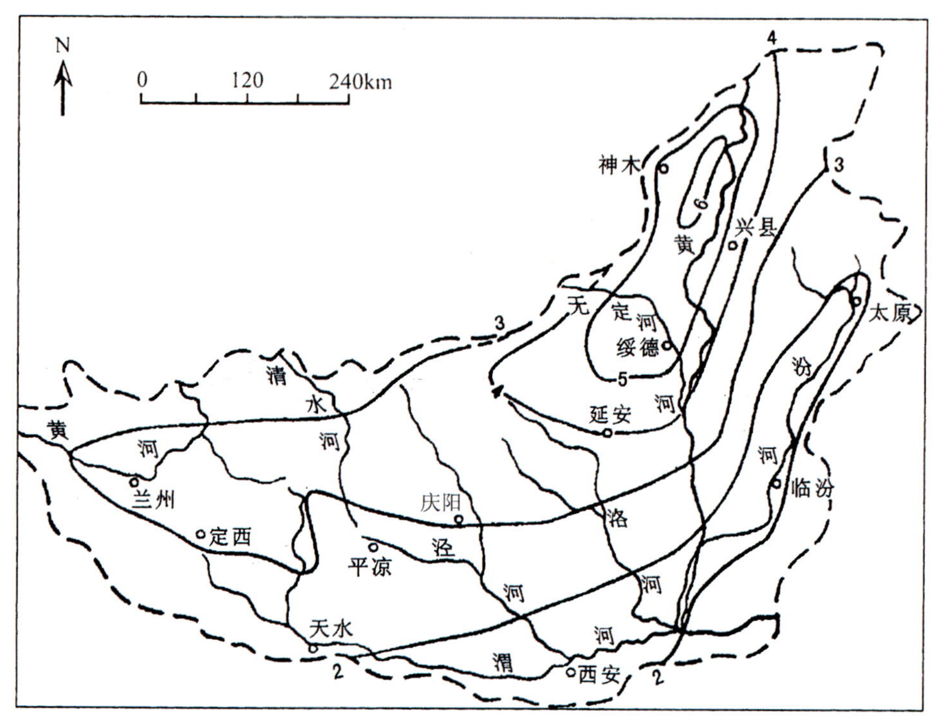

图 3-16　黄土高原沟谷密度的空间分布（km/km^2）
（尤联元、杨景春，2013）

图 3-17　飞机上拍摄的黄土塬
（中国科学院黄土高原综合科学考察队，1991b）

图 3-18　飞机上拍摄的黄土梁
（中国科学院黄土高原综合科学考察队，1991b）

图 3-19　飞机上拍摄的典型黄土峁（陕北）
（中国科学院黄土高原综合科学考察队，1991b）

2.2.2　河流阶地与黄土地层的侵蚀面

阶地侵蚀面和黄土地层中的侵蚀面是识别黄土高原侵蚀特性的另一重要地质记录。

1. 阶地发育过程中的侵蚀面

黄土高原地区新构造运动的阶段性隆升，引起黄土高原河流阶段性下切，形成河流阶地。阶地在形成发育的过程中受到剥蚀和侵蚀，其中在相邻等级阶地之间界面形成的侵蚀面尤为显著，通常表现为不整合面或假整合面，因而阶地侵蚀面是黄土高原遭受侵蚀的直接记录。

黄土高原的河流作为黄河中游的各级支流，普遍发育有 6 级阶地。现以黄河中游二级支流洛河为例，简述其各级阶地侵蚀面概况。洛河发源于白于山孙克崾崄，在三河口汇入黄河中游一级支流渭河。洛河阶地剖面如图 3-20（朱照宇、丁仲礼，1994）所示。

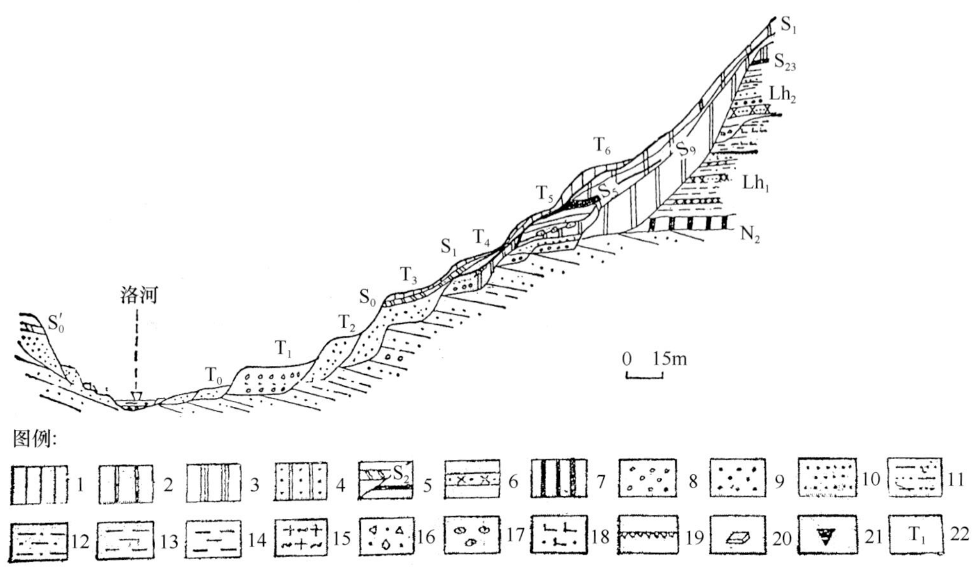

1. 马兰黄土; 2. 离石黄土; 3. 午城黄土; 4. 砂质黄土; 5. 黑垆土/褐土型古土壤及其代号; 6. 砂质古土壤; 7. 上新世红黏土; 8. 砾石; 9. 砂; 10. 粉砂; 11. 黏质粉砂; 12. 粉砂质黏土; 13. 黏土; 14. 泥炭; 15. 长石石英砂; 16. 残坡积物; 17. 钙质结核; 18. 钙华或钙质砂; 19. 铁质风化壳; 20. 古文化遗迹; 21. 年代样品点; 22. 阶地代号及地层时代。T_0. 高河漫滩, T_1~T_6. 第1级至第6级阶地, Lh. 更新世早期湖相层, S. 土壤层, N_2. 上新统

图 3-20 洛河河流阶地实测剖面

（朱照宇、丁仲礼，1994）

洛河最高一级阶地为第 6 级阶地（T_6），发育于 1.45M～1.43MaBP，以蒲城永丰剖面为标准剖面。阶地底层与 Q_1^2 与 Q_1^1 时期的前洛河期河湖相沉积（Lh）相衔接，接触面呈侵蚀接触或假整合接触。在 T_6 的中层也存在强烈的侵蚀面，均发生于 1.20M～1.10MaBP。第 5 级阶地（T_5）发育不迟于 0.85MaBP，以吴起剖面为标准剖面，T_5 所含各地层均受到较强侵蚀，其中 T_5 与 T_6 的界面为明显的侵蚀面。第 4 级阶地（T_4）发育于 0.3Ma～0.4MaBP，以甘泉剖面为标准剖面，其底部砂砾石残积坡积层斜截古土壤层 S_5，表明 T_5 与 T_4 界面为侵蚀面。第 3 级阶地（T_3）发育于 0.10M～0.07MaBP，以永丰为标准剖面，其中上层为马兰黄土（4～5m）和黑垆土（0.8～1.0m），下层为含砾石的冲积层，表明 T_3 与 T_4 界面为侵蚀接触面。第 2 级阶地，发育于晚更新世末至全新世早期，以蒲城永丰剖面为标准剖面，第 2 级阶地为基座阶地，由砾石-砂-粉砂组成，总厚度约 7m，T_3～T_2 界面也为侵蚀接触面。1 级阶地属中全新世以来的堆积性阶地，阶地上无黄土堆积，覆盖现代土壤，阶地底层常见南宋文化层遗存，T_2～T_1 为侵蚀性接界面。在洛河的高河漫滩（T_0）上部为粉砂与黏土质粉砂，厚约 1.25m，下部为砾石层，厚约 0.4m，低河漫滩（T）与河床以砾石堆积为主要特征。在高河漫滩 T_0 与 T_1 之间的界面也呈明显侵蚀接触面。由上述可见，通过河流各级阶地分析，共存在 7 个侵蚀接触面，表明黄土高原在其发育过程中共经受了 7 次较严重的侵蚀过程（朱照宇、丁仲礼，1994）。

2. 黄土地层中的侵蚀面

朱照宇、丁仲礼在刘东生等划分出的午城黄土与离石黄土之间的剥蚀面、离石黄土与马兰黄土之间的剥蚀面，以及上下离石黄土层之间的剥蚀面的基础上（刘东生，1985），通过对大量天然剖面与钻孔岩心的分析（例如，对 80 多个地点古土壤层和黄土层坡度与侵蚀关系的统计分析），进一步识别出 7 个侵蚀高峰期，分别是：第一侵蚀高峰期（E_1），发生于 2.5M～2.4MaBP，位于 L_{33}/N_2 界面或 Q_1^1/N_2；第二侵蚀高峰期（E_2），发生于 2.07 M～2.04MaBP，位于 L_{27}/S_{27} 界面或 Q_1^2/Q_1^1；第三侵蚀高峰期（E_3），发生于 1.67 M～1.43MaBP，位于 L_{22}/S_{22}-L_{18}/S_{18} 界面或 T_6 阶地地面；第四侵蚀面（E_4），发生于 1.26 M～1.18MaBP，位于 L_{15}/S_{15} 界面或 T_6 阶地中间断面；第五侵蚀面（E_5），发生于 0.85MaBP，位于 L_9/S_9 界面或 T_5 阶地底面；第六侵蚀面（E_6），发生于 0.47MaBP，位于 L_5/S_5 界面或 T_4 阶地底面；第七侵蚀面（E_7），发生于 0.10 M～0.07MaBP，位于 L_1/S_1 界面或 T_3 阶地底面。此外，在 L_1/S_1 之下还有第八、第九侵蚀面，由于存在的时间较短，且不易明确划分，因此只作为与上述侵蚀面同级的侵蚀面（朱照宇、丁仲礼，1994）。

3. 将上述根据河流阶地识别的侵蚀面与根据黄土地层识别的侵蚀面进行对比

如表 3-3 所示：

表 3-3 黄河中游河流阶地系列与黄土地层系列侵蚀面对照表

黄土地层系列侵蚀面			河流阶地系列侵蚀面		
编号	年代/MaBP	在地层中的层位	编号	年代/MaBP	在阶地中的层位
E_1	2.5～2.4	L_{33}/N_2	E_1	Q_1^1/N_2	上新世红黏土（厚 12m）
E_2	2.07～2.04	L_{27}/S_{27}	E_2	Q_1^2/Q_1^1	前洛河期湖沼相沉积
E_3	1.67～1.43	L_{22}/S_{22}- L_{18}/S_{18}	E_3	1.45～1.43	T_6 阶地底面
E_4	1.26～1.18	L_{15}/S_{15}	E_4	1.20～1.10	T_6 阶地中间断面
E_5	0.85	L_9/S_9	E_5	0.85	T_5 阶地底面
E_6	0.47	L_5/S_5	E_6	0.3～0.4	T_4 阶地底面
E_7	0.1～0.07	L_1/S_1	E_7	0.10～0.07	T_3 阶地底面
E_8	Q_3^2～Q_4	各层侵蚀面	E_8	Q_3^2 ~ Q_4^3	T_2 基座阶地
				Q_4^2 ~ Q_4^3	T_1 堆积阶地

由表 3-3 可见，河流阶地序列中的侵蚀面与黄土地层序列中的侵蚀面存在着对应和相互佐证的关系，表明自黄土高原形成以来，伴随着黄土的堆积过程，黄土高原的剥蚀和侵蚀也随之产生，并存在着 7 个主要侵蚀期。类似的研究还有，赵景波等通过对陕西长武黄土地层剖面的分析也指出，距今 50 万年以来，黄土高原至少存在 5 个时间尺度不等的湿润气候侵蚀期（赵景波、朱显谟，1999；赵景波等，2002）。

上述关于洛河阶地和黄土地层中存在侵蚀面的事实，并非仅在黄河中游二级支流洛河存在，在位于黄土高原黄河中游一级支流渭河、二级支流如陇西的籍水、陇东的泾河、陕北的榆林河、关中的灞河等，以及三级支流等河流中也同样存在（朱照宇、丁仲礼，1994）。这些侵蚀面的存在与塬梁峁以及梁峁丘陵地貌系统共同证实，在地质历史时期，黄土高原既是持续进行堆积，同时也进行着强度很大的侵蚀过程，黄土高原是中国干旱半干旱地区一个堆积与侵蚀并存的高原。

2.3 黄土高原全新世的侵蚀特征

从晚更新世进入全新世，黄土高原在继承更新世以来侵蚀趋势的背景下，也受到全新世新构造活动和气候频繁变化的影响，侵蚀状况出现了新的特点。晚全新世以来快速增强的人类活动更成为高原侵蚀的新因素。

2.3.1 新构造活动对高原侵蚀的影响

新构造活动对黄土高原的河流产生了深刻影响，成为黄土高原侵蚀的主要因素。

1. 黄土高原河流的形成

黄土高原水系的形成经历了以下过程：在上新世与更新世早期，即午城黄土开始堆积的时期，黄土高原只有一些孤立、分散的小河，如图 3-21（朱照宇、丁仲礼，1994）所示。当时黄河中游干流和黄土高原主要河流均尚未具雏形。根据本章表 3-2 对兰州至三门峡 9 个河段阶地的分析，可以认定黄河中游干流在 1.45M～1.43MaBP 期间贯通。根据对中游各级支流阶地的分析，可以认定中游一级支流渭河在 1.45MaBP 已具雏形，0.85MaBP 已汇入黄河，二级支流洛河、灞河，三级支流仙姑河、畀子河等在 1.43 M～0.47MaBP 期间也已经形成。四级以下各级支流在黄土高原一般称为沟谷。根据刘东生（1985）研究，高原的沟谷系统形成的时间跨度很大，例如四级支流淤沟（洛川县北汉寨）、枣刺沟（洛川县城西）至少在 10 万年前已经形成，而五级支流（沟）也已有数万至数千年的历史。朱照宇、丁仲礼（1994）归纳黄土高原水系形成与演化阶段，汇总于表 3-4。由表可见，大约在 10 万年前黄土高原主要河道已全部形成，10 万年以来是各级沟谷形成与发育阶段。

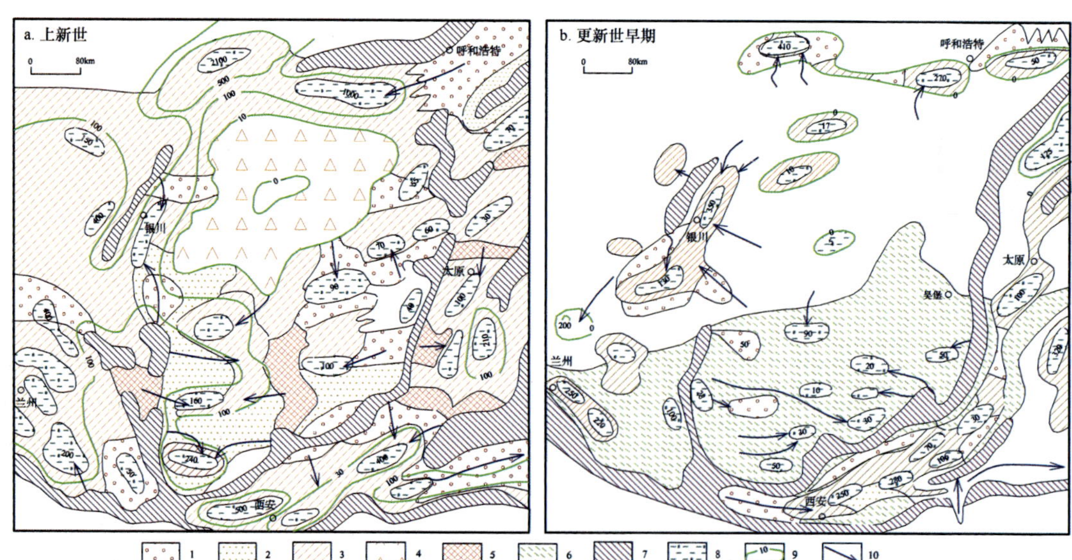

1. 砾石; 2. 砂; 3. 砂与黏土; 4. 残积层; 5. 含钙结核红黏土覆盖的高地; 6. 上新世夷平面(左无黄土，右为午城黄土中下部覆盖); 7. 早上新世基岩山地; 8. 沉积湖盆及中心厚度(m); 9. 沉积等厚线(m); 10. 古河道流向

图 3-21 上新世—更新世早期黄土高原古水系

（朱照宇、丁仲礼，1994）

表 3-4 黄土高原水系演化阶段划分（朱照宇、丁仲礼，1994）

地质时代	上新世		早更新世			中更新世	晚更新世	全新世		
黄土层位	红黏土湖相沉积		午城黄土		离石黄土		马兰黄土	马兰黄土/黑垆土		
古土壤层	—		S_{32}-S_{22}	S_{21}-S_{9}	S_{8}-S_{5}	S_{4}-S_{1}	S_{0}-S_{0}^{1}	黑垆土/现代土壤		
距今年代/万年	400	250	167～143	85	47	10	1.0	0.5	0.3	0.1
地貌特征	红色大型湖盆准平原	断陷湖盆孤立小湖盆	存在 T_6	存在 T_5	存在 T_4	存在 T_3	存在 T_2	存在 T_1	河漫滩	
河流形成	—	—	黄河干流1～3级支流	4级支流	5级支流	冲沟	冲沟	冲沟	现代冲沟	
水系格局	分散水系	分散水系	1～5级支流水系形成与演变			不同时期冲沟形成与演变			现代水系形成	

黄土高原的河流均属黄河中游干流的各级支流，其一级支流主要有：源于白于山的渭河，陇西的祖厉河、洮河，宁夏的苦水河、清水河，陕北的无定河、三川河、延河，山西的汾河、沁河等；二级支流主要有源于白于山孙克嵝崄的洛河，陇西的籍水，陇东的泾河，陕北的榆林河、漆水河，关中的灞河等；三级支流主要有洛河的支流大欲河（永丰）、沮河（黄陵）、葫芦河（交口河）、仙姑河、介子河（洛川）、劳山川（甘泉）、宁赛川（吴起）等；四级以下的各级支流称为沟谷或冲沟，例如汇入三级支流仙姑河的黑木沟、汇入介子河的淤沟等。这些河流与沟谷组成树枝状或羽毛状的稠密水系，通过深切、侧蚀、溯源侵蚀、袭夺等方式蚕蚀着黄土塬、梁、峁，雕刻着黄土高原的侵蚀地貌，成为侵蚀黄土高原的主要机制。

2. 新构造运动对黄土高原侵蚀的影响

进入全新世以来，新构造运动在黄土高原进入一个新的活跃时期，主要表现在以下方面：

（1）高原主体隆升呈加快趋势。在 10.0k～7kaBP 期间，黄土高原主体陇西地块上升了 32m，7.0k～0.7kaBP 期间上升了 24.5m，0.7kaBP～现代上升了 4.5m。高原垂直上升速率在 10.0k～7.0kaBP 期间为 0.46mm/a，在 7.0k～0.7kaBP 期间为 2.63mm/a，在 0.7kaBP～现代达 10.73mm/a。在高原主体隆升的同时，高原周边山体也呈加快隆升的态势（朱照宇、丁仲礼，1994）。

（2）高原内部形成若干新构造形迹，对高原构造地貌进行改造。例如，在渭河源区白于山一带又一次发生分水岭迁移和隆起；在陇西、陇东、陕北出现一系列断裂活动，主要有陕西洛川石泉的平移断层、陕西榆林和延安的正断层、甘肃兰州的正断层和逆冲断层；汾渭地堑继承性发育、黄河中游干流进一步深切等。

（3）这些新构造运动促进了黄土高原现代水系的发育，进而对黄土高原的现代侵蚀产生深刻影响。例如，高原加快隆升使河流加速下切，形成河拔高差更大的地方性侵蚀基面，促进沟谷发育。白于山分水岭的迁移和隆起，导致白于山以北湖泊干涸和消失。洛河上游甜水堡、孙克嵝崄一带河流溯源侵蚀，促成无定河向西和西南袭夺了红柳河；在陇东、陕北地区，断裂构造引起泾、洛河中下游走向同步扭转，河型转变，使更多河流出现倒流和裂点等现象（朱照宇、丁仲礼，1994）。全新世构造活动对高原水系产生的这些影响，都在不同程度上引起黄土高原侵蚀的加剧。值得指出的是，新构造运动在黄土高原正呈现更趋活跃的态势，因而其对高原侵蚀的影响也将随之呈加剧的态势。

2.3.2 气候与植被对高原侵蚀的影响

1. 黄土高原第四纪气候变化

刘东生、丁仲礼等根据对洛川、宝鸡等地黄土-古土壤地层剖面的研究（刘东生，1985；丁仲礼、刘东生，1989），揭示出自第四纪（2.50MaBP）以来黄土高原古气候演

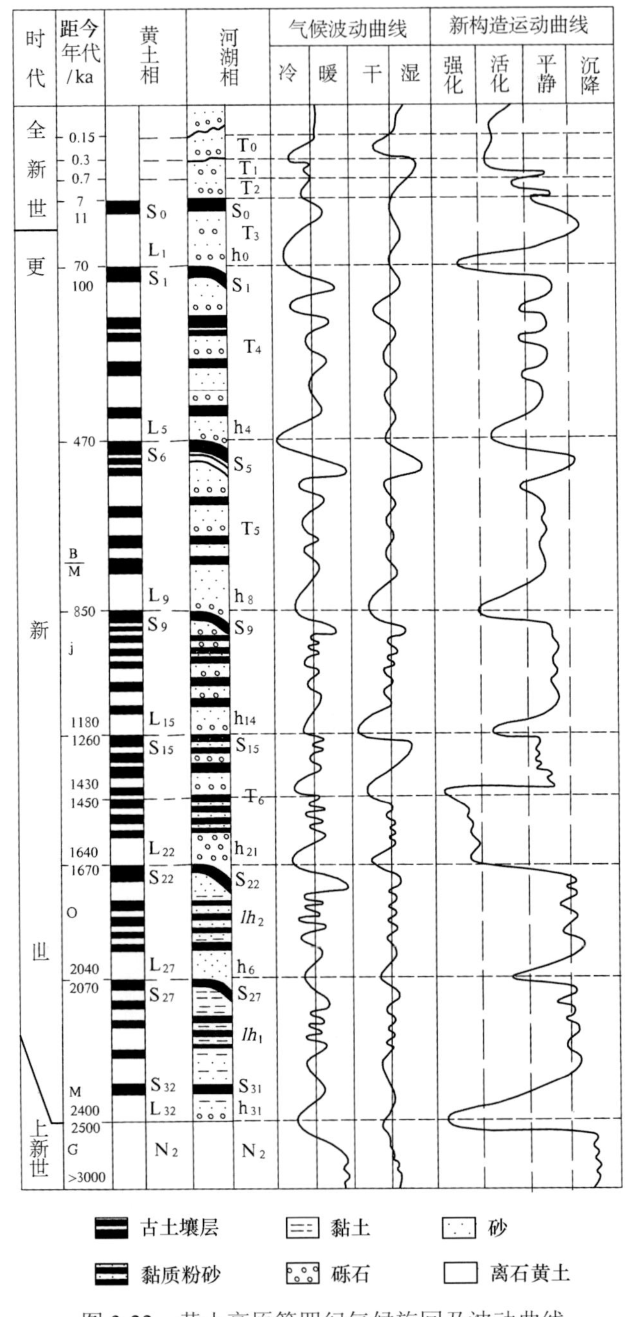

图 3-22 黄土高原第四纪气候旋回及波动曲线

（朱照宇、丁仲礼，1994）

变的连续序列。对该连续序列研究得到以下主要结论：

（1）在距今 250 万年以来，黄土高原共经历了 37 个干冷与暖湿相互交替的气候旋回，如图 3-22（朱照宇、丁仲礼，1994）。

（2）在 37 个气候旋回中，各时期的气候变化情景是不一样的，大体可划分为三个阶段：①在 2.5M～1.6MaBP 期间，含有 10 个黄土-古土壤层交替（L_{33}-S_{23}），表明此期间曾有 10 次气候波动，波动的主周期为 0.1Ma；②在 1.6M～0.8MaBP 期间，含有 15 个黄土-古土壤层交替（L_{23}-S_9），表明此期间曾有 15 次气候波动，波动主周期为 0.04Ma，但也含有少数几个 0.1Ma 周期；③在 0.8MaBP～现代，共含有 12 个黄土-古土壤层交替（L_9-S_0），表明此期间曾发生过 12 次气候波动，主要含有 0.04Ma 和 0.10Ma 两种周期，二者几乎各占一半，但期间也夹有少数几个 0.02Ma 周期的出现。

（3）在 2.5M～1.6MaBP 期间，气候震荡呈现频率小、振幅大的特点；在 1.5M～0.8MaBP 期间，气候震荡呈现频率大、振幅小的特点；在 0.8MaBP～现代，气候震荡的特点又恢复为频率小而振幅相对较大。这些特点表明，第四纪气候变化具有周期长（频率小）、振幅大和周期短（频率高）、振幅小两种类型，彼此交替出现。

2. 黄土高原第四纪植被演化

植被对气候变化的响应是最敏感的。中国第四纪孢粉研究已取得了长足的进展，对黄土高原 10 万年以来孢粉记录的分析已达到小于千年尺度的分辨率，为晚更新世以来，特别是全新世植被重建提供了技术支持。刘东生对洛川塬及周边沟谷系统的孢粉化石和古植被进行了研究，给出了黑木沟地层剖面和碾子沟地层剖面从深 130m 至地表间各组地层的孢粉总数、木本孢粉数、小灌木与草本植物孢粉数和蕨类植物孢粉数随深度的分布，对黄土塬区及其周边沟谷系统中孢粉总类与数量的差别进行了分析（刘东生，1985）。朱照宇、丁仲礼对黄土高原 T_6～T_0 级阶地与古土壤中的孢粉进行了更细微的分析，成果如表 3-5（朱照宇、丁仲礼，1994）所示。

表 3-5　洛河阶地沉积物-古土壤系列孢粉含量（朱照宇、丁仲礼，1994）

阶地与古土壤	T_0	T_0	T_1	T_2	T_2	S_0	S_0	T_3	T_3	T_3	T_4	T_4	T_4	T_5	T_5	T_5	T_5	T_6	T_6	T_6
孢粉总数/粒	86	120	104	104	106	24	55	218	107	106	31	31	13	119	53	53	80	51	19	73
木本植物总数/粒	7	27	79	4	35	5	7	18	35	15	7	3	3	34	4	5	1	4	0	9
灌木、草木总数/粒	73	92	20	98	67	15	46	197	67	90	23	25	10	84	45	47	77	46	17	62
蕨类孢子总数/粒	6	1	5	2	4	4	2	3	5	1	1	3	0	1	4	1	2	1	2	2

依据上述研究成果，可对黄土高原第四纪植被演化得出以下几点认识：

（1）从表 3-5 可见，在各时期阶地沉积中，草本植物和小灌木的孢粉数量均远大于木本植物孢粉数量，表明黄土高原在第四纪总体上处于干旱、半干旱草原生态环境。

（2）刘东生在石碾子沟剖面孢粉分析中发现，在剖面中下段（离石黄土下部和午城黄土），木本孢粉总数占本段孢粉总数的 66%，多于草本植物孢粉数；在剖面的中段（离石黄土上部）木本植物孢粉总数与草本植物孢粉总数各占一半；在剖面的上段（马兰黄土），草本植物孢粉占该段孢粉总数的 65%，多于木本植物的孢粉数。这些事实表明，在黄土堆积早中期的某些时期，存在落叶阔叶林生境，但后来随着气候趋向干冷，植被越来越向草原、干草原生境发展。

（3）在局部山地或沟谷坡地，存在木本植物孢粉数占优势的情况。例如，在黄龙山表土中木本孢粉占总孢粉数的 73%；在碾子沟谷底 S_5 以下土层中木本孢粉占优势，而草本孢粉仅占 24%左右。这种现象表明，在黄土高原地区的基岩山地、黄土塬梁峁区、沟谷的阴坡和阳面，植被类型可以有很大差别。根据这一现象，刘东生提出：在第四纪时期，黄土高原曾有过山地与沟谷森林草原环境和塬梁峁草原-干草原环境彼此镶嵌的生态环境结构，但草原-干草原环境一直是占主导地位的结论（刘东生，1985）。这一观点已为近年来不少学者的研究所证实。

3. 全新世气候与植被对侵蚀的影响

上述已经简要介绍了第四纪以来黄土高原气候与植被演变的情况。全新世的气候与植被继承了晚更新世气候与植被演变的基本态势，总体表现为向冷干化和草原化方向发展的趋势，但期间也存在暖期（如 4000AD）和冷期（如小冰期）的较大波动，植被状态也存在相应的变化，如干湿草原的南进北退等。

地学界通过在黄土高原塬区（显性生境）的富县、洛川、渭南、耀县等地质剖面和沙漠/黄土过渡区的麋地湾、孟家湾等地质剖面，利用黄土-古土壤的高分辨率孢粉研究成果，重建了 12 000 aBP 以来黄土高原塬区的植被状况。得到的结论是：①约 12 000～8800 aBP，气候偏冷和干旱，呈干草原景观；②8800～5300 aBP，气候较前期温暖湿润，呈湿润草原景观；③约 5300～2000 aBP，气候复转干冷，呈干旱草原景观；④约 2000 aBP 前后，气候出现短暂的温和湿润期，呈湿润草原景观；⑤晚于 2000 aBP 以来，气候又向偏干的方向发展，呈现典型的干旱草原景观（李小强等，2003）。一些历史文献还进一步证实，在距今约 1000～700 年期间，黄土高原植被出现草原带南移和某些旱生植物（如甘草、百草等）分布范围向南扩展、趋湿性植物（如秦艽等）向东南部撤退的情景（王守春，1994）。此外，郭正堂等（1994）用古土壤学方法，刘东生、安芷生（1996）用有机碳同位素方法，Liu 等（1996）用植物硅酸体方法，也进行了全新世黄土高原塬区植被研究。其结果同样表明，即使在全新世气候适宜期，高原塬区也是以草本植物和灌木占绝对优势，呈现草原植被景观，并无森林生长。这些研究成果表明，全新世以来黄土高原塬区的植被随着气候的变化，主要经历了干草原—湿润性草原—草原—湿润性草原—典型草原 5 个阶段的演变，植被均以草本植物为主，间有稀疏灌木，并未出现过大面积森林植被发育阶段，从而揭示了黄土高原塬区自然植被本底的状况（吕厚远等，2003）。诚然，也有研究者在甘肃秦安县大地湾黄土沟谷中的剖面、甘肃小陇山林区基岩剖面、陕西富平温泉剖面、姚村剖面、蓝田东城剖面以及甘肃兰州黄土剖面的孢粉分析中，发现在全新世曾经存在过针叶林、阔叶林及疏林灌丛草原等孢粉共存阶段。一些历史地理学者根据大量历史文献也指出，黄土高原在历史时期曾经存在过森林景观（史念海，2002），不过这些剖面的地点多数处在黄土高原的河谷阶地或沟谷区（隐性生境），或高原的基岩山地，对于黄土高原主体而言，只是一些特定地点，它们反映了黄土高原植被的局地性特点，并不能代表黄土高原植被的地带性规律（刘东生等，1994）。

在黄土高原自然植被本底的背景下，人类活动对高原植被产生了巨大而深刻的影响。

有研究（王守春，1994）认为，在西周至战国时期（1046～256 BC），黄土高原仍保持原始状态的自然植被。在秦、汉时期（221 BC～220 AD），人类活动对黄土高原植被的影响开始显现，尤其在汉代的戍边屯垦政策影响下，大量农业人口迁移到黄土高原，开垦和樵采对黄土高原植被产生一定破坏。从汉代到唐代（206 BC～907 AD）的 1113 年间，黄土高原很大部分地区仍保持较好的生态系统。自北宋以后，黄土高原人口呈现稳定增长趋势，对植被的破坏也开始呈持续加剧的趋势，所以植被研究者一般将唐至北宋时期黄土高原的植被状况视为现代高原生态的本底。明清时期（1368～1909 AD），陕北黄土丘陵沟壑区的土地大部分已被开垦，使黄土丘陵沟壑区以草地和灌丛为主的自然植被遭到破坏，地面裸露，已很少见到自然植被覆盖了。民国时期以来，高原的植被受到加速破坏。现在，黄土高原上已经几乎没有未遭到人类活动影响的土地，在高原的任何地方都难以找到全新世发育自然植被的原始土壤，已无原生植物生长。现代遥感显示，黄土高原主要塬区现已成为农业型生态环境，植被以旱地农作物为主，生态环境的稳定性差，当受到外界干扰时变化较大，恢复能力低。

2.4 黄土高原的堆积与侵蚀平衡

从上述诸节中我们已经看到，在黄土高原形成与演变的过程中，伴随着黄土的堆积，黄土的侵蚀也一直在进行着，并存在几个显著的侵蚀期。本节将对堆积与侵蚀做一些定量的分析。

2.4.1 第四纪黄土高原堆积量估计

刘东生（1985）和朱照宇、丁仲礼（1994）对第四纪黄土高原的堆积量和堆积速率进行了估算，结果如表 3-6（朱照宇、丁仲礼，1994）所示。表中早期指午城黄土下段和中段的堆积时期，对应黄土地层剖面 L_{32}～S_{18}（参见图 3-11 和图 3-22），堆积时间为 2.41M～1.45MaBP，历时 0.96Ma。中期指午城黄土上段和全部离石黄土堆积时期，对应地层为 S_{18}～S_1，堆积时间为 1.45M～0.1MaBP，历时 1.35Ma。晚期指马兰黄土堆积时期，对应地层为 L_1～S_0，堆积时间为 0.1M～0.01MaBP。表中的平均厚度（m）可由各时期黄土厚度分布图（图 3-7、图 3-8 和图 3-9）求出，面积可根据各分区范围用经纬网格求得，体积由各分区面积与厚度用棱台体积公式计算，干容重采用刘东生（1985）数据并根据新资料做了适当修正，堆积总量为体积与干容重之乘积，年堆积量和堆积速率由堆积总量和堆积时间求得。

由表 3-6 可见：

（1）自 2.41MaBP 至 0.01MaBP，黄土高原堆积的黄土总量为 536 427 亿 t，平均每年 0.4 亿 t。平均堆积速率为 11.4g/（cm^2·ka）。

（2）黄土堆积速率、年堆积量、堆积厚度与堆积范围均呈随时间增加而增加和扩大的趋势。在黄土堆积期间里，中期堆积与早期堆积相比较，堆积速率加快 63%，年堆积量增加 203%，堆积厚度增加 79%，堆积面积扩大 116%。晚期堆积与中期堆积相比，堆积速率加快 142%，年堆积量增加 207%，堆积厚度增加 198%，堆积面积扩大 13%（朱照宇、丁仲礼，1994）。

表 3-6 黄土高原第四纪堆积量及堆积速率（朱照宇、丁仲礼，1994）

时间 /MaBP	分区	年堆积厚度 /（mm/a）	平均 厚度/m	总面积 /百万 m^2	总体积 /亿 m^3	干容重 /t/m^3	堆积总 量/亿 t	年堆积 量/亿 t	堆积速率 /[g/（$cm^2\cdot ka$）]
早期 （2.41～1.45）	陇西	0.033	31.67	32 000	10 135	1.95	19 764	0.0208	6.5
	陇东	0.033	31.86	52 307	16 664	1.78	29 662	0.0312	6.0
	陕北	0.027	25.51	51 693	13 189	1.78	23 476	0.0247	4.8
	关中	0.029	27.38	20 752	5 683	1.83	10 399	0.0109	5.2
	山西	0.022	20.64	9 600	1 981	1.75	3467	0.0036	3.8
	全高原	0.029	27.41	166 352	47 652	1.83	86 768	0.0913	5.2
中期 （1.45～0.1）	陇西	0.064	85.99	51 600	44 371	1.73	76 761	0.0569	11.0
	陇东	0.064	85.77	52 400	44 994	1.63	73 259	0.0543	10.4
	陕北	0.053	71.84	110 080	79 077	1.63	128 896	0.0955	8.7
	关中	0.059	79.43	34 800	27 640	1.56	43 118	0.0319	9.2
	山西	0.022	29.49	110 640	32 630	1.57	51 229	0.0379	3.4
	全高原	0.052	70.50	359 520	228 662	1.62	373 263	0.2765	8.5
晚期 （0.1～0.01）	陇西	0.221	19.92	74 400	14 824	1.34	19 864	0.2207	29.6
	陇东	0.162	14.60	59 200	8 642	1.37	11 839	0.1315	22.2
	陕北	0.138	12.40	123 200	15 274	1.37	20 925	0.2325	18.9
	关中	0.114	10.22	21 600	2 208	1.28	2 826	0.0314	14.5
	山西	0.138	12.39	128 000	15 864	1.32	20 941	0.2327	18.1
	全高原	0.155	13.91	406 400	56 812	1.33	76 396	0.8488	20.7
全高原总计		0.079	111.82	406 400	333 126	1.59	536 427	0.4056	11.4

（3）从堆积空间分布来看，陇西区堆积强度最大，陇东区次之，山西高原堆积强度最小，堆积强度呈自西向东逐渐减小的趋势。早期黄土的堆积中心在兰州—洛川一线，位置偏南，中期沉积中心在高原上比较分散，晚期沉积中心偏北。早、中期黄土主要沉积于沟谷和洼地等负地形区（隐形地貌区域），晚期则多沉积于分水岭等正地形区（显性地形区）。

2.4.2 第四纪黄土高原侵蚀量估计

黄土高原侵蚀量的定量估计比堆积量的定量估计更为困难，地学界从多种途径进行了探索。

（1）根据近代黄土高原每年进入黄河的泥沙量估计黄土高原的侵蚀量。根据黄河中游龙门（黄河中游干流水文站）、华县（渭河入黄河干流水文站）、河津（汾河入黄河干流水文站）、洑头（洛河入黄河干流水文站）四个水文站的实测输沙量资料统计，黄土高原近代平均每年输入黄河的泥沙为 16 亿 t。有学者认为，这些泥沙即黄土高原每年的侵蚀量。但是，若将这 16 亿 t 泥沙平均分配 44 万 km^2 的黄土高原，求得高原在第四纪的平均侵蚀率为 363.08 g/（$cm^2\cdot ka$）。刘东生认为，这一侵蚀率是他所求得的黄土高原多年平均堆积率 9.30g/（$cm^2\cdot ka$）的 39 倍。显然，若按这样的侵蚀率计，黄土高原是不可能存在黄土堆积的，高原上现有的黄土也将在最多 4 万～5 万年内被侵蚀殆尽（刘东生，1985）。这一结果表明，近代侵蚀量远远大于第四纪平均侵蚀量。

（2）根据现代黄土高原上沟谷系统的体积估算侵蚀量。这种途径认为，现代黄土高原的沟壑是由于长期侵蚀形成的，因此，沟壑体积即高原自第四纪以来的侵蚀总量，沟壑体积与整个高原体积之比即第四纪以来的侵蚀率。

刘东生曾估计高原沟谷系统面积约占高原面积的43%，塬区面积占57%（刘东生，1985），由此估计第四纪以来侵蚀率为4.91 g/（cm^2·ka）。这一结果表明，第四纪以来，平均侵蚀率小于堆积率，因此，黄土得以累积并促使黄土高原形成。但关于沟壑率的这一估计显然是欠准确的。倘若利用现代卫星遥感技术获取黄土高原沟壑分布与几何参数，进而推求沟壑体积，则可以得到更接近客观的定量估计。

（3）根据河流阶地估计黄土高原的侵蚀量。朱照宇、丁仲礼（1994）根据洛河干流10余个典型剖面的河谷几何特征和阶地各时期堆积与侵蚀量（表3-7），并推算出黄土高原各时期侵蚀强度与侵蚀速率，如表3-8和图3-23。由图表可见，自中更新世中期（0.50MaBP）以来，黄土高原的侵蚀速率呈迅速加快趋势，而在距今约5000年期间达到了约170万年以来的最大值，若注意到距今5000年时期尚无人类对黄土高原的大规模开发，则这一趋势并非是人类活动所致，因而这反映了黄土高原自然侵蚀不断增强的客观事实与规律。

表3-7　洛河各级阶地的侵蚀量与堆积量（朱照宇、丁仲礼，1994）

阶地	坡度/°	河谷宽/m	下切深度/m	堆积厚度/m	侵蚀总量/m^3	堆积量/m^3	时间段/10^4a
T_6	28	1500	85	48	114 266	60 389	59.5
T_5	25	1250	63	38	69 944	39 920	39.0
T_4	33	925	81	43	65 024	31 937	36.5
T_3	42	450	47	22	18 697	8101	9.0
T_2	44	250	25	10	5603	2130	0.93
T_1	44	150	17	8	193	980	0.04
T_0	39	75	9	2	580	127	0.015
漫滩	14	50	2	1	94	56	0.015

表3-8　洛河各级阶地形成时期侵蚀强度与速率表（朱照宇、丁仲礼，1994）

阶地	实际侵蚀量/m^3	侵蚀速率/（m^3/a）	下蚀速率/（mm/a）	侧蚀速率/（mm/a）	侵蚀强度比
T_6	53 877	0.090	0.14	2.52	0.056
T_5	30 024	0.077	0.16	3.21	0.050
T_4	33 087	0.091	0.22	2.53	0.087
T_3	10 596	0.118	0.52	5.00	0.104
T_2	3473	0.373	2.69	26.9	0.100
T_1	1213	3.033	42.5	375	0.113
T_0	453	3.020	60.0	500	0.120
漫滩	38	0.253	13.3	333	0.040

（4）认为黄河下游冲积扇是由于黄土高原侵蚀的泥沙经中游河道输入下游堆积而形成的，因此可以根据黄河下游冲积扇的堆积量估计黄土高原的侵蚀量。叶青超（1983）根据不同时期黄河下游冲积扇的面积、沉积厚度、泥沙比重、河道变迁等因素，估算了全新世以来不同时期黄河下游的泥沙堆积量，进而估算出全新世以来不同时期黄土高原

的侵蚀率，如表 3-9 所示。

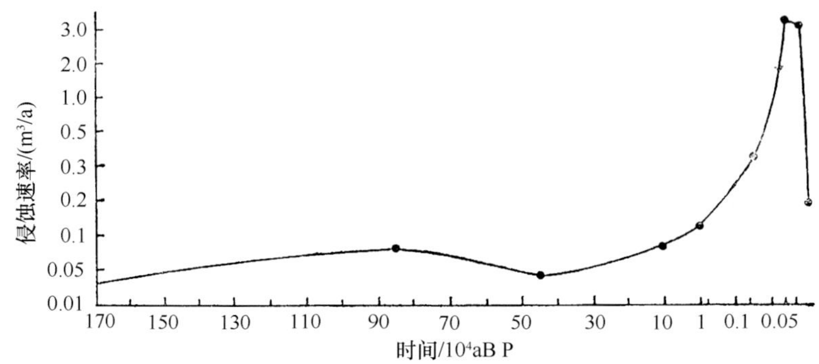

图 3-23 地质历史时期黄土高原侵蚀率随时间的变化
（朱照宇、丁仲礼，1994）

表 3-9 全新世以来黄土高原侵蚀率（叶青超，1983）

时期	年代	侵蚀率/（亿 t/a）	侵蚀性质
全新世早期	11 000a～6000aBP		自然侵蚀
全新世中期	6000a～3000aBP	10.8	自然侵蚀
全新世晚期	1020BC～1194AD	11.6	唐朝以前以自然侵蚀为主
			唐朝以后人为侵蚀逐渐增加
历史时期	1494～1855AD	13.3	自然加速侵蚀与人类加速侵蚀
近代时期	1919～1949AD	16.8	人类加速侵蚀分量较快增加
现代时期	1950～1989AD	22.3	人类加速侵蚀分量更快增加

综上所述，可以得出如下结论：

（1）黄土高原在第四纪各个时期都存在着土壤侵蚀，侵蚀作用呈不断加剧的总趋势，侵蚀速率加快，侵蚀强度增强。

（2）从晚更新世后期开始黄土高原侵蚀作用显著增强，全新世以来侵蚀呈进一步加速趋势，到距今 700～150 年间侵蚀强度为更新世各时期侵蚀强度的 10～100 倍。

（3）从表 3-7 洛河各时期堆积量与侵蚀之比较可见，侵蚀量约为堆积量的 2 倍，尤其在近代竟达到约 4 倍。显示黄土高原并非处在堆积与侵蚀平衡的状态，而是正处在被加速侵蚀的过程中。

（4）人类活动已成为黄土高原侵蚀的新因素，除非有效和持续控制不当的人类活动，否则人类活动对黄土高原侵蚀的贡献率将远胜于自然因素。

第三节 黄河下游的地质环境

黄河出三门峡后，在黄河下游地区形成广阔的黄河冲积扇。冲积扇的中轴部分成为黄河下游地区的主要分水岭，分水岭以北为海河流域，分水岭以南发育淮河流域，所以黄河下游地区通常称为黄淮海平原，亦即中国地貌区划中的华北平原的主体。在有些论著中，也常把黄河冲积扇的主体部分称为黄河平原。本节旨在讨论黄河下游地区的地学环境，并不刻意对上述名称做明确区分。

华北平原北抵燕山南麓，南达大别山北侧，西依太行山-伏牛山，东临渤海和黄海，在平原东部濒临渤海与黄海有鲁中与鲁西山地。

3.1　黄河下游地区的构造地质背景

在中国构造地质分区中，华北平原位于中朝地台的主体部分。

中朝地台是中国最古老的的地台，包括中国华北地台和朝鲜半岛广大地区。在地质历史上是一个活动性较大的地台。中朝地台在吕梁运动时期（1800MaBP）形成了统一的基底，在晋宁运动（1000MaBP）至印支运动（205MaBP）期间历经几次整体隆升与沉降，进入中生代白垩纪以来，在燕山运动（66MaBP）、喜马拉雅运动（30MaBP）和于古近纪-新近纪开始的华夏裂谷运动（25MaBP）的共同影响下，形成一系列北北东向隆起带与沉降带，即第一章第二节中所述的新华夏多字型构造体系（陈庆宣、曾问渠，1998；李廷栋，1998）。在新华夏多字型构造体系的第二沉降带，由于太平洋板块向中国大陆板块俯冲，使地壳在水平方向上表现出明显的拉张，形成基底拗陷下沉的断陷盆地。例如，第二沉降带南部的江汉-洞庭盆地和北部的华北陆缘盆地（也称华北断陷盆地)，而华北平原的构造背景即是位于第二沉降带北部的华北陆缘盆地（张宗祜，2000）。

古近纪以来，在华北陆缘盆地开始新一轮大幅度沉降，其周边山体则相对强烈隆升，盆地与周边山体发生明显的垂直分异，形成了范围和边界明显的华北陆缘盆地轮廓，为后来华北平原的建造奠定了构造地质基础（张宗祜，2000）。

华北陆缘盆地基底地质构造十分复杂，纵横交错的隐伏断裂将基底分割成多级构造单元，形成多个较大的隐伏隆起与凹陷，如图 3-24。

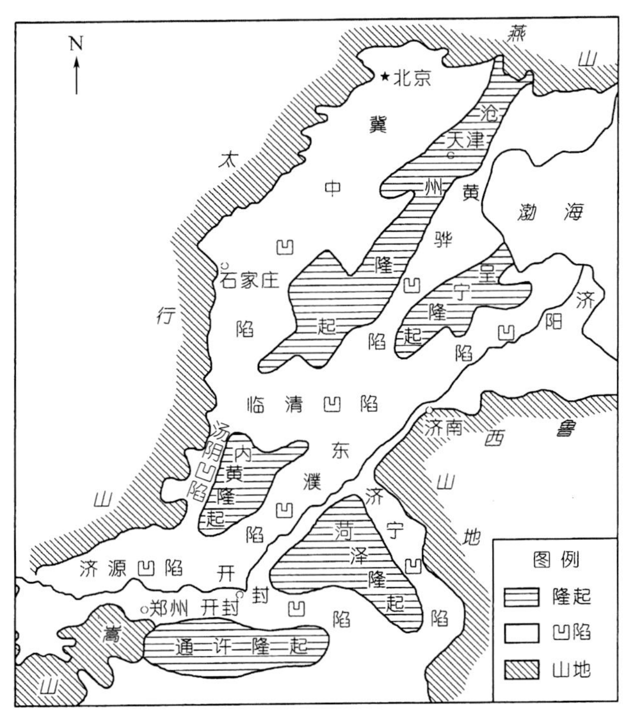

图 3-24　华北陆缘盆地基底隆起与凹陷构造

（张宗祜，2000）

从图 3-24 中可见，在华北陆缘盆地的北部，自北向南首先是冀中凹陷，位于华北平原的西北部，凹陷基底埋深 3000～4000m，基底面明显向西掀斜，呈西北部沉降大于东南部沉降趋势。冀中凹陷东侧是沧州隆起，位于天津、沧州、德州一线，呈北北东走向，隆起的脊线埋深约 1000m。隆起的顶部凹凸不平，形成 5～6 个更次一级规模较小的隆起。沧州隆起的东侧是黄骅凹陷，北起天津东北的宁河一带，呈北北东走向，南部与临清凹陷相通，东北与渤海凹陷相接。黄骅凹陷北部基底埋深达 7000m，南部约 1000m，呈向西北掀斜的北深南浅趋势。在黄骅凹陷的东南侧为埕宁隆起，呈北东走向，北端潜入渤海凹陷，南部嵌入临清凹陷，脊线埋深约 1000m。埕宁隆起以东是济阳凹陷，北起渤海海滨，呈北东走向，向西南与临清凹陷相通，东与鲁西山地相邻，基底埋深南浅北深，呈向北倾斜之势。临清凹陷位于邢台、临清、济南一带，西与太行山相接，东与鲁西山地相连，南临内黄隆起，北与冀中凹陷相通，也与汤阴凹陷和东濮凹陷相通。临清凹陷呈北东东走向，由西向东基底埋深由浅变深，西部基底埋深一般 1000～2000m，东部最深可达 6000m。

在华北陆缘盆地的南部，主要有汤阴凹陷、内黄隆起、东濮凹陷、济源-开封凹陷、菏泽隆起、济宁凹陷、通许隆起。汤阴凹陷呈东东北向展布于安阳、汤阴和新乡南北一带，西侧与太行山相接，东侧与内黄隆起相连，南以焦作-商丘断裂为界，北与临清凹陷相通，是一个典型的新生代地堑式断陷，凹陷基底埋深北浅南深。内黄隆起包括安阳与新乡两市和濮阳西部，呈北北东走向，四周与汤阴凹陷、临清凹陷、东濮凹陷、济源-开封凹陷相邻。内黄隆起是一个古老的隆起，隆起中心处上覆地层厚约 300～600m，但到东南的滑县至长垣一带上覆地层厚达 3000m 以上。内黄隆起基底为一穹窿状构造，隆起中心位于内黄、汤阴、浚县交界地带，东部凹槽内发育 4 个更次一级洼陷，形成 4 个小的沉积中心。东濮凹陷位于濮阳到东明一线，呈北北东走向，凹陷东西南侧分别为断裂构造，基底为中生代陆相碎屑岩和火山岩系。济源-开封凹陷沿黄河呈近东西向展布于济源—开封—民权一带，北以焦作-商丘大断裂为界，南与嵩山北麓和通许隆起相接，西以太行山南麓为界，东以菏泽隆起为界。济源-开封凹陷是新生代晚期形成的断陷式凹陷，基底断裂十分发育，在济源和开封分别形成两个次级洼陷，基底总体呈现东西两端深、中间高、南浅北深箕状断拗式凹陷形态。通许隆起位于永城以西、济源-开封凹陷与周口凹陷之间，东端没于济源-开封凹陷的古近纪-新近纪沉积中。通许隆起实际上是嵩箕台隆向东延伸部分，古近纪-新近纪以后嵩箕台隆继续上隆，通许地区则随着华北拗陷整体下沉，接受沉积，终于与嵩箕台隆分开，形成一个下沉的潜伏凸起，呈现今日的台隆面貌。通许隆起的基底呈东西向鞍状复式背斜，东西两端抬起，向中间倾伏，内部断裂发育。周口凹陷位于通许和西平"一平与两隆起"之间，凹陷内新生代沉积厚度最大处达 7000m 以上，主要是古近-新近系河湖相沉积和第四系的黏土、砂、砂砾层。周口凹陷内北西西向和北东向断裂发育，且规模大、形成早，具有长期活动性，正断层落差可达千余米。这些断裂对凹陷的形成、发展及内部形态变化起着重要控制作用。

菏泽隆起位于河南、安徽、山东交界地区，北界为郓城断裂，南界为凫山断裂，西临东明凹陷，东临巨野武城凹陷，其基底是古生代浅海相碳酸盐岩夹泥质岩系和晚古生代海陆交互相-陆相含煤岩系，厚度达 2500m 以上。在菏泽隆起地区，北北东向和北北西向断裂十分发育。

济宁凹陷位于菏泽隆起与鲁西山地之间，呈北北西走向，西以嘉祥断裂与菏泽隆起为界，东以孙氏店断裂与鲁西山地的兖州隆起为界，南北分别与济源-开封凹陷和东濮凹陷相连。除上述规模较大的凹陷与隆起之外，还有许多规模较小，更次一级的凹陷与隆起。

由上述可见，华北陆缘盆地的基底地质构造十分复杂，纵横交错的隐伏断裂将基底分割成多个凹陷与隆起的构造单元，如同一个底部破碎的大盆。历经古近纪以来长期的沉积，将破碎的底部覆盖和整个盆地填平，形成了今天的华北平原。同时，这些隐伏隆起和凹陷构造也控制了华北平原地表的起伏和黄河等河流的走向（张宗祜，2000）。

3.2 黄河下游地区的新构造运动

进入第四纪以来，华北陆缘盆地在太平洋板块的俯冲和印度板块的碰撞共同作用下，继承着古近纪-新近纪以来的演变趋势，新构造运动表现也十分活跃。华北陆缘盆地的新构造运动主要表现在沉降、断裂和地震三个方面，如图 3-25（邵时雄、王明德，1989）所示。

自第四纪以来，华北陆缘盆地呈现震荡性沉降趋势，沉降速率显著加快，盆地内平均沉降速率为 140mm/10^3a，而新近纪沉降速率为 50 mm/10^3a，古近纪沉降速率也只有 110 mm/10^3a。在整体沉降速率加快的背景下，局地性垂直升降运动也表现十分活跃，盆地内的凹陷与隆起出现了新的变化。自第四纪以来，华北陆缘盆地形成的中生代断裂结构复又变得活跃，并伴生了一些新的断裂出现。一些大型断裂结构对盆地发展起着控制作用。从黄河下游治理的角度，本节将主要阐述黄河下游地区的新构造沉降特性与断裂构造。

3.2.1 黄河下游地区的沉降特征

自古近纪-新近纪以来，华北陆缘盆地即处于整体下沉的过程中，并且在基底形成复杂的次级凹陷与隆起。

自第四纪以来，华北陆缘盆地继承新近纪的沉降趋势，并表现出以下的特点：

（1）盆地呈整体沉降，且沉降幅度大。图 3-26 显示了第四纪各时期沉降幅度。由图可见，早更新世（下更新统）沉降幅度 180～300m，中更新世（中更新统）沉降幅度 100～140m，晚更新世（上更新统）沉降幅度 40～60m，全新世（全新统）沉降幅度达约 20～30m。第四纪总体沉降幅度 340～530m（邵时雄、王明德，1989a）。

（2）沉降速率呈现不断加快的趋势。以各地质历史时期地层沉降幅度（沉降厚度）除以相应时间，即可得出从早更新世到全新世的沉降速率。例如，在河北平原早更新世沉降速率为 14.4cm/10^3a，中更新世为 15.8 cm/10^3a，晚更新世为 17.5 cm/10^3a，晚更新世末至早全新世为 2.15 cm/10^3a；在河南平原早更新世平均沉降速率为 9.5 cm/10^3a，中更新世为 11.6 cm/10^3a，晚更新世为 23.0 cm/10^3a，全新世为 142.7 cm/10^3a（邵时雄、王明德，1989a）。

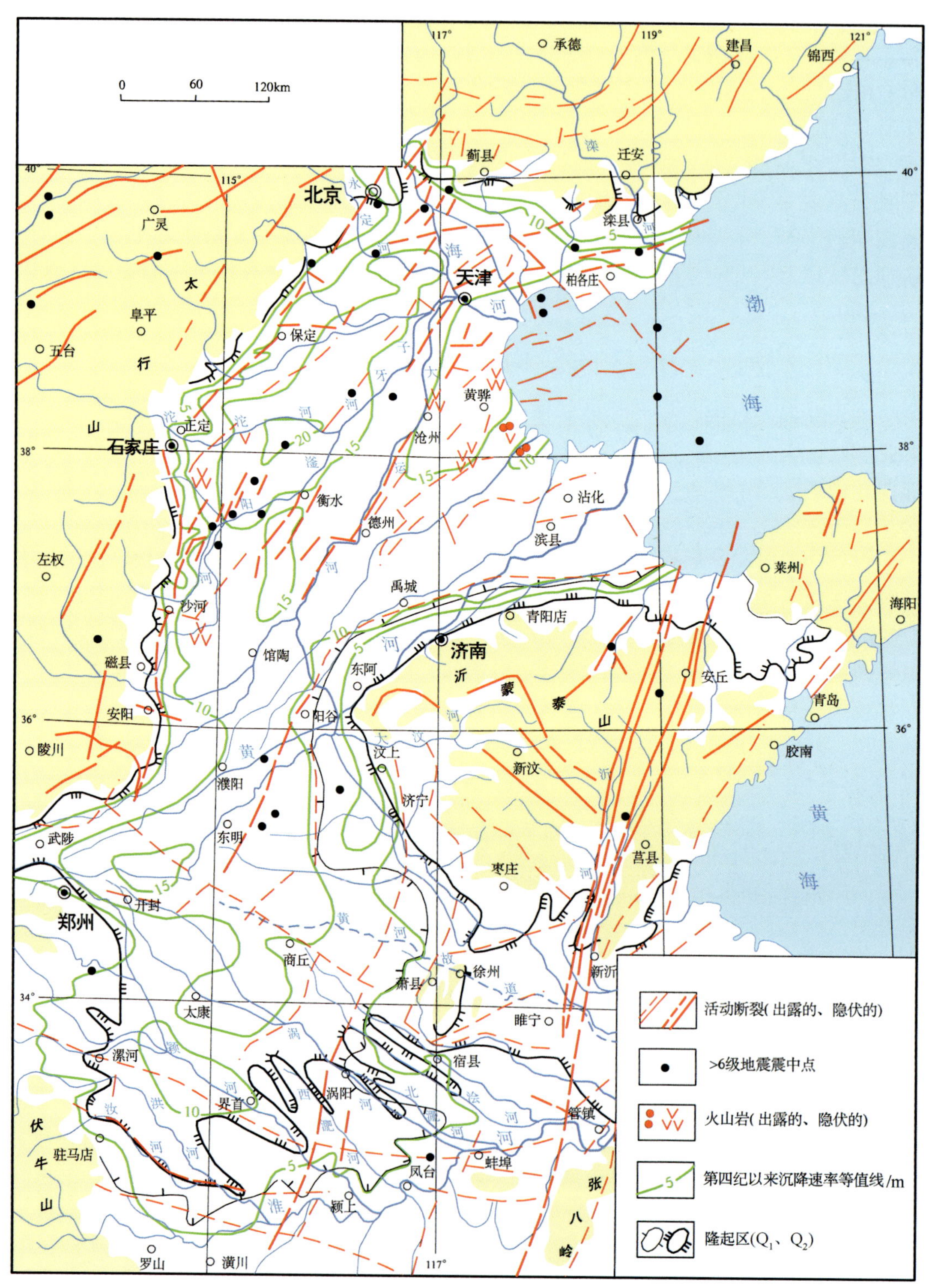

图 3-25 黄淮海平原新构造运动略图

（邵时雄、王明德，1989a）

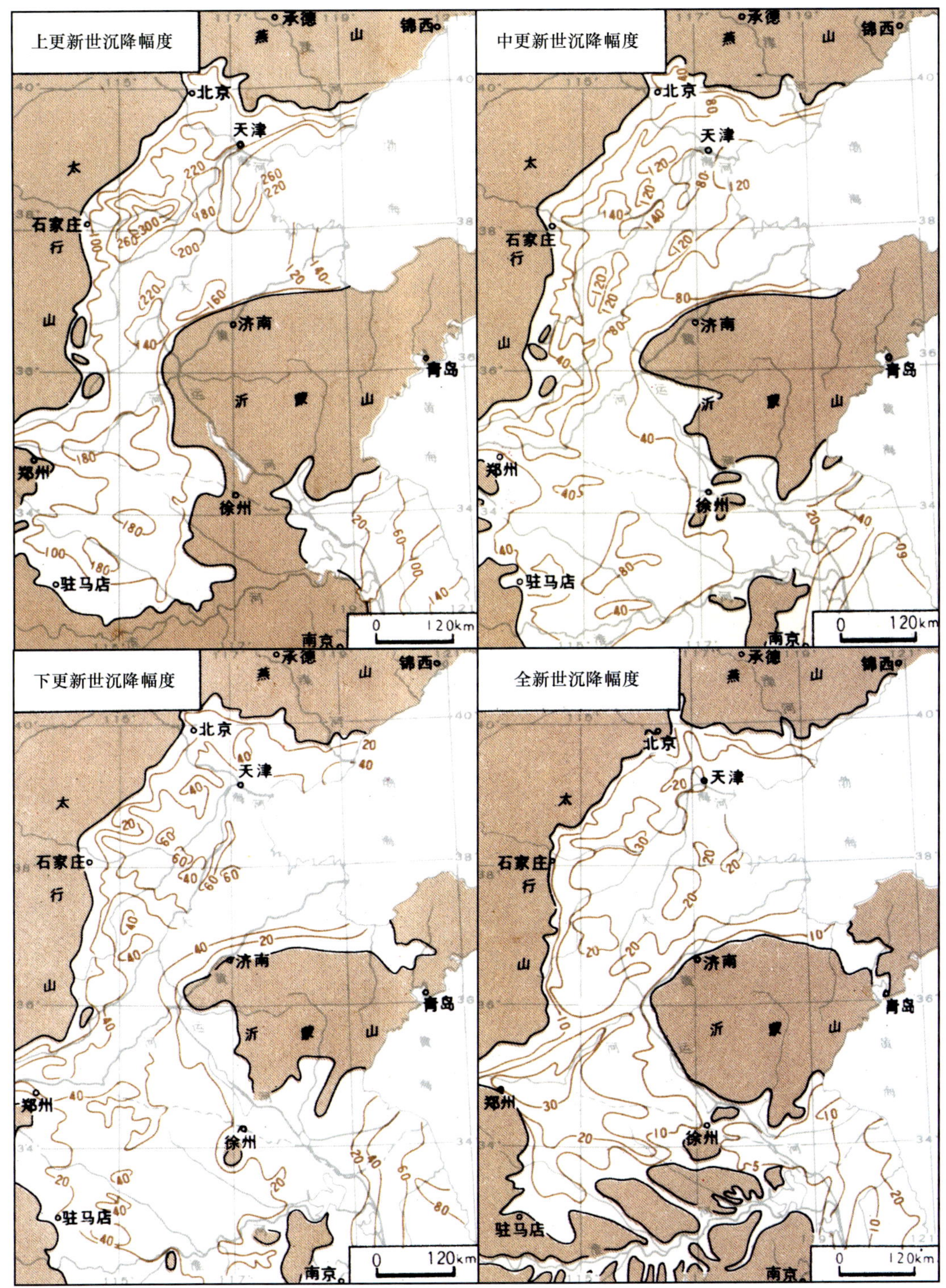

注：该图引自邵时雄、王明德（1989）文献中的“沉积厚度分布图”，注意到在忽略地层压缩量的情况下，该时期沉积厚度即可视为沉降幅度，故采用之

图 3-26　第四纪各时期沉降幅度（m）分布图

（邵时雄、王明德，1989a）

（3）呈现出北部沉降幅度和沉降速率大，南部小的特点。大致以商丘-新乡断裂为界，将黄淮海盆地分为南北两个不同构造体系。在第四纪，北部沉降幅度一般为 350～450m，平均沉降速率 17.3mm/a，南部沉降幅度 150～250m，沉降速率 11.6mm/a。同时，在盆地呈整体沉降的背景下，还呈现出凹陷区沉降幅度和沉降速率大于隆起区沉降幅度与沉降速率的特点（邵时雄、王明德，1989a）。

（4）自新构造运动以来，基底水平运动十分强烈，整个盆地内平均水平扭动速率一般为 60～120cm/10^3a，是垂直运动速率的 2～10 倍。

因此，就第四纪而言，黄淮海陆缘盆地新构造运动垂直和水平运动的特点和规律是：沉降表现为南部小北部大，老地层小新地层大，隆起区速率小拗陷区速率大，垂直运动速率小，水平运动速率大。地质界有人将其沉降特点概括为“南小北大”，“老小新大”，“隆小拗大”，“垂直小水平大”（邵时雄、王明德，1989a）。

华北陆缘盆地现代继续处在沉降的过程中，但也表现出了一些新的情况。在国家地震局测量大队根据 1951～1982 年精密水准测量编绘的中国现代地壳垂直变形速率图中，以昆仑山-秦岭-淮河平原（黄河冲积扇南翼）的北缘为界，其南部普遍上升，但速率不大，北部仍以继承性下沉为主。这一趋势也在黄淮海平原得到反映。如图 3-27（国家地震局，1989）显示，德州、禹城以南地区成为上升区，虽然上升速率小于 1mm/a；黄河以北地区仍表现出继承性沉降，尤以海河下游地区沉降速率最大，其中天津沉降速率达到 20mm/a（在该沉降速率的计算中已考虑了地下水超采引起的地面下沉效应），从而形成为黄河流路北移的地质背景。

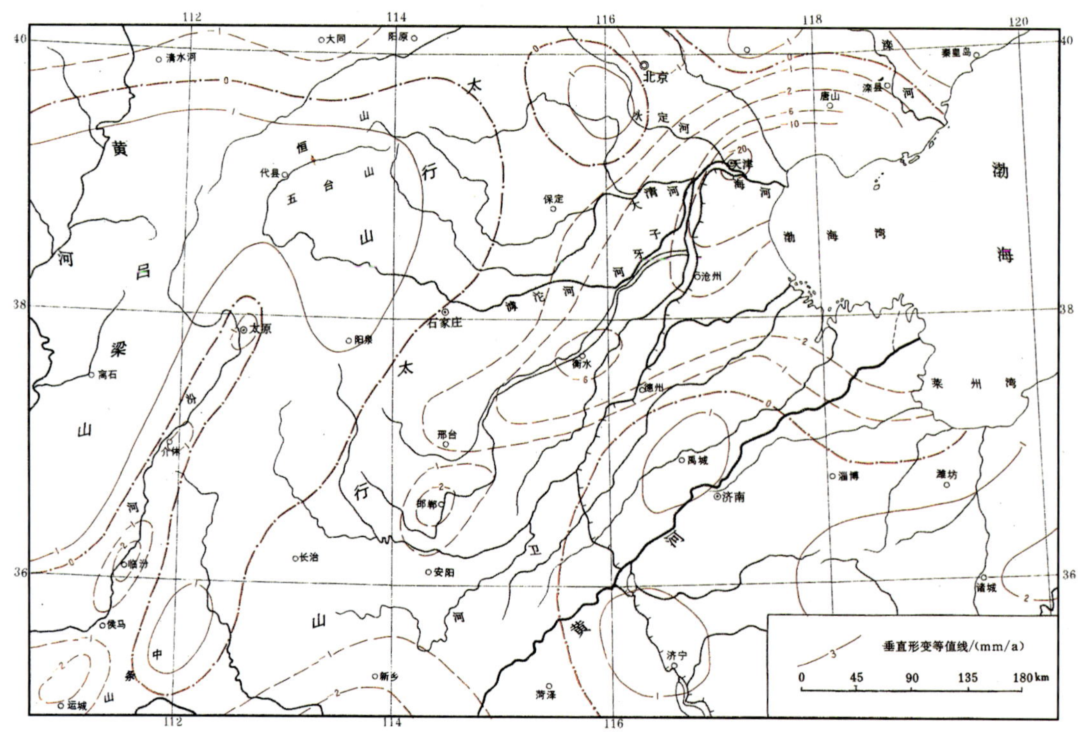

图 3-27　华北地区地壳现今垂直变形速率

（国家地震局，1989）

3.2.2 黄河下游地区的断裂构造

如前所述，在燕山运动后期，特别在喜马拉雅运动期间，华北地区发展为一个结构复杂的断陷盆地，盆地内分布着纵横交错的断裂构造，这些断裂构造将华北断陷盆地的基底分割成许多凹陷与隆起构造单元。新构造运动以来，随着太平洋板块以约 8cm/a 的速度向西俯冲（国家地震局，1989），中国东部陆壳在板块俯冲引起的拉张力作用下，使断陷盆地基底内的断裂在继承古近纪-新近纪构造的背景下，重新活跃或形成新的断裂构造。

华北陆缘盆地整体断裂分布概况已如前述。本节将讨论黄河下游地区的新构造断裂结构。黄河下游地区的新构造断裂分布如图 3-28 所示。由图可见，盆地主要受北北东、北东、北西和近东西向四组断裂控制。

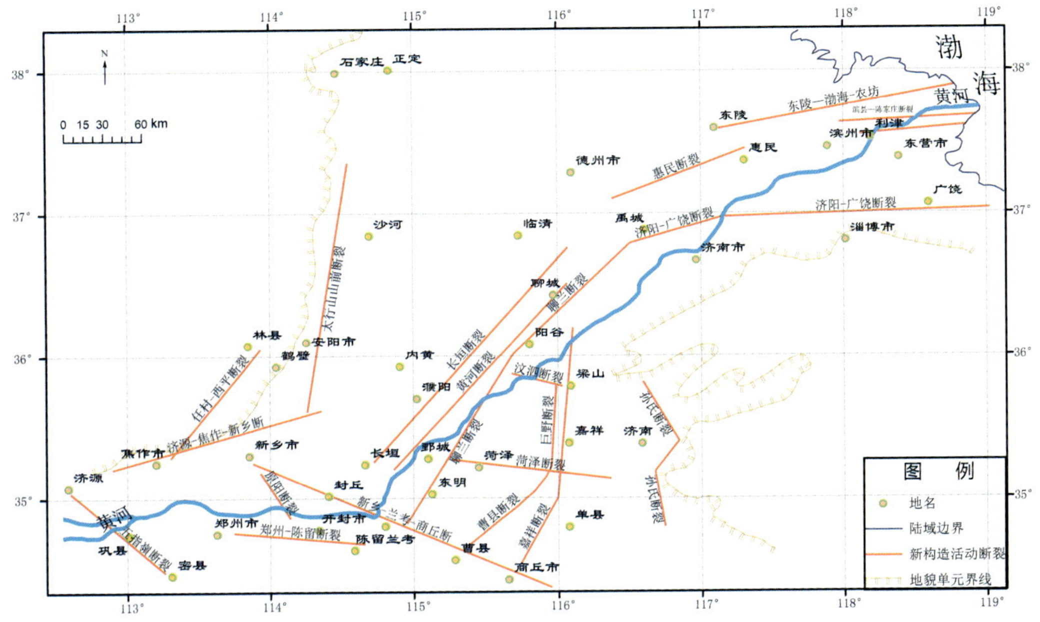

图 3-28 黄河下游地区新构造断裂分布

（刘国纬根据文献（叶青超等，1997；河南省地质矿产局，1989；山东省地质矿产局，1991）绘制）

北北东向和北东向断裂主要有太行山东麓断裂带，包括太行山山前断裂、济源-焦作-新乡断裂、任店-西罗平断裂、青洋口断裂（鹤壁-新乡）；聊城-兰考断裂带，包括聊城-兰考断裂、黄河断裂、长垣断裂。

北西西向断裂主要有新乡-兰考-商丘断裂、五指岭断裂（济源-密县断裂）、原阳断裂。

近东西向断裂在黄河下游地区北部主要有滨县-陈家庄断裂、济阳-广饶断裂，南部主要有汶泗断裂、郓城断裂、菏泽断裂、郑州-陈留断裂。

此外，还有一些走向有较大变化的断裂，如巨野断裂、曹县断裂、嘉祥断裂、孙氏店断裂等。

这些断裂控制了黄河下游地区基底的构造格局，对黄河下游河道发育和河防安全也有重要影响。主要表现在以下方面：

（1）几条主要断裂构成了黄河下游地区与周边地貌的分界线。如太行山东麓深断裂、泰安-大王庄断裂和孙氏店断裂，分别构成黄河下游平原与西部太行山脉和东部鲁西山地的边界。

（2）许多断裂构成黄河下游地区基底凹陷与隆起构造单元的分界线。例如，济阳-广饶断裂是临清凹陷与鲁西隆起的分界；惠民断裂是济阳凹陷与呈宁隆起的分界；长垣断裂是内黄隆起与东濮凹陷的分界；郓城断裂与菏泽断裂之间形成隆起；新乡-兰考-商丘断裂构成开封凹陷的北界与菏泽隆起相接，而郑州-陈留断裂构成开封凹陷的南界与通许（大庆）隆起相接；焦作-新乡断裂是济源凹陷与内黄隆起的分界。还有一些断裂，如黄河断裂，处于东明凹陷的内部，将东明凹陷分割成为更次一级的东西相对隆起、中间相对凹陷的马鞍形结构。在沂沭大断裂中段，四条近北东东向主干断裂（鄌郚-郭沟断裂、沂水-汤山断裂、安丘-莒县断裂等）形成中间为地垒、两侧为地堑的“两堑夹一垒”构造，而一些东西向、北西向尺度较小断裂与四条主干断裂相交，在沂沭断裂带形成若干次级断隆和断陷，更增加了黄河下游地区基底构造的复杂性。

由上可见，这些断裂不仅在宏观尺度上，而且在微观尺度上都控制着黄河下游地区基底的构造格局和发展。

（3）一些断裂或紧贴黄河河道走向，或多处与黄河河道相交。例如，五指岭断裂、原阳东断裂均呈北西向从巩县附近进入原阳附近穿越黄河，新乡-兰考-商丘断裂呈北西西向在兰考附近穿过黄河，菏泽断裂、郓城断裂、汶泗断裂均呈近东西向在菏泽、郓城、阳谷以西抵近黄河右岸，济阳-广饶断裂、滨县-陈家庄断裂呈近东西向在济阳和河口段的利津、垦利穿过黄河。这些与黄河相交的断裂通过基底构造影响黄河河道的长期流路，而且在断裂相交处容易发生地震，威胁黄河大堤安全。例如，1937 年 8 月 1 日的 7 级菏泽地震即发生在菏泽断裂与聊城-兰考断裂的交汇处，中心烈度达到 10 度。1948 年和 1983 年又在菏泽发生了 5.5 级和 5.9 级地震，震区的走向和该段黄河流向基本一致，对黄河大堤和河道带来很大破坏。从 1937 年 8 月至 1983 年 10 月 46 年间发生过 5.9～7.1 级强烈地震 4 次，表明该隆起地区新构造运动活跃（河南省地质矿产局，1989）。

第四节　黄河下游地区的沉积特性

4.1　第四纪沉积与黄淮海平原建造

在新近纪时期，华北（黄淮海）断陷盆地继承古近纪的沉降态势，继续整体沉降，盆地基底拗陷不断扩大和加深，为新近纪持续沉积提供了构造地貌环境。断陷盆地接受周边山体风化剥蚀和侵蚀物质，形成在盆地内广泛分布的以洪积-冲积相和湖相为主的沉积，构造了巨厚的古近系-新近系。古近系-新近系的北部厚度一般为 3000～4000m，如冀中凹陷、黄骅凹陷等；南部厚度一般为 1000～2000m，如济源凹陷、开封凹陷等；西部厚度一般为 1000～2000m，东部厚度可达 6000m，如临清凹陷的西部和东部，呈现出“北深南浅，东厚西薄”的分布特征。很显然，凹陷区的沉积厚度普遍大于隆起区的沉积厚度（张宗祜，2000）。

自第四纪早期以来，大约经历了 250 万年的持续沉积过程，在新近系之上形成了广泛分布的第四系，并对新近纪形成的古地理环境进行改造。如第三节中所述，黄河平原第四纪的沉降幅度与沉积厚度可互为印证，因此第四纪各时期的沉积厚度分布亦即为第四纪沉降量分布，如图 3-26 所示。

由图 3-26 可见，第四纪黄淮海平原沉积的特点是：

（1）在空间分布上，第四纪北部拗陷区沉积厚度一般为 350～450m，南部拗陷区一般在 150～250m，东部拗陷区一般在 300～400m，西部拗陷区一般在 150～200m；拗陷区沉积厚度大于隆起区沉积厚度。沉积厚度的地理分布呈现如古近系-新近系所显示的北厚南浅、东厚西浅、拗陷区厚隆起区浅的“三厚三浅”分布特征（邵时雄、王明德，1989）。

（2）第四纪至今存在的沉积厚度虽远不如古近纪-新近纪时期的沉积厚度，但其沉积速率平均为 $14cm/10^3a$，最大达 $35\sim67\ cm/10^3a$，远大于古近纪-新近纪的沉积速率 $5\sim11\ cm/10^3a$。从早更新世到全新世，虽然各时期沉积厚度存在早更新世厚度＞中更新世厚度＞晚更新世厚度＞全新世厚度的序列特点，但其沉积速率却表现出从早更新世到全新世逐渐加快的趋势。

这些特点从不同侧面反映了新构造运动逐渐趋向活跃的动态特征和对沉积的影响。

第四纪是中更新世以来黄淮海平原的主要建造时期（刘明光，1984），其形成过程大致如图 3-29（邵时雄、王明德，1989a）所示。

由图 3-29 可见，黄淮海平原在第四纪的形成过程大致可以分为四个阶段。第一阶段（Q_1），即早更新世时期（距今 250 万～70 万年）。当时盆地内广泛发育大型湖泊，不断接受来自四周山地风化剥蚀、侵蚀的物质在盆地内堆积，源自周边山地的河流分布稠密而短小，湖相和洪积-冲积相沉积在湖区和周边发展。第二阶段（Q_2），即中更新世时期（距今 70 万～15 万年）。这一时期周边山地河流继续携带大量泥沙、碎石等在湖区沉积，同时湖盆由于不断被淤积充填而变浅、缩小并开始分裂成许多小的湖泊，大湖趋于萎缩，而河流因不断向湖区延伸而快速发育。这一时期最重要的事件是，黄河三门峡被切穿，黄河携带大量中游泥沙进入平原，并开始建造早期黄河冲积扇。第三阶段（Q_3），即晚更新世时期（距今 15 万～1.0 万年）。这一时期统一的大湖泊已经解体，分解成了沿鲁西南山前洼地和沿大别山北麓山前洼地分布的两片湖群；黄河冲积扇不断向前推进，覆盖范围发展到极盛，古黄河的多股流路汇入古渤海；黄河携带的大量泥沙加快了黄淮海平原的建造，作为黄河冲积扇南翼的淮河平原和北翼的海河平原已具规模，苏北平原也加速向东推进。第四阶段（Q_4），即全新世时期（距今 1 万年以来）黄河以大河的气势和巨大的堆积功能，作为黄淮海平原的主要缔造者，成就了黄淮海平原今日的面貌。

由上述可见，黄淮海平原的建造，是在以黄河贯通为主要因素的统一的地质过程和古地理环境中实现的。

4.2 黄河冲积扇

4.2.1 黄河冲积扇的形成与演变

黄河下游冲积扇是自黄河全河贯通以来，黄河携带大量泥沙在黄河下游地区堆积形成的主要地貌形态，它构成了黄淮海平原的主体。

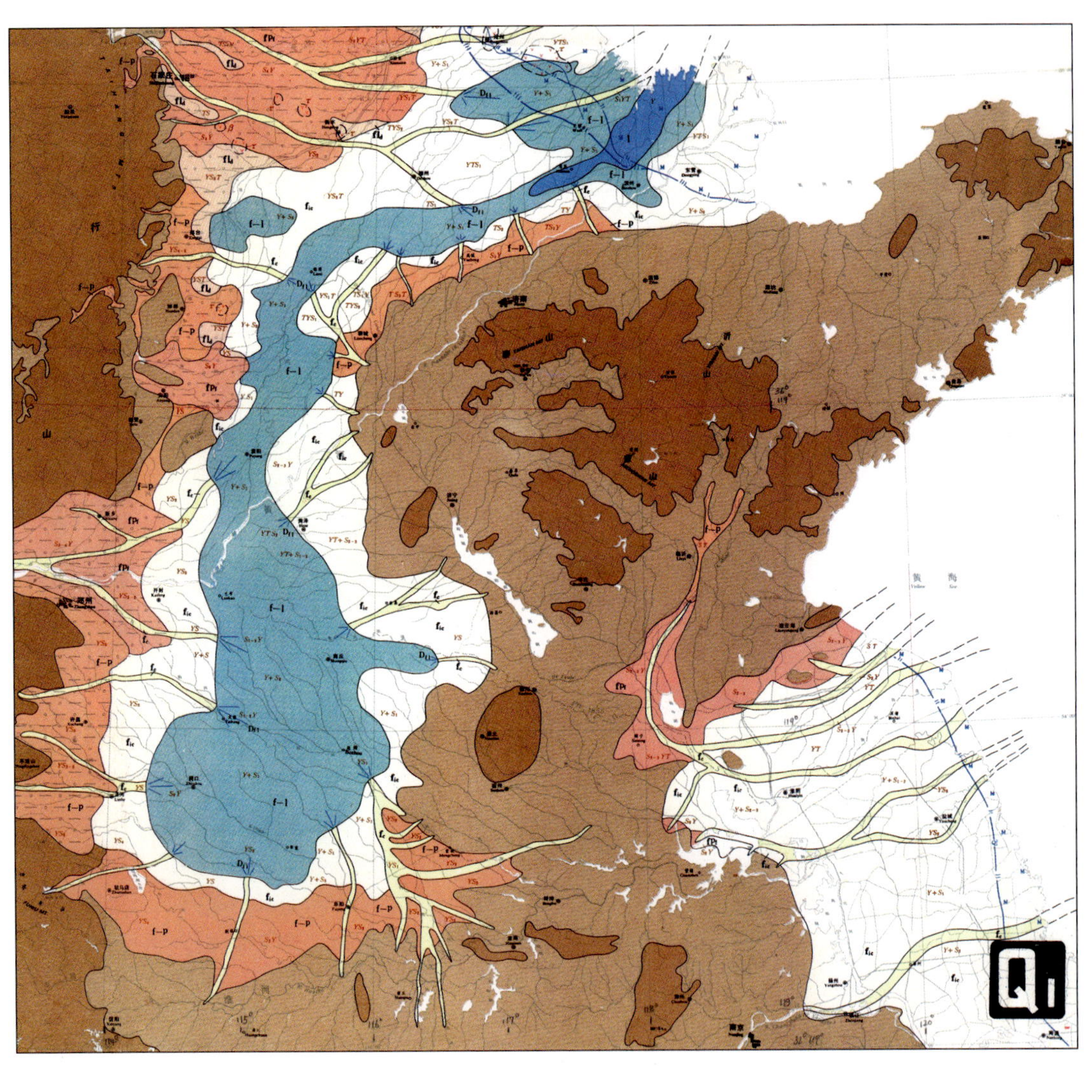
Q1

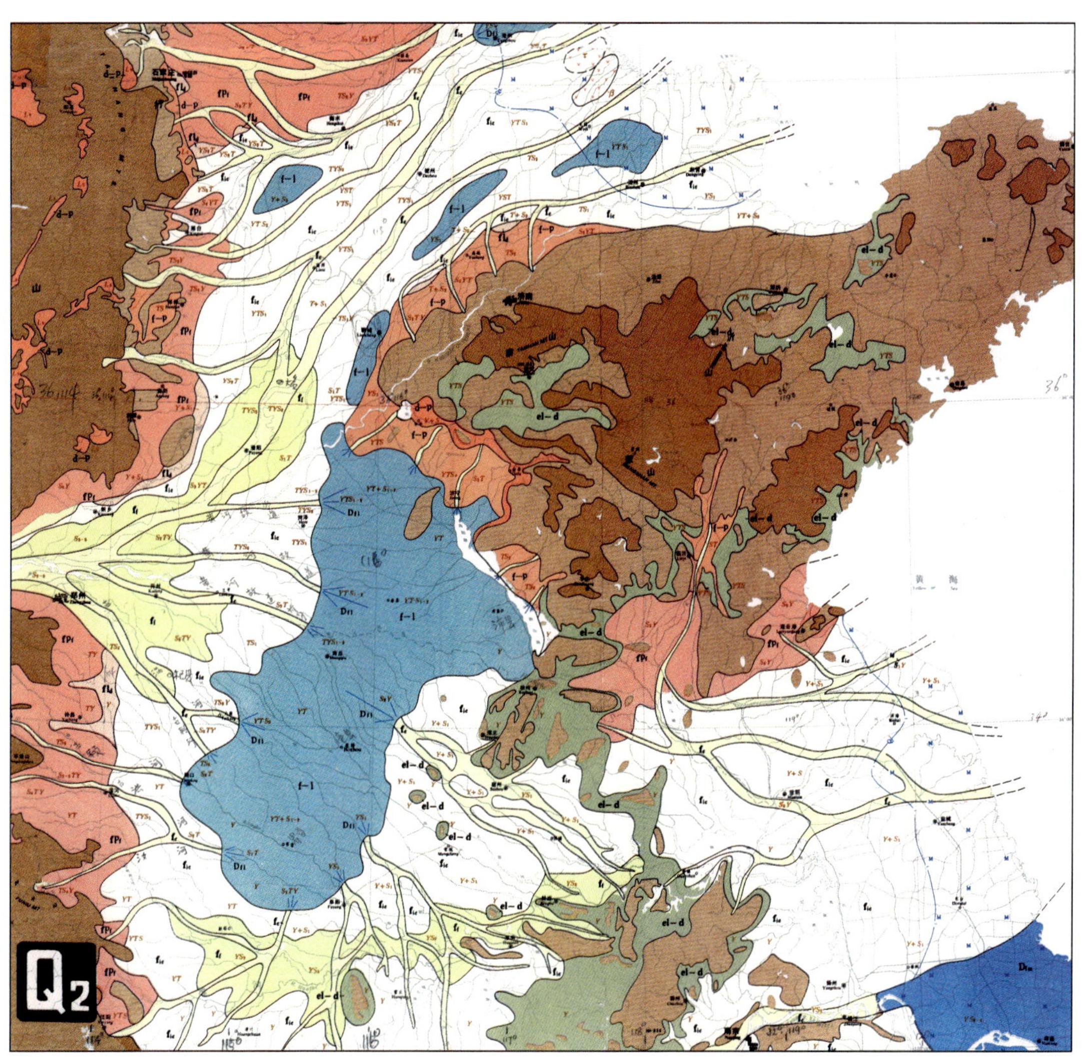
Q_2

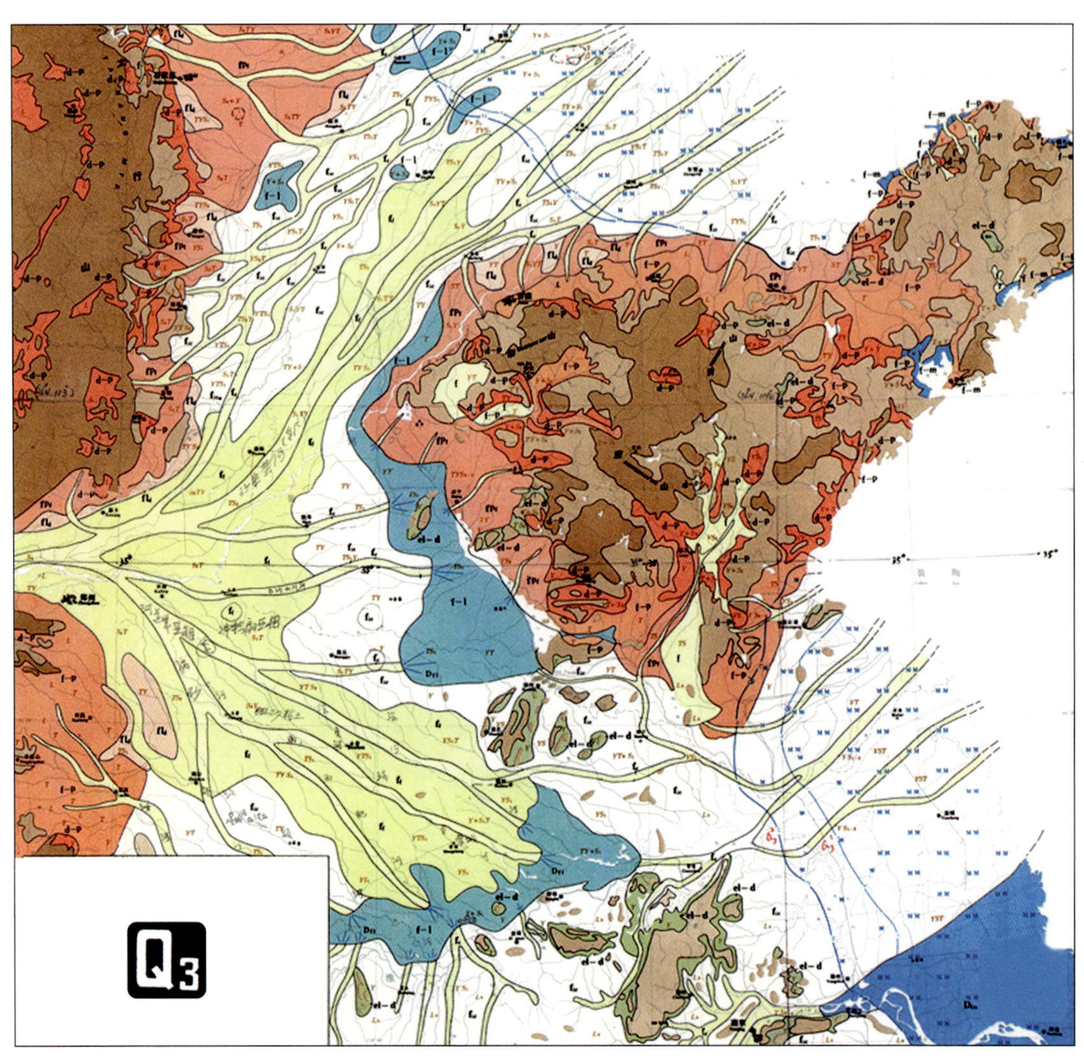
Q3

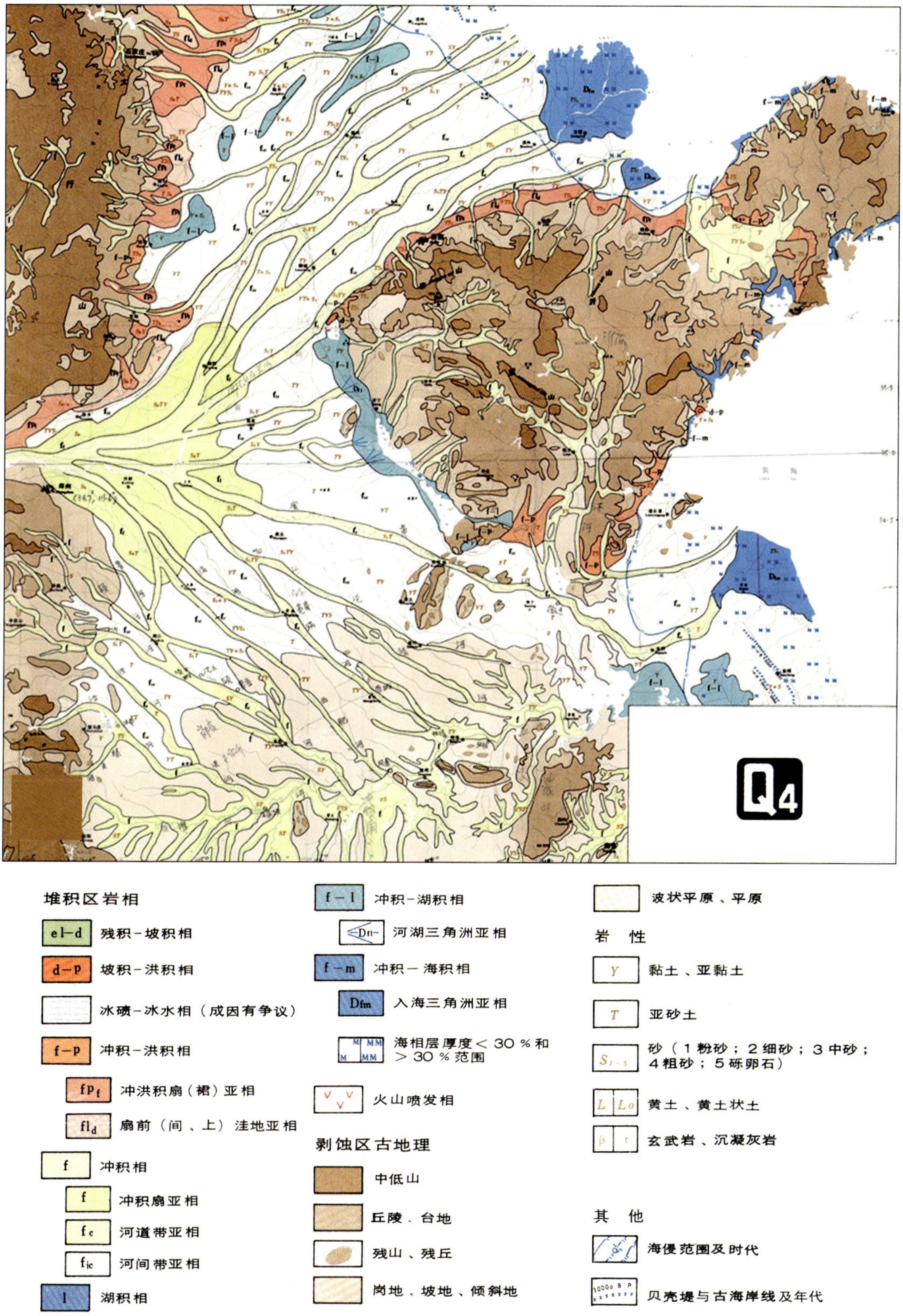

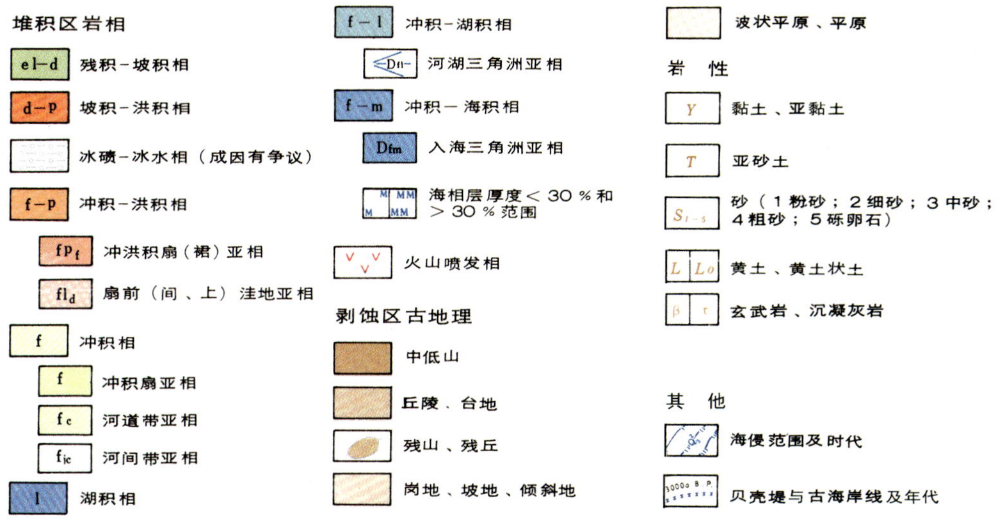

图 3-29　黄淮海平原形成过程

（邵时雄、王明德，1989a）

正如前述，图 3-29 展示了黄河冲积扇的形成与演变过程。从图 3-29 中可见，在中更新世末期，黄河切穿三门峡，出孟津后在太行山和嵩山山麓之间摆动，携带大量泥沙在出山口外地区堆积，开始了营造黄河冲积扇的过程。如图 3-29 Q_2 所示，当时冲积扇北翼最远已达河北省大名，南翼达河南省杞县，东边界已超过开封，顶点在坡头一带。这一时期黄河出山口后呈多支辐射状分流或漫流状态，其主河道从出山口后向北流，经河北大名、馆陶、临西、故城、吴桥、南皮，由黄骅注入当时仍处于雏形期的渤海，这一流路的方向主要是受控于北东向新构造断裂活动的结果。

进入晚更新世后，即自距今约 15 万年的晚更新世晚期，黄河冲积扇在中更新世的基础上有了更快的发展，并在晚更新世晚期达到最大规模。这一时期北翼北缘超过河南省内黄、清丰，山东省聊城、鄄城、东明；南翼前缘已达安徽省淮南、蚌埠。冲积扇主体前缘东达山东省曹县、定陶附近；扇顶在此期间逐渐由前缘坡头向孟津、武陟、铜瓦厢等地东移。

进入全新世，冲积扇的发展出现了新的情况。其一，在早全新世和中全新世时期（距今 1.0 万年至 3000 年），燕山、太行山、伏牛山、大别山和鲁西山地加快隆升，带动黄淮海平原周边广大地区也相继抬升，并发育了一系列黄土台地，限制了冲积扇的发展。这一时期，无论冲积扇北翼的海河平原还是南翼的淮北平原均呈缩小趋势，冲积扇的顶点摆动频繁，并随时间推移逐渐向晚更新世时期冲积扇顶点方向退缩。这一时期，不少山前地带的晚更新世扇面遭到剥蚀。其二，进入晚全新世时期（距今约 2500 年以来），由于黄河下游大堤逐渐修筑，黄河下游不能继续通过自由摆

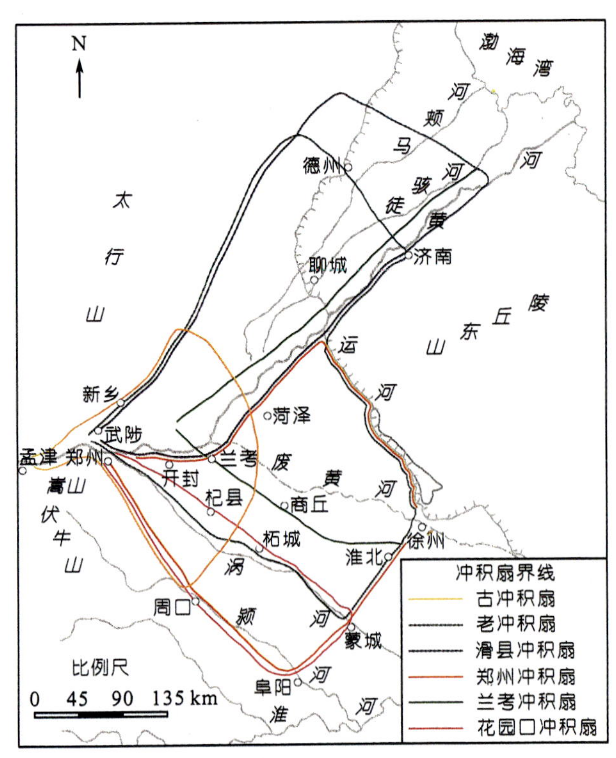

图 3-30　黄河下游冲积扇略图

（刘国纬，2011；冯大奎、张光业，1988）

动将泥沙散布于下游平原，而被约束在大堤形成的河道内，每易形成决溢泛滥，并伴随决溢形成新的冲积扇。此类冲积扇的形成按时间大致可概括为三期：第一期，即公元前278至公元1194年屡次向北泛滥沉积形成的冲积扇，顶点位于沁河汇入黄河处的武陟县；第二期，即于1194～1855年期间形成的冲积扇，也称兰考冲积扇，顶点在兰考附近，范围包括范县、濮阳、长垣、封丘、兰考、睢县、柘城和永城地区；第三期，即1938～1947年花园口人为决口形成的冲积扇，也称郑州冲积扇，顶点在花园口，范围包括中牟、通许、太康、鹿邑一线以西及郑州祭城、中牟、姚家、尉氏、扶沟、逍遥镇、商水、项城一线以东地区。

根据上述黄河下游冲积扇的形成和演变过程与特点，地学界一些作者常将黄河冲积扇概括为三种类型：即古冲积扇，是指在中更新世末和晚更新世时期形成的冲积扇；老冲积扇，是指全新世早期和中期形成的冲积扇；现代复合冲积扇，是指在全新世晚期以来形成的冲积扇，如图3-30（刘国纬，2011；冯大奎、张光业，1988）。

4.2.2 黄河冲积扇地貌和物质组成

黄河冲积扇在发展过程中，由于受到鲁西山地的阻碍，并未在冲积扇前缘形成统一连续的扇形弧线，而是分别形成南北两片冲积扇面。北片与太行山东麓山前冲洪积平原相接，成为海河平原的主体；南片与伏牛山、大别山北麓冲积扇形成的山前地带相接，形成了淮北平原和沿淮河的湖群和洼淀。

冲积扇中部前缘与鲁西山地冲洪积扇前缘相交接，交汇地带逐渐形成了山东境内的北五湖、南四湖和沿湖洼地。

冲积扇从出山口分别向南、北和东三个方向倾斜。扇顶部位是山前平原与丘陵台地相接的地带，高程不超过100m。向东倾斜，坡度从1/300逐渐降为1/1000至1/3000。南片向东南方向倾斜，平均坡降约1/5000；北片向东北方向倾斜，平均坡降约1/6000，前缘高程不足10m。冲积扇脊线和南片与北片的扇面纵剖面形态均呈上坳形曲线，十分有利于泥沙堆积、展布和冲积扇的建造。

在黄河冲积扇南片，即淮北平原地区，自晚更新世末期以来存在阶段性沉积间断，遭受剥蚀，在涡河、颍河与淮河干流之间的地区广泛出露中晚更新世地层，其余地区存在全新世早、中、晚期的沉积，其埋藏地貌与物质组成如图3-31a所示。由图可见，该地区浅埋藏（距地表30m以内地层）（邵时雄、王明德，1989）地貌类型主要有：①冲洪积扇，多分布在平原周边各出山口前，扇的上部一般呈砂与亚砂土二元结构，砂层百分比大于30%，从扇顶到扇前缘由粗变细，层次由少变多，单层厚度由大变小，规律明显。②古河道密集带，广泛分布于扇的中下部（冲积平原）至扇的前缘，呈条带状分布。古河道密集带内的河道呈带状微高地分布，其间有一系列洼地，构成“岗、坡、洼”等微地貌。古河道带附近散布有决口扇、风成沙丘或沙地。古河道带地层呈中细砂、粉细砂、亚砂与亚黏土互层结构，含沙比大于20%。③古河间带，是冲积扇面上河道密集带之间的地带，呈条带状分布，地势较为低平，其间有一些古河道带的残留丘岗和洼地。主要物质组成是亚砂土与亚黏土互层，含沙比小于20%，有发育较好的古土壤和淋溶淀积层。④洼地，分布在扇前、扇间和黄河冲积扇与周边山地洪冲积扇交接的地区。物质组成主要为亚黏土、黏土和淤泥层，含沙比小于15%或更低。

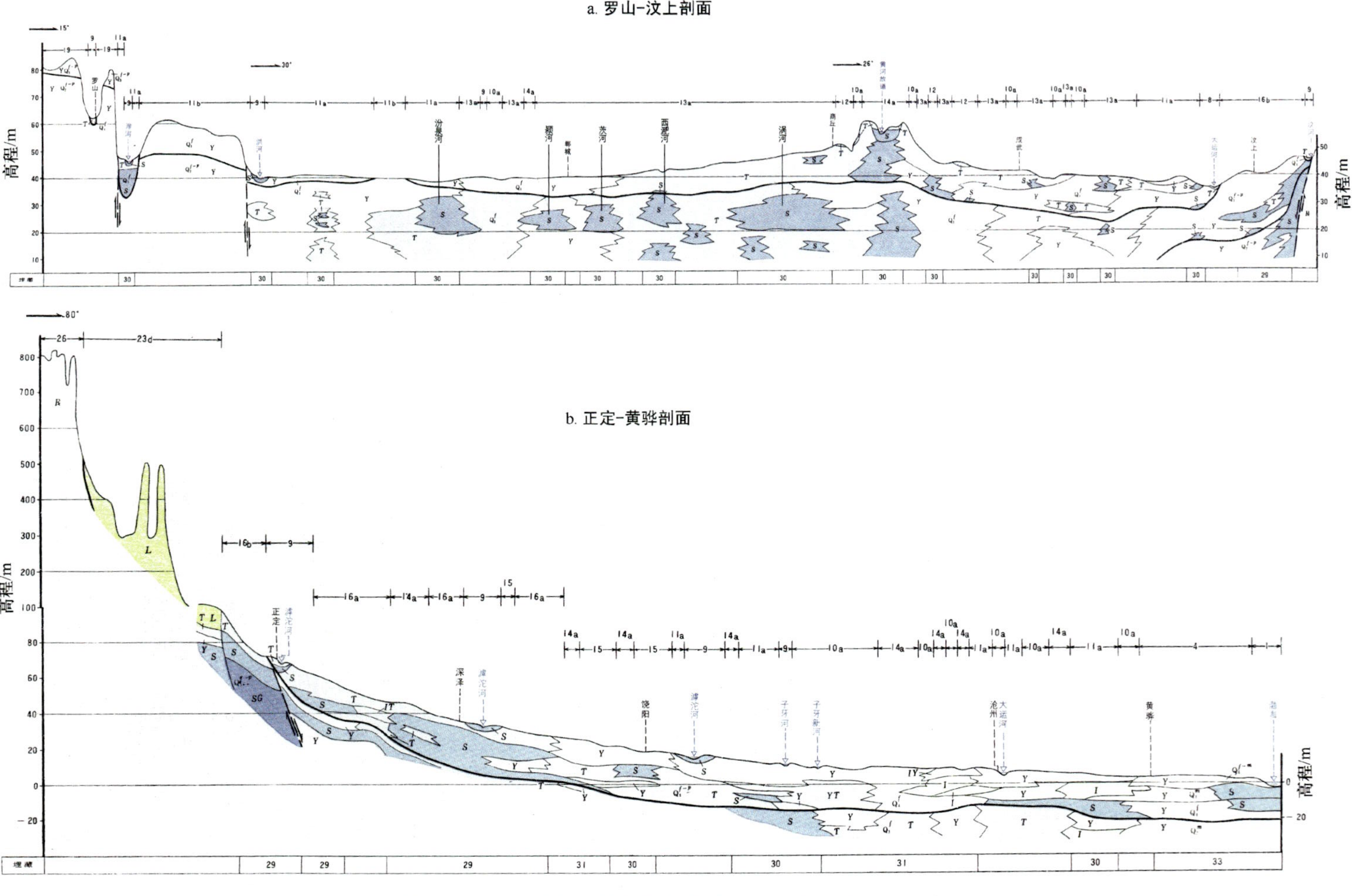

图 3-31　黄河冲积扇地貌及其物质组成（图例同图 3-29）

（邵时雄、王明德，1989a）

在黄河冲积扇北片，即海河平原南部地区，自更新世以来一直处于沉降过程中，30m深度之内的浅埋藏地貌主要处于全新世地层中，其地貌与物质组成如图 3-31b 所示。由图可见，主要地貌类型有：①冲洪积扇，主要分布在太行山东麓山前平原一带。②古河道密集带，表现为古河道高地与微高地；湖沼、洼地，主要沿滹沱河冲积扇分布。黄河冲积扇北片的物质组成，在山前冲洪积扇以砂与土组合为主，在古河道密集带多为细砂、粉砂和亚砂土等沉积，在扇面平坡地以亚黏土和亚砂土为主，在扇前洼地主要是亚黏土和黏土（邵时雄、王明德，1989a）。

黄河冲积扇的地貌特征及其物质组成，对冲积扇上河流的发育具有巨大的影响，使其上的河流呈堆积性河流的基本属性。

4.2.3 河口三角洲

黄河河口三角洲是黄河下游地区另一重要沉积地貌类型。自晚更新世黄河贯通时起，黄河下游在建造冲积扇的同时也开始了河口三角洲的建造，不过经历多次海侵与海退，使那一时期的河口三角洲已难觅踪迹。本节将仅讨论近 5000 年来河口三角洲的演变概况。近 5000 年来，由于黄河下游河道不断迁徙，以及尾闾的频繁变化，使黄河河口三角洲先后展布于沿渤海与黄海海岸地带。按三角洲所在位置及形成时期，通常分别称其为老三角洲、废黄河三角洲和现代复合三角洲。

（1）老三角洲是指在公元前 3000 年至公元 1128 年期间，黄河从天津、沧州、黄骅一带入渤海，在渤海海岸带建造的三角洲。老三角洲以天津为顶点，三角洲地面整体向渤海倾斜，目前在渤海湾西岸发现的贝壳堤大致可以表示它当时的位置和范围（参见图 5-31）。其中：Ⅰ堤，分布在蛏头沽—海河口—歧口一线，形成于距今 500～700 年；Ⅱ堤，分布在白沙岭—泥沽—歧口—狼坨子一线，形成于距今 1100～2500 年；Ⅲ堤，分布在张贵庄—巨葛庄—沙井子—黄骅县常庄一线，形成于距今 3000～3800 年；Ⅳ堤，分布在固居—苗庄一线，形成于距今 4000～5200 线。自 1128 年黄河开始夺淮之后，老三角洲逐渐停止了发展，并开始了海蚀过程。近一个多世纪以来，由于地壳下沉和缺少黄河泥沙补给，老三角洲海岸带大部分已经侵蚀后退。据 1954～1987 年测量数据，海岸线后退速率为 1.6～11.3m/a。老三角洲形成的地质基底是华北拗陷盆地的黄骅凹陷和渤海盆地，第四纪以来，这一地区一直是华北沉降速率最大的地区。目前，老三角洲地区仍处在继续沉降中，根据 1951～1982 年华北地区地壳垂直变形测量数据，天津地区沉降速率达 34mm/a。结合全球变暖引起的海平面上升，可以判断老三角洲将进一步加速海蚀和海侵过程。

（2）废黄河三角洲是黄河于 1128 年至 1855 年期间在黄海江苏海岸带形成的三角洲。其顶点位于云梯关，北翼至灌河口一带，南翼至阜宁—大丰—弶港一线，面积 0.7 万 km^2，范围如图 3-32（蔡明理、王颖，1999）所示。废黄河三角洲的形成过程大致可以分为两个阶段。第一阶段为 1128～1578 年。1128 年黄河在今河南省李固渡决口，泛水南流入江苏与安徽北部，形成许多股流路漫流于泗河（今山东）与颍河（今河南）之间地区，大部分泥沙堆积于宽达 250km 的广大平原上，只有少部分水沙仍流入渤海。到 1194 年黄河从泗河夺淮时，仍有 20%～30%水沙入渤海，而 70%～80%泛水取道泗河经淮河入黄海。因此，这一阶段废黄河三角洲发展缓慢。第二阶段是 1578～1855 年。1578 年在徐州与淮阴（今淮安市淮阴区）之间修筑堤防，一方面截断黄河北流分支入渤海的流路，同时将黄河约束在固定的河道中送入黄海，此时期黄河全部水沙汇入黄海，因此自 1578 年以后，废黄河三角洲迅速伸展。自 1128 年黄河夺淮至 1855 年北归渤海的 728 年间，废黄河向黄海延伸了 88km，其中后期 278 年（1578～1855）河口延伸了 73km，占总延伸长度的 83%。1578～1591 年间延伸速率平均达 1540m/a。1591～1858 年后延伸速率逐渐减小，平均为 200m/a。1128～1494 年间平均每年造陆 3.2km^2，1494～1855 年平均每年造陆 15.51km^2。废黄河河口向黄海延伸过程如图 3-33（任美锷等，1994）所示。

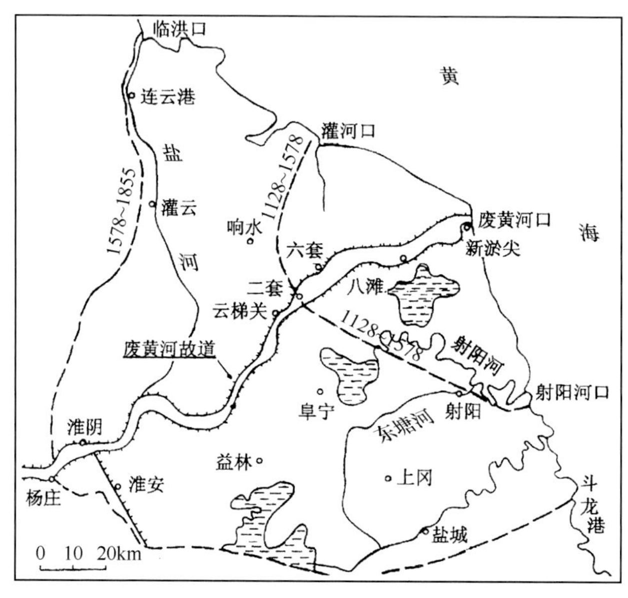

图 3-32　废黄河三角洲范围

（蔡明理、王颖，1999）

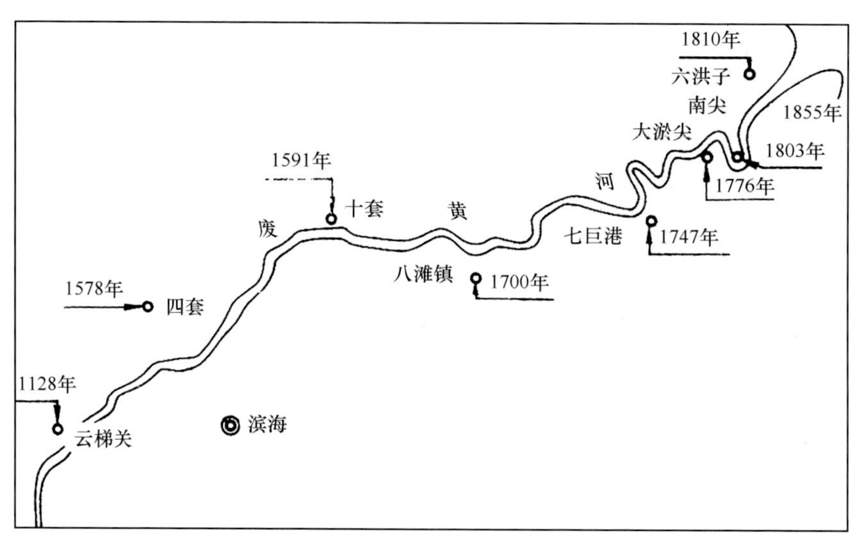

图 3-33　废黄河河口向东延伸过程

（任美锷等，1994）

由上述可见，废黄河三角洲主要是1578年以后堆积起来的。1855年黄河在铜瓦厢决口北归渤海后，废黄河泥沙来源断绝，在风浪和海流作用下，海岸从过去的延伸转变为侵蚀后退，废黄河三角洲进入海蚀过程。据估计，黄河自1855年北归后，废黄河口已失去陆地面积1400km^2，其间于1923～1969年海岸线年均后退80～90m，目前蚀退速率为60m/a，1855年时为陆地的一部分现已成为大海。

废黄河三角洲沿岸的海流主要自北而南，因此废黄河三角洲被侵蚀的泥沙入黄海后被海流携带向南，堆积于江苏沿海，加速了苏北沿海大平原的建造。废黄河三角洲的地质基底构造是苏北凹陷及部分淮响隆起区，这一地区第四系分布广泛，发育较全，从南到北呈北西向排列有由粉细砂组成的砂坝和沙岛，其间分布着由黄河携带来的亚砂土和粉砂。地势平坦，海拔一般在2～3m以下，高处不超过5m。沿废黄河故道，特别在海滨附近，常见决口扇错落分布。

（3）现代黄河三角洲。现代黄河三角洲是指1855年黄河在兰考县铜瓦厢改道北流，夺大清河入渤海至今形成的三角洲。它是在黄河下游河道变迁与尾闾摆动，并在渤海湾海域水文特性共同作用下形成的。关于尾闾摆动与渤海湾水文特性等将在下一节“黄河下游河道特性”中阐述。这里将简要介绍现代三角洲的地质地貌概况与演变规律。

现代黄河三角洲的范围包括以宁海为顶点，北起套尔河，南至支脉河（也称支脉沟）的河口，为面积约6000km^{2}的扇形地区，大致包括1855年改道夺大清河入渤海以来，入海流路摆动的范围。地形的总趋势呈自西南向东北朝渤海湾与莱州湾之间海面倾斜（水利部科学技术委员会，2010）。三角洲顶部海拔约8m，轴线上段海拔8～6m，向近海岸逐渐降低至3～2m，平均坡度0.1‰～0.15‰。三角洲如一把折扇，以放射状古河道高地为骨架，其间分布着河间洼地和呈带状分布的小型冲积平原和决口扇，使三角洲呈现在横向上波状起伏、纵向上古河道高地与河间洼地平行展布的独特地貌形态（蔡明理、王颖，1999）。

现代水下三角洲处于低潮线与海面以下10～15m等深线范围内，轴向伸展长度约25km，平均坡度约2‰～4‰，面积约150km^2（耿秀山等，1992）。水下地貌主要有拦门沙、汊河道、远端沙坝、席状沙、烂泥湾等。就整个黄河水下三角洲而言，处于此冲彼淤的状态。

现代黄河三角洲形成至今仅140年，是一个非常年轻的三角洲。其基底形态呈北西走向堆积现代沉积物，沉积厚度分布见图3-34（蔡明理、王颖，1999；李栓科，1992）。现代黄河三角洲是以河流作用为主形成的三角洲，沉积物几乎全部是黄土经河流搬运-沉积作用所形成的。沉积物颗粒细，以粉砂黏土为主，成分有与黄土相似的物质组成特征，表现为重矿物含量低，轻矿物含量多，普遍含有碳酸盐矿物和云母类矿物等（蔡明理、王颖，1999）。

现代黄河三角洲是黄河尾闾河口段历经淤积—延伸—摆动—改道过程，将泥沙按一定规律展布于河口地带形成的。当一次淤积—延伸—摆动—改道完成后，又会在新的基础上进行新一轮淤积—延伸—摆动—改道，如此不断循环，使入海口不断更换位置，海岸线不断外移，河口三角洲随之不断扩展。自1855年以来，三角洲上共发生11次改道。由此形成现代三角洲的过程见图3-35（冯大奎、张光业，1988）。从图3-35中可见，①～

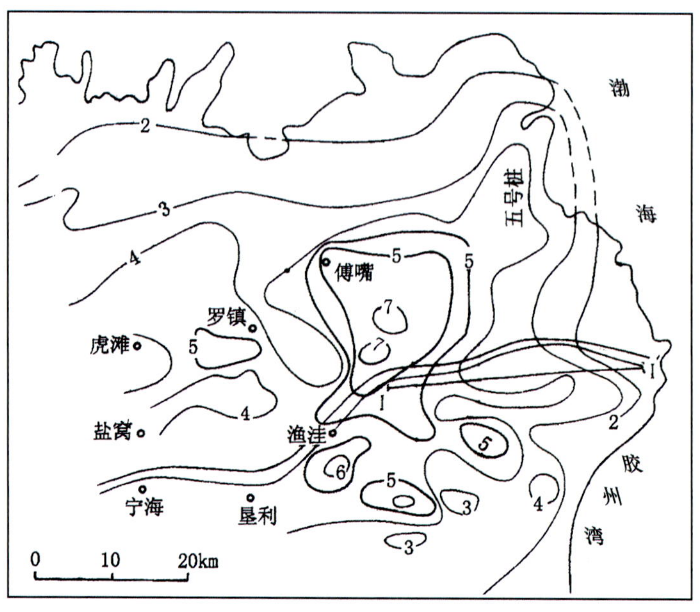

图 3-34 现代黄河三角洲沉积厚度（m）分布图

（蔡明理、王颖，1999；李栓科，1992）

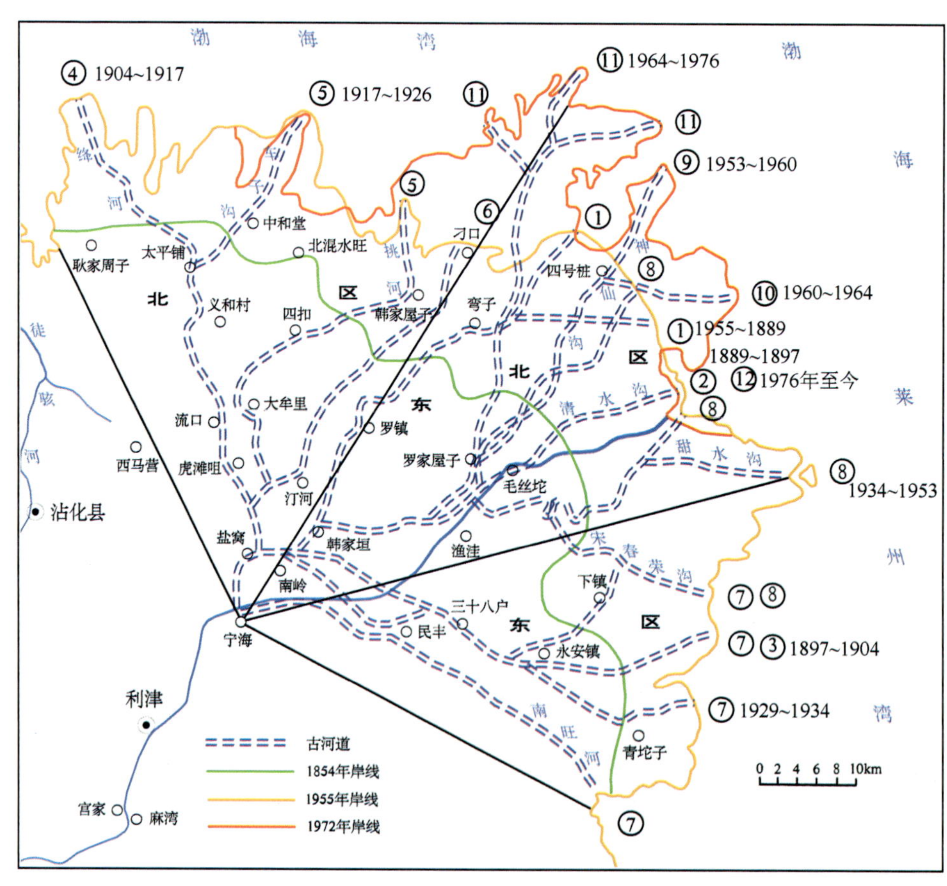

图 3-35 现代黄河三角洲形成过程图（1855～1976）

（冯大奎、张光业，1988）

⑦次改道以宁海为顶点，河道迁移方向是先向东北，随后向北，再向东南，最后大致回到第一次故道的位置，历时 83 年完成了一次大循环。在这一大循环中，分别于 1855～1904 年、1904～1929 年、1929～1938 年形成三个小三角洲，它们共同构成了以宁海为顶点的宁海三角洲，亦即黄河现代三角洲的第一个亚三角洲。在第⑧～⑪次改道期间，三角洲的顶点于 1938 年由宁海下移至渔洼，河道依然遵循按东北、北、东南方向顺序迁移，形成以渔洼为顶点的 3 个次一级的亚三角洲，即 1938～1963 年尾闾故道形成的三角洲，1964～1967 年尾闾向东北方向摆动形成的次一级亚三角洲，1968 年至今向东南方向摆动正在形成的第 3 个次一级三角洲，即清水河三角洲。它们共同构成以渔洼为顶点的亚三角洲。不过，现代三角洲的形成过程正在越来越多地受到诸如裁弯、人工分流及其他工程等人类活动的影响。

不少学者将现代三角洲的形成过程概括为几种模式。例如，“大循环模式”（庞家珍、司书亨，1979；周志德，1980），“级联模式”（蔡明理、王颖，1999）。参见图 3-36。在笔者看来，这些模式虽未必十分确切，但它却反映了现代黄河三角洲的形成与演变规律，而且也可视为废黄河三角洲、老三角洲的形成规律，甚至可以视为黄河冲积扇形成过程的一个概念过程。

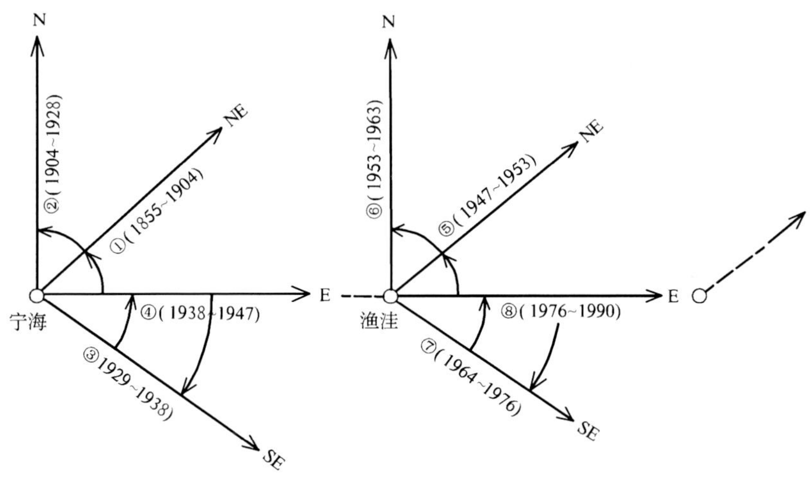

图 3-36　黄河三角洲发育级联模式

（刘国纬在冯大奎、张光业（1988）、叶超青等（1990）成果基础上绘制）

第五节　黄河下游河道特征

如前几节所述，黄河切穿三门峡后，便由中国地势的第二级阶梯进入到了第三级阶梯，并建造了华北平原。在本区域内，第二级阶梯主要由鄂尔多斯高原和黄土高原组成，在地质构造上属华北台隆，至今仍处于隆升状态；第三级阶梯为华北平原，在构造上属华北陆缘盆地，至今仍处在沉降中。黄河流经这两个构造性质截然不同的构造单元，其水动力作用也迥然不同，在鄂尔多斯高原和黄土高原主要表现为侵蚀和搬运，而在华北平原上主要表现为搬运和堆积。自黄河下游贯通 15 万年以来，这种侵蚀、搬运、堆积的水动力作用从未停止，今后还将继续进行。正是在这样的宏观地质背景下，赋予了黄河下游河道的鲜明特性。

5.1 下游河道的改道与迁徙特性

华北平原上广泛分布着许多古河道，如图 3-37。图中分别是浅埋地下 35～20m 深的更新世晚期至早全新世的古河道，浅埋地下 20～8 m 深的中全新世古河道和浅埋地下 8 m 至地面的晚全新世古河道。这些古河道是全新世以来黄河流路变迁的地质地貌记录，是黄河下游河道迁徙的直接证据。表明在还没有受到人类活动影响的地质历史时期里，黄河下游从来就是呈现多条流路并存和流路不断变迁的自然状态。

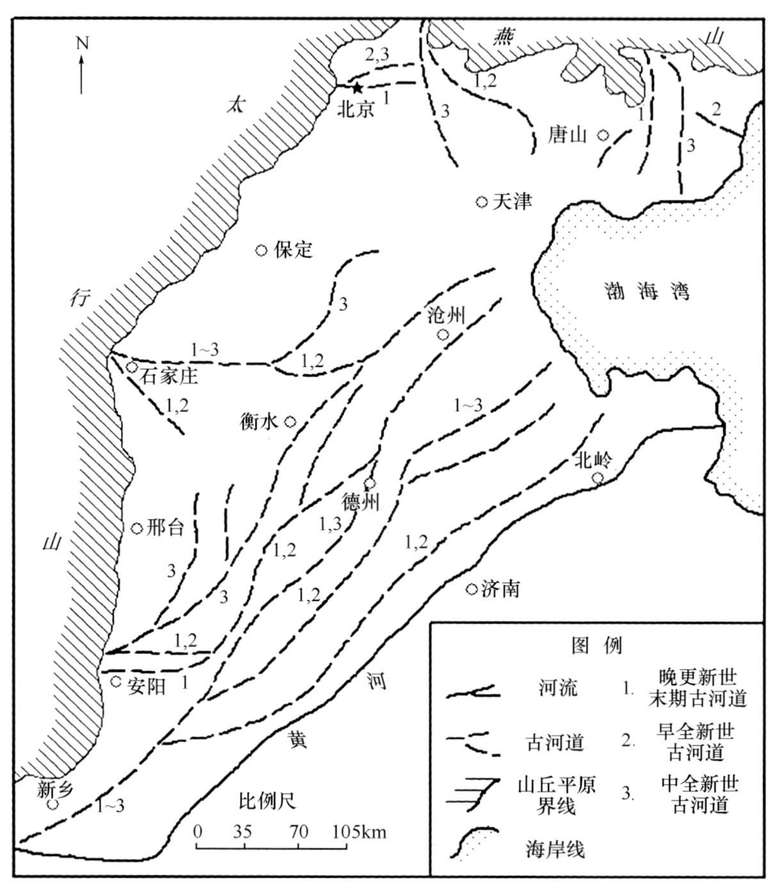

图 3-37 华北平原距今 25 000～2500 年主要古河道分布

（刘国纬，2011；吴忱、何乃华，1991）

战国后期成书的《禹贡》中记述了一条完整的禹河，被认为是有历史记载的最早的黄河下游河道。自禹河以来的 2000 余年间，黄河下游依然发生过上千次决堤改道，其中 7 次重大改道与迁徙如表 3-10（张宗祜，2000）和图 3-38（刘国纬，2011；黄河水利委员会，1984）所示。而且，每次决口改道后的一段时期，都存在泛道如织、多河分流、变化无定的现象。例如铜瓦厢决口改道进入山东的初期，如图 3-39（黄河水利委员会，1984；1999）和 1938 年花园口人为决堤泛滥于淮北平原时期等，即是如此。这些现象说明，黄河下游的自然形态是：或漫流、或散流、或多河分流，即使人类筑堤把黄河下游变成了一条独流入海的河道，下游河道也依然要按照自己的意志，寻找决口迁徙新流路。

表 3-10　黄河下游重大改道变迁情况表（张宗祐，2000）

改道次序	年份	决口地点	入海地点	分流状况	改道原因
第一次	公元前 602 年	华县东北	沧州、黄骅入渤海	近海口分流	自然
第二次	公元 11 年	濮阳西北	滨县（今滨州）、利津入渤海	近海口分流	自然、人为
第三次	公元 1048 年	濮阳商胡	北流由天津入渤海，南流由无棣笃马河入渤海	两股分流	自然
第四次	公元 1194 年	阳武	清江口、云梯关入海	独流	自然、人为
第五次	公元 1494 年	开封荆隆口	由淮河入黄海	黄河入涡、入颍、入泗分成多股	自然、人为
第六次	公元 1855 年	兰考铜瓦厢	由利津入渤海	先分支后合流	自然、人为
第七次	公元 1938 年	郑州花园口	由淮河入黄海	分流	人为，于 1947 年堵口，复大清河入海

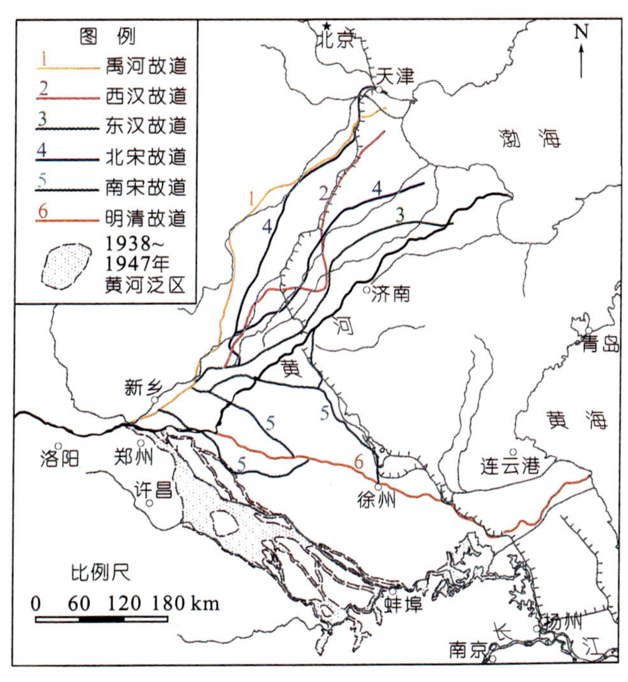

图 3-38　黄河下游 2500 年以来河道变迁

（刘国纬，2011；黄河水利委员会，1984）

黄河下游改道与迁徙的原因，是黄河平原冲积扇上河流发育的基本规律使然。如图 3-40（刘国纬，2011；叶青超，1990）所示，桃花峪冲积扇是黄河下游平原最大的冲积扇。它以郑州—兰考现行黄河河道为脊线，扇面分别向东北、东和东南方向展布，坡度介于 0.1°～0.2°，坡度从顶坡地区向前坡和前缘缓坡地区呈放射状递减。图 3-40a 是朝东北方向的冲积扇坡度变化曲线；图 3-40b 是朝东南方向的冲积扇坡度变化曲线。两条曲线都呈上凹形曲线形态，从而使冲积扇面上河流的河床纵剖面也呈上凹形曲线形态。显然，从河流动力学角度考察，这样的河床纵剖面形态不适应水流对泥沙的搬运，因此

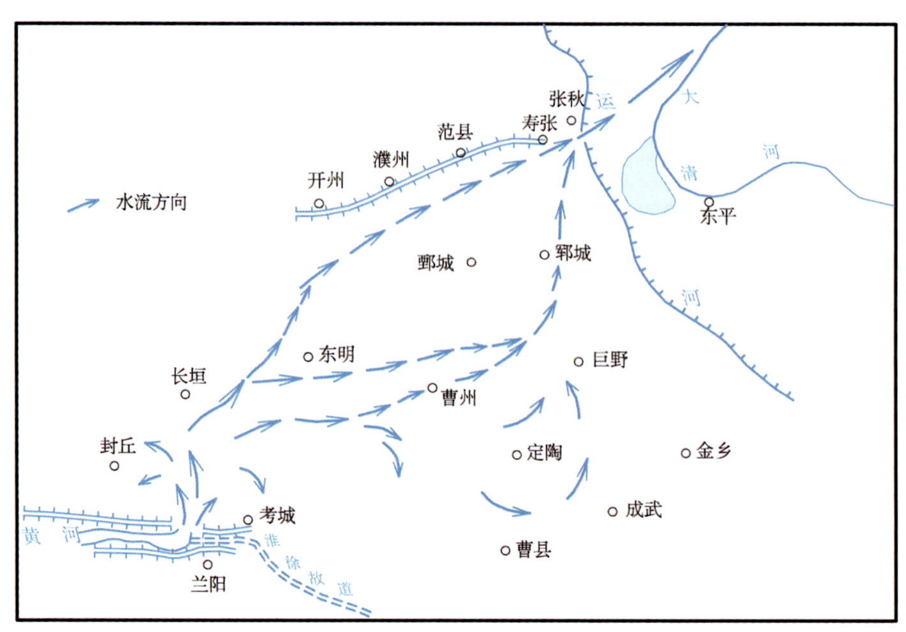

图 3-39 铜瓦厢决口初期流势图（箭头指示）

（黄河水利委员会，1984；1999）

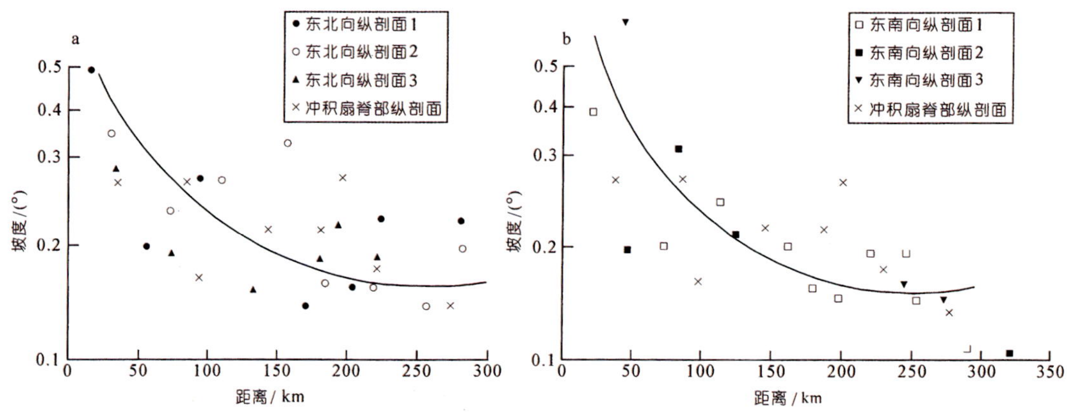

图 3-40 桃花峪冲积扇纵剖面形态曲线

（刘国纬，2011；叶青超，1990）

使河床不断淤积抬高，当上游来水来沙较大时，就会迫使河流的自然堤溃决，甚至大规模改道迁徙。河流改道迁徙会促进冲积扇的发育，如此反复，使冲积扇不断扩展，也使流淌于其上的河流不断决口、改道、迁徙，向新的方向发展。

5.2 下游河道的游荡特性

现行黄河下游河道是在不同历史时期形成的，如图 3-41（黄河水利委员会，2004）。孟津至沁河口是禹河故道；沁河口至兰考东坝头河段已有 500 多年历史，是明代正德至万历年间的故道；东坝头至陶城埠河段是 1855 年铜瓦厢决口以后，在黄泛区内形成的河道；从陶城埠至黄河入海口，是铜瓦厢决口后夺占的原大清河故道（黄河水利委员会，2004）。在黄河下游河道中，孟津至高村河段总长 275km，属于游荡型河道（图 3-42）

（黄河水利委员会，1999）；高村至陶城埠河段长 165 km，是从游荡型向弯曲型发展的过渡河段从陶城埠至利津为弯曲性河道；利津以下为河口段。本节讨论的黄河下游游荡型河道主要是指孟津至高村河段（叶青超等，1997）。

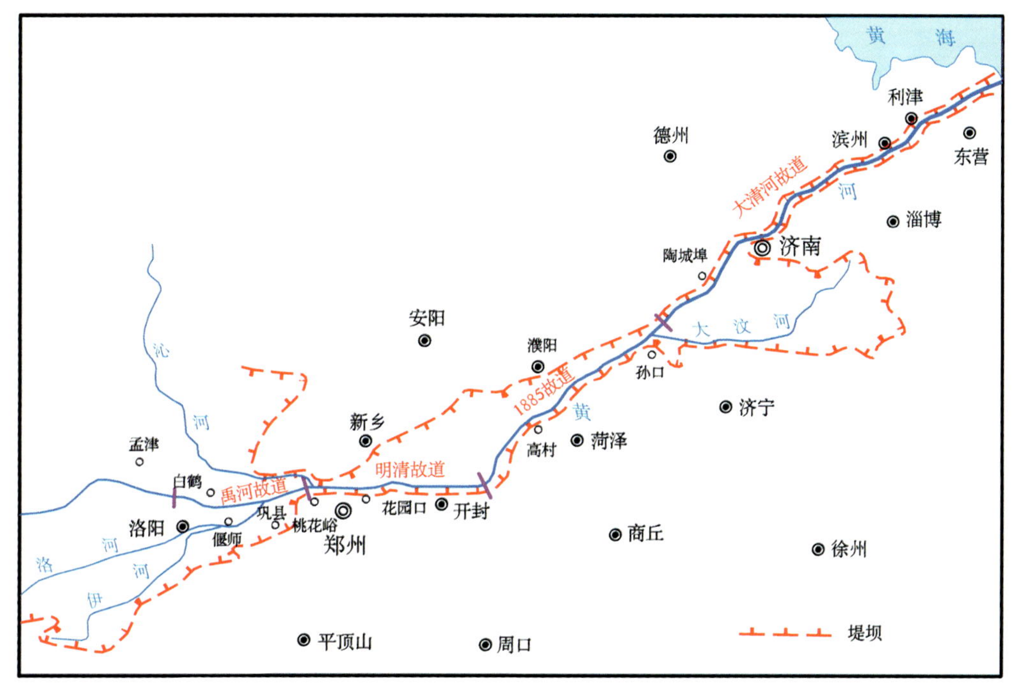

图 3-41　黄河下游河道的构成

（黄河水利委员会，2004）

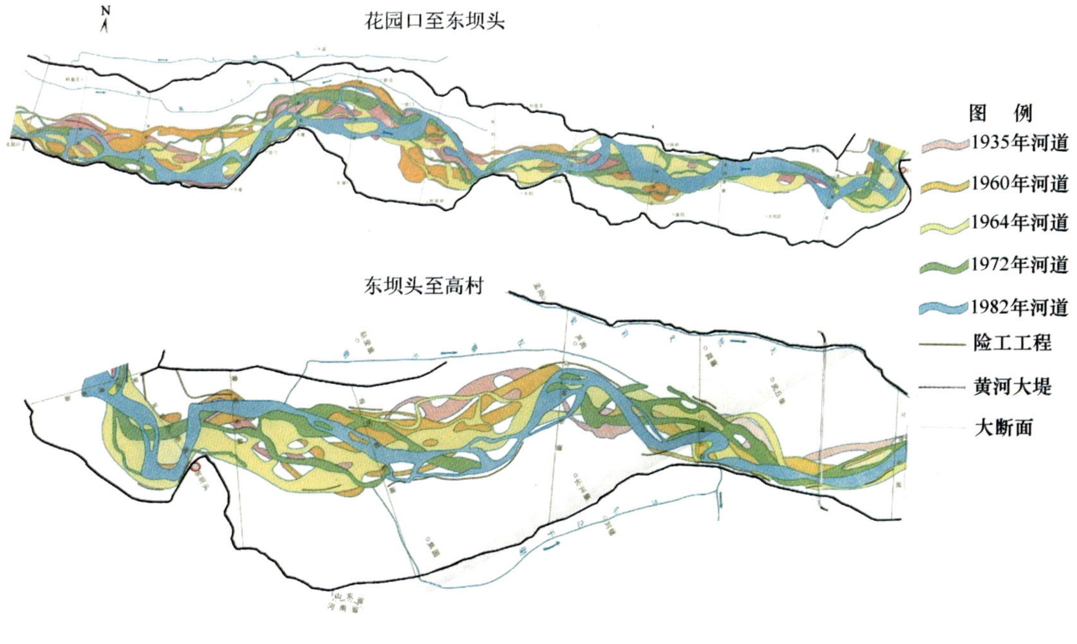

图 3-42　孟津—高村游荡性河道

（黄河水利委员会，1999）

早在两千年以前的汉代，贾让就用“游荡”二字形容黄河下游的河道特性。近代黄河下游孟津—高村游荡性河道，与一般游荡型河道相比较具有以下特点：①河床宽浅，沙洲棋布，汊道纷繁，水流散乱；②河床地貌变形迅速，一般情况下边滩每年平均移动速度达 90～120 m，心滩每年平均移动速度也达 5～25 m，一场大水之后，河道外形可能面目全非；③主槽摆动频繁且剧烈，一次洪水过程主槽摆动幅度达 5～6 km 的情况屡见不鲜；④滩槽变化对水沙条件响应敏感，根据 1974～1986 年资料分析，在大多数情况下，大水时河走中泓，水流集中，淤滩刷槽，河变窄深，故有“大水出好河”之说；小水坐湾，坍塌淤槽，河变宽浅，一般在洪峰落水阶段河势变化最为剧烈，故有“小水出坏河”之说（尹学良，1995）。黄河下游游荡型河道的成因，主要有两个方面：

（1）黄河下游是一条堆积性河流，在没有筑堤以前，由于堆积作用使河床不断淤积抬高并形成自然堤，进而自然堤溃决、泛滥、迁徙，河流通过这种不断反复进行的过程，将大量泥沙展布于下游平原。在两岸筑堤以后，河道虽受大堤约束，但其作为堆积性河流的基本属性未变，只是从其原本在没有边界约束的冲积扇上溃决、泛滥、迁徙过程，转变为在大堤内的游荡过程，亦即游荡是堆积性河流的改道、迁徙属性在大堤约束下的表现。

（2）以下一些因素则是黄河下游的游荡性较大多数游荡型河流更为强烈的原因：①黄河下游游荡河段坡陡（0.2‰）、流急、砂细（中值粒径 0.09 mm），泥沙易冲易淤，因而沙洲、边滩移动迅速，河床变形强烈；②洪水猛涨猛落，流量变化巨大，河床主槽难以适应，从而引起河势剧烈变迁；③河槽宽浅，河相系数（$\sqrt{B}/H$）达 20～40，而长江荆江游荡河段只有 2～4；④河床沿程土质条件不均，河南省境内基本为砂质，山东省境内多为黏土；⑤滩面与河底相对高差小，因而河床对水流约束能力小，主流易于自然摆动（钱宁等，1961）。

5.3 下游河道的地上河特性

古河道研究已经展示出了早全新世和中全新世古河道的分布，它们都呈地上河的形态，并表现为在地面凸起的古河道带，只是因为当时的自然堤在大水时容易溃决，所以古河道一般只高出地面 1～3m 左右。这一事实表明，在没有人类干预的地质历史时期，黄河下游诸分支河道原本就是以地上河形态存在的。自战国时期普遍筑堤以来，人工堤取代了自然堤，高大且坚固的大堤的约束使河道内淤积加剧，形成地上悬河并得到迅速发展。公元前 602 年～公元 11 年期间，黄河下游滩面与背河地面平均高差为 2.7m，最大高差达 6.4m（滑县以上约 30km 处）；公元 11～1048 年间，平均高差为 2.1m，最大高差达 4.5m（濮阳附近）；公元 1494～1855 年间，平均高差为 6.8m，最大高差达 9.5m（虞城）；现代黄河下游平均高差为 4～6m，最大高差达 10.7m（曹岗）。20 世纪 50 年代末，在黄河下游大堤内普遍修筑“生产堤”，结果在现有悬河内又形成了“二级悬河”。这些事实充分表明，人类筑堤加剧了黄河下游地上河的发展，如图 3-43（叶青超，1990）所示。

黄河下游形成为地上河的主要原因如下：

（1）下游的地质地貌环境决定黄河是一条堆积性河流。下游河道每年要接纳主要来自中游黄土高原约 16 亿 t 泥沙，其中约 1/4 送入海洋，1/2 输送到河口地区，约 4 亿 t 泥沙淤积在利津以上河道内，从而使河床不断淤高，向地上河发展。

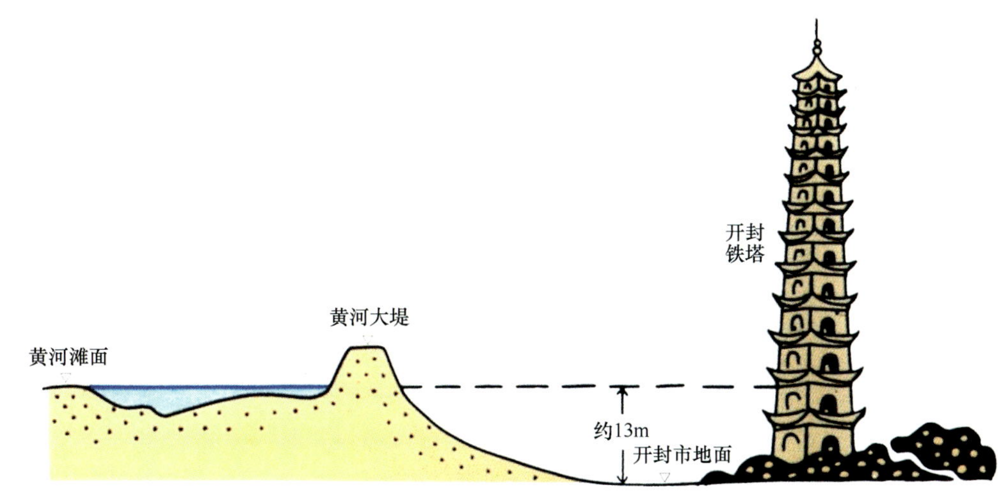

图 3-43　黄河下游地上河示意图

（叶青超，1990）

（2）流域自然地理环境使下游水沙条件在空间和时间上严重不匹配。一是“水少沙多”，每年进入下游河道的来水量不足以将巨量来沙输送入海。据 1922～1959 年花园口水文站资料，黄河下游平均年来水量 477 亿 m^3，是长江年水量的 1/15，而河水年平均含沙量 37kg/m^3，是长江的 32 倍。表 3-11 显示了黄河与中国其他大河水沙特性存在的巨大差异。二是“水沙异源”，如表 3-12 所示，河口镇以上来水量占下游来水量的 50%，而来沙量只占下游的 9%；河龙区间来水量只占下游来水量的 16%，而来沙量占 57%。三是“水沙过程不匹配”（表 3-13），虽然黄河下游来水来沙都主要集中在汛期，但中游（龙门、华县、河津、洑头 4 个水文站）汛期来水量占下游汛期来水量的 61%，而同期来沙量却占 93%。这种不利的水沙条件，大大降低了黄河下游的输沙能力。

表 3-11　黄河泥沙与国内大河的比较（蔡明理、王颖，1999）

河名	站名	流域面积/万 km^2	年均径流量/亿 m^3	年均输沙量/亿 t	年均含沙量/（kg/m^3）	统计年份
长江	宜昌	100.55	4530	5.12	1.13	1950～1981
	汉口	148.80	7390	4.31	0.58	1950～1981
	大通	170.54	9334	4.75	0.51	1953～1984
黄河	兰州	22.26	343	0.96	2.80	1956～1989
	陕县	68.79	436.3	16.10	36.9	1956～1979
	利津	75.2	379	9.47	22.35	1950～1992
珠江	梧州	32.97	2290	0.72	0.34	1956～1979
松花江	佳木斯	52.78	718	0.11	0.16	1956～1979
辽河	巨流河	12.93	49.5	0.10	2.59	1956～1979
淮河	鲁台子	9.16	225.4	0.13	0.59	1956～1979
伊犁河	雅马渡	4.92	118.5	0.07	0.59	1956～1979
黑河	莺落峡	1.00	15.5	0.02	1.41	1956～1979

（3）大堤的约束。筑堤对于人类利用黄河而言无疑是智慧与必然的选择。然而，有堤必淤并形成地上河，早已是不争的事实。大堤将自然状态下在冲积扇面和泛滥平原上

表 3-12 黄河下游来沙量来水量的空间分布（输沙量/亿 t；径流量/亿 m³）（蔡明理、王颖，1999）

站（区）	项目	1920～1929	1930～1939	1940～1949	1950～1959	1960～1969	1970～1979	1980～1989	1920～1989
上游头道拐	输沙量	1.06	1.52	1.60	1.52	1.79	1.14	0.97	1.37
	径流量	215	259	282	243	266	230	237	247
河龙间	输沙量	6.852	10.593	9.007	10.356	9.526	7.543	3.751	8.233
	径流量	64.5	80.3	77.8	77.1	69.4	53.9	37.1	65.7
河津	输沙量	0.372	0.514	0.516	0.699	0.344	0.191	0.045	0.383
	径流量	13.7	15.6	16.1	17.5	17.8	10.3	6.6	13.9
洑头	输沙量	0.367	0.728	1.367	0.947	1.022	0.888	0.483	0.829
	径流量	5.1	7.3	8.5	6.7	8.8	5.9	7.6	7.1
华县	输沙量	3.336	4.436	4.849	4.288	4.361	3.842	2.754	3.981
	径流量	58.4	83.0	93.7	85.1	95.8	59.2	78.9	78.9
中游	输沙量	10.927	16.271	15.739	16.290	15.253	12.465	7.033	13.425
	径流量	139.7	186.2	196.1	186.4	129.8	129.3	130.2	165.7

表 3-13 黄河下游汛期、非汛期水沙情况统计表（蔡明理、王颖，1999）

站名	时段	径流量/亿 m³				输沙量/亿 t			
		汛期	非汛期	全年	汛期占全年/%	汛期	非汛期	全年	汛期占全年/%
贵德	1949～1985	135.5	86.2	221.7	61.1	0.181	0.061	0.242	74.8
上诠	1949～1985	164.8	127.2	294.0	56.1	0.482	0.085	0.567	85.0
安宁渡	1949～1985	196.1	140.3	336.4	58.3	1.491	0.212	1.703	87.6
河口镇	1949～1985	149.2	105.7	254.9	58.5	1.175	0.294	1.469	80.0
龙门	1949～1985	194.8	123.8	318.6	61.1	9.58	1.29	10.87	88.1
三黑小	1949～1985	286.5	200	486.5	58.9	12.13	2.37	14.5	83.7
利津	1950～1992	236.4	143.1	379.5	62.3	8.02	1.45	9.47	84.7

漫流、散流的水流与泥沙约束在一条独流入海的河道内，使原来通过不断决口、改道、泛滥等方式播撒于广大冲积扇面与泛滥平原的泥沙，集中淤积于河道内，彻底改变了黄河下游水沙的自然分配方式，从而造成河道内的严重淤积，终于形成地上河。事实上，现代黄河已经是由河与堤组成的“二元结构”（刘国纬，2011），没有堤就没有现今唯一独流入海的黄河下游。在这种二元结构条件下，黄河下游河道将继续向地上河形态发展。

5.4 尾闾河道的变迁特性

5.4.1 尾闾河道的变迁

现代黄河口可视为由三个部分组成：①河口段，系指受周期性溯源堆积和溯源冲刷影响的河段，大致从北镇以下至海口长约 120km 的河段，上界最远可达洛口；②河口三角洲，系指以宁海为顶点，北至徒骇河口（即套尔河）以东，南至南旺河以北约 5400km^2 的扇形陆地，即黄河现代三角洲；③滨海区，系指毗连三角洲的弧形浅海区域。本节讨论的尾闾河道是指黄河从进入现代三角洲至入海的流路，亦即自宁海以下至入海口的流路。

黄河尾闾河道最大的特点是流路的频繁改道变迁。据统计，自 1855 年黄河在河南省兰考县铜瓦厢决口改道夺大清河入渤海以来，发生在三角洲顶点附近的河口改道共 10 次，如表 3-14 和图 3-44 所示。

表 3-14　黄河尾闾近代变迁表（黄河水利委员会，1999）

改道次序	改道时间	改道地点	入海位置	至下次改道时距/年	至下次改道实际行水历时	累计行水历时/年	说明
1	1855 年 6 月（清咸丰五年）	铜瓦厢	利津铁门关以下肖神庙牡蛎咀	34	18 年 11 个月	19	铜瓦厢决口后，夺大清河道，由利津经盐窝、陈庄、铁门关、肖神庙入海。其间 1887 年 8 月河决郑州十堡，河竭一年四个月
2	1889 年 3 月（清光绪十五年）	韩家垣	毛丝坨（今建林以东）	8	5 年 10 个月	25	由韩家垣向东南经杨家河、傅家窝，在毛丝坨入海。其间 1895 年 6 月曾由吕家洼决口，水由沾化入海，行水一年，堵合后水复故道
3	1897 年 5 月（清光绪二十三年）	岭子庄	丝网口东南	7	5 年 9 个月	30.5	由薄家庄南，经南北岭子、左家庄、永安由丝网口入海
4	1904 年 6 月（清光绪三十年）	盐窝	老鸹咀	22	17 年 6 个月	48	经虎滩咀、义和庄、太平镇，初由顺江沟入海；1917 年改走大英铺，由车子沟入海。其间 7 月宫家（三角洲顶点以上）决口，1923 年 6 月堵合，水复故道，按河竭计。1925 年陈家大洼决口，由徒骇河入海，行水一年
5	1926 年 6 月（民国十五年）	卢家园子坝头	刁口河东北	3	2 年 11 月	51	由卢家园子坝头北，向东北经汀河，由刁口河入海。系盗决，流路历时很短
6	1929 年 8 月（民国十八年）	纪家庄	先由南旺河，后改由宋春荣沟、青坨子入海	5	4 年	55	系扒口改道，初由南旺河入海，半年后入第三次故道；越一年，由宋春荣沟入海；二年后再由青坨子入海
7	1934 年 8 月（国民二十三年）	合龙处（一号坝上）	神仙沟、甜水沟、宋春荣沟	19	9 年 2 个月	64	决口后大溜东去，黄水一漫无际，后形成三股入海。1938 年蒋介石下令在花园口扒口后，河竭。1947 年 3 月堵合，水复故道，仍由神仙沟、甜水沟、宋春荣沟三股入海
8	1953 年 7 月	小口子	神仙沟及汊河	10.5	10 年 6 个月	74.5	开挖引河，变三股入海为神仙沟独流入海。1960 年 8 月在四号桩上首约 1km 处冲开右岸滩地，夺老神仙沟成汊河入海
9	1964 年 1 月	罗家屋子	破坝后向北，于挑河于神仙沟之间入海	12.5	12 年 5 个月	87	1964 年 1 月 1 日由于凌汛卡冰，在罗家屋子人工破堤改道。1972 年后发生多次出汊摆动
10	1976 年 5 月	清河口	清水沟				系人工有计划改道。事先在清水沟开挖引河，并于两岸修筑大堤。1976 年 5 月下旬堵截老河，改由清水沟入海

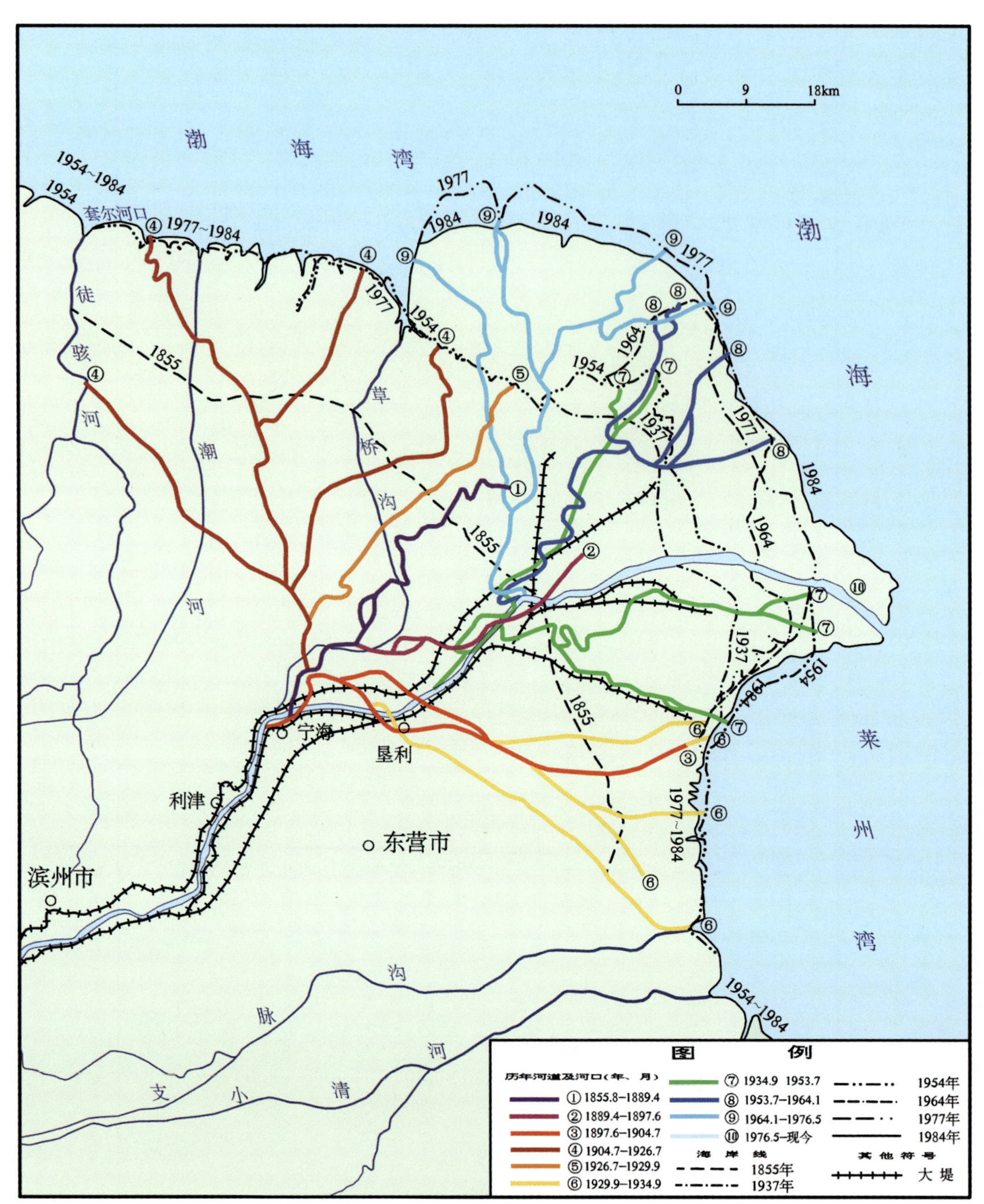

图 3-44 黄河尾闾近代变迁图

（黄河水利委员会，1999）

由表 3-14 和图 3-44 可见，自 1855 年至 1976 年间黄河尾闾的 10 次改道变迁中，有 7 次发生在 1949 年以前。这 7 次改道的顶点均位于垦利县宁海附近，河口摆动范围南至支脉沟，北至徒骇河。改道变迁的次序大体是，最初从三角洲中部（第一次改道），然后转向东部（第二次改道），再后转向东南部（第三次改道），最后大幅度转向北和西北部（第四次改道）。在历时约 70 年横扫三角洲后，于 1926 年重返三角洲中部（第五次改道），然后再转向三角洲东和东南部（第六次改道），再后大致重复上一次横扫三角洲的过程。这一过程大致也体现出在 4.2.3 节中阐述的三角洲发育的规律。1949 年以来，共发生改道变迁 3 次，其间还有多次小规模的改道，但这些改道与流路变迁都是在人工控制下进行的，直至现今清水沟入海流路。

5.4.2 尾闾河道变迁的因素与机制

尾闾河道频繁变迁，主要是在河口地区水沙特性、海域水动力条件及三角洲上河流堆积属性的共同作用下形成的。

1. 河口地区的水沙特性

河口地区的水沙条件基本上承袭了下游河道水少沙多、水沙过程不匹配的特点，水沙异源对河口地区泥沙级配也有一定影响。

表 3-15 列出了世界几条大河河口的水沙特征。由表 3-15 可见，黄河口利津水文站的年平均径流量仅为密西西比河的 1/15，亚马孙河的 1/183，尼罗河的 1/2；而其年平均输沙量却为密西西比河的 3 倍多，亚马孙河的 2 倍多，尼罗河的 9 倍多；其含沙量为密西西比河的 41 倍，亚马孙河的 447 倍，尼罗河的 17 倍。进入黄河口的泥沙数量在国内诸入海大河中也是首屈一指的。例如，长江大通站年均径流量 9334 亿 m^3，年均输沙量 4.75 亿 t，年均含沙量 0.51kg/m^3；黄河利津站年平均径流量 379 亿 m^3，仅为长江大通站的 1/25，年均输沙量 9.47 亿 t，却是长江大通站的 2 倍，年均含沙量 22.35 kg/m^3，更是长江大通站的 44 倍。如此巨量的泥沙进入河口地区，既为河口三角洲的发育提供了充足的物质基础，也成为尾闾河道频繁变迁的重要因素。

表 3-15　世界大河河口泥沙特征（蔡明理、王颖，1999）

河名	国名	站名	流域面积/万 km^2	年均径流量/亿 m^3	年均输沙量/亿 t	年均含沙量/（kg/m^3）
黄河	中国	利津	75.2	379	9.47	22.35
印度河	巴基斯坦	卡拉巴格	30.5	1100	6.80	6.18
恒河	孟加拉国	尔丁吉桥	97.6	3680	4.80	1.31
亚马孙河	巴西		615	69 300	3.62	0.05
密西西比河	美国		322	5800	3.12	0.54
密苏里河	美国	赫尔曼	137	715	2.18	3.05
科罗拉多河	美国	大峡	35.7	156	1.81	11.60
湄公河	老挝	巴色	54.0	3020	1.32	0.44
尼罗河	埃及	开罗	290.0	840	1.11	1.32
阿姆河	原苏联	阿姆河中段		606	2.18	3.59
红河	越南	越池	11.3	1230	1.30	1.06

尾闾河道水沙情势在时间上严重不匹配。在年际变化方面，据 1950～1977 年利津水文站观测资料统计，该期间自利津站年均输入河口地区的泥沙总量（年平均输沙量）为 11.8 亿 t，最大年输沙量为 21.0 亿 t（1958 年），最小年输沙量为 2.42 亿 t（1960 年）；同期自利津站平均输入水量（年径流量）为 442.8 亿 m^3，最大年径流量为 973.1 亿 m^3（1964 年），最小年径流量为 91.5 亿 m^3（1960 年）。由上述可见：①输入河口的水量与泥沙，年际间的变差均较大，最大值是最小值的 9.0 倍多；②输入的沙量与水量年际间不匹配，即大沙年并不与大水年同步，例如最大输沙量出现在 1958 年，而最大径流量却出现在 1964 年。

在年内分配方面，根据上述相同观测资料给出 1950～1977 年利津站逐月平均水沙值，如表 3-16（庞家珍、司书亨，1980）。由表 3-16 可见，汛期（7～10 月）的输沙量为 9.28 亿 t，占全年的 83.1%；而同期径流量为 265 亿 m^3，所占全年水量不足 60%；其他 8 个月（非汛期）输沙量为 1.89 亿 t，只占全年输沙量的 16.9%；而同期径流量为 178 亿 m^3，占全年的 40.2%。进入河口的水量和沙量在年际间和年内逐月分配的不匹配，不利于进入河口的泥沙有效输送入海，而大量落淤在河口地区，成为河口地区严重淤积的又一重要原因。

表 3-16　利津站逐月平均径流量与输沙量（庞家珍、司书亨，1980）

项目＼月份	1	2	3	4	5	6	7	8	9	10	11	12
径流量/亿 m^3	13.69	12.26	22.57	24.70	23.43	19.46	50.56	77.61	71.61	65.01	41.17	20.78
占年量/%	3.1	2.8	5.1	5.6	5.3	4.4	11.4	17.5	16.2	14.7	9.3	4.7
输沙量/亿 t	0.037	0.048	0.227	0.302	0.271	0.245	1.71	3.49	2.61	1.47	0.635	0.125
占年量/%	0.3	0.4	2.0	2.8	2.4	2.2	15.3	31.2	23.4	13.2	5.7	1.1

2. 河口地区的海洋动力条件

黄河口位于渤海西岸的渤海湾与莱州湾之间。渤海南北西三面环陆，东面以渤海海峡与黄海相通，以辽东半岛南端的老铁山角和山东半岛北端蓬莱角之间的连线与黄海分界。渤海是一个半封闭的浅海，海底地形平缓，由海周边向渤海中心平均坡度为 0°0′28″，平均水深为 18.0m，26%海域水深小于 10m，渤海中部水深 30m，只有渤海海峡由于潮流冲刷作用，局部水深达 80m。渤海水深分布如图 3-45（尹学良，1995）。

图 3-45　渤海水深（m）分布图
（尹学良，1995）

渤海海洋动力条件对黄河河口三角洲的发育与黄河尾闾河道变迁的影响，主要表现在近岸海流、潮汐、波浪对黄河口入海泥沙的搬运作用。

海流：近岸海流也称余流，是指从实测海流中除去周期性潮流、风生流以后剩余的流动，亦即近岸海域的定常流动或近岸环流（庞家珍、司书亨，1980）。

我国渤海、黄海和东海的近岸环流是受黑潮暖流控制的，其宏观流场如图 3-46（乔彭年等，1994）所示。黑潮是北太平洋副热带总环流系统中的西部边界流，具有流速快、流量大、流幅狭窄、延伸深邃、高温高盐等特点，因水色深蓝，远看似黑色而得名。黑潮流系如图 3-47（管秉贤，1987）。

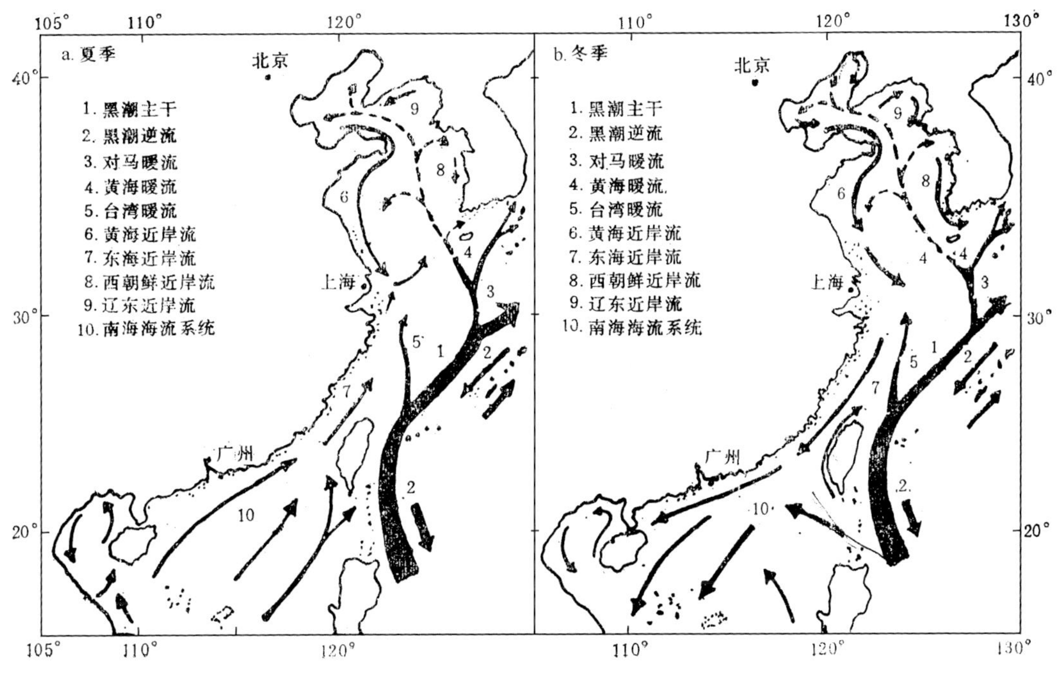

图 3-46　渤海、黄海、东海表层主要流系

（乔彭年等，1994）

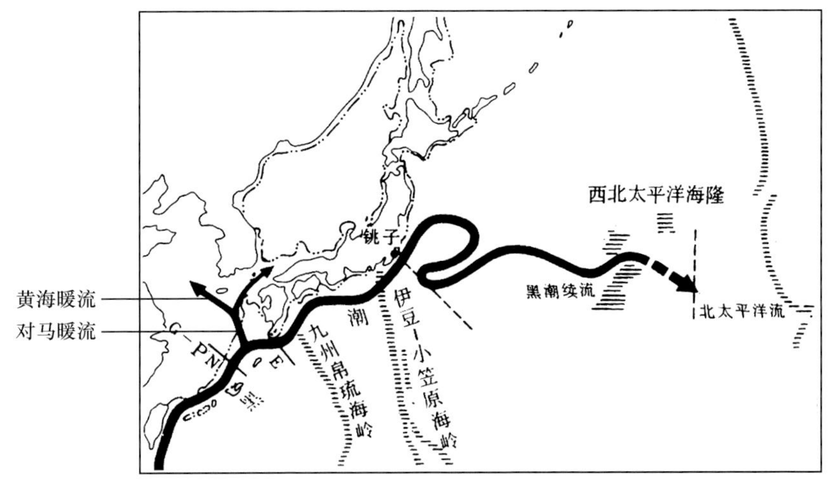

图 3-47　黑潮流系

（管秉贤，1987）

由图 3-47 可见，黑潮暖流从太平洋经台湾和与那国岛之间水道进入东海，到台湾东北海域分为两支：一支为主干，折向东，通过吐噶喇海峡流回太平洋；另一支沿九州西岸北上，称对马暖流。对马暖流在济州岛东南海面再分为两支，右侧为主支经朝鲜海峡进入日本海，左侧分支转向西北进入黄海，称黄海暖流。黄海暖流继续北上进入渤海海域，并受朝鲜半岛西岸和渤海沿岸及辽东半岛、山东半岛的约束，形成西朝鲜近岸流、黄海近岸流、辽东近岸流等。黄海暖流和黄海近岸流所构成的气旋式海水环流是渤海和黄海的主要环流系统。该系统流向不随季节变化，但具有冬强夏弱的特点。

在上述宏观环流背景下，在渤海、黄海沿岸的近海还存在一些规模较小的局部环流系统。例如，黄河口北侧的反钟向环流、黄河口南侧的顺钟向环流，以及更多分散的流动（余流），如图 3-48 所示。

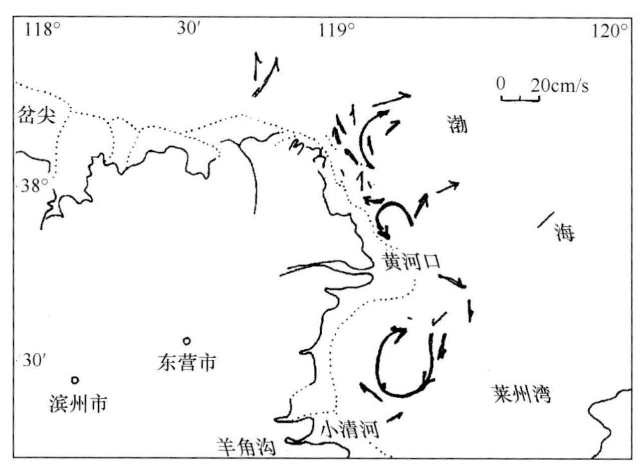

图 3-48 黄河口余流系统
（蔡明理、王颖，1999）

黑潮主干流速很大，在巴士海峡和台湾海峡南端及东岸最大流速可达 150cm/s，平均流速约 95cm/s（管秉贤，1987）。但进入渤海以后，由于海域水深很浅且受曲折海岸线约束，流速迅速减小，在夏季约为 10cm/s，冬季约为 20cm/s（窦振兴，1987）。

潮汐：我国沿海的潮汐是由太平洋潮波向我国沿海传播与天体引潮力在我国沿海海域直接引起的独立潮波所合成的。但因渤海、黄海、东海海域远小于太平洋，所产生的独立潮波相对较小，所以我国近海潮汐主要是由太平洋传入的潮波所引起的。太平洋潮波向我国沿海传播的路径如图 3-49（乔彭年等，1994）。由图可见，当太平洋潮波传入渤海时已成为强弩之末了。渤海沿岸河口大多属不规则半日潮（乔彭年等，1994）。而黄河口的潮差在中国沿海诸河口中也是最小的，平均潮差仅 0.16～1.13m，如表 3-17（乔彭年等，1994）。可见，黄河口属于弱潮河口。

波浪：波浪对海岸河口发育的影响，主要表现在对河口地形的塑造。黄河口现代三角洲处于半封闭的渤海之内，由于长山列岛的阻隔，外海大浪不易传入，该海域的海浪主要是由海面上的盛行风产生的波浪，因而波浪的方向和强弱都有明显的季风特征（蔡明理、王颖，1999）。冬季盛行浪向偏北北东和北东方向，波高可达 3.0m 以上；夏季盛行浪向偏南和南南东方向，波高 0.3～0.5m；春秋属转换季节，波浪方向多变，波高 0.6～

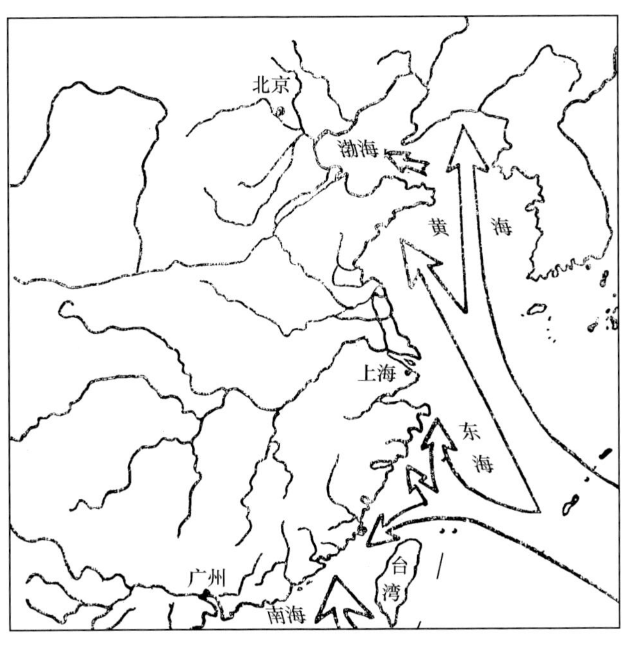

图 3-49　中国沿岸及毗邻海域潮汐传播示意图
（乔彭年等，1994，有删节）

表 3-17　我国主要入海河口潮差（乔彭年等，1994）

序号	河口	平均潮差/m	最大潮差/m	序号	河口	平均潮差/m	最大潮差/m
1	鸭绿江	4.58	6.93	14	钱塘江	5.35	8.93
2	辽河	2.68		15	椒江	4.01	6.30
3	双台子河	2.35		16	瓯江	4.29	6.89
4	滦河	1.36		17	飞云江	4.30	
5	海河	2.15	4.00	18	敖江	4.16	6.41
6	马颊河	1.70		19	闽江	4.46	7.04
7	黄河	0.61～1.13		20	晋江	4.20	
8	大沽河	2.80	4.10	21	韩江	1.10	
9	灌河	3.10		22	榕江	1.10	2.35
10	射阳河	2.50	4.20	23	乌坎河	0.82	
11	新津港	2.70	4.10	24	珠江口	1.37	
12	长江	2.67	4.62	25	西江（磨刀门）	0.86	
13	黄浦江	2.30	4.50	26	南渡河	0.86	1.9

0.8m。可见，渤海海岸大浪主要由冬季寒潮的偏北大风所生成。例如，在东营自 1984 年以来观测到的 5 次 5m 以上的大浪中，有 4 次是由于寒潮偏北风引起的（蔡明理、王颖，1999）。

由上述可见，黄河口所在的渤海海域，其近岸海流、潮汐和波浪，在我国沿海诸河河口中都是最弱的，属海洋动力条件较弱的河口，因而对入海泥沙的搬运能力也很弱。据数学模型对现行流路清水沟外海域流域分析，估计黄河河口海洋动力的年输沙能力在 2 亿～3 亿 t（水利部科学技术委员会，2007）。入海泥沙在黄河口外堆积的分布如图 3-50。

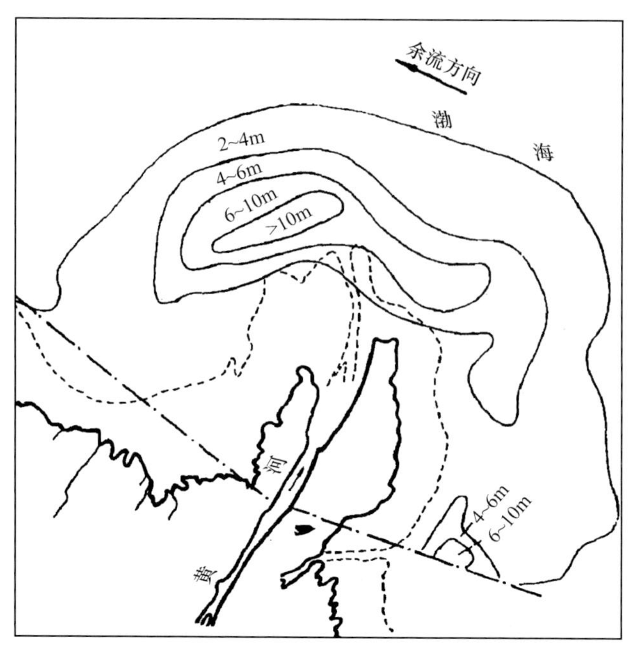

图 3-50 黄河河口外海域泥沙淤积厚度（m）分布图
（庞家珍、司书亨，1980）

3. 尾闾河道的堆积性河流属性

如同 5.1 节中关于黄河冲积扇上的河流具有堆积性河流属性的论述，黄河口三角洲的地貌形态和物质组成也决定了在其上流行的河道具有堆积性河流的属性。这种堆积性河流属性，驱使黄河口与尾闾河道沿着淤积—延伸—摆动—改道这样的过程在新的条件下不断循环演变。庞家珍等根据对黄河三角洲上河道演变的观察和分析，较详细地归纳了黄河三角洲上尾闾河道演变的过程与机制（庞家珍、司书亨，1980）：

（1）改道初期，改道点附近形成跌水，比降较大。改道点以下水面突然增宽数倍，水流散乱，主流不定，漫流入海。1934 年及 1964 年的改道均属之。

（2）经过淤积造床过程，滩面逐渐淤高，滩槽逐渐分明，由漫流演变为几股水流人海的形势，口门摆动频繁。

（3）各股水流的输水输沙能力是极不平衡的，在来水来沙的具体条件下，随着时间的推移，各股流路向两极转化：优者则流势逐渐扩大，断面拓宽，滩槽差增大；劣者则向相反方面转化，流势削弱，以至断流淤闭，逐渐形成单一河道，至此沉积造床过程基本完成。

（4）单一河道形成后，河势趋于稳定，口门摆动范围相对变小，河道具有良好的挟沙能力，在有利的水沙条件配合下，可造成溯源冲刷的时机。

（5）随着沙嘴继续延伸，河道伸长，河道逐步自上而下由单一顺直向弯曲性过渡；溯源冲刷转为溯源堆积，由下而上的发展。主槽的宽深比由小变大，滩槽高差由大变小，河势由稳定向不稳定过渡。

（6）河道进一步蜿蜒曲折，自上而下使边滩、心滩发育，河道伸长、比降减小，泄洪不畅，造成河段涌水，在不能满足泄洪排沙的情况下，水流则选择河弯坍岸，漫流走水，经过刷沟拓口，而发展为出汊夺流，以至于改道。出汊口以下的老河道则逐渐淤闭。出汊改道后有两个过程同时进行：一方面汊口以上，由于流程缩短，比降相应增大，使河道冲淤进行短暂的调整，泄洪输沙能力也得到暂时的改善；另一方面，出汊口以下进行新的淤积造床和沙嘴延伸。这个过程的发展逐渐抵消由于出汊改道所获得的水面落差，从而使河道恢复出汊改道前溯源堆积过程。随着河道及沙嘴的继续淤积延伸，涌水河段上移，水流将寻求新的河弯薄弱处作第二次出汊改道。经过这样若干类似出汊改道过程，使河道溯源堆积得以充分发育，泄洪排沙能力大幅度降低，此时将酝酿一次以顶点为中心的大改道。至此，一条流路发育的全过程就算全部完成。

5.4.3 尾闾河道变迁对下游河道的影响

尾闾河道变迁对黄河下游河道的影响，主要表现在溯源冲刷和溯源淤积两个方面，尤以溯源淤积对下游河道带来不利影响。溯源冲刷与溯源淤积实质上是河流侵蚀基面变化而引起的河流纵剖面的调整，是堆积性河流在淤积—延伸—改道演变过程中的必然结果。

当河流经历淤积—延伸并在一定水沙条件下发生改道的时候，改道点上下游河道将发生如下变化：①在改道点出现大幅水位落差，形成很大的局部比降，水流速度和挟沙能力骤增，并向改道点上游河道传播，形成溯源冲刷。不过溯源冲刷在向上游传播的过程中，随着流速和挟沙能力因河道阻力而逐渐减小，溯源冲刷强度也逐渐减弱，终于达到上溯的最远点而停止，上游河道的比降也随之由大变小。②在改道点的下游河道，因接受改道点上游来的泥沙而发生沿程淤积，河道入海口不断向前延伸，比降变小，侵蚀基面抬高，进而使沿程淤积转化为下游河道自下而上的溯源淤积。③当改道点以上河道比降减小到与改道点以下河道比降相衔接时，由于入海海口继续延伸，改道点下游河道的溯源淤积便向改道点上游河道发展，终于使改道点以上河道也发生沿程淤积，并不断向上游发展。④随着溯源淤积的发展，全河道在新的侵蚀点背景下，进入了新一轮淤积—延伸—改道过程。上述过程清晰的表现了以溯源冲刷和溯源淤积为特征的三角洲上尾闾河道变迁，对黄河下游河道的影响机制与过程。在黄河下游河道，这种影响最远上界曾达到距决口点以上 208km 的洛口河段。庞家珍等分析了河口在不同流量情况下，尾闾河道的变化及对下游河道的影响，如下页表 3-18 所示。

第六节　黄河下游地区古气候与海侵

历史上，黄河下游曾摆动于渤海湾与黄海苏北海岸带之间，范围包括河北平原、河南平原、淮北平原与苏北平原，亦即通常所称的黄淮海平原。因此，黄河下游地区古气候与海侵即为黄淮海平原的古气候与海侵。考虑到在第四章和第五章中将会详细讨论淮河流域和海河流域的古气候与海侵，故本节仅就黄河下游地区古气候与海侵做简要论述。

6.1 黄淮海平原古气候

自晚上新世进入更新世以来，黄淮海地区的气候即以冷干暖湿的频繁变化为其主要特征。中国地质科学院等单位详细分析和整理了黄淮海地区大量钻孔中反映古气候信息的有关地层资料，例如孢粉、重矿物、碳酸钙盐、黏土矿物、地球化学元素的聚散及微体古生物等，揭示出黄淮海地区自上新世以来至少存在近 10 余个冷干暖湿变化的气候期，并将各气候期的气候与植被特征汇集于表 3-19。

表 3-18　黄河河口流量变化对下游河道影响的范围及强度（庞家珍、司书亨，1982）

时段/年	冲淤类别	影响上界	1500m³/s		3000 m³/s			5000 m³/s			说明
			影响长度/km	水位升（+）降（–）值/m	影响上界	影响长度/km	水位升（+）降（–）值/m	影响上界	影响长度/km	水位升（+）降（–）值/m	
1953～1955	溯源冲刷	洛口	208	–1.31（前左）	洛口	208	–1.70（前左）	洛口	208	–1.85（前左）	前左在改道点上游 12.5km 处
1955～1961	溯源堆积	刘家园	224	+1.13（罗家屋子）	刘家园	224		刘家园	224	+1.65（罗家屋子）	罗家屋子距口门约 45km
1961 年汛前至汛后	溯源冲刷	一号坝	52	–0.71（小沙）	一号坝	52	–0.65（小沙）				小沙在改道点上游 13km 处
1961～1963	溯源堆积	一号坝	74	+1.19（罗家屋子）	一号坝	74	+0.95（罗家屋子）				罗家屋子距口门约 48km
1963～1964		马扎子	166	+0.55（罗家屋子）	宫家至道旭间	100	+0.35（罗家屋子）	一号坝	25	–0.35（罗家屋子）	罗家屋子即改道点，距口门约 36km（改道前河长 58km）
1964～1967	溯源堆积				刘家园	229	+1.10（罗家屋子）	刘家园	229	+0.65（罗家屋子）	罗家屋子距口门约 50km
1967～1968	溯源冲刷	杨房	153	–0.40（罗家屋子）	杨房	153	–0.47（罗家屋子）	张肖堂至杨房间	136	–0.43（罗家屋子）	罗家屋子在改道点上游约 25km 处
1968～1975	沿程堆积										
1975～1976	溯源冲刷	刘家园	177	–0.48（利津）	刘家园	177	–0.62（利津）	刘家园	177	–0.50（利津）	西河口即改道点，距口门约 27km，利津距西河口约 50km
1976～1978	溯源堆积	道旭	118	+0.41（西河口）	道旭	118	+0.50（西河口）	道旭	118	+0.67（西河口）	1978 年汛后口门距西河口 36km，道旭距西河口 82km

表 3-19　黄淮海平原古气候气候特征与植被带（邵时雄、王明德，1989c）

气候期			河北平原（东部）*		河南平原		淮北平原（盐东地区）**		苏北平原***	
			植被带	气候特征	植被带	气候特征	植被带	气候特征	孢粉组合	气候特征
全新世（Q_4）	冰后期	晚	松林亚带	与现在一致	针叶林-草原	温凉，与现在一致	针阔叶混交林-草原	温和偏湿	松、菊、藜	温凉
		中	栎-桦亚带	温暖，气温比现在高±3℃	针阔叶混交林-草原	温暖（偏湿）	含针叶树阔叶林-草原	温和偏湿	栎、松、莎贝科	温暖
		早	松林亚带	气温比现今低 1～3℃	松林-草原	寒温（偏干）	针叶林为主的针阔叶混交-草原	温凉偏湿	松、菊、蒿	温凉
晚更新世（Q_3）	Ⅳ IV_2	晚	针叶林带	年平均气温 4～5℃	针叶林-草原	较冷	荒漠-草原	寒冷干燥	云杉、蒿、菊	冷
	间冰阶		针阔叶混交林-草原	与现今相似	针阔叶林-草原	温暖偏干旱	阔叶林（象位层）	温暖湿润	枫香、水龙骨科	温暖
	IV_1		含云杉针阔叶混交林-草甸-苔原	寒温	针叶林-草原	较寒冷	含云、冷杉针叶林为主-草原	寒冷干燥夹温和	菊、禾本科	冷
	Ⅲ间冰期	早	针阔叶混交林-草甸沼泽	温暖干旱	针阔叶混交林-草原	温暖偏干旱	针阔叶混交林-草原	温暖偏干旱	松、栎、枫香、水龙骨	暖
中更新世（Q_2）	Ⅲ冰期	晚	暗针叶林-草甸或暗针叶林-苔原	苔原气候，年平均气温 2～0℃，最低–5℃	针叶林-草原	冷湿	针叶林、暗针叶林-草原	冷湿	云杉、冷杉	寒冷
	Ⅱ间冰期	早	针阔叶混交林-草原	松林气候，年平均气温 8～10℃	针阔叶混交林-草原	温暖偏干	针阔叶混交林-草原	温暖潮湿	松、胡桃、水龙骨	温暖湿
早更新世（Q_1）	Ⅱ冰期	晚	针叶林-草甸沼泽	年平均气温 2～4℃	疏树草原或草原	凉或干冷	含云杉、冷杉针阔叶混交林-草原	寒冷潮湿	松、冷杉、云杉、水龙骨	冷湿
	Ⅰ间冰期	中	针阔叶混交林-草原	早期寒冷，后栎树气候，年平均气温 12℃左右	针阔叶混交林-草原	温暖偏干	含常绿成分落叶阔叶林-草原	温暖偏湿	栎、松、菊、蒿、禾本科、水龙骨	暖湿
	Ⅰ冰期	早	暗针叶林-草甸沼泽	年平均 2℃以下，偏干旱	暗针叶林-草原	寒冷潮湿	阔叶、针阔叶混交林-草原	温暖偏湿-凉湿	冷杉、云杉、松、蒿、水龙骨	寒冷
上新世（N_2）			上部针阔叶混交林-草原，下部栎树阔叶林	上部年平均气温 11℃以上，下部年平均气温 10～11℃	针阔叶混交林-草原	温暖偏干	含常绿成分针阔叶混交林-草原	温暖湿润	栎、松、水龙骨	湿热
			暗针叶林-草甸沼泽	寒冷，年平均气温 2.5～4℃						
			含常绿树亚热带针阔叶混交林	上部干旱草原，下部亚热带温热气候						

*据河北省任丘沧 9 孔孢粉资料为主，参照其他；**据金权等（1990）；***据江苏弶港 PY19 孔孢粉资料。

由表 3-19 可见：

（1）在上新世中期（3.1MaBP），古气候冷暖变化已开始显现，到上新世晚期气候已开始向冷干方向发展，在接近第四纪时，木本植物已渐少，草本植物逐渐占据主要地位，黄淮海地区逐渐转为草原环境。

（2）进入早更新世，在经历第Ⅰ冰期（鄱阳冰期）期间，气候总体表现冷干或冷湿，植被景观以暗针叶林和草原带为主。在第Ⅰ间冰期（鄱阳-大姑间冰期）期间，气候偏湿干或偏暖湿，植被以针阔叶混交林-草原带为主。进入中更新世，在第Ⅱ冰期（大姑冰期）期间，气候干冷或冷湿，植被以针叶林-草原或草甸沼泽为主，在第Ⅱ间冰期（大姑-庐山间冰期）期间，气候温暖偏干或偏湿，河北平原年平均温度达到 8～10℃，植被以针阔叶混交林-草原为主。到中更新世晚期，在 0.15M～0.30MaBP 期间是第Ⅲ间冰期（庐山-大理间冰期），是更新世中最寒冷的时期，河北平原年平均气温 0～2℃，最低的年平均温度达 –5℃，属于苔原气候，植被以暗针叶林-苔原或草原为主。进入晚更新世，气候经历了第Ⅲ间冰期（庐山-大理间冰期）、第Ⅳ冰期（大理冰期）及其间的间冰阶的多次波动，温暖偏干—寒冷—温暖偏干—寒冷干燥交替出现，植被也相应在针阔混交-草原、针叶林-草原、荒漠-草原之间演变。进入全新世，黄淮海平原的气候进入冰后期，气候整体表现回暖，但期间也存在多次波动。早全新世时期，河北平原年平均气温比现今低 1～3℃，河南平原温暖偏干，淮北平原温凉偏湿，苏北平原也显温凉，植被以针叶林-草原为主。中全新世经历了气候适宜期，全区气候普遍温暖湿润，河北平原气温比现在高 3℃左右，植被以针阔叶混交林-草原为主，栎、桦、松广泛分布。晚全新世的气温已与现代一致，气温特征为温凉，植被以针阔混交林-草原为主。对中全新世以来的气候演变，已有了时间尺度更小的大量研

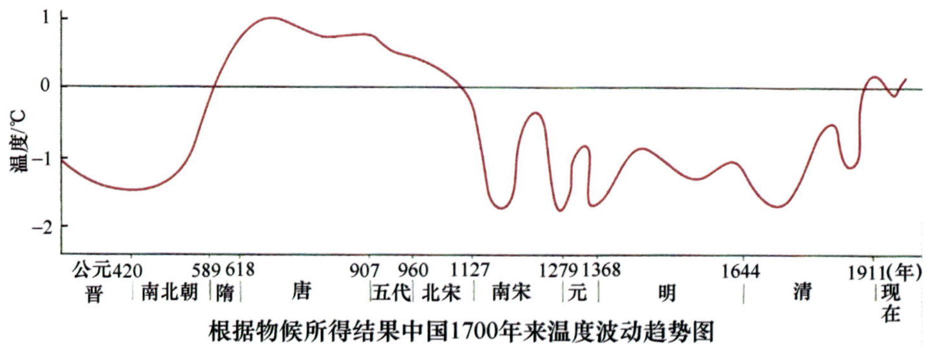

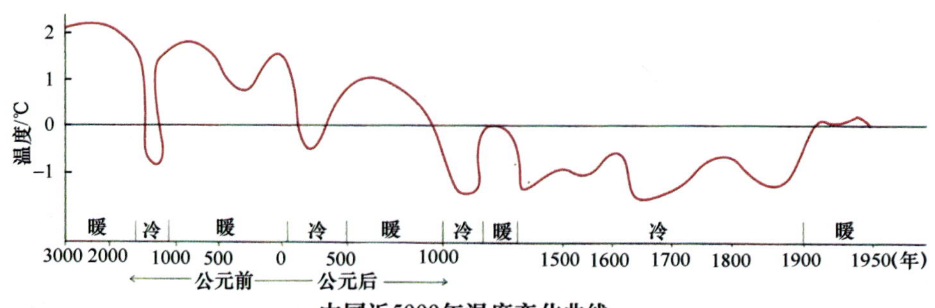

图 3-51　中国近 5000 年气候变化曲线

（竺可桢，1972）

究，如竺可桢（1972；2004）的“中国近五千年来气候变化的初步研究”等（图 3-51）。

综上所述可见：

（1）从早更新世到全新世及至今，黄淮海地区的气候至少经历了 13 次较大的波动。据河北平原资料，其年平均温度变幅为–3℃～+3℃之间，其中最寒冷时期出现在第III冰期，最温暖时期出现全新世气候适宜期。伴随着气候的波动，植被也出现相应的演变，演变的基本特点是针阔叶林-草原景观与暗针叶林-草原（或草甸、苔原）景观交替演进（邵时雄，王明德，1989）。

（2）河北平原、河南平原、淮北平原、苏北平原气候变化与植被演替在总体上是一致的，但各区也存在一定差别，相比较而言，苏北平原和淮北平原的气候较河南、河北平原略偏温湿，变化幅度也略偏缓和一些。

（3）黄淮海平原第四纪气候变化与我国冰期-间冰期的更替是同步的，表明黄淮海平原气候变化主要是受冰期—间冰期更替的影响，进而也表明黄淮海平原气候变化是在全国气候变化和新构造运动的大背景下形成的。

6.2 海侵与海岸线的变迁

黄淮海平原第四纪古气候的变化也反映在其沿海地带的海侵（海进）事件与海岸线的变迁。邵时雄、王颖（1989）根据河北、山东、江苏等沿海平原 150 余个钻孔岩心微体动物（介形虫、有孔虫、海相软体动物等）化石分析，发现黄淮海平原的沿海地区自早更新世以来经历了边滩潮浦型（近岸潮浦、边滩、河口、潟湖等）、近岸浅海-海湾型（水深 10m 以内的近岸带）和浅海型（水深 10～40m 的浅海环境）等生态环境的演变，至少存在 7～8 个海侵层，进而表明黄淮海平原沿海地区至少经历了 7～8 次海侵（海进）事件。沿海不同地区海侵情况如表 3-20（邵时雄、王明德，1989d）。由表 3-20 可见：①8 次海侵在各地区的路径和范围与海侵水深均不一致，主要因各地区地质地貌条件而异。总的情况是Ⅰ～Ⅳ次海侵规模较大，持续时间较长，多为浅海型或海湾型，第Ⅴ～Ⅷ次海侵伸入陆地范围较小，海水淹没深度较浅，多为边滩潮浦型，少见海湾型，偶见浅海型。②海侵时间与气候演变相一致，主要驱动因素是第四纪冰期与间冰期的交替，各次冰期中的间冰阶也会引起短暂的海进发生。这些事实表明，黄淮海平原的海侵事件是在中国新构造运动及第四纪冰期与间冰期的大背景下的表现。

黄淮海平原濒临渤海、黄海，其海侵与海退事件除在上述地层学方面得到证实之外，也反映在其海岸线的变迁过程。第四纪晚更新世以前的海岸线位置已难觅踪迹。据统计，晚更新世沧西海侵时（25kaBP），渤海海平面比现今高出 5～7m，推测当时海温为 18～20℃，末次冰盛期（18kaBP）时海平面降到最低，在末次冰期冰盛期结束的时候（15k～10kaBP），海平面较现今低 40～30m。据朝鲜半岛钻孔资料，在 7.8ka～7kaBP 时渤海海平面较现今低约 10m，到 6kaBP 时海平面达到现今的海面高度。

全新世的海岸线保存了较多的遗迹，主要有贝壳堤、贝壳沙堤、沙岗、沙堤等。根据这些遗迹并参照海侵与海退的地层特征，勾绘出了全新世几个时期的海岸线，如图 3-52（杨怀仁，1990）。图中显示，全新世海进盛期当时的海岸线大致在阳信—滨县（今滨州）—北镇—纯化—侯镇一线附近，1855 年黄河北归渤海时的海岸线大致在新户—河口—建林—下镇一线附近。

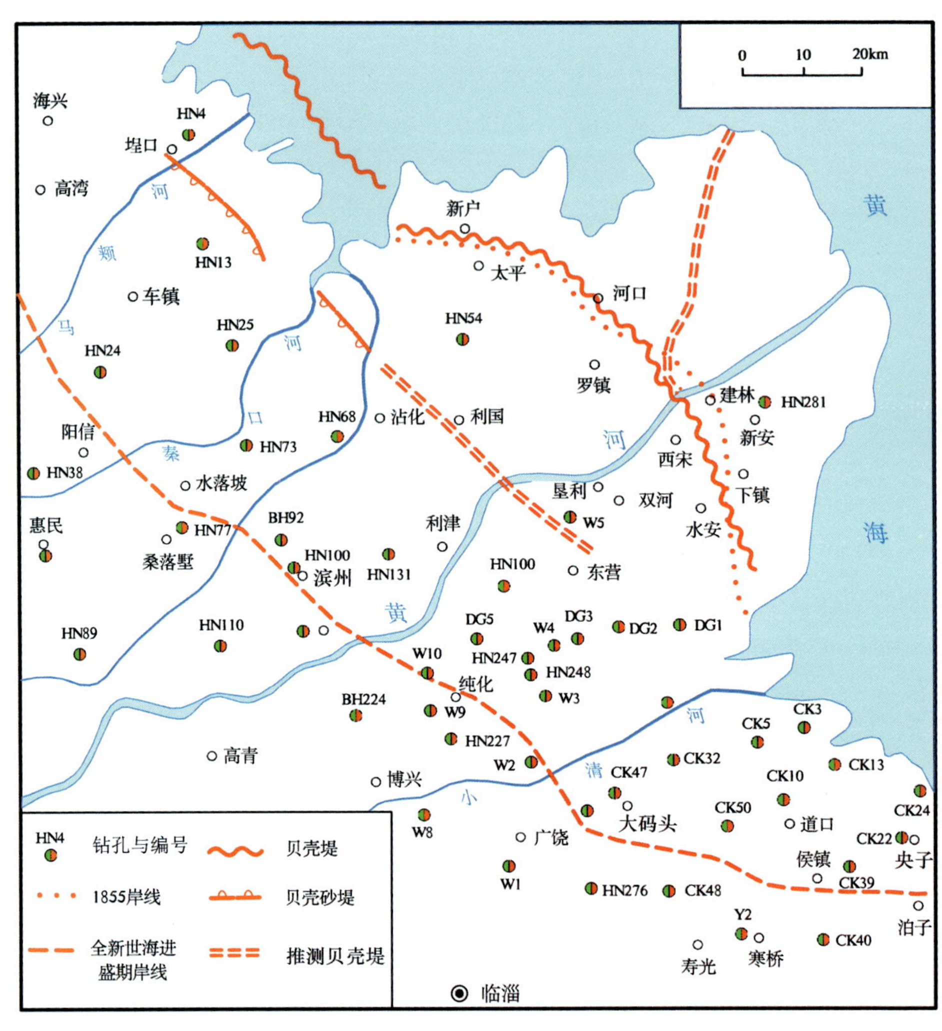

图 3-52　黄河三角洲全新世海岸线

（杨怀仁，1990）

表 3-20　黄淮海平原第四纪海侵情况表（邵时雄、王明德，1989d）

地质年代		气候期	海侵层编号	发生年代/aBP	海侵层一般埋深/m	河北平原（包括天津、北京）	鲁北平原（惠民地区）	苏北平原	长江三角洲地区
全新世 Q_4	Q_4^3	冰后期							
	Q_4^2		I	3000～8500	20～50	沧东海进、献县海进	垦利海进	平桥海进	镇江海进
	Q_4^1								
晚更新世 Q_3	Q_3^2	IV 冰期							
		间冰阶	II	2.5 万	25～50	沧西海进	广饶海进	涟水海进	滆湖海进
		IV 冰期		3.8 万	40～70				
	Q_3^1	III 间冰期	III	7 万～15 万	60～80 80～120	青县海进	滨县（今滨州）海进	洪泽湖海进	王店海进
中更新世 Q_2	Q_2^2	III 冰期	IV						嘉定海进
	Q_2^1	II 间冰期	V	73 万	90～140 100～150	黄骅海进	惠民海进	万武海进	上海海进

续表

地质年代	气候期	海侵层编号	发生年代/aBP	海侵层一般埋深/m	河北平原（包括天津、北京）	鲁北平原（惠民地区）	苏北平原	长江三角洲地区
早更新世 Q_1 Q_1^3	II 冰期							
	间冰阶	VI			津西海进	不详		周浦海进
	II 冰期		100 万					
Q_1^2	I 间冰期	VII	180 万		海兴海进	不详	不详	如皋海进
Q_1^1	I 冰期				渤海海进或北京海进	渤海海进		
上新世 N_2	间冰阶	VIII	220 万					
	I 冰期							
	冰期前							

在对黄淮海平原濒海海岸线的上述宏观分布背景下，人们对河北平原渤海西岸海岸线变迁和苏北平原黄海西岸海岸线的变迁已有了更详细些的研究，将分别在第四章和第五章中详细讨论。

在苏北平原黄海西岸，由于黄河带来大量泥沙堆积形成砂质海岸带，在海进与海退时均会留下大量沙堤、沙岗等。全新世海岸线的变迁可以依据当时海岸带留下的沙岗、沙堤等进行识别。

第七节　基于地学属性的下游治理启示

7.1　古近代黄河下游治理方略简述

战国之前没有关于黄河下游作为一条完整河流的记载，表明在那时以前的岁月里，黄河下游平原只有多条汊道交织、变化频繁、生灭无定的临时性水道（尹学良，1995）。

关于黄河下游河道的记载，最早出现在成书于战国后期的《禹贡·导水篇》。该书记述了当时一条完整的黄河流路："东过洛汭，至于大伾，北过降水，至于大陆；又北播为九河，同为逆河入于海"。谭其骧（1987）根据《汉书·地理志》、《水经》、《水经注》等所记载关于河（当时"河"即指黄河）的文献考证指出："洛汭"即现伊洛河入黄河口，"大伾"即今河南省荥阳（浚县），"降水"即今漳河，"大陆"即今大陆泽，"北播为九河"是指河水进入大陆泽后分为 9 条汊河向北流去（也有人认为九河是泛指有多条分汊的河道，而非实为 9 条汊河），"同为逆河入于海"是指 9 条汊河河口段均受到渤海潮水的倒灌，以"逆河"的形象入海。根据这一考证，可以描绘出当时黄河自孟津出峡谷后朝东北方向奔腾在河北平原，并最终汇入渤海的黄河下游河道，自古以来，人们称这条黄河下游河道为"禹河"。现在认为，"禹河"即为有记载以来最早的黄河下游河道，并以其作为研究黄河下游改道迁徙的起始。

公元前 602 年（战国周定王五年），黄河发生了有记载以来的第一次改道，洪水从禹河宿胥口（今淇河、卫河汇合处）决溢，夺漯川东行，至长寿津（今河南滑县东北），然后从漯川分流北行，与漳河汇合，至章武（今河北沧县东北）入渤海。迁徙后的新河道位于禹河之南，今称之为西汉故道。

公元 11 年（王莽始建国三年），黄河在今河北临漳县西北决口，向东南冲入漯川故道，经今河南南乐、山东朝城、阳谷、聊城至禹城，然后从禹城离开漯川故道北行，经山东临邑、惠民至利津汇入渤海，形成新的黄河下游，即今所称东汉故道。东汉故道一直维持到 1048 年，长达近 1000 年。但文献记载，在这近 1000 年的时期里，尤其在五代时期（907～960 年）和北宋初期（960～984 年），黄河仍决溢频繁，大小分流河道众多，短期改道迁徙数不胜数，幸因或堵或疏，未酿成长期大的改道迁徙。

1048 年（宋仁宗庆历八年）6 月黄河再次改道，洪水冲决澶州商胡埽，向北奔大名，经聊城西至今河北青县境与卫河相汇合，然后自天津入渤海。宋人称这条河道为北流，即今所称之北宋故道之北流。12 年后，黄河在商胡埽下游（今南乐西）再次决口南流，经今山东朝城、陶馆、乐陵、无棣入渤海。宋人称该新河为南流，即今称之北宋故道之南流。

1128 年（南宋建炎二年），为阻止金兵南下，东京守将杜充在滑县扒开黄河大堤，造成黄河人为改道，向东南方向分别夺泗水和济水入黄海，这也是黄河历史上长期南泛入淮的开端。随后黄河向南决溢不断，终于 1194 年 8 月（金明昌五年）“河决阳武故堤，灌封丘而东”（《金史·河渠志》），河决之水大致经由封丘、长垣、东明，至徐州南夺泗水入淮。直到明代后期潘季驯治河以后，黄河下游流路才基本固定在开封、兰考、商丘、砀山、徐州、宿迁、淮阴（今淮安市淮阴区）一线，即今所称之明清故道，行水达 300 余年。

1855 年（清咸丰五年），黄河在河南兰阳（今兰考县境）铜瓦厢决口改道，黄河下游河道再次摆回北方，沿现今河道向北流入渤海。

1938 年，蒋介石命令在花园口扒开黄河南岸大堤，试图阻止日军南下，黄河又向南流，沿贾鲁河、颍河、涡河入淮河。洪水漫流，灾民遍野，直到 1947 年堵复花园口后，黄河才回归北道，自山东垦利县流入渤海。

由上述可见，自公元前 602 年以来的 2600 多年期间，黄河下游河道经历了从北到南，又从南到北的大循环摆动，其间决口、改道不计其数。改道迁徙的范围大体以孟津为顶点，北抵天津，南界淮河，或入渤海，或入黄海，这正是我们在前面所述的黄河大三角洲的范围（黄河水利委员会，1984）。

2000 多年来，历朝历代为治理黄河付出了巨大的努力，并先后形成多种治黄方略，其中治河思想较为活跃的有两汉、北宋和明清时期。

西汉时期最具代表性的治河方略当数贾让的“治河三策”。其上策是：“徙冀州之民当水冲者，决黎阳遮害亭，放河使北入海。河西（到）薄山大，东薄（到）金堤，势不能远泛滥，其自定”。该策即在黄河北岸遮害亭（今河南省滑县西南）一带掘堤，使河水北去，大致经内黄、斥丘，沿古大河（即当时黄河）会漳河入海。可见上策的实质就是实行人工改道的策略。其中策是：“多穿漕于冀州地，使民得以溉田，分杀水怒”。即在黄河冀州一带开挖分水渠道并多设分水口门，以期洪水时分杀水势，旱时可以溉田改土。可见中策的实质就是分疏洪水的策略。其下策是：“若乃缮完故堤，增卑倍薄，劳费无已，数逢其害，此最下策也。”即在本已弯曲狭窄的河道上继续加固原有大堤。贾让评价其下策实在是劳民伤财且无益之策。

东汉初期，河（黄河）、济水、汴水河系紊乱，泛水乱流，王景受命治河。王景的治河方略是：河汴分流、宽堤固河、“十里立一水门，令更相洄注”。即一方面修筑自荥阳东（今郑州西北）至千乘海口（今利津县内）的千里大堤，大堤上段荥阳一带堤距宽达 10～20km，使河堤内有足够面积容纳洪水和沉积泥沙，形成左岸到西汉故道的金堤，右岸为王景所修筑的荥阳至千乘大堤的“左右游波、宽缘而不迫”的新黄河流路；另一方面则整治汴河，并“十里立一水门，令更相洄注”。依笔者理解即在河汴之间设立多处沟通口门，以调节河汴水流和处理泥沙。可见王景治河方略的基本思想是，实行宽河固堤，利用宽广的河道缓解洪水和沉积泥沙。

北宋时期，黄河河道变迁十分剧烈，决、溢、徙都是有史以来最为频繁和严重的，而且京都开封又位于黄河下游，受到严重威胁，因此治河在北宋时特别重视，治河思想与方略也十分活跃丰富。

北宋时期黄河形势如图 3-53。这一时期，黄河在澶州商胡埽、濮阳一带决溢改道

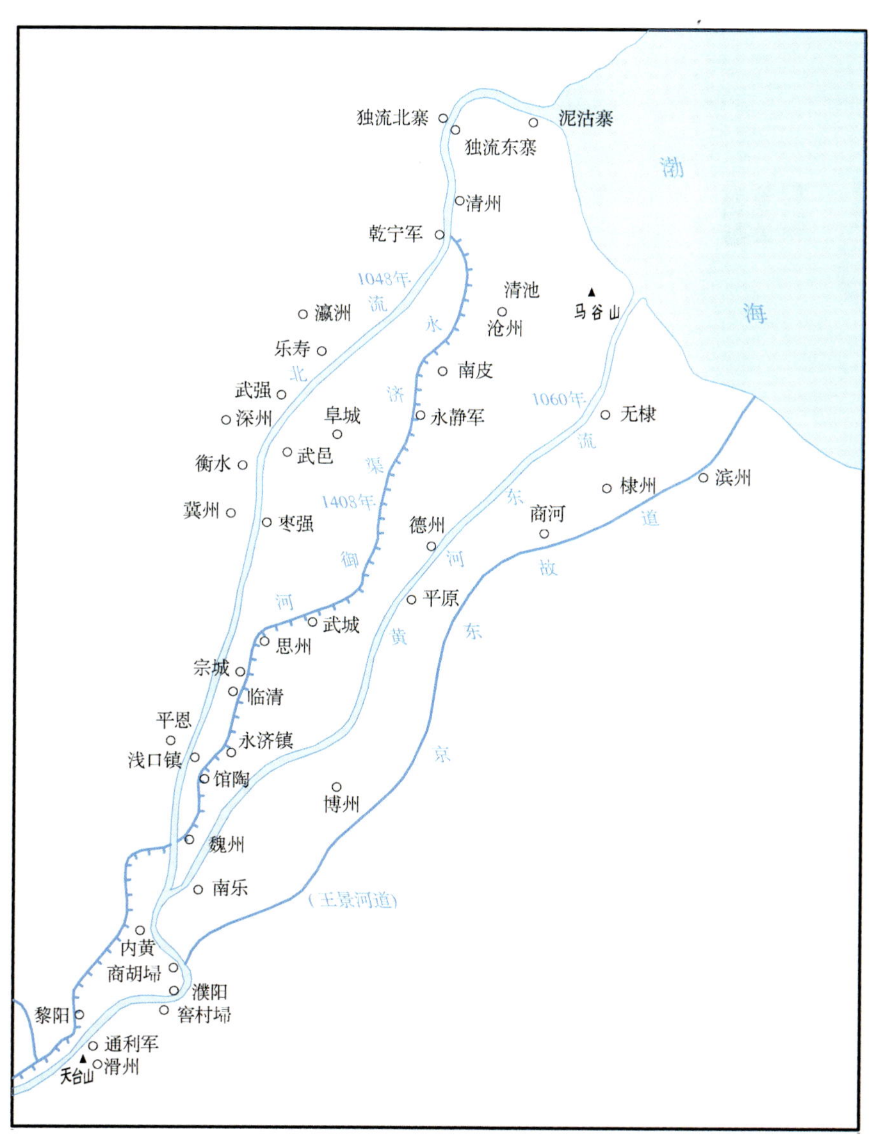

图 3-53　北宋时期黄河北流与东流河势略图

（黄河水利委员会，1984；谭其骧，1982）

60 余次（黄河水利委员会，1984），形成向北流的河道（当时称北流）和向东北流的二股河（当时称东流），二股河基本上是沿王景治河留下的京东故道。黄河下游的治理，是沿决溢改道的北流筑堤形成新河入海？还是迫使决溢之水返回京东故道？抑或如宋神宗赵顼对王安石等所说："河决不过占一河之地，或西或东，若害无所校听其所趋，如何？"为此，朝廷内外展开了近半个世纪（1051～1101 年）的大争论，即治河史上的"北宋北流东流之争"。最后，因三次回河东流均告失败，证明了北流的主张是正确的。其实，在当时北流地势较低，虽然入海流路较远，然如时任翰林学士的欧阳修所言："因水势所趋，增堤峻防，疏其下流，纵使入海"。这是符合"水性就下"的河流属性的；而主张强使回河至地势已淤高的故道，在当时主要是为了抵御辽军入侵，是逆水之性的，因而不可能成功。正如时任左正言（谏官）的任伯雨于建中靖国元年（公元 1101 年）在总结北宋治河之争时所说："自古竭天下之力以事河者，莫如本朝。而徇众偏见，欲屈大河之势以从人者，莫甚于近世。"可见，任伯雨之言深刻说明了一个道理：违背河流的地学属性，只按人物意志治理河流，是不可能成功的。

明清时期，因为建都于北京，而全国经济中心在江南，京杭大运河成为国家南北运输的大动脉，因此该时期治黄的主要目标是保障漕运。这一时期的治河思想十分活跃，提出了许多治河策略。例如，分流论、北堤南分论、束水攻沙论、放淤固堤论、改道论、疏浚河口论、汰沙澄源论、沟洫治河论等，但议论多，实践少，惟到明代后期潘季驯（1521～1595）提出的"以河治河，以水攻沙"治河方略得以实践并取得成功。他首先在徐州以下黄河两岸高筑大堤，挽河归槽，并在遥堤内侧修筑缕堤，以实现"束水攻沙"。然后根据"黄强淮弱"的水势特点，加固高家堰，逼淮水尽出清口，实行"以清刷黄"策略。经过治理，既使徐州以下至云梯关入海口的沿河形成完整堤防系统，河道基本得以固宽，也使大运河南北运道基本保持畅通。潘季驯治河的主要贡献在于：①实现了治黄方略从分水到束水，从单纯治水到注重治沙的转变。②提出并实践了治理黄河泥沙的三条措施，即束水攻沙，蓄清刷黄，淤滩固堤。③提出了"以筑近堤以束河流，筑遥堤以防溃决"为核心的一整套堤防修守措施与制度。诚然，潘氏的治黄方略囿于其治理目标的局限性，只治理了徐州以下河段，且由于其"蓄清刷黄"措施抬高了洪泽湖水位，因此对淮河下游及中游河道产生严重影响，也加剧了里下河地区的水患（郭涛，1999）。

近代治黄方略当以李仪祉（1882～1938）为代表。李仪祉对黄河的特性有了远较前人深刻的认识。他认为："黄河之弊由于善淤、善决、善徙。""故去河之患在防洪，更需防沙。沙患不除，则恐无治理之一日。"他还指出："历代治河皆注重下游，而上游曾无人过问者。实则洪水之源，源于中上游；泥沙之源，源于中上游，治理黄河需从中上游设法。"由此可见，李仪祉的治河方略既关注水沙，也放眼上中下游，张含英称其为"全河玄论"。虽然由于时代条件所限，李氏的治黄方略并未能实现，但其思想已给现代黄河治理以重要启迪（黄河水利委员会，2004）。

回顾自汉代以来黄河治理方略及其演变可以看到，各家治河方略的要点主要有以下几种：①改道，即以新的河道取代已淤废的旧河道，贾让治河三策中的上策可为其代表。②分流，即以修筑减水坝、开挖减河以分杀水势，贾让治河三策中之中策"多穿漕于冀州地，使民得以灌田，分杀水怒"可为其代表。明代徐有贞、白昂、刘大夏、刘天和等皆是分流论的积极主张者。③宽河固堤，这是历代采用最多的方法，东汉王景治河修筑荥阳至千乘千里大堤可视为代表。还有放淤、疏浚河道等。④束水攻沙，西汉末年王莽时期的大司马张戎就指出："水性就下，行疾，则自刮除，成空而稍深。"明代潘季驯将其发展到极至。不过上述各治河方略也并非仅采用一种治河措施，而是有主有从多种措施的联合运用。⑤到近代自李仪祉始，他提出上中下游统一治理的方略，并首次将中游水土保持作为治黄的重要措施。

回顾历代及近代治黄方略及其演变，从中可以得到一个基本的认识，那就是，凡适应黄河下游河性的方略，都可以取得一定成效；凡有悖黄河河性的方略，则必然遭到失败，北宋数十年的"北流东流之争"，便是极好的例证。这是治黄先驱为我们留下的最重要启示。

7.2 现代黄河下游的情况与基本问题

20 世纪 50 年代以来，黄河下游虽然经历了包括自 1919 年黄河有实测水文资料以来最大的"58.7"洪水（花园口洪峰流量 22 300m^3/s）及多场秋伏大汛，却从未发生决口改道事件，这是很了不起的成就，但黄河的防洪形势依然严峻。据估计，在不发生重大改道的情况下，若现行河道向北决溢，洪灾影响的范围将包括漳河、卫运河及漳卫新河以南广大平原地区；若向南决溢，洪灾影响范围将包括淮河干流以北和颍河以东广大平原地区。各具体河段的决溢洪灾影响范围如表 3-21（黄河水利委员会勘测规划设计研究院，2001）。表中涉及的范围包括冀鲁豫皖苏 5 省的 110 座县市，12 万 km^2 的土地，1.1 亿亩农田，约 8510 万人口，以及铁路、公路等大量重要设施，河道将被泥沙淤塞，农田将沙化，对国家经济、社会与环境带来严重且长期的影响。

表 3-21 黄河下游不同河段堤防决溢的影响范围（黄河水利委员会勘测规划设计研究院，2001）

岸别	决溢堤段	洪泛区范围		涉及主要城市、工矿及交通设施
		面积/km^2	边界范围	
北岸	沁河口—原阳	3300	北界卫河、卫运河、漳卫新河；南界陶城埠以上为黄河，以下为徒骇河	新乡、濮阳市，京广、津浦、新菏铁路，中原油田
	原阳—陶城埠	8000～18 500	漫溢天然文岩渠流域和金堤河流域；若北金堤失守，漫溢徒骇河两岸	濮阳市，新菏，津浦、京九铁路，中原油田、胜利油田
	陶城埠—津浦铁桥	10 500	沿徒骇河两岸漫流入海	津浦铁路，胜利油田
	津浦铁桥以下	6700	沿徒骇河两岸漫流入海	滨州市，胜利油田
南岸	郑州—开封	2 8000	贾鲁河、沙颍河与惠济河、涡河之间	郑州（部分）、开封、商丘市，陇海、京九铁路
	开封—兰考	21 000	涡河与沱河之间	开封、商丘市，陇海、京九铁路
	兰考—东平湖	12 000	高村以上决口，波及万福河与明清故道之间及沛苍地区；高村以下决口，波及菏泽、丰县一带及梁济运河、南四湖，并沛苍地区	徐州、菏泽、济宁市，津浦、新菏、京九铁路
	济南以下	6700	沿小清河两岸漫流入海	济南（部分）、东营市，胜利油田

现代黄河下游河道，既继承了自然状态下的基本特征和演变趋势，也愈来愈受到人类活动的影响，各种河道要素都发生了不同程度的变化。这些变化是洪水形势趋向严峻和河道健康趋向恶化的重要原因。以下将分述主要河道要素现状。

7.2.1 水沙条件的变化

黄河下游河道自1919年开始有水文观测，至三门峡水库建成蓄水，这一时期（1919年至1960年6月）的水沙资料，大体可以反映下游河道在天然状态下的水沙情况。1960年7月三门峡水库开始蓄水运行，从此下游水沙开始受到三门峡水库运用方式及其他水利工程的影响，各时期的水沙情况如表3-22。

表3-22 黄河下游各时期水量与沙量（黄河水利委员会，2004）

年份	平均年水量/亿 m^3	沙量/亿 t	含沙量/（kg/m^3）
1919～1960	410.64	16.28	39.6
1960～1979	398.00	15.23	38.2
1980～1989	352.56	7.89	22.0
1990～1996	256.16	10.00	39.0
2010	298.90	10.22	34.2

从上述水沙实测资料中可得到以下的事实与认识：①自20世纪60年代以来，进入黄河下游河道的水量和沙量均呈减少的趋势。这一趋势还可从中游五站（龙门、华县、河津、洑头、黑石关，下同）实测沙量变化得到证实。五站在20世纪50年代来沙量为18.32亿t，60年代为17.5亿t，70年代为13.8亿t，80年代为8.2亿t，90年代为8.8亿t，2000～2003年平均7亿t。中游输沙量的减小直接引起下游河道输沙量的较小。②在年均水量与沙量减少的背景下，水沙的年内分配也发生了显著的变化，即汛期水量的减少幅度大于沙量的减少幅度，有利于河道的淤积。

黄河水利委员会根据由水沙基金、水保基金、治黄基金、自然科学基金资助项目和“八五”攻关项目的研究成果认为，造成水沙减少和水沙年内分配变化的主要原因，是水利工程和水土保持的拦水拦沙作用，并估计其对减少水沙的贡献率为61%，各种自然因素（例如降水量减少等）的贡献率为39%。也有研究认为，人类活动对黄河下游泥沙减少的贡献率达80%，自然因素贡献率为20%，如表3-23（黄河水利委员会，2004）。笔者认为，虽然这样的判断未必十分精确，但在概念上是可以接受的。这也表明，

表3-23 黄河下游控制站（三门峡、黑石关、武徙）来水来沙的年内分配（黄河水利委员会，2004）

项目		1919.07～1985.06	1985.11～1999.10		1989.11～1999.10	
		数量	数量	占多年/%	数量	占多年/%
水量/亿 m^3	全年	464	278	59	259	60
	非汛期	186	150	79	146	81
	汛期	278	128	45	113	46
沙量/亿 t	全年	15.60	7.64	47	7.61	49
	非汛期	2.10	0.41	19	0.46	19
	汛期	13.50	7.23	52	7.15	54
含沙量/（kg/m^3）	全年	33.6	27.5	81	29.4	82
	非汛期	11.3	2.7	24	3.1	24
	汛期	48.6	56.5	115	63.2	116

倘若没有人类活动的影响，黄河下游的水沙条件将基本继承20世纪60年代以前自然状态下的水量与沙量及年内分配的演变趋势。

7.2.2 河道冲淤现状

表3-24是黄河下游河道各时段年均淤积量。由表可见：①1950年7月至1960年6月的10年间，年均淤积量3.61亿t，可视为河道在自然状态下的淤积状态。自1960年7月三门峡水库建成投入运用以来，受水库运用方式的影响，下游河道经历了冲淤交替的变化。其间，1960年10月至1964年10月三门峡水库实行“蓄水拦沙”运用方式，下游河槽冲刷了5.78亿t泥沙；1964年11月至1973年10月实行“滞洪拦沙”运用方式，下游滩槽淤积了4.39亿t泥沙，超过了自然状态下的淤积量；1973年11月至1985年10月实行“蓄清排浑”运用方式，此期1973～1985年来水来沙分别为多年均值的85%和80%，属基本正常年份，且1976年河口实行人工改造，有利下游输沙，所以河道淤积量仅1.8亿t；1980～1985年来水量达483亿m^3，来沙量只有9.7亿t，水多沙少

表3-24 黄河下游各时段年均淤积量（亿t）（黄河水利委员会，2004）

时段（年-月）	项目	铁谢—花园口	花园口—夹河滩	夹河滩—高村	高村—孙口	孙口—艾山	艾山—泺口	泺口—利津	铁谢—利津	三门峡水库运用方式
1950-07～1960-06	主槽滩地	0.32	0.16	0.14	0.15	0.04	0.01	0.00	0.82	建库前
		0.30	0.41	0.66	0.78	0.20	0.19	0.25	2.79	
	全断面	0.62	0.57	0.80	0.93	0.24	0.20	0.25	3.61	
1960-10～1964-10	主槽	–1.90	–1.47	–0.84	–1.03	–0.22	–0.19	–0.13	–5.78	蓄水拦沙
1964-11～1973-10	主槽滩地	0.47	0.74	0.51	0.35	0.23	0.22	0.42	2.94	滞洪拦沙
		0.48	0.34	0.43	0.09	0.07	0.01	0.03	1.45	
	全断面	0.95	1.08	0.94	0.44	0.30	0.23	0.45	4.39	
1973-11～1980-10	主槽滩地	–0.18	0.01	0.03	0.10	0.03	0.03	0.00	0.02	蓄清排浑
		–0.04	0.33	0.50	0.49	0.08	0.13	0.30	1.79	
	全断面	–0.22	0.34	0.53	0.59	0.11	0.16	0.30	1.81	
1980-11～1985-10	主槽滩地	–0.30	–0.35	–0.29	–0.13	–0.01	–0.07	–0.12	–1.27	
		–0.06	–0.10	–0.09	0.52	0.07	–0.04	0.00	0.30	
	全断面	–0.36	–0.45	–0.38	0.39	0.06	–0.11	–0.12	–0.97	
1985-11～1999-10	主槽滩地	0.27	0.46	0.36	0.16	0.09	0.15	0.12	1.61	汛期敞泄
		0.15	0.20	0.15	0.09	0.02	0.00	0.01	0.62	
	全断面	0.42	0.66	0.51	0.25	0.11	0.15	0.13	2.23	
1999-11～2002-10	主槽滩地	–0.73	–0.57	–0.04	0.04	–0.01	0.02	–0.05	–1.34	小浪底建成，清水下泄
		0.03	0.02	0.08	0.08	0.00	0.00	0.00	0.22	
	全断面	–0.70	–0.55	0.04	0.12	–0.01	0.02	–0.05	–1.12	

有利于河道冲刷，总冲刷量达 4.85 亿 t，年均冲刷 0.97 亿 t；1986～1999 年实行汛期敞泄运用，此期间河道淤积总量 31.23 亿 t，年均淤积量 2.3 亿 t，淤积量虽不算大，但却占同期来沙量的 29%，是上述诸时期中淤积量占来沙量之比（来沙淤积率）最大的时期；1999 年 10 月至 2002 年 10 月，河道主槽发生冲刷，三年间共冲刷 3.35 亿 t 泥沙，年均冲刷 1.12 亿 t，这完全是小浪底水库于 1999 年 10 月开始蓄水运用，三年中年均下泄清水 178 亿 m^3，沙量仅 0.33 亿 t，使下游河道具有很强的挟沙能力而造成冲刷的缘故。

上述的冲淤变化表明，河道的冲淤变化主要取决于来水来沙条件的变化和水利工程的运用方式的改变。因而可以认为，人类活动是引起现代黄河下游河道冲淤变化的主要原因。倘若没有人类活动的影响，下游河道的冲淤状况将基本接近 1919～1960 年河道在自然状态下的冲淤情景。

7.2.3 河道及洪水情势

在 1960 年以前的自然状态下，黄河下游河道年平均输沙量 16 亿 t，其中大约 1/4 淤积于利津以上河道内，1/2 淤积于利津以下至河口三角洲，其余 1/4 由海流携带输入深海。河道平均每年淤高 3～5cm，淤积主要分布于滩地。河道的主要特征表现为大水冲，小水淤，淤滩刷槽，主槽平滩流量保持在 6000～8000m^3/s（徐乾清，2011）。由于 1950 年前已基本废除民埝，因此无二级悬河与横比降大于纵比降的情况，白鹤至高村游荡性河道摆幅 5～7km，约为两岸堤距的 43%（王化云，1989），尾闾河道基本上在河口三角洲上呈现周期性分汊、改道的规律。堤防低矮且质量差、河势难以控制，是当时防洪的主要风险所在。

1960 年以来，河道及洪水情势发生了很大的变化，总的情况是河道萎缩趋势明显，洪水风险以新的形式加重。主要表现在以下方面：

（1）河床不断淤高。目前河床与 20 世纪 50 年代相比普遍抬高 2～4m，大堤临河滩面高出堤外地面 4～6m，局部河段高出 10m 以上，地上悬河的形势日趋严峻。

（2）主槽严重淤积。1960 年以前滩地淤积量与主槽淤积量之比为 8∶2；1980 年以后转为 2∶8（陶城埠以上河段滩槽淤积比为 7∶3，陶城埠以下河段为 9∶1），使“二级悬河”日趋严重。目前滩唇一般高出大堤临河滩面 3.0m，在东坝头至陶城埠河段高差更高达 5.0m，形成滩地横比降达 1‰～2‰，而河道纵比降只有 0.14‰。由于横比降大于纵比降，因此在洪水时增加了主流对堤脚的冲刷，并产生“顺堤行洪”、“滚河”等决堤风险（黄河水利委员会，2004）。

（3）在同流量情况下水位显著抬高。表 3-25（黄河水利委员会，2004）显示了 1985 年

表 3-25　1985 年和 1950 年下游各水文站 3000m^3/s 情况下的水位变化（黄河水利委员会，2004）

项目	花园口（新）	夹河滩（二）	高村	孙口	艾山	泺口	利津
1950-07 水位/m	91.06	72.53*	59.46	44.89*	38.00	27.25	11.10
1985-07 水位/m	92.50	73.9	61.85	47.00	39.90	29.40	12.50
水位差/m	1.44	1.37	2.39	2.11	1.90	2.15	1.40

* 指借用 1952 年同流量水位。

和 1950 年同流量情况下，各河段的水位抬高量。由表可见，同流量（$3000m^3/s$）情况下水位抬高了 1.37～2.39m，小流量高水位已经成为下游河道的常态。

（4）平滩流量从 20 世纪 60 年代的 6000～80 000m^3/s 锐减至 2000 年的 2000～30 000m^3/s，使河道排洪输沙能力锐减，长历时维持高水位既加大了滩区灾害，也增加了对大堤的威胁。

（5）白鹤至高村游荡性河段，河宽水散，冲淤幅度大，河槽极不稳定，河道纵比降 2.65‰～1.72‰，河势变化剧烈。20 世纪 70 年代以来修建了一系列导流工程，但仍难以控制河势游荡变迁。

7.2.4 尾闾河道向不利于下游河道防洪减淤方向发展

20 世纪 70 年代以前，河口地区允许入海流路遵循三角洲上河道淤积—延伸—决口—改道呈周期性演变的规律。20 世纪 70 年代以来，为适应河口地区经济发展需要，采取固定入海流路，致使入海流路延伸、速率加快，使河口水位明显抬高，溯源淤积发展，不利于下游河道行洪输沙。

黄河下游河道的上述变化与基本问题，是河流在现代水沙条件和人类活动影响下的表现，反映了黄河下游人水关系尚存在显著不和谐的方面。究其根本原因，在于人们对黄河下游的地学属性尚缺乏深刻认识，以致在治黄策略、工程规划和建设管理等方面，存在一些有悖于黄河下游地学属性的理念和决策。主要表现在以下方面：①对黄土高原的侵蚀特性认识不深刻，以致对水土保持的效果无论在实现时效还是治理效果两方面的估计都过于乐观。②对下游河道的堆积性河流特性认识不足，乐观相信黄河下游现有河道将能永续运用，并希冀能够形成相对的“地下河”。③对江河治理是人与河流的对话意识不强，因而在制定和实施治黄工程规划等措施时，偏于强调人类的需求，而疏于顾忌对河流的干预及可能带来的负面影响。因此，本着既满足人类需求又充分尊重黄河下游地学属性这一基本理念，本章对黄河下游治理有以下的认识和启示。

7.3 基于侵蚀特性的黄土高原治理

如第二节所述，自全新世以来，构成黄土高原侵蚀环境的地质、地貌、气候、植被等因素虽然经历了继承性演变，但至今并未发生根本性的变化，因而可以认为，黄土高原的侵蚀环境在现代以及未来仍将延续。基于这样的认识，并从黄河下游治理的角度出发，对黄土高原的治理提出以下见解。

（1）破碎的地貌与河流切割，形成了黄土高原高差悬殊而分布稠密的区域性相对侵蚀基面系统，这些相对侵蚀基面是黄土高原侵蚀的重要因素。因此，如何淤积抬高黄土高原局地相对侵蚀基面，使破碎的地貌向逐步形成局部“夷平面”方向发展，从而改善高原地貌形态，是减轻黄土高原侵蚀的重要途径。为此，在高原各级沟壑层层修建淤地坝系统，在各级支流修建拦泥库，在中游干流修建如古贤、碛口等大型水库拦截泥沙与调控水沙过程，是基于高原地学属性减轻下游淤积的技术选择。

（2）基于黄土高原的显性地域自然植被本底以草本植物为主，只在局部水分条件较好的阶地、河谷、基岩山地，以及高原南缘河谷等隐性地域，才有疏林或乔木树林生长的事实，因此人们重建黄土高原植被的努力，应当以尽力恢复高原草原景观为目标，但在年雨量大于 500mm 的高原东南部河谷地带，营造局部森林植被也是有可能的（中国科学院黄土高原综合科学考察队，1991）。减轻人口对高原土地的压力，实行“退田还草”，创造条件让土地自然孕育草原生态环境，是调整黄土高原人地关系的正确方向与根本途径。

（3）治理多沙粗沙区是减少黄河下游河道淤积的关键。20 世纪 60 年代初，钱宁教授在关于黄河中游不同地区产沙对下游河道淤积影响的研究中，发现了两个重要事实：①黄河下游河道中的淤积物主要是由粒径大于 0.05mm 的粗颗粒泥沙组成的；②这些粗颗粒泥沙主要来源于黄河中游河口镇至无定河口的区间和白于山河源区（钱宁，1990）。图 3-54 和表 3-26 给出了黄土高原粗泥沙来源区的分布和产沙量与输沙率（黄河水利委员会，2004）。

由图 3-54 和表 3-26 可见，多沙粗沙来源区的面积为 7.86 万 km^2，平均侵蚀模数为 15 000t/(km^2·a)；粗泥沙集中来源区面积 1.88 万 km^2，平均侵蚀模数达 22 000 t/(km^2·a)。多沙粗沙来源区面积和粗泥沙集中来源区面积分别占黄土高原水土流失面积的 17%和 4%，但却分别占黄河下游河道主槽淤积物的 76%和 50%。由此可见，黄土高原水土流失的治理，应当遵循“先粗后细”的策略，即首先大力治理 1.88 万 km^2 粗泥沙集中来源区，然后依次扩大到 7.86 万 km^2 的多沙粗沙来源区、19.06 万 km^2 多沙区，乃至中游 45.40 万 km^2 的水土流失区。

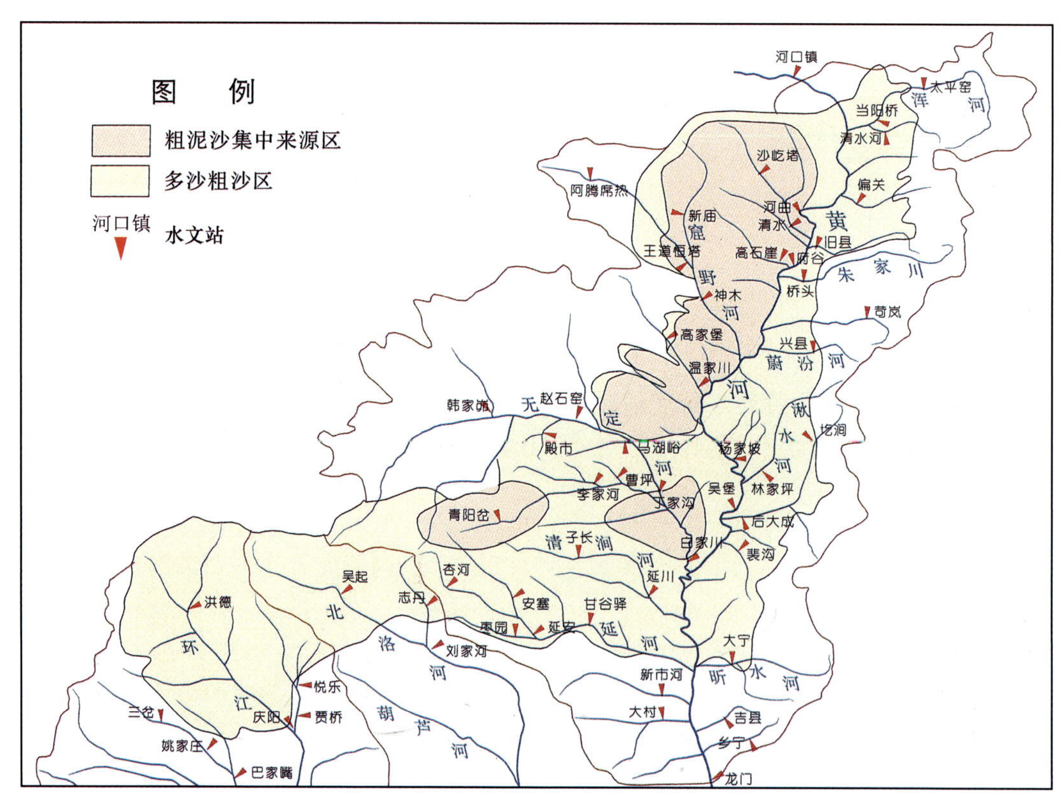

图 3-54　黄土高原粗沙来源区分布

（黄河水利委员会，2004）

表 3-26　黄土高原泥沙来源区面积、产沙量和侵蚀模数（黄河水利委员会，2004）

区域名称	面积/万 km^2	全沙量/亿 t	平均侵蚀模数/[t/（km^2·a）]	d≥0.05mm 粗泥沙量/亿 t	d≥0.10mm 粗泥沙量/亿 t
水土流失区	45.40	18.81	4100	4.40	1.13
多沙区	19.06	16.01	8400	3.66	0.97
多沙粗沙区	7.86	11.82	15 000	3.19	0.89
粗泥沙集中来源区	1.88	4.08	22 000	1.52	0.61

注：称粒径<0.05mm 的产沙区为多沙区；粒径≥0.05mm 的产沙区为多沙粗沙区；粒径≥0.10mm 的产沙区为粗泥沙集中来源区。

7.4　基于堆积性河流属性的河道治理

如上所述，黄河下游由于流淌在华北平原的继续沉降与沉积所营造的冲积扇面上，形成了冲积平原上堆积性河流的属性，并在 2000 多年来人类建造的大堤约束下，表现出悬河、游荡、迁徙等地学属性，因此黄河下游治理应当遵循这些特性。基于这一认识，提出以下几点河道治理见解。

第一，放淤当为下游河道治理诸策之首。

自然放淤是黄河营造其下游平原的基本方式与过程。只要黄土高原的侵蚀不终止，华北平原的沉降与沉积过程不终止，黄河以自然放淤的方式营造黄河下游平原的功能和过程就不会终止。黄河下游在没有筑堤的漫长地质历史时期里，就是通过多股漫流等自然放淤方式，把所携带的泥沙放淤到它所流经之地，并营造了黄河下游平原。2000 多年来，这一进程并未因为人类世世代代筑堤而改变，而只是表现为以大堤决口、河流改道等被动放淤方式，把泥沙分布到黄河下游平原。现代放淤，其实只是把黄河下游在地质历史时期的自然放淤方式和在人类历史时期的被动放淤方式，改变为在现代人们控制条件下的主动放淤方式。由此可见，放淤不仅完全遵循并体现黄河下游的地学属性，而且也是黄河下游地学属性的使然。事实上，如同大禹治水以疏导为上策，放淤其实就是疏导黄河下游河道内的泥沙，因势利导地将泥沙展布到河道外的黄河下游平原，这无论在今天和未来，都应当是治理黄河下游河道最主要的策略与措施。

第二，给予下游河道必要的游荡空间。

如前所述，游荡是黄河下游河道（孟津至高村河段）的地学属性，人们可以适度地约束河道游荡摆动的范围，但不可能完全阻止其游荡与摆动。1875 年现代黄河下游大堤建成以来的实践表明，河道现有游荡摆动的振幅，约为两岸大堤间宽度的 43%（黄河水利委员会，1987），表明现有两岸大堤间的河宽基本可以满足下游主流游荡摆动的空间要求；而现有的“生产堤”经常被洪水主流冲决，恰表明两岸现有生产地之间留给主流游荡摆动的空间是不够的。因此，巩固现有大堤，并在大堤内给河道留有必要的游荡空间，应当是必须且可以接受的下游治理目标之一。治理的重点不是要绝对控制河道主流的游荡摆动，而是要防止游荡摆动对大堤的冲击，以致出现横河、斜河、滚河现象等。因此，改善河道纵比降，增加主槽过流能力，提高平滩流量，应是控制游荡摆幅的切入点。

第三，给予河口三角洲以必要的发育空间。

这是因为：①黄河下游河道尾闾延伸会引起河道溯源淤积，抬高下游河道侵蚀基面，增加下游河道洪水风险。因此，必须给予尾闾足够的摆动和改道的空间，使其通过改道缩短尾闾的延长，达到调整下游河道纵剖面的目的。同时，也为尾闾河道将不能送入海洋的泥沙放淤到河口三角洲提供了途径。②黄河河口海洋动力弱（输沙能力约 3 亿～4 亿 t/a），不可能将进入滨海的泥沙全都带到深海，只能通过河道尾闾流路不断改道、摆动，将泥沙淤积在沿海岸带海域，填海造陆，因此也必须在河口三角洲上留有供尾闾改道的空间。在当前河口三角洲流路安排的研究中，有一种意见认为，可以通过工程措施只保留现有的清水沟一条尾闾流路，或增加刁口河作为备用流路。但这样的安排使原有以渔洼为顶点的河口三角洲面积进一步缩小，使尾闾缺少必要的摆动空间，有悖于河口三角洲发育演变的规律。

7.5 宽窄相济，未雨绸缪

7.5.1 宽窄相济

黄河下游是否还可能出现历史上曾出现过的大水大沙年情景？这是制定黄河下游治理方略的基本依据。在第六节关于黄淮海地区古气候的讨论中，我们已经认识到，自全新世以来，黄淮海地区的气候虽经历了末次冰后期以来的冷暖与干湿波动，但其变化的幅度与趋势仍维持着演变的继承性，并未发生如同冰期/间冰期那样的巨大变化。基于这一气候背景，我们可以根据近 500 年来黄河下游的历史洪水特点，对黄河下游在未来是否还会发生历史大洪水做出判断。表 3-27 是黄河下游近 500 年出现的最大洪水历史记录。

表 3-27　黄河下游历史及近现代大洪水记录（骆承政、乐嘉祥，1996）

时间（公元）	站名	洪峰流量/（m^3/s）	主要来水区间	洪水类型
1428 年	沁河九始	14 000	沁河	下大型
1761 年	花园口	30 000	三花区间	下大型
1843 年	花园口	33 000	北干流、黄甫川、库页河、泾河	上大型
1931 年	洛阳	11 000	三花区间	下大型
1933 年	陕县	22 000	北干流、无定河、三川河、延河、泾河、渭河	上大型
1949 年	花园口	12 300	北洛河、渭河、泾河	上大型
1954 年	花园口	15 000	三花区间	下大型
1958 年	花园口	22 300	三花区间	下大型
1982 年	花园口	15 300	三花区间、伊洛沁河	下大型

由表 3-27 可见，近 500 年来，花园口洪峰流量大于 20 000m^3/s 的洪水并不鲜见，大于 30 000m^3/s 的洪水至少也出现过 2 次，且河口镇至三门峡区间和三门峡至花园口区间都可能产生洪峰流量大于 30 000m^3/s 的特大洪水。

历史上的大洪水是历史气候的产物。表 3-28 给出了黄河流域近 500 年来特大洪水与气候变化情况。

由表 3-28 可见，无论在气候处于冷期、暖期或冷暖转换期，都可能发生特大暴雨洪水，而在冷暖转换期发生特大暴雨洪水的次数更多一些。诚然，眼下尚难以对黄河流域 21 世纪及其以后气候状况做出清晰的判断，但就我国 21 世纪气候趋势而言，通过对

表 3-28　黄河中下游 500 年特大暴雨洪水与气候演变的对照（刘国纬，2011）

冷暖分期	起讫年份	特大洪水发生年份		累计出现次数		
		河口镇—三门峡	三门峡—花园口	冷期	暖期	转换期
第一冷期	1470～1520		1482	1		
转换期	1520～1550	1540	1553			2
第一暖期	1550～1600	1565，1580			2	
转换期	1600～1620	1602，1616				2
第二冷期	1620～1720	1623，1648，1662		3		
转换期	1720～1770	1723，1738，1757，1761	1761			5
第二暖期	1770～1830	1785，1819			2	
转换期	1830～1840					
第三冷期	1840～1890	1842，1843，1850，1892，1896		5		
转换期	1890～1960	1895，1933	1898，1931，1949，1954，1958			7
总计				9	4	16

注：表中冷期、暖期的划分根据文献（国家科学技术委员会，1990）确定。

国内长期从事气候预测研究的 46 位专家问卷调查的结果表明，其中 88%的专家认为，气候将趋向暖湿，并指出：如果到 21 世纪中叶或下半叶气温上升 2℃，我国将可能出现类似中全新世曾经出现过的“气候适宜期”的气候情景，届时我国亚热带的北界将由现在的淮河—秦岭一线扩展到黄河以北，郑州一带的气温将和现代的杭州、武汉相似（国家科学技术委员会，1990）。倘若这样的气候环境果真出现，显然将增加黄河中下游特大暴雨洪水发生的可能性。

综上所述，基于对历史气候的分析和未来气候情景的初步判断，不能排除在未来相当长的时期内，黄河中下游地区将会出现历史上曾经发生过的特大暴雨洪水的可能性。这是黄河下游治理必须面对的水文气候情景。因此，下游河道的治理必须以历史上出现过的特大暴雨洪水作为设防对象，而不能希冀未来不会发生历史上曾经出现过的特大洪水的设想。

同样的，如第二节关于黄土高原侵蚀特性的研究表明，黄土高原依然继承着全新世以来的侵蚀特性，并未有实质性改变。因而，“水少沙多、水沙异源、水沙过程不匹配”的自然环境不会有根本性的改变。基于上述的分析和判断，在陶城埠以上河段（宽河段）应保持足够的河道宽度；陶城埠以下至利津河段则可维持现代相对较窄的河道宽度。历史上的黄河故道大多也是上宽下窄的形势。例如，明清故道东坝头至徐州堤距宽 2.3～20.2km，徐州至清江市 0.4～8.7km，清江至入海口 0.5～7.8km（王化云，1989）。事实上，1958 年特大洪水时，花园口站洪峰流量为 22 300m/s，到孙口时削减为 15 900m^3/s，河段内槽蓄量 24 亿 m^3余，相当于陆浑水库加固县水库的总库容，泥沙大量落淤在宽河段滩地。“清水”归槽，又改善了窄河段与河口区的行洪条件。因此宽窄相济的河道形式极大地缓和了 1958 年大洪水的威胁。这也表明，“宽窄相济”的河道布局，是符合下游河道地学属性的。

7.5.2　未雨绸缪，研究后备流路

在黄河下游河道，凡筑堤，必成悬河，必改道。这是由堆积性河流的河性所决定的。

自周定王五年（公元前 602 年）的“禹河故道”以来，黄河下游大的改道迁徙 6～7 次；自西汉（公元前 206 年）以来的 2200 余年间，有 413 年出现大的决溢和局部分流。每次改道、分流后，人们又沿着新的河道构筑新的大堤，防御新的决口与改道，如此轮回，平均间隔约 300～400 年，笔者称这一现象为“治黄周期律”（刘国纬，2011）。基于“治黄周期律”，我们对治黄有了新的理解，那就是：①我们不可能希冀有一条流路永远固定的黄河下游河道，因为这是有悖于黄河下游地学属性的。我们能够做的，就是致使既有流路维持时间尽可能长久些。②当既有流路再也无法维持时，与其让河流自行改道，不如未雨绸缪的实施人工控制下的改道。黄河下游现有河道已运行 130 余年，有学者根据历史上改道时的河道河相关系与现代河相关系的比较分析，并考虑到流域治理与多种“调水调沙”工程对改善下游河道行水输沙的作用，对现有河道的运行前景进行了各自的研究与判断。虽然各自的结论并不相同，但未雨绸缪进行后备流路的研究，其必要性已得到较普遍的认同，这也是笔者的观点。近年来，已有学者提出了既遵循黄河下游地学属性，又具有一定可行性的备用流路方案。例如叶青超、杨毅芬（1990）提出的“三堤两河”方案，刘燕华等（2008）提出的“最优后备流路”方案（图 3-55）等。

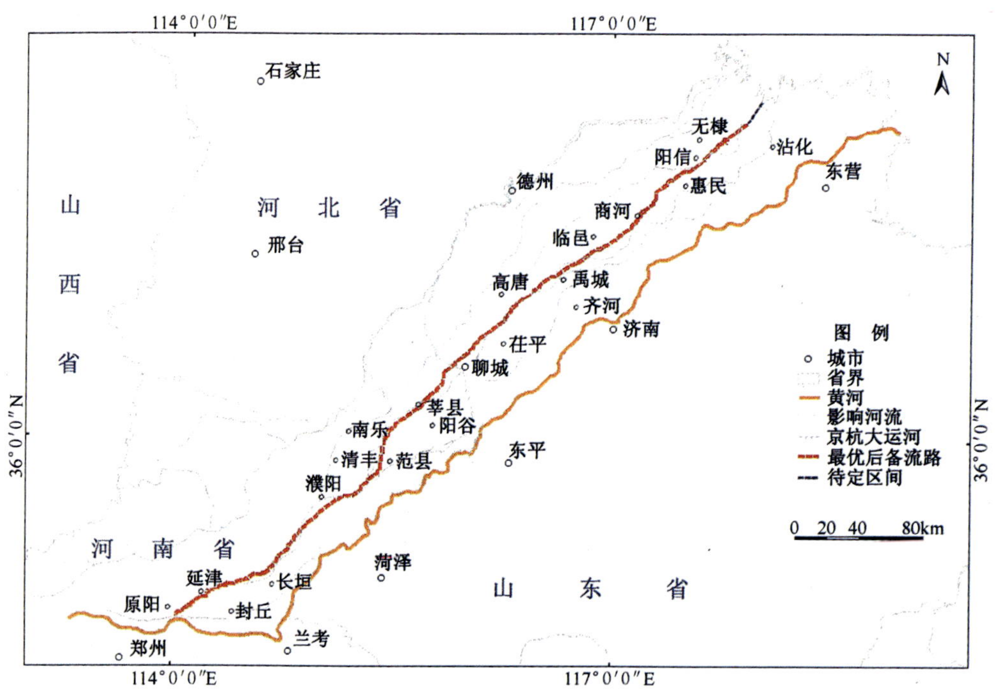

图 3-55 刘燕华等后备流路方案

（刘燕华等，2008）

当前有一种观点认为，随着气候变化和流域治理，来水来沙已成逐渐减少的趋势，未来已不会出现历史上曾经发生过的大水大沙情况。认为黄河已经成为完全受人类控制的河流，可以凭着人的意志，控制黄河水沙条件，塑造下游河道形态，使现代黄河下游河床不抬高、全河不断流、大堤不决口，实现现有下游河道永续利用。笔者认为，这或许是一定时期内可望实现的美好愿景，但就长远而言，有悖于黄河下游的地学属性，也缺乏充分的地学研究成果的支持。

参考文献

蔡明理, 王颖. 1999. 黄河三角洲发育演变及对渤海、黄海的影响[M]. 南京: 河海大学出版社: 9-13, 45, 48, 53, 63, 152-154, 166-167.

陈庆宣, 曾问渠. 1998. 新华夏构造体系//中国大百科全书·地质学[M]. 北京: 中国大百科全书出版社: 568.

戴英生. 1986. 黄河的形成与发育简史[A]//人民黄河编辑部. 黄河的研究与实践[C]. 北京: 水利电力出版社: 17-26.

丁仲礼, 刘东生. 1989. 250 万年以来的 37 个气候旋回[J]. 科学通报, (34): 1494-1496.

窦振兴. 1987. 渤海//中国大百科全书·海洋科学[M]. 北京: 中国大百科全书出版社: 39-40.

冯大奎, 张光业. 1988. 全新世黄河下游平原地貌和自然环境的演变[J]. 河南大学学报, 6 月第 2 期: 27-33.

耿秀山, 等. 1992. 黄河三角洲体系与地貌特征[J]. 海岸工程, 11(2).

管秉贤. 1987. 黑潮//中国大百科全书·海洋科学[M]. 北京: 中国大百科全书出版社.

郭涛. 1999. 中国水利百科全书[M]. 北京: 水利电力出版社: 1326-1327.

郭正堂, 刘东生, 安芷生. 1994. 最近 0.15 Ma 渭南剖面的古土壤及气候意义[J]. 第四纪研究, 3: 256-269.

国家地震局. 1989. 中国岩石圈动力学地图集[M]. 北京: 中国地图出版社: 18, 64.

国家科学技术委员会. 1990. 中国科学技术蓝皮书第 5 号·气候[M]. 北京: 科学技术出版社, 133-134, 154-155.

河南省地质矿产局. 1989. 河南省区域地质志[M]. 北京: 地质出版社: 617-622, 635-643.

黄河水利委员会. 1984. 黄河水利史述要[M]. 北京: 水利电力出版社: 52, 163-169, 175-179, 217, 234, 348, 350.

黄河水利委员会. 1987. 黄河流域地图集[M]. 北京: 中国地图出版社: 92-193.

黄河水利委员会. 1999. 黄河流域图集[M]. 郑州: 黄河水利出版社: 44.

黄河水利委员会. 2004. 黄河下游治理方略专家论坛[M]. 郑州: 黄河水利出版社: 10, 12, 16, 17, 67, 73, 100.

黄河水利委员会勘测规划设计研究院. 2001. 黄河流域防洪规划纲要[R]. 郑州: 黄河水利委员会勘测规划设计研究院: 23-24.

蒋复初, 吴锡浩, 肖国华, 等. 1998. 邙山黄土及三门峡贯通时代[C]//安芷生. 黄土、黄河与黄河文化. 郑州: 黄河水利出版社: 13-19.

金权等. 1987. 安徽淮河中游平原晚新生代孢粉组合及其古气候[J]. 海洋地质与第四纪地质, 7(4): 28-32.

景可, 卢金发, 梁季阳, 等. 1997. 黄河中游侵蚀环境特征和变化趋势[M]. 郑州: 黄河水利出版社: 24.

李吉均, 方小敏, 马海洲. 1996. 晚新生代黄河上游地貌演化与青藏高原隆起[J]. 中国科学(D 辑), 20(4): 316-322.

李吉均. 2001. 新生代晚期青藏高原强烈隆起及其对周边环境的影响[J]. 第四纪研究, 21(5): 381-389.

李吉均. 2006. 青藏高原隆起的三个阶段及夷平面高度和年龄[M]. 北京: 科学出版社: 65-70.

李栓科. 1992. 利用粒度资料探讨近代黄河三角洲的沉积特征[M]. 北京: 地质出版社.

李廷栋. 1998. 亚洲地质//中国大百科全书·地质学[M]. 北京: 中国大百科全书出版社: 575.

李祥根. 2003. 中国新构造运动概论[M]. 北京: 地震出版社: 33-34, 39, 107, 304-318.

李小强, 安芷生, 周杰, 等. 2003. 全新世黄土高原塬区植被特征[J]. 海洋地质与第四纪地质, (23): 109-114.

刘东生. 1985. 黄土与环境[M]. 北京: 科学出版社: 27-28, 48-55, 66-69, 93, 111, 154-155, 181-190,

329-330, 333-443.
刘东生, 安芷生. 1996. 黄土第四纪地质全球变化(三)[M]. 北京: 科学出版社: 82-89.
刘东生, 郭正堂, 吴乃琴, 等. 1994. 史前黄土高原的自然植被景观——森林还是草原?[J]. 地球学报, (15): 226-234.
刘东生, 袁宝印. 1998. 中国大百科全书·地质学[M]. 北京: 中国大百科全书出版社: 170-172.
刘国纬. 2011. 黄河下游治理的地学基础[J]. 中国科学(D辑), 41(10): 1511-1523.
刘明光.1984. 中国自然地理图集[M]. 北京: 中国地图出版社: 127.
刘燕华, 康相武, 吴绍洪, 等. 2008. 黄河下游洪水灾害风险与后备流路. 北京: 科学出版社: 241–242.
刘志杰, 孙永军. 2007. 青藏高原隆升与黄河形成演化[J]. 地理与地理信息科学, 23(1): 8-10, 22-23.
吕厚远, 刘东生, 郭正堂. 2003. 黄土高原地质、历史时期古植被研究状况[J]. 科学通报, (48): 2-7.
骆承政, 乐嘉祥. 1996. 中国历史大洪水——灾害性洪水述要[M]. 北京: 中国书店出版社: 142-178.
闵隆瑞, 范蕙. 1988. 中国黄土高原的形成及其黄土成因探讨[J]. 科学通报, (9): 690-692.
潘保田, 李吉均, 曹继秀. 1994. 黄河中游的地貌与地文期问题[J]. 兰州大学学报(自然科学版), 30(1): 115-123.
潘保田. 1994. 贵德盆地地貌演化与黄河上游发育研究[J]. 干旱地理, 17(3): 43-50.
庞家珍, 司书亨. 1979. 黄河河口演变(I. 近代历史变迁)[J]. 海洋与湖沼, 10(2): 137-140.
庞家珍, 司书亨. 1980. 黄河河口演变——Ⅱ河口水文特征及泥沙淤积分布[J]. 海洋与湖沼, 11(4): 219, 296, 301.
庞家珍, 司书亨. 1982. 黄河河口演变——Ⅲ河口演变对黄河下游的影响[J]. 海洋与湖沼, 13(3): 219.
钱宁. 1990. 黄河中游粗泥沙来源区对黄河下游冲淤的影响[C]//钱宁论文集编辑委员会. 钱宁论文集. 北京: 清华大学出版社: 615–621.
钱宁, 周文浩, 洪柔嘉. 1961. 黄河下游游荡性河道的特性及其成因分析[J]. 地理学报, 27: 1–27.
乔彭年, 周志浩, 张虎男. 1994. 中国河口演变概论[M]. 北京: 科学出版社: 32, 46.
任美锷, 曾昭旋, 崔功豪, 等. 1994. 中国的三大三角洲[M]. 北京: 高等教育出版社: 25, 112.
山东省地质矿产局. 1991. 山东省区域地质志[M]. 北京: 地质出版社: 444-448.
邵时雄, 王德明. 1989a. 中国黄淮海平原地貌图[M]. 北京: 地质出版社.
邵时雄, 王明德. 1989b. 中国黄淮海平原第四纪岩相古地理图[M]. 北京: 地质出版社: 24-25.
邵时雄, 王明德. 1989c. 中国黄淮海平原第四纪地质图(剖面图)[M]. 北京: 地质出版社.
邵时雄, 王明德. 1989d. 中国黄淮海平原第四纪地质图说明书[M]. 北京: 地质出版社: 20-23.
史念海. 2002. 黄土高原历史地理研究[M]. 郑州: 黄河水利出版社: 295-297, 330–342.
水利部科学技术委员会. 2010. 黄河重大问题调研总结报告[R]. 北京: 水利部: 103.
谭其骧. 1982. 中国历史地图集(宋·辽·金时期)[M]. 北京: 中国地图出版社: 16-17.
谭其骧. 1987. 长水集[M]. 北京: 人民出版社.
王化云. 1989. 我的治河实践[M]. 郑州: 河南科学技术出版社: 87, 90.
王静爱, 左伟. 2010. 中国地理图集[M]. 北京: 中国地质出版社: 70.
王守春. 1994. 历史时期黄土高原的植被及其变迁[J]. 人民黄河, 9-12.
王书兵, 蒋复初, 吴锡浩, 等. 1999. 三门峡地区三门群地层时代研究[J]. 地质力学学报. 5(4): 57-65.
王书兵, 蒋复初, 吴锡浩, 等. 2004.三门组的内涵及其意义[J]. 第四纪研究, 24(1): 116-123.
王苏民, 吴锡浩, 张振克, 等. 2001. 三门古湖沉积记录的环境变迁与黄河贯通东流研究[J]. 中国科学(D辑), 31(9): 760-768.
王云飞, 王苏民, 薛滨, 等. 1995. 黄河袭夺若尔盖古湖时代的沉积学依据[J]. 科学通报, 40(8): 723-725.
吴忱, 何乃华. 1991. 2 万年来华北平原主要河流的河道变迁[C]//吴忱等.华北平原古河道研究论文集. 北京: 中国科学技术出版社: 132-148.
吴锡浩, 蒋复初, 王苏民, 等. 1998. 关于黄河贯通三门峡东流入海问题[J]. 第四纪研究, (2): 8-18.
邢成起, 丁国瑜, 卢演涛, 等. 2001. 黄河中游河流阶地的对比及阶地系列形成中构造作用的多层次分析[J]. 中国地震, 17(2): 187-201.

徐乾清. 2011. 对黄河下游河道发展前景的几点看法[C]//徐乾清论文集编辑委员会.徐乾清文集. 北京: 中国水利水电出版社: 355-357.
杨达源, 吴胜光, 王云飞. 1996. 黄河上游的阶地与水系变迁[J]. 地理科学, 16(2): 137-143.
杨怀仁. 1990. 黄河三角洲地区第四纪海进与岸线变迁[J]. 海洋地质与第四纪地质, 10(3): 10-11.
杨怀仁. 1996. 环境变迁研究[M]. 南京: 河海大学出版社: 345.
叶青超. 1983. 黄河下游演变与黄土高原侵蚀的关系[C]//第二次河流泥沙国际学术研讨会论文集. 北京: 科学出版社: 58.
叶青超. 1990. 黄河下游河流地貌[M]. 北京: 科学出版社: 52
叶青超, 陆中臣, 杨毅芬, 等. 1990. 黄河下游河流地貌[M]. 北京: 科学出版社: 37-39.
叶青超, 杨毅芬. 1990. 试论黄河下游改道问题[C]//黄河水利委员会. 当代治黄论坛. 北京: 科学出版社: 244-258.
叶青超, 尤联元, 许炯心, 等. 1997. 黄河下游地上河发展趋势与环境后效[M]. 郑州: 黄河水利出版社: 1-5, 16-20, 27.
尹学良. 1995. 黄河下游的河性[M]. 北京: 中国水利水电出版社: 2-3, 9, 15, 42-44.
尤联元, 杨景春. 2013. 中国地貌[M]. 北京: 科学出版社: 406, 414-416.
张智勇, 于庆文, 张克信, 等. 2003. 黄河上游第四纪河流地貌演化[J]. 地球科学—中国地质大学学报, 28(6): 624-625.
张宗祜. 1998. 中国黄土[M]. 北京: 中国地质出版社: 186, 205-206.
张宗祜. 2000. 九曲黄河万里沙——黄河与黄土高原[M]. 北京: 清华大学出版社, 广州: 暨南大学出版社: 124-125, 127-130, 131, 135.
赵景波, 杜娟, 黄长春. 2002. 黄土高原侵蚀期研究[J]. 中国沙漠, 22(3): 23.
赵景波, 朱显漠. 1999. 黄土高原的演变与侵蚀历时[J]. 土壤侵蚀与水土保持学报, 5(2): 37-38.
赵振明, 刘百篪. 2005. 对龙羊峡形成的初步认识[J]. 西北地质, 38(2): 24-32.
郑本兴, 王苏民, 薛滨, 等. 1996. 黄河源区的古冰川与古环境探讨[J]. 冰川与冻土, 18(3): 210-218.
中国科学院黄土高原综合科学考察队. 1991a. 黄土高原地区自然环境及其演变[M]. 北京: 科学出版社: 18-20, 43.
中国科学院黄土高原综合科学考察队. 1991b. 黄土高原(画册)[M]. 北京: 科学出版社: 16, 25, 27, 29, 143.
中国水利水电科学研究院, 黄河水利委员会. 2014. 黄河水沙变化研究[R]. 中国水利水电科学研究院: 54.
周志德. 1980. 黄河河口三角洲海岸的发育及其对上游河道的影响[J]. 海洋与湖沼, 11(3).
朱照宇, 丁仲礼. 1994. 中国黄土高原第四纪古气候与新构造演化[M]. 北京: 地质出版社: 67, 112, 114, 116, 124-127, 145-147, 157, 162, 206.
朱照宇. 1989. 黄河中游阶地的形成与水系演化[J]. 地理学报, (4): 429-440.
朱照宇. 1992. 黄土高原及邻区新构造与新构造运动[J]. 第四纪研究, (3): 257-258.
竺可桢. 1972. 中国近五千年来气候变化的初步研究//竺可桢全集. 上海: 上海教育出版社.
竺可桢. 2004. 中国近五千年来气候变化的初步研究[C]//竺可桢全集(第四卷). 上海: 上海科技教育出版社: 470-473.
Liu T S, Guo Z T, Wu N Q, et al. 1996. Prehistoric vegetation on the Loess Plateau: steppe or forest? [J]. Southeast Asian Earth Sci, (13): 341-346.

第四章 淮河治理的地学基础

淮河是中国东部主要河流之一。现代淮河流域以废黄河为界，分为淮河和沂、沭、泗河两大水系。淮河发源于河南省桐柏山北麓，流经豫、皖、苏至扬州三江营入长江，全长 1000km，流域面积 19 万 km^2。豫、皖两省交界处的洪河口以上为上游，长 360km，流域面积 3 万 km^2；洪河口至洪泽湖出口处的三河闸为中游，长 490km，流域面积 16 万 km^2；洪泽湖以下为下游，流域面积 3 万 km^2，入江水道长 150km；另有以洪泽湖二河闸为起点的苏北灌溉总渠直接入海。沂沭泗水系发源于山东省沂蒙山区，流域面积约 8 万 km^2。沂沭泗水系与淮河水系以废黄河为分水岭，沂河与沭河现直接入海，泗河入南四湖、骆马湖入运河水系。

淮河流域西接秦岭，是中国东部南北气候分界线，各项气候要素年际和年内变化大。多大暴雨且洪旱急转现象频繁出现，1975 年 8 月淮河特大暴雨造成我国近代最严重水灾。公元 1194 年至 1855 年的 660 年间黄河夺泗、夺淮严重破坏淮河水系，淮河尾闾全部被淤废，使淮河失去入海流路，成为淮河水旱灾害频发的重要原因。20 世纪 30 年代以来，治理淮河一直是国家社稷的重任。

本章将在讲述淮河形成的背景下，阐述淮河流域的地学环境和淮河水系的地学特性，黄淮关系以及基于地学属性的治淮启示，为淮河治理提供地学依据。

第一节 淮河流域的形成

淮河流域是在新构造运动背景下形成的。自第四纪初以来，新构造运动在黄淮海地区的隆升与断裂、沉降与堆积，以及第四纪冰期与间冰期的气候旋回，驱动和控制着淮河流域的形成与演变。本节将阐述在这一背景下，淮河流域的形成过程和主要控制因子。

1.1 早更新世时期（2.50～0.73 MaBP）

进入早更新世，在青藏运动 B 幕、C 幕和昆黄运动阶段性隆升的牵动下，淮河盆地周边持续隆升。其中：环绕盆地西北、西和南部的伏牛山—桐柏山—大别山弧形构造带继承着新近纪的上升态势；鲁中南山地和江淮丘陵也持续着青藏运动 A 幕以来的上升态势，抬升了约 200m（李祥根，2003；金权，1990；邵时雄等，1989）；淮河盆地东部的郯庐断裂带，构造活动十分活跃（金权，1990），尤其在郯庐断裂带中南段，形成了如马岭山、岭泉、晓店、窑湾等一系列断隆和凹陷（王若柏，1988）。这些新构造活动形成了淮河流域分水岭的基本轮廓。

早更新世时期，淮河盆地主体则继承着新近纪以来的沉降趋势（金权，1990），在盆地中西部广泛发育湖泊，当时湖泊范围的界线大致沿今兰考、太康、上蔡、临泉、界首、亳县（今亳州）、商丘、菏泽一线，面积约占淮河盆地面积的1/3。湖泊接受来自周边山地剥蚀物质，广泛发育湖相沉积，沉积中心在周口、界首一带，沉积厚度约68m（金权，1990）。

在湖泊与盆地周边分水岭山地之间，由山区河流形成冲洪积扇，冲洪积扇体上河流密布，发育河道带亚相和河间带亚相沉积。这一时期，河流短小，流向主要为由西向东、由南向北和由东向西，呈向湖泊汇集的辐合状水系，如图3-29Q_1所示。

1.2 中更新世时期（约0.73M～0.14MaBP）

进入中更新世，淮河盆地继承着早更新世的古地貌格局，但也出现新变化。中更新世淮河盆地岩相古地理如图3-29Q_2。

由图3-29Q_1和图3-29Q_2比较可见：

（1）由于新构造运动仍比较活跃，盆地西部豫西山地和南部桐柏山-大别山山地仍有较大幅度的抬升，并带动山前地区抬升，形成或扩大了山前台地或岗地，例如豫西的火龙岗范围显著扩大等。同时，由于剥蚀持续加强，山坡继续后退，山前冲洪积扇范围显著扩大，例如沿淮地带南部的冲积扇继续向东扩展至怀远，向西扩展至新蔡，向北延伸至阜阳。而江淮丘陵及苏北丘陵地区，逐渐由剥蚀转变为接受沉积。

（2）平原大部分地区仍为新构造运动沉降区，继续沉降。其中，豫东平原北部沉降速度大于南部沉降速度，呈现出向北掀斜沉降的态势；南部的淮北平原在中更新世早期曾一度短暂小幅度整体抬升，随后继续沉降。平原的沉降使早更新世时的湖泊进一步扩大，湖盆面积约占淮北平原总面积的1/2，其范围的界线大致在菏泽、太康、周口以东，临泉、阜阳以北，涡阳、徐州、沛县、济宁以西。湖泊继续接受沉积，沉积中心在界首、太和一带（邵时雄等，1989b）。

（3）中更新世晚期，黄河中下游已经贯通，中游大量泥沙输运到下游，使黄河冲积扇初具规模，其范围北过濮阳达大名，南达杞县，东越开封。在黄河冲积扇的影响下，中更新世中期扩大的湖泊转而呈现开始缩小和向东迁移的趋势。同时，随着黄河冲积扇的发展，延长了河流的流程，加大了河道带和河间带沉积相发育，但并未改变河流的流向。黄河冲积扇南翼的发展，为淮河流域的形成提供了沉积地貌学背景。

（4）发源于伏牛山、桐柏-大别山、江淮丘陵的河流，随着冲积扇向北扩展，继续呈辐合状向湖泊汇流。

（5）中更新世晚期淮河平原的河流依然呈辐合态势汇向湖泊。

1.3 晚更新世时期（约0.14M～0.01MaBP）

进入晚更新世，淮河平原发生了重大的变化。如图3-29Q_3所示。

（1）黄河冲积扇发展到最大规模，扇体南翼向东南方向倾斜，扇体前缘扩展到淮北—宿州—怀远—凤台—阜阳—界首—周口一带。

（2）受黄河冲积扇的挤压，中更新世晚期的湖泊进一步缩小，并分裂成两部分：其一位于黄河冲积扇东部前缘和鲁西南丘陵之间，呈北西—南东方向长条形分布，为后来北五湖、南四湖等南北向链珠状湖群之形成奠定了基础；其二位于息县—淮滨—霍邱—凤台—怀远一带，呈东西向分布，为后来淮河干流的形成奠定了基础。

（3）在晚更新世晚期，新构造运动复又活跃，淮河平原西部、西北和西南部山体再次大幅度抬升，并带动山前地区抬升，邙山、舞阳岗、正阳岗、召陵岗等即在此时期形成和扩大，从而使淮河平原的地势由早、中更新世时期东高西低、南高北低改变为西北高、东南低。这样的地势与地貌的改变，使淮河平原的水系由早、中更新世时呈辐合状向中部湖泊汇集，改变为自北西向南东和自西向东汇集，并以今日的五河、洪泽湖地区作为总的出口，形成了淮河水系的雏形。

1.4 全新世时期（0.01 MaBP 至现今）

全新世继承着晚更新世末期的新构造运动态势，淮河流域进入其最终形成阶段，并呈现以下的特点（图 3-29Q_4）：

（1）淮河平原西北和西部山地及丘陵地带继续抬升，且抬升速度呈加快趋势（李玉信等，1987；邵时雄等，1989）；豫东平原和淮北平原继续沉降，接受沉积。在这两者的共同作用下，淮河平原自西北向东南倾斜的趋势进一步显著，平原坡降约为 1/12000（金权，1990）。这样的地势促使淮河平原的河流下切作用加强，全新统已被众多河流嵌入，促使晚更新世晚期平原上纵横交错的网状河道进行调整，并形成了以洪河、汝河、颍河、涡河、浍河、沱河等为骨干河流的水系。这一过程也使整个淮河平原由晚更新世时期的以湖相沉积为主的古地理环境，渐变为以河流冲积相沉积为主的全新世地理环境。

（2）在晚更新世形成的沿黄河冲积扇南缘和大别山、江淮丘陵山坡冲洪积扇北缘之间呈东西向分布的湖泊群，恰好位于确山—息县—固始深大断裂带。该断裂带北侧处于上升状态，南侧处于下降状态。这种向南掀斜的地势，一方面迫使湖泊南移和连通，另一方面，该地区处于郯庐断裂带的中南段，是临沂-嘉山段隆起背景下的沉降带，呈现出南北隆起，中间沉降的构造地貌特征，为淮河平原和苏北平原的沟通创造了地貌条件（桂焜长、沈永坚，1984）。同一时期，由于沿黄河冲积扇东南翼发育起来的河流下切作用加强，终于切开了苏皖之间的高地，使该条形湖泊洼淀与苏北平原沟通，湖水得以从苏北入海，淮河干流形成。

（3）由于黄河冲积扇的前缘退缩和鲁西山地的抬升，也由于进入全新世中期后气候呈干旱趋势，因此，晚更新世分布于黄河冲积扇东缘和鲁西南丘陵两侧的湖泊进一步萎缩，形成了包括北五湖、南四湖在内的南北向链状分布的鲁西湖群。

至此，淮河水系在全新世形成。淮河水系形成后，就在新构造隆升、沉降、沉积和断裂以及黄河下游河道变迁与气候控制下，开始其河流发育过程。

第二节 淮河流域的地学属性

从江河治理的角度考察，淮河流域的地学属性主要是指其在新构造运动的背景下，流域的断裂、隆升、沉降与沉积等特性，以及它们对河流发育的影响。

2.1 淮河流域的断裂构造及河流响应

在淮河流域内密布着多种空间尺度和方位的断裂，其中与河流关系密切的断裂见表 4-1 和图 4-1。图 4-1 和表 4-1 显示，淮河流域与水系关系密切的断裂大致可分为四组，即

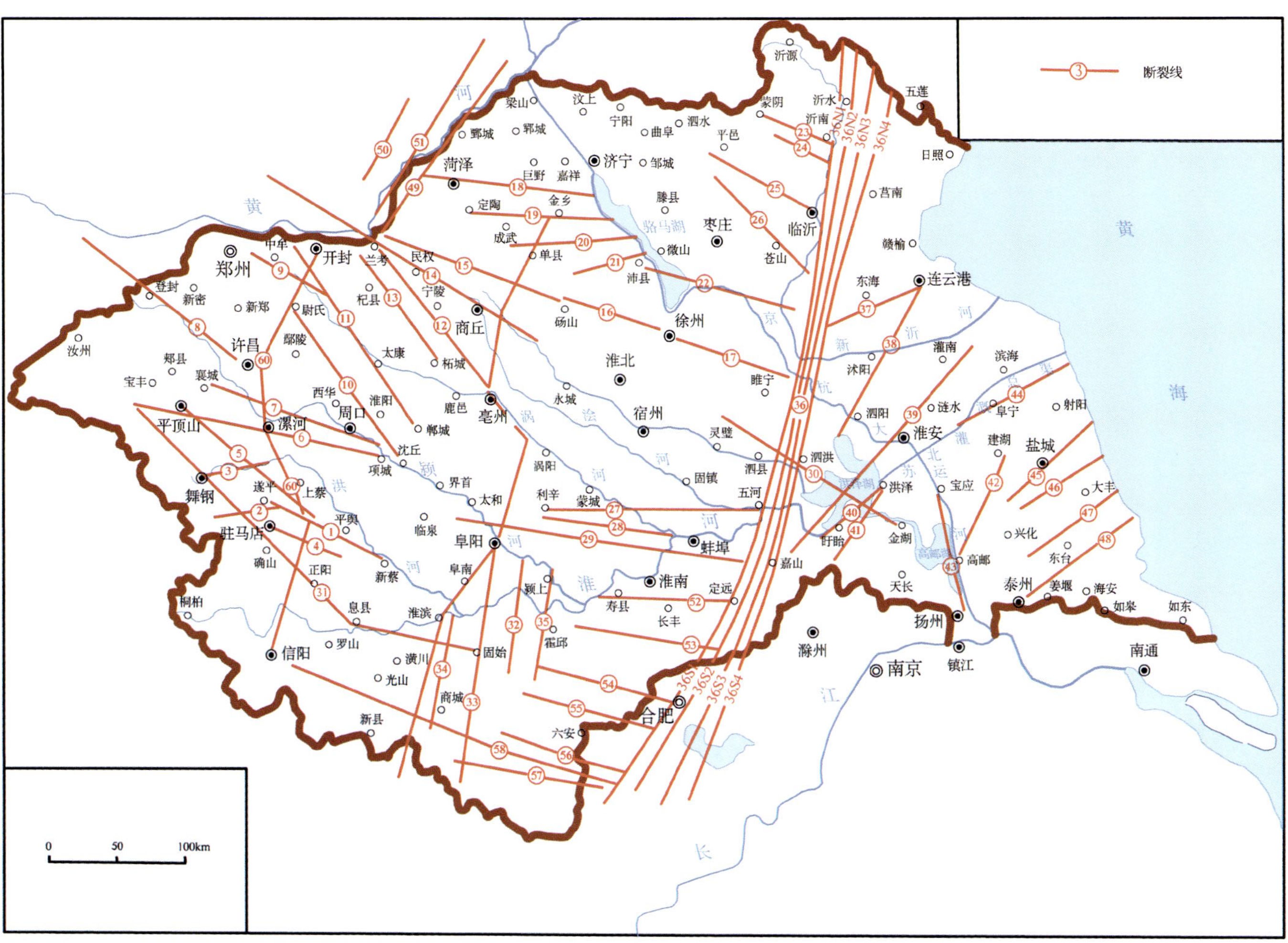

注：断裂分布图由刘国纬根据表 4-1 中的文献绘制；①、②等为断裂编号

图 4-1　淮河流域与水系相关的断裂分布图（图例说明见表 4-1）

表 4-1　淮河流域与水系相关的重要构造断裂表

断裂编号	断裂名称	断裂路径	断裂走向	相关河流	出处
①	汝南断裂	遂平—汝南—新蔡	W—N	汝河	刘书丹等，1988
②	板桥断裂	祖师庙—林庄—宿鸭湖	E—W	汝河	刘书丹等，1988
③	舞阳断裂	舞阳—西平	NE—SW	洪河	刘书丹等，1988；淮河水利委员会，1999
④	任店断裂	驻马店—蛟停湖	WN—ES	汝河	刘书丹等，1988
⑤	平顶山-汝南断裂	平顶山—舞阳—遂平—汝南	WN—ES	洪河上游	淮河水利委员会，1999
⑥	鲁山-漯河断裂	鲁山—叶县—漯河—项城	E—S	沙河	刘书丹等，1988
⑦	周口断裂	襄城—周口—项城	WN—ES	颍河上游	刘书丹等，1988
⑧	孟津-许昌断裂	孟津—登封—许昌	WN—ES	颍河上游	刘书丹等，1988
⑨	郑州-通许断裂	郑州—中牟—通许	WN—ES	贾鲁河上游	刘书丹等，1988
⑩	尉氏-太和断裂	尉氏—扶沟—沈丘—界首—太和	WN—ES	贾鲁河、颍河	淮河水利委员会，1999
⑪	通许-淮阳断裂	中牟东—通许—太康—郸城	WN—ES	涡河上游	淮河水利委员会，1999
⑫	兰考-亳州断裂	兰考—民权—亳州	NNW—SSE	涡河支流、济河	淮河水利委员会，1999
⑬	睢县-柘城断裂	开封/兰考间—睢县—柘城	NNW—SSE	涡河支流大沙河	淮河水利委员会，1999
⑭	新乡-商丘断裂	新乡—兰考—商丘—虞城—夏邑	WN—ES	废黄河上段	淮河水利委员会，1999；中华人民共和国地质矿产部，1988
⑮	兰考-砀山断裂	兰考—曹县—砀山	N—NW	废黄河上中段	淮河水利委员会，1999
⑯	砀山-徐州断裂	砀山—黄口镇北—徐州	N—NW	废黄河中段	淮河水利委员会，1999
⑰	徐州-宿迁断裂	徐州—单集南—宿迁	N—NW	废黄河中段	淮河水利委员会，1999
⑱	东明断裂	东明—菏泽—金乡北	E—W	东明决溢入南阳湖泛道	淮河水利委员会，1999
⑲	定陶断裂	定陶—金乡—鱼台—独山湖	E—W	东明决口入南四湖泛道	淮河水利委员会，1999
⑳	单县断裂	曹县—单县—昭阳湖	E—W	兰考决口入南四湖泛道	淮河水利委员会，1999
㉑	丰-沛断裂	丰县—沛县—微山湖	E—W	废黄河决口入南四湖泛道	淮河水利委员会，1999
㉒	沛县-台儿庄断裂	沛县—台儿庄—新沂	E—W	废黄河入南四湖泛道	王若柏等，1995
㉓	蒙阴断裂	蒙阴—沂南—夏庄	N—W	沂河支流东汶河	王若柏等，1995
㉔	垛庄-葛沟断裂	垛庄—葛沟	N—W	泗河上游	王若柏等，1995
㉕	费县-临沂断裂	费县—临沂	N—W	沂河支流枋河	王若柏等，1995
㉖	苍山-郯城断裂	梁丘—苍山—郯城	N—W	泗河支流东泇河	王若柏等，1995
㉗	利辛大断裂	利辛—五河	E—W	涡河、淮河干流	安徽省地质矿产厅，1987
㉘	怀远断裂	利辛南—淮远	E—W	涡河、淮河干流	安徽省地质矿产厅，1987
㉙	刘府断裂	太和—阜阳北—利辛南—凤阳（刘府）—嘉山	E—W	淮河干流	安徽省地质矿产厅，1987
㉚	浍塘沟断裂	浍塘沟—泗县北—泗洪—金湖	S—N	里运河、高邮湖	王若柏等，1995
㉛	确山-固始大断裂	鲁山—舞阳—确山—正阳—息县—固始	E—W	控制淮河干流上中游走向	刘书丹等，1988
㉜	南照集断裂	南照集—黎集	S—N	干流、史河、颍河	淮河水利委员会，1999
㉝	固始断裂	阜阳—固始—吴店	S—N	干流、史河	淮河水利委员会，1999
㉞	阜南断裂	阜南—北庙集—盛家店	S—N	干流、洪河、白（）河	淮河水利委员会，1999
㉟	颍上断裂	颍上—汪集—河口集	S—N	干流、城西湖	淮河水利委员会，1999
㊱	S1 五河-合肥深断裂	泗县—五河—定远—合肥—舒城—桐城	N—E	沂沭泗干流、南岸支流	安徽省地质矿产厅，1987
㊱	S2 石门山断裂	天井湖—五河—嘉山—定远—舒城	N—E		
㊱	S3 池河-太湖深断裂	嘉山—庐江—潜山—太湖	N—E		
㊱	S4 嘉山-庐江断裂	郯城—嘉山—庐江—太湖南	N—E		

续表

断裂编号	断裂名称	断裂路径	断裂走向	相关河流	出处
㊱ N1	唐吾-葛沟断裂	唐吾—葛沟	S—N	控制沂河与沭河上游支流和干流	安徽省地质矿产厅，1987
㊱ N2	沂水-烫头断裂	沂水—汤头	S—N		
㊱ N3	安邱-莒县断裂	安丘—莒县	S—N		
㊱ N4	昌邑-大店断裂	昌邑—大店	S—N		
㊲	连云港-新沂断裂	连云港—新沂南	EN—WS	沭河支流蔷薇河	淮河水利委员会，1999
㊳	海州-泗阳断裂	连云港—沭阳—泗阳—成子湖	NE—SW	洪泽湖	江苏省/上海市地质矿产局，1987
㊴	响水断裂	响水—嘉山	NE—SW	中运河	江苏省/上海市地质矿产局，1987
㊵	淮河-自来桥断裂	洪泽—盱眙北—自来桥	NE—SW	洪泽湖	安徽省地质矿产厅，1987
㊶	渔沟-桂五断裂	洪泽—蒋坝—盱眙南	NE—SW	洪泽湖入江小（）	江苏省/上海市地质矿产局，1987
㊷	杨三叉港-桑树头断裂	高邮—临泽—南四湖	NE—SW	射阳湖	江苏省/上海市地质矿产局，1987
㊸	宝应断裂	宝应—高邮—扬州	S—N	里运河、高邮湖	淮河水利委员会，1999；江苏省/上海市地质矿产局，1987
㊹	古河-渔业断裂	滨海—阜宁—苏嘴	NE—SW	废黄河入海河道	江苏省/上海市地质矿产局，1987
㊺	盐城断裂带	古殿堡—盐城—新洋港	SW—NE	入海河流新洋港	江苏省/上海市地质矿产局，1987
㊻	刘家埝-龙王庙断裂	古殿堡—斗龙港	SW—NE	射阳湖入海水道	江苏省/上海市地质矿产局，1987
㊼	陈家堡断裂	沈垅—车台—大丰南	S—W	斗龙港运河入海流路	江苏省/上海市地质矿产局，1987
㊽	秦州-安丰断裂	秦州—安丰—车太南			江苏省/上海市地质矿产局，1987
㊾	聊城-兰考隐伏断裂带	兰考—车明—（）	SW—NE	黄河	水利部黄河水利委员会，1989
㊿	长垣断裂	长垣—洑阳—范县	SW—NE	黄河	刘书丹等，1988
51	黄河断裂	郑州—中牟—开封	E—W	黄河	江苏省/上海市地质矿产局，1987
52	鲁台子-定远断裂	鲁台子—寿县—长丰—定远	E—W	淮南支流	中华人民共和国地质矿产部，1988
53	肥中断裂	霍邱—罗集	E—W	淮南支流中游	中华人民共和国地质矿产部，1988
54	蜀山断裂	河口集—余集—幸福岭—合肥	E—W	淮南支流中游	中华人民共和国地质矿产部，1988
55	六安深断裂	三元店—六安—肥西（南）	E—W	淮南支流上游	中华人民共和国地质矿产部，1988
56	金寨断裂	金寨—响洪甸—舒城—庐江	E—W	淮南支流上游	中华人民共和国地质矿产部，1988
57	磨子潭断裂	梅山—响洪甸—磨子潭—庐江	E—W	淮南支流上游	中华人民共和国地质矿产部，1988
58	信阳-舒城断裂	信阳—商城—金寨—舒城	E—W	淮南支流上游	中华人民共和国地质矿产部，1988
59	金乡-淮滨断裂	金乡—单县—虞城—亳州—涡阳—阜阳—阜南—麻城	S—N	豫东、皖北诸河	中华人民共和国地质矿产部，1988
60	开封-汝南断裂	开封西—尉氏—许昌东—漯河—汝南—明港	S—N	洪河-汝河淮河上游河道	河南省地质矿产厅，1991

近北西向的断裂、近南北向的断裂、近北东向的断裂和近东西向的断裂。它们分别对所在地区河流发育与演变产生深刻影响。现将几条对河流有重大影响的断裂概述如下。

1. 平顶山-汝南断裂（断裂编号⑤，下同）

该断裂主体位于河南省西部，呈西北走向，穿越平顶山、舞阳、遂平、汝南，直抵南汝河。该断裂是一条现今仍然活动的断裂，主要表现为南盘呈掀斜抬升，北盘西段局部呈上升趋势，东段呈沉降趋势。该断裂控制了中更新世晚期以来洪汝河及其支流的演变进程。其南盘的掀斜抬升迫使洪汝河及其支流逐渐向南摆动；北盘的东段沉降则分布着泥河洼、宿鸭湖、蛟停湖等一系列湖泊与洼地，而汝河干流则追踪该断裂段自西北流向东南。

2. 确山-固始大断裂（㉛）

该断裂呈北西西走向，沿栾川、鲁山、舞阳、确山、正阳、息县抵达固始，横贯河南省西部，东端与安徽省肥中断裂相连接。该断裂是中朝准地台与秦岭褶皱系两个一级构造单元的分界，其以北属华北地层区，以南为秦岭地层区。该断裂是一条长期活动的深断裂，其北段切割洪汝河上游诸多支流，并使北汝河等在穿越该断裂时发生改道；其南段（确山—固始段）则控制着淮河干流上游向东延伸的方向。

3. 开封-汝南断裂（60）

该断裂带呈自北向南走向，从开封西起，经尉氏、许昌东、漯河、汝南抵明港。该断裂现在仍处于活动状态，表现为西盘上升，东盘下降。由于西盘上升，使断裂西部呈现山地丘陵地貌，水系发达，洪河、汝河、颍河上游许多支流均发源于该断裂以西区域。而东盘下降使断裂以东地区形成堆积平原，并形成多处湖泊洼地。河流在自西北向东南穿越断裂带时，比降发生急剧变化，许多河流比降由西部 1/1000 突降至 1/5000 以下，导致河流进入东盘后淤积改道。例如，颍河干流上游和主要支流双洎河在全新世以来穿越该断裂后，频繁发生自北向南的改道，呈现出了多达 8～11 条古河道，如图 4-2 和图 4-3（河南省地质矿产厅水文三队，1985；中华人民共和国地质矿产部，1988）。

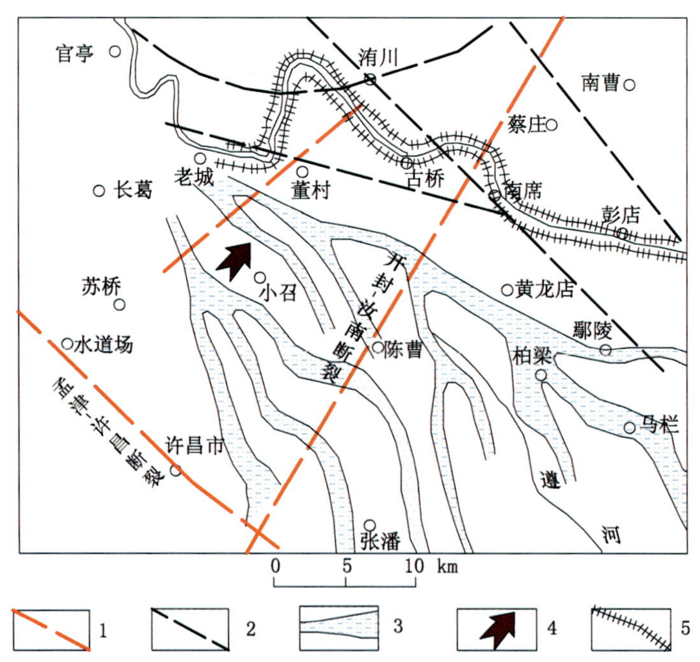

1. 隐伏的区域性大断裂；2. 隐伏的一般性断裂；3. 古河道；4. 河道摆动方向；5. 堤防

图 4-2 开封-汝南断裂与双洎河改道的关系

（河南省地质矿产厅水文三队，1985；中华人民共和国地质矿产部，1988）

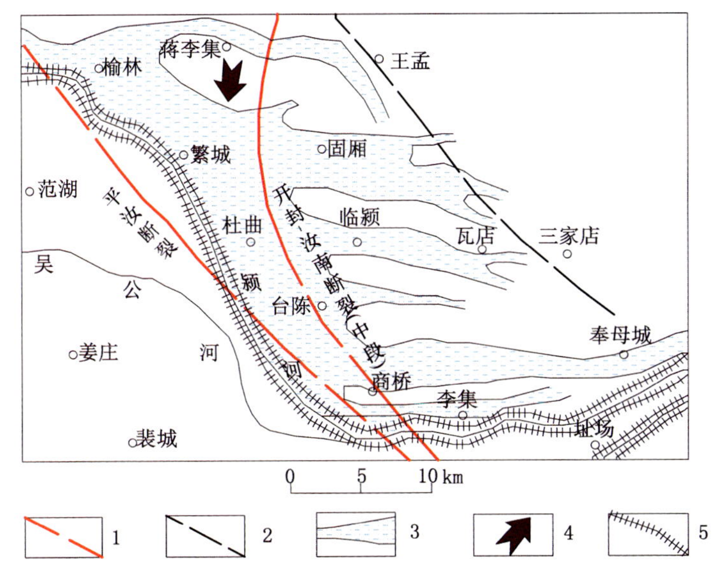

1. 隐伏的区域性大断裂；2. 隐伏的一般性断裂；3. 古河道；4. 河道摆动方向；5. 堤防

图 4-3 开封-汝南断裂与颍河改道的关系

（河南省地质矿产厅水文三队，1985；中华人民共和国地质矿产部，1988）

4. 金乡-淮滨断裂（㉟）

该断裂在河南省称为金乡-淮滨断裂，安徽省称在其境内的部分为阜阳断裂。该断裂自河南省境内的金乡、单县、虞城到达安徽省亳州的卞楼，然后经涡阳县义门集、阜阳市、阜南县曹集到达淮滨，并南延与湖北省麻城-团风断裂相接。其实，该断裂是由多条断裂组成的南北走向断裂带。

该断裂带现代依然处于活动状态，表现为西盘下降，东盘不均匀上升（安徽省地质矿产厅，1991）。其中沿砀山、萧县、阜阳、怀远地区表现为下降，在第四纪地层划分中称该片区为萧县-砀山凹陷亚区和沿淮凹陷亚区（金权，1990）。

该断裂带在淮河流域中部纵贯南北，使自西北向东南穿越它的涡河、浍河、沱河等河流的上中游支流频繁改道，在晚更新世和全新世的岩相古地理图上呈现出密集的古河道分布（淮河水利委员会，1999）。洪河干流在淮滨与阜南之间与该断裂带相交，由于东盘向北掀斜抬升，迫使淮河干流在洪河口向北急折 10～20km，河道比降也由上游的 1/10000 减至 0.3/10000。同时，也由于呈南北向与淮河干流相交的阜南断裂、固始断裂、南照集断裂和颍上断裂的共同影响，在淮滨与临淮岗之间形成连续分布的多个湖泊与洼淀，使淮河干流向东排水受到阻碍。

5. 郯庐断裂（㊱）

郯庐断裂是沿北北东方向纵贯中国东部的巨大深断裂。其北端伸入鄂霍次克海萨哈林湾。关于南端有两种说法，一说终止于大别山造山带内，另说一直南延经衡阳、十万大山进入越南境内。该断裂的推测深度浅处为 30km，深处可达 100km。有分析认为，该断裂是太平洋板块向中国大陆俯冲所波及范围的西边界，长约 1500km，形成于中晚三叠世（程捷、万天丰，1996）。

郯庐断裂从山东省莒县进入淮河流域境内，向南偏西方向经临沂、郯城、宿迁、嘉山，直达安徽省庐江。从探讨郯庐断裂与淮河流域东部河流关系的角度，大致可将其分为南北两段。北段自莒县经骆马湖至泗洪，主要在山东和江苏境内；南段从泗洪经嘉山至庐江，主要在安徽省境内。北段自西向东主要由唐吾-葛沟断裂、沂水-汤山断裂、安邱-莒县断裂、昌邑-大店断裂构成（断裂编号 36N_1～N_4）；南段自西向东主要由五（河）-合（肥）断裂、石门山断裂、池河-太湖断裂和嘉山-庐江断裂（断裂编号 S_1～S_4）组成。伴随北段和南段上述断裂，还存在着多条尺度不等的次级断裂。所以，郯庐断裂在淮河流域境内事实上是一条呈北北东方向纵贯流域东部的断裂带，断裂带的宽度约有100 km余（安徽省地质矿产厅，1987；河南省地质矿产厅，1991；汤加富、姚穗，2000；汤加富等，1995）。

郯庐断裂带现代仍存在活动迹象。在北段主要表现为西侧（西盘）上升，现代上升速率约 1.0mm/a，东侧（东盘）下沉，现代沉降速率约为 1～2mm/a。西侧为山地丘陵剥蚀地貌，在蒙阴断裂、费县-临沂断裂、苍山-郯城断裂等断裂控制下，河流均为西北—东南走向，呈现坡陡流急的山区河流特性；东侧为堆积性平原地貌，河道宽浅，坡度平缓，散布一些湖泊洼淀。在南段，泗洪至五河区段是郯庐断裂在淮河流域持续沉降的区段，现代沉降速率达 2mm/a，使淮北平原与苏北平原得以在这一地区沟通，为淮河干流从苏北平原入海创造了构造地貌条件；嘉山至庐江区段是一般上升区，现代上升速率约为 0～1mm/a，在其东侧因不均匀抬升形成的断隆与六安-张八岭北东轴向拱区相连，横亘于江淮之间，成为长江与淮河的分水岭（李祥根，2003；王若柏，1995；1988；杨国华、韩月萍，1997）。

郯庐断裂对水系产生了多方面的影响。例如，其南端的右行错动，造成自西北向东南的水系在通过断裂带时普遍发生流程的右行错断与改道，如图 4-4 所示。

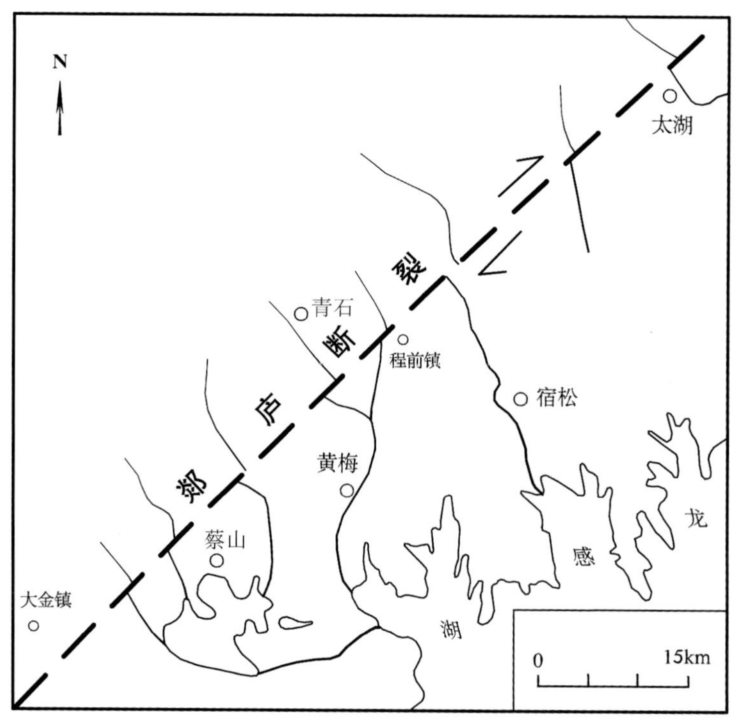

图 4-4　郯庐断裂南段右行错动与水系变形

（谢广林等，1988）

6. 刘府断裂（㉙）

刘府断裂自安徽省太和县向东经阜阳插花庙、利辛县刘寨、凤台县尚塘集、蒙城县大兴集、怀远县平峨山至凤阳县刘府，西端与尉氏-太和断裂相接，东端与五河-合肥断裂相交，长约 265km。据岩相古地理资料分析，该断裂是在蚌埠台拱（台隆）不断隆起，淮南陷褶断带不断下沉的过程中形成的，属壳断裂（安徽省地质矿产厅，1987）。

刘府断裂近代仍在活动中，主要表现为北盘抬升，南盘下降。断裂带北侧中小河流发育，自西北向东南的河流多处与该断裂相交，在断裂处形成流路错断并向南改道。断裂带南侧地面沉降，形成沿淮河中游干流北侧的湖泊和洼淀。

7. 淮南的断裂构造（㊸～㊽）

淮河干流南岸属大别山北麓，新构造运动以来大别山差异升降运动强烈，存在各种方向和尺度的断裂。其中，东西方向的断裂主要有肥中断裂、蜀山断裂、六安断裂、金寨断裂、磨子潭断裂、信阳-舒城断裂等；南北方向的断裂主要有南照集断裂、阜南断裂、颍上断裂、固始断裂等，这些断裂又派生出方向各异的次级断裂。这些断裂结构对淮河干流南侧的河流产生深刻的影响。例如，形成格状水系，河流多肘状拐折，沿河流纵向普遍存在裂点，也称尼克点（knick point），并且坡陡流急。南北方向的断裂与淮河干流的交叉点往往是南北岸支流入淮河干流的汇入点，既影响淮河干流走向的曲直，也往往在汇入点地区形成湖泊洼地，对淮河中游干流的蓄泄关系产生重要影响（谢广林等，1988）。

8. 苏北平原的断裂（㊷～㊽）

苏北平原处于扬子准地台东北部的苏北凹陷，西侧大致以郯庐断裂为界，东濒东海。东西向展布的隐伏隆起横亘在苏北凹陷中部，称建湖隆起。建湖隆起将苏北凹陷分割为两部分，北部为洪泽湖-盐城凹陷，南部为金湖东台凹陷（江苏省/上海市地质矿产局，1985；淮河水利委员会，1999）。在苏北凹陷内形成了一系列近东北—西南向断裂，自北向南主要有连云港-新沂断裂、响水断裂、渔沟-桂五断裂，以及沿海的盐城断裂、陈家堡断裂、泰州-安丰断裂等。这些断裂基本上控制了苏北平原入海河流的走向和水系结构。

9. 聊城-兰考隐伏断裂带（㊾）

现代黄河自兰考县铜瓦厢向东北流去，主要受三条断裂构成的断裂带控制。

该断裂带位于中朝准地台、济源-开封凹陷、东明断陷、内黄隆起构造范围内，由长垣大断裂、黄河大断裂和聊城-兰考深断裂三条主要断裂组成。

长垣大断裂为该断裂带西边界，走向北北东，分布在濮阳县清河—长垣一带，长 130km，西盘上升，东盘下降，为正断层。黄河大断裂位于该断裂带的中间，大体沿现代黄河北北东方向展布在濮阳县文留、长垣县恼里一线，长 120km，西盘下降，东盘上升，为正断层。聊城-兰考深断裂是该断裂带的主干断裂，走向北北东，展布在山东聊城至河南兰考之间，长约 200km 以上，为西盘下降、东盘上升的正断层。三条断裂形成"两凹夹一隆"形态，控制着现代黄河从兰考向北北东方向的流路（中华人民共和国地质矿产部，1988；黄河水利委员会，1987；叶青超，1990）。

2.2 淮河流域新构造升降及河流响应

淮河流域新构造升降运动，是淮河水系发育和黄淮关系的新构造背景。本节将阐述淮河流域新构造升降运动的概况及其对河流的影响。

2.2.1 隆升中的流域分水岭

环淮河流域的分水岭，其北段为黄河南大堤，西和西北段为豫西山地和伏牛山地，西南和南段为桐柏山和大别山，东南段属淮阳山字型构造前弧的张八岭-六安丘陵山地，东濒黄海，东北段为鲁中南山地。淮河流域分水岭各段长期处于隆升过程中，这在很大程度上决定了淮河水系的结构。

1. 西和西北段分水岭

西和西北段分水岭的北端到豫西山地中的嵩山，南至伏牛山区的方城，西到伏牛山的西界商南，东至200m等高线，200m等高线以上是中山区，200m等高线以下是低山丘陵区，然后向东逐渐深埋在豫东平原沉积层中。

豫西山地和伏牛山地都是断块褶皱山地。燕山运动时期，秦岭地轴构造运动活跃，位于地轴上的豫西山地和伏牛山地发生大规模以褶皱和断裂为特征的升降（差异）运动，上升的部分形成褶皱山或断块山，沉陷的部分形成山间盆地，如此建造了豫西山地和伏牛山地的轮廓（张光业，1964）。随后经历喜马拉雅运动、新构造运动以来不断地抬升和剥蚀，形成了今天的豫西山地和伏牛山地的面貌，并成为淮河流域西北和西侧的分水岭。全新世以来，豫西山地和伏牛山地呈明显的上升态势（张光业，1964；高国治，1985）。

由于长期的抬升和剥蚀，豫西山地山高谷深，自山区发源的河流众多，大多呈西北向东南流向。河流下切成V形河谷，有3～4级阶地。众多山区河流经长期演变，到晚更新世汇并成为汝水和颍水两大河流。

2. 西南—南—东南分水岭

流域西南—南—东南分水岭由桐柏山-大别山-江淮丘陵构成。桐柏山北端起自南襄盆地东缘，在豫陕边界方城垭口处与伏牛山南端相接，其南端在鄂豫边界武胜关与大别山西端相接，大别山东端在安徽省六安境内的霍山（又称皖山）与江淮丘陵的张八岭相接，然后向东北方向延伸，止于郯庐断裂带（李荣华，1991）。

伏牛山、桐柏山、大别山属于昆仑-秦岭纬向构造带东段的东延部分（张义丰等，2001；李润田，1998），如图4-5。秦岭东端（东秦岭）由陕西蟒岭、商南地区进入淮河流域后，分成两支：北支向东北方向形成熊耳山、嵩山，然后由丘陵过渡埋入豫东平原。南支在伏牛山呈北北西走向，到桐柏山转为北西走向，到大别山逐渐转为东西走向，形成一个向南突出的弧形构造带，国内地貌学者称其为山字型构造，亦称淮阳弧（袁国强，1990）。

东秦岭-大别山弧形构造带，是在燕山运动期间由华北板块（中朝准地台）与扬子板块（扬子准地台）南北向碰撞、挤压、隆升并“焊接”在一起，历经随后长期剥蚀与差异运动形成的。隆升与断裂是东秦岭-大别山构造带在新构造运动时期最重要的特点

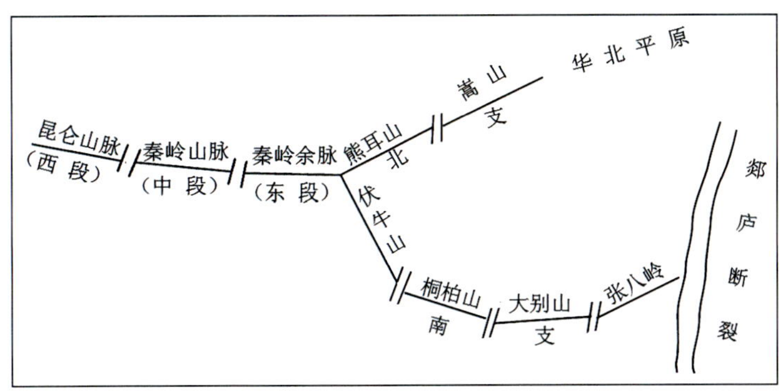

图 4-5 伏牛山-大别山构造带示意图

（杨志华，1997；任纪舜，1991；张国伟、孟庆仁，1995；刘少峰等，1999）。

早更新世（2.5MaBP）以来，随着新构造运动进入活跃时期，东秦岭-大别山弧形构造山地隆升速率较新近纪上新世（3.5MaBP）时期加快（冯超，1996）。进入全新世，秦岭渭河之间上升速率达到 64.3mm/a，成为全国垂直上升速率最快的地区（李祥根，2003）。桐柏山-大别山弧段在隆升过程中不断发生自北向南的掀斜隆升。现代地壳形变资料显示，这种构造掀斜运动仍在进行中（李长安，1998；张伯声，1964）。这种向南的掀斜隆升，迫使淮河干流逐渐向南偏移。江淮分水岭东段主要是指安徽省境内的六安-张八岭呈东偏北走向的山地丘陵地带，平均海拔 100～130m，沿线有将军山（399m）、岱山（347m）、老嘉山（332m）、杏山（253m）等山峰，延绵成为长江与淮河在苏皖地区的分水岭，如图 4-6。

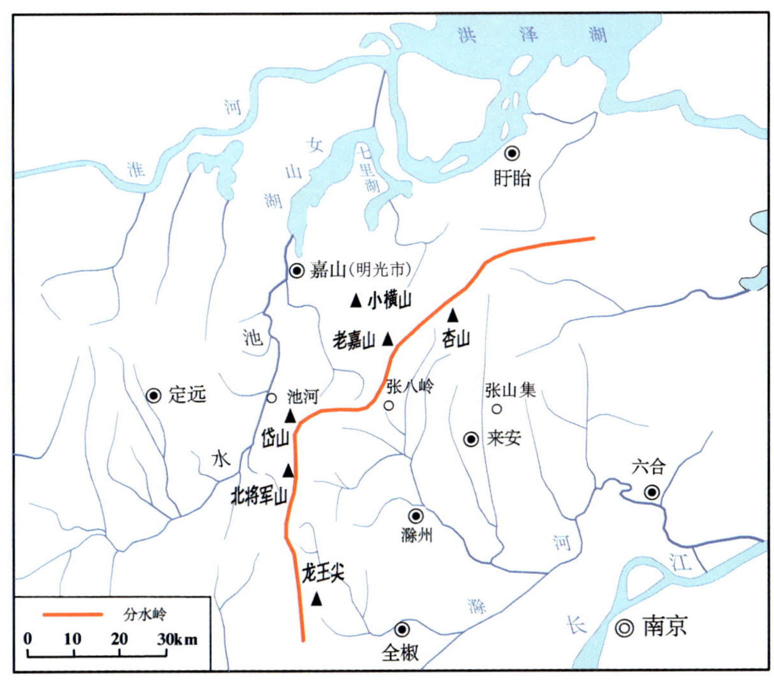

图 4-6 江淮分水岭简图
（刘振中等，1982）

该段分水岭系淮阳山地东段余脉，在构造上属长江中下游东北走向的新构造拱曲隆升带。在地貌上属宁镇丘陵，从中更新世至晚更新世，该分水岭地区处于阶段性抬升状态，全新世以来仍继续抬升，并表现出分别向南北两侧呈掀升的态势，使分水岭南侧的滁河两岸支流发育明显不对称；使北侧层状地形向北和向东渐次降低，并迫使分水岭北侧的池河流入女山湖。值得指出的是，正是因为该分水岭仍然处于抬升的状态，所以分水岭两侧河流虽相向溯源侵蚀，但却未能使长江与淮河两水系在该地区贯通，使淮河未能沦为长江的支流（刘振中等，1982）。

3. 东北段分水岭

淮河东北部的分水岭为鲁中南山地，在中国地貌区划中属鲁中南低山与丘陵区（刘明光，2010）。沂蒙山地是其主体，大体沿沂蒙山地西南缘的兖州、滕县、台儿庄、郯城、临沂与淮北平原和苏北平原相接。

鲁中南山地在大地构造上属中朝准地台东南部鲁西台隆（刘明光，2010）。在燕山运动时期，鲁中南地区隆起，形成了以泰山、鲁山、沂山、蒙山、徂徕山、尼山、五莲山等山为主体的山地。喜马拉雅运动以来，这一地区持续抬升，自新构造运动以来，该地区抬升幅度达 100～200m（李祥根，2003）。桂焜长等利用 1953～1955 年和 1976～1980 年两个时期精密水准测量结果，绘制了苏鲁皖豫地区地壳垂直变形图（参见图 4-13 和图 4-14）。图中显示，鲁中南山地在现代仍以 1mm/a 的速率缓慢抬升中，而其西和西南周边地区则以 1～2mm/a 的速率处于沉降的状态（桂焜长、沈永坚，1984）。

4. 小结

由上述可见，除北临黄河南堤，东部苏北平原濒临东海之外，淮河流域周边被豫西山地、伏牛山、桐柏山、大别山、江淮丘陵和东北部的鲁中山地及丘陵环绕。在构造上，这些山地与丘陵大致为中朝准地台与秦岭褶皱带和扬子准地台的交界带。自燕山运动以来，作为淮河分水岭的上述山地均处在继承性抬升状况，根据 20 世纪 50 年代以来对这些地区地壳上变形精密水准测量的结果，可以判断淮河分水岭现代仍在上升进程中。淮河分水岭的这种构造背景及其隆升态势，控制了淮河流域的轮廓，对淮河水系与河流、湖泊的形成与发育有着深刻的影响。

2.2.2 淮河平原的沉降与抬升

淮河平原包括淮北平原和苏北滨海平原，地跨新华夏构造带的第二沉降带与第二隆起带的过渡地区，总体自西北向东南倾斜（金权，1990）。

1. 淮北平原的沉降与抬升

淮北平原的地质构造主要属于中朝准地台南部的一部分，基本构造单元有淮北陷褶断带、蚌埠台拱淮南陷褶断带以及属江淮台隆的长山台拗（安徽省地质矿产厅，1987）。自古近纪-新近纪以来，淮北平原的垂直运动以沉降为主，第四纪继承了古近纪-新近纪的沉降态势（陈友飞等，1993；张光业，1964）。第四纪最大沉降幅度达 200～300m。据淮北平原第四纪钻探岩心资料（金权，1990），在距今 3.40 M～1.67 Ma 期间沉降速率为 0.11mm/a（固镇组/太和组），在距今 1.67M～0.73 Ma 期间的中更新统下段沉降速率为0.046mm/a，在距今0.73 M～0.15 Ma的中更新统上段临泉组沉降速率为0.095mm/a，在距今 0.15M～0.01 Ma 的上更新统沉降速率为 0.17mm/a，而距今 1 万年以来的全新统沉降速率为 1.1mm/a。上述数据表明，淮北平原的沉降速率在中更新世前后较小，上更新世时开始增大，全新世沉降速率达到最大，是早更新世沉降速率的 10 倍。沉降速率增加的转折点在距今 15 万年前后，这一时期也正是淮北平原湖泊发育的时期（李祥根，2003）。

淮北平原的地质钻探岩心分析也同时表明，自第四纪以来也存在着 7～8 个沉积旋回（金权，1990）。因为每个沉积旋回都代表了一次地壳的上升和下降，是地壳垂直运动的明显标志（安徽省地质矿产厅，1987），因此表明淮北平原在第四纪以来呈总体沉降的背景下，也存在着沉降与抬升的交替波动。

中国科学院地理研究所等绘制了淮河流域新构造运动升降分布图（图4-7）（中国科学院地理研究所等，1965；河南省地质矿产厅，1991）。

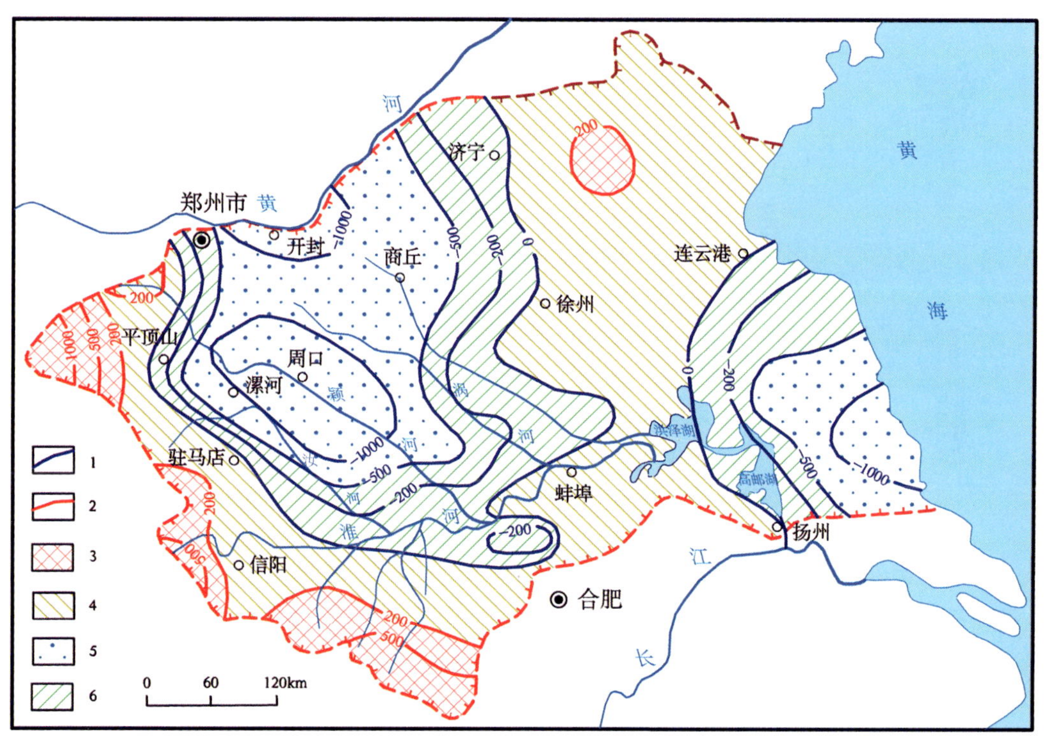

1. 新构造运动下降幅度等值线（m）；2. 新构造运动上升幅度等值线（m）；3. 新构造运动强烈上升区；4. 新构造运动一般上升区；5. 新构造运动强烈下降区；6. 新构造运动一般下降区

图 4-7　淮河流域新构造运动升降分布图

（中国科学院地理研究所等，1965；河南省地质矿产厅，1991）

图 4-7 显示，淮北平原在新构造运动以来，存在两个隆升带与两个沉降带。

西部为嵩山、伏牛山强烈上升区和桐柏山、大别山一般上升区；中西部为以周口为中心的强烈沉降区和向东延伸的一般沉降区，也称淮北沉降带；中东部为苏皖隆起区，也称徐州-蚌埠隆起带；东部和滨海平原为一般沉降区和强烈沉降区，也称苏北滨海平原沉降带。这样的隆升与沉降格局，在宏观上确定了以淮北水系、淮南水系和沂沭泗水系为主体的淮河流域的水系结构和河流特征。

在淮河流域地壳垂直升降的宏观背景下，如上节所述的深大断裂，其断块的相对位移对断裂所在区域的升降也有重要影响，通常位于上盘的区域上升，位于下盘的区域下沉。其中，郯庐断裂是影响最大且最具典型性的。

2. 苏北滨海平原的沉降与抬升

苏北滨海平原在大地构造上处于中朝准台地南缘和扬子准台地北缘的交接部位，苏北滨海平原的地质基础是苏北凹陷。苏北地区的构造区划如图 4-8 所示。

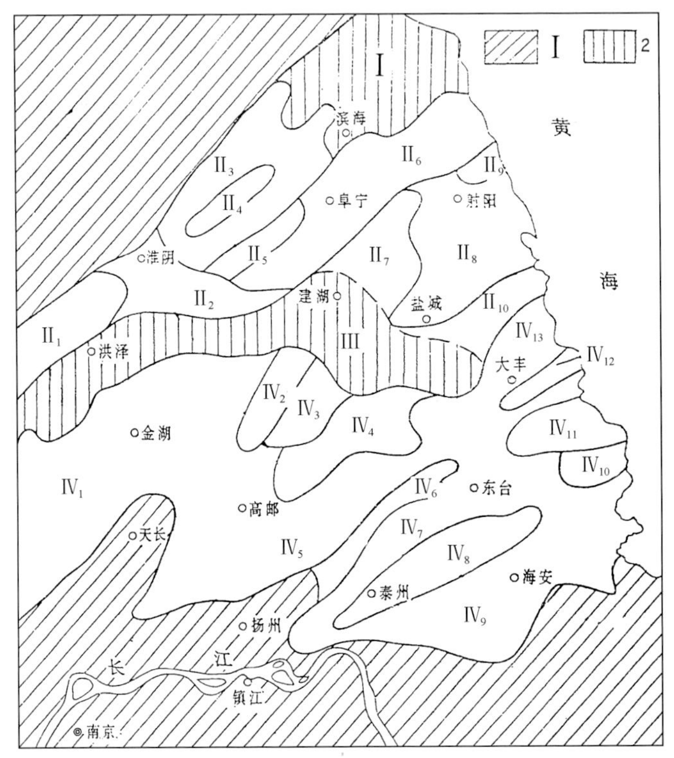

Ⅰ. 滨海隆起；Ⅱ. 洪泽湖-盐城凹陷；II_1. 洪泽湖凹陷；II_2. 淮阴凸起；II_3. 涟水凹陷；II_4. 涟水-大东凸起；II_5. 板湖凸起；II_6. 阜宁凹陷；II_7. 西吉庄凸起；II_8. 盐城凹陷；II_9. 临海凸起；II_{10}. 圩中凸起；Ⅲ. 建湖隆起；Ⅳ. 金湖-东台凹陷；IV_1. 金湖凹陷；IV_2. 柳堡低凸起；IV_3. 临泽凹陷；IV_4. 东荡凸起；IV_5. 高邮凹陷；IV_6. 吴堡低凸起；IV_7. 溱潼凹陷；IV_8. 泰州低凸起；IV_9. 海安凹陷；IV_{10}. 新曹低凸起；IV_{11}. 小海凸起；IV_{12}. 裕华凸起；IV_{13}. 大丰凹陷

图 4-8　苏北地区构造区划图

（江苏省/上海市地质矿产局，1987）

由图 4-8 可见，苏北凹陷主要是由盐阜凹陷（Ⅱ）、东台凹陷（Ⅳ）及介于其间的建湖隆起（Ⅲ）所构成，即所谓的“二凹夹一隆”构造格局。其中较大的凹陷有：①洪泽湖凹陷，北以淮阴-响水口断裂为界，南以建湖隆起的北部边界断裂为界，面积约 3000km^2，自白垩纪晚期以来沉积厚度在 2000m 以上；②金湖凹陷，东起柳堡凸起至天长隆起，西南至张八岭隆起，北以建湖隆起为界，面积约 5200 km^2，凹陷向北东展布，呈喇叭形的箕状断陷，沉积厚度 1000～6000m；③盐城凹陷，东临黄海，西至建湖隆起，北以马荡-千秋断裂为界，南至盐城断裂带，面积约 2000km^2，向北东向倾斜展布；④溱潼凹陷，东南以泰州-安丰断裂与泰州凸起接壤，西北与吴堡凸起相接，呈南陡深北缓浅的箕状断陷盆地，向北东方向展布。在上述四大凹陷区内部，还存在着次一级的凹陷与凸起。

苏北凹陷区内的断裂一般成为凹陷与凸起的边界，断裂规模为几十千米至百余千米，主要断裂如表 4-2。

表 4-2 苏北凹陷区主要断裂表（江苏省/上海市地质矿产局，1987）

名称	位置	断面产状	规模（长度：km）	地质特征
古河-渔业断裂	阜宁县古河—新沟至滨海县蔡桥—渔业	145°～150° ∠50°	106±	下盘（北西盘）自东北向西南分布着浦口组、泰州组、阜宁组、三垛组；上盘（南东盘）全为三垛组，下落为正断层。断距：泰州组落差约 1000m，而三垛组落差仅 150～200m，基本控制着阜宁凹陷古近系的沉积
涟水-唐集断裂	涟水县城经大东镇至唐集	315°～330° ∠40°～50°	38	它是涟北凹陷的南界断裂，对涟北凹陷的古近系分布具控制作用。上盘（北西盘）广泛分布三垛组；下盘（南东盘）则是浦口组及超覆其上的三垛组，断距大于 850m
小金元-羊寨断裂	淮安县小金元—涟水县薛桃园—阜宁县羊寨	145°～150° ∠60°	38	它是涟水-大东凸起与涟南凹陷的分界断裂，对涟南凹陷的古近系起控制作用。上盘（北西盘）涟水-大东凸起除浦口组外，尚见有三垛组超覆；下盘（南东盘）三垛组广泛分布，断裂向南东消失在阜宁群中
刘家埝-龙王庙断裂	盐城市南刘家埝—大风县沟子头—龙王庙	145°～150° ∠60°	48±	北西侧主要分布着上古生界与浦口组；南东侧主要是三垛组。断裂是大丰凹陷的北界断裂，对大丰凹陷的古近系起明显控制作用，为正断层，断距估计约 1500m 左右
裕华断裂	大丰县莫荡大队北侧—裕华镇沿北东至黄海边	330° ∠60°～70°	28±	断裂北西侧广泛发育三垛组；东南侧为浦口组及古生界。为一正断层。该断裂是裕华凸起的北界断裂，对大丰凹陷（北部凹陷）的古近系起控制作用，断距估计在 1500m 以上
南阳断裂	大丰县南阳—东坝—新镇	145°～150° ∠50°～60°	24	断裂北西侧浦口组；南东侧则为大片三垛组。该断裂是裕华凸起与大丰凹陷（南部凹陷）分界断裂，对后者古近系起控制作用，断距估计约 1300m 以上
陈家堡-小海断裂	兴化县陈家堡—戴家窑—大丰县小海	325°～350° ∠45°～60°	102	断裂东段控制着大丰凹陷的南界，对大丰凹陷古近系起控制作用。上盘三垛组与下盘（南东盘）浦口组至赤山组相接触。断裂西段，两盘皆为三垛组，是吴堡低凸起与高邮凹陷的分界断裂，受西向构造影响东段偏向东，断距估计在 1000～4000m 以上，各组断距不等
大桥-大丰林场断裂	大丰县沈灶南—大桥—大丰林场	145°～155° ∠45°	28±	东段，赤山组与泰州组接触；西段，赤山组、泰州组及阜宁群分别与三垛组相接触，显示上盘下落的正断层，断距 350～1000m 以上，各地不等
泰州-安丰断裂	泰州—泰县溱潼—东台县安丰镇—严家墩	310°～315° ∠40°～50°	90±	总体走向北东、局部呈东西向。断裂北西侧全为三垛组，南东侧在泰州一带为泰州组、赤山组，而在东段皆为三垛组，物探反应为正断层。断裂西段是泰州低凸起与溱潼凹陷的分界断裂，对后者的古近系起控制作用。断距估计在 1000～4000m 以上
大泗庄-邓庄断裂	泰县大泗庄—泰县—海安县北西邓庄	130°～140° ∠40°～45°	48	断裂切割赤山组-三垛组、先是上盘下落，为正断层，断裂控制着泰州低凸起的南界，与海安凹陷分界，对后者的古近系起控制作用，断距约在 200～4000m 以上，断距不等

上述凹陷、隆起和断裂，在很大程度控制着苏北滨海平原内河流与湖泊的发育，例如洪泽湖就是在洪泽凹陷的基础上形成的。

从苏北凹陷到苏北滨海平原的演变大体经历了 4 个主要发展时期。第一时期在白垩纪晚期，在燕山运动第III幕的背景下形成苏北凹陷，也称为苏北-南黄海断陷。继后在持续断陷作用下凹陷范围进一步扩大。第二时期为白垩纪末期至古近纪，这一时期苏北凹陷内的断裂差异性活动加强，形成许多次级断陷。第三时期在进入中新世以后，苏北凹陷内部的局部断陷转为整体沉降，同时由于自新近纪以来的长期剥蚀物质充填，形成了开阔的沉积盆地，这一时期，可称为整体凹陷时期。第四时期发生在第四纪，第四纪全球气温普遍下降且气候波动频繁，冰期和间冰期的交替使苏北地区发生了5次较大海侵（见本章第三节），在古长江三角洲的沉积作用等因素的共同作用下，终于使苏北盆地演变为苏北平原（陈友飞等，1993）。

由上述从苏北凹陷、苏北盆地到苏北平原演变的过程中可以看出，作为苏北平原地质基础的苏北凹陷自古近纪以来就处于沉降的过程。据估计，新近纪以来苏北平原构造沉降速率为 0.01mm/a，第四纪构造沉降速率为 0.02mm/a（唐锦铁，1979）。舒良树等编制了高邮凹陷、金湖凹陷、盐城凹陷的中心区域自白垩纪至新近纪不同地层沉降速率表和沉降曲线，如表4-3和图4-9（舒良树等，2005）。图4-9显示，沉降速率呈缓慢减少趋势。

表4-3　苏北三个凹陷沉降速率表（舒良树等，2005）

凹陷名称	年代/Ma	间隔时间/Ma	总沉降/km	累计总沉降/km	构造沉降/km	累计构造沉降/km	沉降速率/（m/Ma）
高邮凹陷	83～65	18	2.32	2.32	1.1494	1.1494	63.858
	65～54.9	10.1	0.895	3.215	0.3553	1.5047	35.174
	54.9～50.5	4.4	0.448	3.663	0.1323	1.637	30.076
	50.5～24.6	25.9	0.465	4.128	0.2157	1.8527	8.3265
	24.6～0	24.6	0.622	4.75	0.0764	1.9291	3.1066
金湖凹陷	83～65	18	1.43	1.43	0.7735	0.7735	42.974
	65～54.9	10.1	0.956	2.386	0.3941	1.1676	39.019
	54.9～50.5	4.4	0.612	2.998	0.2332	1.4008	53
	50.5～24.6	25.9	0.845	3.843	0.3543	1.7551	13.679
	24.6～0	24.6	0.257	4.1	0.0957	1.8508	3.89
盐城凹陷	83～65	18	1.358	1.358	0.7393	0.7393	41.071
	65～54.9	10.1	0.817	2.175	0.3602	1.0995	35.663
	54.9～50.5	4.4	0.206	2.381	0.0663	1.1657	15.057
	50.5～24.6	25.9	0.851	3.232	0.3767	1.5424	14.545
	24.6～0	24.6	0.987	4.219	0.3435	1.8859	13.963

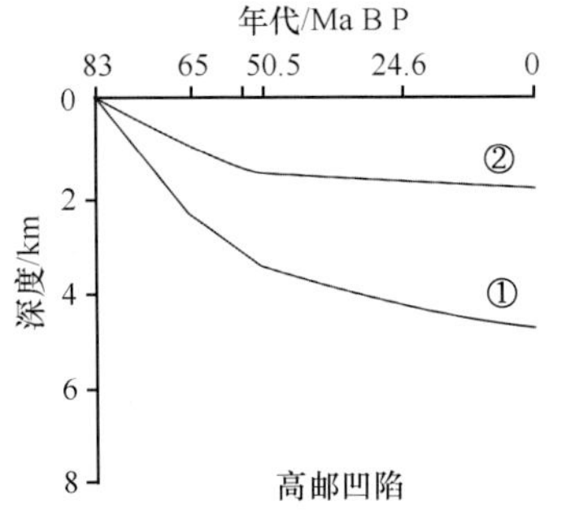

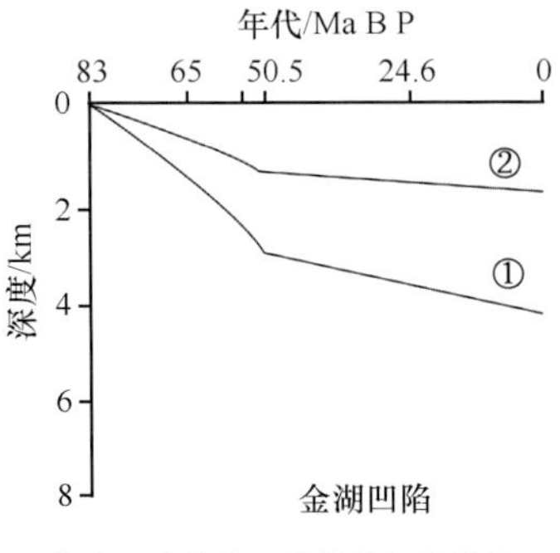

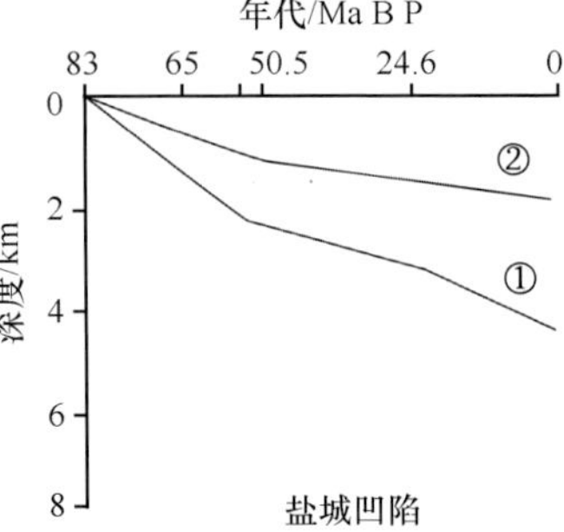

①总沉降曲线；②构造沉降曲线

图4-9　苏北三个凹陷沉降曲线
（舒良树等，2005）

近代以来，淮河流域所在地区的地壳垂直运动表现出轻微隆起的趋势。冯浩鉴等（1998）根据 20 世纪 50 年代至 80 年代位于我国东经 108°以东大陆地区 3765 个水准点测量数据，绘制了我国东部地区地壳垂直运动等值线图（图 4-10）。图中显示，苏北地区隆升速率约为 1～2mm/a。这一结果在《中国岩石圈动力图集》中（国家地震局，1989）也得到佐证。

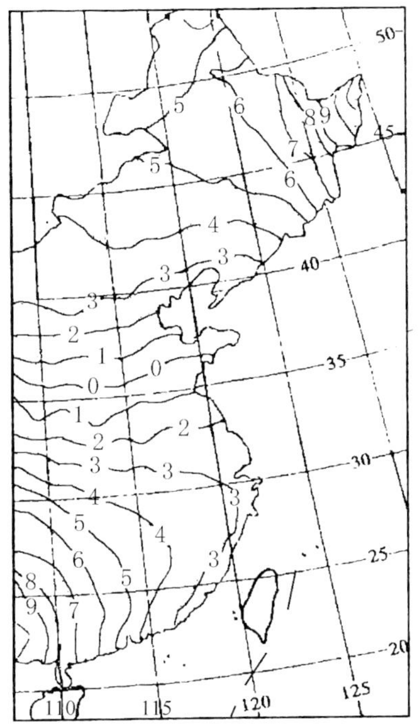

图 4-10　中国东部地区地壳现代垂直运动速率等值线图（单位：mm/a）（台湾地区资料暂缺）（冯浩鉴等，1998）

2.3　淮河流域的沉积

讨论淮河流域的沉积特征，是为了揭示淮河水系的演变及黄淮关系的沉积学背景。

2.3.1　淮河流域岩相古地理

岩相又称沉积相，是指地层及其沉积物形成时的地理环境。例如，冲积相是指该地层及其沉积物是在河流环境下形成的；湖相是指该地层及其沉积物是在湖泊环境下形成的，等等。淮河流域第四纪主要有 6 种类型的岩相及其亚岩相，如表 4-4（邵时雄等，1989b）所示。

表 4-4　淮河流域第四纪岩相类型及特征表（邵时雄等，1989b）

岩相类型及代号	所处地貌区	平面分布形态	砂层百分比	岩相分布组合	沉积物特征
坡积-洪积相（d-p）	山麓及山前地带	面状	基本无砂		1.主要为砂性土或夹块石，常缺失砂与黏性土层
冲积-洪积相（f-p）	近山前地段	面状、扇状	变化极大	与洪积相及冲洪积扇亚相伴生	1.分选差 2.土和碎石块混杂堆积、或黄土状堆积 3.厚度不大

续表

岩相类型及代号	所处地貌区	平面分布形态	砂层百分比	岩相分布组合	沉积物特征
冲积、洪积扇及冰碛、冰水扇亚相（fp_5）	山前倾斜平原，顶部与河流出山口相连接	扇状、舌状（剖面上呈巨大透镜体）	>30%，一般为40%～60%	与扇前（间、上）洼地亚相伴生	1.沉积韵律具“二元结构”，自下而上为中粗砂、砂卵石、亚砂土或砂土亚黏土 2.砂层以中粗砂为主，局部含（或夹）砾卵石。前缘以中细砂为主。冰水砂风化较重 3.砂性土[亚砂土、粉土（下同）]含量一般大于黏性土[亚黏土、黏土（下同）] 4.由扇轴心到两侧边缘及由扇顶至前缘，颗粒由粗变细，单层厚度由厚变薄。同一扇的不同部位呈序列不同，并常存在多期叠置和互相割切的结构关系，而使上述粒度变化的关系复杂化
扇前（间、上）洼地亚相（f_{ld}）	扇形堆积物的前缘、两扇之间及扇上	带状或面状	<30%	在垂向，与冲洪积扇（裙）亚相交互出现	1.砂层厚度较小，它与厚度较小的砂性土、黏性土互层，具水平或波状层理 2.砂层以中细砂为主，局部含粗颗粒物质 3.砂性土、黏性土的比例，由于所处的部位不同，变化较大 4.局部含淤泥层，有石膏散晶 5.扇间洼地有由山麓经面状水流带来的坡积物
冲积扇亚相（f_f）	山区大河出山口	扇状、舌状（剖面上呈巨大透镜体）	>30%～40%，最高可达60%	与冲洪积扇（裙）亚相、扇前（间、上）洼地亚相及河道带伴生	1.以黄河冲积扇为代表，主要为中、细砂 2.分选较好 3.二元结构明显
河道带亚相（f_c）	中部平原	条带状（剖面上呈短小透镜体）	>20%～30%	在垂直与水平上均与河间带亚相伴生	1.沉积韵律由下而上为砂层-亚砂或亚黏土的“二元结构”，多见斜层理。底部多见冲刷接触 2.砂层以中细砂或粉细砂为主，局部含粗砂，砂层单层厚度较大，多为中-厚层状 3.砂性土含量一般大于黏性土，黏性土呈薄层状，常见淤泥质层
河间带与河间洼地亚相（f_{ic}）	中部平原	面状或宽条带状	<20%	与河道带亚相（>20%）及浅湖沼泽亚相等伴生，分布在河道带亚相之间	1.沉积韵律呈“二元结构”，有时为细-粗-细结构，多见水平微层理 2.砂层以粉细砂为主，一般不含粗中砂，局部夹河道砂沉积 3.砂性土含量>10%，黏性土呈薄层，局部含淤泥质 4.有时可见多层古土壤结构（有虫孔、根痕）
冲积相（f）	丘陵、山地	条带状	>30%		1.河床相及河漫滩相沉积 2.粒度粗，多为砂卵砾石
湖积相（l）	中部平原或平原交接带	面状	一般为10%～30%，局部<10%	与河间带亚相及少量河道带亚相伴生，或在冲积-湖积相中部	1.沉积韵律为厚层状黏性土夹薄-中厚或薄层状砂，具微细水平、波状或斜层理 2.砂层以粉细砂为主，局部含粗、中砂，分选好，有时见半磨圆黏土块
河湖三角洲亚相（D_{fl}）	中部平原河流入湖处	扇状（剖面上呈大透镜体）	20%～30%或更大	周围有较大冲积-湖积相或湖相，上游为河道带亚相，及河间带亚相	1.沉积韵律为厚层状黏土互层，砂层具斜层理 2.砂层以细砂为主，局部含粗、中砂，砂层厚度大，层位较稳定，分选较好 3.砂性土含量<10%

续表

岩相类型及代号	所处地貌区	平面分布形态	砂层百分比	岩相分布组合	沉积物特征
冲积-湖积相（f-l）	中部平原	面状	一般为 10%～20%	冲积-湖积相伴生或有河湖三角洲亚相	1.具冲积和湖积特点，通常二相交替出现或上下叠置 2.砂层以粉细砂为主，局部较粗 3.砂性土约 10%～20%，黏土、亚黏土合占 60%～80%
入海三角洲亚相（D_{fm}）	滨海平原或河流入海处	面状	一般大于 10%～20%	常与其他海陆过渡相或浅海相伴生，上游为河道带亚相，下游为滨海亚相	1.沉积韵律自下而上为粉细砂-砂性土 2.砂层以粉细砂为主 3.土层一般以砂性土为主，黏性上含量一般小于 20% 4.具海相层，是海水营力与陆地河流共同作用的结构
冲积-海积相（f-m）	滨海地区	带状或面状	变化较大	与冲积相、河道带亚相、河间带相等伴生	1.一般为黄灰色、灰色亚黏土、亚砂土与砂互层 2.砂层以粉细砂为主 3.普遍夹淤泥质及泥炭，部分见有海相软体或微体（介形虫、有孔虫）化石 4.海相层厚度＞30%，地下水矿化度＞3g/L

描述地质历史时期岩相地理分布的地图叫岩相古地理图。例如，淮河流域第四纪晚更新世岩相古地理图、全新世岩相古地理图等。通过对各时期岩相古地理图的分析与比较，可恢复当时的古地理环境，揭示各时期古地理环境的演变，揭示河流、湖泊及多种沉积地貌的成因和演变规律。

图 3-29Q_3 和图 3-29Q_4 中显示了淮河流域晚更新世岩相古地理图和全新世古地理图。从图可见：

（1）在沿现代淮河干流的东西向条状地带，晚更新世时期的岩相主要是冲积-湖积相（f-l），说明当时该地带属于湖泊环境；到全新世时期，该条状地带的岩相已完全由冲积相（f）所覆盖，说明该条状地带已由湖泊演变为河流。事实上，淮河干流就是在这一演变过程中形成的。

（2）在淮北平原广大地区，晚更新世时期的岩相主要是冲积扇亚相（f_f），且呈扇状和舌状分布。说明淮北平原广大地区已被黄河冲积扇所覆盖，并在其上形成多条从黄河冲积扇顶呈东南方向直抵条带状湖泊的泛道。到全新世时期，由于淮北平原南部和中部的新构造运动隆升，迫使黄河冲积扇南翼退缩，广大地区的冲积扇亚相（f_f）已被河道带亚相（f_c）和河间带亚相（f_{ic}）所取代，说明在晚更新世时期，黄河在淮北平原的泛滥及其泛道于全新世时期已演变成为现今淮河北支流雏形。

（3）在流域东北部鲁中山地和丘陵地区，晚更新世时期主要沉积为坡积-洪积相和冲积-洪积相，并有少量河道带亚相和河间带亚相；鲁中山地西南苏鲁皖地区为大范围冲积-湖积相。到全新世时期，鲁中山地坡积-洪积相已向深山区退缩，冲积-洪积相范围扩大，河道带相和河间带相分布密集。表明该地区从晚更新世到全新世期间地壳抬升，出现显著剥蚀，沂沭泗河流正是在这一期间逐渐形成的。苏鲁皖交界地区冲积-湖积相已显著缩小，北五湖、南四湖在这一期间逐渐形成。岩相的这些变化，清晰地反映了淮北地区在晚更新世至全新世期间的环境演变。

（4）在苏北平原，晚更新世主要以浅海相和深海相为主，到全新世则以浅海相和海陆过渡相为主，反映了从晚更新世到全新世时期由于气候变化及海侵和海退所引起的淮河流域东部苏北平原环境的变化（邵时雄等，1989b）。

（5）在淮河南岸地区，晚更新世以残积-坡积相（el-d）为主，间有少量河道带相和河间带相。到全新世，广大地区已为冲积相所覆盖，只在局部地区有残积-坡积相。这表明，自更新世以来，淮河南岸地区已处于以抬升和剥蚀、侵蚀为主的自然环境中。

2.3.2 淮北平原的沉积特性

淮北平原沉积特性主要表现为黄河冲积扇南翼的展布与退缩。

淮河水系是在黄河冲积扇南翼不断向淮河流域延伸和退缩的过程中形成和演变的。

黄河冲积扇南翼的发育过程如图 4-11 所示。黄河冲积扇在中更新世初具规模，在晚更新世规模达到最大，到全新世时开始退缩。在此过程中，扇顶不断东移，陆续达到坡头、孟津、沁河入黄河口、铜瓦厢等地。根据现今在地表出露的沉积物分布，可将其发

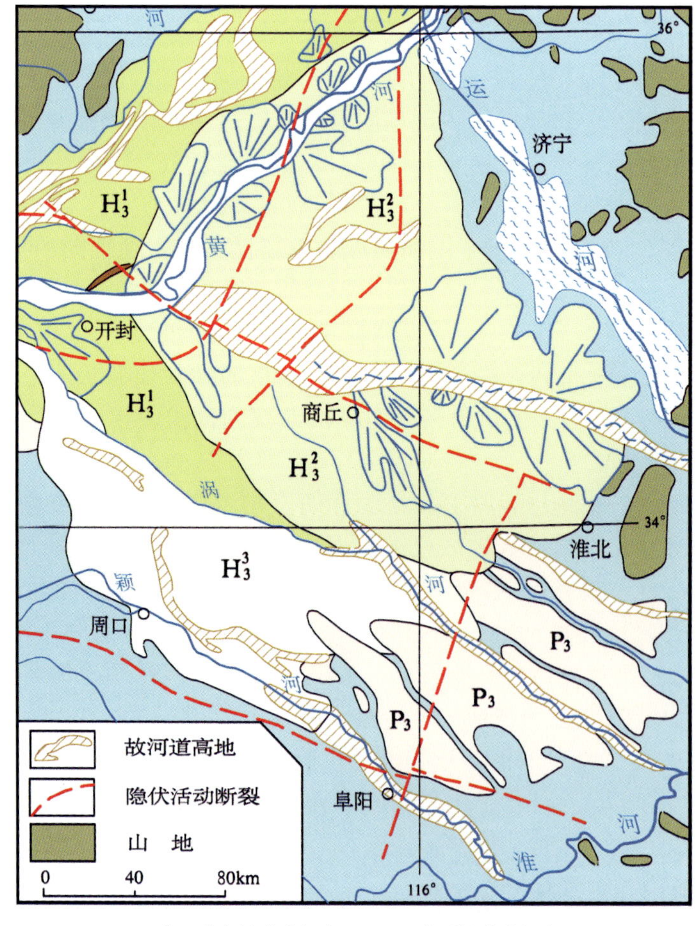

H_3^1～H_3^3 全新世冲积扇；P_1～P_3 晚更新世冲积扇

图 4-11 黄河冲积扇发育简图

（邵时雄等，1989a）

展过程分为 6 期（邵时雄等，1989a）：第Ⅰ期为中更新世（Q_2）冲积扇，其前缘在兰考、开封、通许、尉氏、新郑一线，其中在坡头一带现已成为剥蚀倾斜台地。第Ⅱ期为晚更新世早期（Q_3^1）冲积扇，在现今表现为邙山和马岭岗西的南北向条状岗地。第Ⅲ期为晚更新世晚期（Q_3^2）冲积扇，此时冲积扇南翼发展到最大，前缘达到安徽淮南、蚌埠，覆盖了淮北平原的大部分。进入全新世（Q_4），由于淮河流域周边山地继续抬升，并带动了平原抬升，因此冲积扇范围呈退缩趋势，扇顶也逐渐向老冲积扇前缘移动。根据顶点移动的位置，可将全新世冲积扇划分为 3 期，称其顶点位于沁河入黄河汇合点的冲积扇为第Ⅳ期，第Ⅳ期主要是 2278BC～1191AD 期间的沉积；称顶点位于兰考附近的冲积扇为第Ⅴ期，范围包括范县、濮阳、长垣、封丘、兰考、睢县、柘城、永城一线以东，主要是 1194～1855 年间的沉积；称顶点位于花园口的冲积扇为第Ⅵ期，主要是 1938～1947 年黄河花园口决口形成的冲积扇，范围包括中牟、通许、太康、鹿邑一线以西，郑州蔡城、中牟姚家、尉氏、扶沟、逍遥镇、商水、项城一线以东地区（邵时雄等，1989a）。

黄河冲积扇南翼在淮北平原的推进与退缩，给淮北平原带来大量黄河泥沙沉积，并塑造了淮北平原的地貌形态，这一点在淮河流域岩相古地理分析中已展示得非常清晰。

2.3.3 苏北平原的沉积特性

1. 第四纪以前的沉积

苏北凹陷自新生代以后在继承晚白垩世沉积的基础上，进入了新的沉积时期，苏北凹陷被快速填充，向盆地演变。在古近纪，伴随着徐州—睢宁—沭阳一带北北东向和北东向箕状断陷和丰沛一带东西向断陷的沉降，接受沉积，沉积范围逐渐扩大。到新近纪，伴随着郯庐断裂带以东地区继续沉降，沉积厚度也快速加大，从古近纪至新近纪沉积厚度达 4000～5000m（邵时雄等，1989b）；也有估计认为新生代苏北盆地的沉积厚度已达近 6000m（江苏省/上海市地质矿产局，1987）。

2. 第四纪的沉积

苏北平原是在古近纪-新近纪苏北盆地的基础上，经历第四纪的沉积形成的，从河流治理的角度，考察第四纪沉积是尤为重要的。

苏北平原第四系分布广泛，发育齐全。沉积厚度的分布如图 4-12 所示。

由图 4-12 可见，苏北第四系沉积表现出平原北部薄南部厚、西部薄东部厚，凹陷区厚、隆起区薄的分布特点（邵时雄等，1989a）。

苏北平原第四纪沉积过程大致是：早更新世沉积厚度 60～180m，中更新世沉积厚度 70～100m，晚更新世沉积厚度 30～60m，全新世沉积厚度 10～56m（杨达源，1986）。沉积速率呈现加快的趋势（哈承祐等，2005）。

王颖等（2006）根据宝应 1 号钻孔岩心的分析，揭示了宝应地区第四纪（2.58MaBP）连续的沉积过程。宝应 1 号孔岩心长 97m，根据沉积相的变化，将其自下而上分为 10 个沉积相段。其中：第一相段为陆相，第二相段为海侵相，第三相段为陆相，第四相段为陆相，第五相段为浅海相，第六相段为陆相，第七相段为海侵-浅海相（晚更新世沉积），第八相段为潮滩及潮下带浅海相（晚更新世沉积），第九相段为陆相，第十相段为

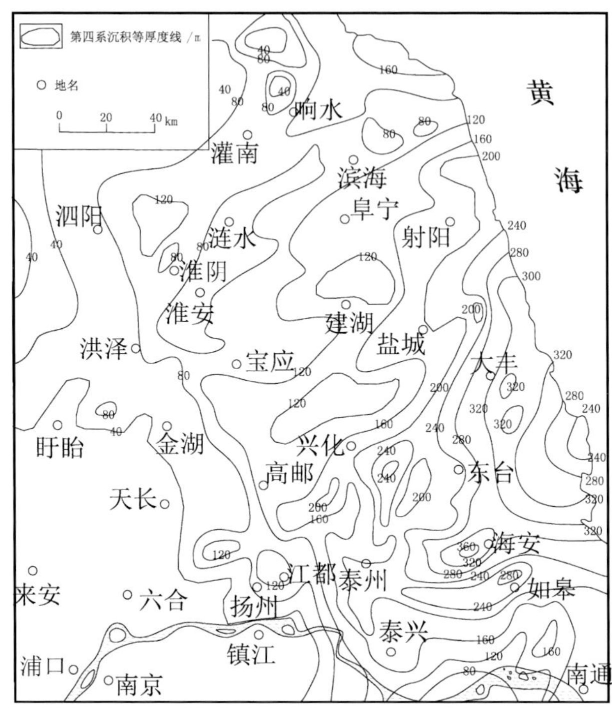

图 4-12 苏北平原第四系厚度（m）分布图
（陈友飞等，1993）

浅海与海陆过渡相。根据上述剖面可见，苏北平原在第四纪经历过 4 次主要在海水作用下的沉积环境。即：第一次海相层埋深 81.00～79.46m，相当于 1.95～1.77MaBP；第二次海相层埋深 65.4～58.0m，相当于 1.07MaBP；第三次海相层埋深 33.5～14.72m，相当于 0.78MaBP；第四次海相层位于 14.00m 以上，发生在全新世。这些事实表明，海侵及其形成的浅海环境是苏北平原沉积环境的重要组成部分。表明苏北平原在第四纪期间是由江、河、湖泊与浅海的交互作用而堆积发育起来的。

由上可见，第四纪沉积环境对苏北平原的地貌有深刻的影响。例如，苏北平原东部分布着两条保存较好的古海岸贝壳堤，正是由于这两条贝壳堤及平原两侧环绕的基岩低山、丘陵、岗地和海侵的共同影响，使兴化里下河地区成为苏北平原最低洼的地区，俗称为苏北平原的锅底。

苏北平原第四纪沉积物的来源，早期主要来自沂蒙山区及古长江的冲积物，晚更新世后主要来自古淮河搬运的泥沙，黄河夺淮以后，黄河泥沙也是重要来源。邵时雄等（1989）揭示了苏北平原的地层结构与物质组成。其中：全新统（以淤尖组为代表），总厚度 19.35m，为海陆过渡相沉积，主要为粉砂、亚砂土互层；上更新统（以新兴组为代表）为海陆过渡相和浅海相沉积，总厚度 65.00m，相当于埋深 25.0～90.0m，主要为亚黏土与压砂土互层，含植物及贝壳碎片；中更新统（以东台组为代表）为陆相和浅海相沉积，总厚度 78.5m，相应埋深 79.22～157.72m，主要为亚黏土和砂土互层，含植物及贝壳碎片；下更新统（以弶港组为代表）为陆相沉积，总厚度 125.54m，相应埋深 153.3～278.84m，主要为细砂、粗砂和砾石组成，砾石直径一般在 10mm 左右，大者达 80mm，砾石层厚达 54.2m。

苏北平原第四纪地层构造时间相对较短，压实程度低，因此密度较松散，致使该地区河道稳定度较小，在洪水情况下易发生变迁。这是该地区河道治理应特别予以考虑的。

2.4 淮河流域新构造运动的现代特征

2.4.1 现代地壳隆升与沉降特征

根据国家地震局测量大队的观测，苏鲁豫皖地区 20 世纪 50 年代以来新构造运动活跃，地形垂直形变显著，如图 4-13 和图 4-14（桂焜长、沈永坚，1984）显示了 20 世纪

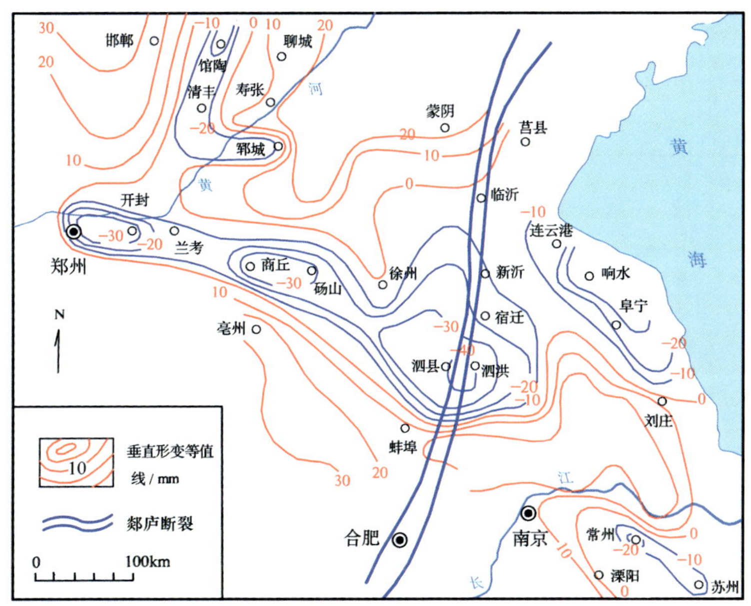

图 4-13 苏鲁皖豫地区垂直形变图（红细线为上升，蓝细线为下降）
（桂焜长、沈永坚，1984）

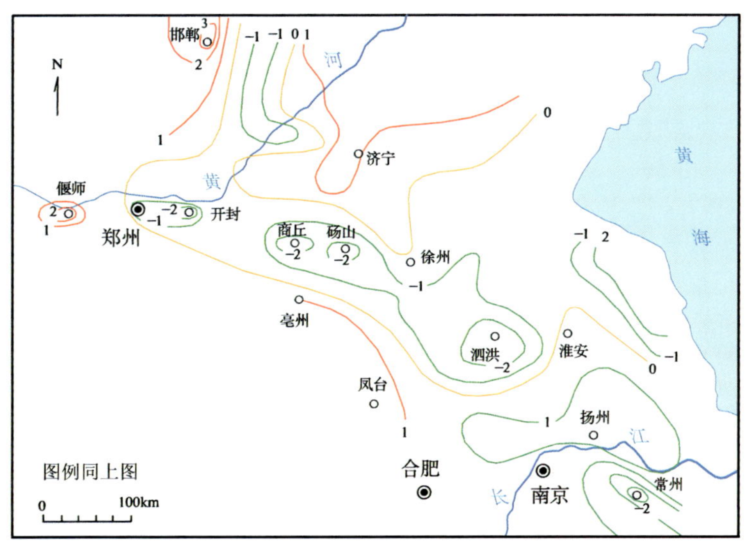

图 4-14 苏鲁皖豫地区垂直形变速率图
（桂焜长、沈永坚，1984）

50 年代以来地壳垂直形变的概况。由图可见，鲁中南山地、伏牛-桐柏-大别弧形山地、江淮丘陵仍维持上升态势，上升速率约为 1～1.5mm/a；开封、商丘、泗县、泗洪以及响水为最大沉降区，沉降速率约为 2.0mm/a。

杨国华、韩月萍（1997）进一步揭示了苏鲁皖豫地区在 20 世纪 50 年代以来不同时段地壳垂直形变的事实，如图 4-15 所示。在 50 年代中期至 70 年代中期（a）、70 年代中期至 80 年代中期（b）、1985～1990 年（c）、1990～1995 年（d），这四个时段地壳垂直形变表现为隆升与沉降的阶段性交替。造成这种波段性交替的原因是纵贯该地区的郯庐断裂带的“张裂”与“闭锁”活动，引起该地区地壳张应力与压应力交替出现的结果。当郯庐断裂带（中南段）向东北方向拉张时，产生张应力，整个地区便以沉降为主；当郯庐断裂带向南南东方向锁闭时，则产生沿该方向的压应力，地壳表现为隆升。同时注意到，拉张与锁闭产生的张应力与压应力并不在同一轴线上，而是表现出左旋性质的滑动。

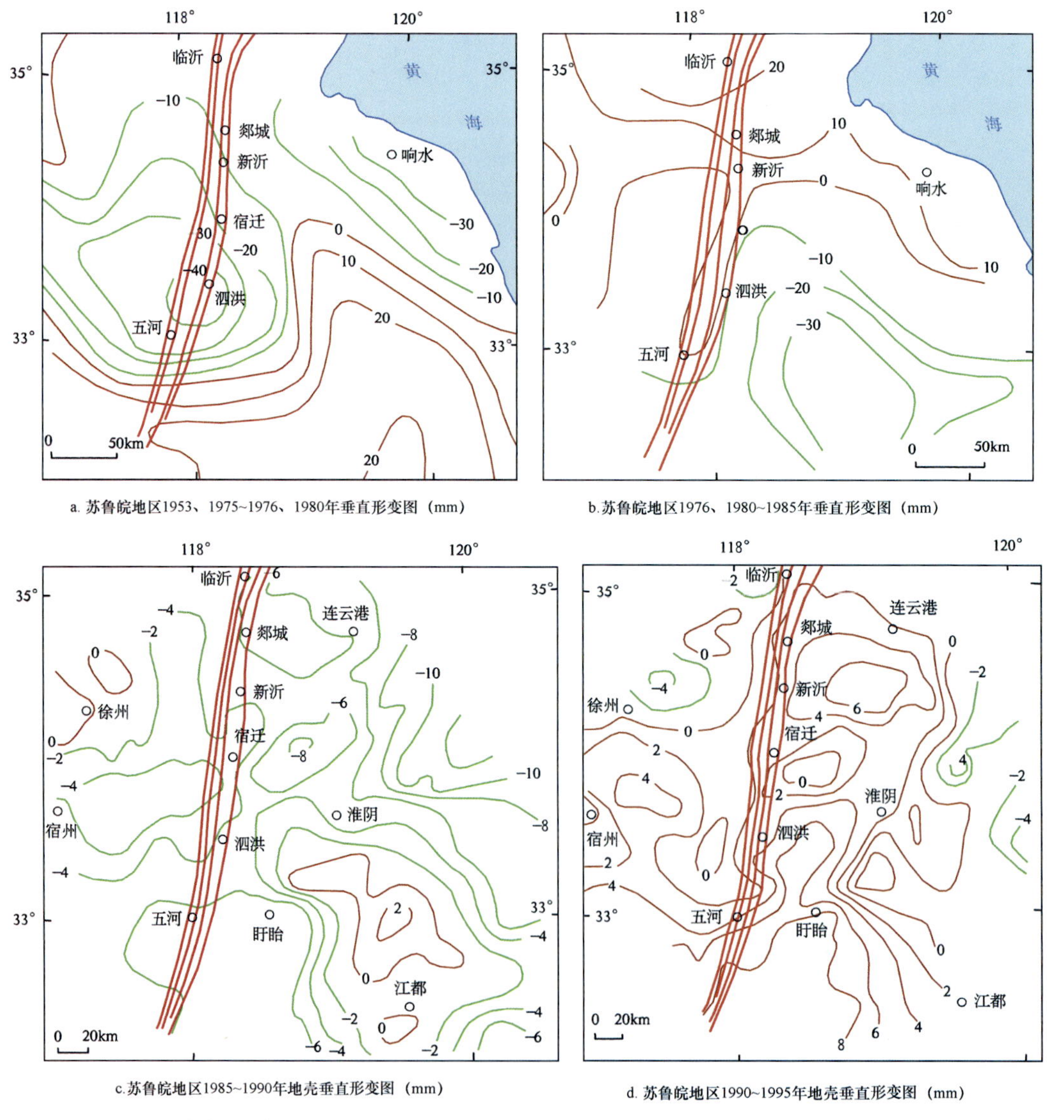

图 4-15 苏鲁皖豫地区 20 世纪 50 年代以来地壳垂直形变的事实（粗红线为断裂带）
（杨国华、韩月萍，1997）

上述的事实与分析表明，在现代新构造运动中，郯庐断裂带中南段的活动依然活跃，其活动表现为“张”–“压”交替，并带有左旋的性质，这一活动的特点直接控制着本地区的构造活动。这种跷跷板式的构造运动，对该地区河流发育产生了深刻的影响。

2.4.2 现代地裂现象

20 世纪 60～70 年代，在苏鲁皖豫地区陆续出现地裂现象，即地表出现不同深度的塌陷与裂缝，其分布如图 4-16 所示。

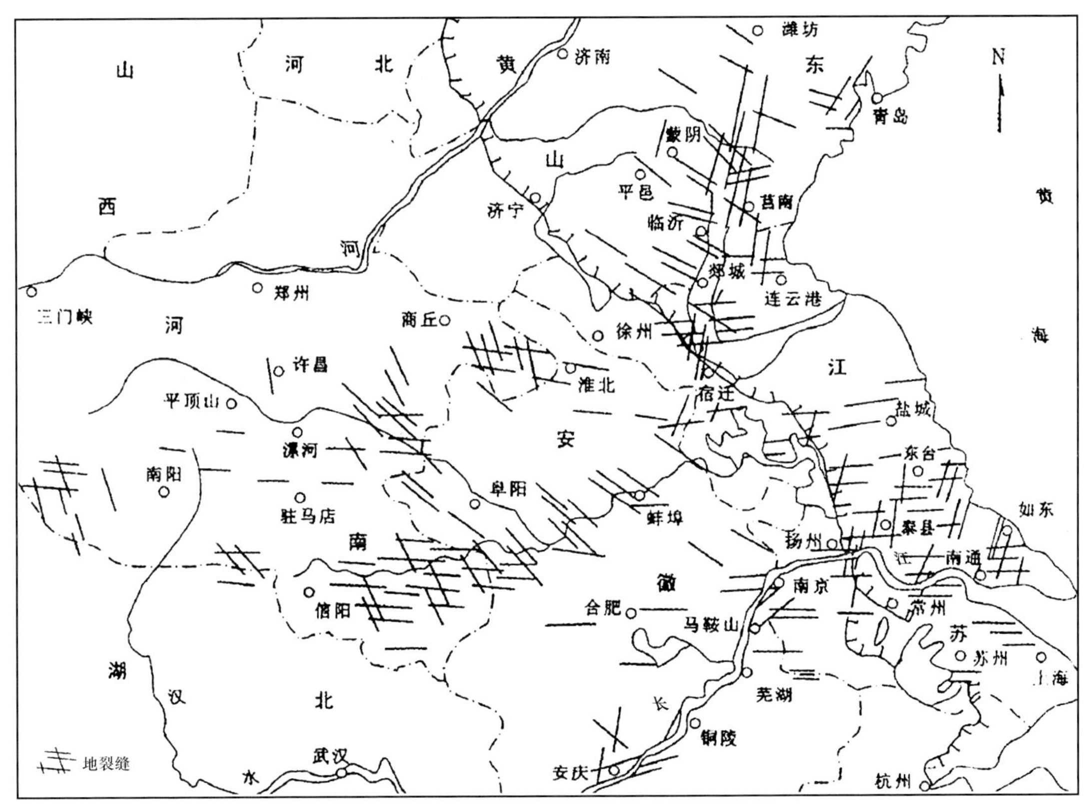

图 4-16　苏鲁皖豫地裂缝分布图

（李祥根，2003）

由图 4-16 可见，地裂缝主要沿三个方向分布：①北东东向地裂缝，主要发生在大别山北麓，沿淮河两岸的信阳—寿县一带；②北西向的地裂缝带，主要发生在周口—阜阳—寿县、商丘—永城—蚌埠、济宁、枣庄—微山湖一带；③北北东向地裂缝带，主要发生在沂水、郯城、宿迁一带。

地裂缝的发生，并不受季节、气候和雨量、地下水位、地形和土质影响，在丘陵、河谷阶地、河漫滩、耕地或城市带都有发生。分析表明，这些地裂缝都是由张应力所致的张性地裂。该类张力场的作用，既可引起地震，而更多的是引发非地震活动。所以，苏鲁皖豫地区 20 世纪 60～70 年代出现的地裂缝现象，其实就是在一定区域内，在构造应力场作用下形成的一种新构造运动的表现，称为地裂运动（李祥根，2003）。全国地裂缝概况见表 4-5。

表 4-5 中国主要构造地裂缝活动时间表（高名修，1995）

地点		活动时间	走向	力学性质
苏皖鲁豫		1967～1977 年	EW，NW，NNE	张性
陕西	西安	1976 年以来	NEE	左旋张剪性
	泾阳	1983 年 3 月后	N60°W	左旋张剪性
	华阴	1979 年	EW	左旋张剪性
	渭南	1984 年 2 月后	EW	张性
	韩城	1978 年	N10°E	张性
	勉县	1976 年 8 月		张性
山西	万荣	1983 年 7 月	NE	张性
	大同	1983 年以来	NEE	左旋张剪性
	运城	1975 年	N80°E	张性
河北	邯郸	1963 年以来	SN—NNE	右旋张剪性
	乐亭	1976 年 5 月		
辽宁	建昌	1976 年		
北京	耿楼	1976 年 7 月		张性
	万泉庄	1976 年 7 月		张性
河南	荥阳	1981 年	NE	张性
宁夏	石嘴山	1982 年 4 月	N50°E，N70°W	张剪性
内蒙古	哲里木盟（今通辽市）	1984 年 3 月	NE	张性
湖北	渔关—宜昌		NNE	张性
云南	蒙自		NNW	张性

本节小结：

由上述可见，淮河流域的形成，主要是基于以下的因素：

（1）淮河流域对新构造运动的响应。主要表现在以下三方面：①盆地周边新构造隆升，形成淮河流域的分水岭；②盆地主体沉降，接受沉积，形成淮河平原；③新构造运动控制着流域的演变。

（2）黄河下游贯通，黄河冲积扇的形成。主要表现在以下方面：①提供了巨量的冲积物，促成黄淮海平原的建造；②冲积扇的发展改变了淮河盆地的地貌，促成淮河水系的形成与演变。

（3）第四纪气候变化与流水作用。其中海侵与海退对苏北平原的地貌形成有重要影响，为淮河流域的形成提供了外营力。

（4）人类活动。尤其是黄河决口泛滥，改造了淮河水系结构与流域面貌。

上述四点也为淮河流域的治理提供了地学方面的依据。

第三节　淮河流域的古气候

在一定的地质地貌背景下，河流与湖泊就是气候的产物。因此，要揭示淮河流域的形成与演变，除需了解在前节所阐述的淮河流域的地质地貌环境与特点外，还必须了解淮河流域的古气候及其变化。

淮河流域是在第四纪的中更新世以后形成的，因此本节将着重阐述淮河流域第四纪的古气候状况。基于江河治理的需要，将从三个方面阐述淮河流域的古气候：古气候与古植被；海侵与海退及海岸线的变迁；秦岭-淮河中国东部南北气候分界线。

3.1　古气候与古植被

邵时雄等（1989）系统分析了淮北平原、苏北平原大量钻探资料，主要根据孢粉、重矿物、碳酸钙、黏土矿物、地球化学元素的聚散以及微体古生物（如介形虫、多角口室虫等）的分析，揭示了自上新世以来淮河流域古气候的变化。分析指出，淮北平原至少经历了多次以冷暖干湿交替为特征的气候变化，同时也揭示了古植被随气候变化的演变概貌，如表 4-6。

表 4-6　淮河流域古气候与古植被的变化（邵时雄等，1989；金权等，1987）

<table>
<tr><th colspan="4" rowspan="2">气候期</th><th colspan="2">淮北平原*</th><th colspan="2">苏北平原**</th></tr>
<tr><th>植被带</th><th>气候特征</th><th>孢粉组合</th><th>气候特征</th></tr>
<tr><td rowspan="3">全新世（Q_4）</td><td>晚</td><td colspan="2" rowspan="3">冰后期</td><td>针阔叶混交林-草原</td><td>温和偏湿</td><td>松、菊、藜</td><td>温凉</td></tr>
<tr><td>中</td><td>含针叶树阔叶林-草原</td><td>温和偏湿</td><td>栎、松、莎贝科</td><td>温暖</td></tr>
<tr><td>早</td><td>针叶林为主的针阔叶混交林-草原</td><td>温凉偏湿</td><td>松、菊、蒿</td><td>温凉</td></tr>
<tr><td rowspan="4">晚更新世（Q_3）</td><td rowspan="3">晚</td><td rowspan="3">Ⅳ大理冰期</td><td>Ⅳ$_2$</td><td>荒漠-草原</td><td>寒冷干燥</td><td>云杉、蒿、菊</td><td>冷</td></tr>
<tr><td>间冰阶</td><td>阔叶林（象位层）</td><td>温暖干燥</td><td>枫香、水龙骨科</td><td>温暖</td></tr>
<tr><td>Ⅳ$_1$</td><td>云杉、冷杉针叶林为主-草原</td><td>寒冷干燥夹温和</td><td>菊、禾本科</td><td>冷</td></tr>
<tr><td>早</td><td colspan="2">Ⅲ间冰期</td><td>针阔叶混交林-草原</td><td>温暖偏干旱</td><td>松、栎、枫香、水龙骨</td><td>暖</td></tr>
<tr><td rowspan="2">中更新世（Q_2）</td><td>晚</td><td colspan="2">Ⅲ庐山冰期</td><td>针叶林、暗针叶林-草原</td><td>冷湿</td><td>云杉、冷杉</td><td>寒凉</td></tr>
<tr><td>早</td><td colspan="2">Ⅱ间冰期</td><td>针阔叶混交林-草原</td><td>温暖潮湿</td><td>松、胡桃、水龙骨</td><td>温暖湿</td></tr>
<tr><td rowspan="3">早更新世（Q_1）</td><td>晚</td><td colspan="2">Ⅱ大姑冰期</td><td>云杉、冷杉针阔叶混交林-草原</td><td>寒凉潮湿</td><td>松、冷杉、云杉、水龙骨</td><td>冷湿</td></tr>
<tr><td>中</td><td colspan="2">Ⅰ间冰期</td><td>常绿成分落叶阔叶林-草原</td><td>温暖偏湿</td><td>栎、松、菊、蒿、禾木科、水龙骨</td><td>暖湿</td></tr>
<tr><td>早</td><td colspan="2">Ⅰ鄱阳冰期</td><td>阔叶、针阔叶混交林-草原</td><td>温暖偏湿-凉湿</td><td>冷杉、云杉、松、蒿、水龙骨</td><td>寒冷</td></tr>
<tr><td colspan="4">上新世（N_2）</td><td>含常绿成分针阔叶混交林</td><td>温暖湿润</td><td>栎、松、水龙骨</td><td>湿热</td></tr>
</table>

*据金权等，1987；**据江苏弶港 PX19 孔孢粉资料。

由表 4-6 可见：

（1）在新近纪晚期，整个黄淮海平原属亚热带湿润气候，当时月平均气候在 20℃上下，之后淮河流域的气候开始呈现向冷干方向发展的趋势。进入第四纪，气候出现了前所未有的冷暖干湿的交替变化。

（2）从早更新世到全新世，冷暖干湿的交替达 12 次之多。河南平原、淮北平原、苏北平原的冷暖干湿交替情况存在一定差异，但在总体上是同步的。

（3）淮河流域古气候冷暖干湿的变化与我国冰期与间冰期以及冰后期以来的冰段与间冰段的交替在时间上呈现很好的相关性。例如，早更新世的气候变化与第Ⅰ冰期（鄱阳冰期）、第一间冰期（鄱阳-大姑间冰期）、第Ⅱ冰期（大姑冰期）基本同步；中更新世的气候变化与第Ⅱ间冰期（大姑-庐山间冰期）、第Ⅲ冰期（庐山冰期）基本同步；晚更新世的气候变化与第Ⅲ间冰期（庐山-大理间冰期）、第Ⅳ冰期（大理冰期）及其间的间冰阶基本同步；而进入全新世以来的冰后期气候又有多次寒冷期与温暖期的波动，也与我国东中部多次寒冷与温暖期基本同步。

（4）植被是气候变化最敏感的响应者，伴随着气候的变化，淮河流域的植被也经历着暗针叶林-草原带与针阔叶混交林带-草甸沼泽带的更迭。

金权（1990）对淮北平原的古气候与古植被变迁进行了更加深入的研究，其成果如表 4-7。

由表 4-7 可见：①在新近纪的上新世，即距今 340 万年至 248 万年时期，淮北平原温暖湿润，植被为含常绿针叶和阔叶混交林。②在早更新世，气候有三次波动：第一次在早更新世早期，气候由温湿向凉湿演变；第二次在早更新世中期，气候温暖湿润；第三次在早更新世晚期，气候寒冷潮湿。相应地，植被也基本同步地由阔叶-针叶混交林向落叶阔叶林，继而向冷杉、云杉、针阔叶混交林转变。③在中更新世，气候经历了温暖湿润→寒凉偏湿→温暖湿润→冷湿四个时期的变化，即经历了两个暖湿和两个凉湿期的交替变化。相应的，植被也经历了常绿阔叶林→针阔叶混交林→草原→含草原的落叶阔叶林→针叶林几个阶段的变化。④在晚更新世，气候经历了温暖偏干→寒凉偏湿→温和→寒凉干燥→温暖湿润→寒凉干燥 6 次变化。相应的，植被也经历了混交林→草原→含云冷杉针叶林→阔叶林→含云冷杉针叶林→阔叶林→草原荒漠的更迭。⑤到全新世，由于进入了冰后期，气温总体偏暖，但也存在一些波动。在距今 1.2 万年至 7500 年期间，气候温凉偏湿，植被为以针叶树种为主的针阔叶混交林及草原；在距今 7500～5300 年间，气候温暖湿润，是全新世的气候适宜期，植被为含针叶树种的落叶阔叶林；在距今 5300～2500 年期间，气候经历了由温暖偏干向温暖偏湿的波动。植被也相应经历了由针阔叶混交林→草原向含针叶树种阔叶林→草原演变。自距今 2500 年以来，气候向温和偏湿方向发展，呈现针阔混交林-草原植被景观。

综上所述不难看出，淮河平原第四纪气候的最大特点是，呈现明显的冷暖与干湿的频繁变动，较显著的波动有 12 次，气温波动幅度在±3～±4℃之间，最冷期和最热期气温相差幅度达 7～8℃。气候变化引起植被在阔叶林、针叶林、阔叶树种为主的阔叶针叶混交或以针叶树种为主的针叶阔叶混交林、草原等生态景观的变化。在第四节中，我们将看到古气候与古植被变化所引起的古水文的变化，进而影响着河流和湖泊的演变。

表 4-7 淮北平原新生代古气候演变（金权，1990）

地层				年龄/Ma	代表孔号	深度/m	古植被	古气候		对比		
系	统	组	段					较现代气温/℃	−4 0 4	中国（李四光）		欧洲（一般划分）
第四系	全新统 Q_4	蚌埠组	上段	0.0025	HQ	2.6	针阔叶混交林-平原	温和偏湿		冰后期		亚大西洋期
			中段	0.0053		4.0	含针叶树种的阔叶林-草原	温暖偏湿				亚北方期
				0.0075		7.4	针阔叶混交林-草原	温暖偏干				大西洋期
			下段			9.9	含针叶树种的落叶阔叶林	温暖潮湿				北方期
				0.012		11.2	针叶树为主针阔叶混交林-草原	温凉偏湿				
	上更新统 Q_3	颍上组	上段	0.014	BQ	13.79 15.19	荒漠、草原	寒冷干燥		大理冰期	III冰段	玉木冰期
					YQ	15.9	阔叶林	温暖湿润			II间冰段	
						17.0	含云冷杉针叶林	寒冷干燥			II冰段	
						18.5	阔叶林	温和			I间冰段	
				0.03		21.0	含云冷杉针叶林	寒冷偏湿			I冰段	
			下段	0.14	YQ	35.0	草原-混交林草原	温暖偏干		庐山-大理间冰期		里斯-玉木间冰期
	中更新统 Q_2	临泉组	上段		503	46.0	针叶林-暗针叶林	冷湿		庐山冰期		里斯冰期
						54.0	含草原成分的落叶阔叶林	温暖潮湿		大姑-庐山间冰期		明德-里斯间冰期
			下段		LQ	65.0	针阔叶混交林-草原	寒凉偏湿		大姑冰期		明德冰期
				0.73		90.0	含针叶树种的落叶阔叶林 含常绿成分的落叶阔叶林	温暖湿润		鄱阳-大姑间冰期		群智-明德间冰期
	下更新统 Q_1	太和组	上段		MQ	124.0	含冷、云杉、针阔叶混交林	寒冷潮湿		鄱阳冰期		群智冰期
			中段		TQ	165.0	含常绿成分的落叶阔叶林	温暖湿润				多脑-群智间冰期
			下段	2.48		206.0	阔叶林-针阔叶混交林	凉湿 温暖偏湿				多脑冰期
新近系	上新统	固镇组		3.40	GQ	183.0	含常绿成分的针阔叶混交林	温暖				
	中新统	下草湾组				242.0	常绿、落叶阔叶混交林	湿润				

3.2 淮河流域的海侵与海退及海岸线变迁

第四纪气候变化的最大特点和标志，是冰期与间冰期的交替存在，并引起海平面升降、海进与海退以及海岸线变迁，已如第一章中所述。本节将重点讨论第四纪以来苏北平原海岸线的变迁及其对苏北平原地貌的影响。

3.2.1 苏北平原第四纪海侵与海岸线变迁

据邵时雄等（1989）研究，苏北平原在第四纪至少存在四次较大规模的海侵事件。即全新世中期（3000～8500aBP）的平桥海进；晚更新世中期（25k～38kaBP）的涟水海进；晚更新世早期（7 万～15 万 aBP）的洪泽湖海进；中更新世早期（73aBP）的万武海进。有分析认为，在早更新世中期，即距今 180 万年的鄱阳-大姑间冰期也存在一次较大的海侵，但尚无充分地质证据支持。各次海侵的情况见表 4-8。

表 4-8 苏北平原与相邻沿海地区第四纪海侵情况（邵时雄等，1989）

地质年代			气候期	发生年代（距今）	海侵层一般埋深/m	河北平原	鲁北平原	苏北平原
全新世	Q_4	Q_4^3	冰后期					
		Q_4^2		3000～8500 年	20～50	沧东海进、献县海进	垦利海进	平桥海进
		Q_4^1						
晚更新世	Q_3	Q_3^2	Ⅳ冰期	2.5 万年 3.8 万年	25～50 40～70			
			间冰期			沧西海进	广饶海进	涟水海进
			Ⅳ冰期					
		Q_3^1	Ⅲ间冰期	7 万～15 万年	60～80 80～120	青县海进	滨县海进	洪泽湖海进
中更新世	Q_2	Q_2^2	Ⅲ冰期					
		Q_2^1	Ⅱ间冰期	73 万年	90～140 100～150	黄骅海进	惠民海进	万武海进
早更新世	Q_1	Q_1^3	Ⅱ 冰期					
			间冰期			津西海进		
			Ⅱ冰期	100 万年				
		Q_1^2	Ⅰ间冰期	180 万年		海兴海进		海安
		Q_1^1	Ⅰ冰期			渤海海进或北京海进		
			间冰阶	220 万年			渤海海进	
			Ⅰ冰期					
上新世 N_2			冰期前					

由表 4-8 可见：①早更新世、中更新世、晚更新世的海侵都发生在间冰期。例如，海安海进发生在鄱阳-大姑间冰期，万武海进发生在大姑-庐山间冰期，洪泽湖海侵和涟水海侵发生在庐山-大理间冰期，而全新世海侵发生在全新世大暖期（葛全胜等，2011）。表明苏北平原第四纪海侵和海退事件与中国第四纪冰期、间冰期的交替有密切的联系。②海侵在滨海地区留下海侵层沉积。据钻孔岩心揭示，在苏北平原至少存在 8 个海侵沉积层。这些海侵沉积层除上述间冰期海侵形成的之外，还有一些是在冰期的间冰阶留下的。例如，涟水海进的海侵沉积层，就是在寒冷的大理冰期的间冰阶（3.8k～2.5kaBP）

形成的。这可能与该区域新构造沉降运动有关。海侵沉积层的埋深自早更新世至全新世由深而浅，从100～150m至20～50m，厚度为30～50m不等，以浅海相、海陆过渡相为主，上层和中层多为褐灰粉砂、亚砂土互层，下层多为黑灰色淤泥质亚砂土粉砂层，含淡水介形虫、海相介形虫、有孔虫、海相软体动物等，多浅海与滨海生物化石。③苏北平原海侵事件与中国东部沿海的河北平原、鲁北平原、长江三角洲地区的海侵事件在时间上有很好的同步性。事实上，它们皆是中国黄海与东海对中国第四纪冰期与间冰期交替的响应。

由于200多万年来陆地与海洋环境的变化，第四纪海侵形成的海岸线已难觅遗迹。有研究者绘制了中国东部（含苏北平原）早更新世、中更新世和晚更新世的海岸线，但仍难以确切论证（王静爱等，2009）。

3.2.2 历史时期苏北平原海岸线的变迁

进入历史时期，我国东部气候依然存在包括小冰期在内的气候波动（见第一章第三节），并引起不同程度地海侵与海退，使海岸线的位置几经变迁。图4-17是淮河流域苏北平原历史时期海岸线变迁的位置。

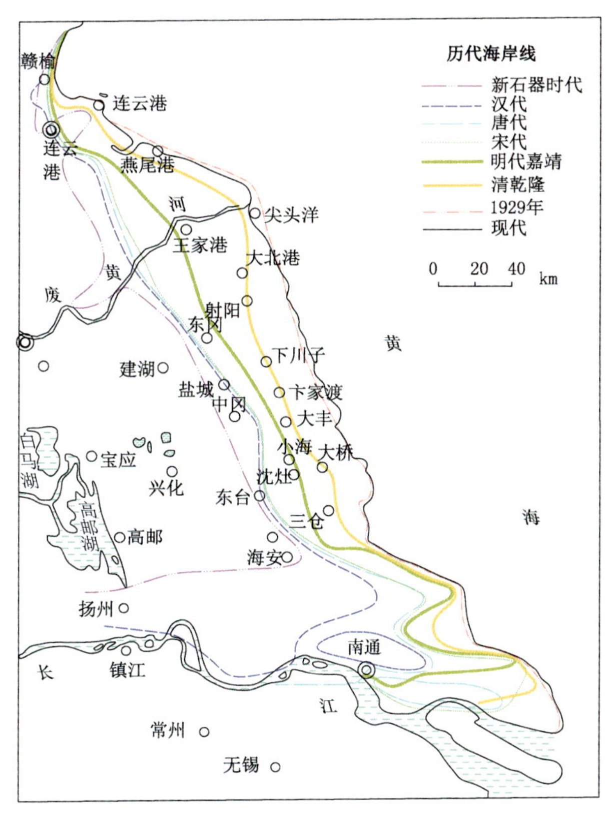

图4-17 苏北平原历史时期海岸的变迁

（邹逸麟、谭其骧，1993）

由图4-17可见：

（1）自新石器时期以来，苏北平原海岸线总体趋势是向海洋退缩的，但在不同区段也存在着短期进退的变化。

（2）西汉时期今盐城市城东北角为产盐地。北宋以前黄河长期在渤海湾入海，淮河来沙不多，故潮波可抵达盱眙。南宋时期大海在盐城东仅 0.5km（《舆地纪胜》）。公元 8 世纪时（唐大历年间）在今淮安、扬州修建了一条捍海堰，又名常丰堰，但不久即废弃。公元 960～1127 年在范仲淹主持下，重修捍海堤，即今范公堤。这些事实表明，自西汉至北宋，苏北海岸线长期稳定在范公堤以东不远处。

（3）黄河夺泗夺淮对苏北海岸线的变迁产生了重要的影响。1128 年黄河南侵，1194 年以后全河夺泗夺淮入海，大量泥沙涌入淮河。1578 年潘季驯治河采取“束水攻沙”之策，更加大了淮河口泥沙的堆积，使海岸线不断向外延伸。16 世纪初淮河在云梯关入海，19 世纪中叶淮河口已延伸至今大淤尖，直至 1855 年黄河改道由山东入海，海岸线才停止外延并开始后退。可见自 12 世纪以来，黄河的泥沙和人类活动已成为叠加在气候因素之上，是引起海岸线变迁的新因素。

3.2.3 海侵与海退对苏北平原地貌发育的影响

（1）里下河地区就是由海湾、潟湖演变而形成的。里下河地区的形成大致经历三个阶段：在早全新世时期，气候转暖，海平面上升，苏北地区出现海侵，在 7～6kaBP 前后，海岸线西伸达苏北断陷低山丘陵边缘，整个里下河地区成为浅海。到中全新世初期，海岸线继续西伸，北自涟水，经高邮向南直抵扬中附近，此时期里下河地区北隅的淮河口在淮阴入东海，南隅的长江口呈漏斗状在镇江—江都一带入东海，里下河地区成为介于长江口与淮河口之间的浅海湾。到中全新世中后期，约 6k～5 kaBP，海平面趋于稳定，江淮携带大量泥沙在海湾外围沉积，形成岸外沙堤，使里下河地区由浅海湾演变成为潟湖。到了晚全新世，约 3 kaBP 以来（仰韶温暖期以后），我国东部进入一个小寒冷期，气温频频下降，海平面随之下降，使海岸线东移，潟湖逐渐演变成为湖泊沼泽。继后在人类活动和黄河夺淮的影响下，湖沼进一步演变成为现代的里下河平原。在苏北平原新构造拗陷、隆起和断裂的控制下，发育了散布于苏北平原的湖泊与河流，形成现代苏北平原水系（凌申，2001）。

（2）苏北平原滨海地带贝壳沙堤是淮河三角洲的一大地貌景观。贝壳沙堤一般地面高亢，蜿蜒起伏，当地称之为龙岗或沙岗。苏北滨海平原分布着两条近南北走向保存较好的古海岸贝壳沙堤。西侧贝壳沙堤分布于盐城龙冈、大冈并向东南方延伸至东台及梅里太仓一带，高约 6m，宽度超过 10m，沉积层底部多贝壳与细砂层，上部为黏土质粉砂与粉砂层，如同一条绵延于海岸的沙坝，其形成年代相当于全新世高海面时期（6500～6000aBP）（陈万里等，1998）。东侧贝壳沙堤分布于阜宁沟墩、上冈至东台，形成时代相当于我国新石器时期（3800±70 aBP）的古海岸。两列贝壳沙堤相距约 10～20km，向北逐渐合并，反映了古海岸各段的淤涨与稳定情况的不同。北宋期间修建的捍海堤（范公堤）就是在古贝壳沙堤的基础上修建的。此外，在苏北滨海平原还分布着长度不等的一些贝壳沙堤，反映了海侵、海退逐渐形成的堆积过程。这些贝壳沙堤实际上成为苏北滨海平原上的局部分水岭，塑造着该地区的地貌与河流。

（3）在第五节中我们还将看到，苏北平原上的洪泽湖、高邮湖、宝应湖等湖泊，都是由海侵形成的潟湖演变而来的。

3.3 秦岭-淮河中国东部南北气候分界线

3.3.1 气候分界线存在的实证

中国许多大体呈东西走向的山系对南北冷暖气流的交换起着阻隔作用，常成为气候和景观区域分异的界线。从东秦岭绵延至淮河一线，即为中国东部暖温带和亚热带气候的分界线（周淑贞、李朝颐，1998）。这一气候和景观分界线的存在，已为气温、水汽输送、水分条件和植被分布以及物候状况等大量事实所证实。以下是一些较明确的证据。

（1）1 月平均气温 0℃线贯穿淮河流域。0℃线以北，1 月平均气温在 0℃以下，河流冻结，年降水量在 800mm 以下；0℃线以南，1 月平均气温在 0℃以上，河流不冻结，年降水量在 800mm 以上（刘明光，2010）。

（2）秦岭-淮河一线是中国暖温带和亚热带气候的分界线。在线以北依次为暖温带、中温带、寒温带，森林自北向南由以落叶松为代表的针叶林过渡到以红松、桦木等为代表的针阔混交林；在线以南依次为北亚热带、中亚热带和南亚热带，以季风落叶、阔叶和常绿阔叶林为主（刘明光，2010）。

（3）由表 4-9（刘国纬，1997）可见，分界线南北水汽收支有明显的差别。分界线以南的地区面积只有分界线以北地区面积的 1/3，但是水汽净输入量是分界线以北的 3 倍，若按每平方千米水汽净输入量计算，则分界线以南是分界线以北的 9 倍。又如图 4-18 所示，水汽输送的年内分配也具有明显的差异，在秋冬月份（10 月至次年 1 月），在分界线以北水汽向南输送，而分界线以南均是向北输送。

表 4-9　秦岭-淮河南北区域水汽收支（刘国纬，1997）

区域	面积 /km^2	输入量		输出量		净输入量	
		km^3	mm	km^3	mm	km^3	mm
秦岭-淮河以南	257.0	11 417.5	4442.6	9600.5	3735.6	1817.0	707.0
秦岭-淮河以北	693.0	10 897.0	1572.4	10 338.3	1491.8	558.7	80.6
全国	950.0	18 215.4	1917.4	15 839	1667.3	2376.4	250.1

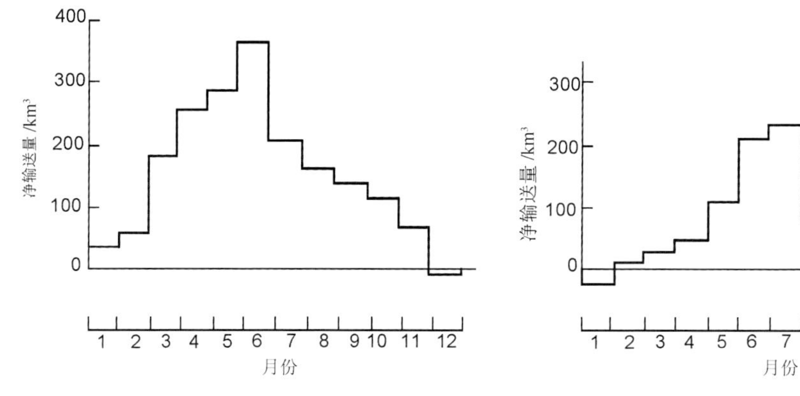

注：左图为分界线以南区域，右图为分界线以北区域

图 4-18　秦岭-淮河气候分界线水汽输送的逐月变化

（刘国纬，1997）

（4）中国干燥度指数的 1.0 线。干燥度是指某地陆面年总蒸发量与同一地点年降水量的比值。干燥度指数 1.0 线从山东半岛南部自西向东沿气候分界线横穿淮河流域。分界线以北地区干燥度指数均大于 1.0，分界线以南地区干燥度指数均小于 1.0，说明分界线以南是湿润区，以北是干旱半干旱区（刘明光，2010）。

（5）秦岭-淮河气候分界线的存在，也为历史时期中国洪涝与干旱出现频次的地理分布所证实。张丕远等（1997）研究了我国两千年来旱涝气候分布类型的演变，给出历史时期旱涝气候主要界线分布图（图 4-19）。

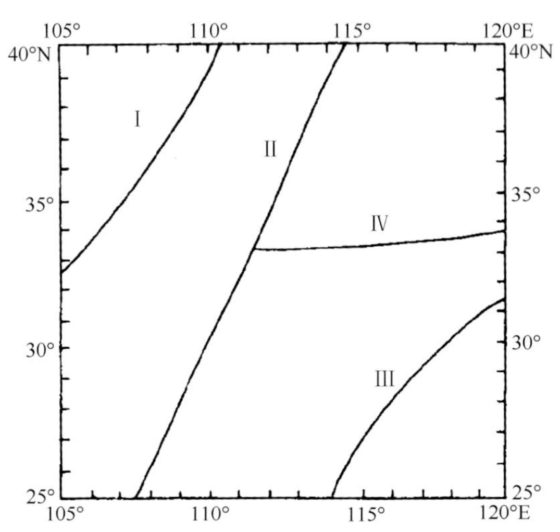

图 4-19　历史时期中国旱涝气候主要界线分布略图

（张丕远等，1997）

图 4-19 显示，两千年来中国旱涝气候演变存在 4 条主要界线。其中 I 线从黑河到腾冲沿东北—西南走向分布，I 线以西和以北主要是黄土高原，包括宁夏、甘肃东部、陕西北部；I 线和 II 线之间是山西大部、陕西南部（汉中地区）、四川东部、贵州和湘、鄂、川、黔边境的多山地区。II 线和 III 线之间是历史上人类主要活动区域，包括黄淮海平原和长江中下游平原。III 线以东和以南为东南山地丘陵地区。值得指出的是，在 II 线和 III 线之间的区域存在一条东西走向的分界线 IV，将线 II 和线 III 之间地区分为南北两个区域。IV 线以北干旱频繁，而 IV 线以南洪涝易发。IV 线恰与反映亚热带北界和暖温带南界的秦岭-淮河气候分界线基本平行且接近。这一研究成果表明，秦岭-淮河分界线在历史时期已经存在。事实上，竺可桢在中国 5000 年气候变化的研究中，也从物候学、考古、历史文献等多方面，阐明了历史时期以来秦岭-淮河气候分界线的存在（张福春等，1987）。

秦岭-淮河气候分界线的存在，是第四纪以来中国气候格局演变的结果。在古近纪时，中国气候受行星风系控制，气候呈明显的纬向分布特征。在青藏运动 C 幕（1.7M～1.0MaBP）和昆黄运动第二幕（1.1M～0.6MaBP）期间，形成中国现代季风。现代季风形成后，中国气候格局出现了重大调整，中国地理环境出现明显东西分异和季节变化，并在随后不断加强（葛全胜等，2011）。据葛全胜等（2011）的研究，末次冰盛期（18 000aBP）和全新世大暖期（6000aBP）前后，中国气候的大格局并无本质的不同，但温度、降水等气候要素变化幅度和空间分布与今天有明显差异。在冰盛期，当时中国至少有一半地区年降水量小于 200mm，200mm 等雨量线大体从松嫩平原西部经长城沿线向西延伸至青海共和盆地，华北、东北两大平原和青藏高原降水量不及现今的 30%和 20%。在全新世大暖期，中国东部地区年均气温较现今高 2.5℃，其中长江流域以南高 2℃，长城外地区高 3℃以上（施雅风等，1992；葛全胜等，2011）。300mm 等雨量线与现代 200mm 等雨量线相当，1000mm 等雨量线与现代 800mm 等雨量线位置相当，1600mm 等雨量线与现代 1400mm 等雨量线位置相当，秦岭-淮河以北的北方地区和青藏高原降水量较现代多 100～200mm。张丕远等在研究了近 2000 年来中国气候演变进一步指出，在中国气候结构未出现实质性变化的背景下，中国季风系统的强弱和影响范围还存在着阶段性的变化，而且阶段性变化是由一系列突变构成的。历史时期主要的气候突变发生在公元 280 年、490 年、880 年和 1230～1260 年。其中 1230～1260 年间的变化最为明显，并自那以后形成了现代季风气候结构（张丕远等，1994）。

3.3.2 秦岭-淮河气候分界线对淮河流域洪涝的影响

淮河流域地跨秦岭-淮河气候分界线南北，具有南北气候过渡带的性质，自然环境具有很多特点。基于淮河治理的目的，以下将着重讨论其降水特性，因为这是形成淮河流域洪涝与干旱最重要的自然因素。

（1）淮河流域雨季较其毗邻南北地区长。淮河流域年降水日数 100～120 天，其中淮南山地达 140 天。

（2）淮河流域降水地理分布较其毗邻南北地区更不均匀。在全国雨量分布图上，淮河流域降水量等值线的梯度是中国东部最大的地区之一。其地理分布呈现三个特点：南部大，北部小；山区大，平原小；沿海大，内陆小。淮南山区年雨量 1000～1500mm，是淮河流域洪水的主要来源。

（3）淮河流域降水年际变化大。其年降水量变率达 20%～30%（刘明光，2010），年最大三天和最大 24 小时点雨量变差系数达 0.6～0.7（水利部南京水文水资源研究所，2005），与毗邻地区相比凸显出降水在年际间的极不稳定性。这一特性致使淮河流域洪涝与干旱频繁。据 1961～2006 年统计，严重和中度干旱年为 2.5 年一遇，严重和中度洪涝年为 3.0 年一遇，且进入 21 世纪以来频次量呈增大趋势。

（4）淮河流域降水年内分配极不均匀，具有“旱涝急转”的特点。“旱涝急转”通常出现在 6 月中下旬，与梅雨起始日期基本相同或略偏晚。在 1960～2007 年的 48 年里，有 13 年发生了较为典型的“旱涝急转”现象，出现频率为 27%。在 2000～2007 年共出现 4 次“旱涝急转”现象，表明出现概率有增加的趋势。

（5）淮河流域多暴雨和大暴雨。淮河流域暴雨主要有三个高值区，即淮南山区、沙颍河上游和洪汝河地区，24 小时雨量可达 1300mm 以上；淠河上游和沂沭泗河流域，24 小时雨量可达 1200mm 以上。其他地区 24 小时暴雨量在 900～1000mm 左右。淮河流域暴雨笼罩面积大，日雨量超过 100mm、200mm 和 300mm 的最大笼罩面积分别为 48.760km^2（1956 年 6 月 6 日）、11 090 km^2（1974 年 8 月 12 日）和 5980 km^2（1975 年 8 月 7 日）。三天雨量超过 200mm、400mm、600mm 的最大笼罩面积分别为 441.70 km^2（1956 年 6 月）、12800 km^2（1975 年 8 月）和 7360 km^2（1975 年 8 月）。淮河流域 1975 年 8 月暴雨各历时雨量均刷新中国除台湾省之外的记录，是我国大陆最大的一场暴雨（水利部淮河水利委员会等，2000）。

综上所述，淮河流域降水的最大特点是，年际变化大，年内多旱涝急转，暴雨量级与强度大。在淮河流域地质地貌与地学结构的背景下，上述降水特点使淮河流域的洪涝与干旱的年际变率与变化幅度，均高于其以南的长江中下游地区和以北的华北平原南部，使淮河流域成为我国旱涝多发而严重的地区。

第四节　淮河水系地学特性（之一）

在淮河流域的地学背景下，形成和发育了淮河水系，并赋予其河流鲜明的地学特性。淮河水系诸河流的地学特性与其发源地、流经地区的新构造差异运动、断裂构造、沉积乃至古气候等因素紧密相关，因此，本节将根据流域分水岭分别论述淮河诸支流的地学特性。

4.1　发源于豫西山地河流的地学特性

历经长期的抬升与剥蚀，豫西山地山高谷深，自山区发源的河流众多，大多呈西北—东南流向，下切成V形河谷，有 3～4 级阶地。历经长期演变，到全新世后期，汇并成为古汝水和颍水两条大河，分别注入淮河。

古汝水 发源于河南省嵩县西南伏牛山地（郦道元，1990），经今汝阳、临汝（今汝州市）、襄城、郾城（今漯河郾城区）、西平、上蔡、汝南、新蔡，至淮滨入淮河，流域面积 25 000km^2，河长 670km，堪称古代中原大河（班固，1991）。古汝水支流众多，但经多次变迁，尤其在元代至正年间（1341AD）和元朝末年及明嘉靖九年，先后在郾城、舞阳和西平将汝水上游和主要支流干江河等截断后汇入颍水，古汝水流域面积便大大缩小，河源也由原嵩县西南伏牛山改至泌阳东北桐柏山的白云山。到清代，汝河（时称南汝河）在上蔡与洪河（时称澺水）汇合，总称为洪汝河。

汝河自发源地追踪汝河断裂并穿越多条小断裂带，从豫西新构造隆起区沿西北—东南方向流向沉降区，沿程河道曲折，河床深窄，比降自上而下分别为 1/1600、1/4700、1/10 000。汝河承接伏牛山区大量洪水，实测最大洪峰流量 7720m^3/s（1975 年 8 月），属典型的山区性河流。自中更新世以来汝河基本没有在黄河冲积扇行河，很少受到黄河泛滥的影响，河流多年平均含沙量仅 0.23kg/m^3，具有很大的挟沙和输沙能力（水利部淮河水利委员会，2000；水利部水文局，1957）。

颍水 发源于今登封境内嵩山南侧的少室山，东南行经禹县（今禹州市）、临颍、周口、沈丘、阜阳，从颍上江入淮河（郦道元，1990）。古颍水流域面积原本小于古汝水，但自元代至正年间起先后夺汝水上游及多条支流后，成为淮河最大的支流，并自清代起改称颍河。周口以上为上游，含颍河与沙河（古称滍水）两支流。周口至阜阳为中游，称沙颍河。从阜阳至入淮处正阳关为下游。颍河流域自西北向东南呈较大坡度倾斜，从发源地到入淮口高差达 2131m。周口以上为山区，占全流域面积的 36%，周口以下为平原，占颍河流域面积的 64%。颍河支流众多。

发源于豫西山地的河流具有以下地学特性：

（1）河流均发源于伏牛山等新构造隆起区，流向淮北平原沉降区，河道落差大，上游河流比降大多在 1/100～1/500，中游比降大多在 1/1000～1/4000，下游入淮处比降在 1/8000 左右。上游支流发达，大多沿东西向冲断层、纵节理与南北向横断层和横节理发育，河道以东西向为主。中游受大断裂控制，例如，汝河追踪汝河断裂，沙颍河主要受鲁山–漯河断裂控制，均呈西北—东南走向汇入淮河。

（2）除颍河支流贾鲁河流经黄河冲积扇南翼之外，发源于鲁西山地的河流均不流经黄河冲积扇，因此其发育和演变基本不受黄河泛滥的影响，具有较好的稳定性。

（3）由于豫西山地处于夏季风的迎风坡，年降水量在 1000mm 以上，因此径流充沛，多暴雨洪水。

（4）豫西山地植被良好，河道谷深坡陡，河床质多为粗砂与卵石，河水含沙量小，挟沙能力大。发源于豫西山地的河流的这些特点，一方面有利于维持河道自身发育进程中的稳定性，另一方面也为淮河干流的自修复能力提供了良好的水量与水力条件。

4.2 发源于黄河冲积扇南翼河流的地学特性

在晚更新世和全新世早期，随着黄河冲积扇南翼向东南方向伸展，形成了多条古河道（见图 4-31）。这些古河道现已被全新世以来的沉积物所覆盖而湮没。

战国时期黄河下游开始出现堤防，禹河故道溃堤泛滥以后，改道迁徙成为黄河下游演变的基本形态。在这一过程中，黄河冲积扇南翼的泛道逐渐演变成为展布于淮北平原的诸河流（图 4-20）。其中主要河流有：

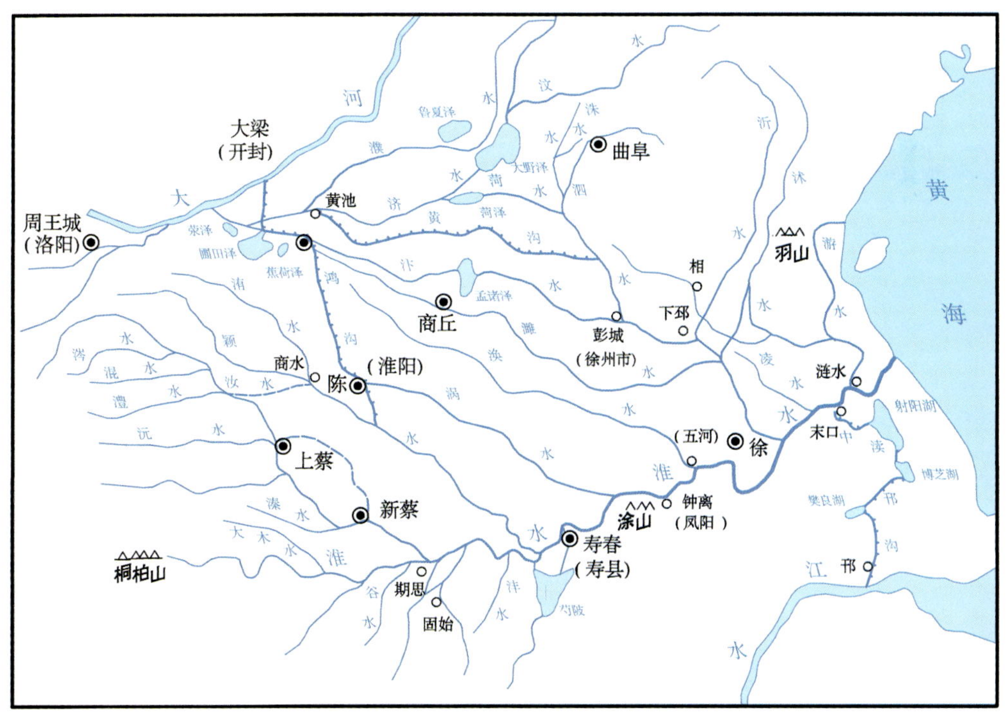

图 4-20　春秋战国时期的古淮河水系略图

（水利部治淮委员会等，1990）

涡河 在南北朝时期的北魏（386～534AD）地图上首见绘有涡河流域（谭其骧等，1982a），当时称过河，自鸿沟（当时称浪荡渠、蔡河）左岸扶沟引水东南行，经太康、鹿邑、涡阳、蒙城，从怀远汇入淮河干流，清代太祖天命元年（公元 1616 年）改称涡河。自明代万历三十三年（公元 1605）至民国 27 年（1938 年）的 300 余年间，涡河有 8 次成为黄河南泛的主要泛道。1938 年花园口破堤后涡河上游受到严重破坏，形成了以开封县姜寨乡为源头的现代涡河，但其太康以下干流河道与古代涡河干流河道无重大变化。涡河流域面积 15 905km^2，呈自西北向东南倾斜的狭长形状。上游（河源至亳州）比降 1/4000～1/7000，中游（亳州至蒙城）比降 1/10 000，下游（蒙城至怀远）比降 1/12 000，属平原堆积性河流。

浍河 首见于南北朝时期北魏地图（谭其骧等，1982a），当时称涣水，源自今开封陈留境内，引古鸿沟水东南行，经杞县、固镇，在五河汇入淮河干流。自元代起浍河多次受黄泛破坏，今夏邑县马头以上河道已因黄泛而湮没，至清代称马头以下河道为浍河，并以马头为河源。浍河自现代源头至九湾长 211km，流域面积 4850km^2，河道比降 1/6000～1/13 000。1954 年洪峰流量 1340m^3/s。浍河属平原河流。流域下垫面以粉质壤土和粉质黏土为主，植被良好，水土流失较轻。

西淝河 首见于隋代地图（谭其骧等，1982b），当时称淝水，《水经注》中称夏淝水。淝水源于今亳州南，元代以前于今阜城县上承沙水为上游，至明代沙水受黄泛而渐湮废，自清代起上接源于今太康县马丁集的清水为上游，即现代的西淝河。西淝河经王河口利辛、凤台县峡山口下游 4km 处汇入淮河干流。西淝河呈西北—东南方向流经淮北平原，地面自然比降 1/1000～1/7000，下垫面为黄泛淤积层，由深红色黏土、灰黄色砂土和亚砂土组成。西淝河屡受黄泛影响，上游支流变迁无定，但下游干流河道无重大变化。20 世纪 50 年代治淮以来，先后实施“截清入涡”、“茨淮新河”等工程，对西淝河自然流路产生很大影响。

沱河 在《水经注》中未见有沱河的记载，在清代历史地图（谭其骧等，1982c）中首见沱河的流路，发源于黄河明清故道南大堤以南的商丘刘口集，东南行经沱湖汇入淮河。1966～1969 年开挖的新汴河在宿州戚子岭与沱河相交，将沱河分为上下游两段。上游段受黄河南泛影响形成众多支流，下游分两支分别汇入淮河与洪泽湖。事实上，沱河是在古汴水的基础上历经黄河多次南泛和治淮活动，逐渐演变形成的一条人工河流。

濉河 在西汉历史地图上（谭其骧等，1982d）首见有濉河，当时称濉水。濉水自浚仪（今开封）引鸿沟水东南行，经杞县、濉县、商丘、虞城、夏邑、濉溪、宿州、睢宁，在宿迁西汇入泗水。濉水多次成为黄河南泛之泛道，到金元时期（1115～1368AD）上源支流紊乱，干流几经淤废。清康熙年间，靳辅采取“蓄清刷黄”、“蓄清济运”治河方略，整治水道，多处修筑减水坝，分泄黄河水入濉河，并引濉入洪泽湖抬高水位，以冲刷淮阴以下河床，使濉河逐渐恢复并南移。民国时期，濉河水大部分入五河县经沱湖入淮河，少部分经泗洪县入洪泽湖。20 世纪 50 年代治淮工程重新整治濉河，并称为新濉河。新濉河张树闸以上为上游，流域面积 243km^2，比降 1/4500～1/7000；张树闸以下为下游，流域面积 5398km^2，河长 151.7km，比降 1/7000～1/10 000。流域地势自西北向东南倾斜，流域内岗地、洼地、水网交错，植被良好，水土流失较轻。

纵观发源于黄河冲积扇南翼的河流，具有以下特性：

（1）现有淮北诸河的最早记载分别出现在距今约 2200 年的两汉至明清时期，表明这些河流均是由于黄河自修筑大堤以来历次决口南泛所形成的。这些河道实质上是黄河南泛的泛道，它们主要流行在淮北新构造沉降带，同时也受金乡-淮滨断裂、刘府断裂、郯庐断裂带的控制（参见本章第六节）。

（2）这些河流均流行于黄河冲积扇南翼，具有平原堆积性河流的属性。河道的上游和支流受黄河历次南泛的破坏，变化剧烈，生灭无定。河流中下游干流由于受到黄泛高含沙洪流的冲刷，既刷深河槽，又被漫溢出河岸的高含沙水流在河道两岸形成自然堤，构成槽深岸高的独特河势，有利于宣泄洪流，保持河道的稳定。涡河即为典型实例。

（3）人类活动对淮北诸河的形成和演变有着重大影响。主要表现在以下两方面。

a. 涡、浍、淝、濉等河几乎都源自浚仪（今开封）地区，自鸿沟引水东南行，沿程汇集诸多支流，最后注入淮河或泗水。鸿沟是战国时期魏国开挖的人工运河，自魏惠王十年（361BC）动工，至 340BC 通到大梁（今开封）。鸿沟自黄河南岸今河南省荥阳北引黄河水东行，在圃田泽调蓄后，经今中牟北、开封北、尉氏东、太康西，至淮阳分为两支，南支入颍水，东支入沙水，最终皆汇入淮河。鸿沟在开封附近另分出多支，如丹水（即汴水）、涡水、濉水等，成为汴、涡、濉水的源头。

b. 历代，尤其是近代，人们为了防洪减灾，引水济运（河），兴办水利，采取裁、截、引、新开河等工程措施，对淮北水系进行大规模整治，在很大程度上改变了淮河原始水系的面貌。

4.3 发源于桐柏山、大别山、江淮丘陵河流的地学特性

发源于桐柏山、大别山、江淮丘陵北坡的河流构成淮河南岸水系。其中主要河流概况如表 4-10 所示。

表 4-10 淮河南岸河流概况

河名	河源	面积/km^2	河道长/km	比降/‰	河流特性
浉河（古称訾水）	河南省信阳金山	2070.0	141.0	9.1	山区占流域面积 50%，暴涨暴落，洪峰流量 4900m^3/s，植被好，河道曲折，河床深窄
史河（古称决水）	鄂皖交界处天台山	6880.0	220.0	2.5～0.4	山丘面积占 31%，支流众多，坡陡流急，植被好，实测洪峰流量 4380 m^3/s，梅山站多年平均含沙量 0.056kg/m^3
淠河	鄂皖交界处桂龙关	6000.0	253.0	1.8	山区面积占 54%，分东西淠河渭河两支，干流河床为宽浅型，沙质河床，多年平均含沙量 0.037kg/m^3，最大洪峰流量 6420 m^3/s
东淝河	东支：淝西县大潜山；西支：六安市龙穴山	3900.0	152.0	0.3	扇形丘陵区河流，丘陵面积占 29%，多年平均含沙量 0.35 kg/m^3，汇入瓦埠湖
汲河	西汲河源金寨、红石埂；东汲河源六安独山	西支：864.0 东支：2200.0	西支：102.0 东支：160.0	0.95	流域由潜山、岗丘、坡水区组成，河道曲折，河床深窄，卵石河床，汇入东城湖
沣河	霍邱县林店	1774.0	75（临淮岗）	0.51	丘陵区河流，地形破碎，支流众多，城西湖以上为丘陵区，占流域面积 38.3%，泥质河床
池河	皖苏交界处洪山头	5021.0	182.0	上游：1/3500 中游：1/6000 下游：1/1000	上游为丘陵，下游为平原湖泊，支流众多，山区和丘陵占流域面积的 85%，洪山头注入淮河，河道弯曲狭窄，1991 年最大洪峰流量为 2400 m^3/s

注：刘国纬据《淮河综述志》132～140 页资料编制。

淮河南岸河流具有以下地学特征：

（1）河流发源和流经的地区均处在自新构造运动以来持续抬升的淮阳山地北坡，多数山丘区面积占流域面积 2/3 以上，上游坡陡流急，洪水暴涨暴落，河床为裸露岩石或卵石，下游为 V 形河谷，沙质河床，是典型的山区性河流。

（2）河流处于隆升中的桐柏山、大别山，断裂纵横，节理发育。因此淮河南岸支流众多，水系发达，多为网格状水系结构，河道曲折，多肘状急转或直角交汇，多裂点（尼克点）。

（3）桐柏山、大别山、江淮丘陵北坡为东南季风的迎风坡，雨量丰沛，年降水量在 2500mm 以上，河网集流迅速，致使多条河流在汇入淮河处形成了湖泊，成为缓解淮河干流泄流能力不足的调节场所。

（4）流域植被普遍良好，无严重水土流失，河流含沙量平均小于 0.1kg/m^3，具有很强的输沙能力，对减轻淮河干流中下游淤积有重要作用。

4.4 沂沭泗水系

鲁中南山地自新构造运动以来持续抬升，形成了以鲁山为主要分水岭的多条河流，主要有向西北流入黄河的大汶河，向西南汇入淮河的泗水，向南汇入泗水的沂河与沭河等。以下分别阐述泗、沂、沭河的形成与演变。

4.4.1 泗河的形成与演变

“泗水出鲁卞县北山”（郦道元，1990），即今泗水县城东 25km 处的陪尾山南麓。秦汉时期，古泗水自发源地先西南行继而折向东南，基本上沿着鲁中南山地南缘，经曲阜、兖州、邹县（今邹城市）、鱼台、沛县、微山、徐州、宿迁、泗阳，从淮阴汇入淮河（谭其骧等，1982d）。古泗水这一流路，其上游发源于持续抬升的蒙山与陪尾山山地，中下游进入郯庐断裂带的沉降区，并与一系列西西北向和西北向断裂（如蒙山断裂、徐州-宿州断裂、浍塘沟断裂等）相交（见图 4-1），也与该地区地壳垂直形变等值线的槽线走向一致，且恰与现代南四湖、骆马湖、洪泽湖等沿西北—东南走向的湖泊群分布相吻合（王若柏，1988；王若柏等，1995；杨国华、韩月萍，1997）。

秦汉时期，泗水流域面积 75 800km^2，从河源至与淮河汇合点河长 850km。上游（河源至韩家铺）比降 1‰，中游（韩家铺至小沂河口）比降 1.58‰。水系发达，有面积大于 1000km^2 的支流 12 条，面积大于 100 km^2 的支流 60 余条，水量充沛，属山洪河道，含沙量较大（水利部淮河水利委员会等，2000）。

自秦汉至北宋时期，沂沭泗水系的格局并未发生显著的改变，在北宋时期的地图中（谭其骧等，1982e），沂沭泗水系以及济水、汴水、菏水和大野泽均清晰可见。自公元前 206 年至公元 1127 年（西汉初年至北宋靖康二年）期间，黄河虽几次改道，但都向北迁徙，主要影响海河流域，对淮河与沂沭泗水系的侵犯并不严重，泗水汇淮，畅行入海。

从南宋开始，黄河多次南泛夺泗，使泗水发生重大变化。1128 年（宋建炎二年），南宋开封守将杜充企图阻止金兵南下，河决滑县，黄河水分两路入淮。其中主流从徐州入泗，侵占泗河徐州以下河段；汊流从嘉祥入泗，侵占了泗河中游河道。1194 年（金章宋明昌五年），黄河在阳武（今原阳县）决口，黄河泛水经今原阳、封丘、长垣、砀山、丰县，从徐州汇入泗河。1194～1286 年的 92 年间，黄河南泛主要经古汴水入泗水，然后入淮，一直延续至元代。1488～1506 年间（明弘治年间），黄河多次沿四条线路侵犯淮河。其中第一路由郑州、中牟、淮阳、颍上，由颍河入淮；第二路由兰考经睢县、怀远，由涡河入淮；第三路由兰考，经商丘、宿州，在宿迁汇入泗河入淮；第四路由曹县经鱼台入泗河中游。在这四条线路中，第三条和第四条线路对泗河下游和中游都造成了直接影响。至此，黄河夺泗的局面全面形成。1546 年（明嘉靖二十五年）以后，黄河在开封至曹县一带不断决口，而这一时期的颍河、涡河、濉河等河已相继严重淤塞，泛水主要集中在沛县至徐州区间夺泗入淮。直到隆庆年间（1567～1573），修筑了自开封至砀山的黄河南堤，该堤与弘治八年（1495 年）刘大夏为防止黄河北犯漕运而修筑的自河南延津至江苏丰县的太行堤（黄河北堤）配合，使黄河从此有了固定的河道，称明清故道，亦即今日的废黄河故道。明清故道一直维持到 1855 年铜瓦厢决口，黄河改道北去。此后除 1938 年花园口人为破堤对颍河、涡河和干流中游造成严重破坏外，没有波及已成为废黄河古道的泗河河道。

黄河夺泗彻底破坏了古泗水河道。首先，徐州至淮阴河段长期被黄河侵占，河床逐渐淤高，上中游来水难以下泄，逐渐在济宁与徐州之间河道与两侧洼地潴留，形成长达 240km 的南四湖，并使原注入泗水的数十条支流改汇入南四湖，然后由南四湖-运河排水系统下泄；随后淮阴以下河道成为黄河入海水道，河宽 3～6km，由于两岸筑堤，河底淤积高出地面 4～6m（水利部淮河水利委员会，2000），形成一条悬河，也即明清故道（1855 年后改为废黄河）。由于上述历经近 700 年的破坏，古泗水已只剩下自源头至鲁桥的一段河段，即今日之泗河（水利部淮河水利委员会，2000）。

4.4.2 沂水和沭水

（1）“沂水出鲁山，东南流”（郦道元，1990），即今沂源县南的老松山（山东省水利史志编辑室，1993）。秦汉时期，沂水从老松山南麓大张庄向南流，经盖县（古）、沂水、沂南、临沂、郯县（古）、邳县，在葛峄山东南的下邳（古）入泗，流域面积 11 820km^2（谭其骧等，1982d）。

（2）“沭水源出琅琊东莞县西北山（郦道元，1990）”，亦即今沂山南麓（水利部淮河水利委员会等，2000）。秦汉时期自河源向东南过其国（古）、莒县、临沭、郯城、新沂，在宿迁西汇入泗水（谭其骧等，1982d），流域面积 4680km^2。

（3）沂水与沭水上游流经自新构造运动以来一直在抬升中的沂蒙山区，所以河道曲折，河谷深切，洪水暴涨暴落，是典型的山区性河流。其中下游沿沂沭断裂的走向进入郯庐断裂带中段（临沂—嘉山）沉降区（见图 4-1），但因为鲁中南山地与洪泽湖以北地区自新构造运动以来一直处于缓慢上升过程，故不能南行而汇入泗水。

（4）图 4-21 显示了古代和现代沂沭泗水系的变迁。由图可见：

a. 沂河作为泗河的支流，在黄河夺泗之前从今邳州东南入泗水。明代万历年间（1573～1620）黄河下游（明清故道）两岸大堤形成，沂水不能再汇入泗水而被迫改道南行，汇入骆马湖。清康熙初年（1662～1723）开挖六塘河，引骆马湖水向东穿过盐河入灌河，从灌河口入黄海。从此沂河脱离泗河，成为独立入海的河流。

b. 沭河在 1855 年以前也经过几次整治，流路较秦汉时期已多有改变。清康熙二十七年（1688 年）在今郯城建竹络坝，阻止沭河西行，沭河被迫南下入江苏境内，然后折向东在沭阳分为两支，分别在临洪口和埒子口入黄海。所以，在 1855 年黄河北徙以前，沭河也已与泗河分离而独立入海。

c. 新中国成立以来，实行了“导沂整沭”、“导沭整沂”、“东调南下”等一系列沂沭河整治工程，沂沭均已不再成为泗河的支流，而成为独立入海的河流。

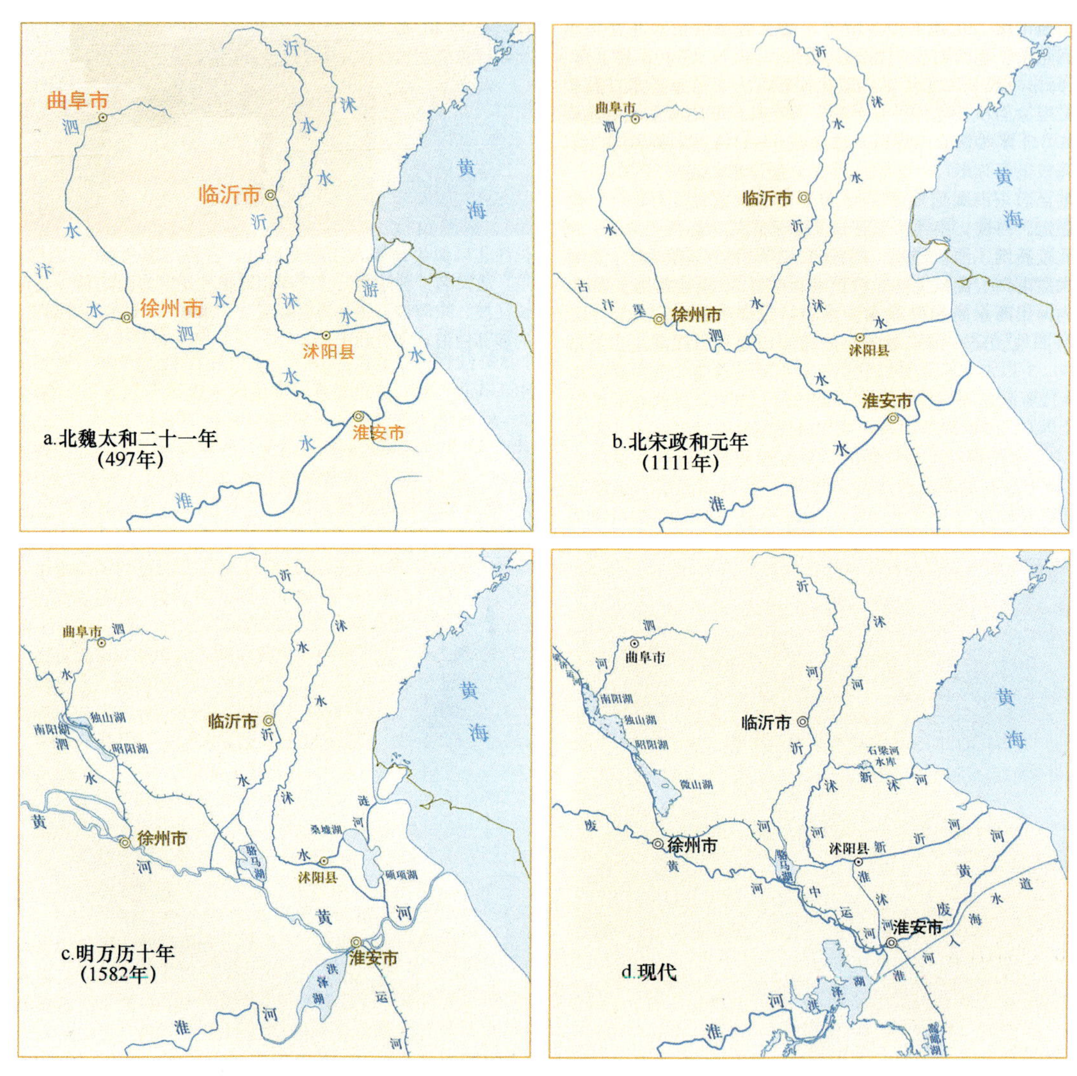

—为现代海岸

图 4-21　沂沭泗河水系历代变迁示意图

（《中国河湖大典》编纂委员会，2010）

综上所述：

（1）如第一节所述，在晚更新世末，由于淮河平原西北部豫西山地隆升，使淮河水系格局基本形成。同一时期，由于鲁中南山地的抬升，沂沭泗水系也已具有完整的规模。两大水系的形成都是中朝准地台对新构造运动的响应，但彼此所在的地区不同。事实上，古泗水干流自源头至汇入淮河处（淮阴）长 850km，汇入淮河后合流入海的距离只有 126km（水利部淮河水利委员会等，2004）。可见，不能简单地把沂沭泗水系视为属于淮河水系的支流，其实它是一条独立的水系。中国最早的地理著作《禹贡》中说：“寻淮自桐柏，东汇泗水，东入于海。”说明在秦汉时期沂沭泗就是豫皖苏地区与淮河同等重要的水系。

（2）在长达近 700 年的时期里黄河多次侵犯直至夺占泗河的事实，其实是由于黄河南大堤溃决所致，而非地学因素使然。黄河下游河道事实上是河与堤组成的“二元结构”（刘国纬，2011），没有大堤就没有独流入海的黄河下游河道，而基于冲积扇上河流的地学属性，大堤不可能是永久屹立的。在这一意义上，人为因素造成黄河下游侵犯甚至夺占泗河则存在着必然性。

（3）鉴于沂河与沭河早已成为独立的入海水系，泗河自鲁桥以下已与运河合流，泗河水系已成为运河水系的组成部分，而废黄河事实上已成为淮河与沂沭泗河的分水岭。因此，在制定淮河治理方略时，应把淮河水系与沂沭泗水系分别视为两个彼此独立的水系。

第五节 淮河水系的地学特性（之二）

本节将讨论淮河干流的地学特性和淮河流域湖泊的地学背景。

5.1 淮河干流的地学特性

5.1.1 淮河干流的形成

淮河发源于河南省西部桐柏山太白岭。在成书于 2400 年前的地理巨著《禹贡》中，已有“导淮自桐柏，东汇于泗”的记载（水利部淮河水利委员会《淮河水简史》编写组，1990）。成书于北魏的《水经注》（郦道元，1990）中，对淮河干流已有了详细的描述，指出淮河干流流经盱眙向东北，经淮阴向东，在今云梯关入海。

在第一节中，我们已经阐述了淮河流域形成的地学背景。从中可以看到，淮河干流的形成主要是基于以下的因素：①晚更新世时期，黄河冲积扇南翼大举向东南方向扩展，大别山北麓冲积扇向北推进，在两者前缘交界地带形成东西向条状洼地，来自淮北平原和大别山北麓的河流汇入条带状洼地后，逐渐形成东西向带状串连的湖群洼淀。②两者前缘交汇地带恰处于东西走向的确山-息县-固始深断裂带，该断裂带沿线为古近纪-新近纪红色岩层，岩性软弱且产状破碎，为干流河床下切与发育提供了有利的地质条件（谷德振、戴广秀，1954）。③晚更新世晚期，淮北平原东部地壳缓慢抬升，苏皖交界地带遭受剥蚀，河流切穿现位于五河附近的浮山峡，使沿淮湖群、洼淀与苏北水系贯通，从此淮河通向大海，淮河干流形成（邵时雄等，1989）。淮河干流形成后，即在断裂构造、沉降与沉积以及人类活动影响下演变。

5.1.2 淮河干流平面形态的地质背景

淮河干流平面形态的地质背景如图 4-22 所示。

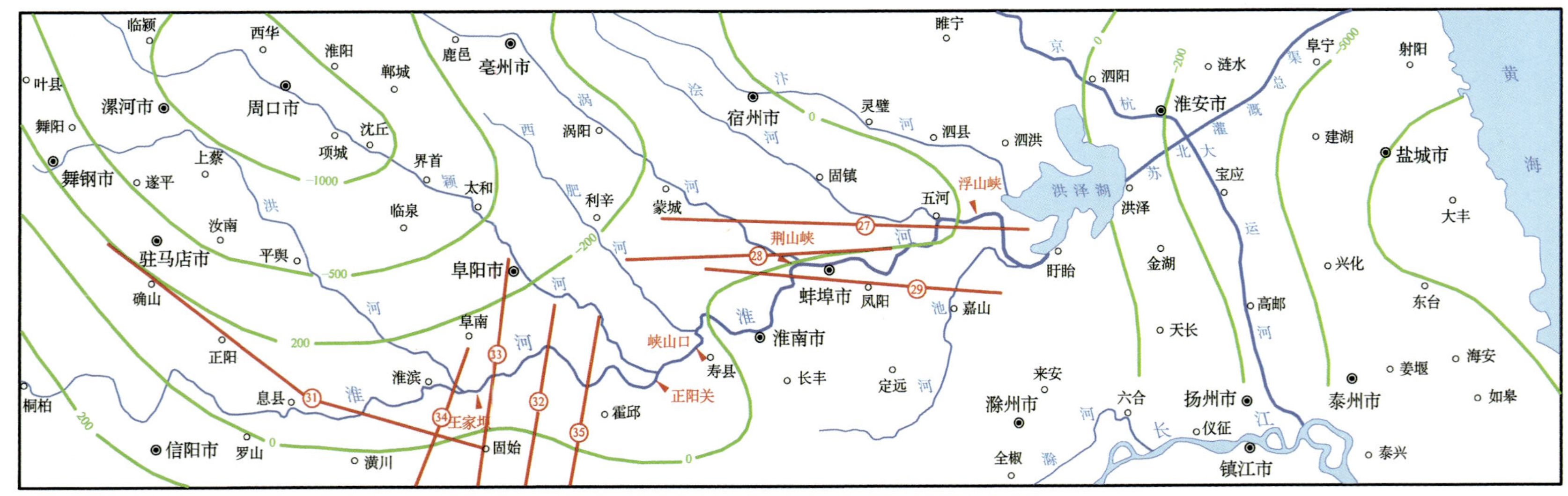

图 4-22　淮河干流平面形态图

（注：断裂编号名称见本章表 4-1）

根据地形与河道特性，将淮河干流分为上游、中游、下游三个河段。从桐柏山河源至洪河入淮河处的王家坝为上游，从王家坝至洪泽湖中渡为中游，从中渡至三江营为下游（水利部淮河水利委员会等，2000）。

淮河干流上游在中更新世已经形成，当时位于现正阳—汝南埠一带，即位于确山-息县-固始断裂带。该断裂带北侧（上盘）处于抬升状态，南侧（下盘）处于沉降状态，在这种掀斜沉降的背景下，迫使上游河段在晚更新世晚期至全新世早期，从正阳—汝南埠向南迁移至现息县—淮滨一带，南移距离约 30～40km，大体即现代淮河上游的位置（唐元海，1976；邢大韦，1993）。

淮河干流中游河道呈“W”形向东北方向流行。首先自淮滨向东经凤台流至淮南，然后急转向北北东方向直抵淮远，继而向东流经蚌埠、凤阳、临淮关，尔后再次向北北东方向急转直达五河，最后再沿正东方向经盱眙汇入洪泽湖，而在黄河夺淮以前是经盱眙、淮阴、涟水，从云梯关入黄海。每次折转的流程在 30～35km。干流中游这种多次折转的平面形态，是受东西向和北北东向构造断裂控制而形成的，其中主要是受郯庐断裂所派生的一系列北北东向断裂所控制。其次，根据第四纪沉积学分析，淮河中游所切穿的地层，主要是上更新统上部至全新统，压实程度低，也为中游河流发育提供了一定的地质条件（张义丰，2001；金权，1990）。

在淮河中游河段，“淮河三峡”是其重要特征之一。“淮河三峡”是指峡山口、荆山峡和浮山峡。淮河在正阳关汇聚诸水之后，奔腾东去，在距凤台县南约 5km 处进入第一峡谷——峡山口。峡谷东岸为霸王山，西岸为禹王山，山势高大险峻，两岸相距 400 余米，河水湍急。古往今来，峡山口一直是据险屯兵要地，被称为“长淮津要”，古代东晋著名“淝水之战”就决战于此。淮水出峡山口后转东北方向奔腾而去，至怀远县城东南进入第二峡谷——荆山峡。荆山峡又名“梅谷”，峡谷西岸为荆山，东岸为涂山，两山相距约 250m，兀然陡峭，紧锁河道，扼淮水之咽喉。淮水自荆山峡口东下，经蚌埠、过临淮岗，流至五河县城以东约 15km 的苏皖交界处，便进入了第三个峡谷——浮山峡。浮山峡峡谷两岸山岭绵延，南岸为浮山（也名临淮山），北岸为潼河山，两山相距 1500 余米。浮山峡在古代素有“襟淮带潼，捍塞水门，关锁风气，实为五河之要隘”的佳喻。

淮河三峡的地质成因，主要是淮河干流在流经郯庐断裂带时因派生的一些次级断裂作用所致。例如，峡山口就是由于其处于八公山断裂，淮水从断层穿过而被约束所致。淮河三峡对淮河中游河道的稳定起着控制性作用。

淮河下游的平面形态经历了巨大的变化。北宋之前，淮河下游经今盱眙、淮阴、淮安、涟水，在云梯关独流入黄海（谭其骧等，1982）。当时河道深阔，水流迅急畅通，来自黄海的潮汐可上溯到盱眙，沿河有众多湖泊洼地。从苏北平原第四纪沉积厚度图（图 4-12）和构造断裂分布图（图 4-22）可以看出，当时的流路正是在响水断裂控制下，沿着沉降带独流入黄海。南宋至清咸丰五年（1129～1855AD），淮河下游河道被黄河所夺占，淮河失去了入海的下游河道，而进入洪泽湖。1855 年黄河在铜瓦厢改道北徙，淮河下游虽摆脱了黄河的夺占，但常年淤积，原淮河下游成为现代的废黄河。1851 年黄淮并涨，洪泽湖最高水位达 16.9m，为有记录以来最高水位（水利部淮河水利委员会等，1997；荀德麟，2003），湖水下溢经宝应湖、高邮湖、三江营入长江，正式形成入江水道。淮河水汇入长江，从此淮河主流由出清江与黄河汇流入海，改为注入长江，成为现代淮河下游河道（单树模，1998；郑连弟，1991）。

此外，从洪泽湖经苏北二河闸至六垛的入海水道，也是下游宣泄洪水的重要河道。

5.1.3 淮河干流纵剖面的地质背景

1. 干流全程

就淮河干流全程而言，其河流纵剖面如图 4-23 所示。图中显示，从河源至洪河口王家坝的上游河段，河长 364km，落差 174m，占全河总落差 88.8%，比降 5‰。从王家坝至洪泽湖出口处中渡的中游河段，河长 490km，落差 16.0m，比降 0.3‰。下游有两个河段：其一，从中渡沿入江水道至三江营为现代淮河下游，该河段长 150km，落差 6.0m，比降 0.4‰；其二，从洪泽湖二河闸沿苏北灌溉总渠至入海口六垛，该水道长 162km，落差 14.1m，比降 0.08‰（水利部淮河水利委员会等，2004）。可见，淮河干流全程纵剖面形态是一条上游陡、中游平坦、下游比降大于中游比降的凹形曲线，这一曲线的比降变化特征也可以从表 4-11 中显见。

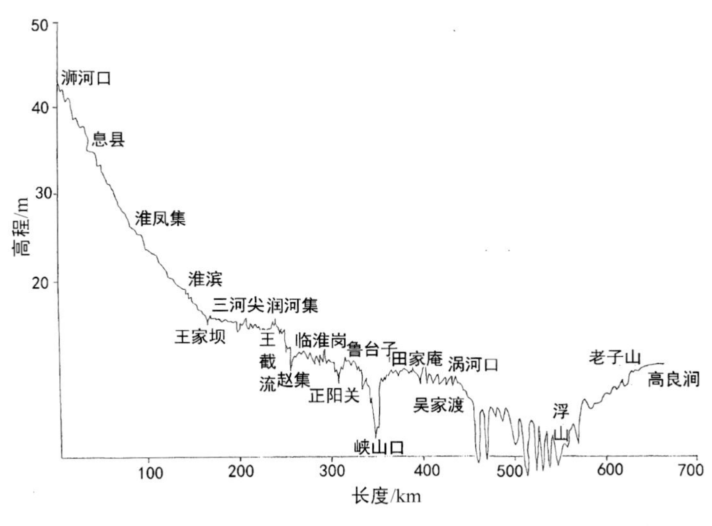

图 4-23 淮河干流纵剖面图

（陈远生等，1995）

淮河干流纵剖面的上述宏观特征，是干流对淮河流域新构造差异运动的响应。如图 4-23 所示，干流上游段从新构造强烈上升区流向沉降区，所以坡度大；中游段从一般沉降区流向一般上升区，所以坡度平缓；下游段由于洪泽湖作为现代淮河的基面，情况较为复杂，随后将详细讨论。

2. 具体河段分析

就具体河段而言，其坡度的变化与该河附近的南北向断裂有密切的关系。例如，南北走向的金乡-淮滨深断裂与淮河干流在洪河入淮处相交，该断裂西盘下降，东盘上升，淮河干流受其影响，在平面形态上向北北东方向急转 10～20km，河道比降也由 0.5%降至 0.03%。又如，在蚌埠至五河段附近分布着多条郯庐断裂带派生的南北向小断裂，这些小断裂与干流河段相交，使该河段纵剖面变化十分复杂，如图 4-24 所示。

表 4-11　淮河干流河道基本情况表（水利部淮河水利委员会等，2000）

控制站		控制站以上		河床比降	历史最大洪水			
站名	所在省份	流域面积 / km^2	河道长度/ km		水位 / m	发生日期（年．月．日）	流量/（m^3/s）	发生日期（年．月．日）
大坡岭	河南	1640	73	4.9/10 000	104.86	1975.08.07	4220	1975.08.07
长台关	河南	3090	152	4.9/10000	75.38	1968.07.15	7570	1968.07.15
息县	河南	10 190	250	4.9/10 000	45.29	1968.07.15	15 000	1968.07.15
淮滨	河南	16 005	338	4.9/10 000	33.29	1968.07.16	16 600	1968.07.16
洪河口	河南	28 600	359	4.9/10 000				
王家坝	安徽	30 630	364	0.35/10 000	30.35	1968.07.16	17 600	1968.07.17
三河尖	河南	37 752	420	0.35/10 000	29.84	1968.07.18		
南照集	安徽	39 090	435	0.35/10 000	28.61	1968.07.18		
王截流	安徽	39 800	443	0.35/10 000				
润河集	安徽	40 360	448	0.35/10 000	27.75	1982.07.25	8300	1954.07.23
正阳关	安徽		519	0.3/10 000	26.55	1954.07.26		
鲁台子	安徽	88 630	529	0.3/10 000	25.97	1982.08.25	12 770	1950.07.18
峡山口	安徽	97 420	543	0.3/10 000	25.36	1954.07.27	12 000	1954.07.27
蚌埠	安徽	121 330	651	0.3/10 000	22.18	1954.08.05	11 600	1954.08.05
临淮关	安徽		682	0.02/10 000	21.38	1954.07.31		
五河	安徽		727	0.02/10 000	19.28	1954.07.31		
浮山	安徽	123 950	746	0.02/10 000	18.17	1954.07.31	11 100	1954.07.31
盱眙	江苏		812	0.02/10 000	15.75	1954.08.15		
老子山	江苏		830	0.02/10 000	15.42	1954.08.16		
蒋坝	江苏		854	0.02/10 000	15.23	1954.08.16		
三河闸（中渡）	江苏	158 160	854	0.4/10 000	13.28	1954.08.6	10 700	1954.08.06
金湖	江苏		887	0.4/10 000	10.72	1972.07.8	10 700	1954.08.06
高邮	江苏		942	0.4/10 000	9.38	1954.08.25		
三江营	江苏	187 000	1000	0.4/10 000	5.85	1954.08.17		

注：（1）本表资料摘自《淮河流域防汛资料汇编》第二分册，表中鲁台子、峡山口面积已扣除茨淮新河截走的黑茨河面积；（2）历史最大洪水为新中国成立后统计资料。

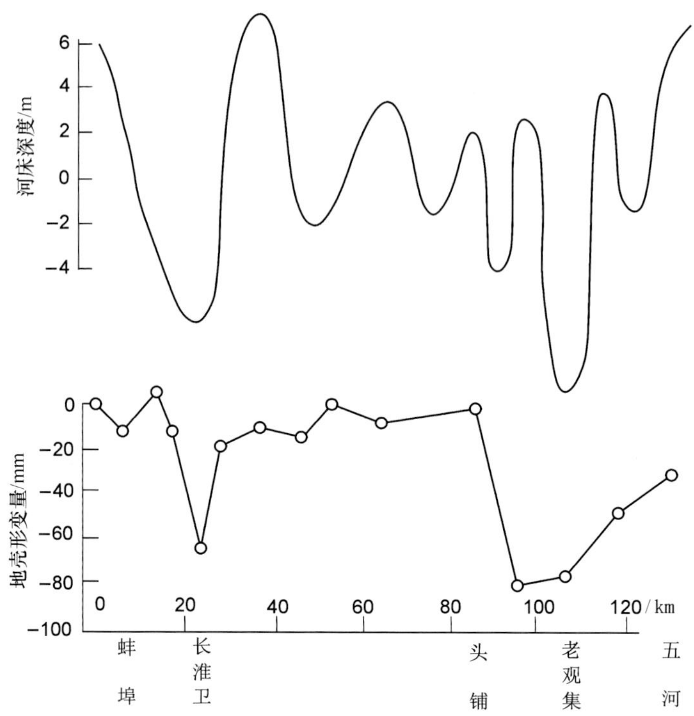

图 4-24　淮河蚌埠—五河河床纵剖面与地壳垂直形变比较图

（桂焜长、沈永坚，1984）

一般说来，淮河干流与南北向断裂相交的河段，其纵剖面会发生较大的变化，反映出南北向断裂及其现代活动状况，在很大程度上控制了淮河干流纵比降的变化。

3. 关于蚌埠—中渡（三河闸）河段倒比降的分析

从表 4-11 和图 4-25 可见，在淮河干流从中游向下游过渡的蚌埠—中渡河段呈现比降骤然减小的现象，地理界和水利界称其为“倒比降”河段。倒比降现象是淮河下游治理的一个重要问题，故而广受关注。

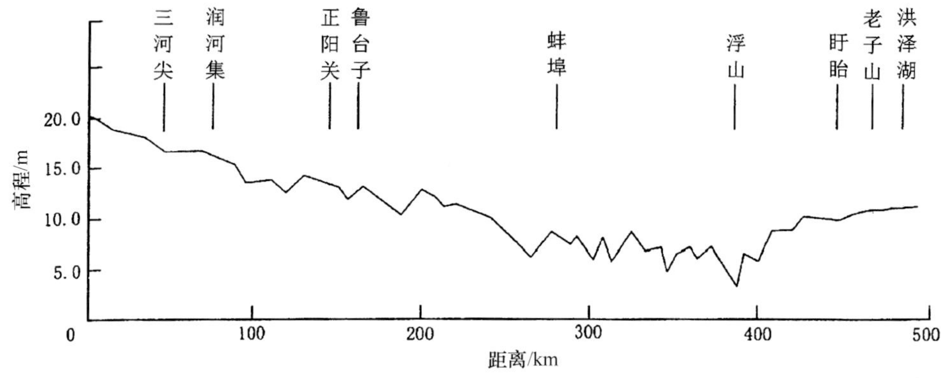

图 4-25　现代淮河中游河道纵剖面图（据淮委实测图简化）

（王庆等，2000）

由图 4-26 可见，在汉魏至隋唐时期，淮河从今江苏盱眙圣人山、龟山、老子山西侧东北行，呈基本顺直的流向淮阴古城西侧，然后经淮安、涟水城东，在响水县黄圩乡境内的云梯关入黄海（1974 年王化云等在此处发现了刻有“云梯关”的石碑）。沿程有白水塘、万家湖、富陵湖等众多湖泊，但淮河与湖泊并不连通，那时还没有洪泽湖。又据众多文献记载（水利部治淮委员会等，1990；王庆等，2000），在公元 12 世纪以前，淮河是一条河槽深广、畅流入海的清水河流，潮流长达今盱眙附近。由上述可以推知，12 世纪以前淮河中下游不存在倒比降现象。事实上，蚌埠—中渡河段恰是流行于从新构造运动抬升区至沉降区的过渡带，在西汉时期（约 200AD）蚌埠高程约 10.0m（杨达源、王云飞，1995），富陵湖（在今洪泽湖内）底高程 2.7m，比降约 0.36/10 000，上下河段顺畅衔接，并无倒比降现象。

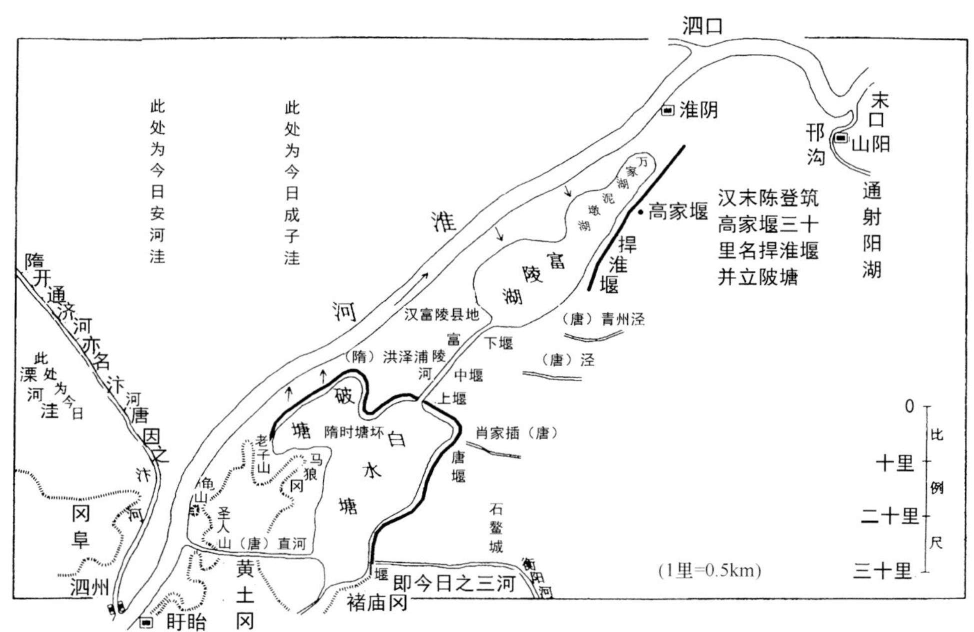

图 4-26　汉魏—隋唐时期淮河下游河道及沿河湖群

（水利部淮河水利委员会，2004）

现代的倒比降现象，是在洪泽湖形成和发展的过程中形成的。自从 1194 年黄河夺淮和明代潘季驯、清代靳辅等实行“蓄清刷黄”治黄方略以来，洪泽湖不断扩大，并成为淮河的侵蚀基面。在这一过程中，洪泽湖发生了深刻的变化，主要表现在以下三个方面：

（1）湖区不断淤积，使湖水位不断抬高。据徐士传（1986）研究，公元 200 年时洪泽湖底高程约为 2.7m，公元 800 年时湖底高程 3.0m，1855 年时湖底高程 10.0m，1954 年实测湖底高程 10.4m。据陈吉余研究，公元 1870 年时湖底高程比废黄河河底低 3～5m，而到 1916 年时湖底与废黄河河底高程均为 10.0m，且湖底还有约 5.0cm 的“稠淤”。由此推算，在这 37 年间湖泊平均淤积速率为 10cm/a 以上。根据淮河水利委员会近年的测量，洪泽湖湖底高程 10～11m，位于洪泽湖口的老子山处河床高程 9～10m，盱眙 9.4～10.4m，浮山河底高程 4～5m，呈现明显的倒比降现象。湖底淤积抬高使洪泽湖水位相应抬高，进而使淮河下游基面抬高，从而进一步加剧了湖区的淤积。图 4-27（许炯心，1989）可以详细显示出洪泽湖部分年份最高水位和水位的变化过程。

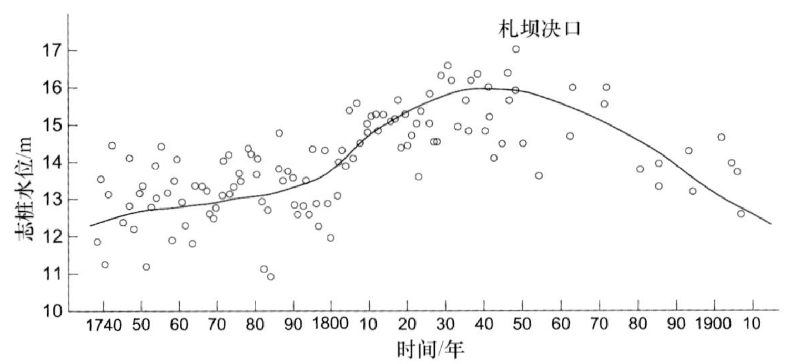

图 4-27　自 1738 年至 1911 年洪泽湖水位随时间的变化

（许炯心，1989）

（2）在淮河汇入洪泽湖湖口处形成水下拦门沙与三角洲。据王庆等（2000）研究，在乾隆五十年（1784 年）测量时，在盱眙北河道入口处已经出现拦门沙，拦门沙顶高出上游河床 2.0m，高出湖底 4～8m。在 1850 年已出现早期水下三角洲，1880～1940 年期间三角洲发展过程如图 4-28。拦门沙与三角洲的发展，使淮河入洪泽湖水流不畅，加剧了入湖口门的淤积，并引起入湖河段溯源淤积，加剧了倒比降的发展。

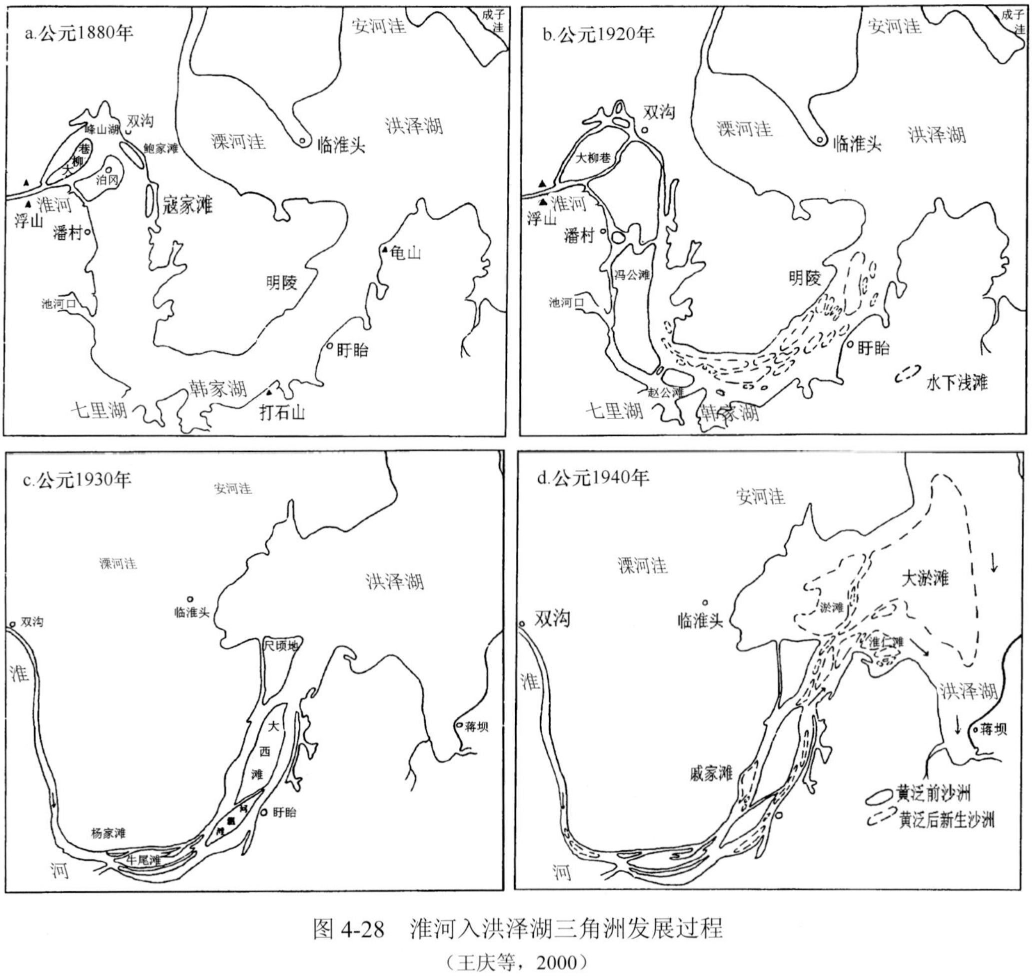

图 4-28　淮河入洪泽湖三角洲发展过程

（王庆等，2000）

（3）流域整治使中游河床侵蚀加强，也促使浮山以下河段倒比降进一步发展。

综上所述，淮河干流蚌埠—中渡河段存在的倒比降现象，是由于洪泽湖的形成与不断扩大，改变了淮河入海流路的河道特性和河流基面所引起的。因此，欲治理蚌埠—中渡河段的倒比降现象，最根本的是如何处理淮河与洪泽湖的河湖关系。这也恰是近代以来治淮的一个重大而棘手的课题。

5.2 淮河流域湖泊的地学背景

在新构造运动、黄河冲积扇和海侵与海退的共同作用下，形成了淮河流域湖群，而以治黄、治淮、漕运为主要目标的人类活动，则加速了湖泊群的演变。

淮河流域有三大湖群。①位于干流下游的苏北湖群，其中以洪泽湖最为重要；②分布于干流中游南北两岸的江淮湖群；③分布于泗水与运河两岸的鲁西湖群，其中以南四湖与北五湖为主，现今北五湖已经消失。本节将分别讨论这些湖群形成与演变的地学背景与特征。

5.2.1 洪泽湖的形成与演变

洪泽湖是在新构造运动地质环境、第四纪气候变化引起的海平面多次进退，以及黄河夺泗夺淮和人类为此而采取的应对措施共同作用下形成的。

1. 洪泽湖形成的地质与气候背景

（1）自第四纪以来，淮河中下游地区经历了多次缓和的差异运动，在这一地区形成了三级阶地。其中一级阶地是中全新世期间轻微上升引起河流下切形成的。自中全新世后期以来，洪泽湖地区处于构造沉降之中，为洪泽湖在该时期的形成创造了地质条件。

（2）洪泽湖地区的地形受两条断裂带控制。其一是洪泽湖西侧的郯庐断裂带，其二是东北—西南走向的嘉山-响水断裂带。在这两条断裂带区域，还派生了多条纵横的次生断裂，如老子山-周桥-石坝断裂等。这些断裂彼此交错，形成了该地区的一个构造地貌单元，即“洪泽凹陷”。洪泽凹陷西部和南部表现为轻微上升，形成了湖西和湖南的低山岗阜和宽窄不等、高低错落的隆岗洼地，俗称“三洼四岗”；洪泽凹陷的东北部以凹陷为主，整个洪泽凹陷如同呈东北向开口的簸箕形地势，形成以河相、湖相和浅海相堆积而成的低平原。

（3）全新世中期，出现第四纪以来最新一次暖期，称全新世暖期。此时期江苏沿海发生了至今最后一次海侵，海侵最盛时期海岸线北自涟水经高邮南抵扬中附近（凌申，2001）。当时淮河口在淮阴以东入海，长江呈漏斗状在镇江、江都一带入海，长江三角洲尚未形成，整个里下河地区（含洪泽凹陷）是介于江淮两大河口之间的海湾，称里下河古海湾。在距今 6k～5kaBP 期间，海平面比较稳定，江淮携带的泥沙在海湾外堆积，形成岸外沙堤，并不断合拢，使里下河古海湾发育成为潟湖。自距今 3000 年以来，即仰韶暖期以后，我国进入一个小的寒冷期，称“周汉寒冷期”，气温频频下降，海平面呈下降趋势（凌申，2001）。同时，也由于该时期泥沙淤积和苏北平原由于新构造运动而缓慢抬升（荀德麟，2003），使陆地随着海退不断向海洋推进，古潟湖逐渐演变成为陆地及散布其间的许多中小淡水湖泊。这些湖泊就成为今苏北湖群的基础，其中一部分串并成为古洪泽湖，另一些形成现在的白马湖、宝应湖、高邮湖、邵伯湖等里运河西岸的湖泊群。当时淮河经盱眙第一山、龟山西侧山脚向东北斜穿今洪泽湖北界，基本顺直经淮阴古城西侧、淮安末口，从淮浦北，即今涟水县云梯关入海。一般情况下，淮、湖并不连通，如图 4-26（水利部淮河水利委员会等，2004）所示。

2. 人类活动与洪泽湖的演变

（1）筑塘屯垦，洪泽湖初具雏形。进入全新世晚期（3000aBP），由潟湖形成的陆地（低平原）和散布其中的大小湖泊为先民开垦提供了优良的条件，筑塘屯垦活动成为当时开发湖泊的主要形式。西汉时期起率先在盱眙境内（西汉时期称射才）的白水塘筑塘屯垦。东汉建安四五年（199～200AD）广陵太宋陈登筑高家堰（又名捍淮堰），堰北起武墩，南迄原亮，长 30 里（1 里=0.5km），防止富陵湖、泥墩湖、万家湖水东流并使三湖连为一体。唐大历三年（768 年）在白水塘东岸（今洪泽县固桥南北一带）筑唐堰（水利部淮河水利委员会，2004）。高家堰和唐堰可视为明代筑洪泽湖大堤的基础（见图 4-26）（水利部淮河水利委员会等，2004），至此洪泽湖初具雏形。

（2）黄河夺淮，洪泽湖祸起萧墙。金明昌五年（1194 年），黄河在河南阳武（今原阳）决口，分南北两支，北支由北清河入渤海，南支经汴水入泗水，再由清口（今淮阴）汇入黄河。明弘治八年（1495 年）刘大夏在黄河北岸修筑太行堤，彻底阻断北支入海，使全黄河之水汇入淮河入海，形成“以区区清口受万里全河之水”的黄河夺淮局面。

黄河夺淮初期，由于淮河尾闾深广，尚能实现黄淮共河并流。到了明中后期，随着淮河尾闾不断被泥沙淤塞，过流能力减弱，黄淮争路局面显露。因“黄强淮弱”，黄河水量远大于淮河水量，黄水往往由清口倒灌入洪泽湖，宿迁至清口一线河道南堤经常决口，浊流也经常入洪泽湖，故使洪泽湖底日渐淤高，当黄淮汛期并涨时，洪泽湖无力容纳，往往冲毁当时高家堰，撕开里下河堤，在里下河地区造成严重水灾。

（3）蓄清刷黄，洪泽湖成为淮河基面。鉴于黄河夺淮后的严峻形势，明万历六年（1579 年）朝廷任命潘季驯第三次出任总理河槽兼提督军务。潘季驯提出“筑堤障河，束水攻沙；筑堰障淮，逼淮注黄；以清刷浊，沙随水去”的 24 字治理方略，简称“蓄清刷黄”。“蓄清刷黄”以加高、加长、加固高家堰为首要任务，借以抬高洪泽湖水位，迫使淮河水出清口，以冲刷清口对面河道内的门限沙（即拦门沙）和清口以下河床的淤积。清康熙十六年（1677 年）靳辅出任河道总督，继承了潘季驯的“蓄清刷黄”方略，进一步加高高家堰，确保洪泽湖水位高于清口以下的黄河水位，以达到蓄清刷黄的目的。乾隆十八年（1753 年）洪泽湖年内最高水位已达 14.60m，嘉庆七年（1802 年）达到 15.30m，道光十二年（1832 年）达到 16.42m，咸丰六年（1851 年）达到 16.89m，光绪元年（1875 年）达 15.81m。洪泽湖作为淮河下游特大型水库具有了今天的规模。

“蓄清刷黄”方略最终使淮河由注入黄海演变成为注入洪泽湖，洪泽湖成为淮河的基面。

5.2.2 淮河中游湖群的形成与演变

淮河中游湖群主要指中游干流南岸的城西湖、城东湖、瓦埠湖、安丰塘（即芍陂）、高塘湖和干流北岸的邱家湖、八里湖、焦岗湖、长家湖等。这些湖泊多分布于两岸支流下游或支流汇入淮河干流的位置。

淮河中游湖群是在中游地区的构造地质环境、干支流河流特性以及洪泽湖形成与演变的共同作用下形成的，水文气候特点也是重要因素。

1. 湖群的构造地质背景

中游湖群所在地区处于中朝准地台东南缘，阜阳-凤阳构造带以南及东段，占有合肥断陷盆地大部分（淮河水利委员会，1999）。其中南岸湖群位于合肥断陷中部，北岸湖群位于合肥断陷北部，淮河干流从合肥断陷盆地中偏北经过。

第四纪初以来，湖群地区经历了多次新构造升降运动。从早更新世末到中更新世末，湖群地区表现为平缓上升、剥蚀与堆积作用形成三级阶地。在晚更新世，湖群地区转为沉降，南岸湖群区沉积了一套厚度为20～35m的上更新统棕黄色和褐黄色亚黏土，北岸沉积厚度自东向西从70m增加到155m。全新世早期湖群地区又表现为缓慢抬升，河流下切作用加强，形成湖群区的二级阶地。全新世中期，湖群区经历几次间歇性抬升，形成湖群区的一级阶地与河漫滩地形。由此可见，淮河中游湖群的形成要晚于一级阶地的形成，即中游湖群形成于全新世中期以后。全新世晚期以来，湖群地区表现为持续构造下沉，为中游湖群的形成与扩大创造了地质条件。

2. 湖群形成的地势及河流条件

淮河中游南岸为大别山北麓的山前冲积扇。大别山地势自南向北倾斜直至南岸湖群地带。沿干流的南岸支流史河、淠河等山区流域面积占全流域面积14%以上，山坡陡峻，水系发育，集流迅速。南岸各支流均处于东南季风迎风坡，年雨量丰沛，且降雨同步性强。在梅雨、台风雨时期，往往因干流泄流能力不足而在支流下游及汇入淮河干流处滞留，形成南岸湖群。

淮河中游北岸是淮北平原主体，地势自西北向东南倾斜，平均地面比降为1/8000～1/10 000，使沿淮北岸成为流域最低的地区。颍河以东、黄河故道以南的涡河、浍河、沱河等北岸支流区域面积占全流域面积的56%。南北两岸水系呈严重不对称性，北岸年雨量700～900mm，虽小于南岸，但因流域面积广大，所以汇入淮河干流的水量巨大。北岸支流长期受黄河南泛影响，河道下游普遍淤积，河道汇入淮河干流处常受淮河干流水位顶托，排水不畅，甚至倒灌，长期潴留成湖。

3. 干流河道特性与洪泽湖的影响

如5.1.3小节所述，淮河上游河道陡峻，中游干流河道十分平缓，平均比降只有万分之零点三。洪泽湖底一再淤高（徐士传，1986），到清末时期湖底平均淤高达4～5m，洪泽湖底的高程竟与正阳关附近河底高程相同。由于洪泽湖不断淤积，并溯源加积，使蚌埠至洪泽湖河段甚至出现倒比降。洪泽湖成为淮河基准面后，由于湖水不断抬高，而进一步削弱了中游排水能力。在上述干流河道特性与洪泽湖溯源淤积与水位抬高的共同作用下，导致中游一些支流的汇口发生沉溺甚至倒灌，促使了江淮湖群的发展。

5.2.3 鲁西湖群的形成与演变

鲁西湖群包括北五湖和南四湖两个湖群。北五湖由安山湖、南旺湖、马踏湖、蜀山湖和马场湖组成，从乾隆十四年（1749 年）起陆续被疏干开垦，现已消失。南四湖由微山湖、昭阳湖、独山湖和南阳湖组成（图 4-29），由于有泗水诸多支流和黄河泛水补给，且排水不畅，因此一直得以存在。

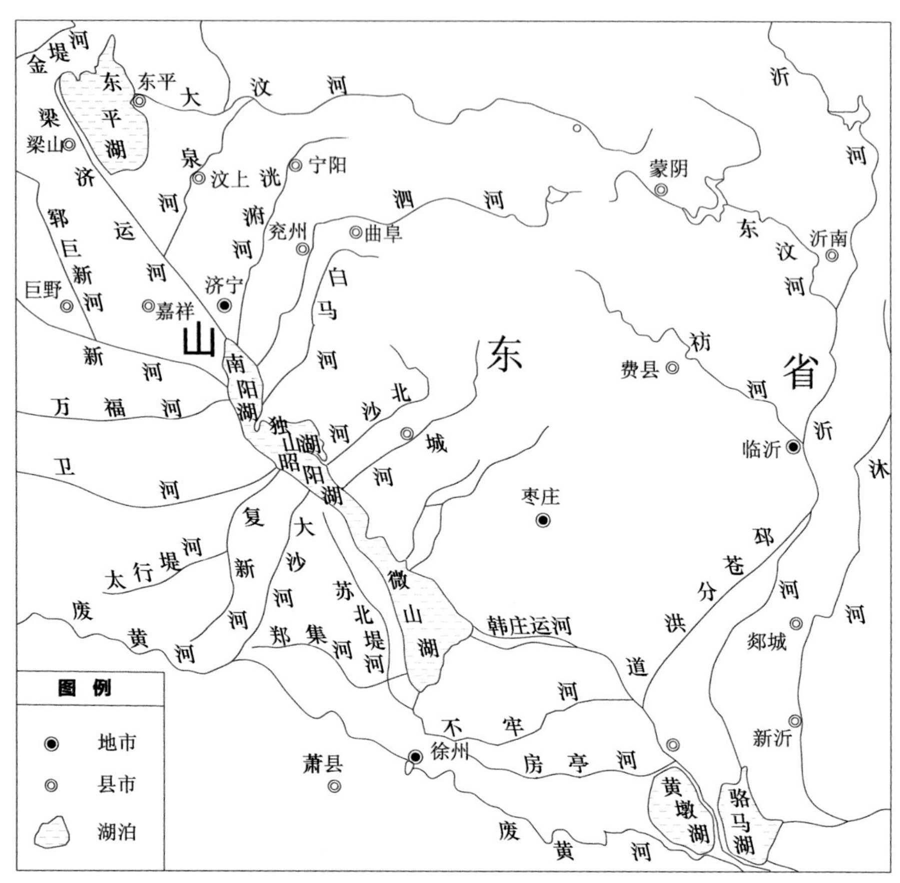

图 4-29　鲁西湖群分布图

（张义丰，1985；淮河水利委员会，1999）

南四湖是在湖群地区新构造运动、黄河冲积扇不断扩大和黄河夺泗夺淮的共同作用下形成的。

1. 地质背景

如第二节所述，自第四纪以来，鲁中南山地一直处于缓慢地抬升过程中，而毗邻其西侧的淮北平原则处于沉降的过程中，在山地与平原交界带是地势最低的沉降区（冯超，1996）。根据江苏区域地质调查的研究成果，认为在南四湖—洪泽湖—高邮湖—邵伯湖沿线存在一条西北—东南向断裂带（江苏省/上海市地质矿产局，1987；山东省地质矿产厅，1984）。这一认识也得到 20 世纪 50 年代以来观测到的苏鲁皖地区垂直变形图的支持，如图 4-30 所示（王若柏等，1995）。图中显示，南四湖地区近半个多世纪处于下沉过程中，且存在多组北西向和东西向断裂，这种断裂形成断隆和断陷，为沿断裂带湖群的发育提供了地质条件。

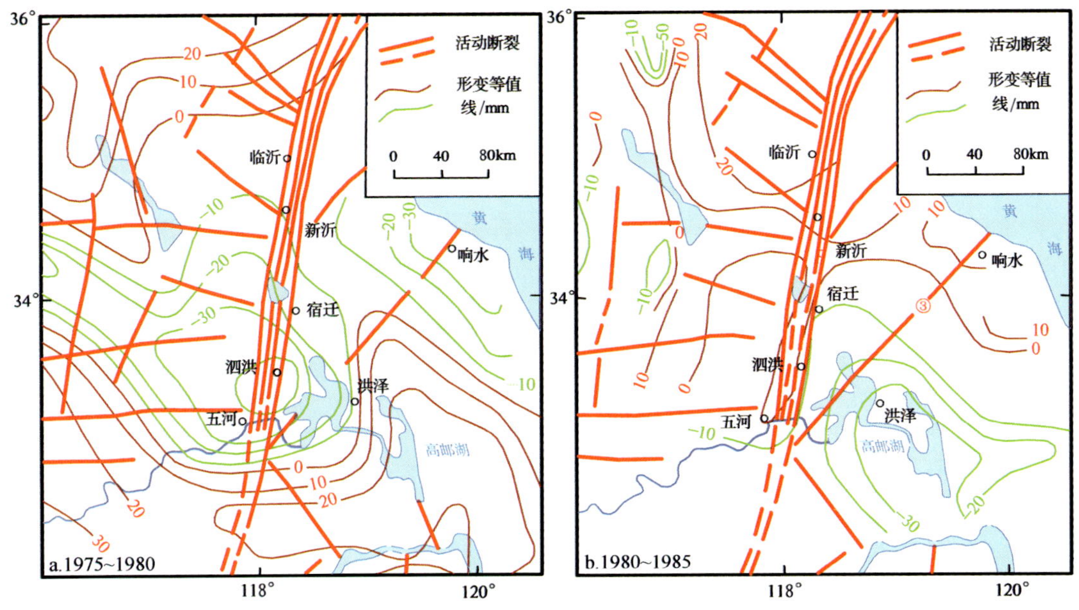

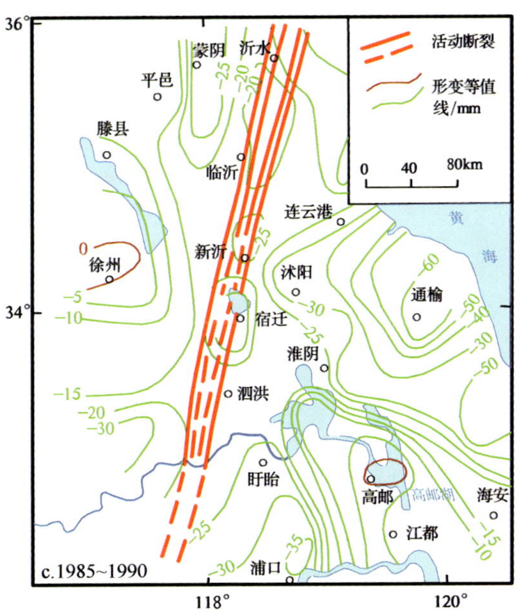

图 4-30　苏鲁皖地区地壳垂直形变速率图

（王若柏等，1995）

2. 黄河冲积扇向东扩展

如第一节“淮河流域的形成”中所述，在晚更新世和全新世早期，黄河冲积扇不断扩大和向东推进，迫使鲁豫苏皖平原上的湖泊洼地东移，在冲积扇前缘和鲁中山地西侧之间，形成西北—东南向的狭长湖洼地带，并逐渐积水成断续分布的湖泊，成为南四湖的雏形。

3. 黄河夺泗夺淮推进了南四湖的发展

南四湖的主要部分原为古泗水河道（谭其骧，1982）。自公元前 132 年（汉元光三年）河决瓠子口（今河南省濮阳西南），南流夺泗注淮以来，泗水故道不断淤高，河水在泗水与东侧山丘之间泛流滞积，形成断续湖沼。1194 年（宋绍熙五年）黄河决口阳武（今河南省原阳县）东，大流东南行，沿汴水至徐州夺泗，南下到淮阴夺淮入海，直到 1855 年黄河北徙为止。在黄河夺泗夺淮的 660 年间，河水流入徐州、淮阴区间的泗水故道，原泗水南流入淮受阻，长期在济宁、徐州间的洼地积滞，使南四湖由雏形不断扩大，终成今日南四湖（王祖烈，1981）。

此外，大运河对南四湖的发展也有重要影响。元代末年，泗水作为大运河之一段，沿岸有南阳湖、昭阳湖、郗山湖、微山湖、吕孟湖、张庄湖 6 个湖泊作为调节运河水量的水柜。1433 年（明宣德八年）后，为避黄河水患运道不断东移，并在运道沿程和湖泊之间构筑长堤，从而加速了沿程 6 个湖泊的演变，成了今日南四湖的进程。

第六节　黄淮关系及其地学背景

从江河治理的角度考察，黄淮关系主要是指黄河下游泛滥、改道、迁徙对淮河造成的具有破坏性的影响。根据这样的涵义，人们会合符逻辑的提出以下问题：①黄河对淮河的破坏性影响是自淮河形成以来就存在的吗？②倘若是如此，那么为什么据大量文献记载，在公元 1194 年以前淮河依然是一条河流宽畅、水流泱泱，通达大海的好河？③1194 年以来淮河原下游河道被黄河夺占，成为一条失去尾闾而魂归洪泽湖的河流，除人为因素外，其地学背景是什么？本节将分别从地质历史时期和人类历史时期就上述问题进行讨论。

6.1　地质历史时期的黄淮关系

如第一节所述，淮河是在新构造运动和黄河冲积扇南翼不断向东南方向延伸的背景下，于晚更新世晚期形成的。淮河与黄河下游同属黄河冲积扇上的两条大河，彼此有着十分相近的发育环境，因此，即使在没有人类干预的地质历史时期，淮河与黄河下游也存在着必然的、紧密的联系。以下将从淮河流域的古河道、沉积特性以及堆积性河流属性等方面，揭示它们之间的联系。

6.1.1　黄淮关系的古河道证据

图 4-31 是淮河北岸在晚更新世（Q_3）和全新世（Q_4）的古河道分布图。由图可见，在淮河北岸存在两组古河道。

一组是发源和流行于黄河冲积扇南翼的古河道。在晚更新世时期，黄河冲积扇的脊线位于原阳、定陶、成武、金乡一线，大体沿 35°N 走向。沿着这一走向，存在着多条西北—东南向的古河道。到全新世时期，黄河冲积扇南翼的古河道更加密集，形成古河道密集带向东南方向铺展。不过，晚更新世古河道在全新世已大多被全新世的沉积所覆盖，不易识别或断断续续。

另一组是源于豫西山地的古河道。这些古河道的上游基本上位于黄河冲积扇以外，但中下游部分河段或某些支流仍流经冲积扇南翼，例如洪汝河的下游、颍河左岸支流贾鲁河等。这些流行于冲积扇南翼的古河道都是当时黄河南泛的泛道，其中部分较大的泛道后来演变成为淮河北岸的主要支流，如西淝河、涡河、浍河等。

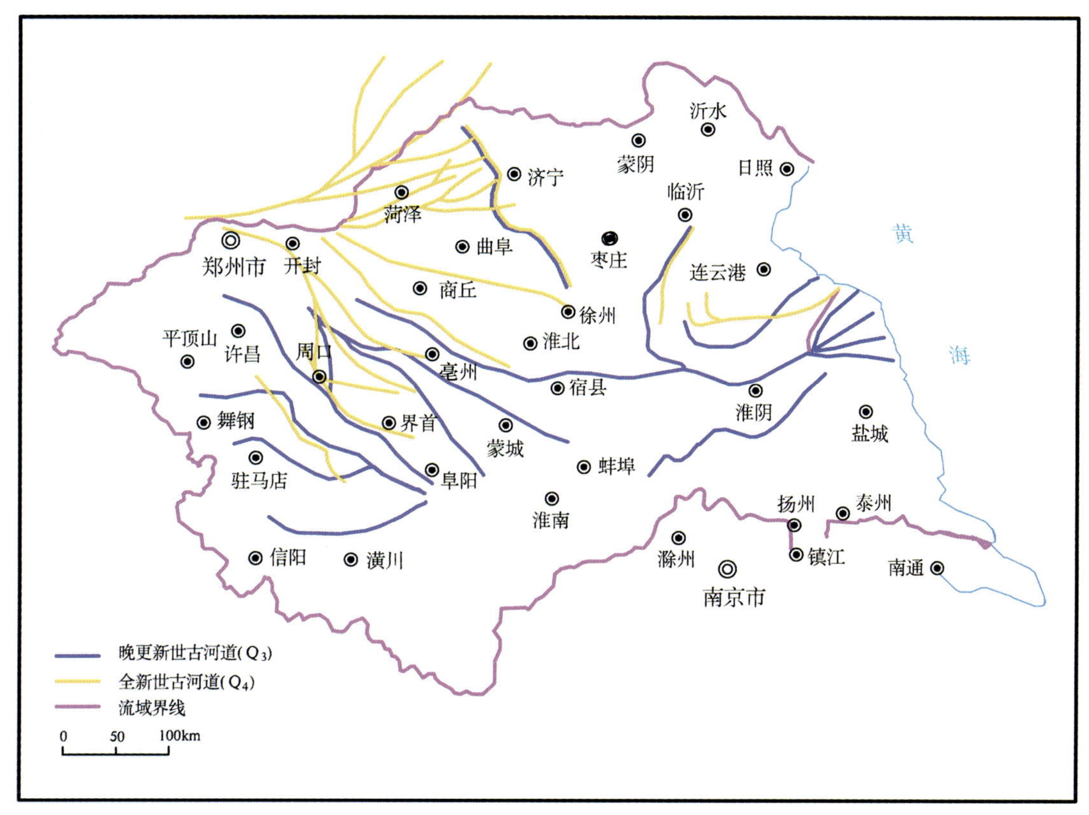

图 4-31　淮河流域古河道分布图
（邵时雄等，1989a，b；淮河水利委员会，1999）

古河道的存在形态主要表现为较密集的、呈带状分布的带状高地。这些带状高地通常高出地面 2～4m，长度绵延数十千米，沿带状高地两侧常伴有决口扇、沙丘、风成沙土等；有些带状高地遭剥蚀后，其残留部分通常表现为呈断续带状分布的岗、坡、洼地等微地貌。带状高地上层物质组成主要为砂、粉砂、亚砂土等，下层主要为亚砂土、亚黏土、黏土互层。组成物质的粒径呈自上层向下层变细的趋势，有时也表现为粒径相间分布的韵律。

古河道高地是由于黄河冲积扇上的河流在泛滥、决口、改道后形成的。如前所述，黄河冲积扇上的河流具有堆积性河流的属性，河流携带大量泥沙，在泛滥时水沙漫溢，并将泥沙在两岸淤积，经多次泛滥而形成自然堤，自然堤形成后进一步促进河床淤积抬高，成为高出地面的悬河，在不利水沙条件下自然堤终于溃决，河流改道，原河道便成为高出地面 2～4m 的古河道遗迹。

显然，这些古河道的存在，清晰地显示了在晚更新世时期和全新世尚无人类活动的早中期黄河南泛的情景及对淮河的影响，从一个侧面记录了地质历史时期的黄淮关系。

6.1.2 黄淮关系的沉积学证据

在第二节晚更新世和全新世岩相古地理图中（见图 4-11），我们已经清晰地看到了黄河冲积扇南翼向淮北平原伸展和黄河南泛对淮河北岸支流的影响。事实上，黄河南泛对淮河的影响还可以从淮北平原第四纪剖面图 4-32 和图 4-33 中得到进一步的证据。

图 4-32 是自黄河北岸长垣至淮河南岸潢川的第四纪地质剖面图，反映了淮北平原南北向的沉积特性。图中显示：①长垣至潢川从北到南的广大范围内，都覆盖着晚更新世和全新世的沉积。②沉积的厚度自长垣约 70m 向南逐渐变薄至约 10m，呈现自北向南逐渐变薄的趋势，且在新蔡以南已无全新世沉积。③沉积的类型自北向南主要为冲积扇亚相与相间排列的河道带亚相和河间带亚相，属河流冲积相沉积。④沉积物的组成自北向南依次为砂土和亚砂土，其含沙量达 30%～40%；砂土、亚砂土、黏土的含沙量<10%。

图 4-33 是漯河—蚌埠第四纪地质剖面，反映了淮北平原东西向的沉积特性。由图可见：①中更新世晚期、晚更新世、全新世时期内，从漯河至蚌埠广大范围内已经被黄河冲积扇沉积所覆盖。②沉积厚度平均为 50～70m，颍上—沈丘地区自地面 100m 以下存在早更新世和中更新世早期的冲积-湖积相，平均厚度约为 100m，这是因为这一地区在当时是以周口、界首为中心的广大湖群。③沉积类型为冲积扇亚相、河道带亚相、河间带亚相与冲积-湖积相相间排列。④在沉积物的组成中，自地表至约 50m 深地层主要为砂土和亚砂土，50m 至 100m 地层主要为亚砂土和亚黏土，100m 以下地层以亚砂土、亚黏土和黏土为主要成分。沉积物在垂直方向表现为自下而上含沙量百分数呈逐渐增加的趋势，在一定程度上反映出该剖面代表的地层从湖积相向冲积湖积相、冲积相变化的过程。

综观上述，长垣—潢川的南北向剖面图和漯河—蚌埠的东西向剖面图，均清晰地显示了淮北平原第四纪地层的沉积过程、沉积分布和沉积物的组成。这些地层沉积特征表明，淮北平原第四纪地层，尤其是晚更新世与全新世地层，主要是由于黄河南泛将大量泥沙带到淮北地区所形成的。这一事实为地质历史时期的黄淮关系提供了沉积学方面的证据。

6.1.3 淮河的自修复功能

如本章 6.1.1 节和 6.1.2 节所述，淮河奔流在黄河冲积扇南翼，在淮河的形成和发育进程中，不断受到黄河南泛的影响。然而在漫长的地质历史时期里，淮河却一直保持为一条河道宽畅、水流充沛、通达于海的大河，并与黄河、长江、济水一起被称为中国古代四渎，而未被黄河南泛所湮没，其原因何在呢？分析表明，这主要是得益于淮河所具有的自修复功能。

淮河的自修复功能，是指基于其自身的河道特性和水沙条件所具有的克服黄河南泛对河道带来淤积等破坏性影响的能力，也有学者称其为“自动调节作用”（《钱宁论文集》编辑委员会，1990）。以下我们试做初步探讨。

1. 关于淮河支流的自修复功能

淮河南岸的支流和北岸发源于豫西山地的洪汝河、颍河等支流，皆属于山丘区河流

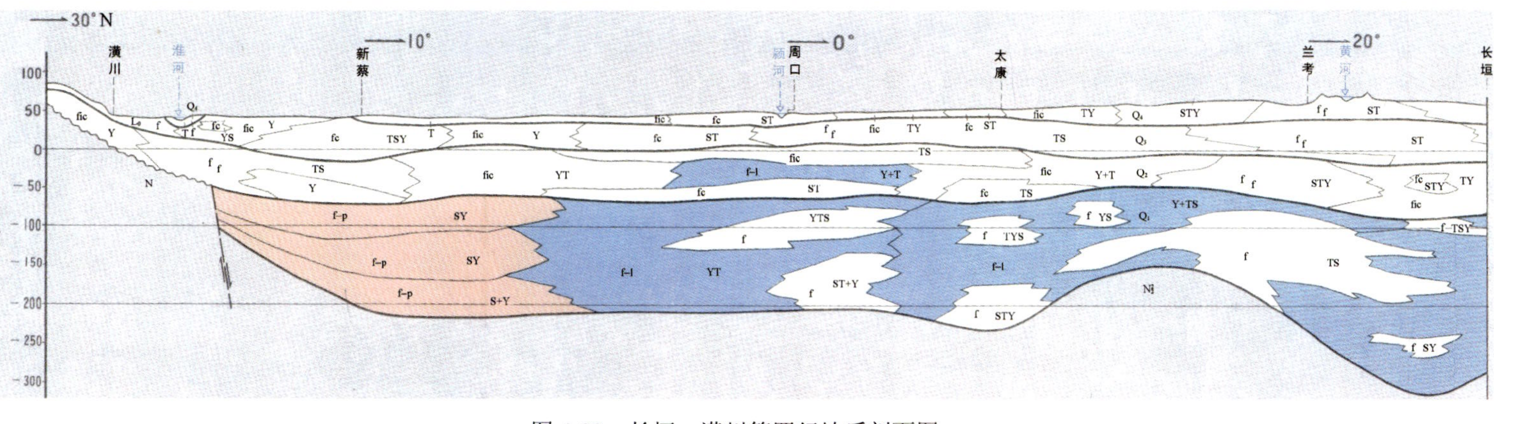

图 4-32　长垣—潢川第四纪地质剖面图

（邵时雄，1989a）

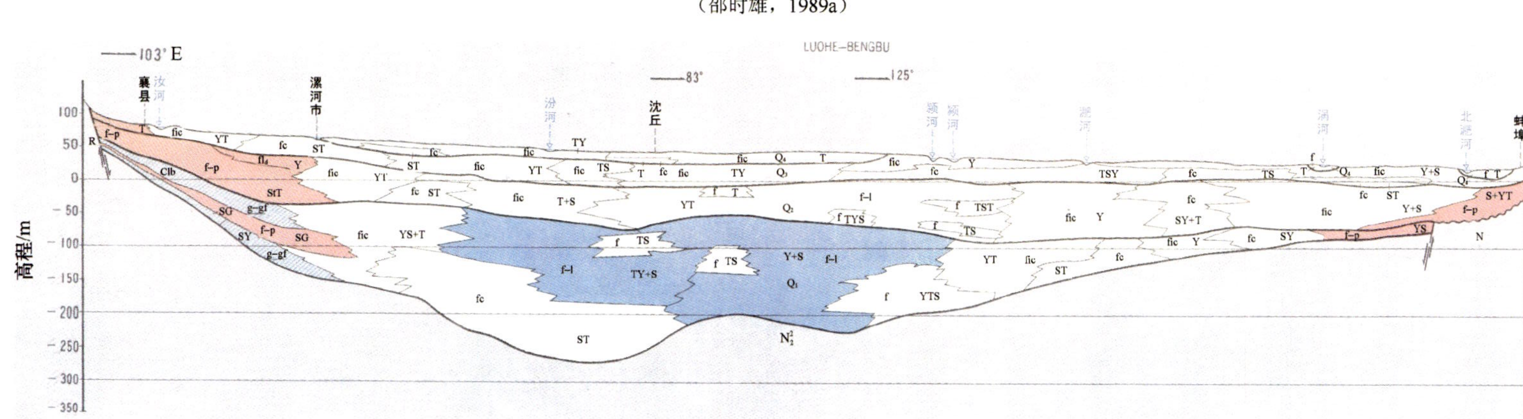

注：Y. 黏土、亚黏土；S. 砂土；T. 亚砂土；L. 黄土

f. 冲积相，ff. 冲积扇亚相，fc. 河道带亚相，fic. 河间带亚相

l. 湖积相

图 4-33　漯河—蚌埠第四纪地质剖面图

（邵时雄，1989a）

或山丘区向平原区过渡的河流，河道坡陡流急，流域雨量充沛，植被良好，且除贾鲁河等个别支流外均不流经黄河冲积扇，很少受到黄泛的影响，所以这些河流，其水力条件足以维系河道的平衡与发育，无疑具有自修复功能。

发源于黄河冲积扇南翼的河流，如涡河、西淝河、浍河、濉河等，本身就是黄河冲积扇南翼上的泛道，所以屡受黄河南泛的破坏性影响。纵观诸河的中上游支流的演变，发现这些河道变迁频繁，生灭无定，表现出很大的不确定性，因而表明这些河道不具有自修复功能。但涡河、西淝河等河流的中下游河道则不然，它们虽多次成为黄河的泛道（例如涡河在1605～1938年的300余年间曾有8次成为黄河南泛的主泛道），然而其河道仍保持基本稳定。显然，这一事实表明，这些河道具有一定的自修复功能。

涡河等中下游河道所具有的自修复功能，是得益于高含沙水流（含沙量在500kg/m^{3}以上并会有大量细颗粒泥沙的水流）巨大的冲刷和输沙能力。其机制是，当黄泛高含沙水流汇集于中下游河道时，一方面对河床产生强烈冲刷和蚀深的作用，如同在黄河北干流发生“揭河底”现象那样；另一方面，洪水漫溢两岸，在两岸淤积形成高数米的自然堤，随着多次泛滥，自然堤向沿岸两侧展宽达数千米，形成沿岸高地。终于，使中下游河道被高含沙水流塑造成为岸高槽深的稳定河床。

2. 关于淮河干流的自修复功能

淮河干流虽然长期遭受黄河南泛的影响，但如前所述，直到1194年黄河夺泗夺淮以前，淮河依然是一条河道稳定、水量充沛、通达大海的大河。黄河夺淮以后，淮河失去原下游入海河道，但中上游河道仍保持稳定。这一事实表明，淮河干流中上游具有一定的自修复功能。

淮河干流中上游的自修复功能，主要表现为其对黄泛泥沙淤积的冲刷和输沙能力，并实现冲淤平衡。对一个相当长的历史时期而言，例如数百年或更久远的时期，当河道的输沙总量接近或略大于同期的黄泛淤积量时，即基本实现冲淤平衡时，则表明淮河干流具有维持其河道稳定的自修复功能。

根据淮河干流润河集、鲁台子、吴家渡、中渡等水文站20世纪50年代初的水文资料（水利部水文局，1957），当时淮河干流年输沙总量为1480万～2350万t。另据杨达源（1995）、徐士传（1984；1986）根据花园口溃决和洪泽湖20世纪50～70年代水位变化估计，淮河干流从息县至五河年淤积量为1660万t，考虑到在晚更新世末至全新世早中期淮河干流的输沙能力不逊于50年代（见本章第三节），因此可以推知，在淮河干流形成以来的地质历史时期里，其输沙能力可以将黄河南泛入淮河干流的泥沙输运到淮河三角洲直至海洋，从而实现干流的冲淤平衡，保障了干流河道的稳定，体现了淮河干流的自修复功能。

淮河干流之所以具有自修复功能，是得益于其所具有的以下地学条件。

（1）淮河干流发源桐柏山，流经山地、丘陵和平原，自新构造运动以来，其上游桐柏山区一直处于抬升状态，而其下游苏北平原处于沉降状态，新构造差异运动使淮河干流经久具有较大的纵比降。

（2）干流上中游及南岸支流和北岸洪汝河、颍河位于桐柏山、大别山和豫西山地迎风坡，年雨量充沛，河流终年水量丰富。

（3）流域上中游植被良好，水土流失较轻，河流含沙量小。

这些条件使河道水流具有较大的挟沙能力和输沙能力。此外，淮河干流受东西走向的确山-息县-固始深断裂控制，虽然部分河段发生过向南迁移，但总体上有利于河道在平原上的稳定。

（4）在地质历史时期，黄河下游呈多河交织或漫流状态，没有黄河大堤，即使泛滥，水沙分布于黄淮之间宽阔的冲积扇面，大大削减了入淮河的泥沙，这也是淮河干流得以实现冲淤平衡的重要条件。

6.2 人类历史时期的黄淮关系

本节将梳理人类历史时期黄淮关系的基本事实，揭示形成这些事实的人类因素与地学背景，简要讨论其对当代淮河水系的影响。

6.2.1 人类历史时期黄淮关系的基本事实

“淮”作为河名，早在3000多年前就已在商代甲骨文中和西周钟鼎文中出现。春秋时期编撰的《禹贡》中已有“导淮自桐柏，东汇于沂泗，东入于海”的记述，夏商周时期的淮河水系已包括有汝河、颍河、泗水及其支流沂河与汴河、沭河，另有大野泽、巨野泽，如图4-34。

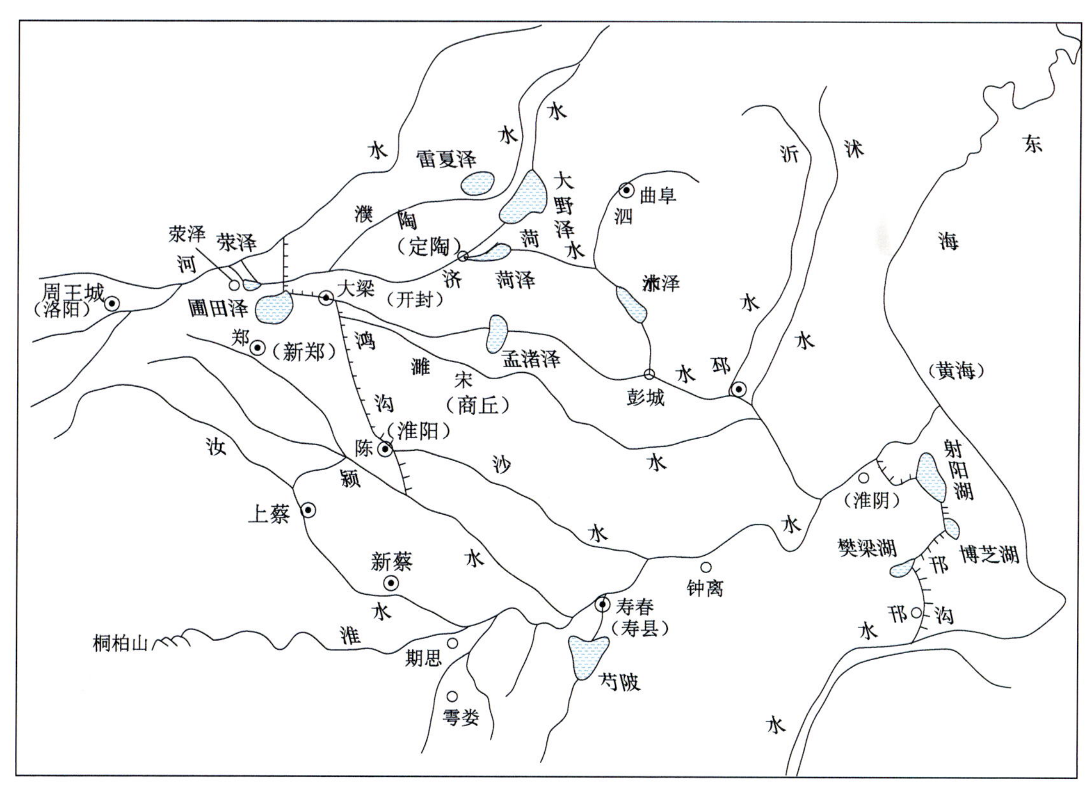

图4-34 《水经注》记载的淮河水系示意图

（水利部治淮委员会等，1990；谭其骧等，1982）

早在春秋战国时期，沿黄各国已陆续开始在本国沿黄河修筑一些堤防，但那时的堤防各国各自为阵，以邻为壑，且质量很差，并未形成完整的堤防系统。自公元前657～651年，齐桓公多次会盟诸侯，先后提出“无障谷”、“毋曲堤”、“无曲防”等盟约开始，黄河完整大堤才逐渐形成。大堤溃决南泛淮河也随之不断发生，人类历史时期的黄淮关系就此开始。

近两千多年来，黄河决口南泛淮河的主要事实如表4-12。由表4-12并追溯到更早些时候及现代，可看出人类历史时期的黄淮关系。

表4-12　黄河侵淮夺淮大事年表

年份	决口地点	入淮地点	侵淮路线	资料来源
168BC（汉文帝前元十二年）	酸枣（今河南省延津县西南，35.1°N，114.2°E）	从徐州入泗注淮	“东溃金堤”“河溢通泗”，是有记载的黄河侵淮之始	淮河志·大事记
132BC（汉武帝元光三年）	瓠子（今河南省濮阳县西南，55.6°N，114.9°E）	从徐州入泗注淮	濮阳决口，大流东南行直趋巨野泽（今山东省巨野县东北），然后入泗注淮	淮河志·大事记
983AD（太平兴国八年）	滑州（今河南省滑县，35.5°N，114.4°E）	从徐州入泗注淮	濮阳决口，大流经今河南省濮阳、范县、山东省菏泽、巨野、江苏省徐州入泗注淮	淮河志·大事记
1000AD（北宋真宗天禧三年）	郓州（今山东省东平县西北，35.9°N，116.3°E）	从山东省鱼台县入泗注淮	从今东平县西北决堤，经巨野、鱼台入泗注淮	淮河志·大事记
1019AD（北宋真宗天禧三年）	滑州（今河南省滑县，35.5°N，114.4°E）	从江苏省徐州入泗注淮	滑州城西南决堤，大流经濮阳、曹县、郓城注入梁山泊，会合清水、古汴渠，东汇入淮河	淮河志·大事记
1077AD（北宋熙宁十年）	澶州（今河南省濮阳西南，35.6°N，114.9°E）	从江苏省徐州入泗注淮	澶州曹村大决后，黄河河道南徙，东汇于梁山张泽泺后分为两支，一支合北清河入海，另一支入南清河经沛县、徐州入泗水注淮	淮河志·大事记
1128AD（南宋高宗建炎二年）	南宋东京（今开封）杜充决开黄河南堤，31.7°N，105.3°E）	入泗注淮	主流经豫鲁之间至今山东巨野、嘉祥一带入泗注淮（此次人为决堤是黄河历史上长期夺泗入淮的开始）	黄河水利史述要，204、206；淮河水利简史，163；淮河志·大事记，28
1168AD（金世宗大定八年）	李固渡（今河南省浚县南，35.6°N，114.7°E）	从徐州入泗注淮	决堤后水分多路，主要流经春川（今菏泽）、单川（今单县），从徐州入泗注淮。此次决堤改道使原黄河水量的60%由新的泛道注入淮河，黄河夺泗入淮的大势已成定局	淮河志·大事记，28；黄河水利史述要，206
1194AD（金章宗明昌五年）	阳武（今河南省原阳县，35.0°N，113.9°E）	从徐州入泗注淮	阳武光禄村决堤灌封丘而东去，主流经长垣、曹县南、商丘、砀山北，从徐州入泗水，从淮阴入淮河。基本上就是今废黄河流路。从此黄河主流全部南移经泗入淮，开始了黄河长期夺淮的历史，直至清末北徙为止	淮河志·大事记，29；淮河水利简史，163
1234AD（金哀宗天兴三年）	今封丘（蒙古军决黄河寸金锭水淹南宋军，31.7°N，105.3°E）	主流和南支经涡河怀远入淮干，北支从宿迁入泗注淮	由封丘南、开封东至陈留、杞县分为三股汊流，主流经涡河入淮干，北支经汴水故道合濉水入泗水注淮，南支亦东流入涡河并泛及颍河，黄河河道进一步南移	淮河志·大事记，30；淮河水利简史，163、164

续表

年份	决口地点	入淮地点	侵淮路线	资料来源
1286AD （元至元二十三年）	在阳武、开封、太康、等 15 处决口，太康：34.7°～34.2°N，114.3°～114.8°E	怀远、正阳关、宿迁	主流经陈留、通许、杞县、太康等地注涡河入淮干；西支经中牟、尉氏、洧川、扶沟等地注颍河入淮干；北支经古汴水泛道从宿迁入泗注淮	淮河志·大事记，31
1368AD （明洪武元年）	曹州（今山东省曹县，34.8°N，115.5°E）	由鱼台入泗注淮	决于曹州双河口，东流经巨野、嘉祥南、鱼台入泗入运注淮。灾后徐达整顿泛道，明清故道正式形成	淮河志·大事记，33
1391AD （明洪武二十四年）	阳武（今河南省原阳县，35.0°N，113.7°E）	夺颍河自正阳关入淮干	自原阳黑洋山经开封北、项城、太和、颍州、颍上，至秦州正阳关入淮干，致使贾鲁故道淤塞	淮河志·大事记，33
1416AD （明永乐十四年）	祥符（今河南省开封，31.7°N，105.3°E）	夺涡河由怀远入淮	主流经亳州、涡阳、蒙城至怀远入淮干	淮河志·大事记，35
1448AD （明正统十三年）	荥泽（今河南省荥阳，34.8°N，113.2°E）	夺颍由正阳关入淮	在荥泽县孙家渡南决，漫原武经开封、扶沟、通许、洧川、尉氏、临颍、郾城、商水、西华、项城、太康，由正阳关入淮	淮河志·大事记，35
1540AD （明嘉靖十九年）	睢州（今河南省睢县，34.4°N，115.0°E）	夺涡从淮远入淮	黄河从开封南徙，在睢州野鸡岗决口，经亳州、荥城、怀远入淮干	淮河志·大事记，40；黄河水利史述要，255；淮系年表，44
1558AD （明嘉靖三十七年）	曹州（今山东省曹县，34.8 °N，115.5°E）	从徐州入泗注淮	由曹县新集决口，经砀山北分为5支，之后更分为10余支，“忽东忽西，靡有定向”，散漫达于徐州入泗注淮	淮河志·大事记，41
1761AD （清乾隆二十六年）	开封、荥阳、原阳、祥符、中牟等处同时决口	夺涡河由淮远入淮干	多处决口，水流紊乱，主流直趋贾鲁河，由涡河入淮	淮河志·大事记，66
1778AD （清乾隆四十三年）	开封、兰考同时决口	夺涡河由怀远入淮干	多处决口，主流由睢县、宁陵、拓城、亳州，汇入涡河入淮	淮河志·大事记，68
1781AD （清乾隆四十六年）	兰考（34.8°N，114.8°E）、睢宁（33.9°N，117.9°E）	分别注入洪泽湖、涡河入淮	主流入洪泽湖，其余汇入南阳、昭阳、微山等湖	淮河志·大事记，68；黄河水利史述要，311
1796AD （清仁宗嘉庆元年）	江苏省丰县（34.7°N，116.5°E）	漫注昭阳、微山等湖	6 月黄河在丰县讯六堡决口，泛水经江苏省丰县、沛县北、山东省金乡、鱼台入昭阳、微山各湖	淮河志·大事记，20；黄河水利史述要，319；淮河水利简史，364
1843AD （清道光二十三年）	今河南省中牟县（34.7°N，114.0°E）	经涡河由怀远蚌埠集入淮	河决中牟、朱仙镇，主流沿贾鲁河、惠济河向东南，经通许、扶沟、太康、入涡河汇入淮河	淮河志·大事记，73；黄河水利史述要，321
1855AD （清咸丰五年）	兰阳（今河南省兰考县，34.8°N，114.8°E）	在今兰考县铜瓦厢北堤决口，全河夺流北去，结束了明清黄河历史，进入现代黄河时期	主流先向西北淹及封丘、祥符两县，然后折转东北，漫注兰、仪、考城及长垣等县，复分三股，均东北流至张秋镇，穿运河夺大清河由牡蛎嘴入渤海	淮河志·大事记，73；淮河水利简史，165
1887AD （清光绪十三年）	今河南省郑州（34.7°N，113.6°E）	一支沿颍河经颍上、正阳关入淮干，另一支沿涡河从怀远入淮干	于郑州石桥决口，溃口宽达三百余丈，下游河道断流。黄河水分别从贾鲁河入颍河、涡河、西淝河入淮	淮河志·大事记，79；淮河水利简史，368；黄河水利史述要，361

续表

年份	决口地点	入淮地点	侵淮路线	资料来源
1926AD（民国十五年）	山东省东明县	北五湖 南四湖	在东明县刘庄决口，口门宽达130多米，水势东泄流入巨野赵王河，经菏泽、郓城、巨野、嘉祥等地漫流入北五湖和南四湖	淮河志·大事记，91
1938AD（民国二十七年）	郑州花园口（34.7°N，113.6°E）	在淮河干流正阳关—怀远河段入淮	大堤炸开后洪水沿贾鲁河、颍河、西淝河、涡河等河道向东南奔流，汇入淮河中游干流	淮河志·大事记，102；黄河水利史述要，374-378

大致可划分为四个时期：第一时期为古淮河时期，即公元前21世纪大禹治水时期；第二时期为古淮河至1194年黄河侵淮前时期；第三时期为1194～1855年黄河夺淮时期，计661年；第四时期为1855年以后至现代时期。在这四个时期中，第一时期处于黄淮关系由地质历史时期向人类历史时期的过渡时期，黄河没有对淮河带来重大影响；第二时期由于黄河大堤的修建和决堤，对淮河水系带来一定破坏，尤其对北岸支流破坏较大，但并未夺占淮河干流河道，故可称为黄河侵淮时期；第三时期的最大特点是黄河夺泗夺淮，使淮河失去独流入海的河道，对淮河产生根本性的破坏，故可称黄河夺淮时期；第四时期的严重事件是1938年花园口人为破堤，可谓对淮河产生了雪上加霜的影响，但自20世纪50年代以来，人民治淮工程开始使淮河面貌向好的方向发展，进入黄淮关系的现代时期。

6.2.2 黄河夺淮及废黄河的形成

黄淮关系中最严重的事件，当属1194年黄河夺泗进而夺淮形成明清故道。1855年铜瓦厢决口黄河北徙之后，明清故道逐渐形成废黄河。

废黄河西起河南省兰考县东坝头，向东偏南行经民权北部、宁陵、商丘、虞城北界，山东省东明、曹县、单县南界，流入安徽省砀山县、萧山县，江苏省丰县、铜山县、徐州，再东南流经宿迁、泗阳、淮阴，转向东北经淮安、涟水、阜宁、响水、滨海等县市，于套子口入黄海。废黄河全长728.8km，南岸堤长700.6km，北岸堤长659.8km，堤内总面积4291km^2。由于黄河夺泗、夺淮时间近7个世纪之久，因此南北大堤间河道淤积严重，徐州以上河段滩地高出地面6～8m，河宽4～20km；徐州以下河段高出两侧地面4～6m，河宽3～6km，形成一条悬河。

黄河侵淮夺淮直至废黄河的形成，经历了以下过程：①公元前132年（汉武帝元尧三年）夏，河决濮阳瓠子，经巨野，通于泗河、淮河，历时24年始堵塞。这次决口破坏了济水、汴水、泗水和巨野泽，后经王景治河，汴水恢复旧道。②公元963年（宋太祖乾元元年）至1194年的231年间，黄河向南决口20余次。决口主要发生在两段：一段在郑州—开封一带，这一带以南是鸿沟、济水、汴水的上游，均为引黄河道，决溢使这些河道严重淤塞，成为今天的古河道遗址；另一段在山东境内，黄河在这一段的决口使济水、汴水的中下游淤塞，泗水中游和巨野泽（今梁山泊）均遭到破坏。③1128年（宋高宗建炎二年），东京守备杜充决黄河自泗水入淮，以阻止金兵南下，此后黄河不再北归故道，成为黄河夺泗南下之始。④1194年（大金明昌五年）8月黄河在阳武故堤决口，经兰考、徐州、淮阳至今废黄河口。1493年（明弘治元年）朝廷为保住漕运，派刘大夏在黄河北岸修筑长达360里的太行堤，西起胙城（今河南省延津县境），经滑县、长垣、东明、曹县、单县，直抵徐州（《明史纪事本末》卷三十四，《河决之患》），完全切断了黄河向北分流，并防御黄河北窜，迫使黄河南流入淮，形成“一淮受全河”之局面。此后即成为明清故道，并于 1855 年黄河北徙之后成为今天的废黄河。由此可见，黄河夺淮并非是一次决口造成的，而是经历了一个相当长的过程，直到 1194 年才最后形成。

6.2.3 黄河夺淮的人文因素和地学背景

1. 黄河夺淮的人文因素

（1）黄河大堤是构成人类历史时期黄淮关系的最重要因素。如前所述，在尚未形成完整黄河大堤前，黄河出孟津后在冲积扇上呈多股漫流，将泥沙散布于冲积扇面上，其中各股水道基于在冲积扇上的堆积性河流属性，均在两岸形成了自然堤，在自然堤的约束下河道发展为高出地面的地上河，当自然堤溃决时，河水泛滥，但由于自然堤高度不过 2～4m，泛滥的水沙不可能很大，且多散淤于冲积扇面上，所以对淮河尚未产生严重破坏性影响。

在大堤形成后，黄河自然漫流状态受到约束，形成了现代意义上的、统一的黄河下游河道。黄河下游河道在大堤的约束下逐渐形成地上悬河，并且进入了水涨堤高、堤高水涨的过程。在公元前 602 年至公元 11 年期间，黄河下游滩面与背河地面平均高差为 2.7m，最大高差为 6.4m（滑县以上 30km 处）；公元 11～1048 年间，平均高差为 2.1m，最大高差达 4.5m（濮阳附近）；公元 1494～1855 年间，平均高差达 6.8m，最大高差达 9.5m（虞城）；现代平均高差为 4～6m，最大高差为 10.7m（背岗）（刘国纬，2011）。显然，在如此险峻的悬河状态下，大堤一旦溃决，巨量水沙将对淮河干流与支流造成严重的破坏。然而，正如刘国纬所言，“黄河下游是堤与河组成的二元结构”，没有大堤就没有统一的黄河下游，也就没有黄淮海平原的安澜。因此，黄河大堤作为人们利用黄河和开发黄淮海平原的必然选择，将会长久地存在，而伴随的溃堤带来的对淮河的影响也会长期存在。就此而论，大堤必然是黄淮关系最主要的因素。

（2）古代开挖鸿沟、菏水等运河从黄河引水，为黄河泛淮提供了条件。鸿沟是战国时期魏国魏惠王九年（公元前 362 年）开挖的运河，从今河南省荥阳北引黄河水，经中牟北、开封北、尉氏东、太康西至淮阳。然后分两支，南支入颍河，北支入沙水，两者均入淮河（图 4-34）。后来的汴水、濉水、涣水、涡河等均是以鸿沟作为水源形成的（水利部治淮委员会，1990）。菏水是吴王夫差为北渡黄河与晋国争霸，于鲁哀公十二年（公元前 483 年）在泗水与济水之间开挖的一条运河，菏水从山东省菏泽引济水沟通了黄、济、泗、淮。

鸿沟引水口荥阳河段和菏水引水处菏泽河段都是黄河南决的主要河段，而汴、濉、涣、涡与菏水也是黄河泛淮夺泗的主要泛道，表明引黄运河的开挖与黄河泛淮确有密切关系。

2. 黄河夺淮的地学背景

1）关于决口地点的地学分析

黄河溃堤泛淮的决口地点主要发生在郑州—兰考河段和东明河段，其地学背景可从如下几点考察。

（1）黄河下游河道由不同历史时期的黄河故道组成（见第三章第五节）。郑州位于禹河故道，那里正是桃花峪冲积扇的顶坡段；兰考位于明清故道，那里正是兰考冲积扇的顶坡段。众所周知，冲积扇的顶坡段是冲积扇面坡度最大的地区，流经那里的河流具有较大的流速，对大堤的冲击力较大，且禹河故道和明清故道两河段物质组成主要为河沙，质地疏松，易被冲决。

（2）在北宋以前的漫长历史时期里，黄河以北的济源凹陷、东濮凹陷、临清凹陷是华北平的第四纪下沉区，地势低洼，所以那个时期黄河多是向北决口改道。多次向北改道使冲积扇的北坡地势抬高，黄河流路开始向南调整。南宋时期以来，黄河河势由原来的东北向转为东南向，主流冲向南岸大堤，这样的河势调整是郑州—兰考河段易遭溃决的另一个原因。

（3）由图 4-7 可见，郑州—兰考河段南侧位于新构造运动严重下沉区，地势低洼，东明大堤易遭溃决，除河段南岸位于新构造沉降区地势低洼之外，与河道水流由东西向急转为北北东向所产生的柯氏力对河岸的冲击力也有一定关系。

2）关于泛道路径的地学分析

黄河南泛侵淮夺淮的泛道主要有四条，如图 4-35。

图 4-35　黄淮泛道新构造运动背景

其一，黄河在东明河段决口后，呈东或东偏北方向，沿多条泛道入北五湖、南四湖，然后也沿泗水注淮入海，以下简称泛道 I 。

其二，黄河在开封至兰考河段决口，泛水主流从开封、兰考向东南方向经民权、商丘北、砀山北至徐州入泗水，沿泗水至清口（今淮阴）入淮河，借淮河下游河道入海，以下简称泛道Ⅱ。

其三，黄河在郑州至兰考河段决口，呈东南向沿西淝河、涡河、浍河等多条河流汇入淮河干流，以下简称泛道Ⅲ。

其四，黄河在荥阳—郑州—中牟河段决口后，经许通、太康、界首、太和、阜阳，至颍上汇入淮河干流，以下简称泛道Ⅳ。

由这第四条泛道构成的侵淮夺淮形势，与淮河流域新构造差异运动和断裂分布有密切的关系。

（1）淮河流域新构造差异运动与黄河侵淮夺淮泛道之间的关系，如图 4-35 所示。从图中可见，黄河侵淮夺淮的四条流路均位于淮河流域新构造沉降区。进一步考察发现，在沉降区内存在三条明显的低槽：其一，从开封经商丘、砀山指向徐州，这里正是泛道Ⅰ所经由的路线，泛道Ⅱ也在该低槽范围内；其二，从开封经睢县、永城、宿州至怀远，这里正是泛道Ⅲ所经由的路线；其三，从开封经许通、周口、阜阳至颍上，泛道Ⅳ正是在这一低槽内抵达淮河干流。由上述可见，淮河干流差异运动所形成的地壳抬升与沉降，奠定了黄河南泛侵淮夺淮泛道的基本格局。

（2）淮河流域的断裂与黄河侵淮夺淮流路的关系。由图 4-35 可见以下事实：①泛道Ⅰ的走向基本与新乡-商丘断裂、兰考-砀山断裂和砀山-徐州断裂的走向相一致；泛道Ⅱ的走向基本与东明断裂、费县-临沂断裂、苍山-郯城断裂等一致。②在郑州至兰考以南地区存在多条西北—东南向的断裂，自西向东依次有：尉氏-太和断裂、通许-淮阳断裂、睢县-柘城断裂、兰考-亳州断裂等。这些断裂的走向基本与黄河南泛的泛道Ⅲ和泛道Ⅳ中的贾鲁河、涡河、浍河上游支流河道的流向相一致，而这些河道的中下游干流在穿越南北向的金乡-淮滨断裂后，其流向大体与东西向的利辛断裂、怀远断裂、刘府断裂相一致。以上的事实表明，黄河南泛的四条泛道与展布在淮河流域的断裂有着密切的关系，并受到流路沿程断裂的控制。事实上，沿断裂带通常是岩层较软弱且破碎的地带，在流水的侵蚀下容易发育成为河道，因而也极易成为黄河南泛的泛道。这也正是自公元 1194 年以来黄河夺泗夺淮，并最终形成明清故道的地学背景之一。

6.3 黄淮关系对淮河水系的影响

经历了黄河侵淮、夺淮的漫长过程，淮河水系发生了重大的变化，主要表现在以下五方面：

（1）淮河入海故道被黄河淤废，从此淮河不能直接入海，被迫从洪泽湖以下的三河流入长江。事实上，洪泽湖成了现代淮河的河流基面。

（2）在黄河夺淮的背景下，为了确保漕运，采取“蓄清刷黄”治理策略，形成现代洪泽湖。洪泽湖的淤积和水位抬高，形成淮河干流下游倒比降，改变了原有蓄泄关系。

（3）由于黄河夺泗夺淮，使沂、沭、泗河水无出路，并在泗、运、沂的中下游形成南四湖和骆马湖，彻底破坏了原有的沂、沭、泗水系。

（4）豫东、皖北和鲁西南等平原地区的原有水系被黄泛袭扰破坏，大小河流或被淤塞或改道，或排水不畅或无出路，洪涝灾害频发。

（5）洪泽湖以下入江水道形成，高邮、宝应湖水位抬高，面积扩大，淮河下游运西、运东地区水灾加重。

黄河侵淮夺淮所造成的上述影响，是淮河流域成为我国水系复杂、蓄泄矛盾突出、洪涝灾害最严重的流域。基于淮河流域的地学特性，科学梳理和处理上述影响，理顺淮河原有的入海流路，应是当代治淮的关键所在。

第七节　基于地学属性的治淮启示

7.1　古代治淮方略述要

自西汉元光三年（公元前 132 年）河决濮阳瓠子口南泛淮河至清咸丰五年（1855 年）黄河从明清故道北徙夺大清河入渤海，这一时期的治淮活动通常被称为古代治淮时期，其间以元明清时期最为蓬勃。

纵观古代治淮活动，可以归纳出三个基本出发点或所遵循的基本原则：①“治河即所以治淮，而治淮莫先于治河”（《清史稿·河渠志》）。意思即治理了黄河就治理了淮河，而治理淮河首先要治理黄河。表明古代对治黄与治淮的关系已有了明确的认识。元代建都北京后，大运河成为自长江流域向京城（元大都）运送各类物资的重要通道，而大运河与淮河、泗河、黄河有着密切的关系，因此自元代起更视黄淮运为一体，把治黄、治淮与治运作为统一体进行考虑。②在黄、淮、运统一治理中，选定了四个河段作为治理的关键部位，如图 4-36（水利部淮河水利委员会，2005a）。其一为淮阴以北至宿迁的泗河

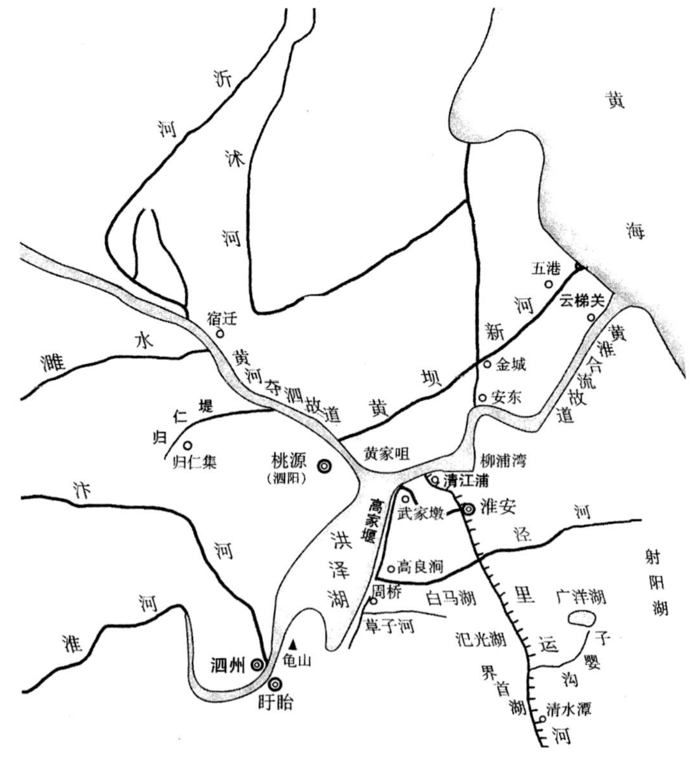

图 4-36　明代“分黄导淮”示意图
（水利部淮河水利委员会，2005a）

中游河段，这一河段黄河夺泗，黄泗同槽，运借泗槽，黄泗运三位一体；其二为淮阴（今淮安市淮阴区）以下至云梯关入海口河段，这一河段黄淮同道，畅通与否事关黄淮尾闾出海流路；其三为淮阴附近的清口（明清时代称清江浦），黄河夺泗前，清口是泗河入淮的汇入口，黄河夺淮后成为淮河汇入黄河的汇入口，黄河运河分家后又是运河必经之地（运河穿黄口），所以清口是黄泗淮运四水关联的枢纽，清口畅通与否牵动着黄淮泗运的整体安危，为牵一发动全身的战略枢纽；其四为洪泽湖与高家堰（即今洪泽湖大堤），这一湖一堤既是“蓄清刷黄济运”的关键，又是淮扬地区防洪的安全屏障。确立这四个部位作为治理黄淮运统一体的战略选择，反映了古人对黄淮泗运关系的深刻认识和高屋建瓴的战略思维与运筹。③基于元明清政治中心在北京，而经济腹地在长江流域的政治经济格局，所以元明清时期“治黄、治淮、治泗、保运”的中心任务是确保漕运的畅通，并以此作为制定治淮方略和各种治淮活动的出发点与归宿。

基于上述关于黄、淮、运综合治理的基本认识和原则，根据不同时期的社稷形势、黄泛态势与河道情况，在不同历史时期的治理方略也因时因势不断调整，各有侧重。按历史进程，大体可概括为五大治理方略。

1. 抑河南行，多支分流

在黄河于南宋绍熙五年（1194 年）夺泗入淮至明隆庆元年（1572 年）约 340 年间，为防止黄河北泛危及运道安全，所采取的是迫使黄河南行，并将黄河主流分别经颍、涡、濉、泗等多条泛道，分流入淮、入海的治理策略。元至正十年（1351 年）贾鲁治河（汴）、明弘治八年（1495 年）刘大夏筑太行堤，迫使黄河南行由颍、涡等河入淮，均是执行这一方略的重大工程措施。

2. 束水攻沙，独流入海

明代后期，由于长期实行“抑河南行，多支分流”治河方略的结果，使南泛的泛道淤塞，淮北地势抬高，黄河形势日趋严峻，漕运几无宁日。于是万恭、潘季驯等相继提出“束水攻沙，独流入海”的治理方略。万恭于明隆庆六年（1573 年）担任河道总理，提出：“欲河不暴，莫着令河未而深；欲河未而深，莫着束水急而骤。束水急而骤，使由地中行，舍堤别无策。”因此，他主张沿明清故道南北均筑堤，并主持修筑了自邳州至宿迁两岸堤防 370 里和自兰考至汴河、泗河的南北堤防。

潘季驯于明万历六年（1578 年）任河槽总理时，提出：“通槽于河，则治河即以治槽；合河于淮，则治淮即以治河；合河淮而同入海，则即以治河治淮”。他力主使黄河水全部由汴河、泗河、淮河独流入海，并主持修筑了自邳州至徐州 160 里大堤和徐州以下河段 620 里南北大堤。

3. 蓄清刷黄，保护尾闾

在实行“束水攻沙，独流入海”的治黄治淮方略之后不久，河道即发生严重淤积，独流入海难以为继。这一事实让潘季驯认识到“黄河斗水，沙居其六，以四升之水载六升之沙，非迅溜湍急，则必淤阻。”于是提出“蓄清刷黄，保护尾闾”的治理方略。在制定实施这一方略的总体规划中，潘季驯认识到作为淮河汇入黄河的口门清口，乃是

“蓄清刷黄”的必经孔道，而筑高家堰蓄积淮水乃是“蓄清刷黄”的唯一水源，两者皆是实施“蓄清刷黄”的关键。基于此，潘氏提出“欲导河入海，必藉淮以刷沙，欲藉淮以刷沙，必得清口通畅，欲清口畅通，必集聚淮水尽由此出”的规划方案。于是大修高家堰，扩大洪泽湖，尽蓄淮河之水于洪泽湖，并经由清口注入黄淮合流之尾闾入海。

4. 分黄导淮，减杀水势

在实施“束水攻沙，保护尾闾”方略的五六年间，确实出现了“两河归正，沙刷水深，海口大辟”的安澜局面，但终因“黄强淮弱”，淮水不足以冲刷黄河巨量泥沙，故徐州以下的泗河及淮阴以下至淮河入海口河道淤积日趋严重。而随着高家堰的不断加高，洪泽湖水位过高将危及淮河中游凤泗一带和淮扬地区的安宁，且将淹及位于泗州的明祖陵。迫于如此严峻形势，“分黄导淮，减杀水势”的治淮方略被提了出来。

黄河分流之说在明初即有多人提出。例如，明初宋濂提出：“夫以数千里湍悍难治之河，而欲一淮以疏其怒视，万万无此之理也。唯分流乃治河之根本。”这一时期提出的分黄方案主要有：分黄入卫、分黄入济、分黄济运等。但实际实施的只有明万历二十四年（1596年）河道总理杨一魁开挖自桃园（今泗阳）至灌河口五港的黄坝新河，清代康熙年间（1662～1722年）河道总理靳辅挖浚清江浦至云梯关的黄淮合流故道等几条分黄河道。

分淮入江和导淮入海两种方式并用，是分黄导淮的重要策略。在明代万历五年（1577年）督漕吴桂芳等首次提出于瓜洲入江口建闸导淮入江的方案。万历八年（1560年）河总杨一魁提出在高家堰建闸分洪，并建有武家墩、高良涧减水闸，引淮水分由永济河、岔河、泾河、射阳湖等多路入海。清代延续明代的导淮入江入海的方略，增建了更多的导淮工程。这些导淮入江入海工程也成为近代导淮的前奏。

5. 治理泗沂，济运保漕

自元代开始，京杭运河的淮阴至济宁段就是借用泗河行舟入淮，且得到沂、沭水的水量补给，但黄河夺泗以后，沂泗合流的局面已难以为继。如上所述，古代治理黄淮的宗旨是确保漕运，所以治理泗沂、济运保漕历来是治黄治淮方略的重要组成部分。

泗沂的治理范围主要在其中下游。最大的治理措施是泗运分离。明清两代相继在泗河东侧开挖南阳河、泇河（今韩庄运河）、中运河，京杭运河随之改走新开河道，实现泗运分离。泗运分离后，泗河水一方面继续排泄入运河并作为运河水源，另一部分则潴留于南四湖，促进南四湖扩展；沂水一方面作为运河的补给水源，另一方面其山区性河流的洪水也是运河的威胁。可见，由于泗、运、沂、南四湖之间的密切联系，使它们在“治理沂泗，济运保漕”的方略中成为一个整体，而它们的河道联系也随着治理工程发生了很大的变化。

7.2　近现代治淮方略述要

近代是指清末至民国，即1855～1949年的近100年期间。明清时期的“分黄导淮、减少水势”的方略虽取得一定的短期效果，但终未解决黄河淤积日趋严重，沂沭泗中游地区水系紊乱，淮河失去尾闾，洪水入海无路，徐州和淮扬地区水患频繁，居无宁日的局面。在这一背景下，“复淮”“导淮”的呼声群起，近代先驱提出了各自导淮主张。

1. 故道和新路之争

1855 年黄河自铜瓦厢北徙之后，是挽黄河重新回到明清故道入黄海？还是顺其自然走新路入渤海？是当时首先必须回答的问题。经过多年的争论后，最终认定采取黄河走新流路入渤海的主张。这样就奠定了治淮的大环境，并在此背景下提出了多种导淮方略。

2. 淮水全部入海

代表性主张有：

（1）恢复淮河故道，淮水全部入海。清末时任两江总督左宗棠认为，“黄河既已北徙不归，淮河原故道就不再受黄河夺淮之害，因此主张恢复淮河故道，疏通尾闾，从云梯关入海。

（2）开辟淮河下游新流路，淮水全部入海。1919 年美国工程师费礼门来华考察淮河与运河，提出另辟新河，分别从洪泽湖东北行，沿途尽量接纳沂、沭来水，在海州湾临洪口、套子口、流河口导淮水全部入海。

3. 淮水全部入江

代表性方案有：1914 年美国工程师团来华考察淮河，提出在盱眙龟山对面淮河左岸筑大堤，截断淮河入湖口，并直通蒋坝，导淮由三河南行，经宝应、高邮两湖，至扬州附近入扬子江。

4. 江海分流

该类主张以张謇为代表人物，但入江入海的比例各有所见，分别有 3 比 7、7 比 3、4 比 6 等不同方案。

5. 在上述诸方略中，以江海分流方案拥护者众

民国时期继续执行江海分流，有以入江为主的治淮方略。1931 年国民政府导淮委员会制定《导淮工程计划》。该计划的主旨是：“防止洪涝灾害，并顾发展航运、灌溉，逐步实施，除害为先”。该计划也分别拟定了以洪泽湖和微山湖为枢纽的工程规划，确定以 1921 年洪水作为《导淮工程计划》的设计洪水依据。

自 1950 年中华人民共和国中央人民政府政务院发布《关于治理淮河的决议》开始，进入现代治淮时期。在这一时期先后多次制定了淮河流域规划。其中防洪除涝、河道整治规划策略是：上中下游统一规划，全面治理。干流上游以蓄为主，以泄为辅，为此要兴建山谷水库，推行水土保持；中游蓄泄兼筹，为此要扩大河道排洪能力，扩大湖泊洼地蓄洪流量；下游以泄为主，为此要整治入江水道，开辟入海水道，合理利用洪泽湖拦蓄洪水（水利部淮河水利委员会，2005b）。淮北各支流上游山区修建大中型水库，坡洼地带建滞蓄洪区调节控制洪水，中下游修筑堤防、疏浚河道，因地制宜调整水系，做到高低水分开，减少上下游矛盾。淮南支流则上游修建水库拦蓄洪水，中下游修建堤防，河口兴建圩区（水利部淮河水利委员会，2004）。沂沭泗水系实行“沂沭泗洪水东调南下工程”，即沂沭河洪水尽量就近由新沭河东调入海，泗河与南四湖洪水南下入骆马湖

走新沭河与运河入海入江（水利部淮河水利委员会，2005a，b；水利部淮河水利委员会，2004）；里下河及滨海地区则建立和健全内部排水系统，结合入海水道开辟了多条排水入海出路（水利部淮河水利委员会，2005a，b）。

7.3　关于治淮方略的思考

本节将基于对淮河流域地学属性的认识并继承前人的治淮经验，提出关于淮河治理方略的几点思考。

1. 不断揭示淮河流域的地学特性，真正实现科学治淮目标

古代在对黄河与淮河形成与演变的地学知识十分缺乏的情况下，能提出“治河即所以治淮，而治淮莫先于治河”的论断，把黄河与淮河视为一个整体进行治理，并不断提出适应当时社稷与河情的治理方略，足见古代治淮先贤们的智慧。然而，也正由于缺乏对黄河与淮河地学属性的了解，所以历代治淮方略均存在一定的局限和失误。例如，明代万恭等提出的“束水攻沙，独流入海”方略，试图通过筑堤束河获得较大流速输沙，使黄河独流入海，但终因没有认识到冲积扇上河流所具有的善淤和地上河属性而失败；潘季驯等提出实施的“蓄清刷黄，保护尾闾”方略，也因为没有充分认识到“黄河斗水，沙居其六”和“黄强淮弱”这一基本事实，不仅未实现保护尾闾的目的，而且因高家堰不断加高和洪泽湖扩大，给淮扬地区带来严重水患。倘若当时不是采取“蓄清刷黄”，而是另辟黄泗入海河道，恐完全是另一番情景。

近代治淮以导淮为主旨，局限于规划下游通江入海的工程措施，忽略了全流域统一治理。显然，这一治理方略没有充分认识到河流是流域的组成部分，也没有认识到河流上中下游的地学基础，因而收效甚微。

现代治淮提出“蓄泄兼筹，全流域统一治理”的治淮方略，显然更多反映了淮河流域的自然特征和社会经济状况，并取得了前所未有的成效，但要构筑淮河流域的持久安澜，仍需不断揭示淮河流域的地学特征，真正实现科学治淮。

2. 深刻认识和科学处理黄淮关系，是治理淮河的关键

地质历史时期的黄淮关系研究表明，黄河冲积扇是淮河形成的地质和地貌背景，并赋予淮北支流堆积性河流属性，黄河与淮河有着不可分割的密切关系。然而在漫长的地质历史时期里，黄河虽屡次南泛淮河，却没有对淮河带来毁灭性的的破坏，1194 年以前的淮河一直是一条河道宽深、水量充沛、独流入海的大河。人类历史时期的黄淮关系研究表明，自战国时期黄河下游修筑全河大堤以来，黄河频繁堤溃河决对淮河的破坏不断加剧，直至 1194 年黄河夺泗夺淮，黄淮关系进入与地质历史时期迥然不同的新阶段。由此可见，深刻认识黄河大堤作为堆积性河流堤防的功能和与生俱来的局限性，深刻认识黄河下游河与堤组成的二元结构属性，既是治理黄河下游的地学基础，也是治理淮河的地学依据。

1855 年黄河在兰考铜瓦厢决口北徙之后，现在的黄河大堤已成为黄河与淮河的新分水岭。如何确保大堤的稳固，是当代和未来相当长时期内的关键之所在。当前颇受关注和认可的黄河下游治理方略是：①有控制地进行适当规模放淤，以持续和小规模方式释

放黄河现河道的水沙压力；②必要时在北岸以北进行人工改道，或“三堤两河”，或在华北沿东濮凹陷、临清凹陷、济阳凹陷和黄骅凹陷区开辟新流路。可见，一条稳定的现代黄淮分水岭是可以希冀的。

3. 实现沂沭泗与淮河流域的分割

如本章 4.4 节所述，沂沭泗水系与淮河水系在形成的地质背景与河流特性方面是不同的。沂河与沭河从来就是独立入海的山区性河流，古泗河干流从源头汇入淮河处长 850km，在淮阴以下借助淮河入海的合流距离仅 126km，实际上是一条独立的河流。所以沂沭泗水系与淮河水系事实上是彼此独立的两个水系。

黄河通过夺泗而夺淮，形成了黄泗淮复杂关系。运河从北向南借泗水而同槽，在淮阴穿黄淮南下而交织，使黄-泗-淮-运形成一体，命运与共，水系进一步变得复杂。历代为漕运必然涉及治淮治泗治黄，正是对这一命运共同体的综合治理，才促成人们形成了视淮沂沭泗河为一体的观念。

从河流形成、演变及其地学特性考察，治理黄-泗-淮-运这一复杂系统的大方向是：拆解在人为干预下形成的黄-泗-淮-沂水系，使各河流恢复原先状态下的流路与河势，这也可称为复杂河系治理的一条有效途径。

1855 年黄河北徙之后，原明清故道（废黄河）已经成为淮河与沂沭泗水系的分水岭，为淮泗分离创造了极好的条件。在此基础上，沂沭泗水系的治理方略应当是形成完整的独流入海的水系，而不必与淮河再由共同的河道入海。事实上，现在实施的“沂沭泗洪水东调南下工程”在一定程度上体现了这一方略。淮河应当实施河湖分家，形成以入海水道为主、入江水道为辅的下游泄水河道。洪泽湖应不再是淮河入海水道和入江水道上的串联湖泊，而应成为有闸坝控制的与入海和入江水道并联的湖泊，成为调洪和水资源调节的场所。苏北平原地区的新构造地貌分析表明，开辟新的入海水道是可行的。

4. 流域水系整治要符合淮河流域的地学特性

淮河流域的地学特性主要包括新构造差异运动形成的构造隆升与沉降特征，断裂与河流空间分布特征，冲积扇堆积性河流特征，水文气象时空分布特征等。

淮河北岸主要支流是由黄河的泛道所形成的。这些泛道多分布在两个新构造沉降带，这里也曾是古河道密集带，因此淮河北岸水系整治应顺应这一构造地貌特征。

淮河干支流大多受到断裂带的控制，河流纵剖面的突变点，河道平面摆动或改道的转折点，多发生在河流与断裂的交叉点处，水系的形态（如格子状水系）和走向（如干流走向）也与断裂有密切的联系，因此在河流整治时要充分考虑河流与断裂的关系。

淤积与地上悬河是冲积扇河流的基本特征，也是引起河流泛滥和工程失事的主要原因，故在进行河流规划与工程布局时要格外注意的问题。

5. 充分利用湖泊洼淀的调蓄功能

湖泊洼淀是淮河流域水系的重要组成部分。淮河流域地处我国南北气候过渡带，流域内水文气象要素时空分布变化大。就降雨而论，年际间变差系数达 0.6～0.7，旱涝频繁；年内汛期（6～9 月）雨量占年雨量的 60%～80%；年雨日长且多大暴雨。因此，充分利用山区水库和沿干流湖泊洼淀调蓄洪水，对缓解洪涝旱情具有重大意义。

在沂沭泗流域，南四湖、骆马湖的调蓄功能对实行沂沭泗东调独立入海的治理方略有重大作用。

综上所述，在淮河流域治理中，充分遵从、合理利用淮河流域的地学属性，应当是新时期治淮方略应遵循的一条重要科学原则。

参考文献

安徽省地质矿产厅. 1987. 安徽省区域地质志[M]. 北京: 地质出版社: 472, 482, 496-500, 501, 511, 514, 517.

安徽省地质矿产厅. 1987. 中华人民共和国地质矿产部地质专报——区域地质第5号[M]. 北京: 地质出版社: 501.

班固. 1991. 汉书·前汉书卷二十九[M]. 郑州: 中州古籍出版社: 282.

陈万里, 顾洪群, 张道政. 1998. 江苏第四纪海侵及近代海岸变迁研究[J]. 江苏地质, 22(增刊): 45-50.

陈友飞, 严钦尚, 许世远. 1993. 苏北盆地沉积环境演变及其构造背景[J]. 地质科学, 28(2): 151-159.

陈远生, 何希吾, 赵承普, 等. 1995. 淮河流域洪涝灾害与对策[M]. 北京: 中国科学技术出版社: 5.

程捷, 万天丰. 1996. 郯庐断裂带在新生代的演化[J]. 地质科技情报, 15(3): 35-42.

冯超. 1996. 淮河流域地貌类型//淮河环境与治理[M]. 北京: 测绘出版社: 169.

冯浩鉴, 顾旦生, 张莉, 等. 1998. 中国东部地壳垂直运动规律及其机制研究[J]. 测绘学报, 27(1): 18.

高国治. 1985. 河南省伏牛-大别弧形构造带基本特征[A]. //中国分省构造体系研究文集第2辑[C]. 北京: 地质出版社: 1-2.

高名修. 1995. 东亚北东向块断构造与现代地裂运动[M]. 北京: 地震出版社.

葛全胜, 等. 2011. 中国历朝气候变化[M]. 北京: 科学出版社: 3, 7-9, 19.

谷德振, 戴广秀. 1954. 淮河流域的地质构造[J]. 科学通报, (4): 32-37.

桂焜长, 沈永坚. 1984. 苏鲁皖豫地区垂直形变的构造背景分析[J]. 地震地质, 6(3): 15-21, 169-171.

国家地震局. 1989. 中国岩石圈动力学图集[M]. 北京: 中国地图出版社: 18.

哈承祐, 朱锦旗, 叶念军, 等. 2005. 被遗忘的三角洲——论淮河三角洲的形成与演化[J]. 地质通报, 24(12): 1099.

河南省地质矿产厅. 1991. 河南省境内淮河流域旱涝灾害成因与治理[M]. 北京: 地质出版社: 13, 34-36, 37.

黄河水利委员会. 1987. 黄河流域地图集[M]. 北京: 中国地图出版社: 44-45, 212.

淮河水利委员会. 1999. 淮河流域地图集[M]. 北京: 科学出版社: 9-10.

江苏省/上海市地质矿产局. 1985. 江苏省及上海市区域地质志[M]. 北京: 地质出版社: 612-613, 644, 647-648, 742.

江苏省/上海市地质矿产局. 1987. 江苏省及上海市区域地质志[M]. 北京: 地质出版社.

金权, 王平, 王松根. 1987. 安徽淮河中游平原晚新生代孢粉组及古气候[J]. 海洋地质与第四纪地质, (4).

金权. 1990. 安徽淮北平原第四系[M]. 北京: 地质出版社: 4, 5, 52, 73, 82-83, 118, 124-125, 126, 141-146.

李长安. 1998. 桐柏-大别山掀斜隆升对长江中游环境的影响[J]. 地球科学, 23(6): 562-566.

李荣华. 1991. 桐柏山与大别山天然分界线初探[J]. 地域研究与开发, 10(3): 125-126, 132-135.

李润田. 1988. 大别山 中国大百科全书·中国地理卷[M]. 北京: 中国大百科全书出版社: 65-66.

李祥根. 2003. 中国新构造运动概论[M]. 北京: 地震出版社: 75, 90, 100-101, 183, 184.

李玉信, 李广坤, 刘书丹, 等. 1987. 河南省平原区第四纪岩相古地理分析[J].河南地质, 5(4): 25-31.

郦道元. 1990. 水经注[M]. 上海: 上海古籍出版社: 414, 484, 500, 506, 575.

凌申. 2001. 全新世以来里下河地区古地理演变[J]. 地理科学, 21(5): 474-479.

刘国纬. 1997. 水文循环的大气过程[M]. 北京: 科学出版社: 187.
刘国纬. 2011. 黄河下游治理的地学基础[J], 中国科学(D 辑), 41(10): 1511, 1516.
刘明光. 2010. 中国自然地理图集[M]. 北京: 中国地图出版社: 20, 26, 43, 44, 47.
刘少锋, 张国伟, 程顺有, 等. 1999. 东秦岭-大别山及邻区挠曲类盆地演化与碰撞造山过程[J]. 地质科学, 34(03): 336-338.
刘书丹, 李广坤等. 1988. 河南省平原区新构造运动及其影响[J]. 河南地质, 6(1): 75, 79.
刘振中, 徐馨, 陈钦峦, 等. 1982. 江淮分水岭东段地区的地貌发育[J]. 扬州师范学院自然科学学报, (1): 54-59.
任纪舜. 1991. 论秦岭造山带-中朝与扬子板块的拼合过程[A]//秦岭造山带学术讨论会论文选集[C]. 西安: 西北大学出版社: 99-110.
《钱宁论文集》编辑委员会. 1990. 钱宁论文集[M]. 北京: 清华大学出版社: 341.
山东省地贸矿产厅. 1984. 山东省区域地质志[M]. 北京: 地质出版社: 444, 454, 522.
山东省水利史志编辑室. 1993. 山东水利志稿[M]. 南京: 河海大学出版社: 25-26.
单树模. 1998. 淮河入江水道. 中国大百科全书·中国地理[M]. 北京: 中国大百科全书出版社: 219.
邵时雄, 郭盛乔, 韩书华. 1989. 黄淮海平原地貌结构特征及其演化[J]. 地理学报, 44(3): 320-321.
邵时雄, 王明德, 等. 1989a. 中国黄淮海平原第四纪地质图[M]. 北京: 地质出版社: 22.
邵时雄, 王明德, 等. 1989b. 中国黄淮海平原第四纪岩相古地理图[M]. 北京: 地质出版社: 37.
邵时雄, 王明德, 等. 1989c. 中国黄淮海平原地貌图[M]. 北京: 地质出版社.
邵时雄, 王明德. 1989d. 中国黄淮海平原地质图说明书[M]. 北京: 地质出版社: 15-17.
邵时雄, 王明德, 等. 1989e. 中国黄淮海平原地质图说明书[M]. 北京: 地质出版社: 16-17.
邵时雄, 王明德, 等. 1989f. 中国黄淮海平原第四纪岩相古地理图说明书[M]. 北京: 地质出版社: 3, 16-17, 20-21, 33-35.
邵时雄, 王明德, 等. 1989g. 中国黄淮海平原第四纪地质图说明书[M].北京: 地质出版社: 37, 39.
施雅风, 孔昭宸, 王苏民, 等. 1992. 中国全新世大暖期的气候波动与重要事件[J]. 中国科学 B 辑, (12): 1300-1309.
舒良树, 王博, 王良书, 等. 2005. 苏北盆地晚白垩世-新近纪原型盆地分析[J]. 高校地质学报, 11(4): 539-540.
水利部淮河水利委员会, 等. 1997. 淮河志·第一卷淮河大事记[M]. 北京: 科学出版社: 74.
水利部淮河水利委员会, 等. 2000. 淮河志·第二卷 淮河综述志[M]. 北京: 科学出版社: 32-33, 81, 98-103, 104-106, 132-140, 142-143, 150.
水利部淮河水利委员会, 等. 2004. 淮河志·第五卷 淮河治理与开发志[M]. 北京: 科学出版社: 42-45, 60, 64.
水利部淮河水利委员会, 等. 2005a. 淮河志·第四卷 淮河规划志[M]. 北京: 科学出版社: 55.
水利部淮河水利委员会, 等. 2005b. 淮河志·第四卷 淮河规划志[M]. 北京: 科学出版社: 139, 131, 149.
水利部淮河水利委员会《淮河水利简史》编写组等. 1990. 淮河水利简史[M]. 北京: 水利电力出版社: 10-12, 80.
水利部淮河水利委员会《淮河志》编辑委员会. 1997. 淮河志•第一卷淮河大事记[M]. 北京: 科学出版社: 4, 20, 21, 22, 23, 25, 28, 29, 30, 31, 33, 35, 40, 41, 66, 68, 73, 79, 91, 102.
水利部黄河水利委员会. 1989. 黄河流域地图集[M]. 北京: 中国地图出版社: 92, 212.
水利部南京水文水资源研究所. 2005. 中国短历时暴雨图集[M]. 北京: 中国水利水电出版社.
水利部水文局. 1957. 中国主要河流水文特征资料[M]. 北京: 水利部水文局: 85-89, 207.
水利部治淮委员会, 等. 1990. 淮河水利简史[M]. 北京: 水利电力出版社: 80, 161, 163, 164, 364, 368.
水利部黄河水利委员会《黄河水利史述要》编写组. 2003. 黄河水利史述要[M]. 郑州: 黄河水利出版社: 204, 206, 311, 319, 321, 361, 374, 378.
谭其骧, 等. 1982a. 中国历史地图集(东晋十六国、南北朝时期)[M]. 北京: 中国地图出版社: 46-47.
谭其骧, 等. 1982b. 中国历史地图集(隋、唐、五代十国时期)[M]. 北京: 中国地图出版社: 5-6.

谭其骧, 等. 1982c. 中国历史地图集(清时期)[M]. 北京: 中国地图出版社: 24-25.
谭其骧, 等. 1982d. 中国历史地图集(秦、西汉、东汉时期)[M]. 北京: 中国地图出版社: 19-20.
谭其骧, 等. 1982e. 中国历史地图集(宋、辽、金时期)[M]. 北京: 中国地图出版社: 22-23.
谭其骧, 等. 1982f. 中国历史地图集(夏、商、周、春秋、战国时期)[M]. 北京: 中国地图出版社: 22-24.
谭其骧, 等. 1990. 中国历史地图集(秦、西汉、东汉时期)[M]. 北京: 中国地图出版社.
汤加富, 侯明金, 高天山. 1995. 郯庐断裂带主要特征与性质讨论[J]. 安徽地质, 5(3): 60-65.
汤加富, 姚穗. 2000. 对安徽及邻区若干重要基础地质问题的认识[J]. 安徽地质, 10(2): 105-107.
唐锦铁. 1979. 从苏浙皖沪新构造运动探讨其地震活动特征[J]. 江苏地震工作通讯, (2): 75-80.
唐元海. 1976. 淮河古水系述略[J]. 治淮, (3): 34.
王静爱, 左伟, 等. 2009. 中国地理图集[M]. 北京: 中国地图出版社: 58.
王庆, 李军, 等. 2000. 淮河中游河床倒比降的形成、演变与治理[J]. 泥沙研究, (1): 50, 52, 53.
王若柏, 扬国华, 等. 1995. 沂沭断裂带地壳垂直形变的演化及其构造含义[J]. 中国地震, 11(2), 174-180.
王若柏. 1988. 苏鲁皖地区现代构造活动研究[J]. 地震地质, 10(1): 1-5.
王颖, 张振克, 朱大奎, 等. 2006. 河海交互作用与苏北平原成因[J]. 第四纪研究, 26(3): 301-320.
王祖烈. 1981. 淮河流域概况. 未公开出版.
武同举. 1969. 淮系年表·上册[M]. 台北: 台湾文海出版社: 44.
谢广林, 孔凡建, 等. 1988. 大别山的新构造与地震活动[J]. 华南地震, 8(4): 15-18.
邢大韦. 1993. 海河流域洪涝灾害的地学基础初探[J]. 治淮, (1): 20-22.
徐士传. 1984. 洪泽湖大提高程变化史考[J]. 淮河志通讯, (4): 62-74.
徐士传. 1986. 洪泽湖百年最高水位考[J]. 淮河志通讯, (2): 40-45.
许炯心. 1989. 历史上治黄治淮的环境后果[J]. 地理环境研究, 1(1): 85.
荀德麟. 2003. 洪泽湖志[M]. 北京: 方志出版社: 75.
杨达源, 王云飞. 1995. 近 2000 年淮河流域地理环境的变化与洪灾——淮河中游的洪灾与洪泽湖的变化[J]. 湖泊科学, 7(1): 1-7.
杨达源. 1986. 江苏沿海第四纪海侵层的分布与新构造运动的基本特征[J]. 地震学刊, (1): 24-32.
杨达源. 1995. 近 2000 年淮河流域地理环境的变化与洪灾——淮河中游的洪灾与洪泽湖的变化[J]. 湖泊科学, 7(1): 4-6.
杨国华, 韩月萍. 1997. 苏鲁皖豫地区现今地壳垂直运动及郯庐断裂带的活动特征[J]. 地壳形变与地震, 17(1): 39-44.
杨志华. 1997. 秦岭造山带南北向构造及有关问题讨论[J]. 地质评论, 43(1): 10-11.
叶青超. 1990. 黄河下游河流地貌[M]. 北京: 科学出版社: 31.
袁国强. 1990. 桐柏大别山区地貌结构特征及其演化[J]. 地域研究与开发, 9(7), 69-72.
张伯声. 1964. 在块断构造的基础上说明秦岭东段两侧河流的发育[J]. 地质学报, 44(4): 405-408, 416.
张德二. 1993. 中国历史气候变迁中国大百科全书·地理学[M]. 北京: 中国大百科全书: 282-283.
张福春, 王德辉, 丘宝剑, 等. 1987. 中国农业物候图集[M]. 北京: 科学出版社: 3, 21, 25, 93, 115.
张光业. 1964. 河南省地貌区划[J]. 开封师范学院学报, (1): 45-47.
张国伟, 孟庆仁. 1995. 秦岭造山带的结构构造. 中国科学 B 辑, 25(9): 994-1003.
张丕远, 葛全胜, 张时煌, 等. 1997. 2000 年来我国旱涝气候演化的阶段性和突变[J]. 第四纪研究, (1): 16-17.
张丕远, 王铮, 刘啸雷, 等. 1994. 中国近 2000 年来气候演化的阶段性[J]. 中国科学(B 辑), 24(9): 1007.
张义丰, 杨平林, 钮仲勋, 等. 2001. 淮河流域构造体系与基本特征//淮河地理研究[M]. 北京: 测绘出版社: 129-134.
张义丰. 1985. 淮河流域两大湖群的兴衰[J]. 河南大学学报, (1): 47-48.
张义丰. 2001. 淮河中游湖泊形成的地理因素与社会因素——兼论芍坡的形成[M]//淮河地理研究. 北

京：测绘出版社: 193.
郑连弟. 1991. 淮河水利史·水利百科全书[M]. 北京：水利电力出版社: 842-844.
中国科学院地理研究所. 1965. 中华人民共和国自然地理图集[M]. 北京：科学出版社.
中华人民共和国地质矿产部. 1988a. 地质专报第 17 号 河南省区域地质志[M]. 北京：地质出版社: 618-620.
中华人民共和国地质矿产部. 1988b. 中华人民共和国地质矿产部地质专报六·水文地质·工程地质第 9 号[M]. 北京：地质出版社: 34-35.
《中国河湖大典》编纂委员会. 2010. 中国河湖大典[M]. 北京：中国水利水电出版社: 162.
周淑贞, 李朝颐. 1998. 中国大百科全书·中国地理[M]. 北京：中国大百科全书出版社: 665.
竺可桢. 2004. 竺可桢全集[M]. 上海：上海科技出版社: 471-472.
邹逸麟, 谭其骧. 1993. 中国历史时期海岸线的变迁//中国大百科全书·中国地理[M]. 北京：中国大百科全书出版社: 745.

第五章　海河治理的地学基础

海河是中国华北地区的大河。海河水系由五大支流和干流组成。五大支流是：北支北运河、西北支永定河、西支大清河、西南支子牙河、南支南运河。五大支流汇集于天津，自天津金刚桥以下至大沽入海口为干流，始称海河，干流长 73km。海河流域北倚内蒙古高原南缘，西起太行山，南抵黄河大堤（与黄河为界），东临渤海。流域面积 26.4 万 km^2，山区占 54.1%，平原占 45.9%。

海河水系的特点是，上游支流繁多而分散，均汇集于下游干流，成为典型的扇状水系。而且各支流直接从山区进入平原，因而几乎没有中游河道。这样的水系结构使河流集水迅速，汛期极易形成大洪水。海河流域的水文气候特点是，暴雨集中于 7～8 月，年际变化剧烈，年径流量 211.6 亿 m^3，水资源短缺。因此，海河流域洪、涝、旱、碱等自然灾害频繁而严重。1963 年 8 月特大暴雨洪水酿成了海河流域 20 世纪以来最严重的洪水灾害。

本章在讲述海河形成的背景下，将阐述海河流域的地质背景、古气候与海侵、海河水系的地学特性，以及基于地学特性对海河治理的启示。

第一节　海河流域的地质构造背景

海河流域西接太行山东麓，北界燕山山脉，东濒渤海湾，南以黄河大堤为界。该区域在地质构造上属于中朝准地台的东部，通常也称其为华北断块或华北地台。因此，阐述海河流域的地质构造背景，必须了解华北地台、太行山、燕山及渤海的地貌及其演变。本节将分别概述之。

1.1　华北断块的形成与演变

在地质学中，将被断裂构造所围限的相对独立的地质体称为断块或块体。以断块体为对象是区域地质研究的重要方向。中国大陆经历了 38.3 亿年的地质构造和改造过程，于距今 0.26 亿年（渐新世—中新世）以来形成了西域、青藏和华夏三大断块区。新构造运动时期，又进一步形成了以喜马拉雅山强烈挤压隆起区、青藏川滇面状上升隆起区、新疆（西域）块体隆起、拗陷区、华北裂谷后期沉降区、东北裂谷后期挤压隆起区、华南-东海裂谷后期挤压隆起区和台湾隆起及南海海域裂谷后期沉降区 7 个主要新构造大尺度块体区。其中，华北断块位于华北裂谷后期沉降区北部（李祥根，2003）。

华北裂谷后期沉降区的地质基础是中朝准地台。中朝准地台通常也称华北地台、华北断块、华北克拉通，其东部构造单元如图 5-1 所示。

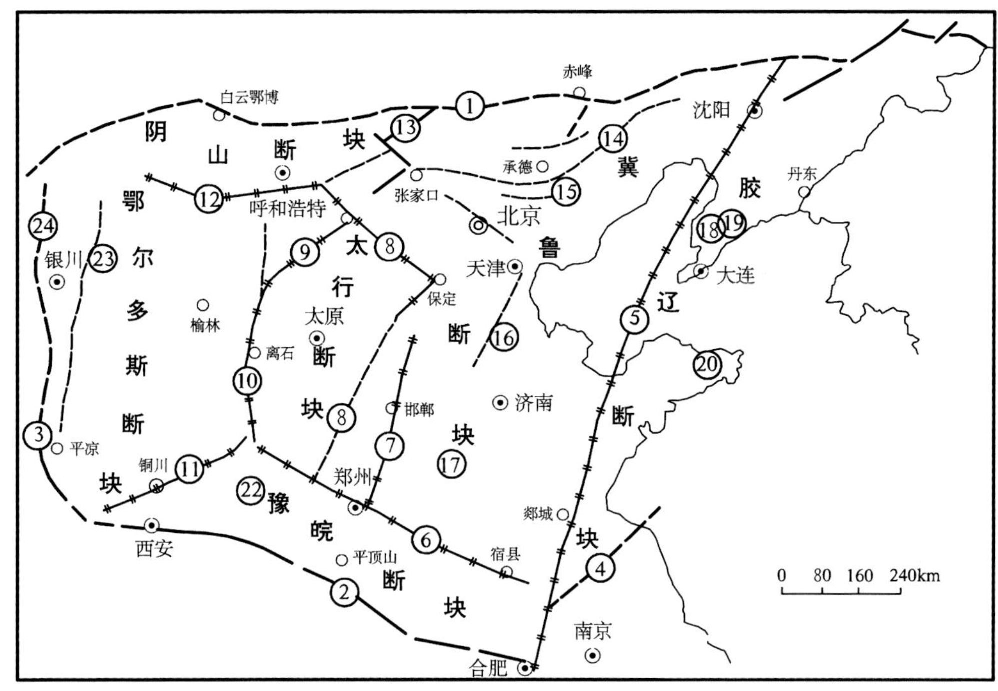

断裂编号及名称：①华北断块北缘断裂；②华北断块南缘断裂；③鄂尔多斯西缘断裂；④响水断裂；⑤郯庐断裂；⑥郑州-宿县断裂；⑦太行山前断裂；⑧唐河断裂；⑨张家口-大同断裂；⑩离石断裂；⑪渭河地堑北缘断裂；⑫达拉特旗断裂；⑬沽源-张北断裂；⑭张家口-北票断裂；⑮凌源-喜峰口断裂；⑯天津-沧州断裂；⑰聊城断裂；⑱金县断裂；⑲庄河-桓仁断裂；⑳郭城-即墨断裂；㉑获鹿-晋城断裂；㉒中条山东侧断裂；㉓桌子山东侧断裂；㉔贺兰山东侧断裂

图 5-1 华北地台内块体的划分和基底断裂
（叶连俊等，1983）

由图 5-1 可见，中朝准地台东部区域北邻内蒙古-兴安褶皱区，西邻鄂尔多斯盆地，南邻秦岭褶皱区，东南以郯庐断裂与下扬子断裂带相接。由图 5-1 还可见：

（1）华北断块四周有若干条形成于寒武纪的基底岩系中的断裂围限。其北缘西起狼山—阴山北侧，向东经内蒙古达尔罕茂明安联合旗之北，逾河北康保、内蒙古赤峰，横越下辽河平原，然后绕过吉林开原到达辽东山地，并继续向东沿龙岗一带延伸。沿线自西向东由川井-镶黄旗断裂、康保-赤峰断裂、赤峰-开原断裂、古洞河-富尔河断裂带相接。这些断裂通称华北北缘断裂，构成华北断块与其相邻的天山-大兴安岭褶皱、吉黑断坳的分界。其南缘西起宝鸡，行经西安市、卢氏，沿舞阳—确山一线直抵合肥以北，与郯庐断裂相交。沿线自西向东主要由秦岭北缘断裂、伏牛山断裂、肥中断裂彼此相接。这些断裂通称华北南缘断裂，构成华北断裂与扬子断块的南段分界。其西缘南起宝鸡一带，向西沿六盘山东侧，通过固原直抵贺兰山南段。沿线主要有青铜峡-固原断裂（也称鄂尔多斯断块西缘断裂），构成与祁连山褶皱的分界。其东缘自安徽嘉山（今明光市）向东北方向延伸，经洪泽湖、响水入黄海北部海域。沿线主要有嘉山-响水断裂，构成华北断裂与扬子断裂的东南分界（张步春、蔡文伯，1980；张文佑、汪一鹏，1980；叶连俊，1983。

在上述围限华北断块的断裂中，南缘断裂为岩石圈断裂，也称为缝合线，即断裂切穿地壳并切入上地幔上部。构成北缘、东缘和西缘边界的断裂为地壳断裂，也称为壳断裂或深断裂，切穿地壳硅镁层，均形成于寒武纪。

（2）在华北断裂内部，存在着若干深断裂和大断裂，它们将华北断块分割成6个次一级的断块，即鄂尔多斯断块、太行断块、冀鲁断块、豫皖断块、胶辽断块和阴山断块。鄂尔多斯断块和太行断块的分界为离石断裂（也称鄂尔多斯东缘断裂），该断裂自山西省蒲县沿吕梁山西侧向北延伸，经山西兴县直达河曲，是中生代较浅的断裂。太行断块与冀鲁断块的分界线为太行山山前断裂（也称太行山东缘断裂），该断裂带由数条北北东向和近南北向断裂形成，自鹤壁、安阳一带向北经石家庄继而折向西经保定、涿县（今涿州市）沿东北方向进入燕山地区，属中生代形成的壳断裂。冀鲁断块与豫皖断块、胶辽断块的分界是郯庐断裂，该断裂自合肥向北经郯城、潍坊，过渤海东部直达沈阳以北，长达2000km余，是我国东部最大的断裂，形成于五台运动后期（距今约2.3亿年），属壳断裂。

以上离石断裂、太行山山前断裂和郯庐断裂三条断裂是华北断块内部主要的断裂结合带，在中生代和新生代都有强烈的活动。此外，还有鄂尔多斯南缘断裂（也称渭河地堑北缘断裂），是鄂尔多斯断块与豫皖断块的分界；唐河断裂，是太行断块与冀鲁断块的分界；达拉特旗断裂是阴山断块和鄂尔多斯断块的分界。还有北西向的张家口-宁河断裂、获鹿-晋城断裂等，不一一叙述。

综上所述，华北断块内主要有两个走向的断裂：其一为北北东与近南北向断裂，另一为北东东向-北西西向断裂。由这两组断裂所分割成的块体，其长轴也相应为近南北向和近东西向。

海河流域位于华北断块中的冀鲁断块。在下一节，我们将在冀鲁断块背景下讨论海河流域对新构造运动的响应。

华北断块是中朝准地台的主要组成部分，因此它是伴随着中朝准地台的形成与发展而形成与发展的。通常将其形成和发展分为三个阶段。

1. 基底形成阶段

这一阶段始于太古宙，持续至元古宙，即从距今35亿年持续到距今17亿年。这一阶段的发展经历了陆块初始形成期（距今35亿年至30亿年）、陆块增长期（距今28亿年至17亿年）。这一阶段主要由地幔物质形成中朝准地台的结晶基底。

2. 盖层发展阶段

这一阶段从中元古代延续至晚二叠世，即从距今17亿年延续至距今约230万年。这一阶段在结晶基底之上开始了盖层的沉积建造并不断扩大，形成了相对稳定的地台盖层。盖层在二叠纪时（距今285Ma）开始上升为陆地，开始了陆相沉积建造。

3. 强烈活动阶段

这一阶段从早三叠世开始持续至现代，即从距今230Ma持续至今。这一阶段自三叠纪开始，由于太平洋板块以近45°角向中国大陆板块俯冲和潜没（地质学界通常称这一现象为西太平洋贝尼奥带或毕鸟夫带影响）（杨树锋、施夹申，1998），使中朝准地台陆块地壳活动的力学机制发生了根本性的变化，致使原来处于由西北欧亚板块挤压形成的压应力场改变为由太平洋板块俯冲而形成的拉应力场，因而较晚二叠世时期盖层的构造格局受到很大程度地改造，表现为形成大中尺度的北北东向隆起和断陷，并伴随有强烈的断层褶皱和变形。这一阶段先后经历了印支运动（距今230Ma至195Ma、燕山运动（距今195Ma至67Ma）和喜马拉雅运动（距今67Ma至现代）。印支运动对华北断块的重要影响，表现为太行山地块缓慢隆起。燕山运动对华北断块的影响是巨大的，它使断块内的东西分异加剧，使太行山以东地区由原处于隆升状态改变为沉降状态，断裂活动变得活跃，形成一系列断陷盆地、断块山及山前凹陷，堆积了巨厚的陆相沉积。燕山运动奠定了华北断块现代构造格局的基本轮廓。喜马拉雅运动期间，华北断块受新华夏裂谷运动第三幕的影响，在拉应力控制下，以断裂扩张和形成若干新生代断陷盆地为主要特征。同时，冀鲁断块中的华北断陷盆地持续加速沉积，形成今天的华北平原。在第二节中，将进一步讨论华北平原的新构造特征。

1.2 太行山的形成与演变

太行山又名王母山、五行山、女娲山。我国东部地区的一条重要山脉和地理分界线。位于京冀晋豫4省市之间（谭见安，2007）。北起北京西山，南达黄河北岸，西接山西黄土高原，东临华北平原。山脉呈北北东走向，绵延400km余。海河流域多条重要河流发源于太行山南段东麓。本节将简要叙述太行山的形成和其南段东侧太行断裂带的地貌特征与演变过程。

1. 太行山的形成

太行山位于华北断块的中东部，是在华北断块长期演化背景下形成的。

在古生代奥陶纪时期，太行山地区还浸没在海水中。在中生代晚白垩世的燕山运动期间，由于受到NW—SE向应力的挤压，太行山地区发展成新华夏褶皱带，形成一个NNE向背斜。背斜两侧发生褶皱和断裂，而背斜主体相对隆升，随后隆起的背斜遭受到剥蚀，在中生代末形成夷平面，称为北台面。北台面现分布在海拔1800m以上的群山孤峰上（龚明权，2010）。进入新生代古近纪，太行山地区在喜马拉雅运动控制下，于古近纪发生强烈差异运动和断裂，北台面被瓦解，太行山中段上升了500m余，南段上升约250m，东侧周边盆地陷落沉降。到古近纪的渐新世末，地壳活动减弱，隆起的山地历经长期剥蚀、侵蚀和夷平，形成新的夷平面，称为太行期夷平面或甸子梁面。甸子梁面分布于海拔1100～1600m的山顶面。到新近纪的中新世初，太行山地区再次发生强烈差异活动，甸子梁面被瓦解，进入新的隆升阶段。这次太行山中段最大隆升幅度达800m，南段隆升幅度达500m。到中新世晚期，差异活动再次减弱，进入新的构造平静期。隆起的山体再次遭到剥蚀和侵蚀，在太行山地再次形成夷平面，称为唐县夷平面，简称唐县面。唐县面现分布在海拔500～1300m的山顶面。到上新世初，太行山地区又一次快速抬升，南段上升幅度达500m，河流下切深度达 100～150m。这次抬升后没有再经历长时间剥蚀夷平，而是继续发生了 6 次间歇性差异活动，总体上升约 100m。这一时期太行山地区河流广泛发育，并形成了 4 级至 6 级的河流阶地。

由上述可见，太行山在中生代白垩纪燕山运动期间已具雏形，随后经历新生代多次抬升和夷平旋回，逐渐隆起。至中新世以后形成了现代的太行山，其南段纵剖后如图 5-2 所示。

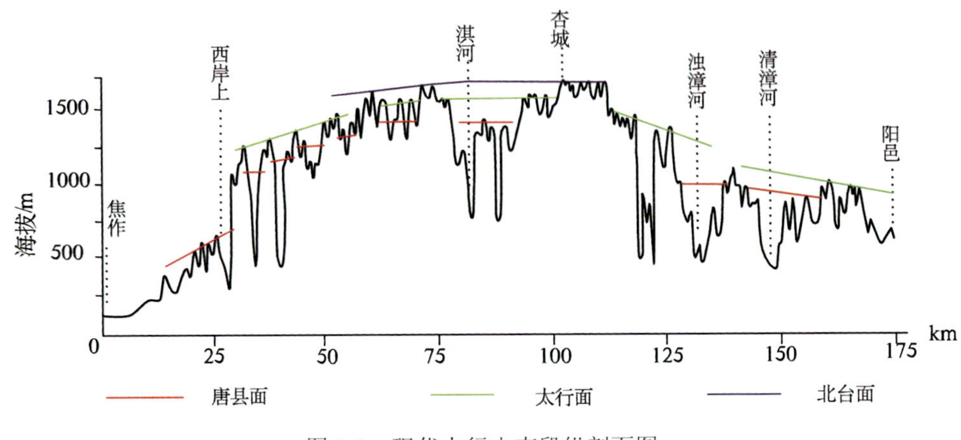

图 5-2　现代太行山南段纵剖面图

（龚明权，2010 年）

2. 太行山断裂带

太行山断裂带是指太行山南段东侧的太行山断裂带。该断裂带控制着自新近纪上新世至第四纪太行山以东地区断陷盆地的沉降和太行山河流的发育，是海河流域众多重要河流的发源地，因此受到地质学、地理学和水文学界的广泛关注。太行山断裂带的断裂分布如图 5-3 所示。

由图 5-3 可见，太行山断裂带的活动断裂大致可以分为两组。其中，一组位于断裂带的东侧。该组断裂以北西西向的安阳河断裂为界，其以北有永年-磁县断裂，控制着太行山南段东缘构造地貌的形态和山前冲积物的分布，也控制着漳河山前冲积扇的发育和迁移活动。紫山-鼓山断裂则构成为武安-伯延盆地的东界；其以南有汤西断裂（也称清洋口断裂）和汤东断裂，该两断裂分别成为汤阴地堑的西界和东界，共同控制着汤阴地堑的演变。另一组位于断裂带的西部。在该组断裂中，涉县断裂构成涉县断陷的东界；林州西断裂构成林州盆地西界，同时也是太行山南段东侧山区与丘陵的分界线；临淇镇南断裂是临淇盆地的东南缘；南林-上八里断裂则构成太行山南段东侧山地与平原的分界。

太行山断裂带在新生代表现出强烈的活动性，使太行山南段东侧形成一系列总体呈北北东向相间排列的凹陷和隆起，形成一系列呈北北东向的断陷盆地，这些盆地总体上成为华北盆地的一部分。太行山断裂带以西山体持续隆升，成为太行山脉主体；以东则形成盆地，接受沉积，成为平原。隆升和沉降的阶段性导致盆地接受沉积的阶段性，构成了太行山南段东侧的地貌面和堆积面，构成了太行山南段东侧的基本地貌形态（龚明权，2010）。

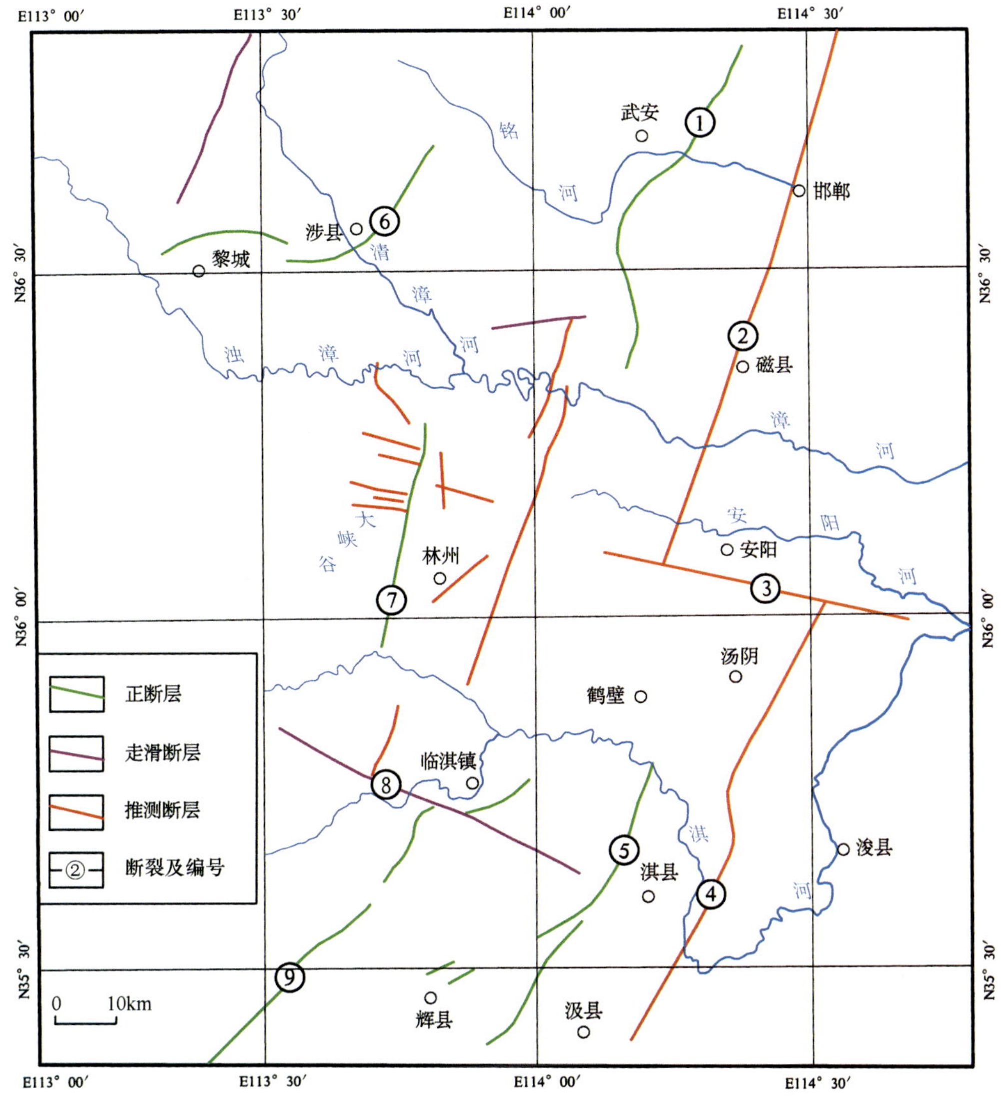

断裂编号及名称：①紫山-鼓山西缘断裂；②永年-磁县断裂；③安阳河断裂；④汤东断裂；⑤汤西断裂；⑥涉县断裂；⑦林州西断裂；⑧临淇镇南断裂；⑨南村-上八里断裂

图 5-3　太行山断裂带断裂分布图

（龚明权，2010）

1.3　燕山的形成与演变

燕山山脉位于河北省东北部，是内蒙古高原向华北平原的过渡区域。其范围系指坝上高原以南，河北平原以北，白河谷地以东。山海关以西的山地。北与坝上高原的七老图山、努鲁儿虎山相接，西南以关沟与太行山相隔。关沟是一条东南起自北京昌平区南口镇向西北至北京延庆区八达岭，长约 40km 的山谷。燕山呈东西走向，东西长 420km，南北最宽处 200km，海拔 500～1500m，主峰雾灵山海拔 2116m。燕山地势北高南低，南北高差近 1000m。发源于燕山的河流多自此而南切割并贯穿山地，成为海河流域的重要支流。例如，潮白河切割山体形成古北口。此外，还有居庸关、东方口、独石口、张家口等。这些山口与谷地自古以来就是燕山进入华北平原的重要通道，也是重要的军事关隘（中国地理百科丛书编委会，2014）。

1. 燕山的形成

燕山山脉在大地构造上属于华北断块中的内蒙古台背斜和燕山沉降带，因此其形成与演变是在华北断块构造运动的背景下形成和演变的，尤其与华北断块中的冀鲁断块北缘和太行山断块东缘的构造活动，有着基本相同的进程。

在中生代的侏罗纪至白垩纪期间，中国东部地壳发生强烈的构造运动，燕山地区出现强烈褶皱和断陷，隆起褶皱形成山体，断陷沉降形成为断陷盆地。由于这次剧烈地壳运动，无论在其地层的完整性和构造形迹方面，在燕山地区都表现得十分典型，因此地质学界将此次地壳活动称为燕山运动，后来一直沿用。

燕山运动从根本上打破了印支运动期间在燕山地区的构造格局，形成了以反向扭曲为特征的燕山期北东向和北北东向构造体系。燕山山脉的雏形也在这一时期形成。不过，今天的燕山山脉的面貌，主要是在喜马拉雅运动过程中塑造形成的。

喜马拉雅运动在燕山地区的活动及其对燕山山脉形成的作用大致可以概括为三个阶段，通常称为三幕。

在距今 65M～55MaBP 期间，燕山运动已近尾声，喜马拉雅运动在酝酿中，这一时期地壳活动较为平静，燕山运动期间隆起的正地形遭受剥蚀，形成夷平面，称为燕山地区的北台面。从 50MaBP 起，揭开了喜马拉雅运动在燕山地区的第一幕。剧烈的地壳运动使北台面解体。一方面，燕山以南的平原大幅沉降和加积沉积，平均沉积幅度达 6000m，平均沉降速率为 0.2mm/a；另一方面，燕山地区北部显著抬升，燕山山脉初具规模，继而经历剥蚀过程，形成新的夷平面，称为燕山地区的甸子梁面。渐新世晚期（23MaBP），燕山地区开始了喜马拉雅运动第二幕。这一幕期间，强烈的差异运动使北台面彻底瓦解，甸子梁面也遭到破坏。一方面燕山地区北部重新快速隆升，张北高原即在此时期形成；另一方面，南部燕山沉降带继续沉降，形成新近纪的断陷盆地和地槽，盆地接受沉积，沉积厚度大于 2300m，平均沉积速率为 0.10mm/a。在这一幕至第二幕期间，燕山地区北部隆起的山体遭受到剥蚀和侵蚀，形成了新的夷平面，称为燕山地区唐县面。燕山地区与太行山南段夷平面对比表见表 5-1。

表 5-1　燕山地区与太行山南段夷平面对比表（曹现志，2014）

夷平面	太行山南段			燕山地区		
	高程/m	分布特点	形成时代	高程/m	分布特点	形成时代
北台面	2500～3050	山西五台山、吕梁山，河北省小五台山、王屋山等山顶面	晚白垩世末	2000～2300	大海坨山、雾灵山、百花山等山顶面	晚白垩世末
甸子梁面（太行面）	1100～2200	恒山山顶面，五台山地区盘状宽谷面	渐新世末	1600～1800	百花山、云雾山等山顶面	渐新世末
唐县面	350～1400	山西高原面以及太行山山麓	中新世末—上新世初	800～1500	燕山山麓、坝上高原面	中新世末—上新世初

由表 5-1 可见，燕山地区夷平面和太行山南段夷平面在形成年代与分布特点上是近乎一致的，因而其命名也是一致的，从而清晰地反映了燕山与太行山形成的背景和过程

是近乎一致和同步的。第二幕夷平过程一直延续到新近纪上新世。在距今 3MaBP 的时候，喜马拉雅运动进入其第三幕，通常称为新构造运动的开始。在第三幕期间，燕山地区在北东东—南西西向压应力作用下，在南北方向上产生顺时针方向扭曲，使其新华夏构造体系由燕山运动期间的北东和北北东向沿顺时针方向转变为东西向构造体系，故而现代的燕山山脉呈东西向展布。在第三幕期间，一方面第四纪大量新的山体隆起，例如丰宁以西的东猴顶、围场-隆化以东的七老图山、军都山等均强烈抬升；另一方面，形成一系列第四纪断陷盆地，如张家口、隆化、怀安、阜新、赤峰等盆地。第三幕使燕山地区南北异差进一步加大，断陷盆地逐渐转为稳定沉降。第三幕的另一些特点是其差异运动表现为明显的阶段性抬升，有地质学者根据第三幕中差异运动的不同阶段，将第三幕划分为第一亚幕和第二亚幕。阶段性隆升使燕山南侧形成阶梯式递降地貌形态，使这一时期在燕山南麓发育的河流形成多级阶地。现代燕山即在这一过程中形成（易明初、李晓，1995）。

2. 燕山地区的断裂构造

燕山地区，尤其在其南侧燕山沉降带，以众多断裂和由断裂分割成的断块为其构造特征（图 5-4）。

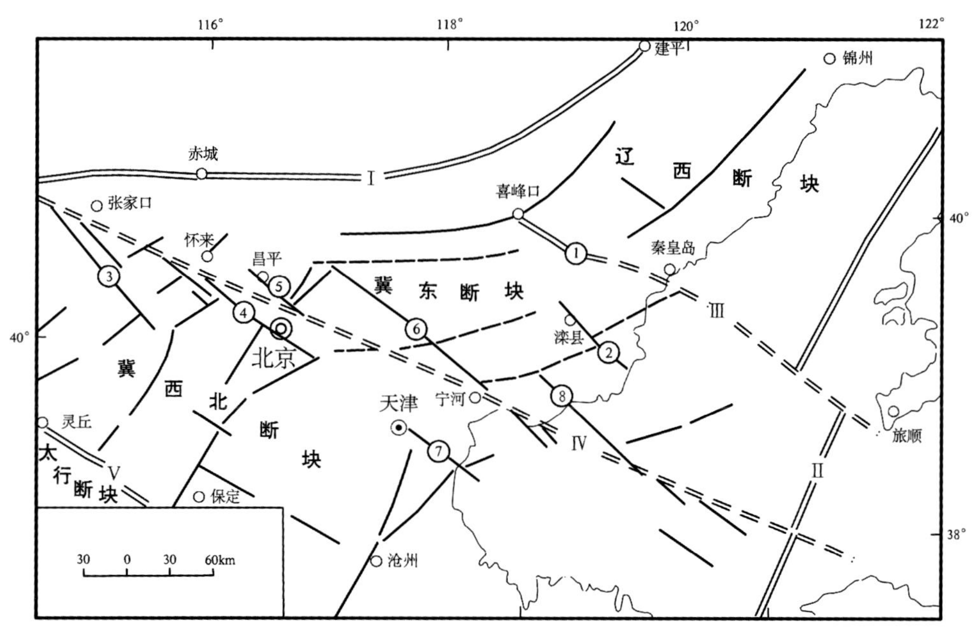

断裂构造带：Ⅰ. 赤城-建平；Ⅱ. 郯城-庐江；Ⅲ. 秦皇岛-旅顺；Ⅳ. 张家口-宁河；Ⅴ. 灵丘-保定。
断裂构造：①建昌营断裂；②滦河断裂；③洋河断裂；④永定河断裂；⑤南口-孙河断裂；⑥潮白河断裂；⑦海河断裂；⑧柏各庄断裂

图 5-4　燕山地区断裂构造分布图
（郑炳华等，1981）

北西西向的张家口-宁河渤海断裂如同一根轴线自西北向东南贯穿本地区，成为一条规模宏大、控制着华北盆地北缘的区域性大断裂。此外，还有赤城-建平断裂、秦皇岛-旅顺断裂、郯城-庐江断裂、灵丘-保定断裂。这 5 条切穿地壳的深断裂，将燕山地区分割成辽西断块、冀北断块、冀西断块、太行断块。除此 5 条断裂外，还有多条断裂与该 5 条深断裂相交，例如建昌营断裂、滦河断裂、洋河断裂、永定河断裂、南口-孙河断裂、潮白河断裂、海河断裂、柏各庄断裂，以及与张家口-渤海断裂相交并呈雁式排列的唐山-宁河断裂、怀来-延庆断裂等。

其实，还有大量较小一些的地区性断裂。例如北京地区就有东西向断裂 26 条，北东向断裂 32 条，北北东向断裂 25 条，北西向断裂 32 条，北北东向断裂 25 条，北西向断裂 11 条，北北西向断裂 7 条，北西西向断裂 1 条，近南北向断裂 6 条，共 165 条。在这些断裂之间分布着众多大小不等的断块盆地，使燕山南侧成为断裂纵横、大小盆地棋布的破碎山地。北高南低的地势和众多断裂与山间断陷盆地的分布，使燕山地区水系发育，成为海河流域重要的河流源地，永定河、潮河、白河等河流以及滦河水系均发源于燕山山地。

1.4　渤海的形成与演变

渤海，古名沧海，是我国的内陆海，为一典型的半封闭海湾型陆架海。位于天津、河北、辽宁、山东 4 省市之间，被辽东半岛和山东半岛所环抱。北、西、南三面为陆，东面开口向黄海。渤海南北长 480km，东西宽 300km，海岸线长 3700km 余，海域面积 7.7 万 km^2，滩涂面积 900km^2 余。渤海海域通常划分为辽东湾、渤海湾、莱州湾、渤海中央盆地和渤海海峡。渤海海峡与黄海相通，海峡北起辽东半岛南端的老铁三角（岬），南至山东半岛的蓬莱角，两角之间的连线即为渤海与黄海的分界线（庄丽华，1999）。流入渤海的主要河流有海河、黄河、滦河和辽河等。

渤海位于新华夏构造第二沉降带内，其北面是山海关-营口隆起，呈近东西走向；西侧是华北凹陷区，黄骅凹陷向东微倾没入渤海；南缘是鲁西隆起和鲁东隆起，该两隆起是北北东向古老隆起区，向北经无棣隆起延伸到渤海；东部是著名的郯庐断裂带。郯庐断裂带通过渤海盆地的一段称为渤东断裂带，呈北北东走向，长 500km 余，南段宽 40km，北段宽 20km。渤东断裂带对于渤海的形成，包括对渤海盆地的形成和对渤海海域的形成具有重要意义。这两个方面以下将分述之。

1. 渤海盆地的形成与演变

渤海盆地在大地构造上属于中朝准地台的华北断陷区，其大地构造位置如图 5-5 所示。因此，渤海形成与演变的构造背景与华北断块中的相邻地区是基本一致的，但也有其自身的特点。渤海盆地的形成大致可以划分为三个时期。

（1）渤海盆地初裂期。在中生代侏罗纪—白垩纪，正值燕山运动第三幕，渤海地区发育了两条东西向上地幔隆起带，即盘山-渤中地幔隆起带和岐口-渤中隆起带。隆起带地幔向上的作用力使其上的盖层地壳上抬隆起，隆起部位在张力作用下发生强烈拉开，生成地堑型盆地。地堑型盆地接受沉积形成大陆裂谷红层组合，同时也堆积了火山碎屑物质。称此时期为渤海盆地初裂时期，并以张性断裂为这一时期主要的构造特征。

（2）裂谷扩张及渤海雏形期。进入新生代古近纪始新世和渐新世，时值喜马拉雅运动第一幕和第二幕，渤海盆地强烈断陷沉降，并向两侧扩张，其中尤以渤东断裂带为甚。在这一时期的沉积地层中，多处发现了间断性海相生物化石和分布较广泛的海源石。表明这一时期已有海水间断性进入渤海盆地。海水进入的过程大致是，南部早于北部，西部早于东部。渤海盆地剧烈沉降、扩张和海水逐渐进入，标志着渤海已进入雏形时期。

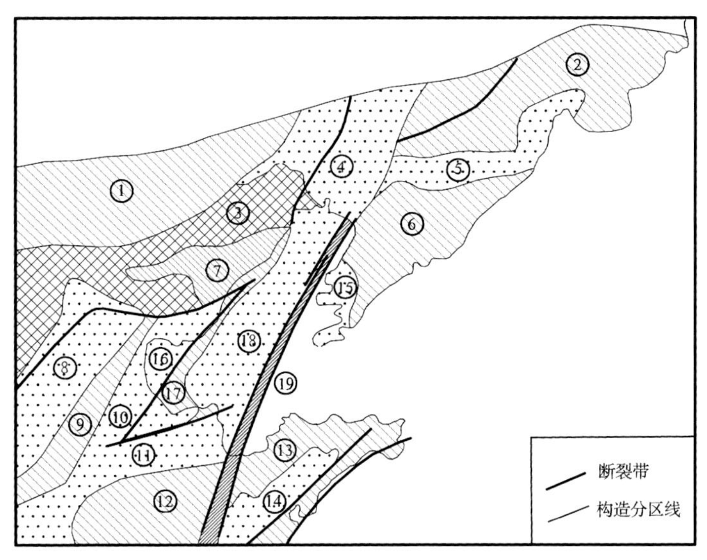

①阴山隆起；②铁岭隆起；③燕山褶皱带；④下辽河凹陷；⑤太子河凹陷；⑥营口隆起；
⑦山海关隆起；⑧博野凹陷；⑨沧州隆起；⑩黄骅凹陷；⑪济阳凹陷；⑫鲁西隆起；
⑬鲁东隆起；⑭胶莱凹陷；⑮复州凹陷；⑯渤西凹陷；⑰渤中隆起；⑱渤东凹陷；⑲郯庐断裂带

图 5-5　渤海大地构造位置图
（中国科学院海洋地质研究所，1985）

（3）渤海的拗陷期。到新近纪的中新世、上新世和第四纪更新世，渤海地区拱起的上地幔顶面逐渐下降，地壳也逐渐冷却并向大陆性逆转。渤海盆地扩张随之逐渐停止，广泛下沉是渤海盆地在这一时期演变的主要特征。伴随着盆地下沉，盆地内广泛接受沉积，此时渤海盆地由断陷和扩张期转入拗陷期，并进入萎缩阶段。有地质学者将渤海盆地上述演变过程概括为图 5-6。图中将盆地拗陷的演变进一步划分为两个阶段，即复理石阶段和磨拉石阶段（何鏡宇，1998）。

2. 渤海海域的形成与演变

在上述关于渤海盆地形成的论述中，我们已经看到，在古近纪始新世和渐新世时期，渤海盆地中局部地区已有间断性海水进入，但那只是渤海海域的雏形期。据地质学者的研究（中国科学院海洋地质研究所，1985），在上新世末期以前，黄海盆地和渤海盆地东南侧存在着一条福建-岭南隆起带，该隆起带阻挡了“带外”海水进入“带内”的黄海盆地和渤海盆地。现已有大量钻井资料表明，这一时期渤海盆地是处于陆相沉积时期。到第四纪更新世早期，福建-岭南隆起带持续沉降，并逐渐沉入海底，此时期世界洋面也逐渐上升，终于使“带外”东海陆架的海水得以进入黄海盆地和渤海盆地。渤海盆地海域前沿曾达到过北京北部的山前平原。地质事实还表明，此时期以前渤海盆地尚未发现大面积的海相化石群存在。因此，一般认为在早更新世中期（距今约 226 万年）渤海已经形成，并称之为古渤海。

古渤海自更新世初期形成以来，其基本轮廓、大致范围并无大的变化，在晚更新世以前也未发生过大规模持续海侵与海退事件。但自晚更新世以来，在世界气候与海平面变化，尤其在大理冰期的影响下，渤海曾发生过大规模的海侵与海退，使古渤海向现代渤海演进。

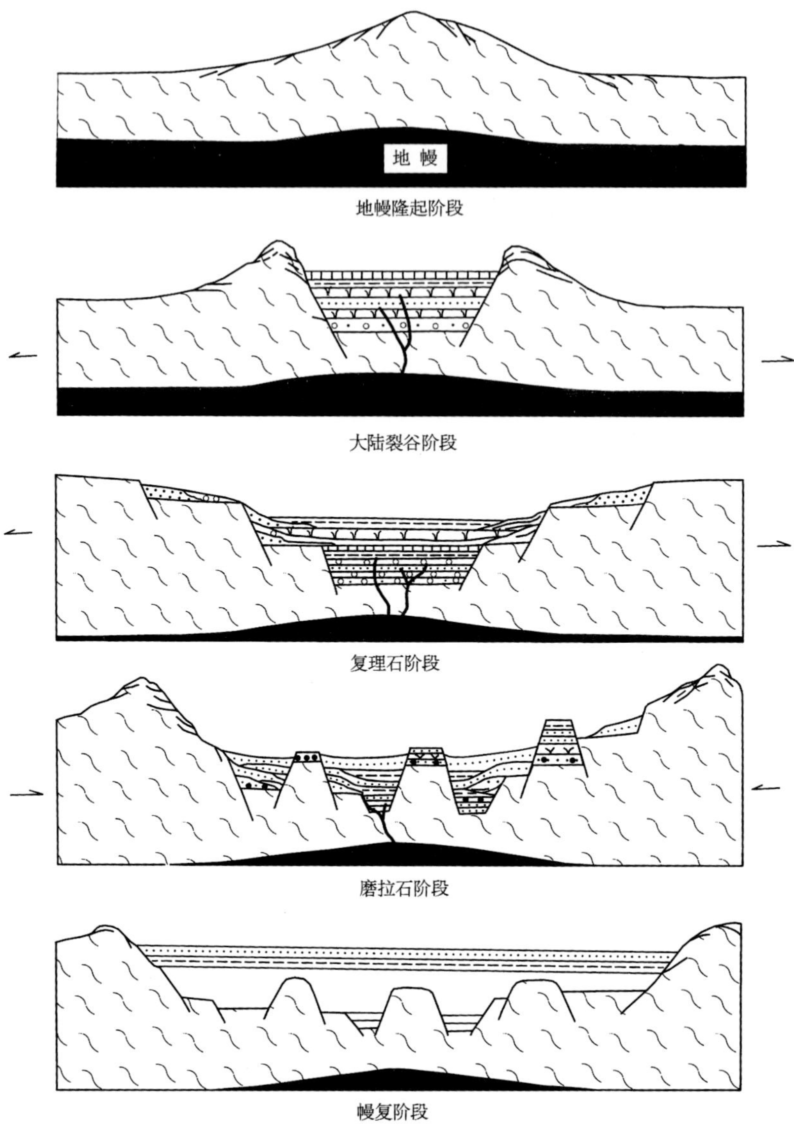

图 5-6 渤海盆地演化阶段示意图

（李继亮、丛柏林，1980）

1）沧州海侵

在庐山冰期的最后阶段（距今 11.4 万年），由于世界性冰盖与大陆冰川冻结大量海水，渤海海水逐渐退出，古渤海一度成为渤海湖，渤海湾西岸地区已成为陆地，当时西岸地区的古地理环境如图 5-7 所示。

由图 5-7 可见，此时期渤海西岸地区已成为湖相沉积与河相沉积所覆盖，其中有三条河流东流进入渤海湖。

随后，庐山冰期趋向结束，进入庐山-大理间冰期。这一时期海平面上升，渤海海域逐渐恢复，在距今 10.8 万年前后，海水开始大举进入渤海，并逐渐向西海岸推进，到 10.05 万年左右，海水最远已抵达沧州附近，形成一次大规模海侵，称为沧州海侵。到

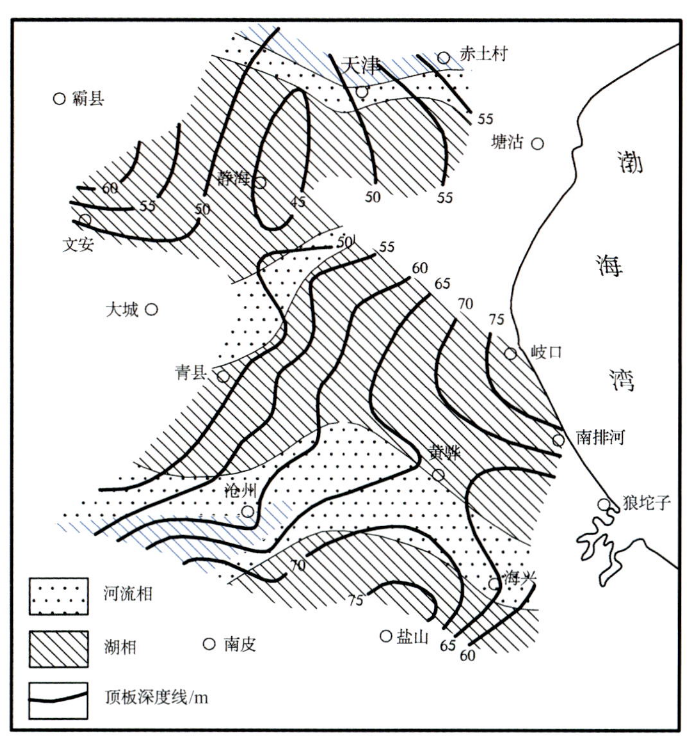

图 5-7　中更新世—晚更新世初渤海西岸古地理环境

（中国科学院海洋地质研究所，1985）

距今 7 万年左右，本次海侵结束。沧州海侵持续了 3.8 万年，在渤海西岸沉积了一套海相沉积，如图 5-8 所示。

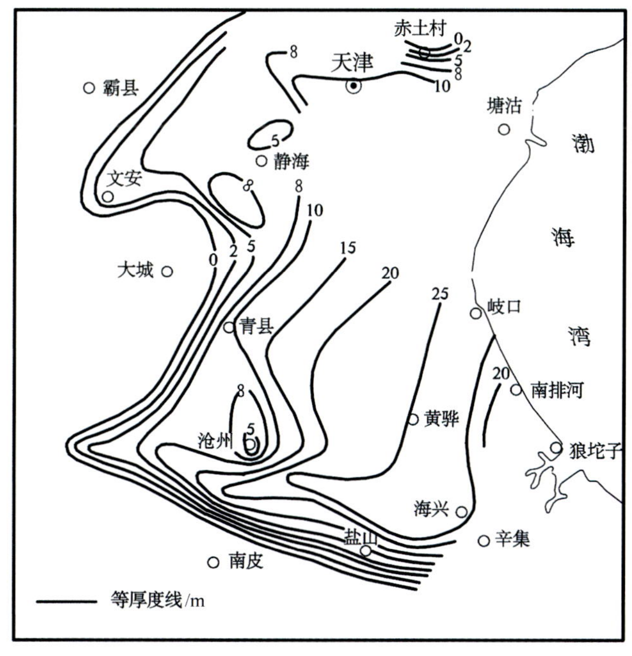

图 5-8　沧州海侵期海相沉积等厚度图

（中国科学院海洋地质研究所，1985）

由图 5-8 可见，该次海侵形成的海相沉积物平均厚度达 13.3m，最厚处可达 29.5m，最薄处为 4.4m。

2）渤海海侵

在距今约 7 万年左右，庐山-大理间冰期结束，气候进入大理冰期，世界海平面显著下降，海水退出渤海，渤海再次转化为渤海湖，渤海西岸在此转化为大陆环境。但据距今 7 万年至 1.2 万年期间的渤海盆地岩心资料分析表明，大理冰期内存在着两次亚间冰期。其中，早亚间冰期时期，海水曾进入渤海，出现了规模不大的海侵，海水覆盖的范围不大于现代的渤海，水深约 20m，因其主要发生在渤海中部，故称其为渤海海侵。渤海海侵结束时的古地理环境如图 5-9 所示。

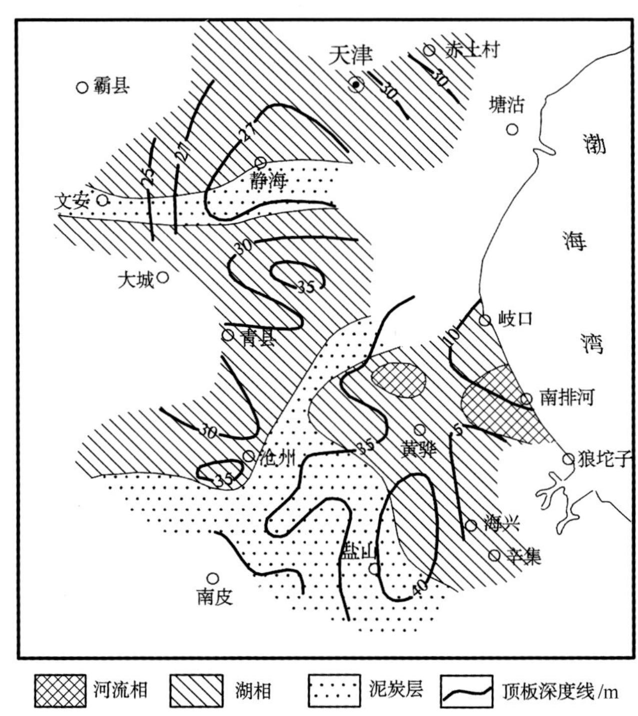

图 5-9　渤海海侵结束时的古地理环境

（中国科学院海洋地质研究所，1985）

3）献县海侵

如上所述，在大理冰期中的另一次亚间冰期，发生在距今 3.9 万年至 2.2 万年期间，相当于岩心深度的 49.2～410m，被称为大理冰期的晚亚间冰期。在大理晚亚间冰期期间，也发生了一次海侵，海水范围再度伸入到渤海湾西岸，最远处超过沧州到达献县附近，故而称该次海侵为献县海侵。献县海侵在渤海西岸形成辽阔的海洋沉积环境，如图 5-10 所示。

由图 5-10 可见，该次海侵的海相沉积平均厚度为 9.3m，最厚处 20.7m，最薄处 2.3m。黄骅县至盐山县一带为主要沉积区，沉积厚度在 15m 以上。

4）黄骅海侵

献县海侵持续到 2.2 万年左右时，世界气候再次变冷，进入大理冰期的盛冰期，海

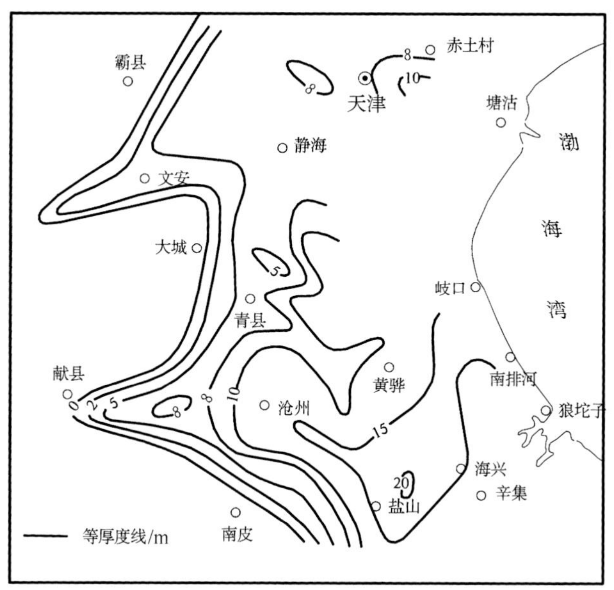

图 5-10　献县海侵期海相沉积等厚度分布图
（中国科学院海洋地质研究所，1985）

平面大幅下降，有估计认为当时海平面较现代海平面低 120～130m，海水再次退出渤海，渤海西岸再次成为陆地，发育以湖相沉积与河相沉积为主的陆相沉积。当时的古地理环境如图 5-11 所示。

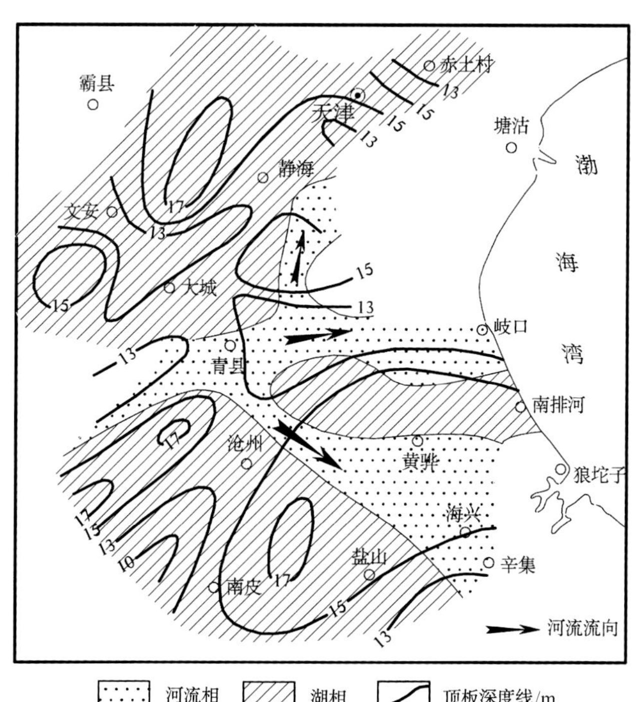

图 5-11　大理盛冰期渤海西岸的古地理环境
（中国科学院海洋地质研究所，1985）

由图 5-11 可见，该期间陆相沉积厚度普遍在 5～10m 之间，以沧州至青县为沉积中心，向东南北方向逐渐变薄。河相沉积主要分布在青县一带，向东分成东北向、东南向和正东向三支注入渤海湖，表明当时在渤海西岸地区发育有三条河流。

到距今约 1.5 万年起，世界气候重新逐渐回暖，冰川后退，海平面缓慢上升，显示大理冰期的盛冰期已经结束，进入末次冰期的冰后期。在距今约 9000 年左右，海水再次进入渤海，至距今 6000～5000 年期间已达到最大范围，海水前缘到达静海—黄骅—海兴—滨海—利津—上口—昌邑一带，形成第四纪以来的第四次海侵，称为黄骅海侵。黄骅海侵的范围如图 5-12 所示。自黄骅海侵以来，虽然海平面仍时有波动，但海域轮廓已无大的变动，终于形成了现代渤海。

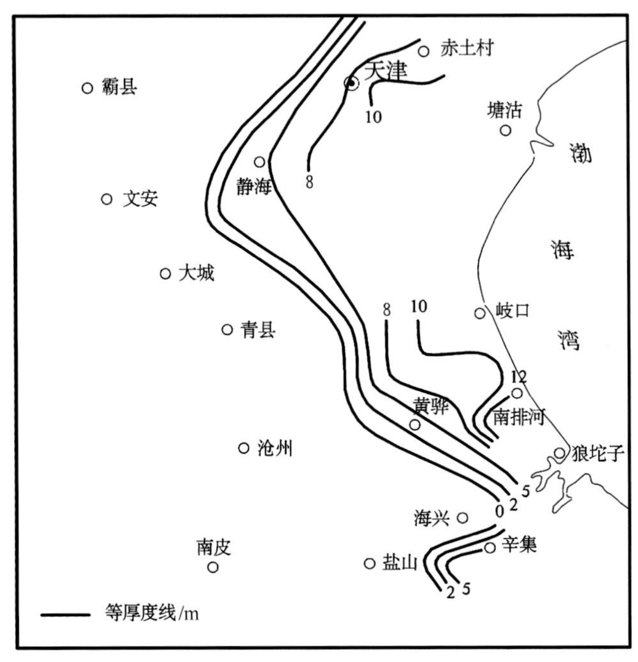

图 5-12　黄骅海侵范围与海相沉积厚度分布图
（中国科学院海洋地质研究所，1985）

综上所述，渤海盆地的形成是华北断块形成后演变的结果，而海域的形成与演变是第四纪全球气候变化，尤其是庐山冰期与大理冰期及其间冰期交替变化的结果。值得指出的是，黄河与海河流域泥沙对渤海晚更新世以来的演变也有重要影响。

第二节　海河流域对新构造运动的响应

通常将第四纪以来地壳发生的构造运动称为新构造运动，它是喜马拉雅运动的延续。关于新构造运动具体的起始时间，地质学界的认识并不一致，有认为是从中更新世开始的，有认为是从早更新世开始的，也有认为从上新世晚期即已开始。笔者倾向于李祥根提出的起始时间，即从距今 340 万年开始的认识，这恰好约与第四纪时期相匹配。中国新构造运动是特指发生在中国地域范围的新构造运动（李祥根，

2003）。

中国现代主要江河多形成于 1.67MaBP 时期，即中国江河是在中国新构造运动背景下形成和演变的。因此在关于江河治理地学基础的研究中，揭示江河对新构造运动的响应是十分必要的。

如第一节所述，海河流域位于华北断块中的冀鲁断块及邻近地区。该断块西部与太行山南段东侧相连，北部接燕山褶皱带南麓，它们构成了海河流域的山丘区；该断块的东部广大地区是华北平原，构成了海河流域的平原区。因此，本节将分别讨论海河流域的山丘区与平原区对新构造运动的响应，并将叙述的重点放在这些地区的隆升、沉降、沉积与断裂构造等方面。

2.1 山丘区对新构造运动的响应

如第一节所述，现代太行山和燕山均形成于距今约 250 万年的上新世—早更新世，是新构造运动的产物。这一时期前，该地区已经历了三次剧烈隆升和剥蚀与夷平过程，形成了北台面、甸子梁面和唐县面三个夷平面（见表 5-1）。

自唐县面形成以来，该地区继续发生过几次阶段性抬升与侵蚀过程，但未形成新的夷平面，而是形成了若干山地面和河流阶地。事实上正是借助这些山地面和阶地，才揭示和识别了海河流域山丘区自唐县面形成以来的抬升、侵蚀与堆积过程，亦即反映了山丘区对新构造运动的响应。唐县面是“上新世面”在河北地区的名称（见第一章图 1-6），即河北地区现存的“上新世面”。唐县面以后的新构造隆升幅度，都是以唐县面作为基准面计算的。从江河治理的角度考察，把山丘区河流阶地的形成过程作为揭示海河流域山丘区对新构造运动的响应的依据是合适的。亦即山区河流阶地是山区新构造运动的产物。以下将分述之。

1. 早更新世差异抬升与第四级阶地的形成

早更新世时期，太行山东侧强烈掀斜抬升，燕山南麓呈块状隆起，山区差异活动强烈，河流下切，称这一时期的侵蚀为汾河期侵蚀。侵蚀的物质在三门湖等湖泊和凹陷处堆积，大约到了 10.0～0.7MaBP 的早更新世晚期，太行山、燕山的地壳运动逐渐趋于稳定，称这一时期的堆积为三门期堆积。在这一时期，山区的河流从深切转为侧蚀与展宽，侵蚀的沙粒等物质在展宽的河谷堆积。第四级阶地在此时期形成。

2. 中更新世持续差异抬升与第三级阶地的形成

大约在 0.7MaBP 前后的中更新世初期，太行山与燕山地区再次发生强烈抬升，抬升的幅度为 600～800m（自唐县面计算），海拔高度达 800～1000m，山区地貌差异进一步扩大，同时强烈抬升，使山地河流又一次强烈下切，称这一时期侵蚀为湟水期侵蚀。大约到 0.6M～0.12MaBP 期间，太行山、燕山山地构造活动进入了一个较长的宁静时期。这一时期在燕山地区形成了海拔 100m、200m 的低山麓面，也称其为平山期夷平面。这一时期堆积为周口店堆积。在这一时期山区的河流普遍由下切转为侧蚀、拓宽方向发展，形成 U 形宽谷河槽，并于中更新世末期发展成曲流宽谷，大量侵蚀物质在 U 形宽谷中沉积。形成第三级阶地。

3. 晚更新世华北山地普遍抬升与第二级阶地的形成

大约在 0.12MaBP 的晚更新世初期，华北地壳又发生了一次强烈的抬升活动。山地对这一次抬升活动的响应，除普遍进行剥蚀外，最大的特点是河流经历强烈下切过程，使在 0.6M～0.12MaBP 期间形成的 U 形河谷被强烈下切形成 V 形河谷，宽谷曲流演变成深窄的 V 形河谷曲流（图 5-13）。

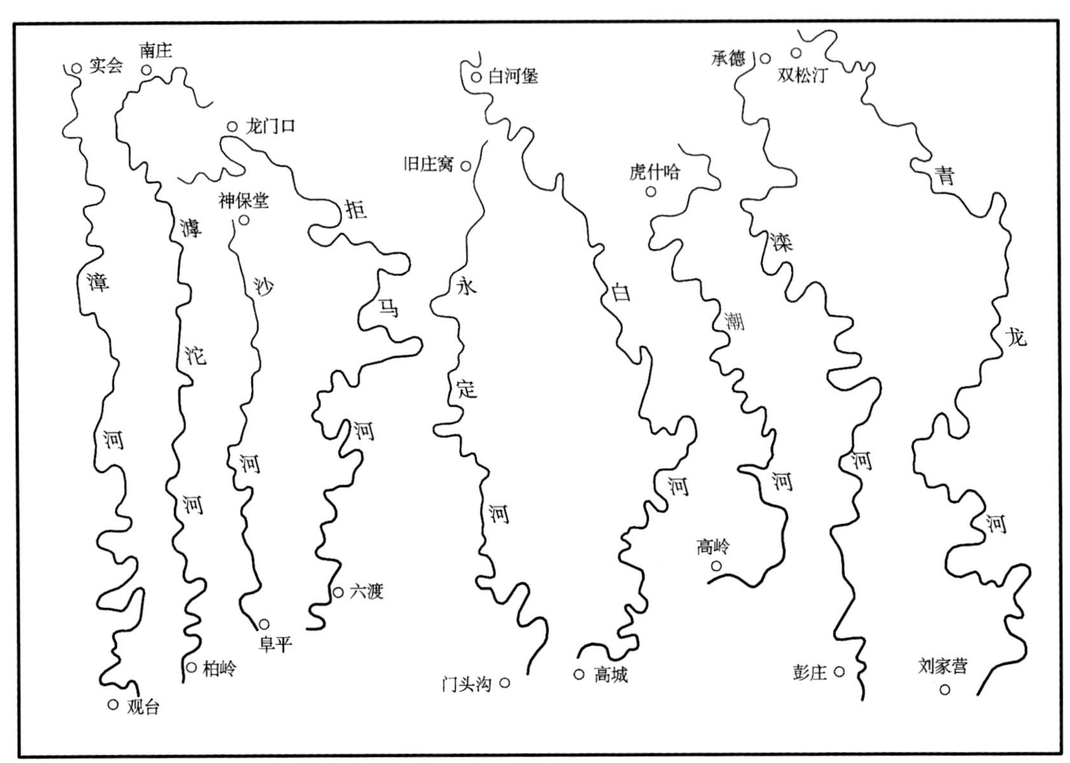

图 5-13　太行山、燕山地区的深切河曲

（吴忱，2005；2008）

伴随着河流强烈下切过程，山区河流袭夺也频繁发生，使中更新世时期山区河流在这一时期进行重組，海河流域主要河流的上游支流大多在这一时期形成。通常将这一时期的侵蚀活动，称为清水期侵蚀。大约到 50kaBP 前后，地壳抬升活动趋于平静，开始了以细颗粒物质为主的堆积过程，这一过程一直延续到晚更新世末。这一时期堆积物的下层是亚砂土和黏土，中层是砂砾石，上层是黄土状土，多属马兰黄土，故称该时期的堆积为马兰期堆积。在这一时期形成了第二级阶地。第二级阶地形成时期，华北山地已基本达到了现代的高度，华北山地的现代地貌格局和河流水系也已基本形成。

4. 早中全新世华北山地又一次抬升与第一级阶地形成

大约在 10.0k～7.5kaBP 的早全新世，华北山地又一次快速抬升（吴忱、张秀清，1996）。伴随着这次抬升活动，河流又一次下切。不过，据第二级阶地海拔高度估计，本次山地抬升幅度小于 20～30m，抬升的时间也较短，所以河流下切强度也相对较弱，形成了较浅的切割河谷，称这次抬升引起的侵蚀为板桥期侵蚀。到了 7.5k～3.0kaBP 的中全新世，本次地壳抬升活动趋于平静。这一时期降水量增加，海平面也抬高，河流行为以侧蚀、加积为主，主要堆积物为在砂砾石上堆积的淤泥质的亚砂土、亚黏土等。称这一时期的加积过程为皋兰期堆积。经历这一次抬升、侵蚀和堆积过程，形成了山区河流的第一级阶地。这一时期，华北山地及水系格局已基本接近现代的状况。

5. 晚全新世河流轻微切割与滩地面形成

在 3.0 kaBP 的晚全新世早期，华北山地有一些轻微的抬升，这一时期海平面也一度有轻微下降，在两种因素共同作用下，华北山地的河流又产生了一次轻微的下切，称这一时期的侵蚀为段曲期侵蚀。被侵蚀物质进行堆积。堆积形态主要是细粒亚砂土与亚黏土互层。到全新世晚期，堆积物已将第一级阶地前沿埋没了 2～3m，使海拔高度降低为 3～5m，称这一堆积过程为卢龙期堆积。到目前为止，华北山地除少数地区以侵蚀为主外，大多数地区都是处于以加积为主的过程中。海河流域今天的山区地貌与河流在这一时期已最后形成。

综上所述，由太行山南段东侧和燕山南麓构成的海河流域山丘区，在经历了燕山运动、喜马拉雅运动等构造运动的塑造后，形成了北台面、甸子梁面和唐县面三个夷平面。进入第四纪以来，作为对新构造运动的响应，海河流域山丘区地壳又经历了 5 次不同程度的抬升和侵蚀-堆积过程，但持续时间远不及喜马拉雅运动期间，故并未形成新的夷平面，而是相应于 5 次抬升与侵蚀-堆积过程，形成了 4 级河流阶地。因而，这些阶地的形成过程，可以明确反映海河流域山丘区对新构造运动的响应。吴忱等（1999）深刻地揭示了这一过程，并将其概括为华北山地地貌发育模式（图 5-14）。

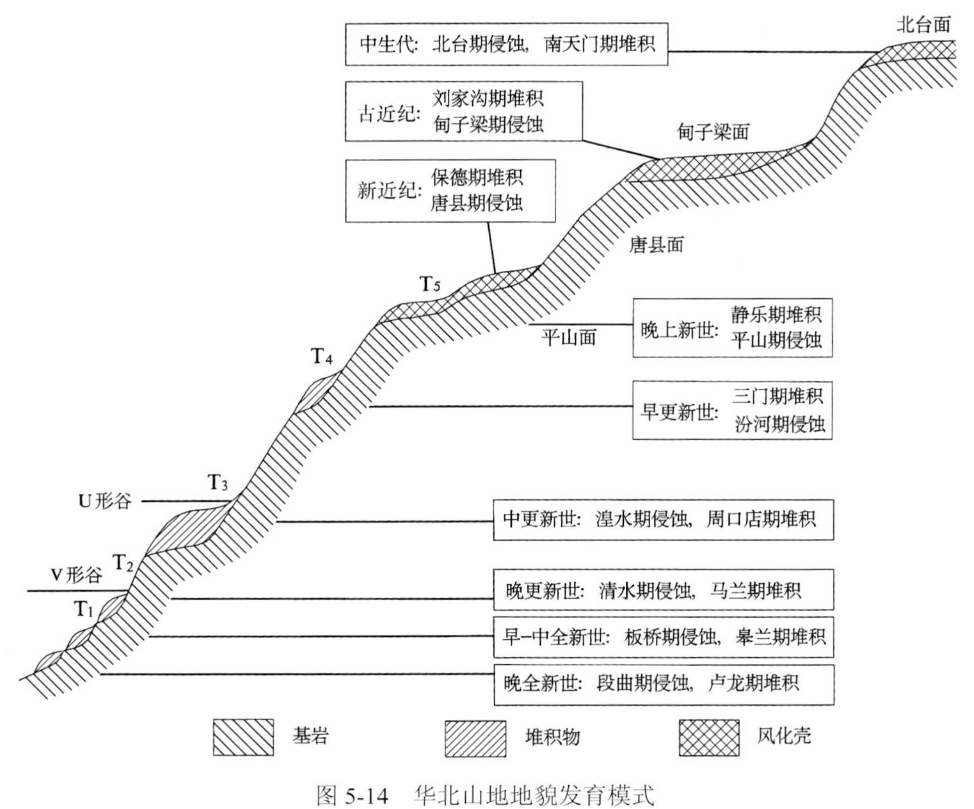

图 5-14　华北山地地貌发育模式

（吴忱等，1999）

2.2 平原区对新构造运动的响应

在阐述海河流域山丘区对新构造运动的响应时，我们关注山丘区地壳在新构造运动期间的抬升活动及由此引起的河流下切与袭夺，并以河流阶地的形成作为识别山区地壳对新构造运动响应的标志。在讨论海河流域平原区对新构造运动的响应时，我们将着重关注平原区的沉降与沉积过程，并适当揭示沉降与沉积的基本事实，识别平原区对新构造运动的响应。

1. 海河流域平原区的新构造背景

海河流域平原区是华北平原的重要组成部分。华北平原的地质基础，是在燕山运动末期于晚白垩世前后形成的断陷盆地。该断陷盆地在古近纪时还是若干孤立的小盆地，到新近纪时各小盆地连成一片，形成了今天统一的华北盆地，也称黄淮海盆地，为华北平原的形成奠定了地质构造基础。新构造运动早期，盆地内部构造差异运动活跃，多条断裂将盆地分割成若干隆起区和凹陷区。大致以豫北的商丘–新乡断裂为界，可将盆地分为南北两个不同的构造体系。北部相间排列着长轴呈北北东或北东向的凹陷与隆起，自太行山南段东侧往东依次为冀中凹陷、沧县（今沧州市）隆起、黄骅凹陷、埕宁隆起等，如图 5-15 所示。

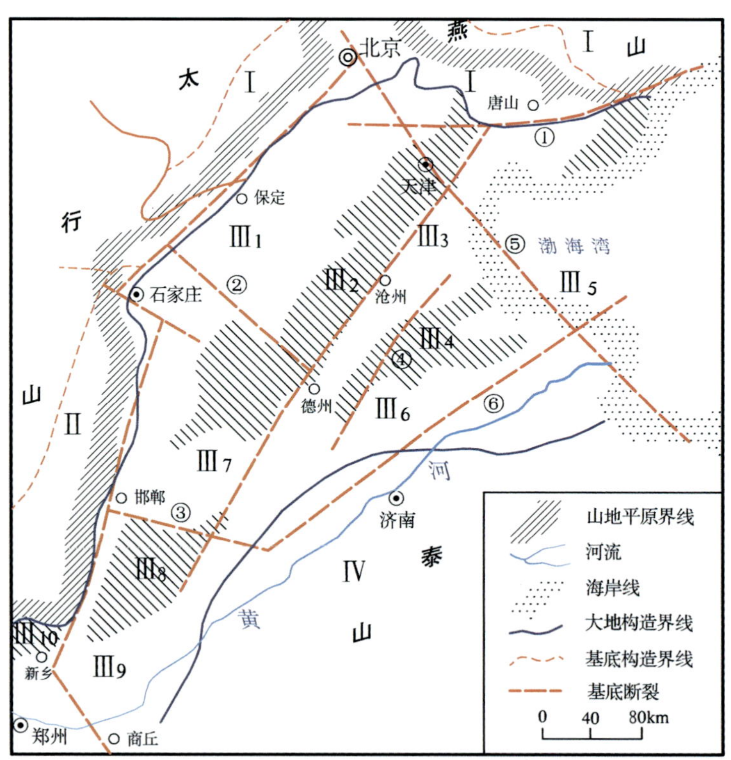

Ⅰ. 燕山褶皱带；Ⅱ. 山西台背斜；Ⅲ. 华北凹陷；Ⅲ$_1$. 冀中凹陷；Ⅲ$_2$. 沧州隆起；Ⅲ$_3$. 黄骅凹陷；Ⅲ$_4$. 埕宁隆起；Ⅲ$_5$. 渤海中部隆起；Ⅲ$_6$. 济阳凹陷；Ⅲ$_7$. 临漳凹陷；Ⅲ$_8$. 内黄隆起；Ⅲ$_9$. 开封凹陷；Ⅲ$_{10}$. 武陇隆起；Ⅳ. 鲁西中台隆。①固安–昌黎隐伏大断裂；②无极–衡水隐伏大断裂；③临漳–魏县隐伏大断裂；④海兴–宁津隐伏大断裂；⑤北京–蓬莱隐伏大断裂；⑥庙西北–黄河–聊城隐伏大断裂

图 5-15 华北平原北部基底构造图

（张兰生、方修琦，2012；吴忱，2008）

南部则展布着大致沿北西—南东逐渐转向为东西向的郑州凹陷、许昌隆起、太康凹陷、阜南隆起、合肥凹陷等。

2. 海河流域平原区的沉降

海河流域平原区包括了上述的冀中凹陷、沧县隆起、黄骅凹陷、埕宁隆起等构造单元。这一广大地区通常称为海河平原或河北平原，也有称为渤海-华北平原的。新构造运动以来，海河平原继承上新世沉降态势，继续加速沉降。如表 5-2 和图 5-16 所示。

表 5-2　海河平原第四纪各时期平均沉积厚度与速率（李祥根，2003）

项目		第四纪			早更新世			中更新世			晚更新世			全新世		
		最大	最小	平均	最大	最小	平均	最大	最小	平均	最大	最小	平均	最大	最小	平均
冀中凹陷	厚度/m	1000	240	558	615	40	201.2	260	80	182.8	200	55	130.1	70	20	43.9
	速率/（mm/a）	0.333	0.080	0.186	0.256	0.017	0.084	0.052	0.16	0.364	227	0.625	1.48	5.833	1.667	3.658
沧县隆起	厚度/m	800	400	512.3	410	105	186.3	200	80	159.5	160	85	126.4	60	20	40.6
	速率/（mm/a）	0.267	0.133	0.171	0.171	0.044	0.078	0.40	0.16	0.319	1.82	0.966	1.44	5.00	1.667	3.383
海河平原平均沉速率/（mm/a）		0.179			0.08			0.34			1.46			3.52		

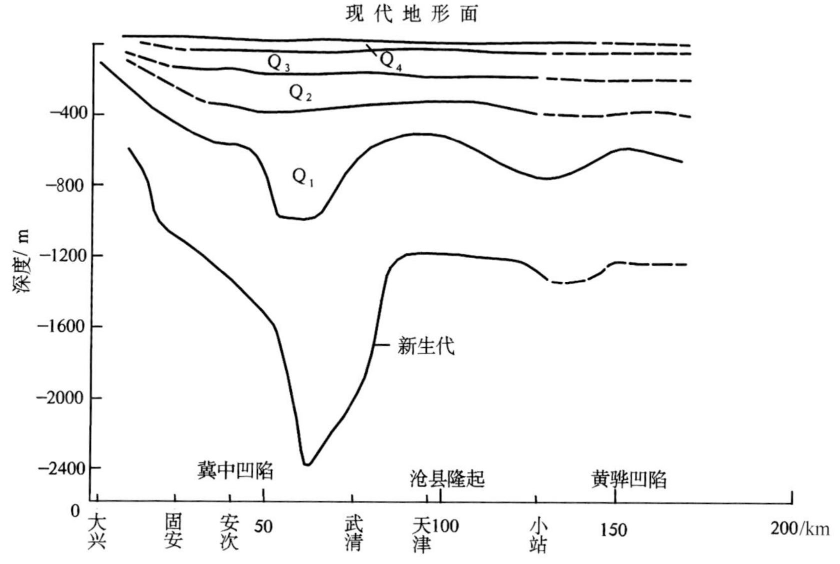

图 5-16　海河平原第四纪不同时期沉降幅度剖面图
（李祥根，2003）

由表 5-2 可见，海河平原第四纪沉降速率存在“老小新大”和凹陷区大于隆起区的特点，即早更新世沉降速率依次小于中更新世、晚更新世和全新世的沉降速率，显示海河平原地壳正处在加速沉降过程中。事实上，从表 5-3 可见，河北平原（海河平原）是华夏第二沉降带中沉降速率最大的地区。图 5-17 展示了冀中凹陷在第四纪不同时期沉降幅度的地理分布。图中呈东北向倾斜带范围是冀中凹陷从早更新世到全新世的最大沉降带，显示自早更新世以来，冀中凹陷的沉降范围正处于扩张的态势。

20 世纪 50 年代以来中国国家地震局对海河平原近期地壳垂直形变进行了多次精密水准测量，揭示了海河平原现代地壳垂直形变的新事实。如图 5-18、图 5-19 所示。

表 5-3　华夏沉降带各时期的平均沉积速率（mm/a）（李祥根，2003）

年代/MaBP	松嫩平原	三江平原	下辽河平原	河北平原		黄河下游地区	淮北平原	长江中下游平原
					饶 6 井			
0.01		2.0	3.0	3.52		1.0～2.7	1.1	8.0
0.15	0.06	0.33	0.4	1.46	1.0	0.57	0.17	0.71
0.73		0.013	0.12	0.34	0.3	0.027	0.095	0.05
1.67		0.03	0.21	0.081	0.078	0.067	0.046	0.015
3.40	0.092		0.06		0.078		0.11	

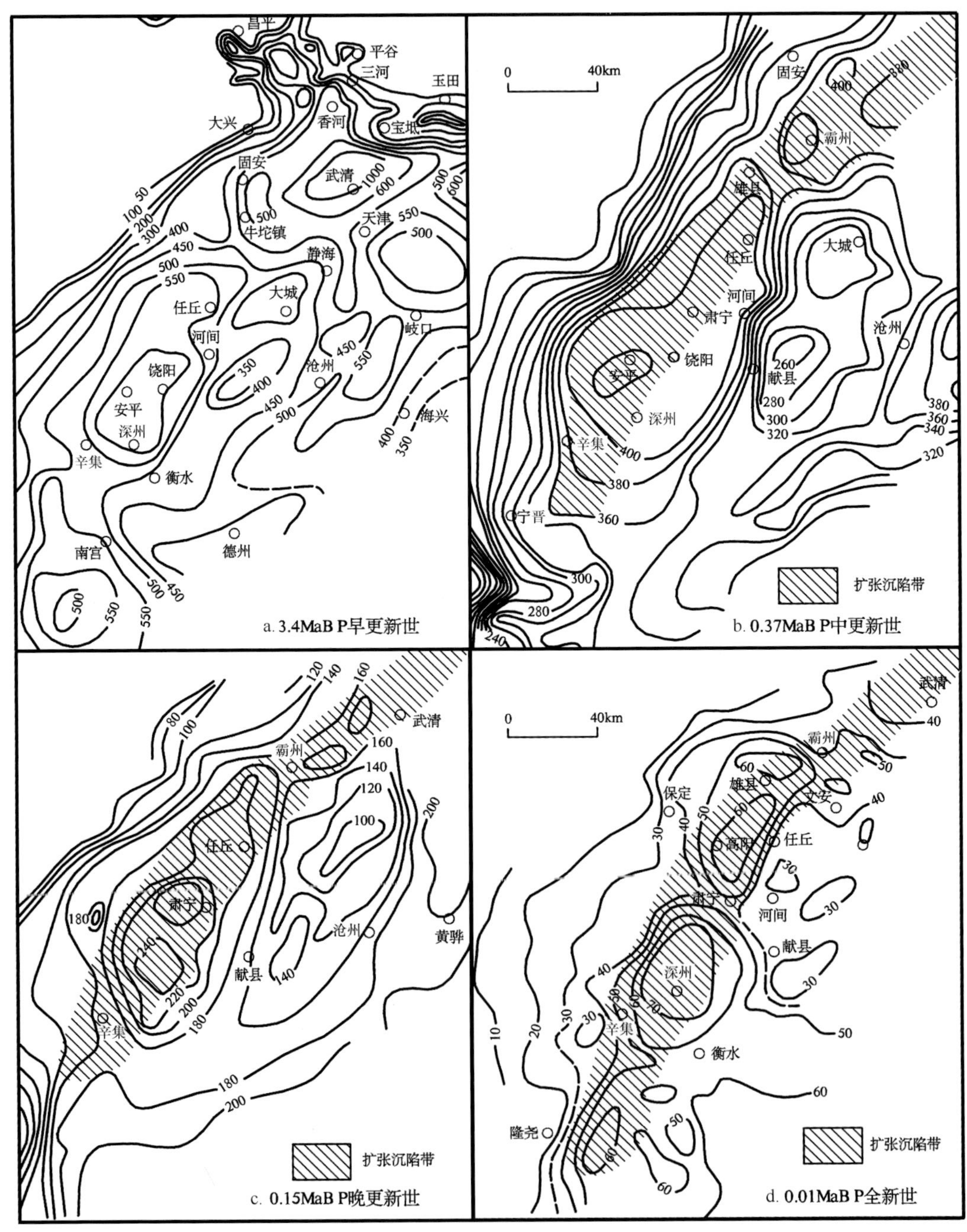

图 5-17　冀中凹陷第四纪不同时期沉降幅度（mm/a）分布图

（李祥根，2003）

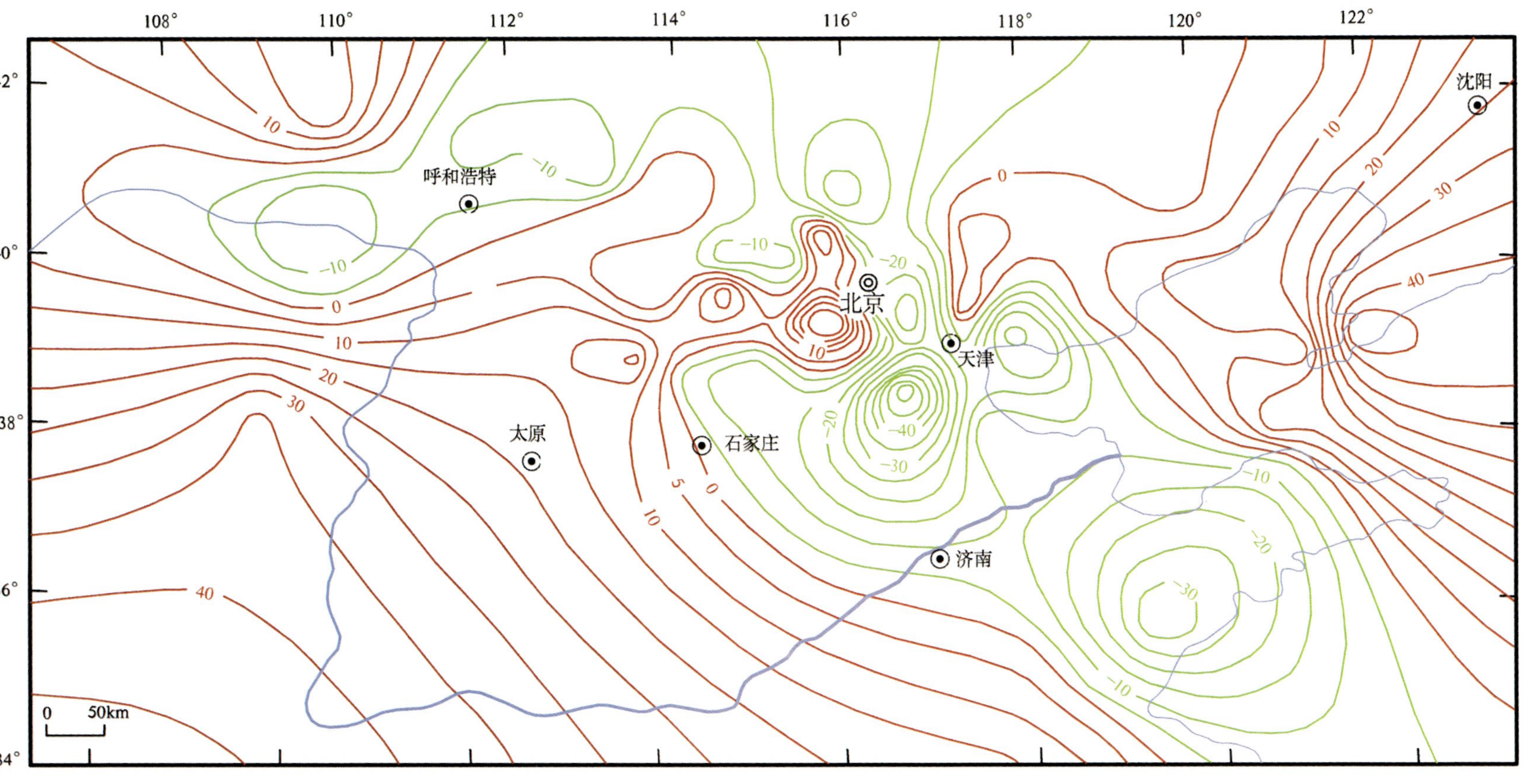

图 5-18 华北地区 1995～1996 年由 GPS 获得的地形垂直面形变等值线图（mm）
（顾国华、王若柏等，1999）

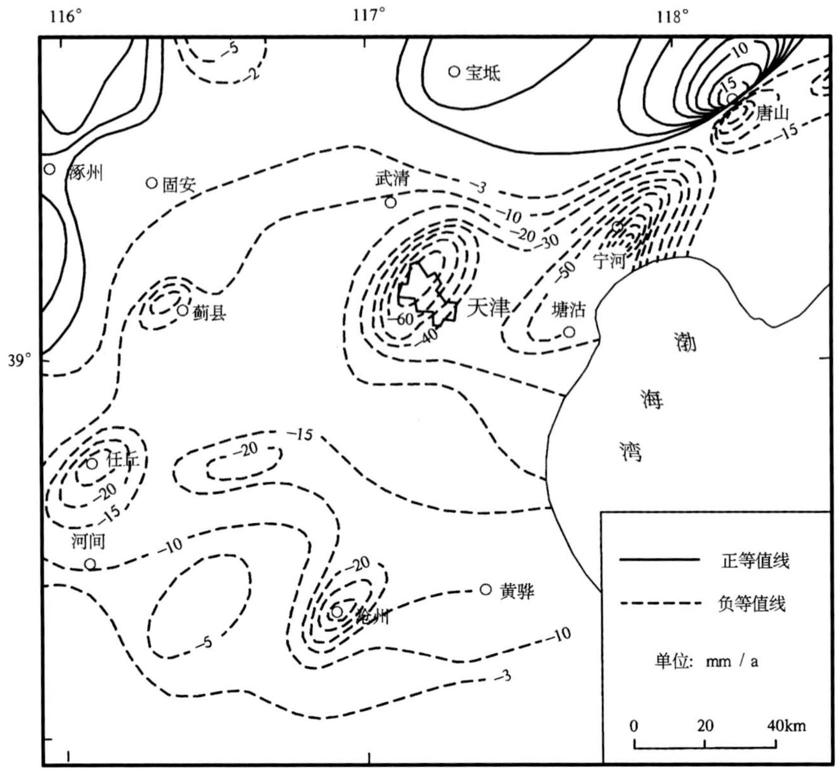

图 5-19 京津唐地区地壳垂直形变速率图（1965～1988）
（王若柏等，1994）

由图 5-18 和图 5-19 可见，无论大华北地区还是海河流域津京唐地区，20 世纪 50 年代以来，都处于快速沉降过程中，沉降速率较第四纪各时期沉降速率增快近一个数量级。其中渤海湾沿岸沉降尤为显著，其 1970～1975 年期间的沉降总量超过了内陆，形成向渤海开口的漏斗口。如图 5-20 所示。

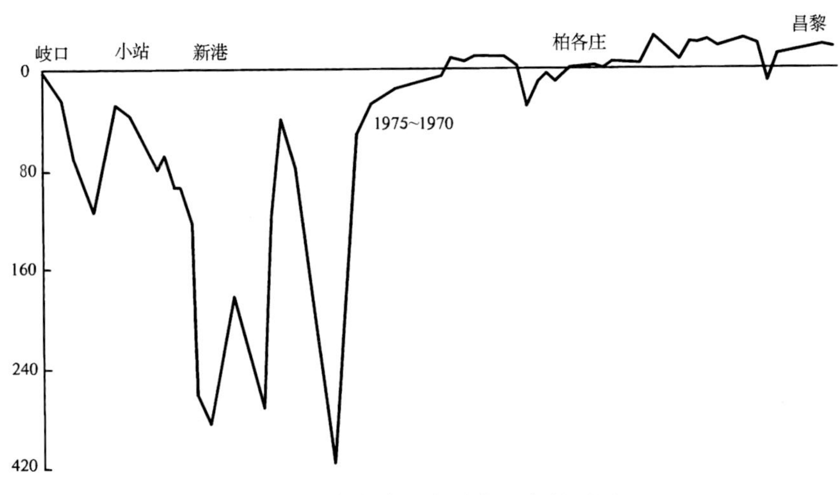

图 5-20 渤海湾沿岸垂直形变剖面图
（王若柏等，1994）

20 世纪 80 年代以来，华北地区以过量开采地下水为代表的人类活动引起地面显著沉降，天津地区地面沉降速率已达 80mm/a。可见人类活动引起的地面沉降已可掩埋地壳因岩石圈构造运动引起的沉降，这是一个严峻的事实（张莉、文汉江，1995）。

3. 海河流域平原的沉积

沉积是海河流域平原区对新构造运动响应的一种形式，是塑造海河平原地貌的主要行为。在新构造运动背景下：一方面，太行山、燕山等海河流域山地持续抬升，进行剥蚀和侵蚀，为沉积提供了丰富的物质来源；另一方面，海河平原持续沉降，为被剥蚀、侵蚀的物质提供了广大沉积空间，其中相间分布的次级凹陷与隆起则影响沉积的分布。

1）沉积厚度与沉积速率

在忽略地层因重力产生的垂向压缩量的情况下，地壳的沉降量即等于同时期沉积厚度。因此，图 5-16 也反映了海河平原在第四纪不同时期沉积厚度的变化。而表 5-2 则反映出海河平原主要凹陷区与隆起区在第四纪各时期的沉积厚度与沉积速率。由表 5-2 可见：①无论冀中凹陷区或沧州隆起区，其平均沉积厚度从早更新世到全新世呈逐渐减少的趋势；②第四纪各时期冀中凹陷区的沉积厚度均大于同时期沧州隆起区的沉积厚度，但到晚更新世、全新世，凹陷区与隆起区沉积厚度的差异逐渐减小，这是由于凹陷区加速沉积使凹陷区与隆起区地面高差逐渐减少的缘故；③无论凹陷区或隆起区，其沉积速率均呈自早更新世向全新世逐渐增加的趋势；④从早更新世至全新世，海河平原的平均沉积速率依次为 0.08mm/a，0.34mm/a，1.46mm/a，3.52mm/a，而海河平原第四纪的平均沉积速率为 0.179mm/a。许炯心（2007）分析了从距今 4 万年以来海河平原平均沉积速率随时间的变化（图 5-21）。

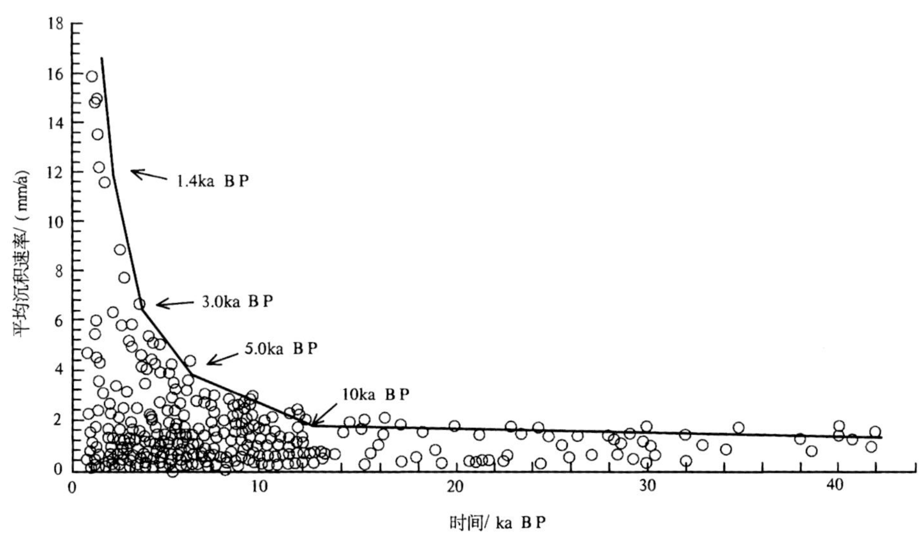

图 5-21　4 万年以来华北平原平均沉积速率随时间的变化

（许炯心，2007）

许炯心指出，图中有四个突变点，分别出现在 10 000aBP，5000aBP，3000 aBP 和 1400aBP，因而认为 4 万年以来的沉积过程存在 5 个阶段：从阶段 I 到阶段 II 的沉积加速与从冰期到间冰期的转变相对应；阶段Ⅲ沉积速率加快是由于气候和构造活动的自然原因引起的；从阶段Ⅳ到阶段Ⅴ沉积速率快速增加，除自然因素外，人类活动已成为加速沉积的新因素。

曹银真等（1984）在研究了海河平原近 50 年来的沉积特点后指出：①近 50 年来河北平原沉积速率呈加大趋势，平均沉积速率达 8.2mm/a，沉积厚度达 0.41m。②平原内不同地貌区沉积速率相差悬殊，如表 5-4 所示。表 5-4 中显示，冲积扇平均沉积厚度为 0.65m，平均沉积速率为 13.0mm/a；白洋淀平均沉积厚度为 0.64m，平均沉积速率为 12.8mm/a；中部及滨海平原沉积厚度为 0.26m，平均沉积速率 5.2mm/a，呈现出沉积厚度与沉积速率从山麓冲积扇向平原滨海地区减少的趋势。③人类活动加速西北部山区水土流失使河流含沙量陡增。据永定河支流清水河张家口水文站资料，20 世纪 70 年代比 50 年代平均来水量减少了近 40%，含沙量却增加了近 1 倍。而河道等堤防工程则改变了沉积的分布，对沉积的影响已远远超过自然因素，成为影响海河流域沉积的主要因素。

表 5-4　海河平原不同地貌单元的沉积速率与预测（曹銀真等，1984）

地貌单元	冲积扇			中部及滨海平原	白洋淀	文安洼	河北平原
	冲积扇带	永定河冲积扇	滹沱河冲积扇				
沉积厚度/m	0.69	0.67	0.59	0.26	0.64	0.03	0.41
沉积速率/（mm/a）	13.8	13.4	11.8	5.2	12.8	0.6	8.2

2）沉积地层

地层的物质组成和浅层地貌是影响平原河流发育的重要因素，但在河流治理中却常常被忽视。邵时雄和王明德（1989a）在编制《中国黄淮海平原第四纪地质图》时，将黄淮海平原第四纪地层分为 8 个区，海河流域分属其中的燕山-太行山山前平原地层区（Ⅰ区）和津沽-冀南-鲁北平原地层区（Ⅱ区），如图 5-22 所示。

（1）燕山-太行山山前平原地层区（Ⅰ区）。冀东平原及太行山前沧州隆起以西地区为冀中凹陷，第四系总厚度一般在 200～350m，最厚地层在冀中凹陷强烈沉降区为 500m。该区第四纪时期地层结构如下：①全新世地层厚 53m，包括三个地层区：上全新统以河间组为代表，厚 14.9m，主要为黄或棕黄色砂质黏土和黄灰色淤泥质亚黏土；中全新统以高湾组为代表，厚 16.0m，自上而下主要为浅灰色砂质土黏土、淤泥质砂质黏土，灰黄色砂质黏土与粉土互层；下全新统以杨家寺组为代表，厚 22.1m，主要为泥炭层。②晚更新世地层以甘西河组为代表地层，厚 48.7m，相应埋深为 37.5～86.2m。其上层厚 23.6m，主要为黄灰色及灰黑色亚砂土与亚黏土；其下层厚 25.1m，主要为黄灰色夹浅棕、铁黄、黑灰色亚砂土与亚黏土互层。③中更新世地层以肃宁组为代表地层。地层厚 94m，相应埋深 83.0～173.5m。其上段厚 44.5m，主要为黄灰、褐灰、浅灰绿色亚黏土与亚砂土互层；其下段厚 49.5 m，主要为灰黄夹棕黄与灰色、灰绿色亚砂土和亚黏土与粉砂土互层。④早更新世地层，以饶阳组为代表地层，总厚度 310m，相应埋深约 175.6～485.6m。其上层厚 66m，主要为灰、灰黄、灰绿及灰棕色、褐色亚黏土、亚砂土与中细砂互层，混粒结构明显；中层厚约 130.0m，主要为黄棕、褐棕、棕灰或灰绿亚黏土、亚砂土及中、粗砂互层，混粒结构；下层厚约 110m，主要为棕黄色、褐棕色及棕红、灰绿色亚黏土夹亚砂土与灰黄、棕黄、绿黄色粉砂与中砂互层，黏性土中含较

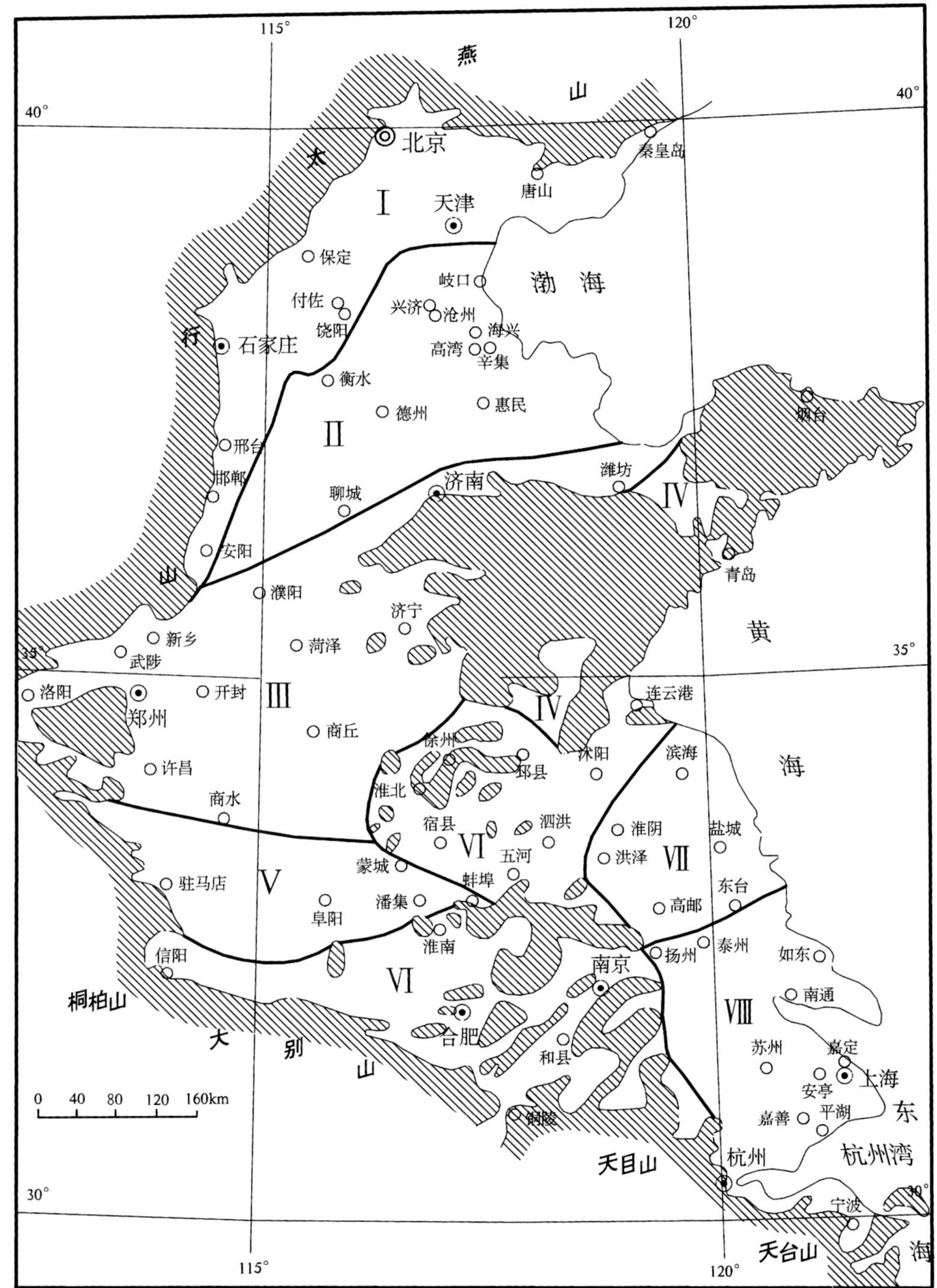

Ⅰ. 燕山-太行山山前平原地层区；Ⅱ. 津沽-冀南-鲁北平原地层区；Ⅲ. 黄河平原地层区；Ⅳ. 沂蒙泰山地及胶东半岛地层区；Ⅴ. 淮北地层区；Ⅵ. 江淮苏北丘陵地层区；Ⅶ. 苏北平原地层区；Ⅷ. 长江下游平原地层区

图 5-22 黄淮海平原第四纪地层分区略图

（邵时雄、王明德，1989a）

多钙核。早更新世地层以下则为古近纪与新近纪地层，以明化镇组为代表性地层，上部为深棕、红棕、褐棕、棕红带灰紫色黏土岩。

（2）津沽-冀南-鲁北平原地层区（Ⅱ区）。本区主要包括河北平原中东部及山东聊城、德州、惠民地区，相当于沧州隆起，黄骅凹陷、埕宁隆起和济阳凹陷的部分范围。第四系厚度在隆起区约 200～300m，在凹陷区约 300～450m。第四纪时期地层结构如下：①全新世地层，以岐口组为代表，总厚度 1.5～3.0m，主要为灰褐色亚黏土，夹薄淤泥层，在滨海有贝壳堤，属冲积和海积相。②晚更新世地层以惠民组为代表，总厚度约 55m，相应埋深约 17.14～72.49m。分上下两段：上段厚约 29m，主要为棕黄、灰黄亚黏土与灰黄色亚砂土互层；下段厚约 26m，主要为灰黑色淤泥质黏土，褐黄色亚砂土与黄灰色细砂、细黏土，底部为海相层。③中更新世地层以兴济组为代表，总厚度 68.7m，相应埋深约 55.0～130m。分上下两段：上段厚约 46m，主要为棕黄黄棕色亚黏土、亚砂夹粉细砂层；下段厚约 21m，主要为黄棕色、灰黄亚黏土与粉砂互层。④早更新世地层以辛集组为代表，总厚度 211m，相应埋深约 110.0～320.0m。分上中下三段：上段厚 60.7m，主要为棕黄和灰绿色亚黏土夹厚层砂，以冲积-湖积相为主；中段厚 72.6m，主要为红棕色黏土、亚黏土夹厚层粉砂，以湖积相为主；下段厚 77.0m，主要为红棕色、灰绿色黏土、亚黏土夹厚层细砂，以湖积为主。⑤早更新世地层以下为古近系-新近系明化镇组平行不整合，下伏地层主要是棕红色、紫色的黏土夹厚层粉砂，为湖积相。参见图 5-23。

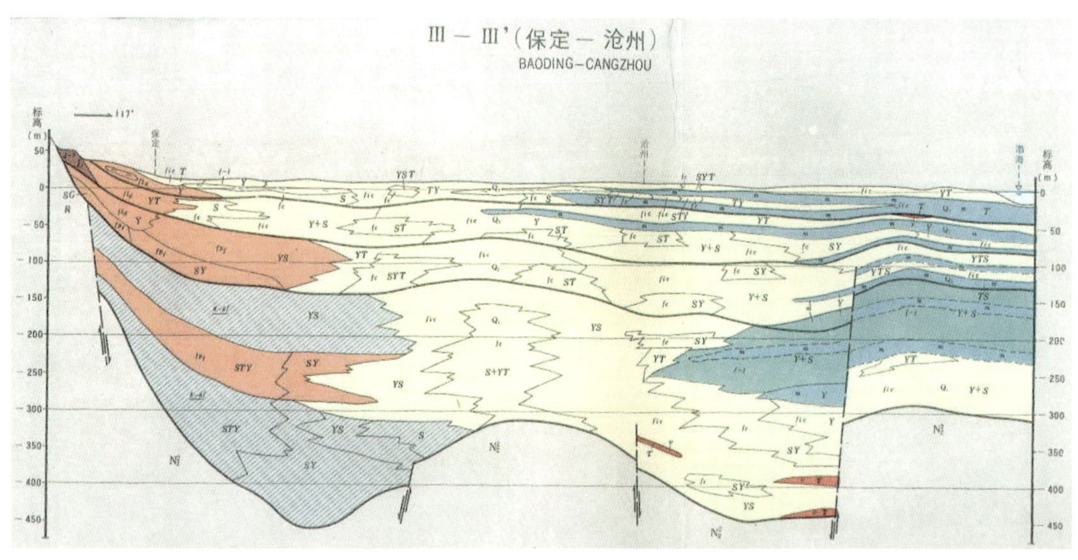

图 5-23　保定-沧州第四系地层剖面图（图例见图 3-29）
（邵时雄、王明德，1989b）

由上述可见，海河平原的河流均下切并蜿蜒在第四纪以黏土与中细砂为主要成分的地层中，因而河道极易受冲刷而不稳定。

（3）浅埋藏地貌地质体。地貌是河流发育演变的控制因素之一。关于海河流域地表地貌已有了深入的研究和大量论述（吴忱，2008），但关于浅埋藏地貌地质体的研究还较为薄弱，而浅埋藏地貌地质体和地层一样，也是影响平原河流发育演变的重要因素。

所谓浅埋藏地貌地质体，是指全新世或晚更新世晚期等时面范围内的沉积物所形成的各类地貌地质体的总称。根据邵时雄和王明德（1989）等通过对沉积物的分析认为，在黄淮海地区，全新世或晚更新世晚期沉积物形成的地貌地质体的底层埋深约为 30m，并称 30m 等深面为全新世或晚新世晚期等时面。因此，他们将自地表至地下 30m 深度范围内埋藏的洪积扇、河道密集带、河道间带、湖沼洼地、三角洲、海湾潟湖等视为浅层埋藏地貌地质体。因为这些地貌地质体中的砂土和黏土相对集中，能较好地反映当时的古地理环境。现将海河平原主要浅埋藏地貌地质体特点简介如下：

a. 洪积冲积扇，多分布于平原周边各出山口前，如图 5-24 所示。洪积冲积扇的中上部一般呈砂与亚砂土的二元结构，从扇顶到扇前缘粒度由粗变细，层次由少到多，单层厚度由大变小，规律明显。砂层百分比一般大于 30%。

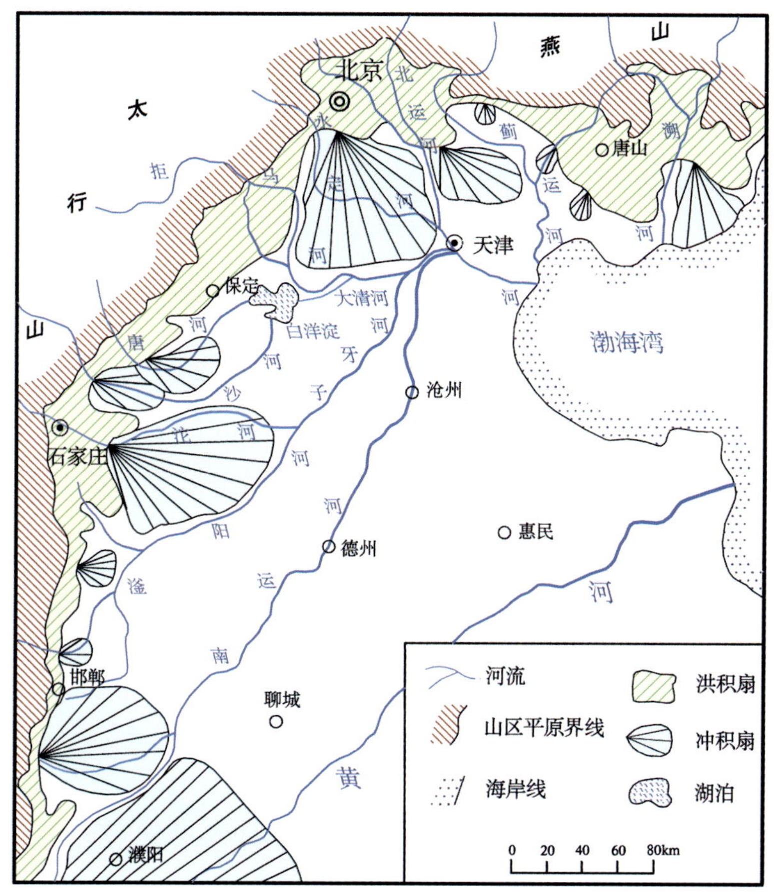

图 5-24 海河平原洪积冲积扇分布图

（吴忱，2008）

b. 河道密集带，广泛分布于冲积平原、冲积扇前缘至滨海地带，呈条带状分布。横向宽度可以从数千米至 20km，地层主要为中细砂、粉砂与亚黏土、亚黏土互层，自下而上呈层序列为河床相中细砂沉积过渡到河漫滩相亚砂土沉积；纵向连续性较好，含砂比大于 20%。

c. 河道间带，为海河冲积平原河道密集带之间的地带。河道间带地层主要为亚砂土与亚黏土互层，有的已发育成古土壤，含砂比小于 20%。

d. 湖沼洼地，依地貌结构部位有浅湖沼泽洼地、扇前-扇间洼地、山地平原交接洼地等。地层主要有淤泥和细砂，含砂比小于 15%。

e. 三角洲及河口三角洲，有浅海相或陆相交互沉积，河湖三角洲通常出现在支流汇入干流或汇入湖泊的地带，通常为湖沼洼地沉积相。此外，在河道带一侧也常见规模不等的决口扇前缘三角洲。海河流域平原区浅埋藏地貌地质体的分布见图 3-29。

2.3 海河流域的断裂构造

海河流域像前述的其他流域一样，在流域内存在着多种不同规模和方向的断裂构造。这些断裂构造深刻地影响着流域内地壳的抬升、沉降和沉积，是塑造河流地貌的重要因素，有些则构成不同地块单元的分界线。河北省地质矿产厅会同天津市、北京市地质矿产厅，根据 1∶100 万大地构造图并实地勘探，识别出海河流域有长度大于 5km 的断裂构造约 1000 余条，并将它们分为深断裂、大断裂和一般断裂三级。图 5-25 和表 5-5 是在海河流域内，或伸入、或穿越海河流域的主要深断裂和大断裂。

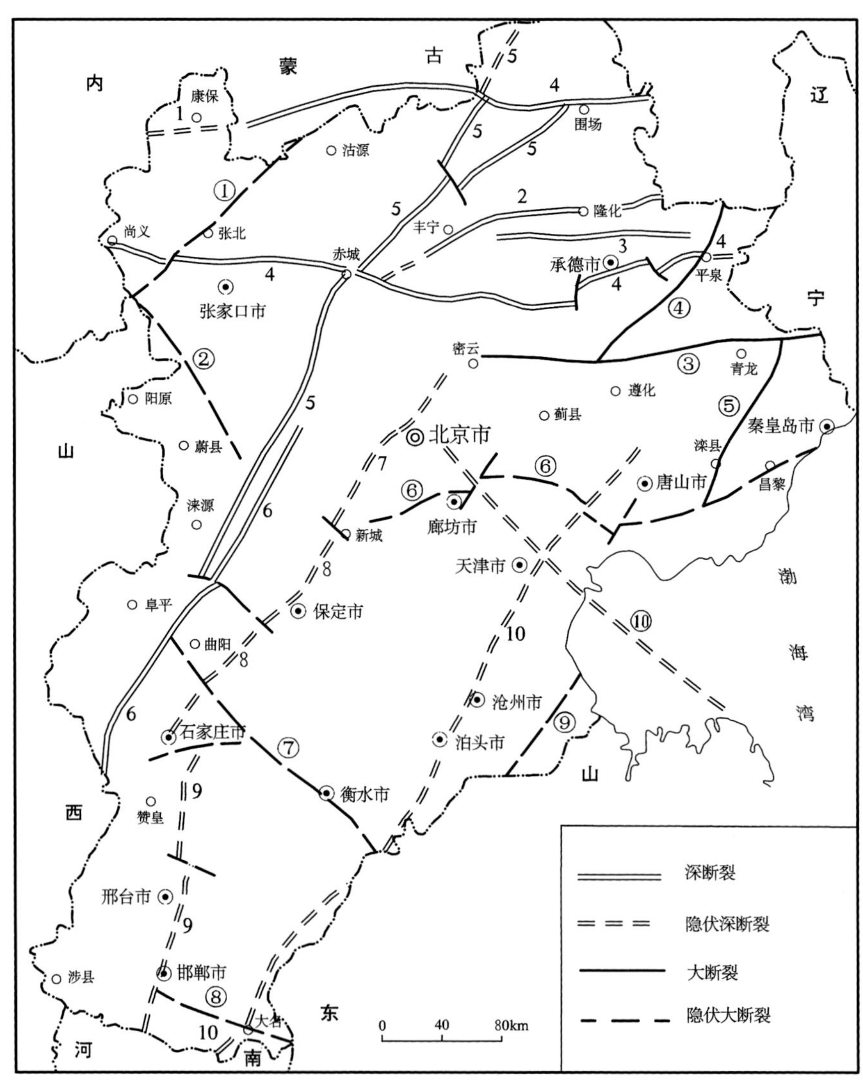

图 5-25 海河流域深大断裂分布图（图中编号说明见表 5.5）
（河北省地质矿产厅，1982）

表 5-5 海河流域深大断裂简表（河北省地质矿产厅，1982）

编号	断裂名称	走向	说明
①	沽源-张北大断裂	NE40°	北起沽源，向南经二台、张北、渔儿山延入山西。长 180km。在与尚义-平泉深断裂交叉部位共同导控了中新世玄武岩的分布
②	马市口-松枝口大断裂	NW30°	自冀、晋、内蒙古交界处的马市口向东南经右所堡、化稍营至松枝口南。长 130km
③	密云-喜峰口大断裂	EW	西起密云、向东经墙子路、兴隆、中璧山、喜峰口、青龙延伸入辽宁。长 22km
④	平坊-桑园大断裂	NNE	主体分布于内蒙古东部边缘地带，为大兴安岭东麓前缘断裂的南延部位。长 118km
⑤	青龙-滦县大断裂	NE25°	北起青龙山扎兰杖子，向南沿青龙河谷经卢龙、滦县隐入华北平原。长 150km
⑥	固安-昌黎隐伏大断裂	EW	西起固安，向东经廊坊、宝坻、昌黎入渤海。长 320km。控制侏罗纪、白垩纪沉积
⑦	无极-衡水隐伏大断裂	NW50°	西起曲阳，向东经无极、衡水，于德州南延山东。长 200km。对中新生界有明显控制作用
⑧	临漳-魏县隐伏大断裂	NW70°	西起邯郸南，向东南至大名东入山东。长 90km。为中、新生代继承性活动断裂
⑨	海兴-宁津隐伏大断裂	NNE	位于海河平原东南部，北延入渤海湾，南延至山东。长 80km。与沧州-大名断裂倾向相对，形成中、新生代带状地堑，近期有明显活动性
⑩	北京-蓬莱隐伏大断裂	NW	北起北京北，向东南经廊坊北、天津北，过渤海湾至山东半岛蓬莱。长约 380km
1	康保-围场深断裂	EW	系内蒙地轴北缘深断裂中段，西起康保，东抵围场，大致沿北纬 42°线通过河北北部。长约 340km
2	丰宁-隆化深断裂	EW	内蒙地轴南缘深断裂带的北支。自丰宁城向东，经隆化、平泉烟筒山延入辽宁。长约 210km。切割深度已达莫氏面（上地幔顶）
3	大庙-娘娘庙深断裂	EW	西起凤山以南，向东经石砬、正镶白旗、大庙、高寺台、头沟，至平泉城北娘娘庙。长 150km
4	尚义-平泉深断裂	EW	西起尚义，向东经赤城、古北口、承德市，至平泉，长约 450km
5	镶黄旗-乌龙沟深断裂	NE25°	自涞源乌龙沟向北经涿鹿大河南、赤城、丰宁、镶黄旗、围场入内蒙古。长 450km
6	紫荆关-灵山深断裂	NE20～30°	北起涞水县岭南台，向东经易县紫荆关、曲阳灵山、井陉延伸入山西。长 280km
7	怀柔-涞水深断裂	NE35°	北起怀柔城北，向西南经海淀、房山至涞水。长约 140km
8	定兴-石家庄深断裂	NE35°	北起定兴，西南行经保定、定州至石家庄，大体沿京广线分布。长 200km
9	邢台-安阳深断裂	NE°	自石家庄东南的栾城向南，经高邑、邢台、邯郸、磁县延伸向河南安阳。长约 200km
10	沧州-大名深断裂	NE30°	北起丰润、唐山之间。向南经天津、沧州、德州、大名延伸入河南境内。切穿地壳硅镁层。长约 500km

1. 海河流域的深断裂

深断裂是指切穿地壳硅铝层，深入硅镁层或上地幔的断裂，即相当于黄汲清、任纪舜等命名的壳断裂、岩石圈断裂和超岩石圈断裂。深断裂在空间上延伸上百千米，地球物理场反应明显，经历过长期发展过程，由单一的或成束的断裂形迹直接表露。深断裂对其两侧地史发展具有重要控制意义，一般成为Ⅱ级或Ⅲ级构造单元的天然分界线。

海河流域深断裂包括内蒙地轴北缘和南缘深断裂带、太行山深断裂带和海河平原深断裂带三组。

（1）内蒙古北缘深断裂带中涉及的深断裂带主要是康保-围场深断裂（表 5-5 中之编号 1)，它处于中朝准地台的北部边界部位，长期控制着其南北两侧不同的大地构造发展历史。内蒙古南缘深断裂主要有丰宁-隆化深断裂、大庙-娘娘庙深断裂和尚义-平泉深断裂（表 5-5 中之编号 2、3、4)，在图 5-25 中犹如一把头东柄西的“三股戟”。内蒙地轴横亘在海河流域北部，北为内蒙古兴安岭褶皱带，南为燕山褶皱带，其南北缘深断裂带水平间距约 120～150km，有着同步活动特点，受同一应力场的制约。它们共同构成重要的构造骨架，对早自太古界各群的层间分布，燕山山脉走向，以及其间的地史断代和构造演化，一直有着明显的控制作用。

（2）太行山深断裂带包括两组深断裂。其中一组称为紫荆关深断裂带，包括镶黄旗-乌龙沟深断裂和紫荆关-灵山深断裂（表 5-5 中之编号 5、6)，两者首尾相接，沿太行山东麓发展，向北穿过冀北东西向构造带直抵内蒙古境内。另一组称为太行山前深断裂带，包括怀柔-涞水断裂、定兴-石家庄断裂和邢台-安阳断裂（表 5-5 中之编号 7、8、9)。由于紫荆关断裂带和太行山前深断裂带在空间上分别位于太行山东侧且基本上平行分布，因此也常称前者为“西带”，后者为“东带”。事实上，东西两断裂带在新太古代-古元古代已初见规模，后来有着相同的发展进程和相似特点。但进入新生代以来两者活动出现明显差异：西带活动微弱；东带东侧自始新世开始连续大幅度拗陷，垂直断距达 2000m 余，深刻影响了太行山南段东麓山地及其与海河平原交接构造地貌的发展。

（3）海河平原深断裂带主要有沧州-大名深断裂（表 5-5 中之编号 10)，也名沧东断裂。该断裂已切穿地壳硅铝层，切入硅镁层，属硅镁层断裂。该断裂是新生代继承性活动正断层，在西盘的中-新元古界之上直接覆盖古近系-新近系和第四系，沉积厚度近 6000m。

2. 海河流域的大断裂

大断裂是指切入或切穿地壳硅铝层但未深入硅镁层的断裂。在海河流域定义其为介于深断裂和一般断裂之间的一级断裂。大断裂在水平展布也可达百余千米或数百千米。其断裂形迹常被覆盖或高度扭曲，现在主要通过勘探和卫星影像识别或推断，故在海河流域通常称其为隐伏大断裂。大断裂对其两侧地史断代的发展具有一定的控制意义，往往是Ⅲ级构造单元的分界，如图 5-1 和图 5-15。海河流域内和穿越海河流域的主要大断裂计有 10 条，如表 5-5 中之编号为①～⑩的诸条断裂。它们许多是海河平原中Ⅲ级构造单元的分界线。例如，固安-昌黎断裂、无极-衡水断裂、临漳-魏县断裂、海兴-宁津断裂、北京-蓬莱断裂，即分别是冀中凹陷、沧州隆起、黄骅凹陷、埕宁隆起等构造单元的分界线。

3. 海河流域的一般性断裂

如前所述，海河流域内长度大于 5km 的一般断裂约计千余条。它们一般断裂深度较浅，多在数十千米以内，方向各异，展布在流域平原就如同干涸的稻田里的龟裂。

按照它们的方向可归纳为 6 类：①东西向或近东西向断裂。多分布于 39°N 以北的燕山山前地区，即内蒙地轴南缘深断裂的南北两侧，南侧尤其发育，大多与该地区的深断裂和大断裂平行分布，宽为数十千米乃至 100km，是一般断裂中规模最大的一类。②北北东-北东向断裂。遍布全流域，数量居 6 组之冠，走向以北北东向为主，单体规模相差悬殊，长短不一，仅在燕山地区分布。③北东东向断裂。按其力学特性分为两类：其一为压性断裂，多分布于保定至宣化之间的冀西地区，即太行山与燕山之间的接壤地带，长数十千米；其二为扭性断裂，多分布于太行山紫荆关深断裂两侧，同北北西组断裂相互交叉构成“横贯格式”展布，一般长数千米，最长十余千米。④北西—北北西断裂。分布比较普遍，多呈北西 30°～45°和北北西 15°～25°之间，一般长为数千米至十几千米，个别上百千米，多成群出现。⑤北西西向断裂。主要分布在华北平原内部及邻近的太行山麓，数量不多，一般长十几千米至几十千米，在平原区也有上百千米者。这类断裂在山麓地带常发育成河谷，在平原地带主要控制新生代的沉积，通常以断层形式隐伏。⑥南北或近南北向断裂。此类断裂是 6 类断裂中最少的，主要分布在北部燕山地区，长数十千米，但宽可达上百千米。值得指出的是，在海河流域进行水利工程规划或城市规划建设中，必须对工程地区的断裂做更详细的勘测与分析。例如，在规划海河干流或进行天津市城市建设规划时，就必须深入揭示天津地区的断裂分布、断裂特点、活动性质等。图 5-26 为海河干流天津段的断裂分布。图中所示，天津北断裂和天津南断裂在中更新世以来都存在着活动迹象，而且天津南断裂南端与大城断裂结合处，于 1967 年 3 月 21 日就曾发生过 M_S 6.3 级地震，因而工程规划必须予以充分注意。

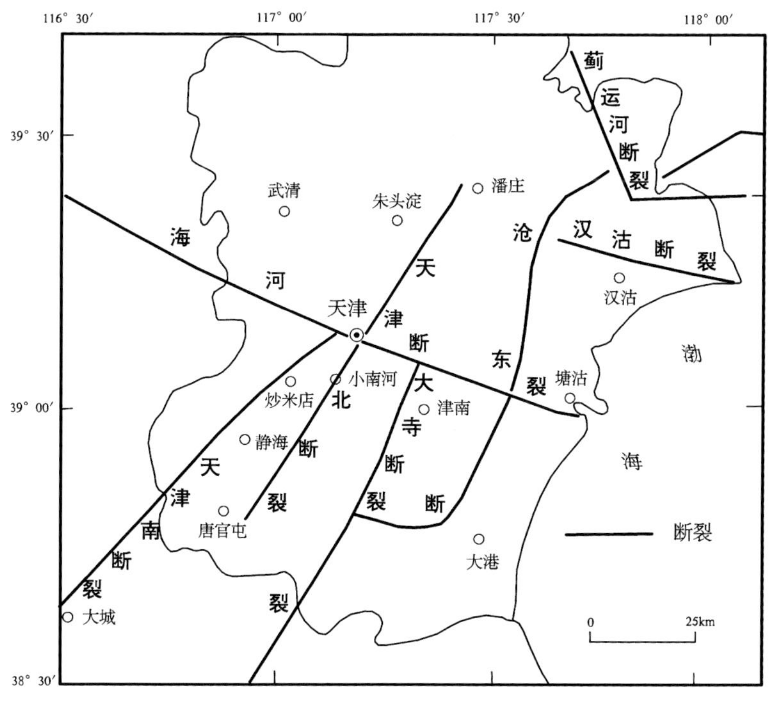

图 5-26 海河干流天津段的断裂分布

（邵永新等，2010）

综上所述，深断裂、大断裂和一般性断裂主要是海河流域或流域周边的断裂。关于作为流域分水岭的太行山南段东侧和燕山南麓的断裂已在第一节讲述，此处不再赘述。

第三节　海河流域古气候与古河道

在大地构造的背景下，河流是气候的产物，了解古气候是理解河流形成与演变的基础。今天的河流是历史河流的延续，了解古河道是认识今天河流的基础。因此，在进行江河治理时，了解被治理河流所在地区的古气候与古河道是十分必要的。本节将简述海河流域的古气候与古河道。

3.1　海河流域的古气候

1. 第四纪的气候变化

冷暖干湿的频繁交替是第四纪气候的显著特点，已有不少学者对海河流域第四纪气候状况进行了深入的研究（邵时雄、王明德，1989d；吴忱，2008；李兴安，1993；周昆权，1984）。

本节将以邵时雄、王明德的《中国黄淮海平原第四纪地质图说明书》和《中国黄淮海平原第四纪岩相古地理图》中对海河流域古环境状况的研究成果为主要依据，并参考其他作者的相关成果进行论述。

众所周知，存在于地层中的孢粉、重矿物、碳酸钙、黏土矿物、地球化学元素和三趾马等动物化石，以及微体古生物等，都记录了地层所在地当时的古环境状况，包括温度、湿度、植被、古水文等。邵时雄、王明德（1989）利用海河流域大量勘探钻孔的地层资料，获取上述信息，揭示了海河平原第四纪各时期气候与植被变化的基本事实，如表 5-6。

从表 5-6 可见，海河流域第四纪气候有以下特点：

（1）在新近纪晚期，海河平原尚属亚热带气候，估计当时最热月平均气温在 20℃以上。流域内以木本植物为主，草本植物约占植物总量的 20%以下，居次要地位。在木本植物中有丰富的温带落叶阔叶树和相当数量的亚热带及少量热带植物。到了上新世晚期，裸子植物如云杉、冷杉、松等耐寒植物开始增多，草原型的草本植物如蒿、藜等也逐渐占相当比例。在逼近第四纪时，草本植物逐渐转为占主要地位，表明海河平原当时已逐步进入草原环境，气候已开始变冷。这一时期演变的总趋势是，上新世以湿热气候为主，推测当时年平均温度比现今高 4～5℃。

（2）进入更新世，气候已开始出现明显的冷暖交替。演变的梗概是：上新世以湿热气候为主；早更新世气候明显变冷，但在总体降温基础上间有温暖阶段，表现为“两寒夹一暖”；中更新世冷暖波动，表现为暖→寒→暖→寒；晚更新世气候以干冷为特征，含多次小波动；全新世进入冰后期，但也有较小冰期、新冰期等波动。与气候波动相适应，植物也随之在暗针叶林→草原带与针阔叶混交林→草原带或草甸沼泽带之间更迭。周昆权（1984）总结出华北地区第四纪气候变化与植被演替关系，如图 5-27。

表 5-6　黄淮海平原第四纪气候与植被带特征表（邵时雄、王明德，1989）

气候期				河北平原（东部）		河南平原		淮北平原（盐东地区）		苏北平原	
				植被带	气候特征	植被带	气候特征	植被带	气候特征	孢粉组合	气候特征
全新世（Q_4）	冰后期		晚	松林亚带	与现今一致	针叶林-草原	温凉，与现今一致	针阔叶混交林-草原	温和偏湿	松、菊、藜	温凉
			中	栎-桦亚带	温暖，比现在高 3℃	针阔叶混交林-草原	温暖（偏湿）	含针叶树阔叶林-草原	温和偏湿	栎、松、莎贝科	温暖
			早	松林亚带	比现今低 1～3℃	松林-草原	寒温（偏干）	针叶林为主的针阔叶混交林-草原	温凉偏湿	松、菊、蒿	温凉
晚更新世（Q_3）	Ⅳ	Ⅳ2 冰期	晚	针叶林带	年平均气温 4～5℃	针叶林-草原	较冷	荒漠-草原	寒冷干燥	云杉、蒿、菊	冷
		间冰期		针阔叶混交林-草原	与现今相似	针阔叶混交林-草原	温暖偏干旱	阔叶林	温暖湿润	枫香、水龙骨科	温暖
		Ⅳ1 冰期		含云杉针阔叶混交林-草甸-沼泽	寒温	针叶林-草原	较寒冷	含云、冷杉针叶林为主-草原	寒冷干燥夹温和	菊、禾本科	冷
	Ⅲ间冰期		早	针阔叶混交林-沼泽	温暖干旱	针阔叶混交林-草原	温暖偏干旱	针阔叶混交林-草原	温暖偏干旱	松、栎、枫香、水龙骨	暖
中新世（Q_2）	Ⅲ冰期		晚	暗针叶林-草甸或暗针叶林-苔原	苔原气候，年平均气温 2～0℃，最低-5℃	针叶林-草原	冷湿	针叶林、暗针叶林-草原	冷湿	云杉、冷杉	寒冷
	Ⅱ间冰期		早	针阔叶混交林-草原	松林气候，年平均气温 8～10℃	针阔叶混交林-草原	温暖偏干	针阔叶混交林-草原	温暖潮湿	松、胡桃、水龙骨	温暖，湿
早更新世（Q_1）	Ⅱ冰期		晚	针叶林-草甸沼泽	年平均气温 2～4℃	疏树草原或草原	凉或干冷	含云杉、冷杉针阔叶混交林-草原	寒冷潮湿	松、冷杉、云杉、水龙骨	冷湿
	Ⅰ间冰期		中	针阔叶混交林-草原	早期寒温，后栎树林气候，年平均气温 12℃	针阔叶混交林-草原	温暖偏干	含常绿成分落叶阔叶林-草原	温暖偏湿	栎、松、菊、蒿、禾本科、水龙骨	暖湿
	Ⅰ冰期		早	暗针叶林-草甸沼泽	年平均气温 2℃以下，偏干旱	暗针叶林-草原	寒冷潮湿	阔叶、针阔叶混交林-草原	温暖偏湿-凉温	冷杉、云杉、松、蒿、水龙骨	寒冷
上新世（N_2）				上部针阔叶混交林-草原，下部栎树阔叶林	上部年平均气温 11℃以上，下部年平均气温 10～11℃	针阔叶混交林-草原	温暖偏干	含常绿成分针阔叶混交林-草原	温暖湿润	栎、松、水龙骨	湿热
				暗针叶林-草甸沼泽	寒冷，年平均气温 2.5～4℃						
				含常绿树亚热带阔叶混交林	上部干旱草原，下部为亚热带湿热气候						

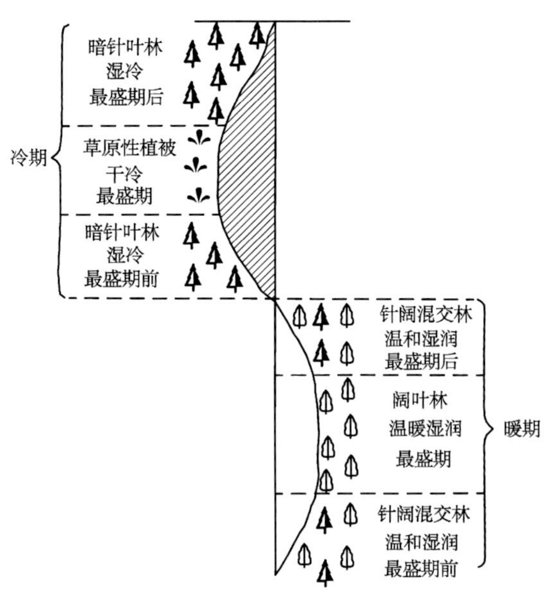

图 5-27　华北地区第四纪气候变化与植被演替关系

（周昆叔，1984）

图 5-27 冷期中的“最冷期”分别指冷期中的最冷时期（通常在盛冰期）。暖期中的“最暖期”，通常在间冰期中气温最高时期。例如冰后期中的“气候适宜期”。暗针叶林通常指云杉、冷杉、松等耐寒植物构成的森林景观；针阔混交林通常指温带或亚热带落叶阔叶树，如山核桃等构成的森林景观；草原性植被通常指蒿、菊、藜与禾草等组成的草原景观。

（3）早更新世至全新世晚期，海河平原经历了 12～13 次较明显的冷干与暖湿的气候交替，更替的时间间隔呈缩短趋势。最冷时期出现在大理冰期（末次冰期）的盛冰期，当时年平均温度约为–5℃；最热时期出现在末次间冰期，当时年平均气温达到约 15℃（杨子庚等，1979）。

（4）气候冷（干）暖（湿）交替变化与第四纪冰期与间冰期的交替，存在明显的基本同步的关系，但在冰期也存在短期的暖湿气候期，在间冰期也存在短期的冷干气候期。这一认识在杨子庚等（1979）多人的研究成果中也得到证实。如图 5-28。

2. 晚更新世以来的古气候

一般将第四纪中距今 12.0（或 14.0）万年至距今 1.0（或 1.2）万年这一段时期称为晚更新世，历时约 11.0 万年至 12 万年。晚更新世古气候继承了中更新世古气候演变的趋势，对全新世气候，亦即人类历史时期的气候有着深刻地影响，因此有必要进行稍许详细论述。

海河流域作为华北平原的主要组成部分，其晚更新世以来的古气候自然是在华北平原同期古气候背景下演变的结果，同时也具有自己的区域特征。为此，我们将先简述华北平原晚更新世以来古气候的演变，然后再讨论海河流域一些典型区域晚更新世以来古气候的一些特点。

1）华北平原晚更新世以来的古气候

该领域学者已有了丰富和相当深入的研究（赵英时，1987；童国榜、严富华，1991；

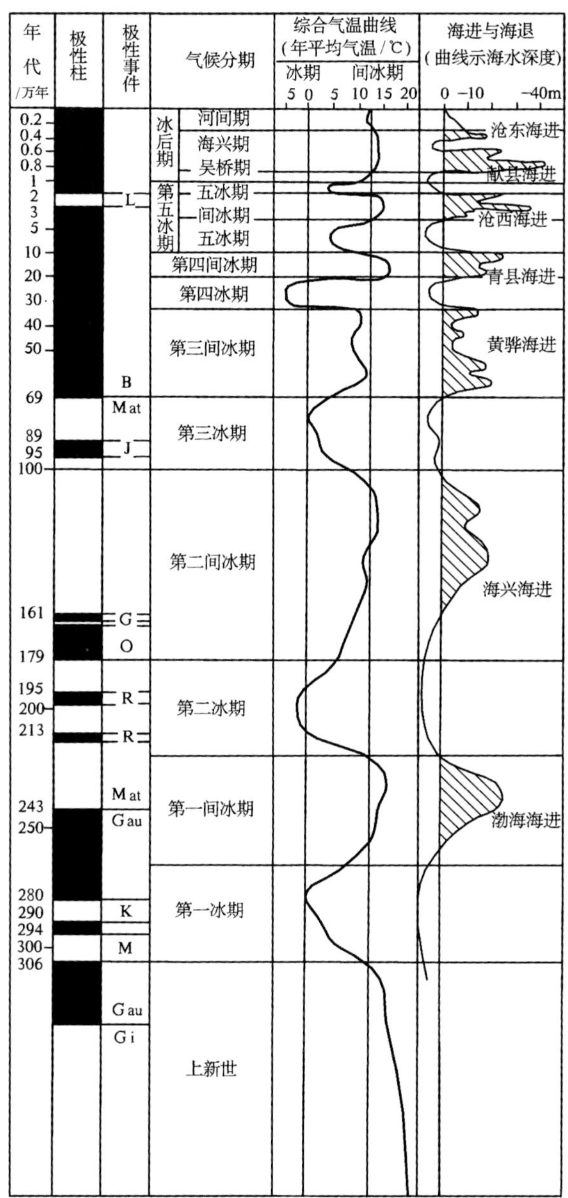

图 5-28　河北平原第四纪综合气候曲线

（杨子庚等，1979）

郭盛乔等，2005）。这些研究的共同特点是，通过对华北平原大量钻孔岩心中对气候状况有指示意义的要素分析（主要是对植物孢粉的分析），建立了该地区晚更新世以来的综合孢粉图谱，然后根据植被的气候特征绘制出气温曲线和干湿变化曲线，借以识别该地区晚更新世以来的气候与生态环境状况。

赵时英（1987）的研究成果表明，华北平原自距今 12 万年以来的古气候演变可分为 7 个气候期，其中包含有 10 个以上主要的气候波动。7 个气候期的气候状况分述如下：气候期一，约距今 12.0 万～7.0 万年，为以落叶阔叶林为主的森林草原景观，年平均气温约 15～16℃，气候温暖湿润；气候期二，约距今 7.0 万～4.4 万年，以云杉、松为主的针阔混交林-草原植被景观，年平均温度 8～9℃，气候温寒；气候期三，约距今 4.4 万～2.5 万年，以阔叶树种为主的针阔叶混交林-草原景观，年平均温度约 12℃左右，气候温和；气候期四，距今约 2.5 万～1.2 万年，以云杉、冷杉、柏、松为主的暗针叶林-草原景观，年平均气温 4.5℃左右，气候寒冷阴湿；气候期五，距今约 1.2 万～0.8 万年，以松为主的针阔叶混交林-草原景观，年平均气温 10～11℃，温凉湿润；气候期六，距今为 8000～3000 年，阔叶林-草原景观，年平均气温 14～16℃，气候温暖湿润；气候期七，距今 3000 年至今，以松为主的针阔叶混交林-草原景观，年平均气温在 11～12℃，气候温凉。上述各气候期中各包含着一些历时较短、变幅较小的气候波动。例如，气候期三中的距今 3.6 万～2.8 万年间的冷波动，气候期四中包含有距今 2.0 万～1.6 万年的末次盛冰期寒冷波动，气候期六中的全新世气候适宜期和小的冷暖波动等。

上述 7 个气候期表达的华北平原晚更新世以来的气候演变，可以概括为三个阶段，即①距今 12.0 万～7.0 万年的温暖时期，年平均温度可达 15～16℃，其间约在 8.5 万年有一次明显地波动；②距今 7.0 万～1.2 万年的冷暖大幅变化时期，其中包含有三次寒冷期，分别出现在距今 6 万年前、3.6 万年左右和 1.5 万年前的气候最冷时期；③距今 1.2 万年以来进入冰后期，气候转暖，但波动频繁，其间有 5 次以上的气温波动，最大波动幅度 6℃左右，最高气温时较现代高 2～1℃。图 5-29 显示，华北平原晚更新世以来的气候变化与国内和国外相近纬度同时期气候变化曲线有一定可比性，表明华北平原晚更新世以来的气候演变具有全球的背景和性质。

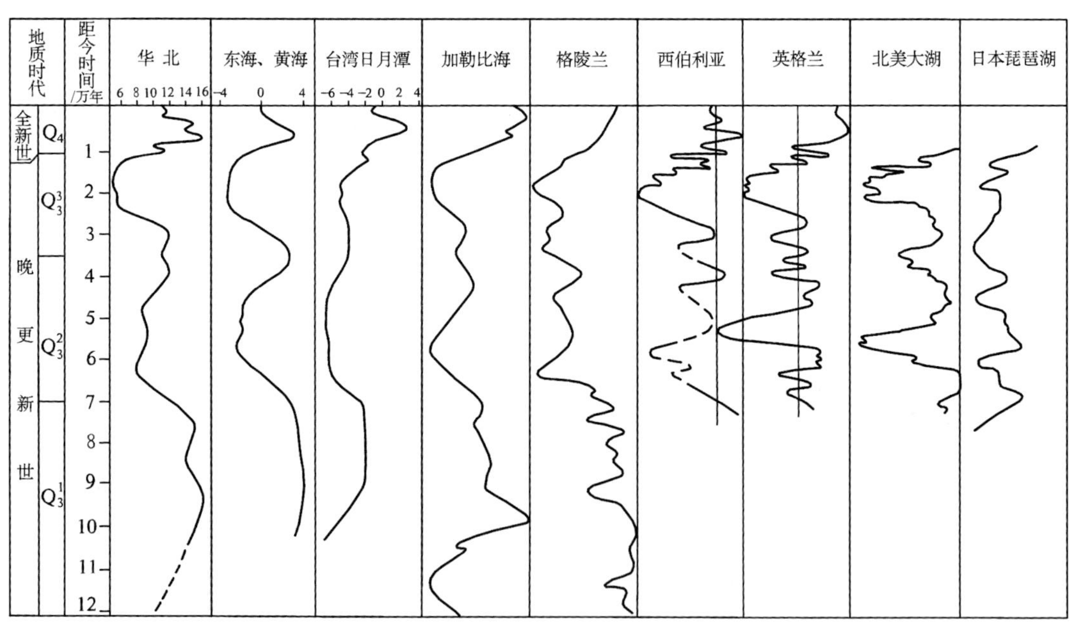

图 5-29　华北平原 12 万年以来的气候变化曲线与其他地区的比较

（赵英时，1987）

2）海河平原东部地区晚更新世以来的气候分期

海河平原东部地区是指宝坻、天津、青县、德州一带等地区。童国榜、严富华（1991）利用该地区 5 口钻井的岩心和一个地质剖面的孢粉资料，将本区自晚更新世以来的地层划分为 5 个孢粉组合带，建立了 9 个孢粉植物群演化阶段，探讨了该地区距今约 2.0 万年以来气候的演变。该项研究将海河平原东部地区自晚更新世以来的气候演变划分为 9 个气候期，分别是：①坟庄冷期，距今 2.2 万～1.5 万年左右，这一时期正值末次冰期盛冰期，气候寒冷，平均气温比现代低 7℃左右。②宁河暖期，距今 1.5 万～1.2 万年，气温回升，气候有所转暖，但年平均气温比现代仍低 1℃左右。③宁河冷期，距今 1.2 万～1.0 万年左右，气候突又转为凉温，估计当时年平均气温下降 4℃左右。④濮阳暖期，距今 1.0 万～0.9 万年，气温回升，年平均气温约比现代高 1℃左右。⑤濮阳冷期，距今 0.9 万～0.75 万年，时值北半球第一新冰期（8200～7000aBP），气温短暂下降。⑥京津暖期，距今 0.75 万～0.5 万年，气温回升雨量充沛，气候温暖湿润，年平均气温比现代高 3～4℃，相当于竺可桢“中国近五千年来气候变迁的初步研究”一文中的仰韶暖期。⑦青县冷期，距今 5000～2500 年，其间包含首尾两个冷期和中间一个小暖期。即青县冷期Ⅰ（距今 4000 年前后），当时气候较京津暖期下降 2～3℃；青县小暖期（距今 3500 年左右），气温有小幅回升。青县冷期Ⅱ（距今 3000 年），气温凉寒，大致与我国殷末周初的寒冷期相当。⑧渤海暖期，距今 2500～1000 年。该暖期由首尾两个暖期夹一个冷期组成。即渤海暖期Ⅰ，相当于周汉温暖时期；渤海冷期，相当于晋朝低温时期；渤海暖期Ⅱ，相当于唐朝温暖期，此时期大象可以在长江以南地区活动。⑨距今 1000 年以来，被称为现代冷期，欧洲称之为现代小冰期，相当于我国明清小冰期。但此时期人

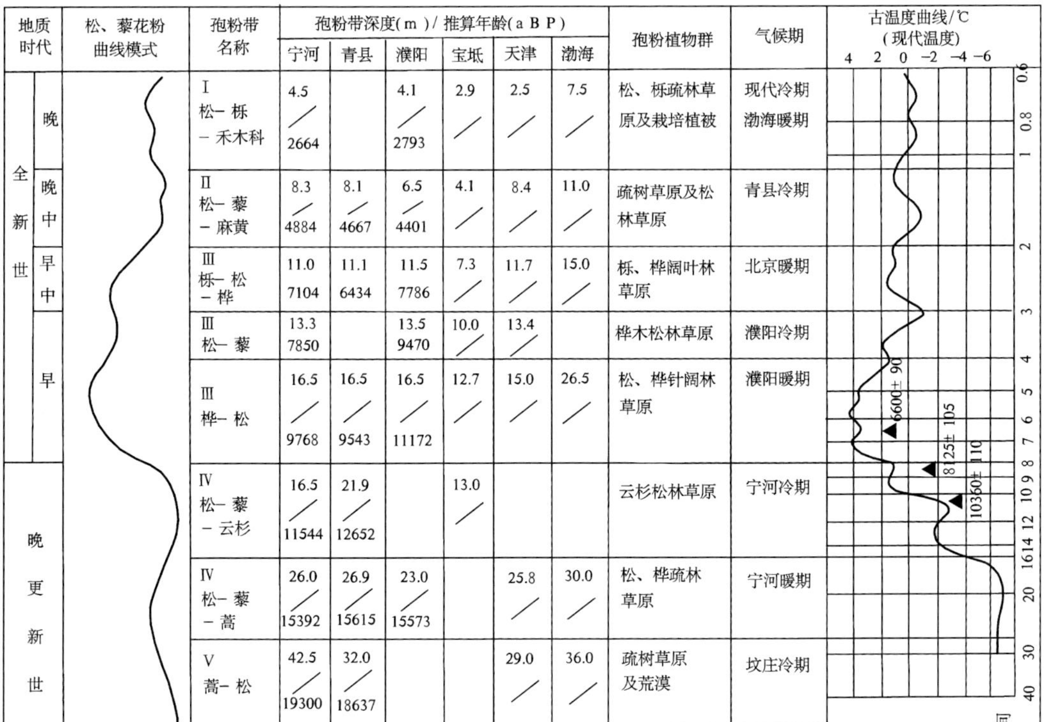

地质时代		松、藜花粉曲线模式	孢粉带名称	孢粉带深度(m)/推算年龄(aBP)						孢粉植物群	气候期	古温度曲线/℃（现代温度）
				宁河	青县	濮阳	宝坻	天津	渤海			
全新世	晚		Ⅰ 松-栎-禾木科	4.5/2664		4.1/2793	2.9/	2.5/	7.5/	松、栎疏林草原及栽培植被	现代冷期 渤海暖期	
全新世	晚中		Ⅱ 松-藜-麻黄	8.3/4884	8.1/4667	6.5/4401	4.1/	8.4/	11.0/	疏树草原及松林草原	青县冷期	
全新世	早中		Ⅲ 栎-松-桦	11.0 7104	11.1 6434	11.5 7786	7.3/	11.7/	15.0/	栎、桦阔叶林草原	北京暖期	
全新世	早		Ⅲ 松-藜	13.3 7850		13.5 9470	10.0/	13.4/		桦木松林草原	濮阳冷期	
全新世	早		Ⅲ 桦-松	16.5/9768	16.5/9543	16.5/11172	12.7/	15.0/	26.5/	松、桦针阔林草原	濮阳暖期	
晚更新世			Ⅳ 松-藜-云杉	16.5/11544	21.9/12652		13.0/			云杉松林草原	宁河冷期	
晚更新世			Ⅳ 松-藜-蒿	26.0/15392	26.9/15615	23.0/15573		25.8/	30.0/	松、桦疏林草原	宁河暖期	
晚更新世			Ⅴ 蒿-松	42.5/19300	32.0/18637			29.0/	36.0/	疏树草原及荒漠	坟庄冷期	
晚更新世			Ⅴ 蒿-藜	55.0/	35.0/	35.0/				草原、荒漠		

图 5-30 华北平原东部晚更新世以来古温度与古植被曲线

（童国榜、严富华，1991）

类活动影响气候已显现，轻微波动皆可通过仪器观测，已不需要依赖植物孢粉等要素推算和评价了。海河平原东部晚更新世以来的气候变化也可以从图 5-30 得到较清晰的认识。

3）渤海湾西岸地区晚更新世以来的古气候

渤海湾西岸是海河流域东临渤海的广阔地区，地势低洼平坦，地面海拔 5m 以下，地面坡降小于 1/10 000。沿海岸自东往西分布有 4 道贝壳堤，即图 5-31 中的Ⅰ、Ⅱ、Ⅲ、Ⅵ堤。

贝壳堤间是潟湖洼地和低平的海积平原，局部地段还分布有数道北北东向古河道。渤海湾西岸地区的古环境既受气候冷暖变化的影响，也受海平面变化的影响，因此讨论渤海湾西岸地区的古气候时，除要像讨论华北平原古气候那样需要涉及植物生态环境外，还必须结合该地区海进与海退等事实作为佐证。在这一方面，许清海等（1993）的研究成果是较有代表性的。他们选取了渤海湾西岸黄骅县羊二庄和孟村两个钻孔的岩心样品，进行了孢粉、微体古生物鉴定和 ^{14}C 测年等方法的综合分析，对渤海湾西岸距今 2.5 万年以来的古气候与古环境演变提出了以下认识：①在距今 2.5 万～2.3 万年期间，气候温暖，海岸线位于黄骅县孟村与羊二庄之间，呈现以蒿藜为主的森林-草甸植被景观。②距今 2.3 万～2.0 万年，气候干冷，海水迅速退离本区，在海退区域遍布湖沼，呈现沼泽-草甸植被景观。③距今 2.0 万～1.5 万年，气候寒冷干燥，海水进一步从渤海湾

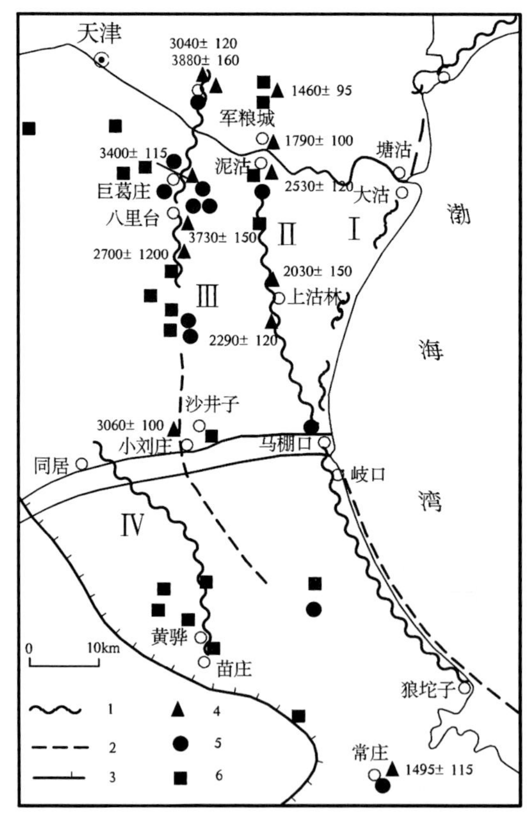

1. 贝壳堤；2. 古海岸线；3. 全新世海侵范围；
4. 采样地点与 ^{14}C 年代；5. 唐宋遗址；6. 战国、汉代遗址

图 5-31 渤海湾西岸地区的贝壳堤分布
（赵希涛、张景文等，1980）

退出，海岸线位于比现代低136m的位置，为草原植被景观。④距今1.5万～1.2万年，气温开始回升，海平面也开始逐渐上升，又出现一些湖沼环境，复呈现沼泽草甸植被景观。⑤距今1.2万～0.8万年，末次冰期气候已结束，气温回升，但气候冷暖变化频繁。其间在距今1.15万年、1.0万年和0.85万年左右，有三个较暖的时期；在距今1.05万年、0.9万年和0.8万年左右，有三个短暂冷期。暖期气候多湿润，冷期气候多干燥，植被呈现森林-沼泽草甸共存的景观。⑥距今8000～5000年期间，是冰后期以来的气候最佳适宜期，温暖湿润。在平原高地和古河道高地上生长着阔叶林，其中夹有山毛榉、枫香等亚热带树种；在平原及海滨低地上沼泽植物发育良好，除香蒲、莎草科等水生植物外，还有现今生长在亚热带的湖沼水域的水蕨等。此时期羊二庄附近再次遭受海侵，成为前海或湖间带，孟村可能仍为滨海陆地。⑦距今5000～2500年，经过中全新世的气候最佳适宜期后，气候在距今5000年左右发生了一次显著的冷湿事件，持续约500年左右，

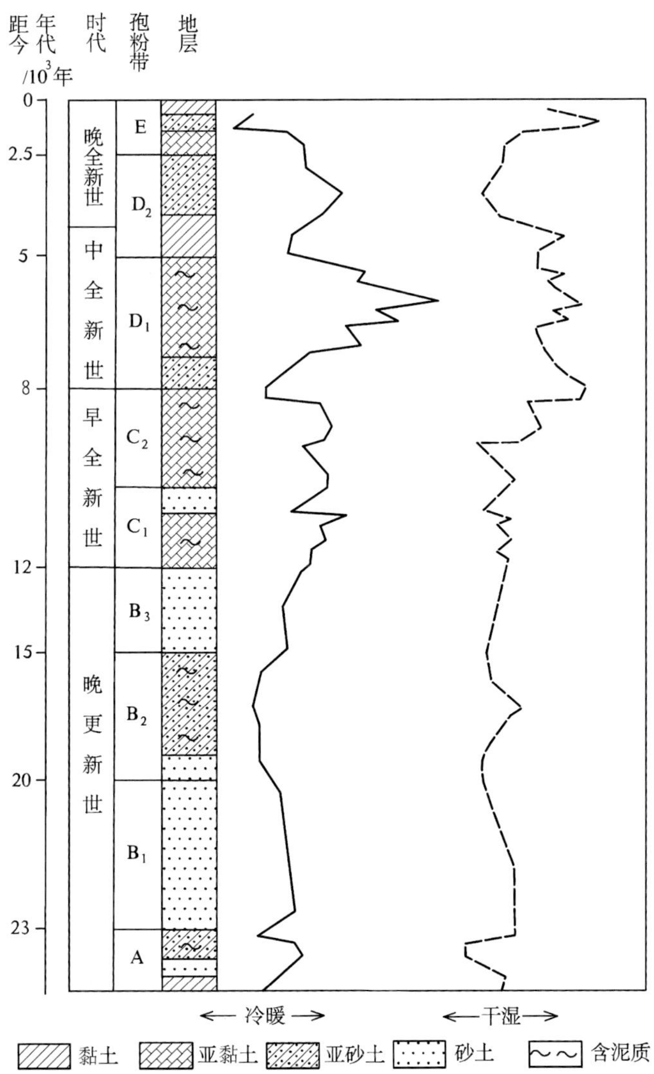

图5-32 渤海湾西岸地区距今25 000年来的古气候（冷暖、干湿）演变

（许清海等，1993）

随后气温重又回升，但开始向干的方向发展。由于干旱，西岸的植被再次呈现以藜蒿和耐盐草本植物为主的沼泽草甸景观。这一时期海平面也再次下降，并在后退的过程中在本区留下了第Ⅳ（距今 4700～4000 年）和第Ⅲ（距今 3800～3000 年）道贝壳堤。⑧距今 2500 年至今，晚全新世的气候基本上呈现向凉干的方向发展，但也伴随着暖和湿的波动，这一趋势已有大量历史资料证实。这一时期海平面进一步下降，海岸线向渤海方向后退，并在后退的过程中留下了第Ⅱ（距今 2500～1300 年）和第Ⅰ（距今 600～500 年）两道贝壳堤（图 5-31）。到了秦汉时期，渤海湾西岸地区已有相当规模人类定居，古地理环境逐渐受到人类活动的干扰。综上所述，可将渤海湾西岸地区距今 25 000 年以来的气候演变概括为图 5-32（许清海等，1993）。

4）北京地区距今 3 万年以来的古气候演变

北京地区作为燕山南麓与海河平原交接地带，其古气候演变可以反映海河流域北部地区古地理环境的演变。关于北京地区晚更新世以来古气候演变已有了大量的研究成果，本节将主要参考赵希涛等（1984）的研究成果作一概述。

赵希涛等（1984）从北京地区不同类型地貌，如残丘、坡积裙、冲积台地及冲积扇前缘洼地、古河道、冲积平原等，收集不同沉积层序中的动植物化石和反映古气候的地球化学元素，利用 ^{14}C 测年，将北京地区距今 30 000 年以来的古气候演变划分为 6 个时期：①距今 3.0 万～2.3 万年时期。该时期正处于晚大理冰期的前期，气候冷湿，年平均气温比现今北京平原平均气温 11.8℃约低 7～8℃。近山区主要为云杉、冷杉等针叶林，呈草原景观。②距今 2.3 万～1.5 万年时期。该时期进入晚大理冰期的盛冰期，气候寒冷干燥，植被稀疏，呈现以蒿藜为主的草原景观。海平面下降使海岸线退到黄海大陆架外缘，与北京直线距离远达 1000km 以上。③距今 1.5 万～1.0 万年时期。此时期已是晚大理冰期的末期，气候转暖，冰消迅速。近山区重新覆盖以松、云杉、冷杉为主的针叶林-草原景观。④距今 1.0 万年至 7000 年时期。此时期已进入冰后期，气候进一步回暖且湿润。近山区呈现出以松为主的针叶林与阔叶林的混交林景观，平原区为以蒿藜为主的草原景观。⑤距今 7000～2500 年时期。此时期气候温暖潮湿，其前期（7000～5000 年）更被称为中全新世的“气候最适宜期”，北京地区全境植被繁茂，生长着栎、桦、落叶松等落叶阔叶或针阔混交林。这一时期水量丰沛，水网密布，海平面波动在现今海平面上下，境内冲洪积扇地貌发育。⑥距今 2500 年以来，气候较上一阶段凉爽稍干。植被为以松为主的针阔叶混交林景观。海平面在轻微波动中总体呈略有下降趋势。人类的活动成为影响气候的新因素。

综上所述，海河流域的古气候在华北平原古气候的背景下，既表现出其与华北平原古气候相似的冷暖干湿交替的变化，但在流域内的不同地区也存在着差异性。这在流域治理中是应当予以考虑的。

3.2　海河流域的古河道

1. 古河道的含义与标志

河流在演变的过程中，或整条河道，或某个河段丧失了作为地表水行水通道的功能，成为废弃的河道，这种废弃河道即成为古河道。可见，古河道是历史上废弃河道留存至今的河道遗迹。其形态和组成物质，有的仍遗留在地表，成为地面古河道，有的因地壳下降或海平面上升而被沉积物埋藏在地下，成为浅埋古河道，有的历经长期的胶结成岩，后因地壳上升成为山体的一部分。因此，我们研究古河道，其实就是研究废弃河道遗留在地表面、或埋藏在地下、或已胶结成岩的河道形态物质体。

大量的钻孔资料和分析数据表明，海河流域的古河道具有典型的河流相沉积标识。主要表现在以下几个方面：①在地表形态上分为条带状高地古河道或槽状洼地古河道两种。前者是河流发展成地上河以后改道遗留下来的遗迹，河床一般高出两侧地面 1～3m，自然堤砂质岗地高出两侧地面 3～5m，即所谓“地上河”，是海河平原的典型古河道。后者是河流在尚未发展成地上河时便改道而去所遗留的遗迹，河床一般比两侧地面低 1～2m，而自然堤缓岗比两侧地面高出 1～2m，即所谓“半地上河”。②在物质组成上，古河道砂体的纵向剖面的砂质沉积物厚度沿河流变薄，颗粒变细；横向剖面呈透镜状或盆状，砂的粒度由中间向两侧变小，并且有自下而上粒度粗细变化的沉积旋回。③砂层底部有侵蚀面，呈现不整合，侵蚀面上有由磨圆钙核、扁平椭圆状黏土球和破碎的蚌壳组成的河床滞留沉积。④洪积扇、冲积扇地区的古河道砂体，自下而上以板状层理、大型槽状层理、小型槽状层理等交错层理为主，而冲积平原上的古河道砂体自下而上以中小型交错为主。依据这些标识，吴忱和朱宣清（1991）、邵时雄和王明德（1989d）已经比较详细地揭示了华北平原古河道的分布、分期、特点和它们形成时的古环境。以下将主要依据他们的研究成果就本区古河道的上述方面做简要阐述。

2. 地面古河道

地面古河道通常是指自地面至地面以下 8m 这一地层内的古河道。依据上述关于识别古河道的标志，并充分利用历史地理研究成果、古人类遗址以及一二级阶地的下切与沉积特征，吴忱（2008）给出了河北平原地面古河道分布图（图 5-33）。分析表明，河北平原地面古河道有以下特点：

（1）在太行山、燕山山前地区的古河道，走向与山体走向呈垂直的扇状分布，形成了很多洪积-冲积扇，如漳河、滹沱河、永定河洪积冲积扇等。这些洪积冲积扇共同组成了山前洪积冲积平原。在离山较远的地区，例如在霸县（今霸州）、天津以南古河道呈南西—北东走向，以北则呈北西—东南走向，两组古河道均各自呈条带状分布。它们与洪积冲积扇前缘的湖泊洼地共同组成河北平原中部的湖积冲积泛滥平原。在近海的东部地区，古河道遗迹较少，但仍大致可以看出以下分布趋势：天津以南的古河道呈西南—东北向或东西向入海；天津以北的古河道呈北西或北西西向入海。

（2）无论是洪积冲积扇上的古河道，还是湖积冲积泛滥平原上的古河道，都呈现条带状高地古河道与槽状洼地古河道相间分布，因而表现出高低相间的波状地貌性质。

（3）地面古河道的物质组成，其下部多为砂砾石，上部覆盖黄土状物质。在洪积冲积扇上的古河道的砂体中主要是粗砂和中细砂，夹有砾石，在其延伸成为泛滥平原上的古河道时，则主要由细砂和亚砂土组成。

（4）洪积扇上的地面古河道多是在晚更新世晚期和全新世早中期形成的。在洪积冲积扇上的地面主河道主要在全新世晚期形成的；湖积冲积平原上的古河道多在汉代（206BC～220AD）前后形成的。所以，现在能辨认的河北平原上的古河道绝大部分是全新世晚期，也即历史时期的古河道。

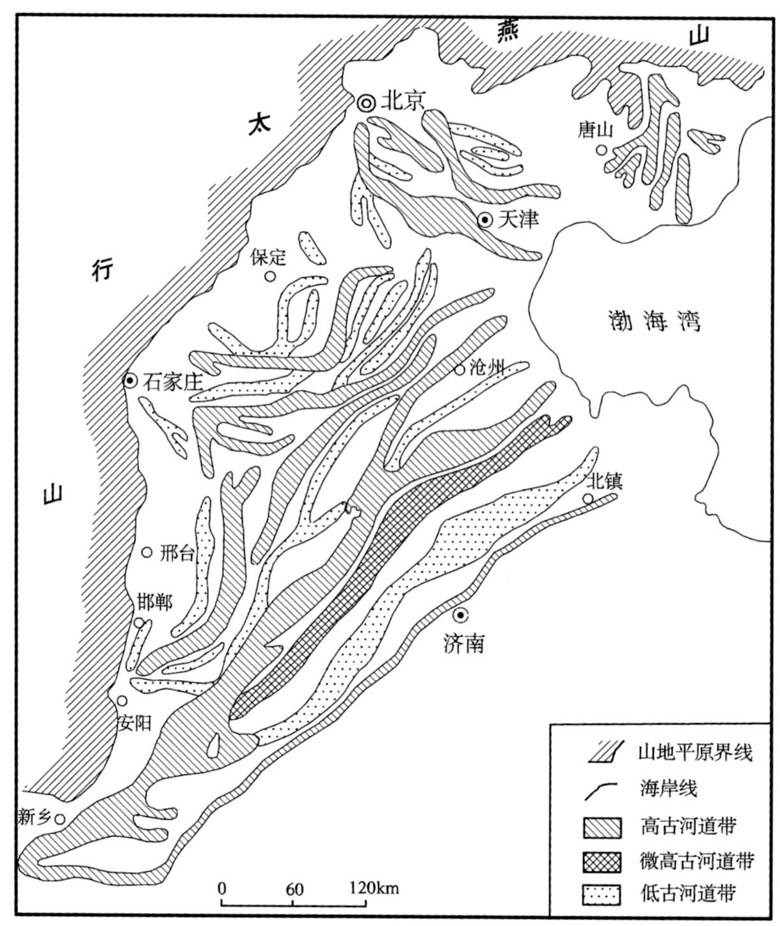

图 5-33　河北平原地面古河道分布图

（吴忱，2008）

3. 浅埋藏古河道

这里所指的浅埋藏古河道，是指浅埋在自地面以下 8m 至 30m 这一地层中的古河道。显然，在这一地层内的不同深度处埋藏着不同时期形成的古河道。例如 8～20m 地层内埋藏有晚更新世、早全新世和中全新世的古河道等。不过，在以下的讨论中不拘泥于过细的划分，而统一归称为浅埋藏古河道。

河北平原的浅埋藏古河道分布如图 5-34 所示。由图可见，河北平原浅埋藏古河道的分布与地面古河道分布有着大体一致的宏观趋势，即南部古河道总体呈西南—东北走向，北部古河道总体呈西北—东南走向，皆汇入渤海。分布在河北平原内不同区域的浅埋藏古河道特征，有些是相似的，但也存在差异性，如表 5-7 所示。

由表 5-7 可见，河北平原浅埋藏古河道有以下基本特点：

（1）无论是北京平原还是鲁北和冀中南平原，其古河道沉积物的厚度（古河道顶板埋深和底板埋深之间的距离）皆呈自上游向下游逐渐变薄的趋势，反映出古河道的沉积规律是上游（多在洪积冲积扇地区）沉积量大，逐渐向下游（多在冲积湖积平原区）减少。这是符合河流淤积的普遍规律的。

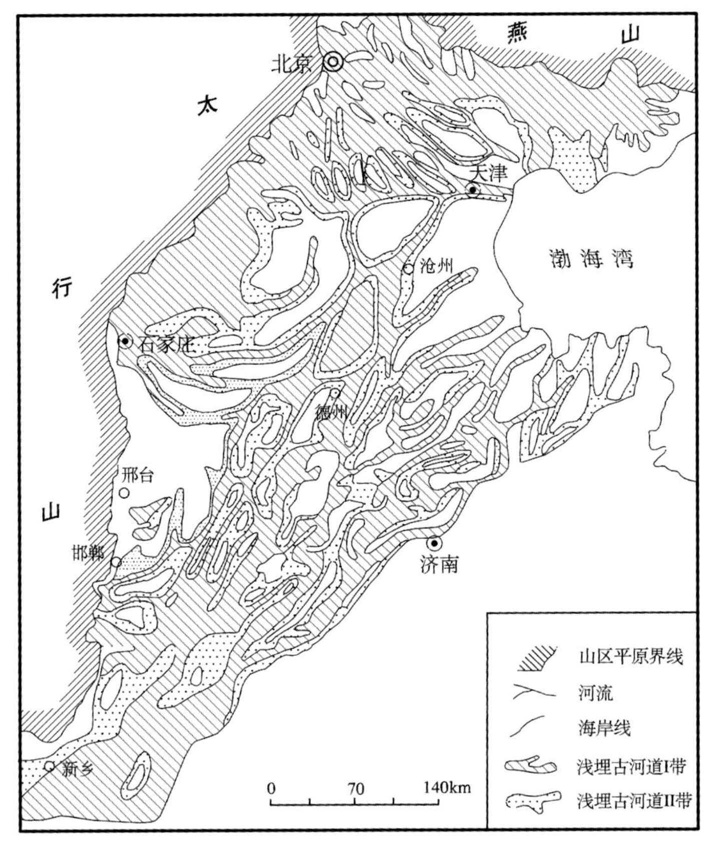

图 5-34　河北平原的浅埋藏古河道分布图

（吴忱，2008）

（2）浅埋藏古河道的物质体大多均可明显的分为上下两层，即由上下叠置的两个沉积旋回组成。自下而上，第一个沉积旋回的顶板和底板埋深分别是：北京平原 10m 与 25m，鲁北和冀中南平原 20m 与 35m，冀东平原 15m 与 28m，即第一沉积旋回形成的砂层透镜体厚度为 15m 左右。其物质组成：北京平原上部多为亚砂土、亚黏土互层，下部多为粉砂、砾石层；鲁北和鲁中南平原上部多为含淤泥质的粉砂、亚黏土，下部多为中细沙和细砂。第二个沉积旋回的顶板和底板埋深为：北京平原 3.5m 与 10m，鲁北和鲁中南平原 7m 与 20m，冀东平原 3m 与 7m，即第二沉积旋回形成的砂层透镜体厚度为 4～13m 之间不等。其物质组成：上部多为淤泥质黏土、亚黏土等，下部多为含淤泥质的粉砂或粉细砂，但在北京平原也含有细砂夹小砾石的。这些差异的形成与古河道所在时期的古地理环境有密切关系。以下将分别予以讨论。

4. 古河道的分期与环境特征

如上所述，地面古河道和浅埋藏古河道中不同埋深的古河道是在不同地质时期古环境中形成的。吴忱、朱宣清（1991）对华北平原古河道形成年代及其环境特征进行了深入研究，提出可将埋深在 50m 以内的古河道的形成划分为 6 个时期，并分别给出其环境特征，如图 5-35。

表 5-7　河北平原浅埋藏古河道特征表（吴忱，1986）

地区	古河道带举例		埋深/m		长度/km	分支数	砂层厚/m			地层时代推测		地貌类型
	名称	代表段	顶板	底板			总宽度/km			地质时代	主要依据	
北京平原	石景山-北京-通州古河道带	北京以西		40±	40（北京境内）	1	4.7	>10	>30	晚更新世晚期-早全新世	孢粉 ^{14}C	洪积冲积扇
		北京以东	3.75	24.1		4	8.13	1.65	10.4	早-中全新世		
								8.75		晚更新世晚期		
	石景山-南苑-马驹桥古河道带	石景山-丰台	2	30±	>60（北京境内）	1	5~6	28	28	晚更新世晚期-早-中全新世		
		丰台-郑王坟	3			1	5					
		南苑附近	3.5	26		1	4	9.5	17.5	早-中全新世		
								8		晚更新世晚期		
		南苑-马驹桥	5	20		1	3~5	5	7.0	早-中全新世		
								2		晚更新世晚期		
	石景山-卢沟桥-大兴-庞各庄-固安-霸州古河道带	卢沟桥以北	0.5	30		1			29.5	晚全新世		
								29.5		晚更新世晚期-早中全新世		
		卢沟桥-大兴			80（北京境内）	1	4~5			全新世		冲积平原
										晚更新世晚期		
		大兴-庞各庄				1	7.5			全新世		
										晚更新世晚期		
		固安-霸州	7	25		数支	3~5		10~20	早-中全新世	地层对比	三角洲平原
鲁北平原	聊城-禹城-惠民古河道带	禹城以西			330（山东境内）	1	10~13	>10	15~25			冲积平原
		禹城-临邑	6	40		2	7.5~10	10	15~20			
		临邑以东	5	35		4	5~7.5		10~20			
	冠县-夏津-宁津-盐山古河道带	冠县附近		50	315（山东、河北境内）	1	17.5	10	20~30			
		夏津-平原	15	40		1	5~10		10~15			
		平原-盐山	10	30		3	5~8	3	13	中全新世	地貌地层对比	
								10		早全新世		

续表

地区	古河道带举例		埋深/m		长度/km	分支数	砂层厚/m			地层时代推测		地貌类型
	名称	代表段	顶板	底板			总宽度/km			地质时代	主要依据	
冀中南平原	大名-清河-景县-青县古河道带	大名附近	9	44	315（河北境内）	2	6.8	7.5	29.5	中全新世	孢粉 ^{14}C	
								22		晚更新世晚期-早全新世		
		清河附近	8	34		2	11.5	6	20	中全新世		
								14		晚更新世晚期-早全新世		
		景县附近	7	30		2	6.5	4.5	16.5	中全新世		
								12		晚更新世晚期-早全新世		
		青县附近	4	28		1	4.5	6	14	中全新世		
								8		晚更新世晚期-早全新世		
	饶阳-河间-文安古河道带	湾里附近	8	26	130（河北境内）	2	0.5～1.0	0.7	8.2	中全新世	地貌地层对比	
								7.5		早全新世		
		河间附近	15	38		2	1.0～1.5	6.5	17.5	中全新世		
								11.0		早全新世		
冀东平原	马城-汀流河-青坨-马头营古河道带	马城-汀流河	3	30.5	30～40	3	5～8	1.1	11.5	中全新世	^{14}C 地层对比	三角洲平原
								10.4		早全新世		
		汀流河-青坨	5	28		数支		2	10	中全新世		
								8		早全新世		
		青坨-马头营	6	25				1	8	中全新世		
								7		早全新世		

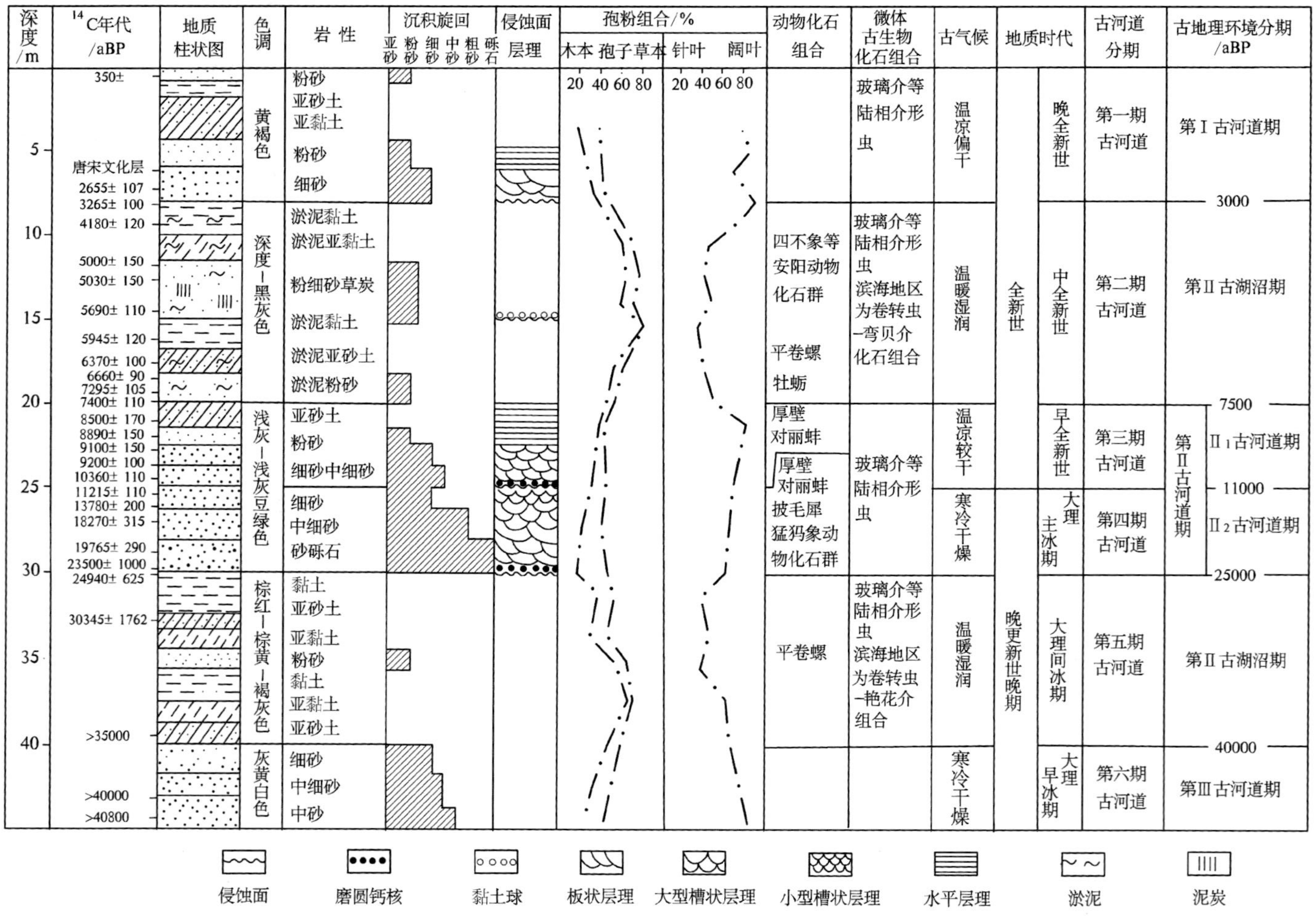

深度/m
¹⁴C年代/aBP
地质柱状图
色调
岩性
沉积旋回
亚砂 粉砂 细砂 中砂 粗砂 砾石
侵蚀面层理
孢粉组合/%
木本 孢子草本 针叶 阔叶
20 40 60 80
20 40 60 80
动物化石组合
微体古生物化石组合
古气候
地质时代
古河道分期
古地理环境分期/aBP
5
10
15
20
25
30
35
40
350±
唐宋文化层
2655± 107
3265± 100
4180± 120
5000± 150
5030± 150
5690± 110
5945± 120
6370± 100
6660± 90
7295± 105
7400± 110
8500± 170
8890± 150
9100± 150
9200± 100
10360± 110
11215± 110
13780± 200
18270± 315
19765± 290
23500± 1000
24940± 625
30345± 1762
>35000
>40000
>40800
黄褐色
深度—黑灰色
浅灰—浅灰豆绿色
棕红—棕黄—褐灰色
灰黄白色
粉砂
亚砂土
亚黏土
粉砂
细砂
淤泥黏土
淤泥亚黏土
粉细砂草炭
淤泥黏土
淤泥亚砂土
淤泥粉砂
亚砂土
粉砂
细砂中细砂
细砂
中细砂
砂砾石
黏土
亚砂土
亚黏土
粉砂
黏土
亚黏土
亚砂土
细砂
中细砂
中砂
四不象等安阳动物化石群
平卷螺
牡蛎
厚壁对丽蚌
厚壁对丽蚌披毛犀猛犸象动物化石群
平卷螺
玻璃介等陆相介形虫
玻璃介等陆相介形虫滨海地区为卷转虫—弯贝介化石组合
玻璃介等陆相介形虫
玻璃介等陆相介形虫滨海地区为卷转虫—艳花介组合
温凉偏干
温暖湿润
温凉较干
寒冷干燥
温暖湿润
寒冷干燥
全新世
晚更新世晚期
晚全新世
中全新世
早全新世
大理主冰期
大理间冰期
大理早冰期
第一期古河道
第二期古河道
第三期古河道
第四期古河道
第五期古河道
第六期古河道
第Ⅰ古河道期
3000
第Ⅱ古湖沼期
7500
第Ⅱ古河道期
Ⅱ₁古河道期
11000
Ⅱ₂古河道期
25000
第Ⅱ古湖沼期
40000
第Ⅲ古河道期
侵蚀面
磨圆钙核
黏土球
板状层理
大型槽状层理
小型槽状层理
水平层理
淤泥
泥炭

图 5-35　华北平原古河道与古地理环境分期图

（吴忱，朱宣清，1991）

现以清河、漳河、滹沱河等的古河道带为例，自上而下分层阐述如下：

（1）第一期古河道。埋深 0～8m，即地面古河道。由黄褐色细砂、粉砂组成，砂层厚度 3～5m。孢粉组分为以松、栎为主的针阔叶混交林草原。表明当时气候温暖偏干。^{14}C 年代小于 3000aBP，为晚全新世古河道。

（2）第二期古河道。埋深 8～20m，由深灰、灰黑色淤泥质粉砂夹草灰组成，砂层厚 3～8m。孢粉组分为以松、栎、榆、椴为主的针阔叶混交林草原，含大量水生、沼生以及亚热带植物孢粉。表明当时气候温暖湿润。^{14}C 年代多在 7500～3000aBP，为中全新世古河道。

（3）第三期古河道。埋深 20～25m，由浅灰色含淤泥质的中细砂、细砂、粉砂组成，砂层厚 3～5m。孢粉组合为以松、栎为代表的针阔叶混交林草原。表明当时气候温凉较干。^{14}C 年代为 11 000～7500aBP，为早全新世古河道。

（4）第四期古河道。埋深 25～30m，由浅灰色微含淤泥质的粗砂砾石、中细砂、细砂、粉砂组成，砂层厚 5m。孢粉含量很少，为以蒿藜等草本为主的灌木草原植被。表明气候寒冷干燥。^{14}C 年代为 25 000～11 000aBP，为晚更新世晚期的大理冰期主冰期古河道。

（5）第五期古河道。埋深 30～40m，由褐灰色砂组成，砂层厚 1～3m。孢粉组合为以松、栎、榆、槭、椴为主的针阔叶混交林草原，有大量水生植物孢粉和薄壳螺化石。表明当时气候温暖较湿润。^{14}C 年代为 40 000～25 000aBP，为晚更新世晚期的大理冰期间冰期古河道。

（6）第六期古河道。埋深 40～50m，由灰白、黄白色粗砂砾石、中细砂、细砂、粉砂组成，砂层厚 5～8m。孢粉组合为以藜蒿为主的灌木草原植被。表明气候寒冷干燥。^{14}C 年代均大于 40 000aBP，为晚更新世晚期的大理冰期早冰期古河道。

在进行古河道分期研究的同时，吴忱、朱宣清（1991）也分析了上述不同时期古河道的河道形态，初步结论认为：第一期古河道平原区以顺直型河道为主，山前区为辫状；第二期古河道以顺直、弯曲型河道为主；第三、第四期古河道以辫状、顺直型为主；第五、六型已难以识别。这些分析也从一个侧面表明了诸古河道形成时期的古地理环境。

5. 古河道研究在江河治理中的意义

如前所述，大地上今天的河流是地质时期和人类历史时期河流的延续。因此，从古河道的形成、发育、演变中，可以获取关于今天河流特征及其演变趋势的丰富信息和一些规律性认识，为我们进行河流治理规划提供依据。这点可以从以下两个方面予以说明。

（1）在河流地貌中，通常将河流发育、演变过程概况为河流活跃期与河流稳定期。随着气候与环境的变化，河流活跃期与河流稳定期有可能交替出现，突显出河流发育与演变过程的阶段性。河流活跃期通常出现在寒冷干燥的气候与地理环境。因为在寒冷干燥的气候与地理环境中：①降水量减少，且年内和年际降水变化增大，河道流量变差系数增大，易出现暴涨暴落水势；②物理风化加强，物源碎屑增多，植物覆盖度低，水土流失严重，因而使河流含沙量增大；③寒冷干燥时期正是低海平面时期，河流侵蚀基面降低，使河流侵蚀切割能力加强。上述三种机制叠加在一起，使河流不断决口、改道，河流演变十分活跃。形成众多砂质古河道。因此，该时期也称为古河道发育期。河流稳定期通常出现在温暖湿润的气候与地理环境。因为在这样的地理环境中，雨量充沛，河流流量加大，而变率减小，河流含砂量也小，此时正值高海平面时期，侵蚀基面抬高，河道侵蚀强度降低。这些因素的组合使河流趋于稳定，发展弯曲型河道。这一时期平原以湖沼相沉积为主，所以这一时期通常也是古湖沼发育期。事实上，在上述讨论的6期古河道中，第一、三、四、六期古河道都是出现在寒冷干燥的气候与地理环境中；而第二、五期古河道出现在温暖湿润气候与地理环境中，但并不很发育，而此时期华北平原古湖沼十分发育。

（2）事实表明，华北平原的古河道较多分布在构造沉降背景下长期沉积形成的凹陷区内，并形成密集的古河道带。例如，濮阳、聊城、禹城、惠民浅埋藏和地面古河道带，均位于开封、临清、济阳凹陷区内；原阳、浚县、内黄、大名、冠县、夏津、陵县、盐山的浅埋藏和地面古河道带均位于黄骅凹陷内；临城、邱县、南宫、衡水、献县的浅埋藏古河道，临漳、广平、威县的地面古河道带，石家庄、安平、河间、任丘浅埋藏古河道带，新乐、安国、饶阳、河间、任丘地面古河道带，均位于冀中凹陷内。这是因为，在凹陷区河流交替堆积、泛滥改道，形成新的河流。

上述两则分析表明，古气候、古地理环境，以及区域构造沉降为代表的新构造运动等因素，是古河道形成、发育、演变的基本条件。因而启示我们，在江河治理中，应对流域内的古河道情况进行深入调研，从中认识新规划区域内的古气候、古地理环境及新构造运动的特点与规律，为江河治理规划提供地学方面的依据。

第四节　海河流域河流的形成与地学特征

在本章的前三节中，我们已经讨论了海河流域的地质构造背景，海河流域对新构造运动的响应，以及海河流域的古气候与古河道。本节将在此基础上，进一步阐述海河流域河流的形成与地学特征。需要指出的是，海河流域包括诸多河流，这里仅论述与治理有关的部分河流，分述如下。

4.1　漳河的形成

漳河古称降水、绛水、漳水、衡漳等。有浊漳河与清漳河两大支流。以浊漳河的发源地山西省长子县方山东麓（海拔1646m）作为漳河的河源，如图5-36。

浊漳河有北源、西源、南源三条支流，汇合于山西省襄垣县合河口村，从合河口村东南行至河北省涉县合漳村（红旗渠附近），此地以上河道称为浊漳河。清漳河发源于山西省昔阳县沾岭山。清漳河有东源和西源两条支流，在山西省左权县上交漳村汇合东南行至河北省涉县合漳村，此地以上河段称为清漳河。浊漳河与清漳河在合漳村汇合后东行至河北省馆陶县徐万仓，称为漳河。漳河从源头长子县方山至徐万仓河长460km，流域面积19 537km^2。流域地势西南高东北低。在河北省磁县观台镇以上为太行山区，自观台镇至岳城水库为丘陵地带，岳城水库以下至徐万仓为平原。

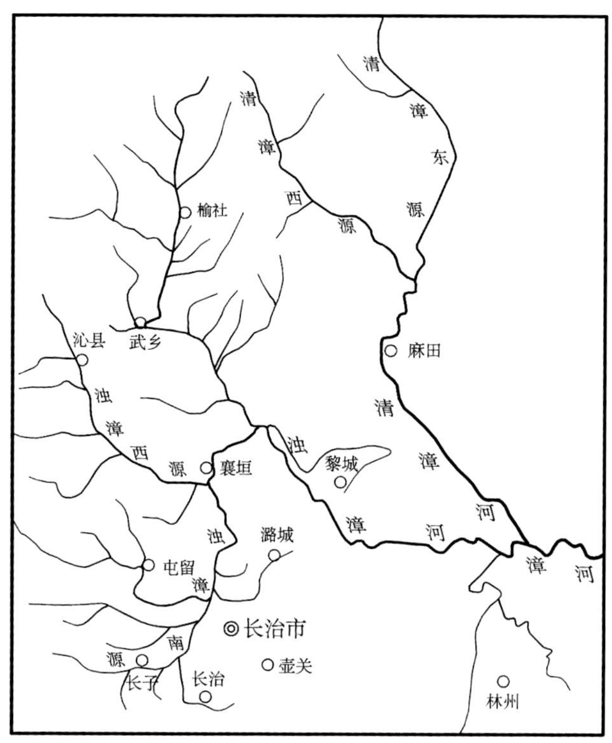

图 5-36 漳河水系图

（敬正书，2013）

如本章第三节所述，海河水系诸河流上游支流均十分古老，大多在上新世晚期或早更新世就已存在。第四纪以来随着太行山地的阶段性抬升，漳河、滹沱河等河流在上新世形成的 U 形河谷中下切，形成了现代的 V 形深切曲流（见图 5-13），并形成多级阶地。龚明权（2010）、吴奇（2012）揭示了浊漳河、清漳河和漳河多个河段阶地的形态、类型、堆积物质和形成年代，如图 5-37。分析表明，各河段 5 级阶地（T_5）的河拔高度为 70～250m，属侵蚀阶地，形成年代约为 1.64～0.91MaBP；四级阶地（T_4）河拔高度为 50～160m，属基座阶地，形成年代约为 872～815kaBP；三级阶地（T_3）河拔高度为 55～100m，属上叠阶地，形成于 540～410kaBP；二级阶地（T_2）河拔高度为 22～75m，属基座阶地，形成于 136～55kaBP；一级阶地（T_1）河拔高度 5～45m，属基座阶地，形成于 7.0～5.0kaBP。在个别河段还存在 6 级阶地（T_6）的残迹，从阶地基座红土层中取样，采用电子核磁共振法（ESR）测定其年代为 2.74±0.27Ma，当为上新世晚期形成的阶地。这些阶地较为清楚地显示了浊漳河、清漳河和漳河形成的年代和发育过程，并且说明漳河的形成与发育过程是河流对太行山南段自上新世唐县夷平面瓦解以来的地壳阶段性抬升的响应。

漳河自岳城出山口后，向东发育了巨大的复合洪积冲积扇体，扇的前缘为楚旺、大名、馆陶、曲周一线，南缘为辛店、崔家村、吕村集、楚旺一线，北缘为申庄、南开河、高叟、东城营、邯郸一线，如图 5-38。

由图 5-38 可以看出，漳河洪积冲积扇可进一步划分为岳城洪积扇和丰乐冲积扇。岳城洪积扇的顶点为岳城，以申庄、辛店为前缘，主要由河流洪积形成。扇面由黄土状物质组成，其下为砂砾石层。由于洪积扇形成后期的河流切割，现扇面只在漳河出山口

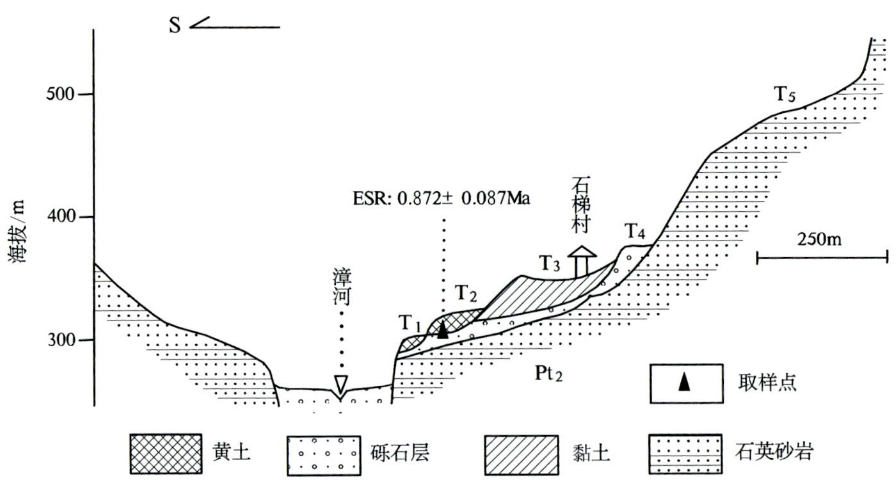

图 5-37 漳河合漳石梯村段河流阶地横断面图

（龚明权，2010；吴奇，2012）

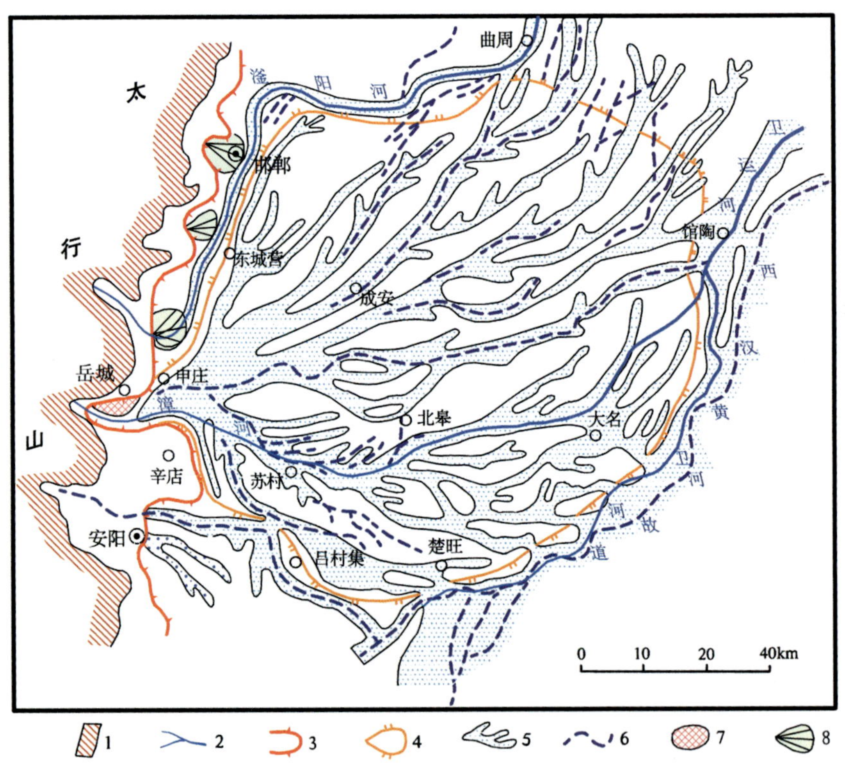

1. 山地平原界线；2. 河流；3. 洪积扇；4. 冲积扇；5. 高地古河道；6. 洼地古河道；7. 第一级阶地；8. 小型冲积扇

图 5-38 漳河洪积冲积扇结构图

（吴忱，1991）

地区两侧以阶地或山麓台地的形式残存，扇面平坦，但已被冲沟切割，并显破碎。岳城洪积扇形成于晚更新世末期。

丰乐冲积扇以丰乐为顶点，以崔家桥、吕村集、楚旺为南缘，以南开河、东城营、邯郸为北缘，以楚旺、大名、馆陶、曲周为前缘。冲积扇总的地势由西向东倾斜，并以漳河现代河道为中轴。中轴以南向东南倾斜，地面坡度 0.3%～1.0%。扇面上古河道高地、古河槽洼地和河间低地相间分布，地面呈微波状起伏，高差 1～3m。丰乐冲积扇主要在宋代至金代期间形成。从卫星影像上可以较清晰地看出，冲积扇与洪积扇之间的接触关系为切割-叠置关系。即形成冲积扇的河流先切割洪积扇，然后在洪积扇前缘以下地区堆积形成冲积扇。漳河洪积冲积扇上，古河道发育，河谷内有一级阶地与河漫滩。表明该洪积冲积扇的发育过程是先在晚更新世形成洪积扇，然后在扇面上经过 2～3 次下切过程，形成洪积扇上的一级阶地和冲积扇扇面上的河漫滩，河漫滩与一级阶地高差约 2m，河漫滩距河床高差 0.5m，河床下浅埋古河道 10～13m。

公元前 21 世纪初，舜以前漳河是独流入海河道。公元前 2100 年左右，禹导黄河北流，漳河便成为黄河下游最大的一条支流，后又几经变迁，到隋代开凿永济渠后，漳河始作为南运河的支流，纳入了海河水系。

浊漳河流经丘陵盆地，黄土层较深厚，植被差，水土流失严重，洪水夹带大量泥沙，故称浊漳河。清漳河流经石质山区，山高谷深，岩石裸露，含砂量小，故称清漳河。浊漳河是漳河泥沙的主要来源，清漳河是漳河主要洪水来源，两者使漳河在漫长的发育过程中迁徙无常，散漫而难以识别，故自古有“衡漳”之称。

4.2　滹沱河的形成

滹沱河古称滹池水。发源于山西省繁峙县五台山北麓的泰戏山平型关桥儿沟附近。滹沱河长 587km，流域面积 24 774km^2。北界大清河、永定河流域，西依云中山，南沿太行山与滏阳河相邻。

滹沱河自源头流出后，便沿滹沱盆地［也称繁（峙）-代（县）-原（平）断陷盆地］中部南行，经繁峙、代县、原平，至盆地南缘穿过五台山断块隆起的尾部，出忻口峡谷后，在原平市界河铺突然转向东南，沿忻（县）（今忻州）-定（襄）断陷盆地北缘，从瑶池峡进入低山和丘陵环抱的东冶盆地，越过系舟山断层，尔后切穿太行山，流入河北平原，如图 5-39。

滹沱河在献县纳滏阳河后称为子牙河，再沿东北方向至独流镇与大清河汇合，继续向东至天津入海河。

关于滹沱河上游为何在原平市界河铺突然掉头东去，地质学界有多种看法：其一，认为滹沱河曾经由忻县盆地经石岭关南流入太原盆地汇入汾河，后由于早更新世后期（中更新世黄土堆积之前）石岭关隆起，太原盆地与忻县盆地隔断，滹沱河南流受阻，故而改道东流（李平日、梁全武，1965）。其二，认为滹沱河突然东折是在石岭关隆起背景下受清水河袭夺所致（程绍平，1983）。其三，认为滹沱河是条先成河，自上新世末形成以来其上游并未发生改变，石岭关的风口早在滹沱河形成之前已经存在（潘懋，1995）。

滹沱河进入太行山峡谷后，在长 175km 的瑶池-车岗南太行山峡谷段内发育了四级河流阶地，如图 5-40 和图 5-41。其中，第四级阶地河拔高度 112m，属堆积型阶地，形成于早更新世；第三级阶地河拔高度 67m，属基座阶地，形成于中更新世；第二级阶地河拔高度 27m，属堆积型阶地，形成于晚更新世；第一级阶地河拔高度 7.0m，属堆积型阶地，形成于全新世中期（7640±115aBP）。

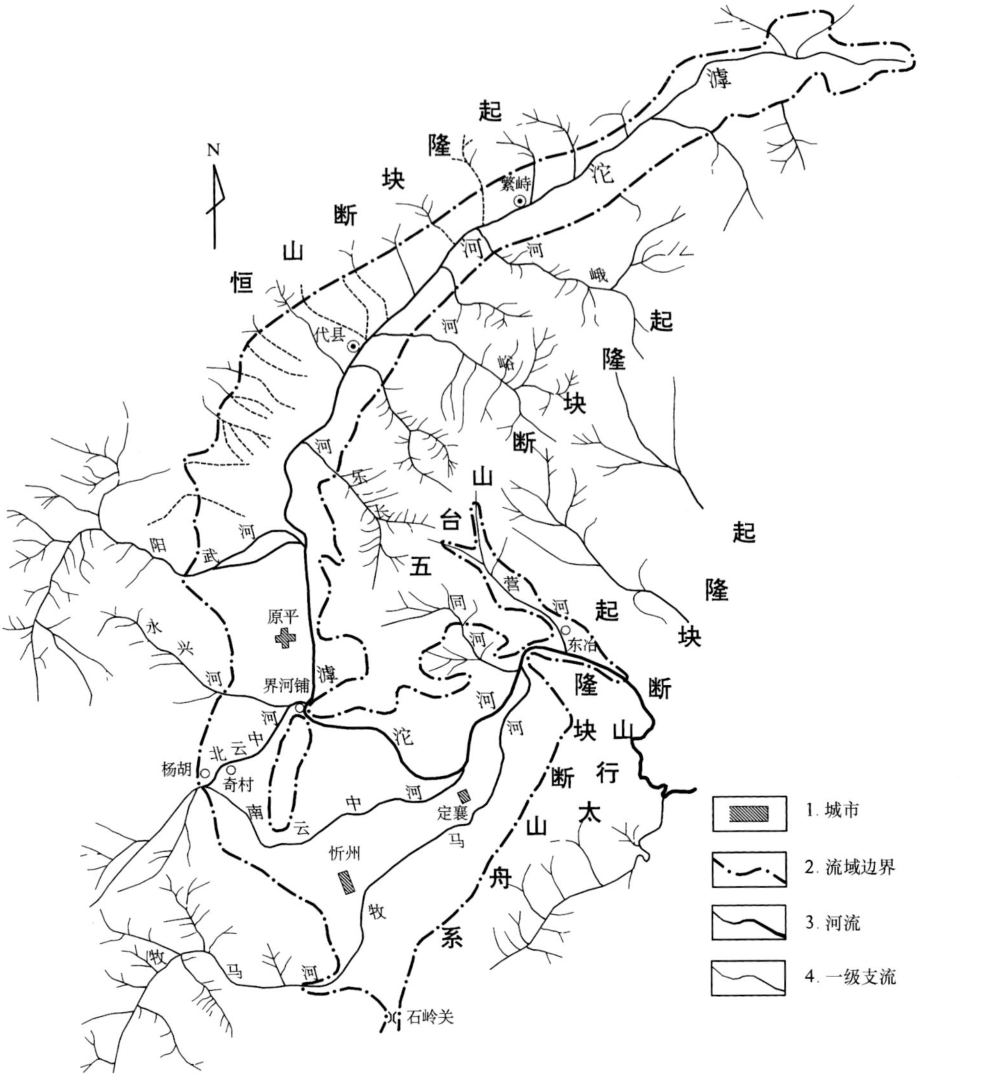

图 5-39　滹沱河上游水系图
（王乃樑等，1996）

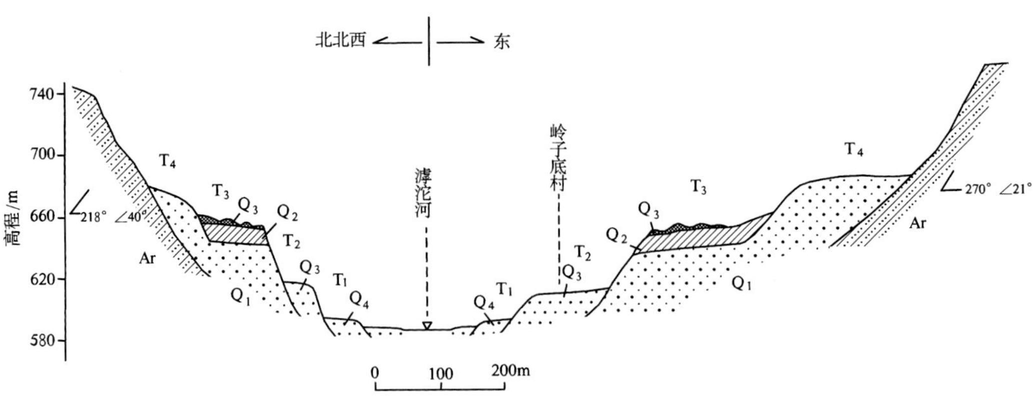

图 5-40　滹沱河岭子底村河流阶地横断面图
（程绍平、冉勇康，1981）

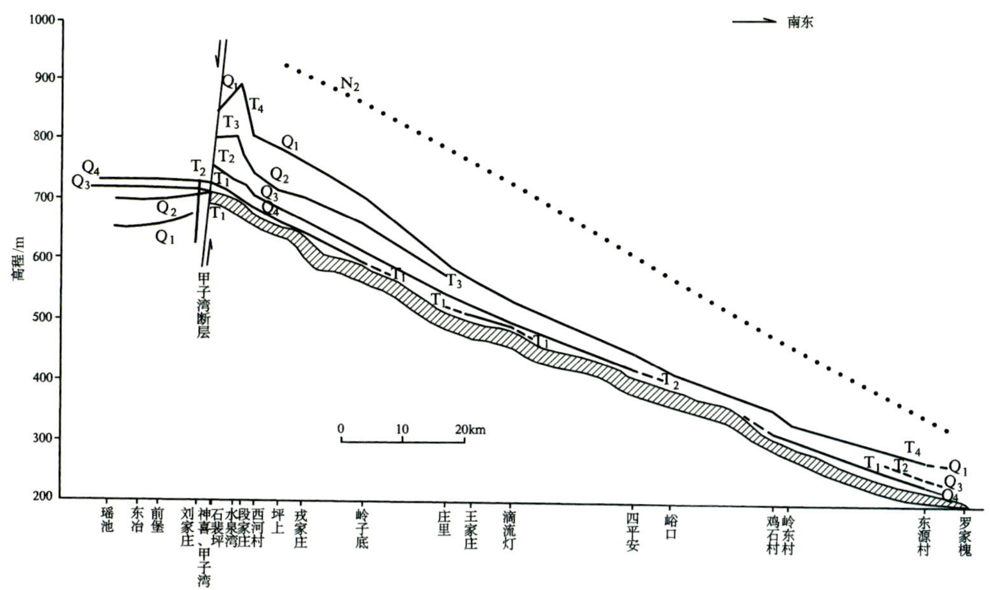

图 5-41 滹沱河太行山山峡段（瑶池—东源村）河流阶地纵剖面图

（程绍平、冉勇康，1981）

滹沱河阶地的存在说明：①滹沱河最迟在早更新世已经形成；②自早更新世以来滹沱河上游地区经历了四次间歇性整体隆升，现代该地区仍以 1.0mm/a 的速率抬升，进而表明滹沱河上游发育过程是对该地区新构造运动的响应。

滹沱河从黄壁庄出太行山山峡后，形成了规模巨大的滹沱河洪积冲积扇，前缘达到了宁晋、衡水、武强、饶阳一线。如图 5-42。

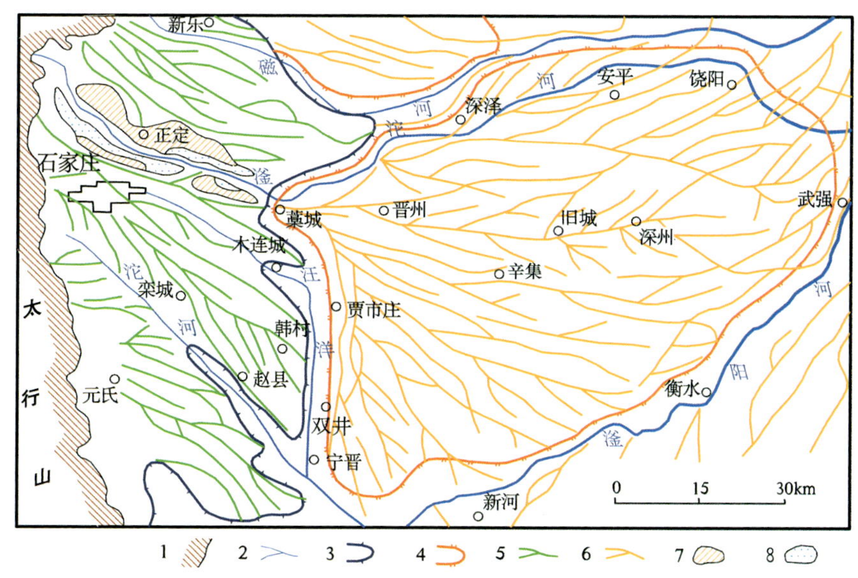

1. 山地平原界线；2. 河流；3. 洪积扇；4. 冲积扇；5. 晚更新世古河道；6. 历史时期古河道；7. 一级阶地；8. 河漫滩

图 5-42 滹沱河洪积冲积扇结构图

（吴忱，1991）

根据卫星影像分析，滹沱河洪积冲积扇可分为两个扇体：

（1）石家庄洪积扇。该扇体以黄壁庄为顶点，以正定、藁城为北缘，以栾城、赵县为南缘，以宁晋、藁城为前缘。以河流洪积为主，物质组成上部为黄土和黄土状物质，下部为中细砂和砂砾石。自西北向东南倾斜，地势平坦，坡度为1%～3%。洪积扇面上发育有一级阶地，有高差不超过2m、呈西北—东南向分布的条带状高地古河道。

（2）藁城冲积扇。该冲积扇以藁城为顶点，以贾市庄、双井为南缘，深泽、安平为北缘，前缘为宁晋、衡水、武强、饶阳一线。扇体组成以河流冲积为主，上部为亚砂土、亚黏土，下部为中细砂、细粉砂。以藁城、晋县（今晋州市）、深县（今深州）、武强为中轴。冲积扇的地势分别向东南、东北倾斜，坡度 0.25%～1.00%。地面起伏不平，决口扇、古河道高地、古河床洼地、河间洼地等微地貌类型相间分布，高差1～3m，最高可达5m。

赵红梅、赵华（2014）等在滹沱河洪积冲积扇顶部（河北省正定县中国地质科学院环境地质研究所内试验场）实施了第四纪科学钻探，钻孔深 400m。通过分析得到地层序列的以下事实：①在0～5.49m为全新统，热释光年龄为28.4±2.1ka；②5.49～32.68m为上更新统，热释光年龄为 124±8.3ka；③32.68～66.08m 为中更新统，热释光年龄为780ka；④66.08～157.04m为下更新统，热释光年龄为2581ka；⑤157.04～401.96m（未见底）为上新统，热释光年龄3330ka。该地层序列从地层学角度证实了滹沱河的形成不迟于早更新世，并揭示了当时的古气候与环境状况。这是与阶地的分析结论相一致的。

滹沱河洪积冲积扇上有三支古河道砂带：南支从石家庄流出经栾城、赵县至宁晋，流行在石家庄洪积扇上；中支从石家庄流出经藁城、晋县（今晋州市）、束鹿（今辛集市）、深县（今深州市）至武强；北支经藁城北、深泽、安平、饶阳。三支古河道自河北省饶阳县大齐村汇合南行，遂流出滹沱河洪积冲积扇，至河北省献县八里庄与隆阳河古河道砂带汇合东流，以下称子牙河（吴忱，1991）。根据地层学分析，这些古河道分别为晚更新世大理冰期主冰期的古河道（埋深24.6～26.51m）和早全新世的古河道（埋深 12.0～24.6m）（吴忱等，2000）。而此时黄河三门峡已贯通并进入华北平原，留下了宽5～10km呈南西—北东向分布的古河道砂带，漳河、滹沱河古河道砂带汇合其中，说明当时漳河、滹沱河已成为黄河的支流。而在黄河入华北平原之前，漳河、滹沱河的入海流现尚无研究成果报告。

4.3 永定河的形成

永定河在西汉以前称治水，东汉至南北朝称灅水，隋代至宋代称桑干水，金代称卢沟河，元至明代称浑河，明末清初称无定河。清康熙三十七年（1698年）永定河曾大规模疏浚筑堤束水，固安以北河身开始稳定，康熙帝赐名“永定”，此后称永定河。

永定河源于山西高原和内蒙古高原，向东南流穿过军都山地，经北京平原东南行至天津汇入海河，成为海河水系重要河流之一（吴忱，2008）。永定河上游主要有桑干河与洋河两大水系，如图5-43。

桑干河发源于山西省宁武县管涔山庙儿沟，依河源唯远原则，即以河流流程最远处作为河源的原则，桑干河的河源亦即为永定河之河源。桑干河沿东偏北方向流行至河北省怀来县夹河村，与左岸洋河汇合向东南行，称为永定河。洋河上游各支流于河北省怀

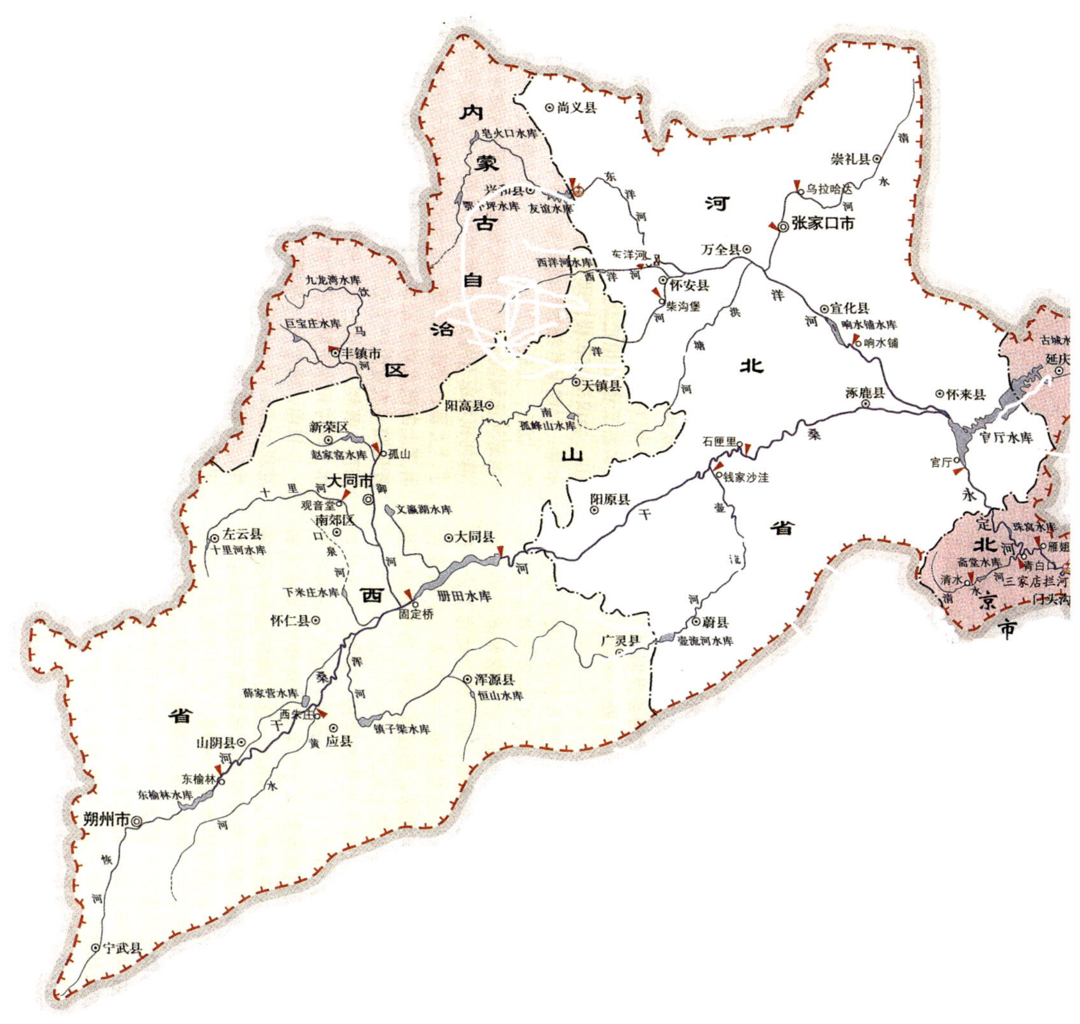

图 5-43　永定河上游水系图

（敬正书，2013）

安县第十屯汇合后称为洋河。永定河东行入官厅水库，出库后东南行，进入太行山的官厅三峡。官厅三峡直线距离仅 50km，但峡谷接踵，山势陡峻，蜿蜒曲折，曲流实际长度约 110km。在北京市门头沟区的三家出官厅三峡后，建造了颇具规模的洪积冲积扇，并在洪积冲积扇上发育多条古河道，随后出洪积冲积扇进入北京平原，于天津汇入海河。

永定河的形成和发育史如同漳河、滹沱河一样古老，这可以从以下方面得到证实。

（1）从河谷形成发育史进行论证。李容全（1988）勘察了桑干河石匣里河谷、桑干河支流壶流河、大堡古河道河谷，以及永定河穿行于官厅三峡靠近出口处的担礼古河道河谷，发现：①在石匣里河段幼年期河谷谷肩之上有典型壮年期宽谷，该壮年期宽谷沿石匣里峡谷连续分布，且与唐县期山麓侵蚀面几乎一致，右岸保存着红色黏土砾石层，在该层中含有三趾马动物群化石。这说明古桑干河在上新世已存在，并完成了宽谷地形的塑造过程。②在大堡古河道发现了类似石匣里河谷的事实，说明在桑干河形成发育时，其支流也已存在。③在永定河出官厅三峡口的担礼古河道附近存在完整的风口地形，保存了很厚的黏土砾石层，说明在担礼古河道发育时期，永定河与桑干河、洋河已互相连通，成为统一的水系。由以上分析可以认为，永定河官厅三峡以上水系在上新世即已存在。

（2）从河流阶地进行分析。永定河的发育史归根结底是河流对流域新构造运动的响应，但笔者尚未寻觅到关于永定河上游高级别河流阶地的研究报告。尹全辉、计凤桔等（2006）分析了桑干河下段西房林、洋河下段棘针屯和妫水河延庆盆地几处低阶地的形成和物质组成。结果认为，这些河段阶地的形成年代有很好的一致性，即三级阶地（T_3）形成于约 33kaBP，二级阶地（T_2）形成于约 11kaBP，一级阶地（T_1）形成于 4～6kaBP。即永定河在这些河流的低阶地的形成，最早约于晚更新世中期至全新世中期，这与我们下面将论述的永定河洪积冲积扇与古河道形成年代是相对应的。但这些阶地形成年代比漳河、滹沱河晚了许多，这是需要结合两地区新构造运动的活动情况做进一步分析的。

如前所述，永定河出官厅三峡后建造了颇具规模的洪积冲积扇，洪积冲积扇以北京石景山为顶点，海拔约 80m，朝东偏南方向呈扇形展开，前缘达到马驹桥一带，海拔约 20m，地面平均比降为 2%～3%，东西长 40km，南北宽 30km，面积 700km^2，如图 5-44。

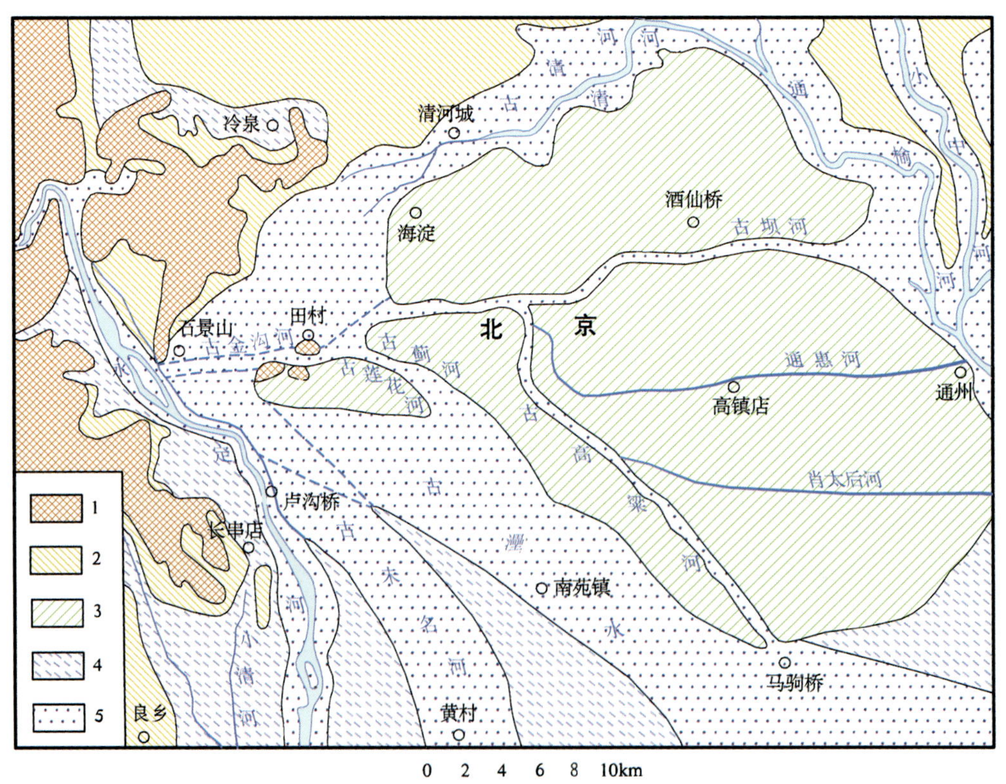

1. 基岩山地；2. 山前洪积冲积台地与扇形地；3. 永定河冲积扇；4. 近代泛滥平原；5. 永定河古河道

图 5-44 永定河洪积冲积扇

（孙秀萍、赵希涛，1982）

利用地球资源卫星影像图进一步揭示，永定河冲积扇是由三个先后发展起来的冲积扇叠置构成的，如图 5-45。图中Ⅰ为永定河老冲积扇，顶点在石景山。自石景山向东到平房、坞楼为扇轴，扇轴南缘为石景山—卢沟桥—南苑—麦庄—坞楼一线，北缘为石景山—衙门口—昆明湖—清河—孙河镇—坞楼一线。图中Ⅱ为永定河中期冲积扇。由于地壳西北抬升东南沉降，迫使永定河改道南移，形成的冲积扇的南缘被近代冲积扇覆盖，其衔接位置自卢沟桥—芦城—海子甬—青云店—于家务—桐柏村—韩林，至车马圈。图中Ⅲ是现代冲积扇，是 12 世纪以来永定河向西南摆动所形成的。扇面开阔，扇缘边界清晰。西侧以大清河西岸为边界，自卢沟桥—长辛店—东南召—马头镇—东加录—十里铺至雄县；前缘边界自雄县—史各庄—苏桥—新漳村至杨子清；东侧以中期冲积扇与现代冲积扇交接线为边界。冲积扇的物质组成在近肩顶处以砂砾为主，在离顶点较远的扇缘地带以黏性土为主，扇面一般有一层黄土状物质，东薄西厚。根据在冲积扇不同位置钻孔获得的地层资料，对沉积物中哺乳动物化石及 ^{14}C 样品的年代测定结果，可以确定永定河冲积扇形成于晚更新世。

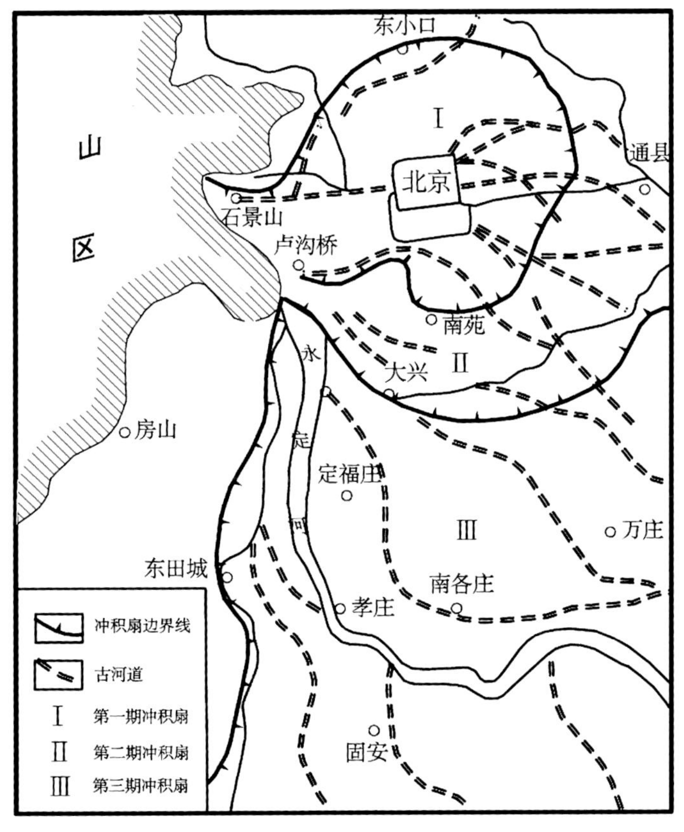

图 5-45　永定河古河道在卫星影像图上显示的特征

（张福堂，1986）

在永定河冲积扇上发育了四条古河道。自北向南依次是：①古清河。从石景山向东北流经苹果园、西黄村、南平庄、闵家庄、西苑、圆明园、清河镇，汇入温榆河。考古资料表明，它在距今 7000 多年时就是一条较大的河流。②古金沟河。是发育在冲积扇背部的一条古河道。起自石景山，经杨庄、入宝山和田村，至半壁店，在半壁店以东又分为南北两支，北支到积水潭，南支到玉渊潭。北支从积水潭又分为古坎河与古高粱河；南支从玉渊潭又分为古蓟河与古莲花河。考古发现距今约 2300 年的秦汉时代的文物。但在北京市二热电厂地下 4.5m 处提取的被视为古金沟河沉积物的黑色淤泥样品 ^{14}C 年代测定，距今已 3595±100 年。③古灅水，是自石景山与丰台之间向东南方向延伸的一条古河道。河道形态保持较好，据自古河道河床底下 5～8m 处淤泥样品 ^{14}C 测年为距今 4200～4500 年，因而估计该古河道形成在古金沟河之前。④古未名河。是位于古灅水之西的一条近南北向的古河道，经石景山、丰台、西红门、黄村、庞各庄到礼贤。根据古河道沉积物的分析，认为这是继古清河、古金沟河与古灅水之后形成的古河道，故命名其为“未名河”。

古河道流出冲积扇后进入北京平原，在人类活动越来越强烈的影响下，进入了人类历史时期的演变进程。

第五节　海河水系的形成与演变

海河水系是指海河流域诸河流汇集于天津后从海河干流注入渤海的水系，含海河支流与干流。海河水系是何时形成的？最早回答这一问题的是清代初年考据学大师胡谓，他在其于康熙四十四年（1705 年）所著的《禹贡锥指》中指出，海河水系在西汉时期即已存在，这一观点一直延续到民国时期。现代历史地理学家谭其骧（1986）并不同意胡谓的看法，他通过大量史料考证认为，海河水系形成于东汉末年建安年间，即公元 3 世纪初。谭其骧的观点是现代关于海河形成时间与过程的主流看法。不过，本书基于讨论江河治理的地学基础这一主题，并不就此历史地理课题进行深究，而将关注的重点置于海河水系形成的地学背景，主要包括：海河水系形成的地质与地貌背景；黄河与海河流域主要河流的关系——黄海关系；以及人类活动对海河水系形成的贡献等几个问题。

5.1　海河水系形成的地质地貌背景

在第二节海河“二、平原区对新构造运动的响应”小节中已经指出，海河平原位于冀中凹陷和黄骅凹陷，自第四纪以来这里的构造沉降速率呈加快趋势，如图 5-19，图 5-20，天津地区更是海河平原沉降速率最快的地区。在持续构造沉降的背景下，海河平原的地形呈现自西南向东北倾斜的趋势，如图 5-46。这样的地质地貌背景，控制了海河平原河流与湖泊发育的宏观态势。这一点可以从海河平原晚更新世中期、晚期和全新世的岩相古地理图中看得很清楚（图 5-47 至图 5-49），图中的河流相沉积带与流向酝酿了海河水系形成的必然趋势。

这一点也可以从晚更新世末期以来海河平原主要河流下游的变迁图中看得很清楚（图 5-50）。图中卫河、漳河、滏阳河、滹沱河变迁的总趋势都是朝北东方向流去，虽然当时尚未汇集于天津而是注入渤海。

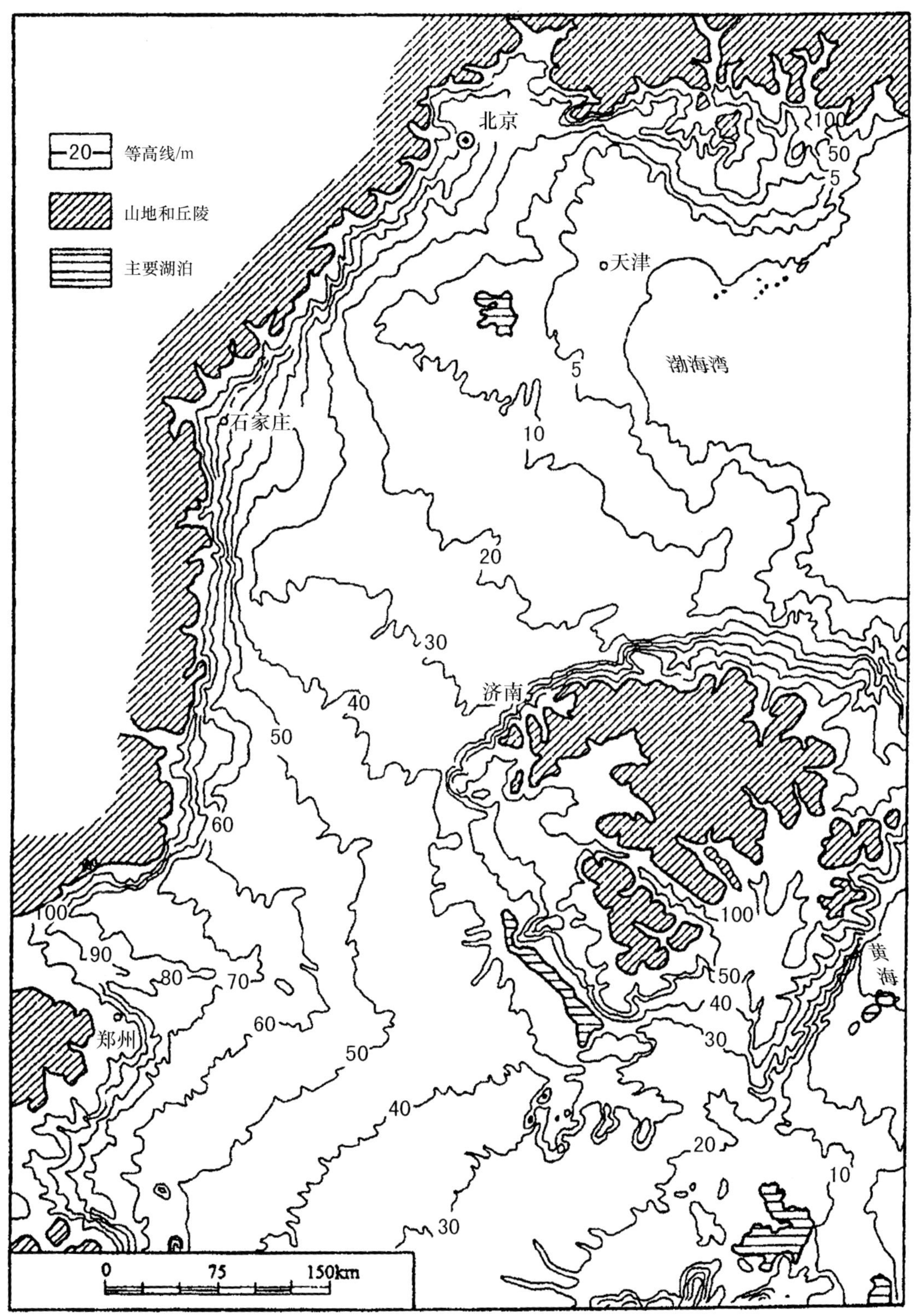

图 5-46 海河平原地貌图

（吴忱，2008）

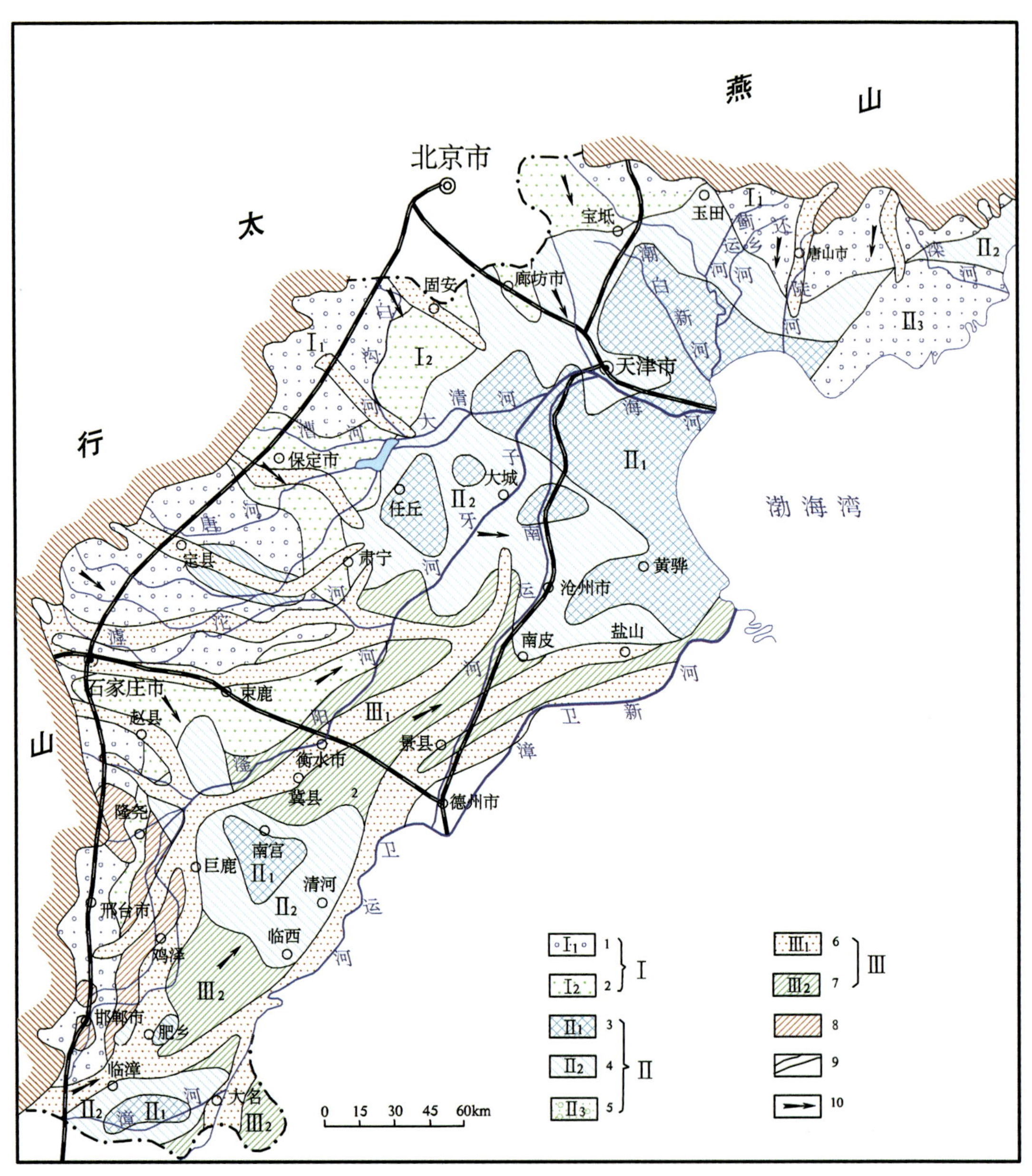

图例说明：Ⅰ. 山前洪积、冲积洪积扇堆积区；Ⅱ. 平原湖沼及冲积、海积盆地堆积区；Ⅲ. 平原河流堆积区
1. 洪积相扇形堆积亚区；2. 冲积洪积相扇形堆积亚区；3. 深湖相湖盆地堆积亚区；4. 滨湖相、沼泽相盆洼地堆积亚区；5. 河口三角洲相堆积亚区；6. 河床相、漫滩相古河道堆积亚区；7. 洪泛冲积相堆积亚区；8. 风化剥蚀孤丘或高地；9. 区及亚区分区界线；10. 物质搬运方向

图 5-47 海河平原晚更新世中期岩相古地理图

（陈望和、仉明云，1987）

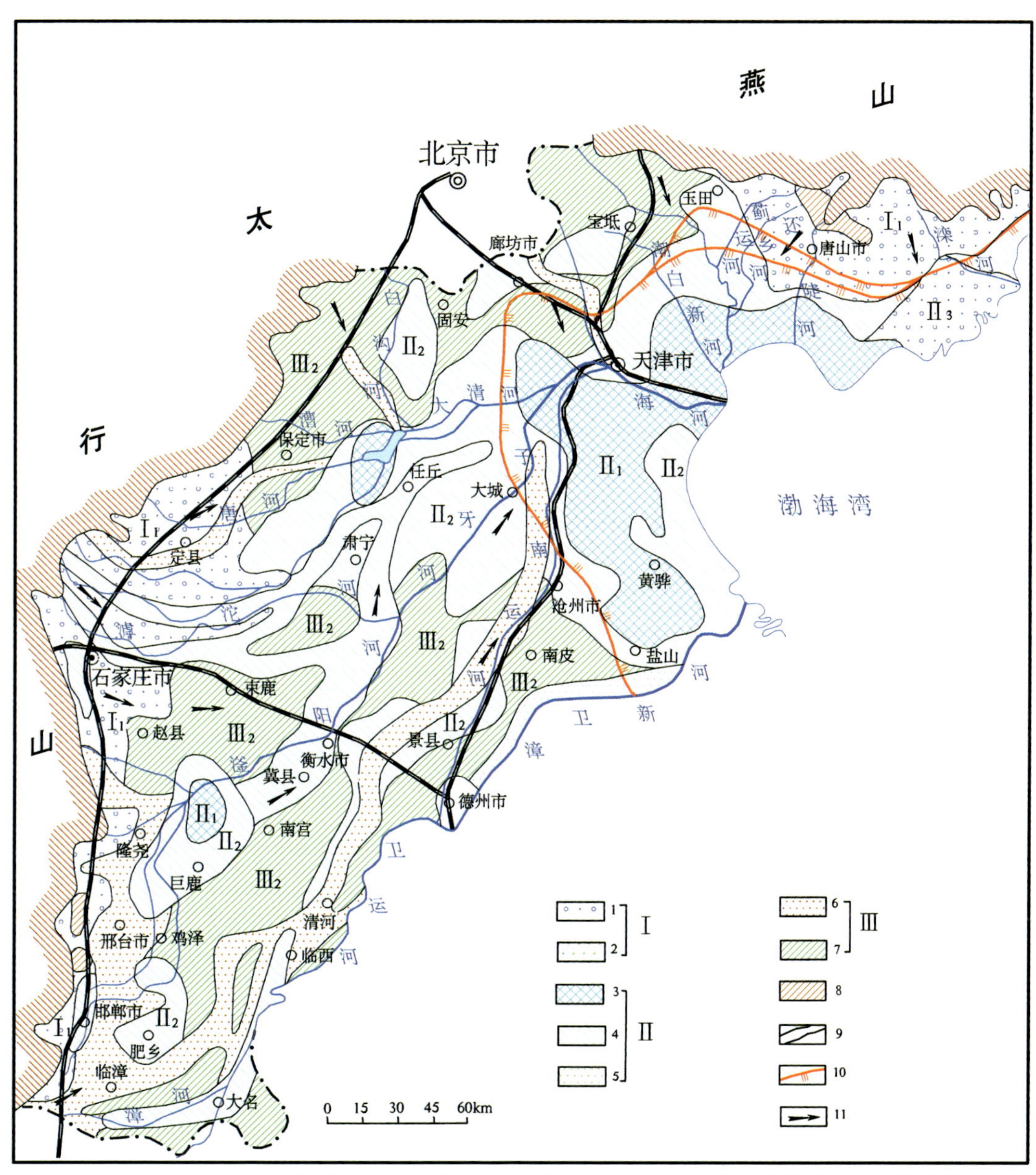

图例说明：Ⅰ. 山前洪积、冲积洪积扇堆积区；Ⅱ. 平原湖沼及冲积、海积盆地堆积区；Ⅲ. 平原河流堆积区
1. 洪积相扇形堆积亚区；2. 冲积洪积相扇形堆积亚区；3. 深湖相湖盆地堆积亚区；4. 滨湖相、沼泽相盆洼地堆积亚区；5. 河口三角洲相堆积亚区；6. 河床相、漫滩相古河道堆积亚区；7. 洪泛冲积相堆积亚区；8. 风化剥蚀孤丘或高地；9. 区及亚区分区界线；10. 第6次海侵范围；11. 物质搬运方向

图 5-48 海河平原晚更新世晚期岩相古地理图

（陈望和、仉明云，1987）

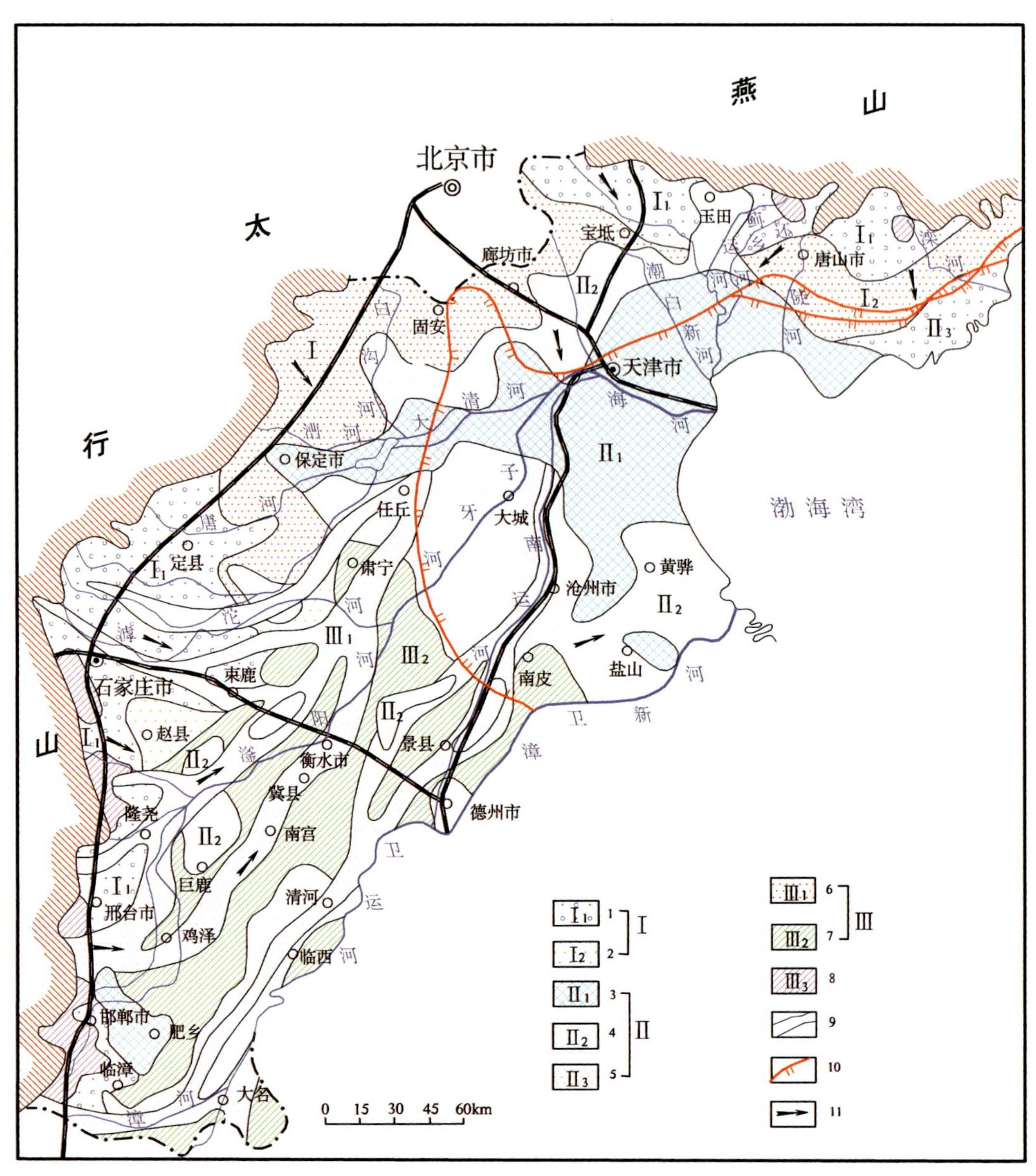

图 5-49　海河平原全新世岩相古地理图（图例说明同图 5-48）

（陈望和、仉明云，1987）

5.2　黄（河）海（河）关系

黄河下游河道的多次迁徙对海河水系的形成有着重大的影响。当黄河下游河道在海河流域迁徙游荡时，便截断海河平原上的一些主要河流，使其成为黄河下游的支流，在这种情况下不可能形成现代意义下的海河水系。当黄河下游河道向黄河冲积扇南翼迁徙时，此时黄河下游河道退出了海河平原，曾被黄河下游河道截断的河流便脱离黄河水系，恢复其向东北方向流动趋势，为海河水系的形成创造了条件。这一规律性变化，在早全新世以前的地质时期，可以通过对黄河古河道和海河流域主要河流古河道的对比分析中看得很清楚。在进入晚全新世的人类历史时期，则可从图 5-51 看得很清楚。

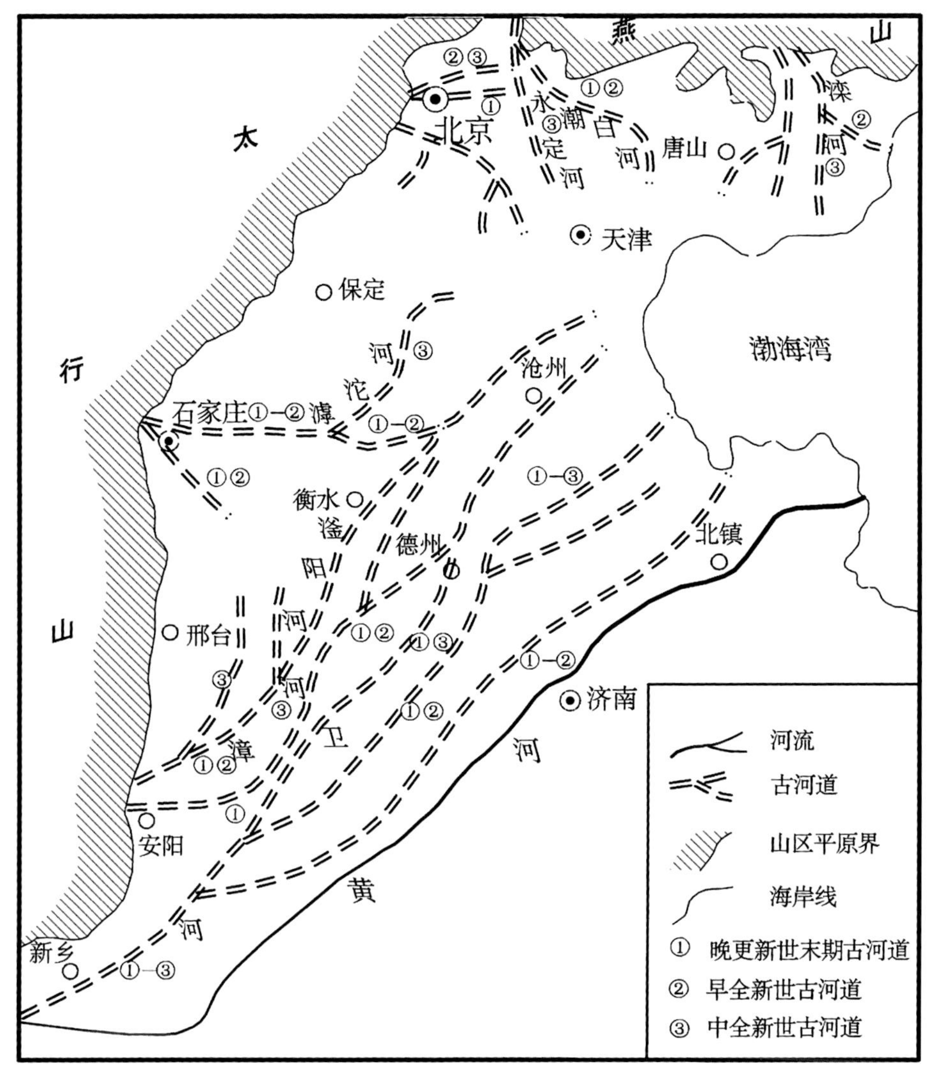

图 5-50　20～3kaBP 华北平原主要河流下游河道变迁图
（吴忱，2008）

古河道研究表明，黄河最迟在晚更新世晚期已流入华北平原并在今海河流域留下了多条深埋和浅埋古河道（吴忱，2008）。目前有文字记载的黄河最早河道，是《尚书·禹贡》中记载的流行于公元前 602 年之前的禹河，也称禹贡河。禹河当时的流路是“东过雒汭，至于大伾，北过降水，至于大陆，又北播九河，同为逆河，入于海”(《尚书·禹贡》)。由图 5-51 中可见，禹河此时穿过海河流域的卫河、漳河、滏阳河、滹沱河、拒马河，从天津入渤海。其中漳河北支从楚旺入黄河，滹沱河北支从任丘、中支从献县入黄河。因此，当时海河流域的河流除潮白河和永定河北支之外，均属黄河水系。公元前 602 年（周定王五年）禹河在宿胥口河徙，形成西汉初年的黄河，也称西汉大河、西汉故道（水利部黄河水利委员会，1984）。西汉故道行河自公元前 602 年至公元 11 年，其间也发生河流决口 15 次之多，其河流主要有北支、中支和南支。北支是主流，经河南省内黄、河北省魏县、大名、馆陶、威县、清河、南宫、枣强、景县、泊头、沧州，至青县附近

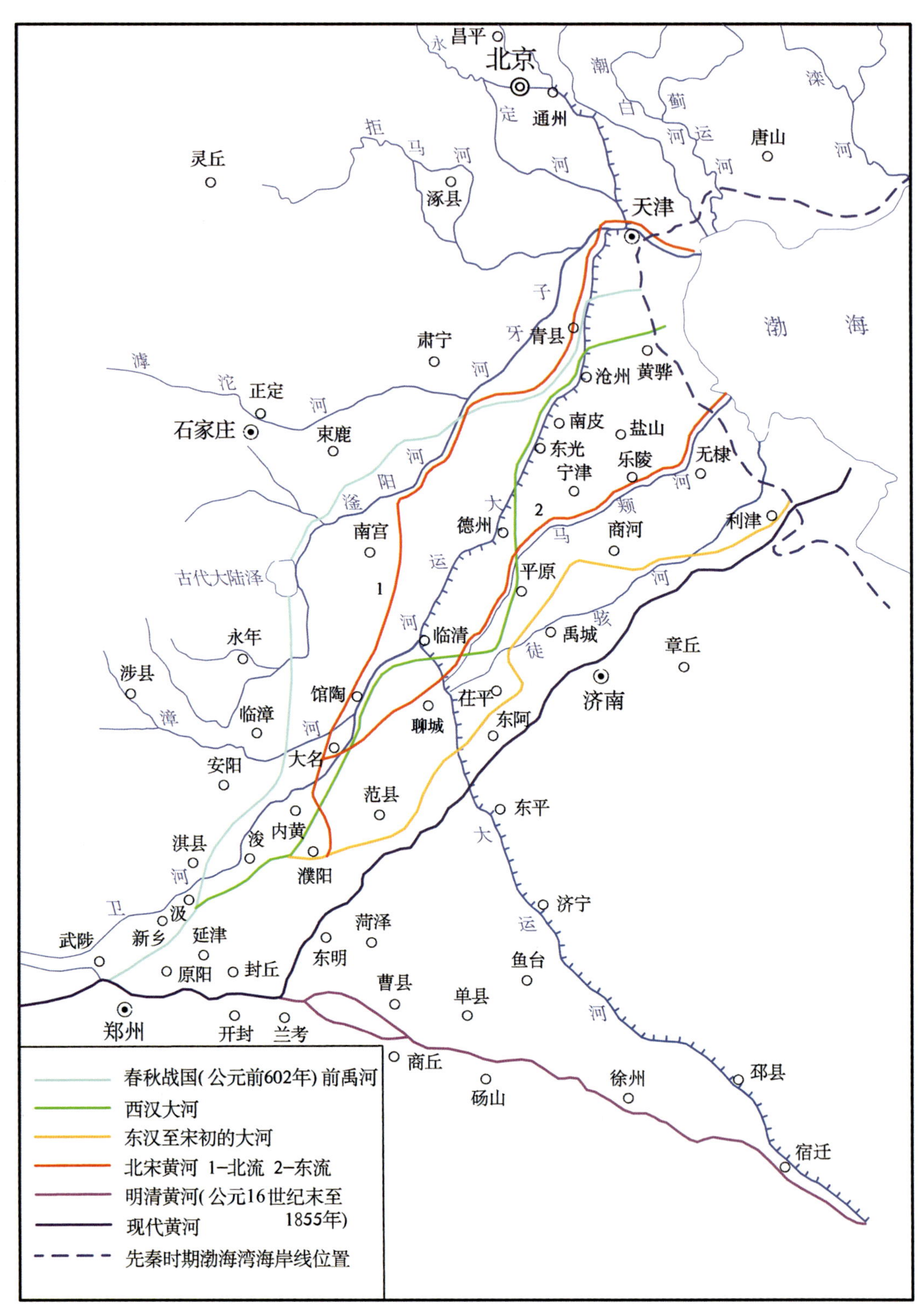

图 5-51 晚全新世以来黄河在海河流域迁徙路线图

（水利电力部政治部《海河史简编》编写组，1977）

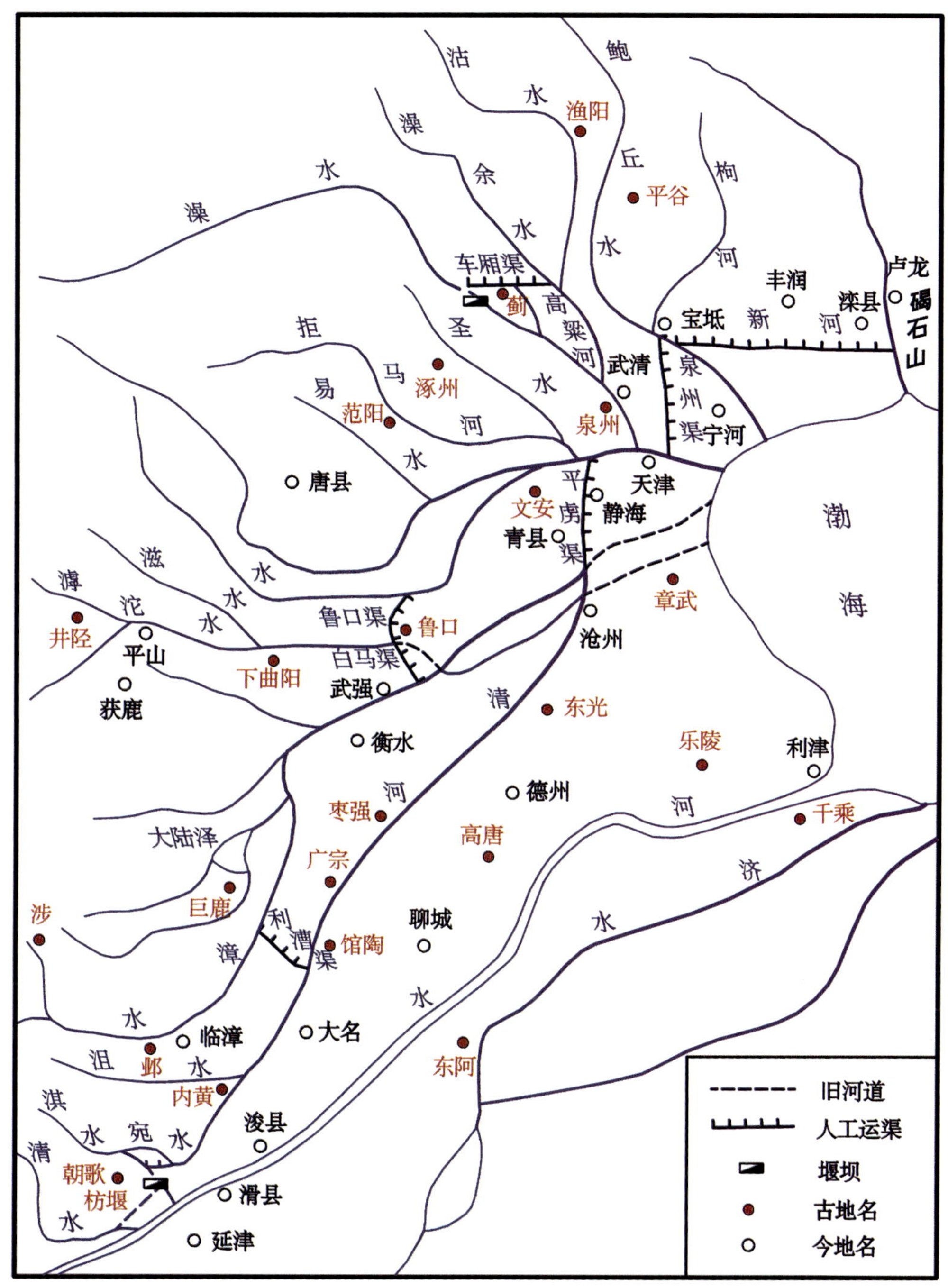

图 5-52　三国时期海河水系图

（水利部海河水利委员会《海河志》编纂委员会，1997）

入渤海。此时海河流域除潮白河和永定河等河外仍属于黄河水系下游水系。此后随着黄河多次迁徙，形成多条黄河故道，其中东汉故道、北宋故道（北流、东流）都流行于海河平原，分别从天津、黄骅、五棣、利津等地入渤海，都不同程度地截断卫河、漳河、滏阳河、滹沱河等河流成为当时黄河的支流，黄河水系依然是海河流域的主要水系。不过，上述是黄河迁徙于海河流域的总体情况，其实在改道迁徙时期里，也有一些向南迁徙的情况，最具代表性的是王莽始建国三年（公元 11 年），黄河经魏郡，泛清河以东数郡，其流路大致是从今濮阳往东，经范县、阳谷、东阿、高唐、临邑、惠民至沾化一带入渤海。这一时期除去今海河水系南缘的大沙河、淇河等河仍入黄河外，潮白河、滹沱河等河道已基本摆脱了黄河的影响。到公元 6 世纪，分流入海的清河也逐渐呈现朝天津方向众流归一的趋势发展，为海河水系的形成创造了条件。到南宋时期（公元 1128～1368 年），黄河已离开了海河平原进入淮北平原，此时期已形成的海河水系不再受到黄河下游河道干扰，即使 1855 年黄河迁徙从今山东省利津入海，也未对海河水系产生重大影响，使海河水系维系至今。

5.3 人类活动对海河水系形成的贡献

进入人类历史时期，人类活动逐渐成为引起海河流域河流变迁最活跃的因素，并最终促成了现代海河水系的形成与演变。

如前所述，东汉末年曹操经略河北一带。东汉汉献帝建安九年（公元 204 年）曹操为进攻袁绍余部，在今河南淇县、浚县一带的淇水入黄河处修筑枋堰，“遏淇水入白沟，以通粮道”，即拦截淇水使其不能再流入黄河而导入白沟，致使白沟脱离开黄河水系，纳入海河水系。汉献帝十一年（公元 206 年），曹操北征乌桓，组织修建了平虏渠，沟通了滹沱河与泒河，这两大水系的沟通给海河平原上的河道结构带来了历史性的变化。曹操在开凿平虏渠的同时，也开凿了泉州渠和新河，从而沟通了清河、沽水（今白河）与鲍丘水，黄河南徙与曹操举办的河渠工程的完成，最终促成了海河水系的形成。三国时期海河水系如图 5-52 所示。北魏郦道元在《水经注》中写道：“清、淇、漳、洹、滱、易、涞、濡、沽、滹沱同归于海。”是当时海河水系的完整概括和最早文字记载。

海河水系形成之初，各河流之间的联系并不稳定，时有中断，且并非完全集中于天津入海。历朝历代为政治和经济利益对海河水系都有不同程度地改造，其中隋朝修建南北大运河对海河水系的结构产生了重大影响。隋代大业元年至六年（公元 605 年至 610 年），先后修建了通济渠、山阳渎、永济渠，并连通邗沟、鸿鸿沟以及白沟、平虏渠等沟渠，形成了连接江、淮、黄、海几大水系的隋代大运河，如图 5-53。大运河连成后，运河左岸淇水、洹水、漳水、滹沱水、涞水、灅水以及沽水皆汇入永济渠作为运河北段水源，从而使三国时期的海河水系结构产生了重大调整，并奠定了现代海河水系的格局。

在现代海河水系中，漳河于 19 世纪初在馆陶与卫河汇合成为现代漳卫河。滹沱河于光绪七年（1881 年）在南紫塔与滏阳河汇合，自此以下称为子牙河。永定河于民国二十八年（1939 年）大水时在渠各庄决口，开始走现行河道。潮白河于民国元年（1912 年）大水，在顺义县（今北京顺义区）李遂镇决口，夺箭杆河入蓟运河同流入海。后又经过 1916 年、1923 年、1925 年几次流路变迁后行现代河道。

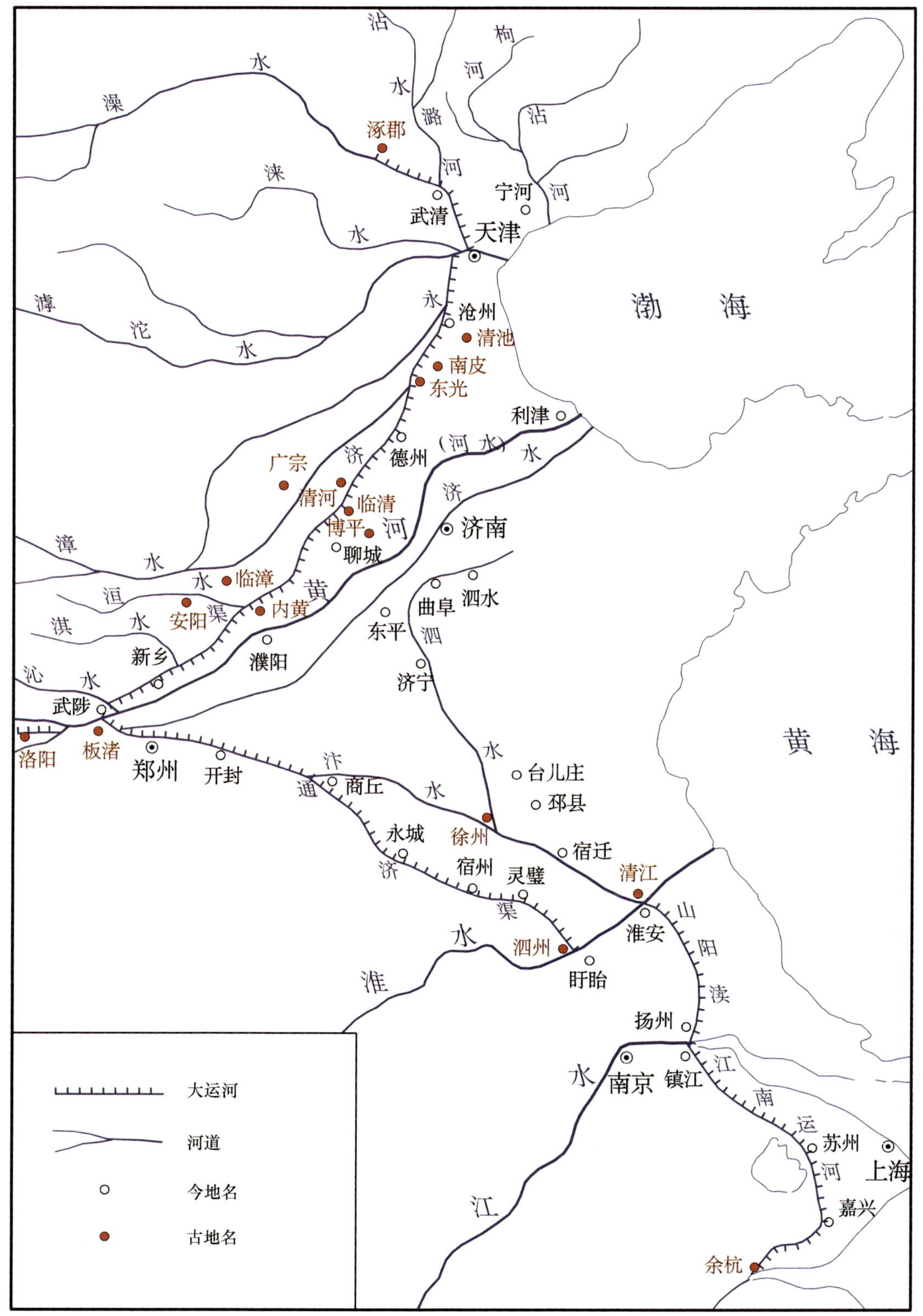

图 5-53　隋代大运河概略图

（水利电力部政治部《海河史简编》编写组，1977）

5.4 海河干流

海河干流在北宋时期称万里河、沽河、沽水等，明万历四十一年（1613 年）徐光启在其所写的《粪壅规例》中首称其为“海河”，到清康熙年间，海河已成为普遍采用的名称。海河干流之称，是在 1966 年编制《海河流域防洪规划》中才首次提出的，成为现在沿用的名称。

如前所述，从大禹治水后，黄河“东过雒汭，至于大伾，北过降水，至于大陆，又北播九河，同为逆河，入于海”（《尚书·禹贡》）。从这段记述中可以看出，海河干流当时位于“九河”之下梢，也即现代北运河、永定河、大清河、子牙河和南运河的共同尾闾，其中北运河与永定河、子牙河和大清河分别从天津北郊和西郊汇合，进入天津市区后在西沽合流，最后在金刚桥上游三岔口附近纳南运河后称为海河或海河干流。海河干流横贯天津市中心，过陈塘庄后出市区，再经东郊、南郊到大沽入渤海。海河水系之所以汇集于天津从海河干流入海，其一是第四纪以来天津地区一直是地壳沉降量最大、沉降速率最快的地区，因而成为海河平原地势最低的地区，晚全新世海退也为天津地区成陆发育河道创造了条件；其二是人类对海河水系与海河干流河道的治理，使现代海河干流成为自天津金刚桥至防潮闸，长 74km 的完全人工控制水道。

综上所述，海河水系的形成与演变，首先决定于海河流域的地质与地貌背景。黄河下游河道在海河平原多次迁徙所构造的黄-海关系，为海河水系的形成创造了河流学条件。而自西汉以来持续的高强度的人类活动，则为海河水系之形成起到了集大成之作用。所以可以认为，海河水系之形成是自然与人类共同作用的结果。

5.5 海河流域的湖泊与洼淀

1. 概况

湖泊洼淀是海河水系的重要组成部分。从中更新世到全新世，海河流域的湖泊洼淀经历了两次形成—发展—萎缩甚至干涸旋回。中更新世早期，华北平原湖泊星罗棋布，沼泽洼淀覆盖海河平原近一半面积。到中更新世晚期，湖泊洼地主要集中在三大片区：其一是以巨鹿为中心的古大陆泽-宁晋泊，湖泊范围的前缘到达宁晋、隆尧、鸡泽、临西、清河、南宫一带；其二是以天津、文安为中心的古白洋淀-文安洼洼地群，湖泊范围的前缘达到宁河、宝坻、廊坊、任丘、大城、岐口一带；其三是黄庄洼-七里海洼淀群，该洼淀群最早记载于《水经·鲍丘水注》，分布在今香河、宝坻以南，海河以北，北运河以东，宁河以西，均是滨海沼泽低地。到晚更新世，三大片湖泊洼地群逐渐缩小，尤以古大陆泽-宁晋泊缩小最快。到全新世早期，古大陆泽-宁晋泊已基本消失，古白洋淀-文安洼的南缘也已退缩至任丘、大城、青县一线以北，散布在流域面上的中州湖泊洼淀已干涸。到中全新世，海河平原的湖泊洼淀面积又一次开始扩大，在相当于海河平原中部现代的冲积扇-泛滥平原和渤海西岸滨海平原广大地区遍布沼泽湿地，大小湖泊、牛轭湖以及曲流河散布其间。到晚全新世，即距今 3000 年以来的历史时期，海河流域的湖泊洼淀在此进入萎缩期，一方面湖沼面积快速缩小，另一方面原有的湖泊被沉积物填充掩埋成为浅埋藏地貌。这一时期尚存但已较中全新世时大为缩小的湖泊洼淀主要有：长丰泊-广润陂湖泊-湿地群，大陆泽-宁晋泊湖泊-湿地群，边吴淀-白洋淀湖泊-湿地群，延芳淀-里自沽洼湖泊-湿地群，以及分布在冲积扇前缘和河间洼地的一些洼淀，如图 5-54。

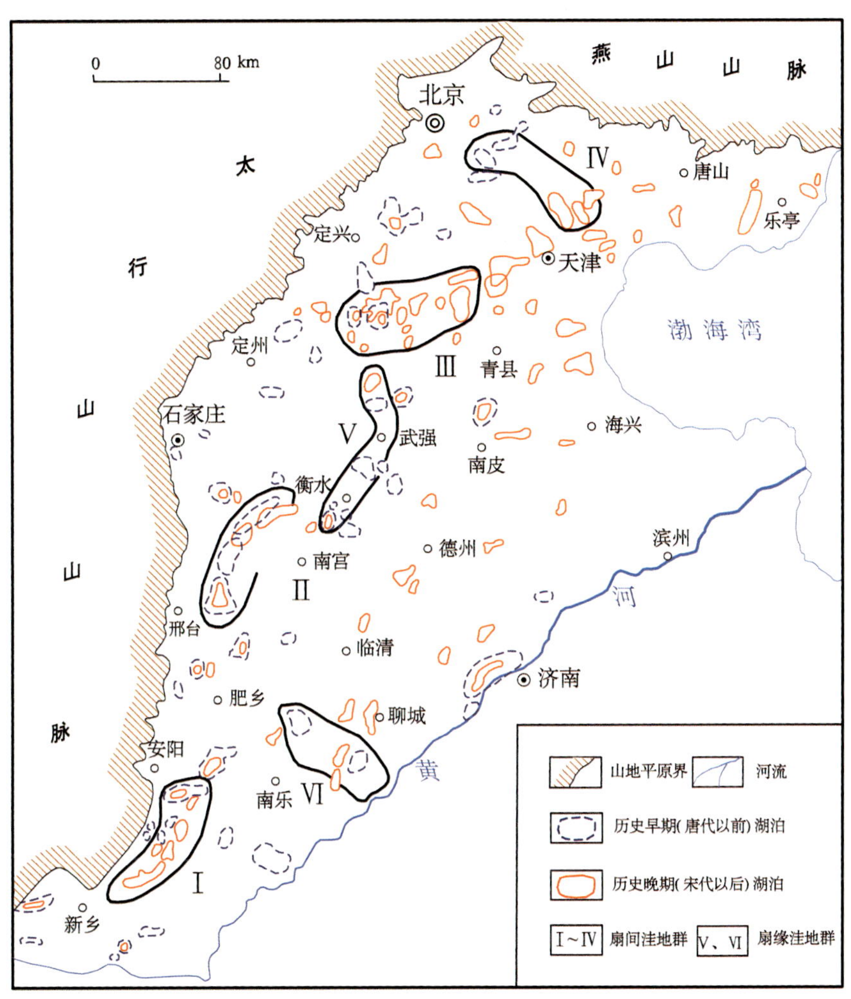

图 5-54　历史时期海河流域湖泊洼淀分布图

（吴忱，2008）

2. 形成与发育条件

海河平原湖泊洼淀的发育，首先在于其具有特定的地质条件。如前所述，海河平原地处冀中凹陷和黄骅凹陷，自第四纪以来这里就是地壳持续沉降区，全新世以来沉降速率显著加快，使海河平原成为华北平原最低洼的地区，从而为湖泊洼淀的发展提供了适宜的地质条件。

气候变化是海河平原湖泊洼淀发育与衰亡的主要原因。这不仅从上述的自更新世以来海河平原湖泊洼淀随着气候变化的两次兴衰旋回中得到体现，而且也可以从各个湖泊洼淀的演变过程看得很清楚。

现以宁晋泊为例简述之。宁晋泊古称大陆泽，位于河北省邢台地区。为揭示其兴衰演变与气候变化的关系，吴忱（2008）、王强和田国强等（1999），在大陆泽-宁晋泊地区进行了40余个钻孔的岩相分析，结果如下：①晚更新世初，气候温暖湿润，沉积为深湖相；②晚更新世中期，气候温凉偏干，沉积为浅湖相，说明宁晋泊扩张已停滞；③晚更新世晚期，气候温暖偏湿，沉积为河流相，说明宁晋泊趋向萎缩，河流-沼泽发育；④晚更新世末期，气候温凉偏干，沉积为浅湖相，说明宁晋泊开始扩展发展；⑤早中全新世，气候温暖偏湿，沉积为沼泽相，说明湖泊缩小沼泽发育；⑥晚全新世初期，温暖较干，沉积为深湖相；⑦晚全新世中期，气候温凉偏干，沉积为浅湖相，说明宁晋泊停止扩张但仍保持较大水面；往后即进入了历史时期的演变。由上述可见，从晚更新世初至晚全新世中期，宁晋泊的沉积相经历了三次湖相和三次河流-沼泽相的变化过程，以及与其相对应的暖—冷—暖—冷—暖的气候变化，从而勾勒出了宁晋泊的发育演变过程与气候变化的密切关系。这些情况在白洋淀等其他湖泊和洼淀也同样存在。

进入全新世晚期，人类活动逐渐成为影响湖泊演变的活跃因素，宁晋泊的演变也深深打上了人类活动的烙印。自战国时期以来，宁晋泊的演变如图5-55所示。

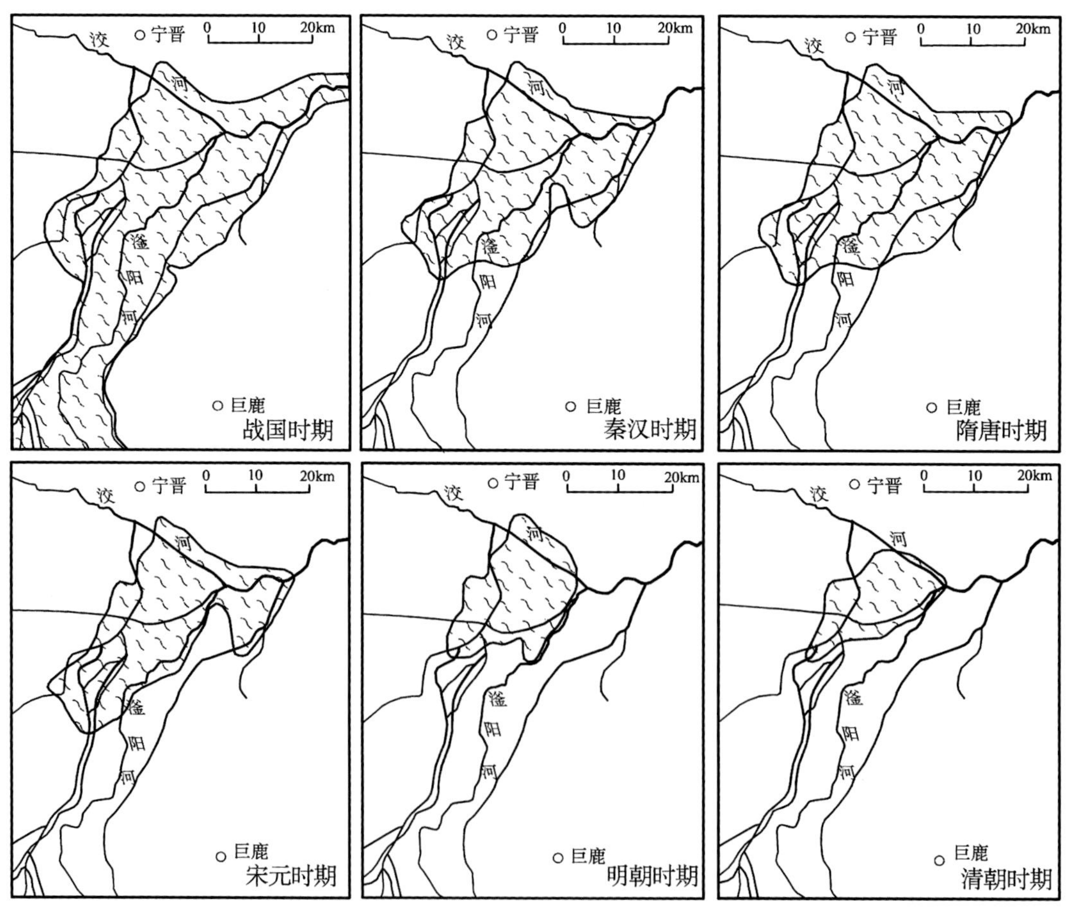

图5-55 历史时期宁晋泊的演变图

（郭盛乔，1999）

周朝中叶至战国时期，湖泊向南扩张到巨鹿，当时有巨鹿泽之称。秦汉时期湖水退缩，部分湖区成为陆地。隋唐时期湖区有所扩大，宋元时代又有所缩小。明代由于漳河南迁，湖面急剧缩小，清朝时期进一步缩小，到道光年间（1839 年）终于消失。可见从秦汉以来，宁晋泊虽经历多次扩张与缩小的演变，但总的趋势是向缩小直至消亡发展。这也是海河平原许多湖泊演变的共同轨迹，只是程度有所不同。

3. 湖泊洼地与河流地貌

海河平原湖泊洼淀的分布和演变与河流地貌的发育和演变有着密切的关系。海河平原的湖泊洼淀主要分布和发育在以下几种河流地貌区：

（1）冲积扇间的湖泊洼地区。例如，长丰泊-广润陂湖泊洼地群分布在黄河冲积扇与漳河冲积扇之间；大陆泽-宁晋泊湖泊洼地群分布在漳河冲积扇与滹沱河冲积扇之间；边吴淀-白洋淀湖泊洼地群分布在滹沱河冲积扇与永定河冲积扇之间；延芳淀-里自沽湖泊洼淀群分布在永定河冲积扇与滦河冲积扇之间。还有一些小片的洼地、湿地则分布在上述河流的支流及一些中小河流的冲积扇之间。

（2）大河冲积扇的前缘地区。例如，滹沱河冲积扇前缘的衡水湖-大浦淀湖泊湿地带；永定河冲积扇前缘的文安洼-白洋淀湖泊湿地带；滦河洪积扇前缘的草泊湖湿地带等。

（3）河间洼地，通常分布在泛滥平原的两条古河道高地之间。例如，山东省禹城的大黄洼、乐陵的铁管洼，河北威县的清渊、阜城县的泽薮、南皮县的大狼淀、沧州的李彪淀等（图 5-55）。由于这些湖泊洼淀都是发育在河流冲积扇地带、大河冲积扇前缘地带和古河道高地间的河间地带，因此其位置、范围、水文状况等与河流及其冲积扇的演变有着密切的关系。例如，白洋淀挟持在永定河冲积扇与滹沱河冲积扇之间，宋代以来滹沱河与永定河几次北迁南移，均形成新的冲积扇，致使白洋淀-文安洼淀群中不少中小湖泊、洼淀的位置也相应迁移和变化。而大量古河道高地穿插其间，更将统一的湖泊洼淀分割成百余个湖泊洼淀碎片。

4. 白洋淀的演变

1）早全新世——白洋淀的兴起

晚更新世后期，世界性的玉木冰期来临，白洋淀处于冰缘气候带的前缘，曾于距今 4～2 万年前一度扩张的白洋淀此时基本上已干涸。进入全新世初，寒冷气团退出华北地区，气温回升，降水增加，发源于太行山区的河流携带大量泥沙堆积在干涸的白洋淀洼地，到早全新世后期，白洋淀洼地已积累一定水量，有了一定水域面积，这一时期的湖相沉积标志着白洋淀已再度兴起。根据白洋淀地区地质钻孔中相当于全新统下段地层内湖相沉积物的分布，可以绘制出早全新世白洋淀的轮廓，如图 5-56。

2）中全新世——扩张与全盛时期

进入中全新世，一方面进入全新世气候适宜期，气候温暖湿润，雨量充沛，河流水量丰富；另一方面，这一时期海平面上升，河北平原发生海侵，河流侵蚀基面抬高，曲流发育，排水不畅，两者使白洋淀诸小水面连片并扩大白洋淀，迎来其全盛时期。依据白洋淀地区全新统中段湖沼相地层的分布，可绘出中全新世时期的白洋淀及周边沼泽的

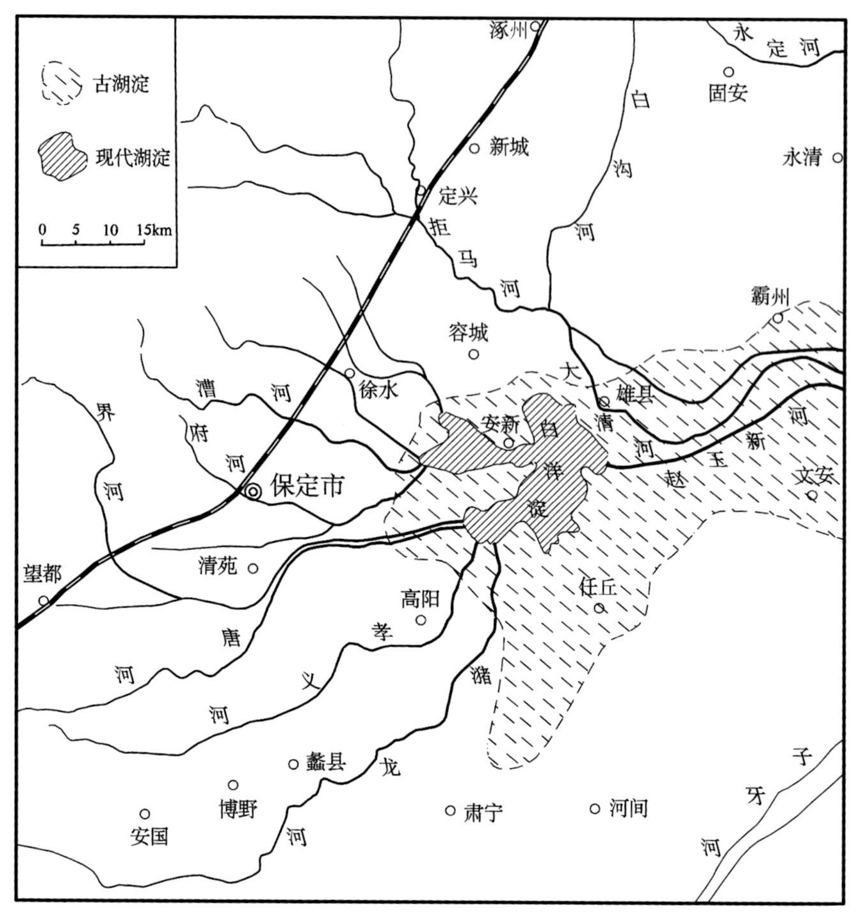

图 5-56 早全新世时期的白洋淀

（王会昌，1983）

范围，如图 5-57。

图中显示，当时白洋淀的范围东北起自永清，向西南至雄县、霸县（今霸州）的北部，西去容城再折而南下，经保定市东、清苑而过望都与定县（今定州）东部，转而东去安国、博野，直抵肃宁与河间地区，东部则与文安洼水域相连，深水湖区在今安新—高阳—肃宁一带。与今白洋淀范围对照，当时的白洋淀向西北方向的扩张有限。这是由于古拒马河自全新世以来在该地区留下了数条西北—东南向的古河床砂带，从而使古白洋淀始终未能与其北部的古督亢陂并联在一起，这也反映了河流发育对湖泊演变的影响。

3）晚全新世——收缩与解体

自宋代开始，关于白洋淀的记载逐渐详细。当时称白洋淀为白羊淀，意喻“泛起的层层白浪，形似成群奔跑的羊群。”可见当时白洋淀还是一个有相当规模的湖泊。到北宋晚期，永定河继续向南改道，形成固安—永清一带的新冲积扇和固安以南的决口扇-古河道高地。同一时期，白洋淀南面的沙河、唐河冲积扇和古河道高地继续向北伸展。南北冲积扇的挤压和古河道的延伸穿插湖荡中，使白洋淀范围日趋缩小，且水浅可以策

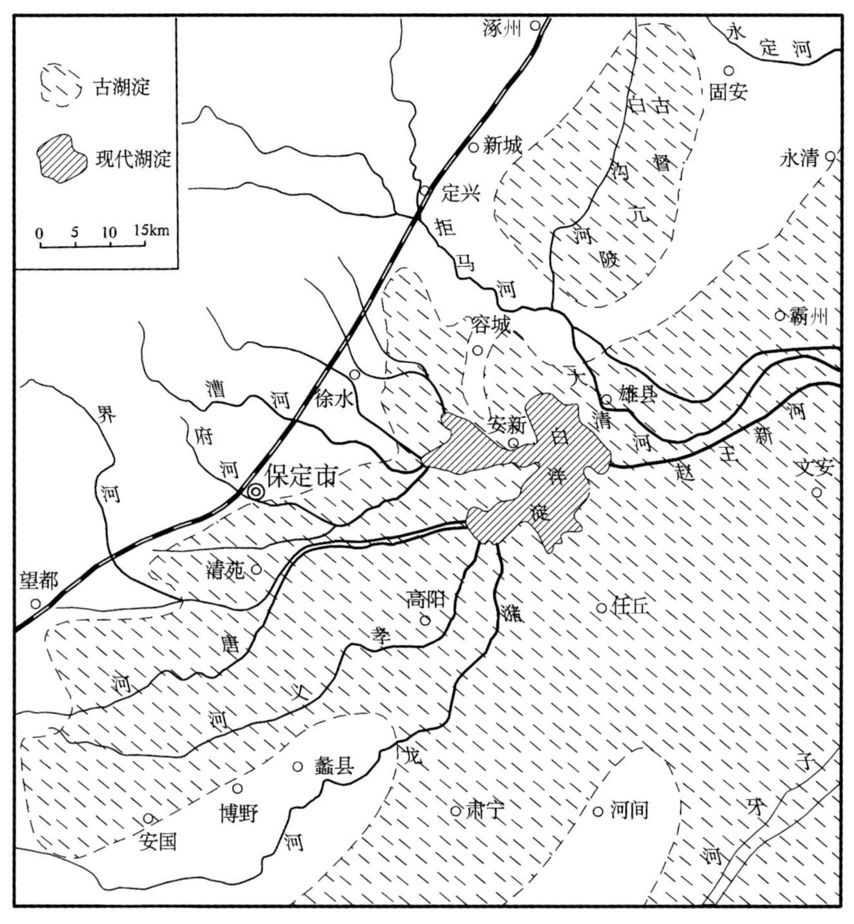

图 5-57　中全新世白洋淀及周边沼泽范围
（王会昌，1983）

马横渡。此时期正值宋辽对峙，分界线西起今河北省徐水，经雄县、霸州等地，东达天津，北宋六宅使何承矩，为阻止辽骑沿分界线南侵，将白洋淀-文安洼淀群和天津一带的洼淀群连接在一起，形成“塘泺”（也称“塘泊工程”），东起雄州，西至顺安郡，衡广七十里，纵三十里或四十里，深一丈或六七尺，周边诸水如拒马河、唐河、沙河、滹沱河等皆汇于塘泺，成为一道“深不可涉，浅不能舟”的水域。塘泺的形成是人类活动对白洋淀最大的一次扩展。到北宋末年，塘泺已开始瓦解，淤淀干涸，不复开浚，明清时期虽几次筑堤围淀，试图恢复水域旧貌，然终难掩其颓势，到清乾隆十八年（1753年），已只剩下面积大于 6km^2 的淀泊 9 个，其中以白洋淀最大，面积 239km^2。晚全新世时期的白洋淀如图 5-58 所示。

从上述的讨论中可以看到，冀中凹陷、黄骅凹陷等为海河平原湖淀形成提供了构造地质条件，气候变化与海平面变动控制着湖淀的扩张与收缩，冲积扇、古河道等河流地貌演变影响着湖沼位置与范围的变迁。需要指出的是，河流泥沙的淤积作用则是湖淀收缩与消亡的直接原因。人类活动对自然的不合理开发利用，则造成严重水土流失，加速了湖淀的收缩、解体和消亡过程。

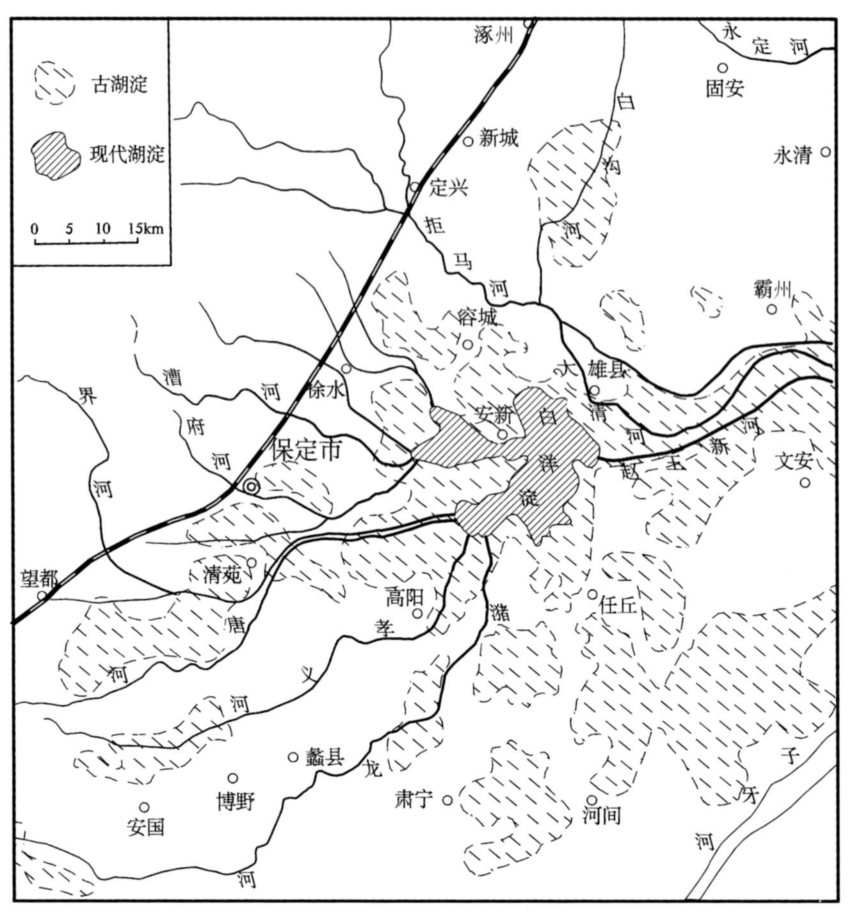

图 5-58　晚全新世时期的白洋淀

（王会昌，1983）

第六节　基于地学基础的海河治理启示

本节将基于前述诸节中关于海河的形成、演变及其地学过程赋予海河的地学属性，探寻关于海河治理的若干启示。

6.1　历史时期海河治理述要

这里将摘要叙述历史时期海河治理的代表性举措。

1. 秦汉以前的时期

黄河在古代很长一段时期里，都行河在海河流域注入渤海。《尚书·禹贡》中记载的大禹治水活动“北过降水，至于大陆，又北播九河……”均发生在海河流域。降水即现浊漳河，大陆即大陆泽，“九河”乃指黄河在海河流域之“下稍”，其流经范围在今德州至沧州之间，并非一定是九条河。这一时期治水思想的重大进步在于：从共工氏治水采用的“壅防百川，堕入湮庳”（《国语·周语天下》），到大禹治水“北播九河”的重大转变，即由堵塞到疏导的转变，体现了先人对“水势就下”这一最基本水文原理的认识。

2. 三国时期

这一时期有两件大事。其一，据《汉书·王莽传》记载，王莽始建国三年“河决魏郡，泛清河以东数郡”。此次决口后，黄河经濮阳、济南流向千乘入海，海河流域暂时脱离了黄河的干扰。其二，曹操为其军事目的，举办引淇水入白沟工程，并开凿平虏渠、泉州渠、新河等运河，沟通了海河流域大部分河流，为海河水系形成创造了条件。这两件大事促成了海河以现代海河干流为扇柄，众水归一的扇形水系。

3. 隋唐时期

这一时期国家统一，社会经济发展，隋代建都长安，为了将关东和江南物资运往关中长安，在春秋时代以来已初见规模的运河基础上，兴建了永济渠、通济渠、山阳渎和江南运河，总长达 5000 余里（1 里=0.5km）。唐代充分利用运河在全国组成了比较发达的水运网。据《旧唐书·崔融传》记载：“天下诸津，舟航所聚，旁通巴汉，前指闽越，七泽十籔，三江五湖，控引河洛，兼包淮海”。使海河水系与黄河、淮河、长江等河流、湖泊相互连通，形成了水网。隋唐时期值得指出的海河治理方略与实践，是为了防御洪水，保证通航，在运河系统采取了一系列措施，其中最具规模的是，在永济渠以西地区利用大量淀泊滞洪，在永济渠以东则开挖减河，增辟新入海口，以减轻漳河、滹沱河、唐河滱水、拒马河、桑乾河（永定河）和白河（潞水）均汇聚于天津抢夺入海流路的压力，避免造成汛期洪水下泄不畅形成的水灾。隋唐时期这一筹略的实施，奠定了后来海河治理的思路。

4. 宋辽金时期

此时期，宋辽金之间战乱不断，国家分裂，在海河实施的工程带有鲜明军事目的。其中值得一提的是，宋太宗端拱年（988 年）关南兵马都监何建筠之子六宅使何承矩提出，并受命在今大清河及海河一线（当时是宋辽的界河）疏导沟渠，使水东流入海，并与旧有的陂塘洼淀相通，扩大蓄水面积，形成东西长 300 余里，南北宽 50～70 里的水洼之地。该水洼之地其深不可升航，浅不可走涉，既御敌骑之奔袭，又可播为秧田，成为阻止辽兵南下的水障和屯田之地，称为塘泺。塘泺一直维持到宋真宗景德二年（1005 年）宋辽签订“澶洲之盟”，才逐渐退废。此项工程，也为沼泽洼淀治理提供了有益的经验。

5. 元明清时期

元明清时期国家统一，经济发展，海河治理又恢复以兴利为主要目的。元代主要贡献是在海河流域内修建了通惠河与会通河两大运河工程。通惠河于元世祖至元二十九年（1292 年）春动工，次年秋完成，忽必烈赐名通惠，故而得名通惠河。会通河于元世祖至元二十六年（1289 年）正月动工，历时 4 个月即完成。通惠河与会通河的建成为明清开创了南北运输线的新格局。特别值得提出的是，在通惠河与会通河筹备与建设过程中，古代著名科学家徐光启对线路、水源地、控制工程等进行了大规模的考察和规划设计，并绘制路线图，开创了水利工程勘测、规划、设计之先河。

屯田是明代对海河水利与治河的重要贡献。举三例说明之。

例一，徐贞明于万历三年（1575 年）上疏神宗："神宗北峙，而财赋全仰于东南之漕"，是十分不合适的，建议在海河流域诸河上游开渠灌田，在下游开河分泄洪水，淀泊洼地则留以蓄水，在附近开辟圩田，如此则水利兴，水害除。这一设想在万历十三年（1585 年）得以实现，第二年屯垦达 39 000 余亩（1 亩=1/15hm^2）。徐贞明这一设想与实践，为兴办海河水利提供了一个好的规划思路和方案。

例二，汪应蛟于万历二十六年（1598 年）八月受命出任天津登莱等处海防巡抚。在巡查过程中发现天津葛沽一带十分荒凉。询问当地人称："咸谓此地从来斥卤，不堪耕种"。汪氏认为："此地无水则咸，得水则润，若以闽、浙滨海治地方法行之，穿渠引水，未必不可为稻田"。到万历二十九年（1601 年）春，改地 5000 亩，其中水稻 2000 亩，当年秋即收获水稻 6000 余石（1 石=100L（升）），杂粮 5000 余石。此例首开海河流域治理盐碱地之先河。

例三，万历四十八年（1620 年）御史左光斗上疏提出，把屯田与当时的科举办学等结合起来，主张兴办"屯学"，其目的在于"储材积粟，以广文教，以训武备"。主要做法是，让有志仕途而又愿参与屯垦的童生经稍加考核后即录取称为"屯童"，给屯童以武生衣巾，授之水田 100 亩。使自耕之，每亩收租稻 1 石。屯童若文艺优长，则可在科举考试之年免去县、府二级考试，直接参加院试，一试通过即可中秀才。通过院试的生员可继续留在屯学内，再和一般秀才一样考入进士。左光斗这一举动在天津试点时，"人争趋如流水"，天启二年童生开垦 4000 亩（左光斗：《左忠毅公集》卷二）。左光斗这一举措开创了水利教育的先河（《海河志》第一卷，P380）。

明代在海河治理中的主要贡献有二：其一，重新疏浚和开通已淤塞的通惠河和会通河，使京杭大运河全线通达；其二，建设了距德州南 40 里的四女寺减河闸、距沧州南 10 里的捷地减河闸，距兴县北 2 里的兴济减河闸，并创造了多种开河建闸技术。

清代在康、雍、乾三个时期，称康乾盛世，水利事业得到较大发展。在北运河大规模修建了筐儿港引河、青龙湾引河等减河工程，在南运河修复四女寺引河、哨马营减河、捷地减河等减河工程，确保南北大运河畅通，为治理永定河做出了重要贡献。永定河善淤、善决、善徙，素有小黄河之称。清代治理永定河有几个不同方略之争。第一种谓"筑堤束水，以水攻沙"，是当时的主流思想。第二种主张"治浊流之法以不治而治为上策"，认为"以堤束水，是与水争地，而遗后患也"。不筑堤让洪水在宽阔范围内落淤乃治沙之法。第三种以乾隆初年高斌等人为代表，提出"全面治理"的方略，即在上游"就近取石，堆叠玲珑水坎"；在中游"层层截顿，以杀其势"；下游则"疏中泓，挑下口，以畅奔流"，同时"筑堤岸以防冲突，浚减河以分盛涨"。这一方略第一次把治理永定河的眼光移向上中游，是治河方法的一大进步（水利部海河水利委员会，1997）。

到清代末年海河流域下游河道日趋恶化，洪灾频发，京津水灾损失日增，但未提出新的治河举措。民国时期开展一些局部的治河活动。中华人民共和国成立后，海河进入了一个全面、系统治理的新时期。1955 年 8 月制定了《海河流域规划任务书》，海河治理翻开了全新的一页。

6.2 基于地学基础的海河流域山区河流治理

海河流域山区面积占流域总面积的60%，年降水量、年径流量占全流域60%以上，既是海河平原区河流洪水的主要来源地，也是泥沙的主要来源地，同时也是流域水资源的主要组成部分。因此，山区河流治理是海河流域治理的重要内容。基于山区的这些特点，海河流域山区河流治理的目的，当在于拦蓄洪水和拦截泥沙。

1. 拦蓄洪水

海河流域洪水主要来源于沿燕山、太行山的迎风坡。

（1）由图 5-59 可以看出，沿迎风坡存在一条年最大 24 小时降水量大于 100mm 的弧形多雨带，是海河流域主要雨区。其中，分布着多个年最大 24 小时降水量在 120～140mm 甚至以上的暴雨中心。如自东北向西南分别为遵化、良乡、司仓、狮子坪、獐私、土圈等暴雨中心。

这些暴雨区是洪水的主要来源。如著名的 1963 年 8 月特大暴雨中心即在獐私、狮子坪一带。

（2）自第四纪以来，燕山、太行山迎风坡处于持续掀斜抬升进程中，因此使迎风坡呈现纵深窄、坡度陡，山区与平原近乎直接相交，丘陵过渡带极短。例如，山前平原坡度一般为 1/300～1/2000，中部平原为 1/2000～1/10000，而东部平原为 1/10000～1/15000（水利部海河勘测设计院，2004）。这样的暴雨和地形背景，赋予了海河流域迎风坡河流洪水如下特点：①洪峰高、洪量集中，使这一带不同面积上的洪峰模数接近或达到世界纪录。例如 1963 年 8 月洪水期间，南泜河西台峪洪峰模数高达 31.4m^3/（km^2·s）；1969 年滹沱河支流冶河孟贤壁水文站控制面积（6400km^2）洪峰模数达 3.89m^3/（km^2·s）；1949 年滦河支流青龙河卢龙水文站控制面积（6110km^2）洪峰模数达 3.3m^3/（km^2·s）。显然，陡峻的山区地形，土层覆盖层薄、植被差，是产流迅速、洪峰高、洪量集中的原因之一。②河道主要产流区源流急，洪水流速大，传播时间短，最长不超过 1～2 天，最短几个小时，表现出突发性很大。③特大洪水主要出现在 7 月和 8 月，尤其集中于 7 月下旬至 8 月上旬之间，7、8 两月最大 30 天洪量占汛期（6～9 月）洪水总量的 90%，5 天洪量可占 30 天洪量的 70%～80%，而且年际间变化很大，变差系数 C_v 一般在 1.0 左右，大清河、滏阳河可达 1.5～2.0，为全国最高区。基于上述的洪水特性，充分利用迎风坡山区的地形条件，将洪水的主要部分拦截在山区，无疑是防洪及河道治理的正确选择。事实上，如本章第二节“海河流域对新构造运动的响应”之“一、山丘区对新构造运动的响应”中所述，燕山和太行山迎风坡继续处于抬升过程中，其间的河流处于壮年期和青年期，河曲发育，为拦蓄洪水提供了良好的构造地貌条件，若因地制宜地采用河流人工袭夺的工程措施，并对不同支流上的水库实行串连或并联，则可在更大区域内将洪水进行拦蓄和控制。此外，如前述“海河流域河流的形成”一节中，曾论及漳河、滹沱河、大清河、永定河、潮白河等大河在出山口处均有规模很大的洪积冲积扇，是平原地下水的主要补给源区，也是拦滞和消化在山区未被拦蓄的洪水的重要场所。因此，充分利用洪积冲积扇拦滞洪水并将其转化为地下水，显然是拦截和消化山区洪水的有效途径。

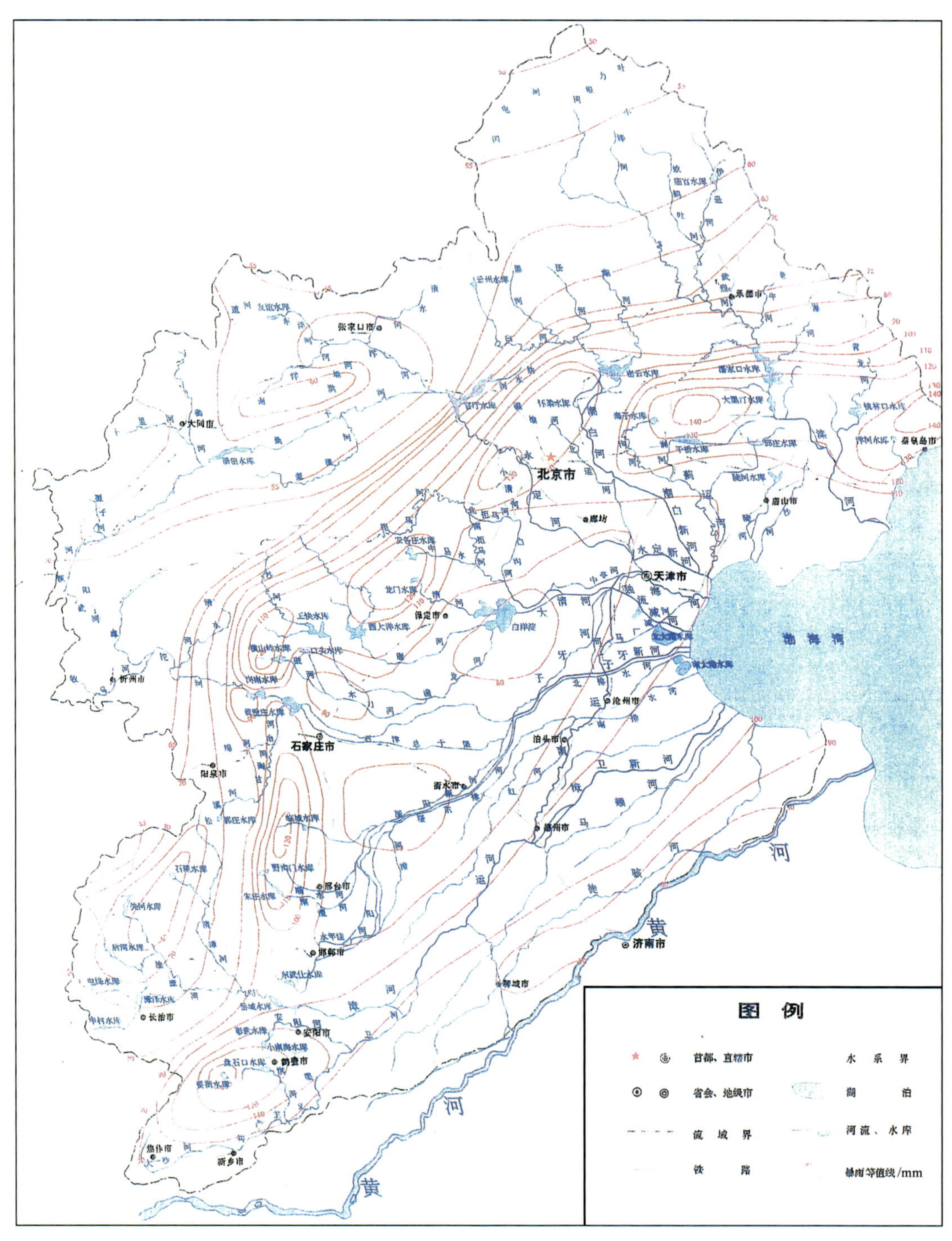

图 5-59　海河流域多年平均最大 24 小时暴雨量等值线图

（水利部海河勘测设计院，2004）

2. 拦截泥沙

海河流域河流泥沙造就了海河平原，也使平原上的河流淤积、泛滥、决口和改道，给人类利用河流带来很大困难。

海河流域河流泥沙主要来自海河水系源远流长的几条大支流的上游山区。其中：

（1）漳河泥沙主要来自浊漳河。浊漳河源自山西省长治盆地西缘，流经山西黄土高原地区。该地区河道纵比降 1.24%，黄土覆盖层深厚，植被差，水土流失严重，洪水夹带大量泥沙。以浊漳河南缘为主流的漳河干流多年平均径流量 18.34 亿 m^3，实测最大洪峰流量 9200 m^3/s，多年平均含沙量 12.9kg/m^3，多年平均输沙量 2240 万 t。

（2）滹沱河泥沙主要来源于盆地的黄土侵蚀。滹沱河源自山西省繁峙县五台山北麓，西部流经繁峙、代县、忻州等黄土高原盆地，河道纵比降 0.262%，多年平均径流量 23.05 亿 m^3，实测最大洪峰流量 13 100m^3/s，多年平均含沙量 9.58kg/m^3，多年平均输沙量 2208 万 t（吴忱，2008）。

（3）永定河的泥沙主要来自于桑干河。桑干河源自山西省宁武县管涔山，流经山西省山阴、应县、大同和大同-原阳盆地等黄土高原地区，河道纵比降 0.285%，多年平均径流量 20.29 亿 m^3，实测最大洪峰流量 4000 m^3/s，多年平均含沙量 46.6kg/m^3，多年平均输沙量 94.55 万 t。

（4）潮白河也是泥沙来源之一。潮白河上游由白河与潮河组成，以发源于河北省坝上高原的白河为主流，白河在北京市密云区河漕村接纳北来的潮河后称潮白河，出山口后经北京平原南流，至河北省香河与西北来的温榆河汇合后称北运河。北运河汇入人工开挖的潮白河，再汇入永定新河入海。潮白河多年平均年径流量 16.5 亿 m^3，实测最大洪峰流量 11.24m^3/s，多年平均含沙量 4.14 kg/m^3，多年平均输沙量 688 万 t。

以上四条河的山区多年平均年产沙量近 4800 万 t，占海河流域多年平均年产沙量的 90%，给水库与河流带来严重的淤积。例如，永定河上游的官厅水库和册田水库，已分别被淤废了总库容的 14.8%和 37.1%（水利部海河勘测设计院，2004）。可见，将泥沙拦截在这些河流的上游山区，无疑应作为海河山区河流治理的基本方略之一。

漳河、滹沱河、永定河、潮白河成为海河水系泥沙主要来源，是由于这四条河流分别发源并流经黄土高原地区，且源远流长。做好水土保持，犹如在第三章中关于黄土高原的治理那样，把泥沙拦截在这些河流上游山区，并与山区生态和生产环境的改善紧密结合，是实现海河流域山区河流治理的正确方略。

6.3 基于地学基础的海河流域平原河流治理

在 1963 年大水之后，水利部海河勘测设计院于 1966 年编制了《海河流域防洪规划报告》（以下简称《报告》）。《报告》提出了“上蓄、中疏、下排、适当的滞”的海河治理方略，并提出了“分流入海，分区防守”的工程格局。

在上一小节关于“基于地学基础的海河流域山区河流治理”的讨论中，我们已对“上蓄”的内涵、必要性和可行性进行了分析。在本小节，我们将基于海河流域平原河流的地学特性，对“中疏、下排、适当的蓄”，以及“分流入海、分区防守”的工程布局的内涵及其合理性进行讨论。

1. 关于树状水系和梳状水系的分析

（1）从海河平原浅埋藏古河道、地面古河道的分布（见图 5-33、图 5-34）和海河平原晚更新世与全新世岩相古地理图（见图 5-48、图 5-49）中可以清楚看出，在距今 3000 年海河平原上的主要河流，如漳河、滹沱河、大清河、永定河、潮白河等，基本上是自南、西和北三个方向向天津地区汇聚入海的，到距今 2000 年的三国时期，已形成“众水归一”的海河水系。海河平原河流这一分布特征的形成，是由于海河平原位于自第四纪以来，尤其是晚更新世以来，就处于持续且加速沉降中的冀中凹陷和黄骅凹陷，而冀中凹陷与黄骅凹陷呈自西南向东北方向倾斜的构造格局，天津地区是其中最低的地区和当前沉降速率最大的地区（见图 5-17，图 5-18，图 5-19）。事实上，从现代海河平原地貌图中（见图 5-46）可以更清楚地展现这种地貌分布特征。

（2）然而，自 1966 年“海河流域防洪规划”实施以来，把海河平原河流治理的重点放在修建各主要河流分别直接入海的“新河”上。例如，漳河和卫河改由漳卫新河单独入海，滹沱河与滏阳河改由子牙新河单独入海，大清河改由独流减河入海，永定河改由永定新河入海，潮白河改由潮白新河入海。这些“新河”的开挖，实现了“分流入海，分区防守”的规划布局，同时也使海河水系由“众水归一”的树枝状水系改变成了梳子状水系。不难发现，这些“新河”的走向并不都与地貌的特征很好配合。将原自然形成的树枝状水系改变成人为安排的梳子状水系，这种水系宏观格局的大改变会带来怎样的负面影响，是有理由担心的。

诚然，早在隋唐时期，为了减轻众水汇聚天津对排洪带来的压力，当时就在永济渠以东开挖了减河，并增辟新的入海口。例如在沧州附近，为助泄永济渠洪水开凿了阳通河与毛河、靳河、浮河、无棣河、鬲津河、徒骇河等减河，用来“导永济渠之涨溢”（《新唐书·地理志》），并排除当地之涝水。在明代开挖了四女寺减河、永济减河、捷地减河，这些减河都因地制宜利用了旧河道。例如四女寺减河就是利用了当时的旧黄河河道，在大水时助泄洪水。这些减河与现代规划开挖作为永久性河道并形成梳状水系的“新河”，在意义与功能上是不相同的，它们基本上没有改变自海河形成以来的树枝状水系结构。

2. 关于海河平原河流淤积的地学背景

流行在海河平原上的河流与黄淮海平原上其他河流一样，都存在着严重的淤积问题。这是由于黄河下淤冲积扇上河流的地学属性所决定的，已在第三章中阐述。海河平原上的漳河、滹沱河、永定河的淤积情况较淮河平原上的河流淤积情况更严重一些，永定河甚至有“小黄河”之称。从地学角度考察，其原因主要有两个方面。

（1）漳河、滹沱河、永定河上游发源和流行于黄土高原，因而泥沙来量大。这一点已在上文中述及。

（2）海河平原上的河流纵剖面与淮河平原上的相比，下凹度较小，如图 5-60 所示。这不仅与海河平原气候较黄淮平原干燥，流域侵蚀强烈，来水少而来沙多有关，也与海河流域处于强烈沉降的冀中凹陷中心有关。

冲积平原上河流纵剖面的下凹程度，用凹度表示。有多种表示凹度的方法和计算凹度的经验公式。例如，Wheeler（1979）采用连接河流分水岭与出海口作一直线，然后在河流纵剖面上作一条平行于该直线的切线，以这两条平行线之间的垂直距离与分水岭至出海口高差之比值，就作为该河流纵剖面的下凹度。陆中臣等（1986）

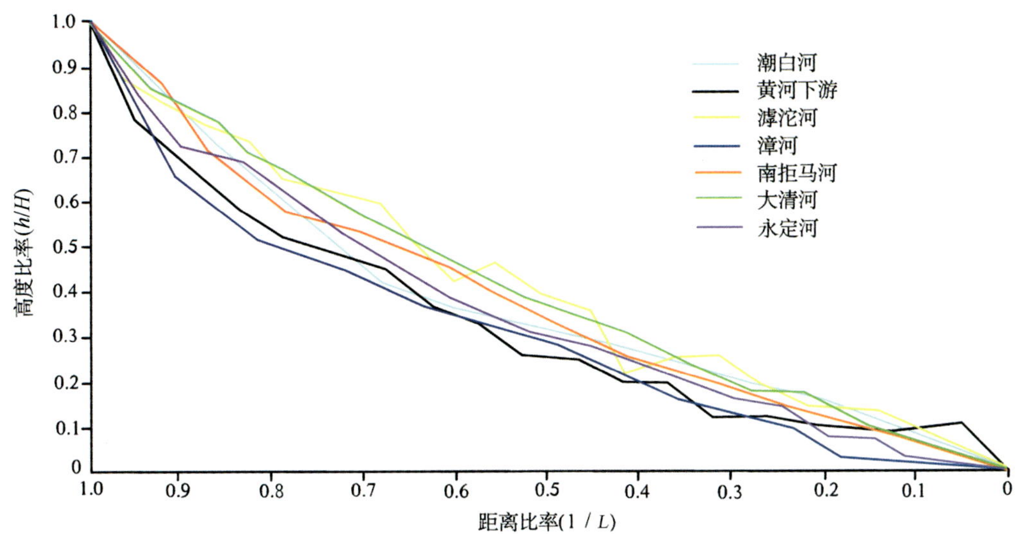

图 5-60　华北平原河流纵剖面图

（陆中臣等，1986）

采用函数形式：

$$J=f(D_{50}, P/Q, T)$$

表达与计算凹度。式中 J 为纵剖面凹度，T 为地壳沉降形变率（mm），D_{50} 为床砂中值粒径（mm），P 为含沙量（$\mathrm{kg/m^3}$），Q 为流量（$\mathrm{m^3/s}$），P/Q 称为来沙系数。

许炯新（1996）采用函数形式表达与计算凹度：

$$b=f\left(Q,P,D,\frac{\mathrm{d}Q}{\mathrm{d}L},\frac{\mathrm{d}P}{\mathrm{d}L},\frac{\mathrm{d}D}{\mathrm{d}L},F,T\right)$$

式中，b 为凹度，F 为构造运动因子，T 为时间，L 为河长，其余符号同上式。

由上述表达式可见，冲积平原河流纵剖面凹度实际上反映了水流能量沿程分配情况。许炯新（1990）分析了黄淮海地区河流纵剖面凹度与流量沿程变化$(Q_2-Q_1)/Q_1$，河流游荡河段的长度（W）和河道稳定性的关系。如图 5-61，图 5-62，图 5-63。

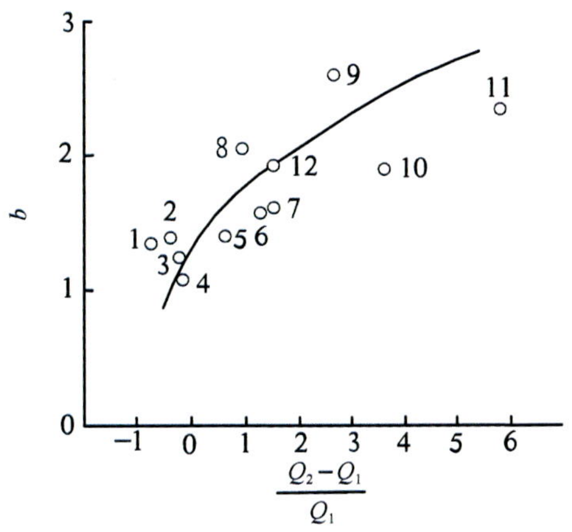

图 5-61　凹度 b 与流量沿程变化的关系

（许炯心，1990）

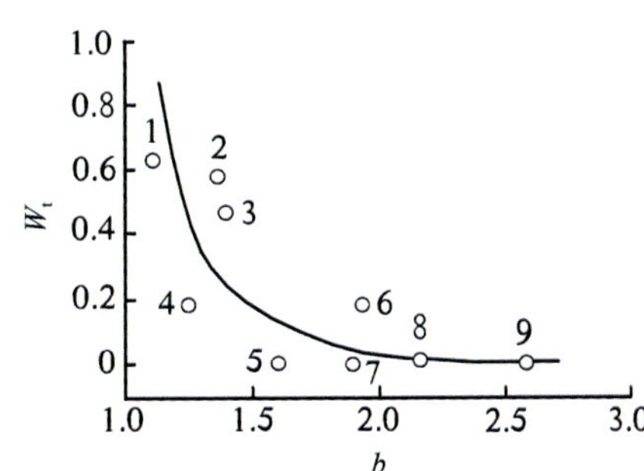

图 5-62　凹度 b 与相对游荡长度 W 的关系

（许炯心，1990）

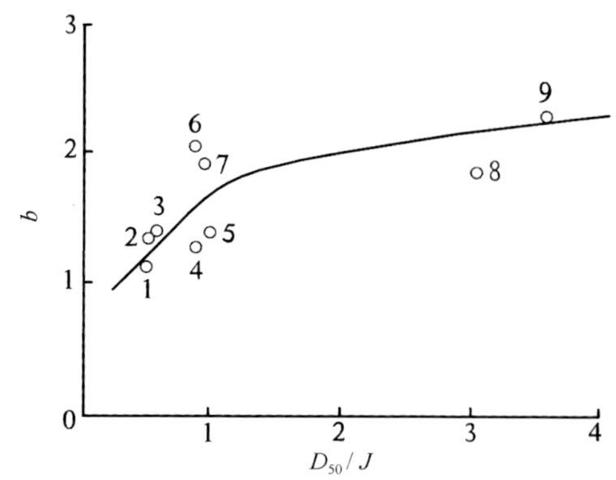

图 5-63 凹度 b 与河道稳定性 D_{50}/J 的关系

（许炯心，1990）

由上述诸图可见，海河平原的漳河、滹沱河、永定河的凹度相对于淮河平原诸河小，因而其沿程流量变化率小、游荡性河段长，且稳定性差。由此反映其淤积也相对严重。

（3）水量不足以养河。就河流的形成及其生命过程而言，河流是构造地貌与气候的产物，并在两者的长期作用下形成平衡纵剖面和相应的河相关系。但从 10 年或稍长的时间尺度而言，河流的健康及稳定性，则主要取决于河流动能量过程（Q）、来沙过程（Q_s）和河槽边界条件（D）的相互作用。钱宁（1990）将河道的稳定性描述为以下的方程组：

$$\begin{cases} B = F(Q, Q\_S, D) \\ H = F(Q, Q\_S, D) \\ J = F(Q, Q\_S, D) \end{cases}$$

式中 B，H，J 分别为河宽、水深和河流比降。由上式可见，在不具备与河流发育相适应的流量过程、泥沙过程和河岸组成的情况下，河流将趋向萎缩甚至消亡。关于海河平原上“十河九干”的说法固然显得夸张，但一些河流显露出萎缩甚至干涸的情势却确实存在。造成这种情况的原因是，过多开挖了一些“新河”，把海河流域仅有的 263.9 亿 m^3 地表水分散到长达 5500km 的河道上，因此“水少河多，水干河涸”的局面也就不言而喻了。

这其实也是除海洋因素之外，海河平原诸河入海河口淤积的重要原因。

6.4 海河流域湖沼洼淀与古河道的利用

1. 湖沼洼淀的利用

在第四节中，我们已对海河平原湖泊洼淀的形成和演变作了较详细的介绍，可得到几点重要的认识。

（1）海河平原地质构造上属于华北断块中的冀中凹陷和黄骅凹陷。这里是现代地壳沉降速率最快的地区，是华北平原最低的地区，其地面离海平面的距离仅 5m 左右，最低处距海平面不足 0.5m，在地貌上属于滨海低平原。早全新世以来，海河平原源于南西、西、北、北东方向的太行山东麓、内蒙古和张北高原、燕山南麓的来水在平原聚积，形成了大面积的沼泽、湿地和湖泊、洼地。如图 5-64。

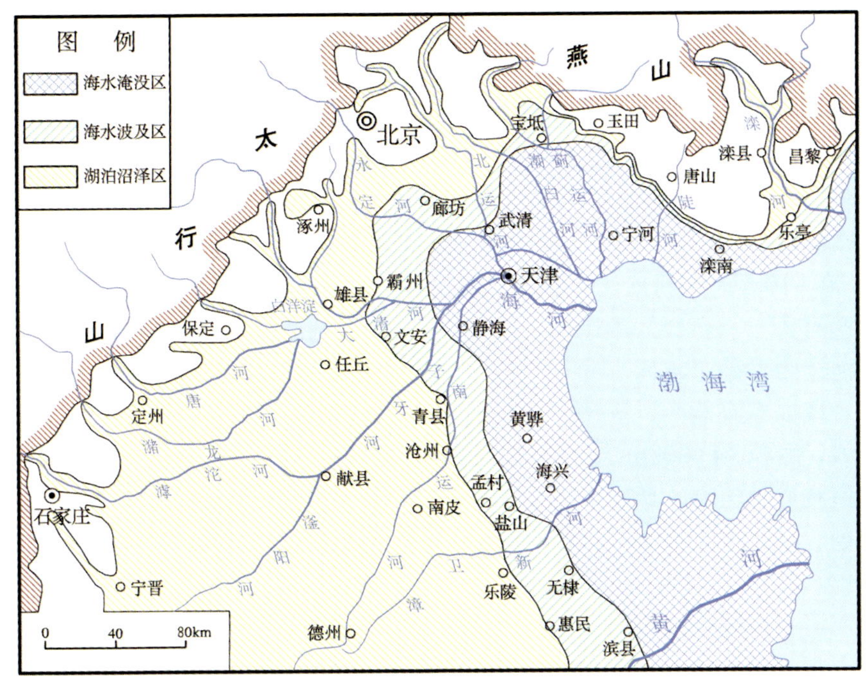

图 5-64 海河平原全新世中期湖泊沼泽分布图

（吴忱，2008）

诚然，随着气候暖湿、冷干的变化，海河平原的湖泊曾有过发展与萎缩的变化，但即使在最干冷的气候背景下，湖沼依然是海河平原地貌的主要组成部分。

（2）近现代以来日益强烈和无序的开发活动，侵占了本来属于湖沼的大面积土地。据水利部海河勘测设计院（2004）统计，至 2002 年海河平原计有 7 处蓄滞洪区（含大陆泽、宁晋泊、白洋淀等湖泊），面积 9656km^2，仅占海河平原区面积 11.27 万 km^2 的 8.5%，且区内还有耕地 57 万 km^2 和 470.8 万人口。可见，海河平原的湖沼湿地已几乎被侵占殆尽。由于失去了广大湖沼湿地对水分的涵养与调蓄，因此，既加重了海河平原地区的洪涝情势，也加重了干旱年份旱情的发展。

（3）广泛分布的湖沼湿地和其间健康多样的生态系统，应是海河流域生态环境的本底色调，人们应充分享用这份本色环境，并使之和谐发展。因此，退田退湖还沼泽湿地，营造以湖沼湿地为主体的，人与自然和谐的生态环境，应当是海河平原治理和社会发展的大方向。

2. 海河平原古河道利用

在本章第三节中，我们已经较详细地论述了海河平原古河道的形成、分布、特点及在江河治理中的意义。本节将主要讨论海河平原古河道中淡水资源的分布与储量估计，以及与开发利用方面的一些问题。

1）古河道淡水资源的分布与储量估计

古河道中的淡水资源是指埋藏在古河道中矿化度低于 2g/L 的水量。海河平原古河道中埋藏的淡水资源占平原区地下水资源总量的 80%以上，所以可以将海河平原古河道视为一个巨大的地下水库，如图 5-33，图 5-34。该地下水库以砂砾石地层为库容，以冲积扇、河道带、三角洲三种地貌类型为表现形态，广泛分布在京津以南的河北平原上。

（1）冲积扇型地下水库。大致以邯郸、邢台、临城、鹿泉、曲阳、满城、房山附近的海拔 100m 等高线为界，向东至魏县、鸡泽、隆尧、束鹿（今辛集市）、安平、蠡县、保定、容城一线，主要由漳河、滏阳河各支流、滹沱河、大清河各支流古河道带组成，面积约 25 000km^2。该地下水库底板埋深 20～140m，主要含水层为中粗砂，卵砾石，厚 10～50m，0～10m 为细粉砂，亚砂土。地下水位变化 1m 时的调节库容为 25 亿 m^3（给水度以 10%计）。

（2）河道带型地下水库。分布在魏县、鸡泽、隆尧、宁晋、辛集、安平、蠡县、保定、容城一线以东至盐山、沧州、青县一线，地下水库由黄河、漳河、滹沱河等河流的古河道构成，面积 14 000km^2。这些古河道埋藏在 0～30m 或 0～50m 的地层中，以带状延伸的透镜状砂体出现。该地下水库下半部含水层为中细砂、粉细砂，厚 10～30m，上半部为粉砂、亚砂土，厚 0～20m。地下水位变化 1m 时的调节库容为 9.8 亿 m^3（给水度以 7%计）。

（3）河流入海尾闾三角洲型地下水库。分布在盐山、沧州、青县一线以东，如黄骅附近的黄河古三角洲等。该水库底板埋深 20～30m，主要含水层为粉砂、亚砂土、贝壳砂，地下水位变化 1m 时调节库容为 0.12 亿 m^3（给水度以 5%计）。

上述古河道地下水分布的三种类型中，以冲积扇型地下水库出水条件最优，河道带型次之，三角洲型再次之（吴忱，2005）。

2）古河道的开发利用

古河道在水利、农业、旅游等经济领域有着广泛的利用价值。本节将从水资源开发和农田水利利用方面作简要介绍。

（1）古河道中的地下水是华北地区水资源的重要组成部分。如前所述，古河道带中的地下水占河北平原地下水总量的 80%以上。例如，仅在已查明的河北平原黑龙港地区的 9 条浅埋古河道带中，在 2m 水位变幅内有可调蓄的浅层淡水 20 亿 m^{3}余；在 200～300m 的深度内，有数条南西—北东向延伸的深埋藏古河道带，每年可开采近 40 亿 m^{3}的深层地下淡水。可见，古河道带中埋藏的淡水是河北平原重要的水源。

（2）古河道是回补地下水的良好途径。地面条状高地古河道及其两侧的决口扇多由砂质土组成，渗透能力强，是回补地下水的良好途径。例如，北京市利用小清河河床蓄水，向山前冲积扇进行地下水回灌，日补充地下水 2 万 m^{3}余。肥乡县利用漳河古河道进行地下水回灌，11 天使地下水位回升 3～4m，两侧影响范围达 1000m 余。藁城县利用滹沱河古河道回灌，10 天回灌水量近 1000 万 m^3，井水普遍回升 2～4m。南宫地下水库利用漳河决口扇回灌，每昼夜稳定入渗水层厚度 144～168mm。可见，利用古河道回补地下水的效率是很高的。汛期在山前冲积扇古河道拦截部分洪水补给地下水，还能在一定程度上减少洪峰和洪量，可谓一举两得。

（3）古河道为农田水利创造了极好的灌排渠系地貌条件。通常，在条状高地古河道布置灌渠，这里地下水丰富而且居高临下，排灌便利。在槽状洼地古河道布置排渠，可接纳农田回归水并排入河道。这样的灌排渠系布置，既能达到控制面积大、配水方便，又不打乱对河流自然流路的干扰，以及减少交叉工程、节省开支等目的。例如，河北省的石津总干渠和民有灌渠分别利用了滹沱河、漳河条带状高地古河道；海河排水工程中的老盐河排渠、西沙河排渠均利用了漳河槽状洼地古河道。

（4）古河道带地下水库是实现地表水与地下水调节的理想场所，通常的做法是，利用埋藏古河道砂层透镜体作为库容，利用地表出露古河道作为排泄通道，勾通地下水库系统，实现地表与地下水的联合调度与调节，如图 5-65 所示。

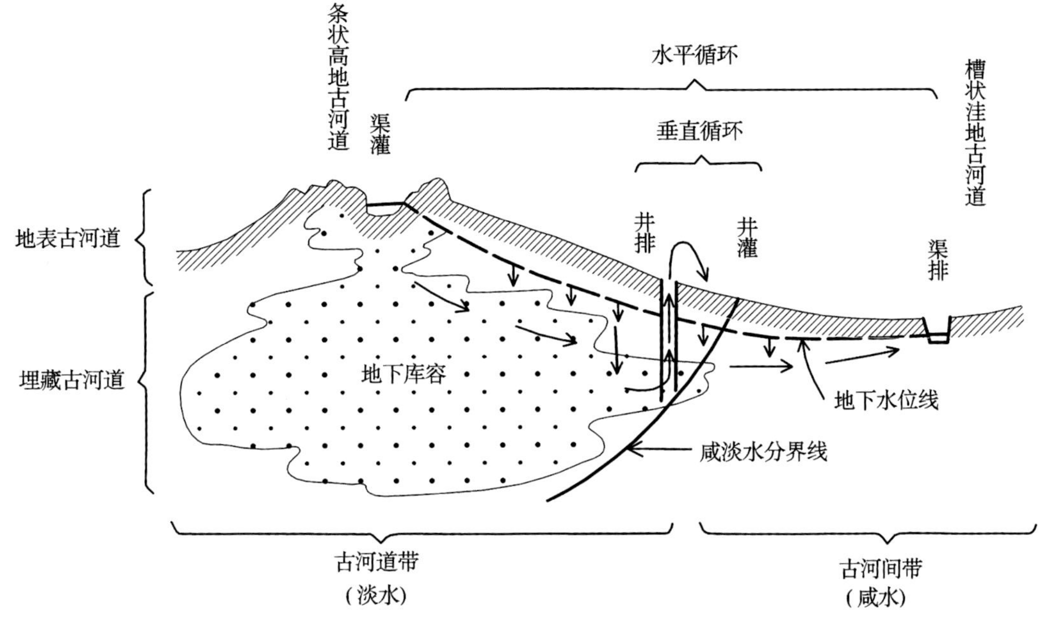

图 5-65　古河道地下水库调蓄示意图

（吴忱，2005）

诚然，至少在水资源和农田水利建设中古河道已表现出很大的利用价值，但在开发利用古河道时也要注意其某些负面影响。例如，古河道地表水下渗能力强，因此它也成为地表污水渗入地下水的重要通道，成为污染地下水的重要途径；又如，古河道有时会成为工程建设的隐患。由于古河道体是由结构松散、抗压性弱、沉陷性大的砂砾石组成，因此不能作为工程建筑物的基础。例如，河北省黄骅县山令庄乡一座节制闸，建成不到 5 天，闸上游蓄水位比下游才高出 0.8m 时，整个闸被水端走，就是因为该闸建在了砂石基础未被彻底清除的古河道上。此类实例不胜枚举。

综上所述，海河流域古河道有着重大的开发利用价值，应该制定科学合理的开发利用规划。同时，也要谨慎预防开发利用中古河道的一些不利因素，以便达到良好的经济、社会与环境效益。

6.5　小结

本节简述了历代治理海河的概况，认为现代提出的“上蓄、中疏、下排，适当的滞”的治理方略，总体上是恰当的。但从地学角度对其内涵进行考察，尤其是在“分流入海，分区防守”的工程布局方面，仍有一些值得商榷的地方。

（1）“上蓄”的基本依据是：①海河流域山区面积占流域总面积的 60%，山区多年平均降水量占流域多年平均降水量的近 70%，洪水流量主要来自太行山东麓和燕山南麓。②海河流域从山区到平原，其间过渡段甚短，因此海河水系几乎没有中游可言，故而造成山区来水迅速，直奔平原的局面。③海河平原地势低平，河道比降多在 1/10 000 以下，且河道淤积，调蓄和排泄能力均很小。④海河平原河道的泥沙主要来自山区，因此无论从防治洪涝，还是从下游河道治理和水资源开发利用的角度考虑，海河流域山区均担负着拦蓄洪水与泥沙和调蓄水资源的重要作用。把整个山区视为海河流域的一个统一的拦蓄与调节的大水库，是合理的。同时，海河流域的山区自早更新世以来一直处于掀斜抬升过程中，且抬升速率在加快，库址丰富，为拦蓄水沙提供了有利条件。诚然，如何合理协调山区拦蓄水沙的功能与山区开发的布局，是实践过程中应当充分考虑的问题。

（2）“中疏、下排”的方略是恰当的，但将其落实为“分流入海、分区防守”的工程布局，仍有可商榷之处。①为实施“分流入海”而开挖的漳卫新河、子牙新河、独流减河、永定新河、潮白新河等“新河”，与海河流域自南西向北东方向的倾斜地貌并不很吻合，也在一定程度上扰乱了“众水归一”的树枝状水系。“新河”的布局与历史上曾有的“减河”布局和功能也是很不相同的。“减河”是在树枝状水系的大背景下一种辅助性的排洪排涝措施，而“新河”已成为海河平原水系中的骨干性、永久性河道。②由于大量“新河”的分流作用，使海河流域多年平均地面径流量分散在诸“新河”中，造成水量不足以养河的局面，因此成为“新河”及其他下游河道淤积的重要原因。③海河流域的大洪水通常分别出现在北系永定河、潮白河、北三河等或南系漳卫河、滹沱河、滏阳河、大清河等，表现出一定程度的不同步性，因此在大洪水情况下，可以在不同河系间进行分散洪水的流域内大系统地调节调度，而“分区防守”则基本上难以实现这样的大系统调度。④“分流入海、分区防守”主要考虑将大洪水排泄入海，对洪水资源利用和流域内的水资源调节未必有利，而对于水资源严重短缺的海河流域而言，这一点是值得考虑的，也是十分重要的。

因此，关于如何落实“中疏下排”的方略，还需从地学角度并结合水资源利用，做进一步深入的研究。

（3）关于“适当的滞”。“滞”，应是“蓄”和“排”之间的枢纽措施。在人类尚未大规模开发海河平原之前，海河流域的洪水相当部分是滞蓄在海河平原大量湖沼、洼地之中的。那时湖沼、洼地是海河平原地貌的主体，这是由于海河平原处于冀中凹陷和黄骅凹陷的构造地质格局所决定的，至今这一地质构造格局并未改变。大量的湖泊、洼淀和大面积湿地曾是海河平原自然环境的本底。然而，如今人类的开垦活动挤占了这些滞蓄场所，才造成了“排”的沉重压力。因此，人类活动的适度退出对湖沼洼淀和湿地的占有，扩大海河平原滞蓄洪水的场所，其实是海河治理的重大战略举措之一。

（4）海河平原深层承压水蕴藏量少，而浅层地下水丰富且开采与回补条件好。浅层地下水的 80%富集于古河道带，且条状高地古河道带与槽状洼地古河道带相排列，为地下水开采与回补系统创造了极好的条件。古河道还是滞蓄洪涝水的重要场所。因此在海河治理中充分利用古河道具有重要意义。

（5）海河平原是黄河下游改道迁徙的重要场所。在黄河下游河道 2000 多年的变迁历史中，有大部分时期是流行在海河流域的。如第三章中所述，黄河下游现行河道悬河情势日趋严峻，未雨绸缪考虑人为控制下的改道并非杞人忧天。黄淮海平原在新构造运动控制下，淮河平原呈微弱抬升态势，而海河平原呈加速沉降态势，海河平原地区高程普遍低于淮河平原地面高程。因此黄河改道的线路趋向海河平原，是地质地貌客观条件的必然。根据多方面的分析（刘燕华等，2008），将黄河新流路控制在徒骇河，抑或马颊河以南地区是可行的。事实上，徒骇河、马颊河就是在旧黄河的故道上开挖的人工河道，用以排泄漳卫河、南运河以南的洪涝水。诚然，具体的新流路设计有待更深入的研究。

参考文献

曹现志. 2014. 华北地块中部新生代构造地貌演变过程与机制[D]. 青岛: 中国海洋大学(硕士论文): 24.

曹银真, 舒晓明, 陆中臣. 1984. 河北平原的沉降速率与演变趋势的预测[J]. 泥沙研究, (4): 1-4, 8.

陈望和, 仉明云. 1987. 河北第四纪地质[M]. 北京: 地质出版社: 167-169.

程绍平, 冉勇康. 1981. 滹沱河太行山山峡河流阶地和第四纪构造运动[J]. 地震地质, 3(1): 34.

程绍平. 1983. 论清水河和滹沱河的袭夺[J]. 河北地质学院学报, (2): 51-52.

龚明权. 2010. 新生代太行山南段隆起过程研究[D]. 北京: 中国地质科学院(博士学位论文): 52, 71, 77, 100-106.

顾国华, 王若柏, 等. 1999. 华北地区 GPS 形变测量结果及其地震地质意义[J]. 地震地质, 21(2): 103.

郭盛乔, 王苏明, 杨丽娟. 2005. 末次盛冰期华北平原古气候古环境演化[J]. 地质评论, 51(4): 425-426.

河北省地质矿产厅. 1982. 河北省区域地质志[M]. 北京: 地质出版社: 539-549, 566-587.

敬正书. 2013. 中国河湖大典·海洋卷[M]. 北京: 中国水利水电出版社: 69, 167, 162.

李继亮, 丛柏林. 1980. 试论渤海的形成与演变[A]// 张文佑, 汪一鹏, 李兴唐主编. 华北断块区的形成与发展论文集[C]. 北京: 科学出版社: 217-219.

李平日, 梁全武. 1965. 滹沱河上游和牧马河变迁的一些新资料[J]. 地质评论, 23(3): 240-241.

李容全. 1988. 黄河、永定河发育历史与流域新生代古湖相演变间的关系[J]. 北京师范大学学报(自然科学版), (4): 85-86.

李祥根. 2003. 中国新构造运动概论[M]. 北京: 地震出版社: 1-2, 89-99, 103, 194-195.

李兴安. 1993. 北京第四纪古气候变化[J]. 中国区域地质, (4): 342.

刘燕华, 康视武, 吴绍洪, 等. 2008. 黄河下游洪水风险与后备流路[M]. 北京: 科学出版社: 226-242.

陆中臣, 舒晓明, 曹银真. 1986. 华北平原河流纵剖面图[J]. 地理研究, 5(1).

潘懋. 1995. 滹沱河上游水系变迁问题的讨论[J]. 地理学报, 50(4): 383.

钱宁文集编辑委员会. 1990. 钱宁论文集[C]. 北京: 清华大学出版社: 341.

邵时雄, 王明德. 1989a. 中国黄淮海平原第四纪地质图说明书[M]. 北京: 地质出版社: 9, 12-13.

邵时雄, 王明德. 1989b. 中国黄淮海平原第四纪地质剖面图[M]. 北京: 地质出版社.

邵时雄, 王明德. 1989c. 中国黄淮海平原第四纪岩相古地理图[M]. 北京: 地质出版社.

邵时雄, 王明德. 1989d. 中国黄淮海平原第四纪地貌图说明书[M]. 北京: 地质出版社: 21.

邵永新, 等. 2010. 天津断裂第四纪活动性质研究[J]. 地震地质, 32(1): 81.

水利部黄河水利委员会. 1984. 黄河水利史述要[M]. 北京: 水利电力出版社: 53-54.

水利电力部政治部《海河史简编》编写组. 1977. 海河史简编[M]. 北京: 水利水电出版社: 6, 39.

水利部海河水利委员会.《海河志》编纂委员会. 1997. 海河志(第一卷)[M]. 北京: 中国水利水电出版社: 98, 119-121, 124-125, 355-387, 365, 383-384.

水利部海河勘测设计院. 2004. 海河流域防洪规划简要报告[R]. 水利部海河勘测设计院: 8-9.

孙秀萍, 赵希涛. 1982. 北京平原永定河古河道[J]. 科学通报, (16): 1004.

谭其骧. 1986. 海河水系的形成与发展[J]. 历史地理, 第四辑: 1-2.
童国榜, 严富华. 1991. 华北平原东部地区晚更新世以来的孢粉序列与气候分期[J].地震地质, (3): 264-266.
王会昌. 1983. 一万年来白洋淀的扩张与收缩[J]. 地理研究, 2(3): 12-13, 15-16.
王乃樑, 杨景春, 夏正楷, 等. 1996. 山西地堑新生代沉积与构造地貌[M]. 北京: 科学出版社: 75.
王强, 田国强, 等. 1999. 中国东部晚第四纪海侵的新构造背景[J]. 地质力学学报, 5(4): 72-76.
王若柏, 孙东平, 耿世昌, 等. 1994. 天津地区地面沉降及其对地理环境的影响[J]. 地理学报, 49(4): 320, 322.
吴忱, 马永红, 张秀清. 1999. 华北山地地形面地文期与地貌发育史[M]. 石家庄: 河北科学技术出版社: 190-201.
吴忱, 许清海, 杨小兰. 2000. 论华北平原的黄河古水系[J]. 地质力学学报, 6(4): 6-7.
吴忱, 张秀清. 1996. 华北山地地文期与华北平原堆积物的对比[J]. 地理学与国土研究, 12 月(增刊): 27-32.
吴忱, 朱宣清. 1991. 晚更新世晚期以来华北平原的古河道分期与古环境特征[J]. 中国科学, 13 辑: 192.
吴忱. 1986. 河北平原古河道研究[J]. 地理学报, 41(4): 336-337.
吴忱. 1991. 太行山燕山山前冲积扇的地貌特征与遥感信息[A]// 吴忱主编. 华北平原古河道研究[C]. 北京: 中国科学技术出版社: 102, 499-504.
吴忱. 2005. 华北地貌及其开发利用[M]. 石家庄: 河北科学技术出版社: 65-69, 108, 111-113.
吴忱. 2008. 华北地貌环境及其形成与演化[M]. 北京: 科学出版社: 4-27, 94-95, 100-101, 156-168, 228, 231-238, 298, 310, 312, 315-316, 319.
吴奇. 2012. 华北地块中部构造地貌与活动构造特征[D]. 青岛: 中国海洋大学(硕士论文): 29.
许炯心. 1990. 黄淮海平原纵剖面凹度特征[J]. 地理学报, 45(3): 334-339.
许炯心. 2007. 基于大样本 ^{14}C 测年资料的华北平原沉积速率研究[J]. 第四纪研究, 27(3): 439-440.
许清海, 吴忱, 童国榜, 等. 1993. 25000 年来渤海湾西岸古环境探讨[J]. 植物生态学地植物学学报, 17(1): 28-31.
杨树锋, 施夹申. 1998. 中国大百科全书·地质学[M]. 北京: 中国大百科全书出版社: 19.
杨子庚, 等. 1979. 试论河北平原东部第四纪地质的几个基本问题[J]. 地质学报, (4): 277, 264.
叶连俊, 等. 1983. 华北地台的沉积建造[M]. 北京: 科学出版社: 1-2, 17-18.
易明初, 李晓. 1995. 燕山地区喜马拉雅地壳运动划分及表现特征[J]. 现代地质, 9(3): 333-335.
尹全辉, 计凤桔, 等. 2006. 永定河上游晚更新世晚期以来的堆积阶地年代[J]. 地震地质, 22(2): 199.
张步春, 蔡文伯. 1980. 华北断块区构造运动单元的划分及其边界问题[A]// 李兴唐主编. 华北断块的形成与发展论文集[C]. 北京: 科学出版社.
张福堂. 1986. 永定河冲积扇及古河道在卫星图像上的显示特征[J]. 水文地质工程地质, (1): 53-54.
张兰生, 方修琦. 2012. 中国古地理. 北京: 科学出版社: 323-324.
张莉, 文汉江. 1995. 天津地区地面沉降分析[J]. 测绘通报, (1): 16-17.
张文佑, 汪一鹏. 1980. 华北断块的形成与发展[A]// 李兴唐主编. 华北断块的形成与发展论文集[M]. 北京: 科学出版社: 9-14.
赵红梅, 赵华. 2014. 华北平原滹沱河洪-冲积扇第四纪地层划分[J]. 地层学杂志, 38(2): 144.
赵希涛, 孙秀萍, 张英礼, 等. 1984. 北京平原 30 000 年来的古地理演变[J]. 中国科学, B 辑, (6): 551-553.
赵希涛, 张景文, 等. 1980. 渤海湾西岸的贝壳堤[J]. 科学通报, (6): 279.
赵英时. 1987. 华北平原 12 万年以来的古气候变化[J]. 地理研究, 6(4): 54-60.
郑炳华, 虢顺民, 徐好民. 1981. 燕山地区北西向和北西西向断裂构造基本特征初步探讨[J]. 地震地质, 3(2): 31-34, 38-39.

中国地理百科丛书编委会. 2014. 燕山山脉[M]. 北京: 中国出版社: 9-12.
中国科学院海洋地质研究所. 1985. 渤海地质[M]. 北京: 科学出版社: 135, 138, 147-148, 215-216.
周昆权. 1984. 华北区第四纪植被演替与气候变化[J]. 地质科学, (2): 165
竺可桢. 1973. 中国近五千年来气候变迁的初步研究[J]. 中国科学, 18(2).
庄丽华. 1999. 渤海中西部晚第四纪地层与古环境[D]. 青岛: 中国海洋大学(硕士学位论文): 9.
Wheeler D A. 1979. The overall shape of the longitudinal profiles of streams [A]// Ed by A E Pitty, Geoabs. Geographical Approaches to Fluvial Processes [C]. Tracts Norwich.